코디

개념 C.O.D.I

+ 개념을 명쾌하게 정리해서   **C**lear
+ 수학 공부의 어려움을 극복하고   **O**vercome
+ 현재의 수준을 뛰어넘어 발전하여   **D**evelop
+ 고등 수학 전체의 흐름을 통합한다   **I**ntegrate

고등 수학
하

D

저자 송해선

BOOK1 〔 개념서 + 유형문제 마스터 〕

한국
교사학회
인증도서

한국
수학교사모임
인증도서

BM (주)도서출판 **성안당**

 **개념 C.O.D.I 코디 고등 수학(하)**

⊕ 개념을 명쾌하게 정리해서 **C**lear
⊕ 수학 공부의 어려움을 극복하고 **O**vercome
⊕ 현재의 수준을 뛰어넘어 발전하여 **D**evelop
⊕ 고등 수학 전체의 흐름을 통합한다 **I**ntegrate

"개념 **C.O.D.I**와 실전 **C.O.D.I**로 개념을 정리하고,
Basic + **Trendy** + **Final** 3단계 문제로 완벽하게
고등 수학(하)를 마스터합니다."

개념 C.O.D.I 코디 **학습 시스템**

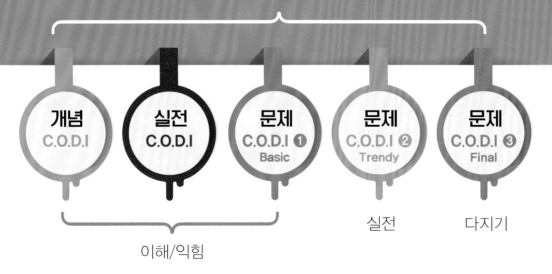

| 개념 C.O.D.I | 실전 C.O.D.I | 문제 C.O.D.I ❶ Basic | 문제 C.O.D.I ❷ Trendy | 문제 C.O.D.I ❸ Final |

이해/익힘   실전   다지기

이 책을 지으신 선생님

저자 송해선 | **검토** 김보미, 강현민, 유은비

수학 스타일리스트

코디

개념 C.O.D.I

고등 수학(하)

BM (주)도서출판 성안당

개념 C.O.D.I Structure & Feature

1. 개념서+유형서!

개념서 따로, 유형서 따로?
No! 기본 유형서 안에 완벽한 개념 정리까지!

본책

완벽 개념 정리

체계적으로 구성하고 친절하게
설명하는 개념 C.O.D.I!
핵심 개념과 원리를 세분화하여
설명하였습니다.

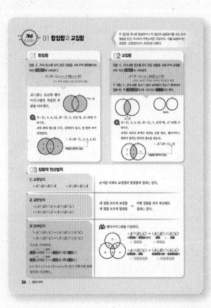

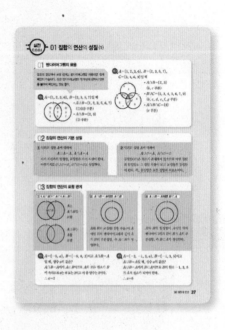

3단계 문제

개념 C.O.D.I, 실전 C.O.D.I별 유형문제로 완전 학습!!
기본뿐만 아니라 변형, 응용 문제까지, 3단계의 다양한 문제로 구성하여 고등 수학(하)를 완벽 마스터할 수 있습니다.

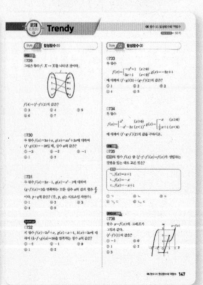

개념 C.O.D.I 코디

I. 집합과 명제

수학이 간단하다는 사실을
사람들이 믿지 못하는 이유는
인생이 얼마나 복잡한지
모르기 때문이다

-존 폰 노이만-

개념 정리랑
유형문제 풀이까지
다했니?

그럼,
개념코디로 완벽하게
끝냈지.

Ⅲ 경우의 수

2 딱딱하고 지루하지 않은 참고서!!!

잡지처럼 한눈에 정리한 개념!
각 단원에서 익혀야 할 개념이
1등급 학생의 비밀 개념 노트처럼 정리!

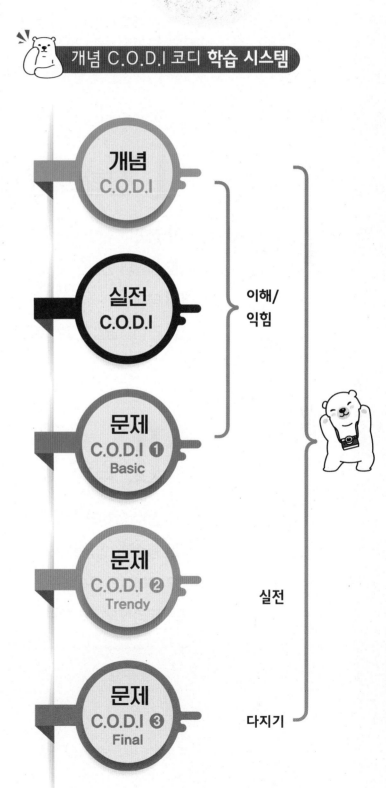

개념 C.O.D.I 코디 **학습 시스템**

개념
C.O.D.I

실전
C.O.D.I

이해/
익힘

문제
C.O.D.I ❶
Basic

문제
C.O.D.I ❷
Trendy

실전

문제
C.O.D.I ❸
Final

다지기

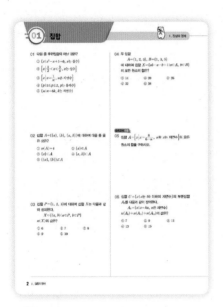

워크북

실력을 Level up 할 수 있는
문제들로 구성하였습니다.

정답 및 해설

이해하기 쉽도록 자세하고 친절한
풀이를 제시하였습니다.

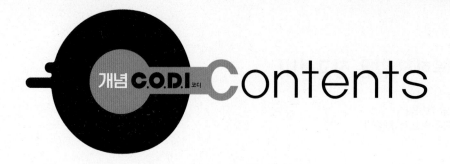

개념 C.O.D.I 코디 Contents

01 집합

우리는 대상을 어떤 기준에 따라 구분한다.
사람을 성별에 따라 남성과 여성으로, 학생들을
학년별로 나누는 것과 같이 말이다.

어떤 조건에 따라 대상을 나누고 같은 조건을
가진 대상끼리 묶은 것이 바로 집합이다.

이처럼 대상의 특징을 파악하고 범주화하는
것은 수학뿐 아니라 모든 분야에서 매우
중요하다.

개념 C.O.D.I — 01 **집합과 원소**

> 국어사전을 보면 집합은 '주워 모아서 합함'이라는 뜻을 가지고 있다.
> 어떤 것들이 모여서 만들어진 것이 집합이다.

01 집합의 뜻

> 조건에 맞는 대상들의 모임을 집합이라 한다.

조건(또는 기준)을 정하고 그에 맞는 대상들을 모으면 집합이 된다. 예를 들어 '5보다 작은 자연수'라는 조건을 만족하는 대상은 1, 2, 3, 4이고 이를 묶으면 '5보다 작은 자연수의 모임'이라는 집합이 만들어진다.

집합에서 가장 중요한 것이 **조건**이다. 집합의 조건은 애매하지 않고 분명해야 한다. 이런 **명확한 조건에 따른 대상들의 모임**이 집합이다.

예1 눈이 좋은 사람들의 모임
'눈이 좋다.'는 기준은 사람마다 다를 수 있기 때문에 집합이 될 수 없다. 이처럼 조건이 애매하여 상황에 따라 그 대상이 달라진다면 집합이라고 할 수 없다.

예2 시력이 1.5 이상인 사람들의 모임
시력을 측정하여 1.5 이상인 대상을 정확히 정할 수 있으므로 집합이다.

02 원소의 뜻

> 집합의 조건에 맞는 대상 하나하나를 원소라 한다.

예1 6의 양의 약수의 집합 A의 원소
6의 약수 중 양수는 1, 2, 3, 6이므로 이 집합의 조건에 맞는 대상, 즉 원소는 1, 2, 3, 6의 4개이다.

예2 자연수 전체의 집합 B의 원소
1, 2, 3, …과 같이 자연수는 무한개이고 조건에 맞는 원소도 무수히 많다. 따라서 B는 무수히 많은 자연수를 원소로 갖는다.

03 집합의 원소의 개수

> 집합 A의 원소가 m개일 때,
> $$n(A)=m$$
> 과 같이 나타낸다.

예1 P는 한 자리 소수의 집합일 때,
P의 원소는 2, 3, 5, 7 총 4개이므로
$$n(P)=4$$

예2 Q는 100 이하의 자연수의 집합일 때,
Q의 원소는 1, 2, 3, …, 100 총 100개이므로
$$n(Q)=100$$

04 집합과 원소의 관계

> ① a가 집합 A의 원소이다.
> ⟺ a가 집합 A에 속한다.
> ⟺ $a \in A$
> ② b가 집합 A의 원소가 아니다.
> ⟺ b가 집합 A에 속하지 않는다.
> ⟺ $b \notin A$

예 집합 A가 6의 약수를 원소로 가질 때,
A의 원소는 1, 2, 3, 6이므로
$1 \in A$: 1은 A의 원소이다.
$2 \in A$: 2는 A의 원소이다.
$3 \in A$: 3은 A에 속한다.
$4 \notin A$: 4는 A의 원소가 아니다.
$5 \notin A$: 5는 A에 속하지 않는다.
$6 \in A$: 6은 A에 속한다.

• 대상이 어떤 집합의 원소일 때 $\in$ 기호를 이용하여 원소임을 나타낸다.

• 대상이 집합의 원소가 아닐 때 $\notin$ 기호를 이용하여 원소가 아님을 나타낸다.

02 집합의 표현 방법

조건에 맞는 원소가 모이면 집합이 된다.
여기서는 집합을 기호로 나타내는 방법을 배운다.

01 원소나열법

집합의 원소를 일일이 나열하여 쓰는 방법
(ⅰ) 집합의 원소를 모두 나열한다.
(ⅱ) 원소 사이에 쉼표(,)를 써서 구분한다.
(ⅲ) 나열된 원소의 양 끝에 중괄호({ })를 쓴다.

중괄호 안에 집합에 들어갈 원소를 전부 써준다고 생각하면 된다.

예1 A가 20 이하의 두 자리 소수의 집합일 때, A를 원소나열법으로 나타내면
$A = \{11, 13, 17, 19\}$

예2 B가 100 이하의 자연수의 집합일 때, B를 원소나열법으로 나타내면
$B = \{1, 2, 3, \cdots, 100\}$

< 주의 사항 >
• 원소는 중복되지 않게 한 번씩만 쓴다.
• 나열하는 순서는 상관없지만 원소의 특징을 알 수 있게 크기 순이나 사전식 등으로 나열하는 것이 일반적이다.
• 집합의 모든 원소를 나열하는 것이 원칙이지만 원소가 많으면 **예2**와 같이 원소의 일부를 생략할 수 있다.

02 조건제시법

원소를 나열하는 대신 원소들의 공통 조건을 제시하는 방법
(ⅰ) 집합의 원소가 가지는 조건을 파악한다.
(ⅱ) $\{x \mid x$의 조건$\}$의 형태로 나타낸다.

원소의 개수가 너무 많거나 원소를 나열했을 때 특징을 파악하기 어려운 경우가 있다. 이럴 때 조건제시법으로 다음과 같이 집합을 표현할 수 있다.

예1 $A = \{\underbrace{x}_{\text{원소의 형태}} \mid \underbrace{x는\ 6의\ 양의\ 약수}_{\text{원소의 조건}}\}$

이를 해석하면 'A의 원소는 x라는 미지수인데, x의 값은 6의 약수 중 양수이다.'라는 뜻이 된다. 따라서 집합 A의 원소는 1, 2, 3, 6임을 알 수 있다.

예2 $B = \{x \mid x는\ 자연수\}$
$B = \{1, 2, 3, \cdots\}$과 같이 원소나열법으로 쓸 수도 있지만 조건을 정확히 제시하는 것이 더 좋다.

예3 $C = \{a \mid 1 < a < 2인\ 실수\}$
1과 2 사이의 실수는 무수히 많은데다 어떤 수부터 어떤 기준으로 나열할지도 마땅치 않다. 따라서 위와 같이 조건제시법으로 나타낸다.

01 무한집합

• 무한개의 원소를 가진 집합
• 원소가 무수히 많아서 셀 수 없다.

예1 $A=\{x \mid x$는 자연수$\}$
이 집합은 자연수를 원소로 갖는다. 자연수는 무한히 많으므로 집합 A는 무한집합이다.

예2 $A=\{(x, y) \mid x, y$는 $x^2+y^2=1$인 실수$\}$
원소의 형태가 좌표이므로 A는 점의 집합, 그중 $x^2+y^2=1$인 원 위의 무수히 많은 점을 원소로 가지는 무한집합이다. 따라서 $n(A)$를 구할 수 없다.

02 유한집합

• 유한개의 원소를 가진 집합
• 원소가 몇 개인지 셀 수 있다.

예1 $B=\{1, 3, 5, 7, 9\}$
B의 원소는 다섯 개이므로 유한집합이다.
$\therefore n(B)=5$

예2 $B=\{n \mid 10 \leq n \leq 99$인 자연수$\}$
B의 원소는 10, 11, 12, $\cdots$, 99이므로 원소의 개수를 셀 수 있는 유한집합이고 $n(B)=90$이다.

03 공집합 $\varnothing$

• 원소가 하나도 없는 집합. $\varnothing$로 나타낸다.
• 집합의 조건에 맞는 원소가 존재하지 않는다.

예 $C=\{x \mid x$는 1보다 작은 자연수$\}$
1보다 작은 자연수는 존재하지 않으므로 C는 공집합이다.
$\therefore C=\varnothing$, $n(C)=0$ 또는 $n(\varnothing)=0$
(공집합은 { }로 나타내기도 한다.)

조건제시법은 다음과 같이 표현하였다.

$$\{x \mid x\text{의 조건}\}$$

$$\Downarrow$$

$$\{\text{원소의 형태} \mid \text{원소의 조건}\}$$

조건제시법의 앞부분, 즉 원소를 대표하는 '원소의 형태' 부분을 변형하는 경우에는 이를 해석하는 연습이 필요하다.

예1 $A = \left\{ \dfrac{x}{3} \,\middle|\, x = 1, 2, 3, 4, 5, 6 \right\}$

이를 해석하면 다음과 같다.

(ⅰ) 집합 A는 $\dfrac{x}{3}$(x를 3으로 나눈 수)를 원소로 갖는다.

(ⅱ) x는 1, 2, 3, 4, 5, 6의 값을 갖는다.

따라서 A의 원소는 $\dfrac{x}{3}$의 x에 1, 2, 3, 4, 5, 6을 대입하여 계산한 수가 된다. 이를 원소나열법으로 나타내면 원소를 알 수 있다.

$$A = \left\{ \dfrac{1}{3}, \dfrac{2}{3}, 1, \dfrac{4}{3}, \dfrac{5}{3}, 2 \right\}$$

예2 $B = \{ \sqrt{a} \mid a\text{는 30 이하의 제곱수} \}$

이를 해석하면 다음과 같다.

(ⅰ) 집합 B는 $\sqrt{a}$(a의 양의 제곱근)를 원소로 갖는다.

(ⅱ) $a = 1, 4, 9, 16, 25$(30 이하의 제곱수)

따라서 B의 원소는 $\sqrt{a}$의 a에 1, 4, 9, 16, 25를 대입하여 계산한 수이고 이를 원소나열법으로 나타내어 원소를 확인할 수 있다.

$$B = \{ \sqrt{1}, \sqrt{4}, \sqrt{9}, \sqrt{16}, \sqrt{25} \}$$
$$= \{1, 2, 3, 4, 5\}$$

예3 $C = \{-1, 0, 1\}$일 때,

$$D = \{a + b \mid a \in C, b \in C\}$$

집합 D를 해석해 보자.

(ⅰ) D의 원소는 $a + b$(a와 b를 더한 수)이다.

(ⅱ) a, b는 C의 원소이다.

따라서 C의 원소 2개를 선택하여 더한 값이 D의 원소가 되는 것이다. 이 경우에는 표를 만들어 구하는 것이 편리하다.

a \ b	-1	0	1	
-1	-2	-1	0	
0	-1	0	1	$\Rightarrow a+b$
1	0	1	2	

결과를 원소나열법으로 확인해 보자.

(중복되는 원소는 한 번만 쓴다)

$$\therefore D = \{-2, -1, 0, 1, 2\}$$

[0001~0006] 빈칸을 알맞게 채우시오.

0001
□한 조건에 맞는 대상들의 모임을 집합이라 한다.

0002
집합의 조건에 맞는 대상 하나하나를 □라 한다.

0003
a가 집합 A의 원소일 때, a□A로 나타낸다.

0004
b가 집합 A의 원소가 아닐 때, b□A로 나타낸다.

0005
집합의 원소를 일일이 나열하는 방법을 □이라 한다.

0006
집합의 원소들의 조건을 제시하는 방법을 □이라 한다.

[0007~0011] 다음 중 집합인 것은 ○, 집합이 아닌 것은 ×로 표시하시오.

0007
1보다 작은 자연수의 모임　　　　　　(　)

0008
50에 가까운 자연수의 모임　　　　　(　)

0009
50과의 차가 3 미만인 자연수의 모임　(　)

0010
대한민국 국적자들의 모임　　　　　　(　)

0011
체력이 강한 사람들의 모임　　　　　(　)

[0012~0019] 집합 $A=\{-2, 0, 1\}$,
$B=\{x|x$는 알파벳 모음$\}$일 때, 빈칸에 ∈, ∉ 중 알맞은 것을 쓰시오.

0012
-2□A

0013
-1□A

0014
0□A

0015
2□A

0016
a□B

0017
o□A

0018
e□B

0019
u□B

[0020~0022] 다음 집합을 원소나열법으로 나타내시오.

0020
$\{x|x$는 4의 약수$\}$

0021
$\{x|x\leq 5$인 자연수$\}$

0022
$\{a|a$는 50 이하의 8의 배수$\}$

[0023~0025] 다음 집합을 조건제시법으로 나타내시오.

0023
$\{1, 2, 5, 10\}$

0024
$\{2, 3, 5, 7\}$

0025
$\{-1, 0, 1\}$

[0026~0029] 다음 집합을 유한집합, 무한집합, 공집합으로 구분하시오.

0026
$\{\varnothing\}$

0027
$\{1, 4, 9, 16, 25\}$

0028
$\{x|0<x<1$인 실수$\}$

0029
$\{x|x$는 0 이상의 음의 실수$\}$

0030
$n(\varnothing)$을 구하시오.

0031
$n(\{1, 2, 3\})$을 구하시오.

0032
$A=\{x|x$는 72의 양의 약수$\}$일 때, $n(A)$를 구하시오.

개념 C.O.D.I 04 집합 사이의 관계

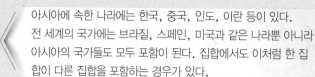

아시아에 속한 나라에는 한국, 중국, 인도, 이란 등이 있다. 전 세계의 국가에는 브라질, 스페인, 미국과 같은 나라뿐 아니라 아시아의 국가들도 모두 포함이 된다. 집합에서도 이처럼 한 집합이 다른 집합을 포함하는 경우가 있다.

01 부분집합

집합 A의 모든 원소가 집합 B에 속할 때, A는 B에 포함된다 또는 B는 A를 포함한다고 하고 A를 B의 **부분집합**이라 한다.
이를 기호로 나타내면

$$a \in A \text{이면 } a \in B \text{일 때 } A \subset B$$

$\left(\begin{array}{l} a\text{가 }A\text{의 원소이면 }B\text{의 원소가 된다.} \\ = A\text{의 모든 원소가 }B\text{의 원소이다.} \end{array}\right)$

A가 B의 부분집합이 되려면 A의 모든 원소가 빠짐없이 B의 원소가 되어야 한다.

예1 $A = \{1, 2\}$, $B = \{1, 2, 3, 6\}$

A의 원소 1, 2에 대하여 $1 \in B$, $2 \in B$이므로 A는 B의 부분집합이다.

$$\therefore A \subset B$$

예2 $C = \{2, 6\}$, $D = \{1, 2, 4, 8\}$

$6 \notin D$이므로 C의 모든 원소가 D의 원소는 아니다.

따라서 C는 D의 부분집합이 아니고 $C \not\subset D$로 나타낸다.

02 부분집합 구하기

어떤 집합의 부분집합을 구하기 위해 부분집합에 관한 두 가지 성질을 기억해 두자.

① 공집합($\varnothing$)은 모든 집합의 부분집합이다.
② 모든 집합은 자기 자신을 부분집합으로 갖는다.

(이 내용은 다음 페이지의 **실전 C.O.D.I 02**에서 자세히 다룬다.)

예를 들어 집합 $A = \{a, b, c\}$의 부분집합은 a, b, c 이외의 원소를 가질 수 없다. 만약 어떤 집합에 d라는 원소가 있다면 $d \notin A$이므로 부분집합이 될 수 없기 때문이다. 따라서 a, b, c의 일부나 전부를 원소로 갖는 집합들이 A의 부분집합이 된다.

예 $A = \{a, b, c\}$의 부분집합

$\varnothing$	: 원소 0개
$\{a\}$, $\{b\}$, $\{c\}$	: 원소 1개
$\{a, b\}$, $\{a, c\}$, $\{b, c\}$	: 원소 2개
$\{a, b, c\}$	: 원소 3개 (자기 자신)

진부분집합

부분집합을 구할 때 위와 같이 원소의 개수별로 생각하는 것이 좋다. 위의 부분집합들 중 자기 자신을 제외한 부분집합들은 **진부분집합**이라 한다.

03 서로 같은 두 집합

· 집합 A와 B의 원소가 모두 같을 때 'A와 B는 같은 집합'이라 하고 $A = B$로 나타낸다.

· $A \subset B$이고 $B \subset A$이면 $A = B$이다.
(A와 B가 서로의 부분집합이면 두 집합은 같다.)

→ $A \subset B$이면 A의 모든 원소가 B의 원소이다.
$B \subset A$이면 B의 모든 원소가 A의 원소이다.

이 두 조건을 동시에 만족시키려면 A와 B의 원소가 모두 일치해야 하므로 A, B는 서로 같은 집합, 즉 $A = B$이다.

02 벤다이어그램과 부분집합의 성질

01 벤다이어그램(Venn diagram)

집합을 간단한 도형으로 표현한 그림
   (ⅰ) 원이나 타원 같은 간단한 도형을 그린다.
   (ⅱ) 도형의 윗쪽에 집합의 이름을 쓰고
   (ⅲ) 도형의 안쪽에 원소를 나열한다.

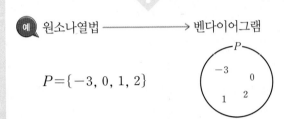

(예) 원소나열법 ⟶ 벤다이어그램

$$P = \{-3, 0, 1, 2\}$$

벤다이어그램은 여러 집합이 있을 때 집합들 사이의 관계를 파악하는 데 매우 유용하다.

벤다이어그램을 이용하면 집합 사이의 포함 관계를 직관적으로 이해할 수 있다.

(예) $A = \{1, 3, 9\}$, $B = \{1, 3, 5, 7, 9\}$일 때, $A \subset B$가 성립한다.
벤다이어그램으로 보면 오른쪽 그림과 같이 A가 B에 포함된다는 것을 시각적으로 파악할 수 있다.

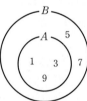

02 부분집합의 성질

① 모든 집합은 자기 자신을 부분집합으로 갖는다.

$$\varnothing \subset \varnothing, \ A \subset A$$

한 집합의 모든 원소가 다른 집합의 원소일 때 부분집합이 되므로 한 집합의 부분집합 중 항상 자기자신의 집합도 포함된다.

② 공집합은 모든 집합의 부분집합이다.

$$\varnothing \subset A, \ \varnothing \subset B, \ \varnothing \subset P, \ \cdots$$

공집합은 원소가 없기 때문에 어떤 집합에도 포함된다.

③ $A \subset B$, $B \subset C$이면 $A \subset C$
$A \subset B$이므로 A의 모든 원소가 B에 속하고
$B \subset C$이므로 B의 모든 원소가 C에 속한다.
따라서 A의 모든 원소가 C에 속하게 되어 $A \subset C$가 성립한다. 벤다이어그램으로도 확인할 수 있다.

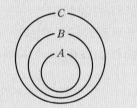

$$A \subset B, \ B \subset C$$
$$\Downarrow$$
$$A \subset C$$

03 집합을 원소로 갖는 집합

조건만 명확하다면 집합은 조건을 만족하는 어떤 대상도 원소로 가질 수 있다.
예를 들어 집합 $A=\{1,\ 2\}$일 때, 'A의 부분집합들이 원소인 집합 P'를 생각할 수 있다.

$\boxed{1}$ A의 부분집합: $\varnothing$, $\{1\}$, $\{2\}$, $\{1,\ 2\}$

$\boxed{2}$ $P=\{\varnothing,\ \{1\},\ \{2\},\ \{1,\ 2\}\}$
     $\llcorner$ A의 부분집합을 원소로 갖는 집합

이처럼 집합 안에 집합이 원소로 들어 있을 수 있다. 기본적인 사항들을 정리해 두자.

- $n(P)=4$

   부분집합의 개수가 4개이므로 P의 원소의 개수도 4개이다.

- $\varnothing \subset P$, $\varnothing \in P$

   둘 다 성립한다.

   공집합은 모든 집합의 부분집합이므로 옳고, P의 원소 중에 $\varnothing$이 존재하므로 원소이기도 하다.

- $1 \notin P$, $\{1\} \in P$

   많이 혼동하는 내용이다. 원소를 정확히 확인하자.

   P의 원소에 1은 없고 $\{1\}$은 존재한다. 마찬가지로 $1 \notin P$, $2 \notin P$이고 $\{1,\ 2\} \in P$이다.

> 집합 P를 조건제시법으로 나타내면 다음과 같다.
> $$P=\{X \mid X \subset A\}$$

예 $A=\{1,\ 2,\ 3\}$에 대하여 집합 $P=\{X \mid X \subset A\}$를 원소나열법으로 나타내시오.

(i) A의 부분집합: $\varnothing$

$\qquad\qquad\qquad$ $\{1\}$, $\{2\}$, $\{3\}$

$\qquad\qquad\qquad$ $\{1,\ 2\}$, $\{1,\ 3\}$, $\{2,\ 3\}$

$\qquad\qquad\qquad$ $\{1,\ 2,\ 3\}$

(ii) P는 A의 부분집합을 원소로 갖는다.

$\therefore P=\{\varnothing,\ \{1\},\ \{2\},\ \{3\},\ \{1,\ 2\},\ \{1,\ 3\},\ \{2,\ 3\},\ \{1,\ 2,\ 3\}\}$

[0033–0037] 빈칸을 알맞게 채우시오.

0033

집합 A의 [   ]가 집합 B에 속할 때 A를 B의 [   ]이라 한다.

0034

$a \in A$이면 $a \in B$일 때, A [   ] B로 나타낸다.

0035

$A \subset B$, $B \subset A$일 때, A [   ] B로 나타낸다.

0036

A의 부분집합들 중 자기 자신을 제외한 것을 [   ]이라 한다.

0037

집합을 간단한 도형으로 나타낸 것을 [   ]이라 한다.

[0038–0045] 빈칸에 $\subset$, $\not\subset$ 중 알맞은 기호를 쓰시오.

0038

$\{1\}$ [   ] $\{-1, 0, 1\}$

0039

$\{1, 2, 3\}$ [   ] $\{1, 2, 4, 8, 16\}$

0040

$\{x \mid x^2 = 1\}$ [   ] $\{x \mid (x-1)(x+1)(x-2) = 0\}$

0041

$\{x \mid |x| \leq 1$인 정수$\}$ [   ] $\{-1, 0, 1\}$

0042

$\varnothing$ [   ] $\{5\}$

0043

$\{\varnothing\}$ [   ] $\{-1, 1\}$

0044

$\varnothing$ [   ] A

0045

$\varnothing$ [   ] $\varnothing$

0046

두 집합 $A = \{1, 2, 3, 4, 6, 12\}$, $B = \{2, 4, 6\}$을 벤다이어그램으로 나타내시오.

0047

세 집합 $A = \{1, 3\}$, $B = \{1, 2, 3, 4, 5\}$, $C = \{1, 2, 3\}$을 벤다이어그램으로 나타내시오.

0048

집합 $A = \{1, 3, 5\}$의 부분집합을 모두 구하시오.

0049

집합 $B = \{a, b, c\}$의 진부분집합을 모두 구하시오.

0050

집합 $C = \{1, 2, 3, 4\}$의 부분집합을 모두 구하시오.

[0051–0056] $A = \{1, 2\}$, $P = \{X \mid X \subset A\}$에 대하여 다음 물음에 답하시오.

0051

P는 [   ]을 원소로 갖는 집합이다.

0052

P를 원소나열법으로 나타내시오.

0053

$n(P)$를 구하시오.

0054

$\varnothing \in P$의 참, 거짓을 판별하시오.

0055

$1 \in P$의 참, 거짓을 판별하시오.

0056

$\{\varnothing\} \subset P$의 참, 거짓을 판별하시오.

05 부분집합의 개수 구하기

어떤 집합의 부분집합의 개수는 그 집합의 원소의 개수에 의해 결정된다. 따라서 부분집합을 직접 구해서 세어 보지 않고도 그 개수를 쉽게 구할 수 있다.

> • 어떤 집합의 원소의 개수가 m이면
>   그 집합의 부분집합의 개수는 2^m이다.
> • $n(A)=m$이면 $X \subset A$인 X는 2^m개

예1 $A=\{5, 10\}$일 때, A의 부분집합의 개수는?
$n(A)=2$이므로 $2^2=4$

예2 $B=\{1, 2, 3, 6\}$일 때, B의 부분집합의 개수는?
$n(B)=4$이므로 $2^4=16$

예3 $C=\{x \mid x$는 8의 양의 약수$\}$일 때, C의 부분집합의 개수는?
$C=\{1, 2, 4, 8\}$, 즉 $n(C)=4$이므로 $2^4=16$

예2와 **예3**에서 보는 것처럼 원소의 개수가 같으면 부분집합의 개수는 같다.

> 원소가 m개인 집합의 진부분집합의 개수는
> $$2^m-1$$

부분집합 중에서 자기 자신을 제외한 것이 진부분집합이므로 부분집합의 개수에서 한 개를 빼면 된다.

증명 $A=\{a, b, c\}$의 원소는 3개이다.
A의 부분집합에 들어갈 원소에
　(ⅰ) a가 포함되는 경우, 포함되지 않은 경우
　(ⅱ) b가 포함되는 경우, 포함되지 않은 경우
　(ⅲ) c가 포함되는 경우, 포함되지 않은 경우
로 나누어 생각할 수 있다. 각 경우별로 2가지씩이므로 가능한 부분집합의 개수는 $2 \times 2 \times 2 = 2^3 = 8$이다.

표를 이용하여 정확히 이해해 보자.

○: 포함, ×: 미포함

a	b	c	부분집합
×	×	×	$\varnothing$
×	×	○	$\{c\}$
×	○	×	$\{b\}$
×	○	○	$\{b, c\}$
○	×	×	$\{a\}$
○	×	○	$\{a, c\}$
○	○	×	$\{a, b\}$
○	○	○	$\{a, b, c\}$

04 조건에 맞는 **부분집합** (1)

한 집합의 부분집합 중에 어떤 원소를 포함하거나, 포함하지 않는 것은 몇 개일까? 여기서는 그 원리를 배운다.

01 특정 원소를 모두 포함하지 않는 부분집합의 개수

원소의 개수가 m인 집합 A의 부분집합 중 특정 원소 k개를 포함하지 않는 부분집합의 개수는

$$2^{m-k}$$

예1 $A=\{1,\ 2,\ 3,\ 4,\ 5\}$의 부분집합 중 $1,\ 2$를 원소로 갖지 않는 부분집합의 개수는?
$2^{5-2}=2^3=8$

예2 $A=\{2,\ 3,\ 5,\ 7\}$일 때, $X \subset A$이고 $5 \notin X$, $7 \notin X$인 집합 X의 개수는?
$X \subset A$이므로 X는 A의 부분집합이고 $5 \notin X$, $7 \notin X$이므로 집합 X는 5와 7을 원소로 갖지 않아야 한다. 따라서 X는 A의 부분집합 중 5, 7을 포함하지 않는 것으로 그 개수는
$2^{4-2}=2^2=4$

원리를 이해해 보자.
예를 들어 $P=\{a,\ b,\ c,\ d\}$의 부분집합 중 원소 a, b를 둘 다 포함하지 않는 부분집합을 직접 구해 보면 다음과 같다.
$$\{\ \},\ \{c\},\ \{d\},\ \{c,\ d\}$$
이처럼 a, b가 포함되지 않는 부분집합은 a, b를 뺀 집합 $\{c,\ d\}$의 부분집합과 일치한다. 따라서

$2^{\text{전체 원소의 개수}-\text{포함되지 않는 원소의 개수}}$

와 같이 계산하면 된다.

02 특정 원소를 모두 포함하는 부분집합의 개수

원소의 개수가 m인 집합 A의 부분집합 중 특정 원소 k개를 포함하는 부분집합의 개수는

$$2^{m-k}$$

예1 $A=\{1,\ 2,\ 3,\ 4,\ 6,\ 12\}$의 부분집합 중에서 짝수를 모두 원소로 갖는 부분집합의 개수는?
$n(A)=6$이고 A의 원소 중 짝수는 4개이므로
$2^{6-4}=2^2=4$

예2 $A=\{1,\ 2,\ 3,\ \cdots,\ 9\}$일 때, 3의 배수를 모두 원소로 갖는 부분집합의 개수는?
$n(A)=9$이고 A의 원소 중 3의 배수는 3개이므로 $2^{9-3}=2^6=64$

마찬가지로 $P=\{a,\ b,\ c,\ d\}$를 예로 들면, P의 부분집합 중 a, b를 모두 원소로 갖는 부분집합은 반대로 생각하여 a, b를 모두 갖지 않는 집합을 구하면 된다.

| $\{\ \}$ $\{c\},\ \{d\}$ $\{c,\ d\}$ | 각 집합에 $a,\ b$를 추가 | $\{a,\ b\}$ $\{a,\ b,\ c\},\ \{a,\ b,\ d\}$ $\{a,\ b,\ c,\ d\}$ |

이처럼 어떤 원소를 꼭 포함해야 한다면 그 원소들이 빠진 부분집합을 구하고 그 집합들에 들어가야 할 원소를 넣어 준다고 생각하면 된다.

$2^{\text{전체 원소의 개수}-\text{포함하는 원소의 개수}}$

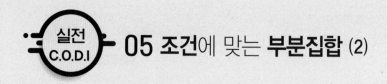

01 특정 원소를 적어도 하나 포함하는 부분집합의 개수

원소의 개수가 m인 집합의 부분집합 중에서 특정 원소 k개를 적어도 하나 포함하는 부분집합의 개수는

$$\underset{\substack{\text{전체 부분집합의}\\\text{개수}}}{2^m} - \underset{\substack{\text{특정 원소 }k\text{개를 모두 포함하지}\\\text{않는 부분집합의 개수}}}{2^{m-k}}$$

전체 부분집합 중에서 특정 원소들을 하나도 갖지 않는 집합을 뺀 나머지는 특정 원소들을 최소 하나 이상 가진 집합들이다. 따라서 전체 부분집합의 개수에서 특정 원소를 모두 포함하지 않는 부분집합의 개수를 빼준다.

예 $A=\{1,\ 2,\ 3,\ 4,\ 5,\ 6\}$의 부분집합 중 적어도 하나의 홀수를 원소로 갖는 부분집합의 개수는?
(전체 부분집합의 개수) $-$ (홀수 세 개를 모두 뺀 부분집합의 개수)이므로 $2^6-2^3=64-8=56$

02 부분집합의 모든 원소의 합 구하기

집합 $A=\{x_1,\ x_2,\ x_3,\ \cdots,\ x_n\}$에 대하여
A의 모든 부분집합의 원소의 총합은

$$\underset{\substack{A \text{ 원소의 총합}}}{(x_1+x_2+x_3+\cdots+x_n)} \times \underset{\substack{2^{\text{원소의 개수}-1}}}{2^{n-1}}$$

예 $A=\{2,\ 4,\ 6\}$의 모든 부분집합의 원소의 총합은?
직접 부분집합을 구해서 확인해 보자.
$\{\ \},\ \{2\},\ \{4\},\ \{6\},$
$\{2,4\},\ \{2,6\},\ \{4,6\},\ \{2,4,6\}$
$\Rightarrow (2+2+2+2)+(4+4+4+4)$
$\quad +(6+6+6+6)$
$\quad =(2+4+6)\times 2^{3-1}$

부분집합의 원소를 전부 모아서 더하면 되므로 2, 4, 6이 몇 개인지 알면 된다.

2를 포함하는 부분집합 : 2^{3-1} ⇒ 2가 4개
4를 포함하는 부분집합 : 2^{3-1} ⇒ 4가 4개
6을 포함하는 부분집합 : 2^{3-1} ⇒ 6이 4개
이처럼 A의 각 원소가 같은 수(2^2)만큼 존재하므로 A의 원소를 모두 더한 뒤 4를 곱하면 된다.

03 부분집합의 최소 원소들의 합 구하기

먼저 의미를 이해해 보자.
예를 들어 $\{1,\ 3,\ 4\}$, $\{2,\ 5\}$, $\{1,\ 2,\ 3\}$ 세 집합의 최소 원소의 합이라는 것은 각 집합에서 가장 작은 원소를 골라 더하라는 뜻이므로 $1+2+1=4$가 된다.

예 $A=\{1,\ 2,\ 3,\ 4,\ 5\}$의 부분집합들의 가장 작은 원소들의 합을 구하시오.
A의 부분집합 32개를 종류별로 구분해 보자.
• 1이 최소 원소인 경우: 16개
  A의 부분집합 중 1을 반드시 포함해야 하므로 $2^{5-1}=2^4=16$
• 2가 최소 원소인 경우: 8개
  2가 가장 작은 원소가 되려면 1은 포함하지 않고 2는 포함해야 하므로
  $2^{5-1-1}=2^3=8$
• 3이 최소 원소인 경우: 4개
  3이 가장 작은 원소가 되려면 1, 2는 포함하지 않고 3은 포함해야 하므로
  $2^{5-2-1}=2^2=4$
• 4가 최소 원소인 경우: 2개
  4가 가장 작은 원소가 되려면 1, 2, 3은 포함하지 않고 4를 포함해야 하므로
  $2^{5-3-1}=2^1=2$
• 5가 최소 원소인 경우: 1개
  5보다 작은 원소가 존재하면 안되므로 $\{5\}$ 하나뿐이다.
따라서 최소 원소들의 합은
$1\times16+2\times8+3\times4+4\times2+5\times1=57$

문제 C.O.D.I ① **Basic**

[0057~0060] 집합 $A=\{1, 2\}$에 대하여 다음 물음에 답하시오.

0057
$n(A)$의 값을 구하시오.

0058
A의 부분집합을 모두 구하시오.

0059
A의 부분집합의 개수는?

0060
A의 진부분집합의 개수는?

[0061~0064] 집합 $B=\{1, 2, 3\}$에 대하여 다음 물음에 답하시오.

0061
$n(B)$의 값을 구하시오.

0062
B의 부분집합을 모두 구하시오.

0063
B의 부분집합의 개수는?

0064
B의 진부분집합의 개수는?

0065
$P=\{a, b, c\}$일 때, 집합 P의 부분집합의 개수는?

0066
$n(Q)=5$일 때, 집합 Q의 부분집합의 개수는?

[0067~0070] 집합 $B=\{1, 2, 3\}$에 대하여 다음 물음에 답하시오.

0067
B의 부분집합 중 1을 원소로 갖지 않는 부분집합을 모두 구하시오.

0068
B의 부분집합 중 1을 원소로 갖지 않는 부분집합의 개수는?

0069
B의 부분집합 중 2, 3을 원소로 갖지 않는 부분집합을 모두 구하시오.

0070
B의 부분집합 중 2, 3을 원소로 갖지 않는 부분집합의 개수는?

[0071~0074] 집합 $C=\{a, b, c, d, e\}$에 대하여 다음 물음에 답하시오.

0071
C의 부분집합 중 b, e를 모두 원소로 갖는 부분집합을 모두 구하시오.

0072
C의 부분집합 중 b, e를 모두 원소로 갖는 부분집합의 개수는?

0073
C의 부분집합 중 a, c, e를 모두 원소로 갖는 부분집합을 모두 구하시오.

0074
C의 부분집합 중 a, c, e를 모두 원소로 갖는 부분집합의 개수는?

Style 01 **집합의 뜻**

0075
다음 중 집합인 것은?
① 대도시들의 모임
② 대한민국 대도시들의 모임
③ 우리나라 섬들의 모임
④ 귀여운 동물들의 모임
⑤ 장신 농구선수들의 모임

0076
다음 중 집합이 아닌 것은?
① 소수인 자연수의 모임
② 고등학교 1학년 수학 최상위권의 모임
③ 대한민국 국적자들의 모임
④ 합성수들의 모임
⑤ 제곱하여 음수가 되는 실수의 모임

Level up
0077
보기의 (가)~(마)에 대하여 집합인 것의 개수를 m, 집합이 아닌 것의 개수를 n이라 할 때, $m-n$의 값은?

보기
(가) 얼굴이 작은 사람들의 모임
(나) $x^2+1=0$의 실근의 모임
(다) $(x+3)(x-3)=x^2-9$를 만족하는 x의 값의 모임
(라) x보다 작은 수들의 모임
(마) 작은 짝수의 모임

① -3 ② -1 ③ 1
④ 3 ⑤ 5

0078
10과 가까운 수의 모임은 집합이 아니다. 밑줄 친 부분을 바꿀 때, 다음 중 집합이 되는 것은?
① 10에 근접한   ② 10과 차이가 큰
③ 10과의 차가 작은   ④ 10에 가깝고 20과는 먼
⑤ 10과의 차가 2 미만인

Style 02 **집합과 원소**

0079
집합 A는 5 이하의 무리수의 모임일 때, 다음 중 A의 원소가 아닌 것은?
① $\sqrt{2}$ ② $\sqrt{2.25}$ ③ $\sqrt{3}$
④ $\sqrt{3.6}$ ⑤ $\sqrt{4.8}$

0080
A는 3의 배수를 원소로 갖는 집합, B는 4의 배수를 원소로 갖는 집합일 때, 다음 중 옳은 것은?
① $123 \in B$ ② $72 \notin A$ ③ $90315 \in A$
④ $52728 \notin B$ ⑤ $5200 \in A$

0081
$A=\{x \mid x$는 10과 서로소인 자연수$\}$일 때, 다음 중 옳지 않은 것은?
① $1 \notin A$ ② $2 \notin A$ ③ $3 \in A$
④ $7 \in A$ ⑤ $10 \notin A$

Level up
0082
자연수 k의 양의 약수의 집합을 A_k라 하자. 예를 들어 $A_8=\{1, 2, 4, 8\}$이다. 다음 중 옳은 것은?
① $8 \in A_{12}$ ② $15 \notin A_{15}$ ③ $1 \in A_k$
④ $18 \notin A_{36}$ ⑤ $15 \in A_{100}$

Style 03 집합의 종류

0083

다음 중 옳지 않은 것은?

① '자연수의 모임'은 무한집합이다.

② 공집합은 유한집합이다.

③ '대한민국 국적자들의 모임'은 유한집합이다.

④ 0과 1 사이의 실수가 원소인 집합은 유한집합이다.

⑤ 0과 1 사이의 자연수가 원소인 집합은 공집합이다.

0084

집합 $A=\{x \mid -2<x<2,\ x는\ \boxed{}\}$에 대하여 다음 보기 에서 빈칸에 들어갔을 때, 집합 A가 유한집합이 되는 조건을 모두 고르면?

보기
ㄱ. 유리수	ㄴ. 무리수	ㄷ. 자연수
ㄹ. 정수	ㅁ. 실수	

① ㄱ, ㄷ   ② ㄱ, ㄷ, ㄹ   ③ ㄴ, ㅁ

④ ㄷ   ⑤ ㄷ, ㄹ

Level up

0085

다음 중 원소의 개수를 구할 수 없는 집합은?

① $\{x \mid 0<x<1인\ 실수\}$

② $\{x \mid x는\ 두\ 자리\ 수의\ 4의\ 배수\}$

③ $\varnothing$

④ $\{x \mid x(x+3)(x-1)=0\}$

⑤ $\{x \mid x^2-6x+9\leq 0,\ x는\ 실수\}$

Level up

0086

집합 $A=\{x \mid x^2-mx+4\leq 0,\ x는\ 실수\}$가 유한집합이 되도록 하는 정수 m의 개수를 구하시오.

Style 04 원소의 개수

0087

집합 A, B, C가 다음과 같다.

$A=\{1,\ 3,\ 5,\ \cdots,\ 17,\ 19\}$
$B=\{a \mid a=4n-2,\ n=1,\ 2,\ 3,\ 4\}$
$C=\{b \mid b는\ 20\ 이하의\ 소수\}$

$n(A)+n(B)-n(C)$의 값은?

① 5   ② 6   ③ 7

④ 8   ⑤ 9

0088

$A=\{x \mid x는\ 6의\ 약수\}$, $B=\{x \mid x는\ 6의\ 양의\ 약수\}$일 때, $n(A)-n(B)$의 값은?

① -8 ② -4 ③ 0

④ 4   ⑤ 8

0089

$A=\{x \mid |x-1|\leq 2,\ x는\ 정수\}$일 때, $n(A)$의 값은?

① 2   ② 3   ③ 4

④ 5   ⑤ 6

Level up

0090

$n(\varnothing)+n(\{\varnothing\})$의 값을 구하시오.

Level up

0091

두 집합 A, B가 다음과 같다.

$A=\{x \mid (x-1)(x^2-3x+k)=0\}$
$B=\{x \mid (x-1)(x^2-3x+k)=0,\ x는\ 실수\}$

$n(A)=n(B)$이기 위한 실수 k의 값의 범위를 구하시오.

Style 05 원소나열법과 조건제시법

0092

다음 중 나머지 넷과 다른 집합은?

① $\{1, 3, 5, 7, 9\}$

② $\{p \mid p = 2m+1, \ m은 \ 1 \le m \le 5인 \ 자연수\}$

③ $\{x \mid x는 \ 10 \ 이하의 \ 홀수\}$

④ $\{x \mid x는 \ 한 \ 자리의 \ 홀수\}$

⑤ $\{x \mid (x-1)(x-3)(x-5)(x-7)(x-9)=0\}$

0093

집합 $\{-2, 2\}$를 조건제시법으로 나타내면 $\{x \mid x^2 = k\}$ 일 때, 실수 k의 값은?

① 1   ② 2   ③ 3

④ 4   ⑤ 5

0094

두 집합 $A = \{-2, -1, 0, 1\}$,

$B = \{x \mid (x+2)(x-k) \le 0, \ x는 \ 정수\}$에 대하여 $A = B$ 일 때, 정수 k의 값은?

① -2 ② -1 ③ 0

④ 1   ⑤ 2

Level up

0095

두 집합 $A = \{-2, -1, 0, 1\}$,

$B = \{x \mid (x+2)(x-k) \le 0, \ x는 \ 정수\}$에 대하여 $A = B$ 를 만족하는 실수 k의 값의 범위는 $\alpha \le k < \beta$이다. $\alpha + \beta$ 의 값은?

① 0   ② 1   ③ 2

④ 3   ⑤ 4

Style 06 조건제시법

0096

집합 $\left\{ \dfrac{x}{3} \mid x = 1, 2, 3, 4, 5, 6 \right\}$의 모든 원소의 합은?

① 7   ② $\dfrac{38}{3}$ ③ 14

④ $\dfrac{52}{3}$ ⑤ 21

0097

두 집합

$$A = \{1, 2, 3, 4\}$$
$$B = \{\sqrt{a} \mid a \in A\}$$

에 대하여 B의 원소 중 모든 자연수의 합은?

① 1   ② 2   ③ 3

④ 4   ⑤ 5

0098

두 집합

$$A = \{-1, 0, 1, 2\}$$
$$B = \{a+b \mid a \in A, \ b \in A\}$$

에 대하여 $n(B)$의 값은?

① 5   ② 7   ③ 9

④ 12   ⑤ 16

Level up

0099

세 집합

$$A = \left\{ \dfrac{1}{3}, \dfrac{1}{2}, 1 \right\}$$
$$B = \{2, 4, 6\}$$
$$C = \{x \mid x = ab, \ a \in A, \ b \in B, \ x는 \ 정수\}$$

에 대하여 집합 C를 원소나열법으로 나타내시오.

Style 07 집합의 포함 관계

0100
두 집합 $A=\{-1, 1\}$, $B=\{-1, 0, 1, 2\}$에 대하여 보기 에서 옳은 것을 모두 고르시오.

보기
ㄱ. $-1 \in A$ ㄴ. $A=B$
ㄷ. $A \subset B$ ㄹ. $A \in B$
ㅁ. $2 \notin A$ ㅂ. $1 \notin B$

0101
다음 중 집합 $\{x \mid 4x^3+12x^2-x-3=0\}$의 부분집합이 아닌 것은?

① $\varnothing$ ② $\{-3\}$ ③ $\left\{\dfrac{1}{2}\right\}$

④ $\left\{-3, \dfrac{1}{3}\right\}$ ⑤ $\{x \mid 4x^2-1=0\}$

0102
오른쪽 그림은 세 집합 A, B, C의 포함 관계를 나타낸 벤다이어그램이다. 다음 중 세 집합의 포함 관계를 나타낸 것으로 옳은 것은? (정답 2개)

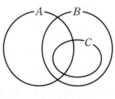

① $A \subset C$ ② $C \subset B$ ③ $C \not\subset A$
④ $B \subset A$ ⑤ $C \subset A$

Level up
0103
두 집합
     $A=\{x \mid x$는 6의 양의 약수$\}$
     $B=\{x \mid x$는 k의 양의 약수$\}$
가 $B \subset A$를 만족할 때, 모든 자연수 k의 값의 합은?
                     (단, $A \neq B$)

① 3   ② 4   ③ 5
④ 6   ⑤ 12

Style 08 집합을 원소로 갖는 집합

0104
다음 중 집합 $\{\varnothing, \{1\}, \{2\}, \{1, 2\}\}$의 원소가 아닌 것은?

① $\varnothing$ ② 1   ③ $\{1\}$
④ $\{2\}$ ⑤ $\{1, 2\}$

0105
다음 중 집합 $\{\varnothing, \{1\}, \{2\}, \{1, 2\}\}$의 부분집합이 아닌 것은?

① $\varnothing$ ② $\{\varnothing\}$ ③ $\{1\}$
④ $\{\{1\}\}$ ⑤ $\{\varnothing, \{2\}\}$

Level up
0106
집합 $P=\{1, \{1, 2\}, \{3\}, 4\}$에 대하여 다음 중 옳지 않은 것은?

① $\{1, 2\} \subset P$ ② $1 \in P$ ③ $\{1\} \subset P$
④ $\{3\} \in P$ ⑤ $\{\{1, 2\}, 4\} \subset P$

Level up
0107
집합 $P=\{\varnothing, \{\varnothing\}, \{a, b\}\}$에 대하여 다음 중 옳지 않은 것은?

① $\varnothing \in P$ ② $\varnothing \subset P$ ③ $\{\varnothing\} \subset P$
④ $\{\{\varnothing\}\} \in P$ ⑤ $\{a, b\} \in P$

Style 09 부분집합이 되기 위한 조건

0108

$A=\{1, 3, a\}$, $B=\{1, 3, 5, 7\}$에 대하여 $A \subset B$인 관계가 성립할 때, 원소 a의 최댓값과 최솟값의 차는?

① 2   ② 4   ③ 5

④ 6   ⑤ 7

0109

세 집합 $A=\{1, 2\}$, $B=\{1, a, 2a\}$, $C=\{1, 2, 4, 8\}$에 대하여 $A \subset B \subset C$일 때, 상수 a의 값은?

(단, $n(A) < n(B) < n(C)$)

① 1   ② 2   ③ 3

④ 4   ⑤ 8

Level up

0110

두 집합 $A=\{2, a^2\}$, $B=\{1, a, a+2\}$에 대하여 $A \subset B$일 때, 자연수 a의 값은?

① 1   ② 2   ③ 3

④ 4   ⑤ 5

Level up

0111

두 집합 $A=\{p, p+2, p+4\}$, $B=\{2, 3, 4, 5, 6, 7, 8\}$에 대하여 $A \subset B$를 만족하는 모든 p의 값의 합은?

① 6   ② 7   ③ 8

④ 9   ⑤ 10

Style 10 부등식과 부분집합

0112

집합 $A=\{x \mid x \leq k\}$가 집합 $B=\{x \mid x \leq 5\}$의 부분집합일 때, k의 최댓값은?

① 1   ② 2   ③ 3

④ 4   ⑤ 5

Level up

0113

세 집합 $A=\{x \mid x \leq 1\}$, $B=\{x \mid x \leq k\}$, $C=\{x \mid x \leq 3\}$에 대하여 $A \subset B \subset C$를 만족하는 k의 최댓값과 최솟값의 합은?

① 1   ② 2   ③ 3

④ 4   ⑤ 5

0114

세 집합 $A=\{x \mid |x| < 2\}$, $B\{x \mid x^2 \leq x+6\}$, $C=\{x \mid x^2 \leq 4\}$의 포함 관계를 나타내시오.

Level up

0115

집합 $A=\{x \mid a < x < 6\}$이 집합 $B=\{x \mid -2 \leq x < \beta\}$에 포함될 때, a와 β의 값의 범위를 각각 구하시오.

(단, $A \neq \varnothing$)

모의고사 기출

0116

두 집합

$$A=\{1,\ 20,\ a\},\ B=\{1,\ 5,\ a+b\}$$

에 대하여 $A \subset B$이고 $B \subset A$일 때, b의 값은?

① 5 　　② 10 　　③ 15

④ 20 　　⑤ 25

0117

두 집합

$$A=\{x\,|\,x^3-2x-4=0,\ x는\ 실수\}$$

$$B=\{\sqrt{a}\,|\,a는\ 양의\ 실수\}$$

에 대하여 $A=B$를 만족하는 모든 a의 값의 합을 구하시오.

Level up

0118

두 집합 $A=\{x\,|\,x\le-1\ 또는\ x\ge3\}$과

$B=\{x\,|\,x^2+ax+b\ge0\}$이 서로 같을 때, ab의 값은?

(단, a, b는 상수)

① 3 　　② 4 　　③ 6

④ 8 　　⑤ 10

모의고사 기출

0119

두 집합 $A=\{a+2,\ a^2-2\}$, $B=\{2,\ 6-a\}$에 대하여 $A=B$일 때, a의 값은?

① -2 　　② -1 　　③ 0

④ 1 　　⑤ 2

0120

집합 $\{x\,|\,x는\ 20\ 이하의\ 4의\ 배수\}$의 부분집합의 개수는?

① 4 　　② 8 　　③ 16

④ 32 　　⑤ 64

0121

집합 $\{x\,|\,-5<x\le1$인 정수$\}$의 진부분집합의 개수를 구하시오.

Level up

0122

집합 $A=\{x\,|\,x는\ 2^m의\ 양의\ 약수\}$의 부분집합의 개수가 32일 때, m의 값은?

① 2 　　② 3 　　③ 4

④ 5 　　⑤ 6

Level up

0123

어떤 집합 A에 대하여 $P(A)=\{X\,|\,X \subset A,\ X \ne \varnothing\}$이고 $n(P(A))=511$일 때, $n(A)$의 값은?

① 1 　　② 3 　　③ 5

④ 7 　　⑤ 9

Style 13 조건에 맞는 부분집합의 개수 (1)

0124
집합 $A=\{1,\ 2,\ 3,\ 4,\ 5\}$의 부분집합 중에서 1과 5를 모두 원소로 갖는 부분집합의 개수는 2^m이다. m의 값은?

① 3   ② 5   ③ 7

④ 8   ⑤ 9

Level up

0125
집합 $A=\{x\,|\,x$는 10 이하의 자연수$\}$의 부분집합 중에서 4와 서로소인 원소로 이루어진 부분집합의 개수는?

① 16   ② 32   ③ 64

④ 128   ⑤ 256

0126
집합 $\{3,\ 6,\ 9,\ 12,\ 15,\ 18,\ 21,\ 24\}$의 부분집합 중에서 9의 배수를 모두 원소로 갖고 12의 배수는 원소로 갖지 않는 부분집합의 개수는?

① 16   ② 32   ③ 64

④ 128   ⑤ 256

Level up

0127
집합 $A=\{1,\ 2,\ 3,\ \cdots,\ 2n\}$의 부분집합 중에서 모든 홀수를 원소로 갖고 4, 6을 원소로 갖지 않는 부분집합의 개수가 64일 때, $n(A)$의 값은?

① 4   ② 8   ③ 12

④ 16   ⑤ 20

Style 14 $A \subset X \subset B$인 X의 개수

0128
$\{1,\ 2,\ 3\} \subset X \subset \{1,\ 2,\ 3,\ 4,\ 5\}$를 만족하는 집합 X의 개수는?

① 2   ② 4   ③ 8

④ 16   ⑤ 32

모의고사기출

0129
전체집합 $U=\{x\,|\,x$는 자연수$\}$의 두 부분집합 A, B에 대하여 $A=\{x\,|\,x$는 4의 약수$\}$, $B=\{x\,|\,x$는 12의 약수$\}$일 때, $A \subset X \subset B$를 만족시키는 집합 X의 개수를 구하시오.

0130
두 집합
$$A=\{x\,|\,x^2+x-6=0\}$$
$$B=\{x\,|\,x^2+x-6 \leq 0,\ x$는 정수$\}$$
에 대하여 $A \subset X \subset B$를 만족하는 집합 X의 개수는?

① 2   ② 4   ③ 8

④ 16   ⑤ 32

Level up

0131
세 집합 A, B, X에 대하여 $n(B)=7$이고 $A \subset X \subset B$를 만족하는 집합 X의 개수가 8일 때, A의 진부분집합의 개수는?

① 3   ② 4   ③ 7

④ 8   ⑤ 15

Style **15**　진부분집합의 개수

0132

집합 $A=\{x|x$는 15의 양의 약수$\}$의 진부분집합의 개수는?

① 15 ② 16 ③ 31

④ 32 ⑤ 63

0133

집합 $A=\{1,\ 2,\ 4,\ 8,\ 16\}$의 진부분집합 중 1, 2를 모두 원소로 갖는 진부분집합의 개수는?

① 3 ② 7 ③ 8

④ 15 ⑤ 16

Level up

0134

집합 $A=\{1,\ 2,\ 3,\ 4,\ 5,\ 6\}$의 진부분집합 중 1, 2를 원소로 갖지 않는 진부분집합의 개수는?

① 7 ② 8 ③ 15

④ 16 ⑤ 31

0135

집합 $A=\left\{x\,\Big|\,\dfrac{18}{x}$은 자연수$\right\}$의 진부분집합의 개수를 구하시오.

Style **16**　조건에 맞는 부분집합의 개수 (2)

0136

다음은 집합 $\{a,\ b,\ c,\ d,\ e\}$의 부분집합 중에서 적어도 하나의 모음을 원소로 갖는 부분집합의 개수를 구하는 과정이다.

> 조건을 만족하는 부분집합을 X라 하면 적어도 하나의 모음을 원소로 갖는 경우는 다음 세 가지이다.
> ① $a\in X$이고 $e\notin X$
> ② $a\notin X$이고 $e\in X$
> ③ $a\in X$이고 $e\in X$
>
> 조건 ①을 만족하는 X의 개수는 　(가)
> 조건 ②를 만족하는 X의 개수는 　(나)
> 조건 ③을 만족하는 X의 개수는 　(다)
> 이므로 적어도 하나의 모음을 원소로 갖는 부분집합의 개수는 　(라)　이다.

빈칸에 알맞은 수를 구하시오.

0137

다음은 집합 $\{a,\ b,\ c,\ d,\ e\}$의 부분집합 중에서 적어도 하나의 모음을 원소로 갖는 부분집합의 개수를 구하는 과정이다.

> $\{a,\ b,\ c,\ d,\ e\}$의 부분집합 중에서 모음 $a,\ e$를 하나도 원소로 갖지 않는 집합을 제외하면 적어도 하나의 모음을 갖는 집합이 남는다. 따라서 그 개수는 다음과 같다.
>
> $$2^{\boxed{(가)}}-2^{\boxed{(나)}}=\boxed{}\;(다)$$

빈칸에 알맞은 수를 구하시오.

모의고사 기출

0138

집합 $A=\{1,\ 2,\ 3,\ 4,\ 5\}$의 부분집합 중에서 홀수인 원소가 한 개 이상 속해 있는 집합의 개수는?

① 16 ② 20 ③ 24

④ 28 ⑤ 32

정답 및 해설 • 18쪽

Style 17 부분집합의 원소의 총합

0139
집합 $\{1, 3\}$의 부분집합들의 모든 원소의 합은?

① 4   ② 8   ③ 12

④ 16   ⑤ 20

Level up

0140
n개의 원소를 가진 집합 $A=\{a_1,\ a_2,\ \cdots,\ a_n\}$의 부분집합들의 모든 원소의 합은

$$\left(\ \boxed{\quad (가) \quad}\ \right) \times 2^{\boxed{(나)}}$$

이다. 다음 중 빈칸에 들어갈 식으로 알맞은 것은?

	(가)	(나)
①	$a_1+a_2+\cdots+a_n$	$n-2$
②	$a_1+a_2+\cdots+a_n$	$n-1$
③	$a_1+a_2+\cdots+a_n$	n
④	$a_2+a_3+\cdots+a_{n-1}$	$n-1$
⑤	$a_2+a_3+\cdots+a_{n-1}$	n

0141
집합 $\{2, 4, 6, 8\}$의 부분집합들의 모든 원소의 합은?

① 80   ② 120   ③ 160

④ 320   ⑤ 640

Level up

0142
집합 $\{x\,|\,x$는 10 이하의 자연수$\}$의 부분집합들의 모든 원소의 합은?

① 45×2^9 ② 45×2^{10} ③ 55×2^9

④ 55×2^{10} ⑤ 110×2^{10}

Style 18 부분집합의 최대 원소·최소 원소

0143
집합 $A=\{1, 2, 3, 4\}$의 부분집합 중 공집합을 제외한 집합들을 $P_1,\ P_2,\ P_3,\ \cdots,\ P_{15}$라 하고 각 집합의 가장 작은 원소들을 각각 $a_1,\ a_2,\ a_3,\ \cdots,\ a_{15}$라 하자. 예를 들어 $P_3=\{2, 3, 4\}$이면 $a_3=2$이다. $a_1+a_2+a_3+\cdots+a_{15}$의 값은?

① 7   ② 13   ③ 26

④ 52   ⑤ 104

Level up

0144
집합 $A=\{1, 2, 3, 4, 5\}$의 부분집합 중 공집합을 제외한 집합들을 $P_1,\ P_2,\ P_3,\ \cdots,\ P_{31}$이라 하고 각 집합의 가장 작은 원소들을 각각 $a_1,\ a_2,\ a_3,\ \cdots,\ a_{31}$이라 하자. $a_1+a_2+a_3+\cdots+a_{31}$의 값은?

① 13   ② 26   ③ 52

④ 57   ⑤ 75

Level up

0145
집합 $A=\{1, 3, 5\}$의 부분집합 중 공집합을 제외한 집합들을 $P_1,\ P_2,\ \cdots,\ P_7$이라 하고 각 집합의 가장 큰 원소들을 각각 $a_1,\ a_2,\ \cdots,\ a_7$이라 할 때, $a_1+a_2+\cdots+a_7$의 값은?

① 9   ② 14   ③ 20

④ 25   ⑤ 27

0146

자연수 n의 배수의 집합을 A_n이라 할 때, 다음 중 옳지 않은 것은?

① $100 \in A_5$ ② $28 \not\in A_6$ ③ $A_6 \subset A_{12}$

④ $A_8 \not\subset A_3$ ⑤ $A_4 \subset A_2$

0147

집합 $A = \{x \mid x^2 - 4x + k = 0\}$에 대하여 $2 \in A$일 때, $n(A)$의 값을 구하시오.

0148

$n(\{1, \{1, 2\}, \varnothing\})$의 값을 구하시오.

0149

집합 $A = \{x \mid x^2 - 2ax + a + 2 = 0, \ x$는 실수$\}$가 공집합이 되기 위한 정수 a의 개수는?

① 1 ② 2 ③ 3

④ 4 ⑤ 5

0150

집합 $P = \{x \mid x^2 - kx + k + 3 < 0, \ x$는 실수$\}$가 무한집합일 때, 자연수 k의 최솟값은?

① 1 ② 3 ③ 5

④ 7 ⑤ 9

0151

다음 중 집합 $\{-1, 1\}$을 조건제시법으로 나타낸 것으로 옳지 않은 것은?

① $\{x \mid x^2 - 1 = 0\}$

② $\{x \mid x^2 - 1 < 0, \ x$는 0이 아닌 정수$\}$

③ $\{x \mid x^2 - 4 < 0, \ x$는 0이 아닌 정수$\}$

④ $\{x \mid x^2 - 1 \leq 0, \ x$는 0이 아닌 정수$\}$

⑤ $\{x \mid |x| = 1\}$

0152

10 이하의 자연수 m에 대하여

$A = \{x \mid x$는 m의 양의 약수$\}, \ n(A) = 2$

를 만족하는 m의 개수는?

① 2 ② 3 ③ 4

④ 5 ⑤ 6

0153

두 집합 A, B에 대하여

$A = \{-1, 1, 2\}$

$B = \{x^2 \mid x \in A\}$

일 때, B의 모든 원소의 합은?

① 5 ② 6 ③ 7

④ 8 ⑤ 9

정답 및 해설 ▶ 19쪽

0154

두 집합 $A=\{a, b\}$, $B=\{1, 2, 3\}$에 대하여 $A \subset B$일 때, ab의 최댓값과 최솟값의 합은? (단, $a < b$)

① 2   ② 4   ③ 6

④ 8   ⑤ 10

0155

세 집합 $A=\{x \mid x \geq a\}$, $B=\{x \mid x > 4\}$, $C=\{x \mid x \geq \beta\}$에 대하여 $C \subset B \subset A$일 때, 정수 a의 최댓값과 정수 β의 최솟값의 합은?

① 4   ② 6   ③ 7

④ 8   ⑤ 9

0156

두 집합 $A=\{x \mid 3 \leq x < 5\}$, $B=\{x \mid x > a\}$에 대하여 $A \not\subset B$이기 위한 실수 a의 최솟값은?

① 1   ② 2   ③ 3

④ 4   ⑤ 5

0157

두 집합 $A=\{a \mid a \in B,$ a는 3과 서로소$\}$,
$B=\{1, 2, 3, 4, 6, 12\}$에 대하여 $A \subset X \subset B$를 만족하는 집합 X의 개수를 구하시오.

Level up

0158

집합 $U=\{1, 2, 3, \cdots, 9, 10\}$의 부분집합 중에서 적어도 한 개의 짝수를 원소로 갖는 부분집합의 개수는 $2^m - 2^n$이다. $m+n$의 값은?

① 4   ② 5   ③ 8

④ 11   ⑤ 15

Level up

0159

집합 $U=\{1, 2, 3, \cdots, 9, 10\}$의 부분집합 중에서 모든 3의 배수를 원소로 갖고 4의 배수는 원소로 갖지 않는 부분집합의 개수를 구하시오.

Level up

0160

$1^2 + 2^2 + 3^2 + \cdots + 10^2 = 385$임을 이용하여 집합 $A=\{1, 4, 9, 16, \cdots, 81, 100\}$의 부분집합의 모든 원소들의 합을 구하면 $385 \times k$이다. 자연수 k의 값을 구하시오.

Level up

0161

집합 $A=\{-2, -1, 0, 1, 2\}$의 부분집합 중 공집합을 제외한 집합들을 P_1, P_2, $\cdots$, P_{31}이라 하고 각 집합의 가장 큰 원소들을 각각 a_1, a_2, $\cdots$, a_{31}이라 할 때, $a_1 + a_2 + \cdots + a_{31}$의 값을 구하시오.

수는 가장 높은 수준의 지식이다.
수는 지식 그 자체이다

-플라톤-

02 집합의 연산

여러 개의 집합이 있을 때
① 여러 집합들의 원소를 합하거나
② 집합들의 공통 원소를 구하거나
③ 한 집합에서 다른 집합과 겹치는 원소를 빼는
등의 계산을 할 수 있다. 이를 집합의 연산이라고
한다. 이 단원에서는 여러 가지 집합의 연산 방법
과 그와 관련된 성질들을 배울 것이다.

수를 계산한 결과가 수가 되는 것처럼
집합끼리 연산한 결과는 집합이 된다는
것도 기억해 두자.

개념 C.O.D.I 01 **합집합**과 **교집합**

> 두 집단을 하나로 통합하거나 두 집단의 공통분모를 찾는 등의 활동은 인간 사고에서 자연스러운 흐름이다. 이를 집합에서는 합집합, 교집합이라는 개념으로 다룬다.

01 합집합

집합 A, B의 원소를 모두 모은 집합을 A와 B의 합집합이라 하고 $A \cup B$로 나타낸다.

$$A \cup B = \{x \mid \underline{x \in A \text{ 또는 } x \in B}\}$$

A나 B에 속하는 모든 원소들의 집합

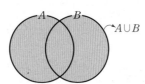

$A \cup B$는 오른쪽 벤다이어그램의 색칠한 부분을 나타낸다.

예 $A = \{1, 2, 3, 6\}$, $B = \{1, 2, 4\}$일 때, $A \cup B$를 구하시오.

A와 B의 원소를 모두, 중복하지 않고, 한 번씩 써서 나열한다.

$$\therefore A \cup B = \{1, 2, 3, 4, 6\}$$

색칠한 영역의 원소

02 교집합

집합 A, B의 공통 원소를 모두 모은 집합을 A와 B의 교집합이라 하고 $A \cap B$로 나타낸다.

$$A \cap B = \{x \mid x \in A \text{ 이고 } x \in B\}$$

A에도 속하고 B에도 속하는 원소들의 집합

두 집합 A, B의 공통 원소가 없어 교집합의 원소가 존재하지 않을 때, 즉 $A \cap B = \varnothing$일 때 A와 B는 서로소라고 한다.

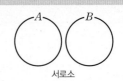

서로소

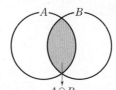

$A \cap B$

예 $A = \{1, 2, 3, 6\}$, $B = \{1, 2, 4\}$일 때, $A \cap B$를 구하시오.

A에도 속하고 B에도 속하는 공통 원소, 벤다이어그램에서 겹치는 영역의 원소를 찾는다.

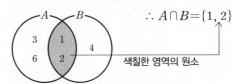

$$\therefore A \cap B = \{1, 2\}$$

색칠한 영역의 원소

03 집합의 연산법칙

1 교환법칙

- $A \cap B = B \cap A$
- $A \cup B = B \cup A$

순서를 바꿔도 교집합과 합집합의 결과는 같다.

2 결합법칙

- $(A \cap B) \cap C = A \cap (B \cap C)$
- $(A \cup B) \cup C = A \cup (B \cup C)$

세 집합 모두의 교집합
세 집합 모두의 합집합 $\Rightarrow$ 어떤 집합을 먼저 계산해도 결과는 같다.

3 분배법칙

- $A \cap (B \cup C) = (A \cap B) \cup (A \cap C)$
- $A \cup (B \cap C) = (A \cup B) \cap (A \cup C)$

구조를 기억하자.

$$A \cap (B \cup C) = (A \cap B) \cup (A \cap C)$$ 분배

$$A \cup (B \cap C) = (A \cup B) \cap (A \cup C)$$ 분배

$a \times (b+c) = a \times b + a \times c$와 같이 다항식의 분배법칙과 비슷하다.

증명 벤다이어그램을 이용한다.

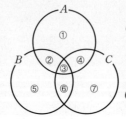

- $\underline{A \cap (B \cup C)} = \underline{(A \cap B)} \cup \underline{(A \cap C)}$

  ①②③④ ∩ ②③④⑤⑥⑦   ②③   ∪   ③④

  $\therefore$ ②③④ $\therefore$ ②③④

- $\underline{A \cup (B \cap C)} = \underline{(A \cup B)} \cap \underline{(A \cup C)}$

  ①②③④ ∪ ③⑥   ①②③④⑤⑥ ∩ ①②③④⑥⑦

  $\therefore$ ①②③④⑥ $\therefore$ ①②③④⑥

실전 C.O.D.I — 01 집합의 연산의 성질(1)

01 벤다이어그램의 활용

집합의 연산이나 포함 관계는 벤다이어그램을 이용하면 쉽게 확인이 가능하다. 또한 벤다이어그램의 각 부분에 문자나 번호를 붙여서 확인하는 것도 좋다.

예1 $A=\{1, 2, 3, 6\}$, $B=\{2, 3, 5, 7\}$일 때

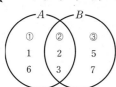

- $A\cup B=\{1, 2, 3, 5, 6, 7\}$
  (①②③ 부분)
- $A\cap B=\{2, 3\}$
  (② 부분)

예2 $A=\{1, 2, 3, 6\}$, $B=\{2, 3, 5, 7\}$,
$C=\{3, 4, 6, 9\}$일 때

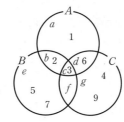

- $A\cap B=\{2, 3\}$
  (b, c 부분)
- $B\cup C=\{2, 3, 4, 5, 6, 7, 9\}$
  (b, c, d, e, f, g 부분)
- $A\cap B\cap C=\{3\}$
  (c 부분)

02 집합의 연산의 기본 성질

1 임의의 집합 A에 대하여
$$A\cup A=A, \quad A\cap A=A$$
자기 자신과의 합집합, 교집합은 자기 자신이 된다. 마찬가지로 $\varnothing\cup\varnothing=\varnothing$, $\varnothing\cap\varnothing=\varnothing$도 성립한다.

2 임의의 집합 A에 대하여
$$A\cup\varnothing=A, \quad A\cap\varnothing=\varnothing$$
공집합($\varnothing$)은 원소가 존재하지 않으므로 어떤 집합과 합집합도 그 집합 자신이 되고 교집합은 공집합이 된다. 즉, <u>공집합은 모든 집합과 서로소</u>이다.

03 집합의 연산의 포함 관계

1 $(A\cap B)\subset A\subset(A\cup B)$

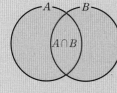

A는 $A\cap B$를 포함

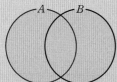

$A\cup B$는 A를 포함

2 $A\cap B=A$이면 $A\subset B$

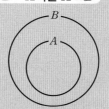

A와 B의 교집합(공통 부분)이 A이면 위의 벤다이어그램과 같이 A가 B의 부분집합, 즉 $A\subset B$가 성립한다.

3 $A\cup B=A$이면 $B\subset A$

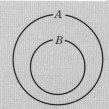

A와 B의 합집합이 A이면 위의 벤다이어그램과 같이 B가 A의 부분집합, 즉 $B\subset A$가 성립한다.

예1 $A=\{-5, a\}$, $B=\{-5, 0, 2\}$이고 $A\cap B=A$일 때, 양수 a의 값은?
$A\cap B=A$에서 $A\subset B$이므로 A의 모든 원소가 B에 속하므로 a는 0 또는 2이고 이 중 양수는 2이다.
$\therefore a=2$

예2 $A=\{-2, -1, 3, a\}$, $B=\{-1, 3, 5\}$이고 $A\cup B=A$일 때, 상수 a의 값은?
$A\cup B=A$에서 $B\subset A$이므로 B의 원소 -1, 3, 5가 A의 원소가 되어야 한다.
$\therefore a=5$

02 차집합과 여집합

01 차집합

두 집합 A, B에 대하여

· A의 원소에서 B의 원소(B와 겹치는 원소)를 제외한 집합을 A에 대한 B의 **차집합**이라 하고 **$A-B$**로 나타낸다.

$$A-B=\{x\,|\,x\in A\text{이고 }x\notin B\}$$

· **$B-A$**는 B에 대한 A의 차집합으로 B에 속하고 A에 속하지 않는 원소로 이루어진 집합이다.

$$B-A=\{x\,|\,x\notin A\text{이고 }x\in B\}$$

예 $A=\{1, 2, 3, 6\}$, $B=\{1, 2, 4\}$일 때 $A-B$, $B-A$를 구하시오.

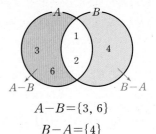

$$A-B=\{3, 6\}$$
$$B-A=\{4\}$$

02 전체집합

집합 A, B에 대하여 A와 B를 모두 포함하는 더 큰 범위의 집합을 A, B의 **전체집합**이라 하고 **U**로 나타낸다.

$$A\subset U,\ B\subset U\text{이면 }U\text{는 }A,\ B\text{의 전체집합}$$

예 $A=\{1, 2, 3\}$, $B=\{2, 4, 6\}$일 때, A, B를 모두 부분집합으로 갖는 $U=\{1, 2, 3, 4, 6\}$과 같은 집합이 A, B의 전체집합이다.

전체집합은 집합을 연산할 때 한계선을 정해준다고 생각하면 된다. 전체집합을 $U=\{1, 2, 3, \cdots, 10\}$으로 정할 경우 집합을 만들거나 연산을 할 때 전체집합의 원소 10개만을 생각하고 이를 벗어난 경우는 생각하지 않는다.
이것은 이어서 배울 여집합의 개념에서 꼭 필요하다.

03 여집합

전체집합 U에서 A의 원소를 제외한 나머지 원소를 갖는 집합을 A의 여집합이라 하고 A^C로 나타낸다.

$$A^C=\{x\,|\,x\in U\text{이고 }x\notin A\}$$

예1 전체집합 $U=\{1, 2, \cdots, 9\}$에 대하여 $A=\{2, 4, 6, 8\}$일 때, A^C을 구하시오.

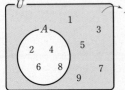

전체집합의 원소 중에서 A의 원소 2, 4, 6, 8을 뺀 나머지를 원소로 갖는 집합이다.

∴ $A^C=\{1, 3, 5, 7, 9\}$

예2 전체집합 $U=\{1, 2, 3, 4, 5, 6\}$에 대하여 $A=\{1, 2, 3\}$, $B=\{2, 4, 6\}$일 때, A^C, B^C을 구하시오.

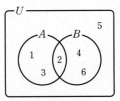

$$A^C=\{4, 5, 6\}$$
$$B^C=\{1, 3, 5\}$$

04 드모르간의 법칙

두 집합 A, B에 대하여 다음이 성립한다.

① $(A\cap B)^C=A^C\cup B^C$
② $(A\cup B)^C=A^C\cap B^C$

· C 하나씩 분배
· ∩은 ∪으로, ∪은 ∩으로

증명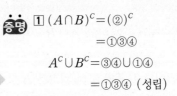

① $(A\cap B)^C=(②)^C$
$\qquad\qquad\quad =①③④$
$A^C\cup B^C=③④\cup①④$
$\qquad\qquad =①③④$ (성립)

② $(A\cup B)^C=(①②③)^C=④$
$A^C\cap B^C=③④\cap①④=④$ (성립)

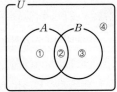

[0162-0165] 다음 두 집합 A, B에 대하여 $A \cup B$와 $A \cap B$를 각각 구하시오.

0162
$A = \{a, c, e\}$, $B = \{a, e, r, o\}$

0163
$A = \{1, 2, 3, 4\}$, $B = \{1, 4, 9, 16\}$

0164
$A = \{1, 3, 5\}$, $B = \{2, 4, 6\}$

0165
$A = \{x \mid x$는 4의 양의 약수$\}$,
$B = \{x \mid x$는 20 이하의 4의 배수$\}$

[0166-0167] 다음 세 집합 A, B, C에 대하여 $A \cup B \cup C$와 $A \cap B \cap C$를 각각 구하시오.

0166
$A = \{x \mid x \leq 6, x$는 자연수$\}$
$B = \{3, 4, 5, 7, 9, 10\}$
$C = \{4, 5, 6, 8, 9, 10\}$

0167
$A = \{-5, -3, 0, 3\}$
$B = \{-1, 0, 1, 2\}$
$C = \{-5, 3, 4\}$

[0168-0170] 다음 두 집합 A, B에 대하여 $A - B$, $B - A$를 각각 구하시오.

0168
$A = \{\alpha, \beta, \gamma, \theta\}$, $B = \{\alpha, \theta, \pi\}$

0169
$A = \{x \mid x$는 8의 양의 약수$\}$
$B = \{x \mid x$는 4의 양의 약수$\}$

0170
$A = \{6, 12, 18\}$, $B = \{1, 3, 5, 15\}$

0171
전체집합 $U = \{1, 2, 3, 4, 5, 6\}$의 부분집합 $A = \{2, 3, 4\}$에 대하여 A^C을 구하시오.

0172
전체집합 $U = \{x \mid -3 < x \leq 4, x$는 정수$\}$의 부분집합 $A = \{2, 3, 4\}$에 대하여 A^C을 구하시오.

[0173-0178] 다음 집합의 연산 결과를 구하시오.

0173
$A \cup A$

0174
$A \cap A$

0175
$A \cup \varnothing$

0176
$A \cap \varnothing$

0177
$\varnothing \cup \varnothing$

0178
$\varnothing \cap \varnothing$

[0179-0182] $A = \{1, 2, 3, 6\}$, $B = \{2, 3, 4, 5\}$, $C = \{3, 5, 6\}$에 대하여 다음 집합을 구하시오.

0179
$A \cup (B \cap C)$

0180
$(A \cup B) \cap (A \cup C)$

0181
$A \cap (B \cup C)$

0182
$(A \cap B) \cup (A \cap C)$

[0183-0186] 전체집합 $U = \{-3, -2, -1, 0, 1, 2, 3\}$의 부분집합 $A = \{-2, -1, 0, 1\}$, $B = \{-1, 1, 2\}$에 대하여 다음을 구하시오.

0183
$(A \cup B)^C$

0184
$A^C \cap B^C$

0185
$(A \cap B)^C$

0186
$A^C \cup B^C$

[0187-0192] 전체집합 U와 두 부분집합 A, B가 오른쪽 벤다이어그램과 같을 때, 다음을 구하시오.

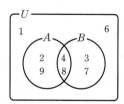

0187
$A \cup B$

0188
$A \cap B$

0189
B^C

0190
$A - B$

0191
$(A \cup B)^C$

0192
$(A \cap B)^C$

02 집합의 연산의 성질 (2)

01 여집합의 성질

$(A^c)^c = A$ 여집합의 여집합은 자기 자신	$\cdot\, U^c = \varnothing$ $\cdot\, \varnothing^c = U$	$\cdot\, A \cap A^c = \varnothing$ $\cdot\, A \cup A^c = U$	$A \subset B$이면 $B^c \subset A^c$

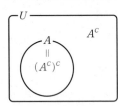

U에서 A를 제외한 나머지가 A^c이다. 마찬가지로 U에서 A^c을 제외한 나머지는 A가 되므로

$$(A^c)^c = A$$

(i) 전체집합의 원소를 제외하면 남는 원소는 없다. 따라서 전체집합의 여집합은 공집합이다.

$$\therefore U^c = \varnothing$$

(ii) 원소가 없는 공집합의 나머지는 전체가 된다. 따라서 공집합의 여집합은 전체집합이다.

$$\therefore \varnothing^c = U$$

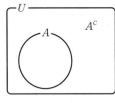

(i) A와 A^c에 동시에 속하는 원소는 없다. 따라서 두 집합은 서로소이다.

$$\therefore A \cap A^c = \varnothing$$

(ii) A와 A^c을 합하면 전체가 된다.

$$\therefore A \cup A^c = U$$

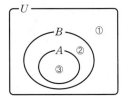

$A \subset B$이므로 벤다이어그램은 위와 같다. 따라서

$$B^c \subset A^c$$
$$(①) \quad (①②)$$

가 성립한다. 이처럼 여집합에서는 집합의 포함 관계가 역전됨을 알 수 있다.

02 차집합의 성질

$\cdot\, A - B = A - (A \cap B)$ $\cdot\, A - B = (A \cup B) - B$ $\cdot\, A - B = A \cap B^c$	$A^c = U - A$	$A \subset B$이면 $A - B = \varnothing$	$A \cap B = \varnothing$이면 $\cdot\, A - B = A$ $\cdot\, B - A = B$

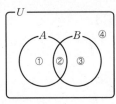

$A - B$는 벤다이어그램에서 ① 영역을 나타낸다. 이는 A에서 $A \cap B$를 뺀(①②$-$②) 것으로 생각할 수도 있고 $A \cup B$에서 B를 뺀(①②③$-$②③) 것으로 생각해도 된다. 특히

$$\underset{①}{A - B} = \underset{①②\cap①④ = ①}{A \cap B^c}$$

이 성립함을 알아두자.
이 성질은 다양하게 응용된다.

 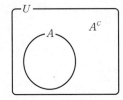

여집합을 차집합으로 이해할 수도 있다.
A^c은 전체 집합의 원소 중 A의 원소를 제외한 집합이므로

$$A^c = U - A$$

가 성립한다.

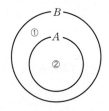

A가 B의 부분집합이므로 A의 원소에서 B의 원소를 제외하면 남은 원소는 없다. 따라서 차집합은 공집합이 된다.

$$\therefore A - B = \varnothing$$

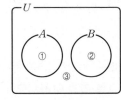

A와 B는 서로소이므로 위의 벤다이어그램과 같이 공통 원소가 존재하지 않는다.

$$\therefore A - B = A$$
$$① - ② = ①$$
$$B - A = B$$
$$② - ① = ②$$

집합의 연산과 관련한 성질은 이외에도 많다. 각각의 항목을 외우기보다는 주어진 상황을 이해하고 그에 맞게 해석하는 연습을 하는 것이 좋다.

[0193-0199] 전체집합 $U=\{1, 2, 3, 4, 5\}$의 부분집합 $A=\{1, 3, 5\}$에 대하여 다음을 구하시오.

0193
A^c

0194
$U-A$

0195
$(A^c)^c$

0196
U^c

0197
$\varnothing^c$

0198
$A\cup A^c$

0199
$A\cap A^c$

[0200-0205] 다음 집합의 연산 결과를 구하시오.

0200
$(A^c)^c$

0201
U^c

0202
$\varnothing^c$

0203
$U-A$

0204
$A^c\cap A$

0205
$A\cup A^c$

[0206-0209] 전체집합 $U=\{x \mid x$는 한 자리 자연수$\}$의 두 부분집합 $A=\{1, 3, 5, 7, 9\}$, $B=\{1, 2, 3, 4, 5\}$에 대하여 다음을 구하시오.

0206
$A-B$

0207
$A-(A\cap B)$

0208
$(A\cup B)-B$

0209
$A\cap B^c$

[0210-0212] $A=\{-1, 0, 1\}$, $B=\{-3, 2, 3\}$에 대하여 다음을 구하시오.

0210
$A\cap B$

0211
$A-B$

0212
$B-A$

[0213-0221] 전체집합 $U=\{x \mid |x|\leq 3,\ x$는 정수$\}$의 두 부분집합 $A=\{-2, -1, 0, 1, 2\}$, $B=\{0, 1, 2\}$에 대하여 다음 물음에 답하시오.

0213
U, A, B를 벤다이어그램으로 나타내시오.

0214
A와 B의 포함 관계는?

0215
$A\cap B$를 구하시오.

0216
$A\cup B$를 구하시오.

0217
$A-B$를 구하시오.

0218
$B-A$를 구하시오.

0219
A^c을 구하시오.

0220
B^c을 구하시오.

0221
A^c과 B^c의 포함 관계는?

[0222-0226] $B\subset A$일 때, 다음 빈칸을 채우시오.

0222
$B-A=\boxed{}$

0223
$A\cap B=\boxed{}$

0224
$A\cup B=\boxed{}$

0225
$A^c\cap B=\boxed{}$

0226
$A^c\ \boxed{}\ B^c$

03 집합의 연산 간단히 하기

여기서는 복잡한 집합의 연산을 간단히 정리하는 연습을 할 것이다. 방법은 두 가지이다.

(i) 벤다이어그램을 이용하는 방법

(ii) 집합의 연산법칙과 성질을 이용하는 방법

다양한 유형의 집합의 연산 문제를 해결하려면 두 방법을 모두 알고 있어야 한다.

예1 $A \cup (A \cup B^c)^c$

(i) 벤다이어그램으로 구하기

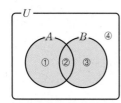

A: ①②, B^c: ①④이므로 $A \cup B^c$: ①②④

$\therefore (A \cup B^c)^c$: ③

$A \cup (A \cup B^c)^c = $ ①② $\cup$ ③ $=$ ①②③

$\therefore A \cup (A \cup B^c)^c = A \cup B$

(ii) 연산법칙으로 구하기

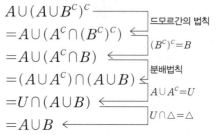

$A \cup (A \cup B^c)^c$ ⟵ 드모르간의 법칙

$= A \cup (A^c \cap (B^c)^c)$ ⟵ $(B^c)^c = B$

$= A \cup (A^c \cap B)$

$= (A \cup A^c) \cap (A \cup B)$ ⟵ 분배법칙

$= U \cap (A \cup B)$ ⟵ $A \cup A^c = U$

$= A \cup B$ ⟵ $U \cap \triangle = \triangle$

예2 $(A - B) \cup (A \cap B)$

(i) 벤다이어그램으로 구하기

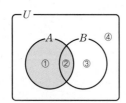

$A - B$: ①, $A \cap B$: ②이므로

$(A - B) \cup (A \cap B) = $ ①②

$\therefore (A - B) \cup (A \cap B) = A$

A에서 B를 제외한 부분과 A와 B의 공통 부분을 합하면 집합 A가 되는 것을 알 수 있다.

(ii) 연산법칙으로 구하기

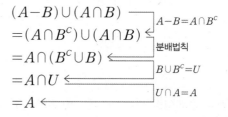

$(A - B) \cup (A \cap B)$ ⟵ $A - B = A \cap B^c$

$= (A \cap B^c) \cup (A \cap B)$

$= A \cap (B^c \cup B)$ ⟵ 분배법칙

$= A \cap U$ ⟵ $B \cup B^c = U$

$= A$ ⟵ $U \cap A = A$

예3 $(A^c \cap B) \cup (A \cup B)^c$

(i) 벤다이어그램으로 구하기

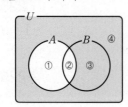

$A^c \cap B = B \cap A^c = B - A = $ ③

$(A \cup B)^c = ($①②③$)^c = $ ④

$(A^c \cap B) \cup (A \cup B)^c = $ ③④

$\therefore (A^c \cap B) \cup (A \cup B)^c = A^c$

(ii) 연산법칙으로 구하기

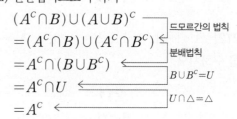

$(A^c \cap B) \cup (A \cup B)^c$ ⟵ 드모르간의 법칙

$= (A^c \cap B) \cup (A^c \cap B^c)$

$= A^c \cap (B \cup B^c)$ ⟵ 분배법칙

$= A^c \cap U$ ⟵ $B \cup B^c = U$

$= A^c$ ⟵ $U \cap \triangle = \triangle$

개념 C.O.D.I 03 합집합의 원소의 개수 구하기

 합집합을 구해서 원소를 직접 세지 말고 공식을 이용하는 것이 편하다. 공식이 도출된 원리를 이해하자.

01 $n(A \cup B)$ 구하기

두 집합 A, B에 대하여 다음이 성립한다.

$$\underset{\substack{\text{합집합의}\\\text{원소 개수}}}{n(A \cup B)} = \underset{\substack{A의\\\text{원소 개수}}}{n(A)} + \underset{\substack{B의\\\text{원소 개수}}}{n(B)} - \underset{\substack{\text{교집합의}\\\text{원소 개수}}}{n(A \cap B)}$$

두 집합 A, B가 서로소일 때 $(A \cap B = \varnothing)$

$$n(A \cup B) = n(A) + n(B)$$

예1 $n(A) = 15$, $n(B) = 12$, $n(A \cap B) = 6$일 때, $n(A \cup B)$의 값은?

$$\begin{aligned} n(A \cup B) &= n(A) + n(B) - n(A \cap B) \\ &= 15 + 12 - 6 = 21 \end{aligned}$$

예2 $n(A \cup B) = 17$, $n(A) = 10$, $n(B) = 11$일 때, $n(A \cap B)$의 값은?

$n(A \cup B) = n(A) + n(B) - n(A \cap B)$에서

$17 = 10 + 11 - n(A \cap B)$ $\therefore n(A \cap B) = 4$

증명

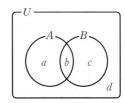

벤다이어그램에서 각 부분에 속하는 원소의 개수를 각각 a, b, c, d라 하면 $n(A \cup B) = a + b + c$이다.

여기서 단순히 A와 B의 원소의 개수만 더하면 $n(A) + n(B) = (a + b) + (b + c)$로 교집합의 원소의 개수를 두 번 더하게 된다. 따라서 중복된 개수, $n(A \cap B)$를 빼 주면

$$\begin{aligned} &n(A) + n(B) - n(A \cup B) \\ &= (a + b) + (b + c) - b \\ &= a + b + c \end{aligned}$$

가 되므로 합집합의 원소의 개수를 정확히 구할 수 있다.

$$\therefore n(A \cup B) = n(A) + n(B) - n(A \cap B)$$

02 $n(A \cup B \cup C)$ 구하기

세 집합 A, B, C에 대하여

$$\begin{aligned} &n(A \cup B \cup C) \\ &= n(A) + n(B) + n(C) \\ &\quad - n(A \cap B) - n(B \cap C) - n(C \cap A) \\ &\quad + n(A \cap B \cap C) \end{aligned}$$

예 $n(A) = 15$, $n(B) = 9$, $n(C) = 13$,
$n(A \cap B) = 5$, $n(B \cap C) = 3$, $n(C \cap A) = 4$
$n(A \cap B \cap C) = 2$일 때, $n(A \cup B \cup C)$의 값은?

$$\begin{aligned} n(A \cup B \cup C) &= n(A) + n(B) + n(C) \\ &\quad - n(A \cap B) - n(B \cap C) \\ &\quad - n(C \cap A) + n(A \cap B \cap C) \\ &= 15 + 9 + 13 - 5 - 3 - 4 + 2 = 27 \end{aligned}$$

증명

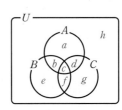

벤다이어그램에서 각 부분에 속하는 원소의 개수를 각각 a, b, c, d, e, f, g, h라 하면
$n(A \cup B \cup C) = a + b + c + d + e + f + g$이다.
$n(A) + n(B) + n(C)$에서 중복하여 세는 부분이 있으므로 교집합의 개수($n(A \cap B) + n(B \cap C) + n(C \cap A)$)를 뺀다. 이때 $A \cap B \cap C$ 부분이 모두 빠지므로 $n(A \cap B \cap C)$를 한 번 더해 준다.

$n(A) + n(B) + n(C)$:
$\quad (a + \cancel{b} + \cancel{c} + d) + (b + \cancel{c} + e + f) + (\cancel{c} + d + f + g)$
$-n(A \cap B) - n(B \cap C) - n(C \cap A)$:
$\qquad\qquad\qquad -\cancel{b} - \cancel{c} - \cancel{c} - f - \cancel{c} - d$
$+n(A \cap B \cap C)$: $+c$
$= a + b + c + d + e + f + g = n(A \cup B \cup C)$

04 원소의 개수의 최대·최소

전체집합 U의 두 부분집합 A, B에 대하여 두 집합의 원소의 개수가 일정할 때, 두 집합의 원소의 구성에 따라 교집합과 합집합의 개수가 달라질 수 있다.

> $n(A)$, $n(B)$가 일정할 때
> $n(A \cap B)$가 최대 → $n(A \cup B)$가 최소
> $n(A \cap B)$가 최소 → $n(A \cup B)$가 최대

이를 벤다이어그램과 식으로 이해해 보자.

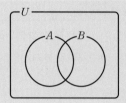 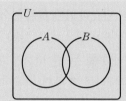

$$n(A \cup B) = n(A) + n(B) - n(A \cap B)$$

$n(A)$, $n(B)$의 값이 일정하므로
$n(A \cap B)$가 클수록 $n(A \cup B)$의 값은 작아지게 되고,
$n(A \cap B)$가 작을수록 $n(A \cup B)$의 값은 커지게 된다.

예1 $n(U) = 20$, $n(A) = 11$, $n(B) = 6$일 때, $n(A \cup B)$의 최댓값과 최솟값을 구하시오.

(i) 최솟값

교집합의 원소의 개수가 최대일 때, 즉 오른쪽 그림과 같이 $B \subset A$인 경우 합집합의 원소의 개수가 최소가 된다.

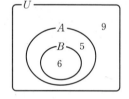

$\therefore n(A \cup B) = n(A) = 11$

(ii) 최댓값

교집합의 원소의 개수가 최소일 때, 즉 $A \cap B = \varnothing$인 경우 합집합의 원소의 개수가 최대가 된다.

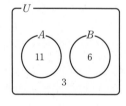

$\therefore n(A \cup B) = n(A) + n(B) = 17$

예2 $n(U) = 20$, $n(A) = 12$, $n(B) = 10$일 때, $n(A \cup B)$의 최댓값과 최솟값을 구하시오.

(i) 최솟값

교집합의 원소의 개수가 최대일 때, 즉 오른쪽 그림과 같이 $B \subset A$인 경우 합집합의 원소의 개수가 최소가 된다.

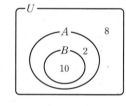

$\therefore n(A \cup B) = n(A) = 12$

(ii) 최댓값

교집합의 원소의 개수가 최소일 때 합집합이 최대가 되는 상황은 같지만 A와 B는 서로소가 될 수 없다. $A \cap B = \varnothing$이면

$n(A \cup B) = n(A) + n(B) = 22$

이므로 전체집합의 원소 개수보다 많아지기 때문이다.

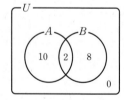

따라서 $n(A \cap B) = 2$일 때
$n(U) = n(A \cup B) = 20$으로 최댓값을 갖는다.

0227

$A \cup (A \cup B^C)^C$을 벤다이어그램으로 나타내시오.

0228

집합의 연산법칙을 이용하여 $A \cup (A \cup B^C)^C$을 간단히 하시오.

0229

$(A-B) \cup (A \cap B)$를 벤다이어그램으로 나타내시오.

0230

집합의 연산법칙을 이용하여 $(A-B) \cup (A \cap B)$를 간단히 하시오.

0231

$(A^C \cap B) \cup (A \cup B)^C$을 벤다이어그램으로 나타내시오.

0232

집합의 연산법칙을 이용하여 $(A^C \cap B) \cup (A \cup B)^C$을 간단히 하시오.

0233

두 집합 A, B에 대하여 $n(A)=10$, $n(B)=10$, $n(A \cap B)=6$일 때, $n(A \cup B)$의 값을 구하시오.

0234

두 집합 A, B에 대하여 $n(A)=6$, $n(B)=11$, $n(A \cap B)=6$일 때, $n(A \cup B)$의 값을 구하시오.

0235

서로소인 두 집합 A, B에 대하여 $n(A)=7$, $n(B)=8$일 때, $n(A \cup B)$의 값을 구하시오.

0236

세 집합 A, B, C에 대하여 $n(A)=7$, $n(B)=9$, $n(C)=9$, $n(A \cap B)=2$, $n(B \cap C)=4$, $n(C \cap A)=3$, $n(A \cap B \cap C)=1$일 때, $n(A \cup B \cup C)$의 값을 구하시오.

0237

세 집합 A, B, C에 대하여 $A \cap C=\varnothing$이고 $n(A)=5$, $n(B)=4$, $n(C)=2$, $n(A \cap B)=2$, $n(B \cap C)=1$일 때, $n(A \cup B \cup C)$의 값을 구하시오.

[0238–0239] 전체집합 U의 두 부분집합 A, B에 대하여 $n(U)=15$, $n(A)=7$, $n(B)=5$일 때, 다음 물음에 답하시오.

0238

$n(A \cup B)$가 최대가 될 때의 벤다이어그램을 그리고, 그 값을 구하시오.

0239

$n(A \cup B)$가 최소가 될 때의 벤다이어그램을 그리고, 그 값을 구하시오.

[0240–0241] 전체집합 U의 두 부분집합 A, B에 대하여 $n(U)=10$, $n(A)=7$, $n(B)=5$일 때, 다음 물음에 답하시오.

0240

$n(A \cup B)$가 최대가 될 때의 벤다이어그램을 그리고, 그 값을 구하시오.

0241

$n(A \cup B)$가 최소가 될 때의 벤다이어그램을 그리고, 그 값을 구하시오.

모의고사기출

0242

두 집합 $A=\{1, 2, 3\}$, $B=\{3, 5\}$에 대하여 집합 $A\cup B$의 모든 원소의 합은?

① 9   ② 10   ③ 11

④ 12   ⑤ 13

0243

두 집합 A, B에 대한 벤다이어그램이 오른쪽 그림과 같다.
$A\cup B=\{3, 4, 6, 8, 9, 10, 12\}$
일 때, $A\cap B$의 모든 원소의 합은?

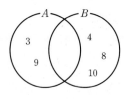

① 10   ② 14   ③ 18

④ 22   ⑤ 26

0244

세 집합
$$A=\{e, u, r, o\}$$
$$B=\{r, u, l, e\}$$
$$C=\{l, u, m, b, e, r\}$$
에 대하여 다음 중 나머지 넷과 다른 것은?

① $A\cap B$ ② $B\cap C$ ③ $C\cap A$

④ $A\cap B\cap C$ ⑤ $B\cap(A\cap C)$

0245

세 집합
$$A=\{2, 7, 9\}$$
$$B=\{2, 4, 6, 8\}$$
$$C=\{1, 2, 6, 7, 8\}$$
에 대하여 다음 중 옳지 않은 것은?

① $A\cup B=\{2, 4, 6, 7, 8, 9\}$

② $B\cap C=\{2, 6, 8\}$

③ $A\cap(B\cup C)=\{2\}$

④ $A\cap B\cap C=\{2\}$

⑤ $(A\cap B)\cup(B\cap C)=\{2, 6, 8\}$

0246

두 집합 $A=\{10, 11, 12, a\}$, $B=\{9, 10, 12\}$에 대하여 $A\cup B=\{8, 9, 10, 11, 12\}$일 때, 상수 a의 값은?

① 8   ② 9   ③ 10

④ 11   ⑤ 12

0247

두 집합 $A=\{-3, -2, a, b\}$, $B=\{-5, -1, 0, 5\}$에 대하여 $A\cap B=\{-5, 5\}$일 때, $a+b$의 값은?

① -2 ② -1 ③ 0

④ 1   ⑤ 2

Level up

0248

두 집합 $A=\{0, 3, a^2\}$, $B=\{a+2, 3\}$에 대하여 $n(A\cap B)=2$를 만족하는 자연수 a의 값은?

① 1   ② 2   ③ 3

④ 4   ⑤ 5

Level up

0249

전체집합 $U=\{1, 2, 3, 4, 5, 6\}$의 두 부분집합 A, B에 대하여 $A=\{3, 4, 5\}$, $A\cap B=\{3, 5\}$일 때, $n(B)$의 최댓값과 최솟값의 합은?

① 1   ② 3   ③ 5

④ 7   ⑤ 9

Style 03 서로소 (1)

0250

다음 중 집합 $A=\{-4, -2, 2, 4\}$와 서로소인 집합은?

① $B=\{0, 2, 4, 6, 8\}$

② $C=\{x \mid x^2-16 \geq 0\}$

③ $D=\{x \mid x^2-16 > 0\}$

④ $E=\{x \mid x$는 소수$\}$

⑤ $F=\{n^2 \mid n$은 자연수$\}$

0251

다음 중 집합 $A=\{x \mid x^2-2x-15 \leq 0\}$에 대하여 $A \cap B = \varnothing$인 집합 B로 알맞은 것은?

① $\{x \mid x$는 양의 정수$\}$

② $\{x \mid x^2+7x+12 < 0\}$

③ $\{x \mid x < 5\}$

④ $\{x \mid x \leq -3\}$

⑤ $\{x \mid x^2-6x=0\}$

0252

전체집합 $U=\{-4, -2, -1, 1, 2, 4\}$의 두 부분집합 A, B에 대하여 $A \cup B = U$, $A \cap B = \varnothing$, $A=\{-2, 1, 4\}$일 때, 집합 B의 모든 원소의 합은?

① -6 ② -3 ③ 0

④ 3 ⑤ 6

Level up

0253

세 집합 $A=\{x \mid x < -1\}$, $B=\{x \mid a \leq x < 3\}$, $C=\{x \mid x \geq \beta\}$가 모두 서로소일 때, a, β의 최솟값의 합은?

① 2 ② 3 ③ 4

④ 5 ⑤ 6

Style 04 서로소 (2)

Level up

0254

다음 중 집합 $A=\{x^2 \mid x \in B\}$와 서로소인 집합 B로 옳은 것은?

① $\{3\}$ ② $\{2, 4\}$ ③ $\{1, 3\}$

④ $\{-1, 1\}$ ⑤ $\{1, 2, 4\}$

0255

다음은 전체집합 $U=\{2, 3, 5, 7, 11, 13\}$의 부분집합 중 $A=\{3, 7, 13\}$과 서로소인 집합의 개수를 구하는 과정이다.

> 조건을 만족하는 집합을 B라 하면 $A \cap B = \varnothing$이므로 B는 U의 부분집합 중에서 3, 7, 13을 원소로 갖지 않는 집합의 개수이다.
>
> $$\therefore 2^{a-b}=p$$

$ab-p$의 값을 구하시오. (단, a, b, p는 자연수)

0256

두 집합 $A=\{x \mid x$는 8의 약수$\}$, $B=\{1, 2, 4, 8\}$에 대하여 $X \subset A$, $B \cap X = \varnothing$인 집합 X의 개수를 구하시오.

모의고사기출

0257

전체집합 $U=\{x \mid x$는 10 이하의 자연수$\}$의 두 부분집합 $A=\{x \mid x$는 6의 약수$\}$, $B=\{2, 3, 5, 7\}$에 대하여 보기 에서 옳은 것만을 있는 대로 고른 것은?

> **보기**
>
> ㄱ. $5 \notin A \cap B$
>
> ㄴ. $n(B-A)=2$
>
> ㄷ. U의 부분집합 중 집합 $A \cup B$와 서로소인 집합의 개수는 16이다.

① ㄱ ② ㄷ ③ ㄱ, ㄴ

④ ㄴ, ㄷ ⑤ ㄱ, ㄴ, ㄷ

Style 05 **차집합과 여집합 (1)**

0258
전체집합 $U=\{1,\ 3,\ 5,\ 7,\ 9,\ 11\}$의 두 부분집합 $A=\{3,\ 5,\ 7,\ 11\}$, $B=\{1,\ 3,\ 9\}$에 대하여 A^C의 모든 원소의 합을 p, $B-A$의 모든 원소의 합을 q라 할 때, $p-q$의 값은?

① -2 ② -1 ③ 0

④ 1 ⑤ 2

0259
두 집합 A, B에 대하여 $A\cup B=\{1,\ 2,\ 3,\ 4,\ 5,\ 6\}$, $A-B=\{1,\ 4\}$, $B-A=\{3,\ 6\}$일 때, $A\cap B$를 구하시오.

Level up

0260
두 집합 A, B에 대하여 $A\cup B=\{0,\ 2,\ 4,\ 6,\ 8,\ 10\}$, $A-B=\{4,\ 6\}$일 때, 집합 B를 구하시오.

모의고사 기출

0261
전체집합 $U=\{x|x$는 9 이하의 자연수$\}$의 두 부분집합 A, B에 대하여 $A\cap B=\{1,\ 2\}$, $A^C\cap B=\{3,\ 4,\ 5\}$, $A^C\cap B^C=\{8,\ 9\}$를 만족시키는 집합 A의 모든 원소의 합은?

① 8 ② 10 ③ 12

④ 14 ⑤ 16

Style 06 **차집합과 여집합 (2)**

0262
전체집합 $U=\{x|x$는 자연수$\}$의 부분집합 $A=\{x|x<3$ 또는 $x\geq7\}$에 대하여 $n(A^C)$의 값은?

① 3 ② 4 ③ 5

④ 6 ⑤ 7

0263
두 집합 $A=\{x|x^2-9\leq0\}$, $B=\{x|x^2-3x-10\leq0\}$에 대하여 $B-A=\{x|\boxed{}\}$이다. 빈칸에 들어갈 조건으로 알맞은 것은?

① $3<x\leq5$ ② $3\leq x<5$

③ $-3\leq x<-2$ ④ $-3<x\leq-2$

⑤ $2<x\leq5$

Level up

0264
세 집합 $P=\{x|2\leq x\leq6\}$, $Q=\{x|x<4$ 또는 $x>6\}$, $R=\{x|x$는 정수$\}$에 대하여 $(P-Q^C)\cap R$의 모든 원소의 합은?

① 5 ② 10 ③ 11

④ 15 ⑤ 20

Style 07 집합의 연산: 미지수 구하기

모의고사기출

0265

두 집합 $A=\{3,\ a+2,\ 5\}$, $B=\{b,\ 6,\ 8\}$에 대하여 $A\cap B=\{4\}$일 때, $a+b$의 값은? (단, a, b는 실수이다.)

① 2   ② 4   ③ 6

④ 8   ⑤ 10

수능기출

0266

전체집합 $U=\{x\,|\,x$는 9 이하의 자연수$\}$의 두 부분집합

$$A=\{3,\ 6,\ 7\},\ B=\{a-4,\ 8,\ 9\}$$

에 대하여

$$A\cap B^c=\{6,\ 7\}$$

이다. 자연수 a의 값을 구하시오.

모의고사기출

0267

전체집합 $U=\{x\,|\,x$는 20 이하의 자연수$\}$의 두 부분집합

$$A=\{1,\ 3,\ a-1\},\ B=\{a^2-4a-7,\ a+2\}$$

에 대하여 $(A\cap B^c)\cup(A^c\cap B)=\{1,\ 3,\ 8\}$일 때, 상수 a의 값은?

① 5   ② 6   ③ 7

④ 8   ⑤ 9

Style 08 집합의 연산의 성질: 기본

0268

다음 중 옳지 않은 것은?

① $A^c=U-A^c$ ② $A\cap A^c=\varnothing$

③ $A\cup A^c=U$ ④ $(A^c)^c=A$

⑤ $\varnothing^c=U$

0269

다음 중 $A-B$와 같은 집합이 아닌 것은?

① $(B-A)^c$ ② $A\cap B^c$

③ $A-(A\cap B)$ ④ $(A\cup B)-B$

⑤ $(A\cup B)\cap B^c$

0270

보기에서 항상 옳은 것을 고르시오.

보기

ㄱ. $A\cup\varnothing=\varnothing$	ㄴ. $A\cap\varnothing=\varnothing$
ㄷ. $A\cap A=A\cup A$	ㄹ. $A\cap(B\cup B^c)=A$
ㅁ. $A-A^c=\varnothing$	ㅂ. $A-B=\varnothing$

(단, A, B는 전체집합 U의 부분집합)

0271

전체집합 U의 부분집합 A에 대하여

$\varnothing^c=\{5,\ 6,\ 7,\ 8,\ 9\}$, $A^c=\{5,\ 7,\ 8\}$일 때, 집합 A의 원소들의 공약수의 총합은?

① 3   ② 4   ③ 6

④ 13   ⑤ 15

Style 09 **집합의 연산:** 분배법칙

0272

세 집합 A, B, C에 대하여

$$(B \cap A) \cup (B \cap C) = B \boxed{\text{(가)}} (\boxed{\text{(나)}})$$

가 성립한다. (가), (나)에 알맞은 것은?

	(가)	(나)		(가)	(나)
①	$\cup$	$A \cup C$	②	$\cap$	$A \cap C$
③	$\cup$	$A \cap C$	④	$\cap$	$A \cup B$
⑤	$\cap$	$A \cup C$			

0273

다음은 분배법칙을 이용하여 $A \cap (A \cup B)$를 간단히 하는 과정이다.

$$A \cup (A \cap B)$$
$$= (A \boxed{\text{(가)}} A) \cap (A \boxed{\text{(가)}} B)$$
$$= \boxed{\text{(나)}} \cap (A \boxed{\text{(가)}} B)$$
$$= \boxed{\text{(다)}}$$

빈칸을 알맞게 채우시오.

0274

다음은 분배법칙을 이용하여 $A \cup (A^C \cap B)$를 간단히 하는 과정이다.

$$A \cup (A^C \cap B)$$
$$= (A \cup A^C) \boxed{\text{(가)}} (A \cup B)$$
$$= \boxed{\text{(나)}} \boxed{\text{(가)}} (A \cup B)$$
$$= \boxed{\text{(다)}}$$

빈칸을 알맞게 채우시오.

Style 10 **집합의 연산의 성질:** 포함 관계

0275

전체집합 $U = \{x | x$는 자연수$\}$의 두 부분집합 $A = \{x | x$는 8의 배수$\}$, $B = \{x | x$는 4의 배수$\}$에 대하여 다음 중 옳지 않은 것은?

① $B^C \subset A^C$ ② $A^C \subset B^C$
③ $A \cap B = A$ ④ $A \cup B = B$
⑤ $A \cap B^C = \varnothing$

0276

서로 같지 않은 두 집합 A, B에 대하여 $A = \{a, b, c, d\}$, $A \cap B = B$를 만족하는 집합 B의 개수는?

① 3 ② 4 ③ 7
④ 15 ⑤ 16

Level up

0277

두 집합 A, B에 대하여 $n(A) = 7$, $n(A \cap B) = 5$일 때, $(A - B) \cup X = X$, $A \cap X = X$를 만족하는 집합 X의 개수는?

① 2 ② 4 ③ 8
④ 16 ⑤ 32

모의고사 기출

0278

전체집합 $U = \{x | x$는 10 이하의 자연수$\}$의 부분집합 $A = \{x | x$는 10의 약수$\}$에 대하여

$$(X - A) \subset (A - X)$$

를 만족시키는 U의 모든 부분집합 X의 개수를 구하시오.

Style 11 드모르간의 법칙

0279

전체집합 $U=\{a,\ b,\ c,\ d,\ e,\ p,\ q\}$의 두 부분집합
$A=\{b,\ d,\ p,\ q\},\ B=\{a,\ p,\ q\}$에 대하여
$A\cap(A^C\cup B^C)$을 구하시오.

0280

다음 중 $(A^C\cup B)^C$과 항상 같은 집합은?

① $A-B$ ② $A\cup B^C$
③ $B-A$ ④ $(A\cup B)-A$
⑤ $U-B$

0281

전체집합 U와 그 부분집합 $A,\ B$에 대하여
$$A^C\cap B^C=U-(\boxed{})$$
가 성립한다. 다음 중 빈칸에 알맞은 것은?

① A ② $A-B$
③ $A\cup B$ ④ $A^C\cup B^C$
⑤ $A\cap B$

Level up

0282

전체집합 $U=\{x\,|\,x$는 한 자리 자연수$\}$의 두 부분집합
$A,\ B$에 대하여 $A=\{1,\ 3,\ 5,\ 7\},\ B-A=\{4,\ 8,\ 9\}$
일 때, $A^C\cap B^C$의 모든 원소의 합은?

① 2 ② 4 ③ 6
④ 8 ⑤ 10

Style 12 조건을 만족하는 집합의 개수

모의고사 기출

0283

전체집합 $U=\{1,\ 2,\ 3,\ 4,\ 5,\ 6,\ 7\}$의 두 부분집합
$$A=\{1,\ 2,\ 3\},\ B=\{2,\ 3,\ 4,\ 5\}$$
에 대하여 집합 P를
$$P=(A\cup B)\cap(A\cap B)^C$$
이라 하자. $P\subset X\subset U$를 만족시키는 집합 X의 개수를
구하시오.

0284

두 집합 $A,\ B$에 대하여 $n(B)=5$이고
$$A\cap(A\cap B^C)^C=A$$
를 만족하는 집합 A의 개수는?

① 2 ② 4 ③ 8
④ 16 ⑤ 32

Level up

0285

전체집합 $U=\{1,\ 2,\ 3,\ \cdots,\ 10\}$의 두 부분집합 $A,\ B$에
대하여 $A=\{1,\ 2,\ 3,\ 4,\ 5,\ 6\}$일 때, 다음 조건을 만족
하는 집합 B의 개수를 구하시오.

> (가) $A^C\cap B^C=\varnothing$
> (나) $5\leq n(B)\leq6$

모의고사 기출

0286

전체집합 $U=\{1,\ 2,\ 3,\ 4,\ 5,\ 6,\ 7,\ 8\}$의 두 부분집합
$A=\{1,\ 2\},\ B=\{3,\ 5,\ 8\}$에 대하여 $X\cup A=X-B$를
만족시키는 집합 U의 부분집합 X의 개수는?

① 2 ② 4 ③ 8
④ 16 ⑤ 32

Style 13 **벤다이어그램과 집합의 연산**

모의고사 기출

0287
그림은 전체집합 U의 서로 다른 두 부분집합 A, B 사이의 관계를 벤다이어그램으로 나타낸 것이다. 다음 중 색칠한 부분을 나타낸 집합과 같은 것은?

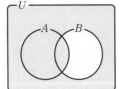

① $A \cap B^c$
② $(A \cap B) \cup B^c$
③ $(A \cap B^c) \cup A^c$
④ $(A \cup B) \cap (A \cap B)^c$
⑤ $(A-B) \cup (A^c \cap B^c)$

0288
다음 중 오른쪽 벤다이어그램의 색칠한 부분과 같은 것은?

(정답 2개)

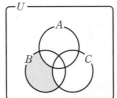

① $B-(A \cap C)$
② $B-(A \cup C)$
③ $(B-A) \cup (B-C)$
④ $(A \cup C) \cap B$
⑤ $A^c \cap B \cap C^c$

수능기출

0289
다음 벤다이어그램에서 색칠한 부분을 나타내는 집합은?

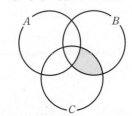

① $(B \cap C) - (A-(A \cap B))$
② $(B \cap C) - (B-(A \cap B))$
③ $(B \cap C) - (C-(A \cap B))$
④ $(B \cap C) - (A \cap B \cap C)$
⑤ $(B \cap C) - ((A \cap B)-(A \cap B \cap C))$

Style 14 **집합의 연산: 종합**

0290
전체집합 U의 두 부분집합 A, B에 대하여 보기 에서 항상 성립하는 것을 모두 고르시오.

보기
ㄱ. $A-A^c=A$
ㄴ. $(A \cap B) \cup (A^c \cap B)=B$
ㄷ. $A \cap A^c=A$
ㄹ. $(A \cup B) \cap (B-A)^c=B$
ㅁ. $A \cup (A \cap B^c) \cup (B \cap A^c)=A \cup B$

Level up

0291
전체집합 $U=\{1, 2, 3, \cdots, 10\}$의 두 부분집합 A, B에 대하여 $A=\{1, 2, 3, 5, 7, 9\}$일 때,
$$A \cap (A^c \cup B)=B$$
를 만족하는 집합 B의 개수는?

① 4　　　　② 8　　　　③ 16
④ 32　　　　⑤ 64

수능기출

0292
전체집합 U의 두 부분집합 A, B에 대하여 $A \subset B$일 때, 다음 중 항상 성립한다고 할 수 없는 것은? (단, $U \neq \varnothing$)
① $A \cup B=B$　　　② $A \cap B=A$
③ $(A \cap B)^c=B^c$　　④ $B^c \subset A^c$
⑤ $A-B=\varnothing$

모의고사 기출

0293
10 이하의 자연수 전체의 집합의 두 부분집합 A, B가
$$A=\{x \mid x는 10의 양의 약수\},$$
$$B=\{x \mid x는 10과 서로소인 자연수\}$$
일 때, 집합 $(A-B)^c-B$의 모든 원소의 합을 구하시오.

Style 15 배수, 약수의 집합과 그 연산

0294

$A_k = \{x \mid x$는 k의 양의 배수$\}$일 때, $(A_3 \cap A_4) = A_k$를 만족하는 k의 값은?

① 3   ② 4   ③ 6

④ 12   ⑤ 18

0295

자연수 n의 양의 약수의 집합을 B_n이라 할 때, $B_k \subset (B_{36} \cap B_{54})$를 만족하는 k의 최댓값은?

① 3   ② 4   ③ 6

④ 12   ⑤ 18

0296

자연수 n의 양의 배수의 집합을 A_n, 양의 약수의 집합을 B_n이라 할 때, 다음 중 옳지 않은 것은?

① $A_6 \subset A_3$ ② $B_{12} \subset B_6$

③ $A_3 \cup A_9 = A_3$ ④ $B_n \cap B_{2n} = B_n$

⑤ $A_4 \cap (A_3 \cup A_6) = A_{12}$

Level up

0297

$U = \{x \mid x$는 100 이하의 자연수$\}$의 부분집합 중 자연수 n의 양의 배수의 집합을 A_n이라 할 때, $n(A_4 - A_3)$을 구하시오.

Style 16 집합의 원소의 개수 구하기 (1)

수능기출

0298

전체집합 $U = \{1, 2, 3, 4, 5, 6, 7, 8\}$의 두 부분집합

$$A = \{1, 2, 3\}, \ B = \{2, 4, 6, 8\}$$

에 대하여 $n(A \cup B^C)$의 값을 구하시오.

0299

전체집합 U의 두 부분집합 A, B에 대하여 $n(U) = 20$, $n(A) = 15$, $n(A - B) = 8$일 때, $n(A \cap B)$의 값은?

① 5   ② 7   ③ 9

④ 11   ⑤ 13

0300

두 집합 A, B에 대하여 $n(A) = 18$, $n(B) = 19$, $n(A \cup B) = 28$일 때, $n(A \cap B)$의 값은?

① 5   ② 7   ③ 9

④ 11   ⑤ 13

0301

전체집합 U의 두 부분집합 A, B에 대하여 $n(U) = 23$, $n(A^C) = 13$, $n(B^C) = 11$, $n(A^C \cup B^C) = 17$일 때, $n(A \cup B)$의 값은?

① 10   ② 13   ③ 16

④ 19   ⑤ 22

Style **17** 집합의 원소의 개수 구하기 (2)

0302

세 집합 A, B, C에 대하여 $A \cap C = \varnothing$이고 $n(A) = 7$, $n(B) = 6$, $n(C) = 5$, $n(A \cap B) = 2$, $n(B \cap C) = 2$일 때, $n(A \cup B \cup C)$의 값은?

① 14 ② 16 ③ 18

④ 20 ⑤ 22

0303

세 집합 A, B, C에 대하여 $n(A) = 7$, $n(B) = 8$, $n(C) = 9$, $n(A \cup B \cup C) = 14$, $n(A \cap B) = 4$, $n(B \cap C) = 5$, $n(C \cap A) = 3$일 때, $n(A \cap B \cap C)$의 값을 구하시오.

Level up

0304

세 집합 A, B, C에 대하여 $n(A) = n(B) = 10$, $n(C) = 14$, $n(A \cup B \cup C) = 28$, $n(A \cap B \cap C) = 2$일 때, 오른쪽 벤다이어그램의 색칠한 영역에 속하는 원소의 개수를 구하시오.

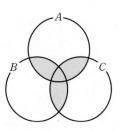

Level up

0305

전체집합 U의 부분집합 A, B, C에 대하여 $n(A) = 10$, $n(B) = 13$, $n(A \cap B) = 7$, $n(A^c \cap B^c \cap C) = 5$일 때, $n(A \cup B \cup C)$의 값은?

① 19 ② 20 ③ 21

④ 22 ⑤ 23

Style **18** 원소의 개수의 최대·최소

0306

두 집합 A, B에 대하여 $n(A) = 9$, $n(B) = 9$, $6 \le n(A \cap B) \le a$일 때, $b \le n(A \cup B) \le c$이다. $a + b + c$의 값은?

① 28 ② 30 ③ 32

④ 34 ⑤ 36

0307

전체집합 U의 두 부분집합 A, B에 대하여 $n(A) = 13$, $n(B) = 17$, $5 \le n(A \cap B) \le a$이고 교집합의 원소의 개수가 최소일 때, $A^c \cap B^c = \varnothing$이고 $n(U) = b$이다. $a + b$의 값은?

① 23 ② 28 ③ 33

④ 38 ⑤ 43

모의고사 기출

0308

전체집합 U의 두 부분집합 A, B에 대하여

$$n(U) = 100,\ n(A) = 67,\ n(B) = 50$$

일 때, $n(A - B) - n(A^c - B)$의 최댓값과 최솟값의 합은? (단, $n(X)$는 집합 X의 원소의 개수이다.)

① 32 ② 34 ③ 36

④ 38 ⑤ 40

수능 기출

0309

세 집합 A, B, C에 대하여

$$n(A) = 14,\ n(B) = 16,\ n(C) = 19,$$
$$n(A \cap B) = 10,\ n(A \cap B \cap C) = 5$$

일 때, $n(C - (A \cup B))$의 최솟값을 구하시오. (단, $n(X)$는 집합 X의 원소의 개수이다.)

Style 19 원소의 개수의 활용

0310

어느 여행 동호회 45명을 대상으로 A, B 지역의 여행 여부를 조사하였다.

⑺ A 지역 여행 경험자는 25명이다.
⑷ B 지역 여행 경험자는 29명이다.
⑸ A, B 두 지역 모두 간 적이 없는 사람은 6명이다.

A, B 두 지역을 모두 여행해 본 사람 수는?

① 3   ② 6   ③ 9
④ 12   ⑤ 15

모의고사기출
0311

어느 회사의 전체 신입사원 200명 중에서 소방안전 교육을 받은 사원은 120명, 심폐소생술 교육을 받은 사원은 115명, 두 교육을 모두 받지 않은 사원은 17명이다. 이 회사의 전체 신입사원 200명 중에서 심폐소생술 교육만을 받은 사원의 수는?

① 60   ② 63   ③ 66
④ 69   ⑤ 72

0312

어느 고등학교 2학년 학생 231명은 진로 선택 과목 A, B, C를 다음과 같이 선택하였다.

⑺ 모든 학생은 적어도 한 과목을 선택해야 한다.
⑷ A, B, C를 수강한 학생은 각각 104명, 120명, 124명이다.
⑸ 세 과목을 모두 수강하는 학생은 15명이다.

두 과목만 수강하는 학생 수를 구하시오.

모의고사기출
0313

어느 고등학교의 2학년 학생 212명을 대상으로 문학 체험, 역사 체험, 과학 체험의 신청자 수를 조사한 결과 다음과 같은 사실을 알게 되었다.

⑺ 문학 체험을 신청한 학생은 80명, 역사 체험을 신청한 학생은 90명이다.
⑷ 문학 체험과 역사 체험을 모두 신청한 학생은 45명이다.
⑸ 세 가지 체험 중 어느 것도 신청하지 않은 학생은 12명이다.

과학 체험만 신청한 학생 수를 구하시오.

모의고사기출
0314

어느 학급 학생 36명을 대상으로 지난 토요일과 일요일에 축구 경기를 시청한 학생 수를 조사하였다. 그 결과 토요일에 축구 경기를 시청한 학생은 25명, 일요일에 축구 경기를 시청한 학생은 17명이다. 토요일과 일요일 모두 축구 경기를 시청한 학생 수의 최댓값을 M, 최솟값을 m이라고 할 때, $M+m$의 값은?

① 15   ② 17   ③ 19
④ 21   ⑤ 23

모의고사기출
0315

어느 학교 학생 200명을 대상으로 두 체험 활동 A, B를 신청한 학생 수를 조사하였더니 체험 활동 A를 신청한 학생은 체험 활동 B를 신청한 학생보다 20명이 많았고, 어느 체험 활동도 신청하지 않은 학생은 하나 이상의 체험 활동을 신청한 학생보다 100명이 적었다. 체험 활동 A만 신청한 학생 수의 최댓값을 구하시오.

0316

두 집합 $A=\{1,\ 2,\ 3,\ 6\}$, $B=\{1,\ 3,\ 5\}$에 대하여 다음 집합을 구하시오.

(1) $A-B$

(2) $A\cap B$

수능기출

0317

두 집합

$$A=\{3,\ 5,\ 7,\ 9\},\ B=\{3,\ 7\}$$

에 대하여 $A-B=\{a,\ 9\}$일 때, a의 값은?

① 1   ② 2   ③ 3

④ 4   ⑤ 5

0318

두 집합 $A=\{x\,|\,x\leq3\}$, $B=\{x\,|\,(x-3)(x-p)<0\}$이 서로소일 때, 정수 p의 최솟값은?

① 2   ② 3   ③ 4

④ 5   ⑤ 6

0319

두 집합 $A=\{a,\ b,\ c,\ d\}$와 B에 대하여 $B-A=\varnothing$일 때, 다음 중 B가 될 수 없는 것은?

① $\varnothing$ ② $\{a\}$

③ $\{b,\ d\}$ ④ $\{a,\ c,\ e\}$

⑤ $\{a,\ b,\ c,\ d\}$

모의고사기출

0320

전체집합 $U=\{x\,|\,x$는 10 이하의 자연수$\}$의 두 부분집합

$$A=\{1,\ 2,\ 3,\ 6\},\ B=\{1,\ 3,\ 5,\ 7,\ 9\}$$

에 대하여 집합 B^c-A^c의 모든 원소의 합은?

① 8   ② 9   ③ 10

④ 11   ⑤ 12

0321

두 집합 A, B에 대하여 $A\cup B=\{-1,\ 0,\ 2,\ 4,\ 5\}$, $n(A\cap B)=2$일 때, $A\cap B$의 원소의 합의 최댓값과 최솟값의 합은?

① 7   ② 8   ③ 9

④ 10   ⑤ 11

0322

전체집합 U의 두 부분집합 A, B에 대하여 $B\cup(A-B)=A$일 때, 다음 중 옳지 않은 것은?

① $A\cap B=B$ ② $B\subset A$

③ $B^c\subset A^c$ ④ $B-A=\varnothing$

⑤ $A^c\subset B^c$

Level up

0323

두 집합 $A=\{0,\ 5,\ 10,\ 15,\ 20,\ 25\}$, $B=\{-10,\ -5,\ 0,\ 5,\ 10\}$에 대하여 $(A-B)\cup X=X$, $A\cap X=X$를 만족하는 집합 X의 개수는?

① 1   ② 2   ③ 4

④ 8   ⑤ 16

0324

오른쪽 벤다이어그램에서 색칠
한 부분을 집합으로 나타내면

$$A-(\quad\quad\quad\quad)$$

이다. 빈칸에 알맞은 것은?

(정답 2개)

① $A \cap B$ ② $B \cap C$

③ $C \cap A$ ④ $A \cap B \cap C$

⑤ $A^c \cap B \cap C^c$

Level up

0325

전체집합 U의 두 부분집합 A, B에 대하여

$$(A \cap B) \cup (A^c \cup B)^c$$

과 항상 같은 집합은?

① A ② B ③ $A \cap B$

④ $A \cup B$ ⑤ $B-A$

수능기출

0326

$U=\{1, 2, 3, 4, 5\}$일 때, $\{2, 3\} \cap A \neq \varnothing$를 만족시키
는 U의 부분집합 A의 개수를 구하시오.

0327

$P_n=\{x \,|\, x$는 n의 양의 약수$\}$일 때, $n(P_{12}-P_m)=2$를
만족하는 한 자리 자연수 m의 값을 구하시오.

모의고사기출

0328

자연수 n에 대하여

$$A_n=\{x \,|\, x$는 $n \text{ 이하의 소수}\},$$
$$B_n=\{x \,|\, x$는 $n\text{의 양의 약수}\}$$

일 때, 옳은 것만을 보기 에서 있는 대로 고른 것은?

보기

ㄱ. $A_3 \cap B_4=\{2\}$

ㄴ. 모든 자연수 n에 대하여 $A_n \subset A_{n+1}$이다.

ㄷ. 두 자연수 m, n에 대하여 $B_m \subset B_n$이면
m은 n의 배수이다.

① ㄱ   ② ㄱ, ㄴ   ③ ㄱ, ㄷ

④ ㄴ, ㄷ   ⑤ ㄱ, ㄴ, ㄷ

Level up

0329

전체집합 U의 세 부분집합 A, B, C에 대하여
$n(U)=50$, $n(A)=30$, $n(B)=24$, $n(C)=19$일 때,
$n(A \cup B \cup C)$의 최솟값을 구하시오.

나는 똑똑한 것이 아니라,
단지 문제를 더 오랫동안
연구할 뿐이다

-알베르트 아인슈타인-

03 명제

수학은 논리적 사고가 필요한 학문이다.
이 '논리'라는 것은 일정한 형식과 흐름을 가지고
있다. 논리의 이러한 형식적, 흐름적 특징을
이해하면 복잡한 수학의 정리와 사고를
이해하기 수월해진다.

이 단원에서 '명제'와 '조건'에 대해 배우면서
논리적 사고를 연습할 것이다.
이를 바탕으로 여러 가지 복잡한 수학적 정리를
증명하고 이해하는 법도 알게 될 것이다.

'이 말이 맞는 말일까?'라는 의문을 가져본 적이 있을 것이다.
보고 듣는 정보들의 진위를 정확히 판단하는 것은 매우 중요하다.
명제를 통해 이를 체계적으로 배우게 된다.

명제

참, 거짓을 확인할 수 있는 식이나 문장
- 참인 식이나 문장을 '참인 명제'
- 거짓인 식이나 문장을 '거짓인 명제'

라고 한다.

'2는 소수이다.'라는 문장은 참이다. 이처럼 그 내용이 맞는지 틀렸는지 확인할 수 있는 것을 명제라고 한다.

'5와 10은 가까운 수들이다.'라는 문장은 명제일까? '가깝다.'라는 기준이 명확하지 않아서 참, 거짓을 확인할 수 없고 따라서 명제가 아니다.

명제인지 아닌지 구분하는 기준은?

'참인지 거짓인지 확인할 수 있는가?'

이다. 즉, 맞든 틀리든 확인이 가능하면 명제이다.
예를 통해 명제와 명제가 아닌 것을 구분해 보자.

예1 p: 이차방정식 $x^2-2x+4=0$은 허근을 갖는다. (참)

$$\frac{D}{4}=(-1)^2-4<0$$ 이므로 참이다.

참, 거짓을 확인할 수 있으므로 이 문장은 명제이다.
명제의 진릿값이 참이므로 '참인 명제'라 한다.

예2 q: $\frac{3}{4}<\frac{2}{3}$ (거짓)

$\frac{3}{4}$이 더 큰 수이므로 거짓이다.

참, 거짓을 확인할 수 있으므로 이 식은 명제이다.
명제의 진릿값이 거짓이므로 '거짓인 명제'라 한다.

예3 r: 이 수는 소수이다.

이 문장에서 말하는 수가 어떤 수인지 모르기 때문에 참, 거짓을 확인할 수 없다. 따라서 명제가 아니다.

진릿값

명제가 갖는 참, 거짓의 값을 진릿값이라고 한다. 어떤 명제 p가 참일 때 명제 p의 진릿값은 참이라고 한다.

명제 이름 붙이기

명제가 여러 개일 경우 p, q, r, …와 같이 알파벳 소문자로 이름을 붙여 구분한다.

02 조건

> 참과 거짓이 변하지 않는 것도 있지만
> 상황에 따라 맞을 수도 있고 틀릴 수도 있는 식이나 문장도 있다.

조건
변수의 값에 따라 참, 거짓이 결정되는 문장이나 식

조건의 특징
• 식이나 문장에 변수가 포함되어 있다.
• 변수에 값을 대입할 때마다 참이 되기도, 거짓이 되기도 한다.

조건은 명제가 아니다. 그 자체만으로는 참, 거짓을 구분할 수 없기 때문이다. 이를 테면 $x<5$와 같은 식이 조건이다. x는 변수이기 때문에 5보다 큰지 작은지 알 수 없다. x에 여러 값을 대입해 보면

$$\vdots$$

$x=3$이면 $\quad 3<5 \quad \Rightarrow$ 참
$x=4$이면 $\quad 4<5$

$x=5$이면 $\quad 5<5$
$x=6$이면 $\quad 6<5 \quad \Rightarrow$ 거짓

$$\vdots$$

이처럼 조건은 변수에 대입하는 값에 따라 참과 거짓이 달라진다. 예를 통해 조건과 명제를 구분해 보자.

예1 p: 9의 양의 약수는 3개이다.
이 문장은 명제이다. 참이라는 것을 확인할 수 있기 때문이다. x와 같은 문자가 포함되어 있어야 조건이 될 수 있다.

예2 q: $x^2-2x-15=0$
등식의 좌변을 인수분해하면 $(x+3)(x-5)=0$이므로

$x=-3$일 때	$(-3+3)(-3-5)=0$	참
$x=5$일 때	$(5+3)(5-5)=0$	
$x=1$일 때	$(1+3)(1-5)=-16\neq0$	거짓
$x=-2$일 때	$(-2+3)(-2-5)=-7\neq0$	

변수의 값에 따라 참, 거짓이 결정되므로 위의 식은 조건이다.

예3 r: $x^2-2x-15=(x+3)(x-5)$
문자가 포함이 되었다고 무조건 조건이 되는 것은 아니다. 이 식은 항등식이므로 x에 어떤 값을 대입해도 항상 참이 된다. 따라서 명제이다.

> 조건이 여러 개일 경우 알파벳 소문자를 이용하여 이름을 붙여서 구분한다.

03 조건의 **진리집합**

진리집합: 조건이 참이 되는 변수의 모든 값을 원소로 갖는 집합 (진리집합의 원소는 그 조건을 만족시키는 해가 된다.)

조건은 변수의 값에 따라 참과 거짓이 달라진다. 따라서 조건이 참이 되는 변수의 값을 확인해야 하는 경우가 많다. 이 값들을 모두 모아 집합을 만들면 그 조건의 진리집합이 된다.
일반적으로 조건 p의 진리집합을 P, 조건 q의 진리집합을 Q로 나타낸다.

예1 'p: $x^2-2x-15=0$'의 진리집합을 구하시오.
방정식 $x^2-2x-15=0$의 해가 $x=-3$ 또는 $x=5$이므로 조건 p가 참이 되는 변수의 값, 즉 진리집합의 원소는 -3과 5이다.
$$\therefore P=\{-3, 5\}$$

예2 'q: $x<3$'의 진리집합을 구하시오.
조건 q가 참이 되는 변수의 값은 부등식 $x<3$의 해인 3보다 작은 실수이다. 원소가 무수히 많은 무한집합이므로 조건제시법으로 진리집합을 나타낸다.
$$\therefore Q=\{x \,|\, x<3, x는 실수\}$$

예3 'r: x는 15의 양의 약수'의 진리집합을 구하시오.
진리집합 R는 조건 r가 참이 되는 x의 값 1, 3, 5, 15를 원소로 갖는다.
$$\therefore R=\{1, 3, 5, 15\}$$

01 여러 조건의 결합: '또는', '그리고'

두 개 이상의 조건을 합쳐서 생각할 때 조건들을 연결하는 단어에 주목하여 진리집합을 생각해 보자.
두 조건 p, q의 진리집합을 각각 P, Q라 할 때

01 p 또는 q (p or q)의 진리집합은 합집합

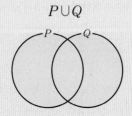

두 조건 p 또는 q의 진리집합은 p나 q 중 적어도 하나를 참이 되도록 하는 값들이 원소이므로 $P \cup Q$이다.

02 p 그리고 q (p and q)의 진리집합은 교집합

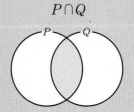

두 조건 p 그리고 q의 진리집합은 p와 q를 모두 참이 되도록 하는 값들이 원소이므로 $P \cap Q$이다.

예1 p: x는 10 이하의 소수
q: x는 10의 양의 약수
일 때, p 또는 q와 p 그리고 q의 진리집합을 구하시오.
$P = \{2, 3, 5, 7\}$,
$Q = \{1, 2, 5, 10\}$이므로

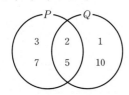

p 또는 q의 진리집합:
　$P \cup Q = \{1, 2, 3, 5, 7, 10\}$
p 그리고 q의 진리집합:
　$P \cap Q = \{2, 5\}$

예2 p: $(x+2)(x+1)(x-2)=0$
q: $x^2 - 2x - 3 = 0$
일 때, p 또는 q와 p 그리고 q의 진리집합을 구하시오.
$P = \{-2, -1, 2\}$,
$Q = \{-1, 3\}$이므로

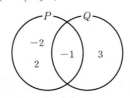

p 또는 q의 진리집합:
　$P \cup Q = \{-2, -1, 2, 3\}$
p 그리고 q의 진리집합:
　$P \cap Q = \{-1\}$

예3 p: $-3 \leq x < 2$
q: $0 < x \leq 4$
일 때, p 또는 q와 p 그리고 q의 진리집합을 구하시오.
$P = \{x \mid -3 \leq x < 2, \ x$는 실수$\}$
$Q = \{x \mid 0 < x \leq 4, \ x$는 실수$\}$
이므로

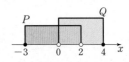

p 또는 q의 진리집합:
$P \cup Q$
$= \{x \mid -3 \leq x \leq 4, \ x$는 실수$\}$
p 그리고 q의 진리집합:
$P \cap Q$
$= \{x \mid 0 < x < 2, \ x$는 실수$\}$

02 '모든'과 '어떤'이 들어간 명제

01 all
'모든'이라는 표현이 들어간 명제의 참, 거짓

- 지정된 모든 대상이 성립하면 참
- 지정된 대상 중 하나라도 반례가 존재하면 거짓

예1 모든 소수의 양의 약수의 개수는 2이다.

모든 소수는 예외 없이 두 개의 양의 약수를 갖는다.

> 모든 대상이 조건을 만족하므로 이 명제는 참이다.

예2 모든 실수 x에 대하여 $x^2 > 0$

$x=0$이면 $x^2=0$이므로 모든 실수가 제곱하여 양수가 되지 않는다.

> 예외(반례)가 존재하므로 이 명제는 거짓이다.

'모든'이라는 표현을 다음과 같이 바꿔서 나타낼 수도 있다.

모든 소수의 양의 약수의 개수는 2이다.
= 임의의 소수의 양의 약수의 개수는 2이다.
= 소수의 양의 약수의 개수는 2이다.

특히 별다른 설명없이 '소수'라고 지칭할 경우에는 소수 전체를 뜻한다.

예 자연수는 양의 실수이다.
= 모든 자연수는 양의 실수이다.

02 Some
'어떤'이라는 표현이 들어간 명제의 참, 거짓

- 지정된 대상 중 하나라도 성립하면 참
- 지정된 대상 중 하나도 성립하지 않으면 거짓

어떤(some)이라는 표현은 대상의 일부를 의미한다.

예1 어떤 소수는 짝수이다.

> 소수 중 하나라도 짝수가 존재하면 참이 된다.

짝수 2가 소수이므로 이 명제는 참이다.

예2 $1 < x < 2$인 어떤 x에 대하여 $2 \le x < 5$이다.
1과 2 사이의 어떤 수도 $2 \le x < 5$의 범위에 포함되지 않는다.

> 조건을 만족하는 대상이 존재하지 않으므로 이 명제는 거짓이다.

'어떤'이라는 표현은 다음과 같이 바꿔서 나타낼 수도 있다.

어떤 소수는 짝수이다.
= 일부의 소수는 짝수이다.
= 짝수인 소수가 존재한다.
= 적어도 하나의 소수는 짝수이다.

04 명제와 조건의 부정

> '나는 명제를 공부했다.'의 부정문은 '나는 명제를 공부하지 않았다.'이다. 언어에서 한 문장에 대한 부정문이 존재하는 것처럼 명제나 조건에서도 부정이 존재한다.

01 명제의 부정

명제 p에 대하여 'p가 아니다.'를 p의 부정이라 하고 $\sim p$로 나타낸다.
- 명제 p가 참이면 $\sim p$는 거짓이다.
- 명제 p가 거짓이면 $\sim p$는 참이다.

($\sim p$는 보통 *not* p라고 읽는다.)

명제의 부정은 어렵지 않다.
문장을 부정하는 방법과 기본적으로 같다.

$$p \qquad\qquad \sim p$$

$$\boxed{\cdots \text{이다}} \xleftrightarrow[\text{부정}]{} \boxed{\cdots \text{이 아니다}}$$

예1 p: $\sqrt{2}$는 무리수이다. (참)
　　$\sim p$: $\sqrt{2}$는 무리수가 아니다. (거짓)

예2 q: 7은 짝수이다. (거짓)
　　$\sim q$: 7은 짝수가 아니다. (참)

이처럼 명제와 그 부정의 진릿값은 서로 반대이다.

- 부등식의 부정 (1)
부정을 반대의 개념으로 생각하면 안 된다.
부등식이 포함된 명제의 경우 특히 조심해야 한다.

예 r: $-2 > 3$

명제 r의 부정을 단순히 부등호 방향을 반대로 바꿔서 '$-2 < 3$'이라고 하면 잘못된 부정이 된다.
명제 r의 의미는 '-2는 3보다 크다.'이므로 부정은 '-2는 3보다 크지 않다.'가 되어 이를 기호로 나타내면 다음과 같다.

$$\sim r: -2 \le 3$$

- 부정의 부정: 원래 명제

$$\sim(\sim p) = p$$

명제 p의 부정 $\sim p$를 다시 부정하면 원명제 p가 된다.
예를 보면 쉽게 이해할 수 있다.

예 p: $\sqrt{2}$는 실수이다.

　　↓ 부정

$\sim p$: $\sqrt{2}$는 실수가 아니다. ($=\sqrt{2}$는 허수이다.)

　　↓ 부정

$\sim(\sim p)$: $\sqrt{2}$는 실수가 아니지 않다.
　　　　$= \sqrt{2}$는 실수이다.
　　　　($= \sqrt{2}$는 허수가 아니다.)

따라서 $\sim(\sim p) = p$임을 알 수 있다.

02 조건의 부정

조건의 부정도 명제의 부정과 같다.

여기서 조건의 부정의 진리집합이 여집합임을 이해하는 것이 중요하다.

전체집합 U에서 조건 p의 진리집합이 P이면 'p가 아닌' 조건 $\sim p$를 참이 되게 하는 진리집합은 P의 원소가 아닌 것들을 원소로 갖는다. 따라서 P의 여집합이 $\sim p$의 진리집합이다.

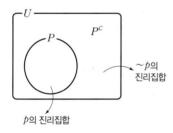

예1 한 자리 자연수 x에 대하여

조건 'p: x는 3의 배수이다.'의 부정을 구하시오.

$\sim p$: x는 3의 배수가 아니다.

이때 $U = \{1, 2, 3, \cdots, 9\}$이므로

진리집합을 벤다이어그램으로 나타내면 다음과 같다.

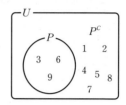

예2 모든 실수 x에 대하여 조건 r: $x \geq 5$의 부정을 구하시오.

$$\sim r: x < 5$$

진리집합을 수직선으로 나타내면 다음과 같다.

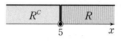

• 부등식의 부정 ⑵

명제나 조건의 부정은 '반대'가 아닌 '나머지'로 생각해야 한다.

모든 실수에 대하여

p: $x < 0$, $\sim p$: $x \geq 0$

q: $-5 < x < 5$, $\sim q$: $x \leq -5$ 또는 $x \geq 5$

이처럼 명제나 조건 p의 부정은 p에 대한 나머지, 즉 여집합의 개념으로 이해해야 한다.

[0330–0337] 다음 중 명제인 것은 참, 거짓을 판별하고, 명제가 아닌 것은 ×로 표시하시오.

0330
정수는 유리수보다 편리한 수이다.

0331
이웃하는 두 자연수의 차는 1이다.

0332
$2x+1<7$

0333
$x^2+3x-4=0$

0334
$x^2-9=0$의 해는 허수이다.

0335
$x^3-8=(x-2)(x^2+2x+4)$

0336
5는 1에 가깝다.

0337
3과 4 중 1에 가까운 수는 3이다.

[0338–0343] 다음 중 조건인 것은 진리집합을 구하고, 조건이 아닌 것은 ×로 표시하시오.

0338
$|-3|+1=4$

0339
x는 10의 양의 약수

0340
$x^2=16$

0341
$(2x+1)(x-3)=2x^2-5x-3$

0342
$(3x-4)(x+2)=3x^2-2x$

0343
$|a-1|\leq2$

[0344–0351] 다음 조건의 진리집합을 구하시오.

0344
x는 한 자리의 3의 배수이거나 9의 양의 약수이다.

0345
$x^2-4=0$ 또는 $2(x-1)=x+1$

0346
$0<x<3$ 또는 $x^2-6x+8<0$

0347
20 이하의 자연수 n에 대하여 n은 2의 배수 또는 3의 배수

0348
x는 한 자리의 3의 배수이고 9의 양의 약수이다.

0349
$x^2-4=0$이고 $(x+2)(x-5)=0$

0350
$0<x<3$ 그리고 $x^2-6x+8<0$

0351
20 이하의 자연수 n에 대하여 n은 2의 배수이고 3의 배수

[0352–0355] 다음 명제의 참, 거짓을 판별하시오.

0352
모든 소수는 홀수이다.

0353
모든 자연수는 양수이다.

0354
어떤 자연수의 양의 약수는 1개이다.

0355
어떤 실수 x에 대하여 $x^2<0$이다.

[0356–0357] 다음 명제의 부정을 구하고, 참, 거짓을 확인하시오.

0356
i는 실수이다. (단, $i^2=-1$)

0357
π는 3보다 크다.

[0358–0363] 다음 조건의 부정과 그 진리집합을 구하시오.

0358
p: x는 짝수이다.

0359
p: $x>2$

0360
p: $x\geq-1$

0361
p: $x<3$

0362
p: $x=2$

0363
p: $x\neq3$

03 '또는', '그리고'의 부정

명제나 조건을 단순히 '~이 아니다.'라고 바꾸면 올바른 부정을 구한 것이 아니다. 논리적 의미를 생각하여 제대로 부정을 해야 한다. 특히 '또는(=이거나)'과 '그리고(=이고)'와 같은 표현이 들어간 명제나 조건의 부정은 주의해야 한다.

'또는'의 부정은 '그리고'	'그리고'의 부정은 '또는'
p 또는 q의 부정: $\sim p$ 그리고 $\sim q$	p 그리고 q의 부정: $\sim p$ 또는 $\sim q$
(각각을 부정하고 또는 → 그리고)	(각각을 부정하고 그리고 → 또는)

'또는', '그리고'가 들어간 문장의 의미를 정확히 이해해 보자.

1 빵 또는 과자를 먹는다.

이는 빵, 과자 중 적어도 하나를 먹는다는 의미로 세 가지로 나누어 생각할 수 있다.
 ① 빵을 먹고 과자는 먹지 않는다.
 ② 빵을 먹지 않고 과자는 먹는다.
 ③ 빵도 먹고 과자도 먹는다.
따라서 이 문장의 부정은 '빵도 먹지 않고 과자도 먹지 않는다.'이다.

2 빵 그리고 과자를 먹는다.

이는 빵도 먹고 과자도 먹는다는 의미이다.
이 문장의 부정은 '빵을 먹지 않거나 과자를 먹지 않는다.'로 다음 세 가지 경우로 나누어 생각할 수 있다.
 ① 빵을 먹지 않고 과자는 먹는다.
 ② 빵을 먹고 과자는 먹지 않는다.
 ③ 빵도 먹지 않고 과자도 먹지 않는다.

01 표를 이용한 경우로 생각하기

두 조건 p, q를 같이 생각하면 다음과 같은 경우들이 있다.

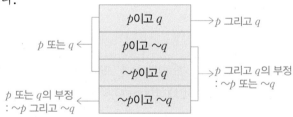

02 진리집합으로 생각하기

조건을 부정했을 때의 진리집합은 원래 진리집합의 여집합임을 기억하자.
① p 또는 q의 진리집합: $P \cup Q$
  부정의 진리집합: $(P \cup Q)^c = P^c \cap Q^c$
    $\sim p$ 그리고 $\sim q$
② p 그리고 q의 진리집합: $P \cap Q$
  부정의 진리집합: $(P \cap Q)^c = P^c \cup Q^c$
    $\sim p$ 또는 $\sim q$

예1 'x는 3의 배수이고 5의 배수이다.'의 부정을 구하시오.

  p: x는 3의 배수, q: x는 5의 배수

라 하면 위의 조건은 p 그리고 q이므로 부정은 $\sim p$ 또는 $\sim q$가 된다.

  ∴ x는 3의 배수가 아니거나 5의 배수가 아니다.

이를 진리집합으로 다시 확인해 보자.

$U = \{x \mid x$는 자연수$\}$일 때, 조건 p, q의 진리집합은 $P = \{x \mid x$는 3의 배수$\}$, $Q = \{x \mid x$는 5의 배수$\}$이므로
• p이고 q의 진리집합: $P \cap Q$
• 진리집합의 여집합: $(P \cap Q)^c = P^c \cup Q^c$
    ⇨ $\sim p$ 또는 $\sim q$

예2 $x < 1$ 또는 $x \geq 3$의 부정을 구하시오.

  p: $x < 1$, q: $x \geq 3$

이라 하면 위의 조건은 p 또는 q이고 부정은 $\sim p$ 그리고 $\sim q$이므로 $1 \leq x$ 그리고 $x < 3$

  ∴ $1 \leq x < 3$

이를 수직선으로 다시 확인해 보자.

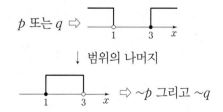

실전 C.O.D.I — 04 '모든', '어떤'의 부정

'모든'의 부정은 '어떤'

'모든 x에 대하여 p이다.'의 부정
⇨ 어떤 x에 대하여 $\sim p$이다.

예 명제 'p: 모든 자연수는 소수이다.'의 부정을 구하시오.

논리적인 의미를 생각하여 부정을 구해 보도록 한다.

위 명제는 '자연수는 예외 없이 전부 소수이다.'라는 의미이다. 따라서 이 명제의 부정은 '자연수 중에 일부 또는 전부가 소수가 아니다.', 즉 '어떤 자연수는 소수가 아니다.'라고 할 수 있다.

이를 경우별로 생각해 보자.

소수라는 수를 기준으로 보면 자연수는 소수이거나 소수가 아니거나 둘 중 하나이다. 아래 표처럼 자연수는

(ⅰ) 모두 소수이거나　(ⅱ) 일부는 소수이고 나머지는 소수가 아니거나　(ⅲ) 모두 소수가 아닌

세 가지 경우로 생각할 수 있다.

(ⅰ) 자연수는 모두 소수이다.
(ⅱ) 자연수 중 일부는 소수, 일부는 소수가 아니다.
(ⅲ) 자연수는 모두 소수가 아니다.

→ p: 모든 자연수는 소수이다.

→ $\sim p$: 어떤 자연수는 소수가 아니다.

이처럼 '모든'이라는 표현이 들어간 명제와 조건의 부정은 '어떤'이라는 말로 바꾸고 부정해야 함을 알 수 있다.

'어떤'의 부정은 '모든'

'어떤 x에 대하여 p이다.'의 부정
⇨ 모든 x에 대하여 $\sim p$이다.

예 조건 'q: 어떤 x는 실수이다.'의 부정을 구하시오.

위 조건은 'x의 일부 또는 전부가 실수이다.'라는 의미이다. 이 명제의 부정은 '어떤 x도 실수가 아니다.'(실수인 x가 하나도 없다.), 즉 '모든 x가 실수가 아니다.'라고 할 수 있다.

이를 경우별로 생각해 보자.

실수라는 수를 기준으로 보면 x는 실수이거나 실수가 아니거나 둘 중 하나이다. 아래 표처럼 x는

(ⅰ) 모두 실수이거나　(ⅱ) 일부는 실수이고 나머지는 실수가 아니거나　(ⅲ) 모두 실수가 아닌

세 가지 경우로 생각할 수 있다.

(ⅰ) x는 모두 실수이다.
(ⅱ) x 중 일부는 실수, 일부는 실수가 아니다.
(ⅲ) x는 모두 실수가 아니다.

→ q: 어떤 x는 실수이다.

→ $\sim q$: 모든 x는 실수가 아니다.

이처럼 '어떤'이라는 표현이 들어간 명제와 조건의 부정은 '모든'이라는 말로 바꾸고 부정해야 함을 알 수 있다.

개념 C.O.D.I ─ 05 명제 $p \to q$

01 조건명제 $p \to q$

두 조건 p, q를 연결하여 'p이면 q이다.'로 나타내면 명제가 되고 이를 기호로 다음과 같이 나타낸다.

$$\underset{\text{(가정)}}{p} \to \underset{\text{(결론)}}{q}$$

02 $p \to q$의 참, 거짓

$p \to q$가 참이면 $P \subset Q$이고
$p \to q$가 거짓이면 $P \not\subset Q$이다.
(P, Q는 조건 p, q의 진리집합)

두 조건 p, q가 있을 때 각각의 조건은 참, 거짓을 확인할 수 없다고 배웠다.

그렇다면 두 개의 조건을 연결하여 식이나 문장을 만들면 어떨까? 그래도 참, 거짓을 확인할 수 없을까?

'p이면 q이다.'의 형식으로 두 조건을 연결한 문장을 보자. '…이면 …이다.'의 형태는 영어에서 흔히 보는 가정문의 형태이다. 이 문장에서 '이면'의 앞부분의 조건을 가정, 뒷부분의 조건을 결론이라고 부른다.

이렇게 두 조건을 가정과 결론으로 묶어서 연결하면 명제가 되어 진릿값을 판별할 수 있다.

가정에 있는 조건이 결론에 대입할 변수의 값을 정해주는 역할을 하게 되어 참, 거짓을 확인할 수 있게 되는 것이다.

예1 p: $x^2=1$, q: $-2<x<2$일 때

명제 $p \to q$: $x^2=1$이면 $-2<x<2$이다.

두 조건 p, q의 진리집합을 각각 P, Q라 하면

$P=\{-1, 1\}$, $Q=\{x|-2<x<2\}$이므로

　$x=-1$이면 $-2<-1<2$이다. (참)

　$x=1$이면 $-2<1<2$이다. (참)

조건 p가 참이 되는 모든 x가 조건 q를 만족하므로 이 명제는 참이 된다.

예2 p: x는 4의 약수, q: x는 6의 약수일 때

명제 $p \to q$: x가 4의 약수이면 x는 6의 약수이다.

두 조건 p, q의 진리집합을 각각 P, Q라 하면

$P=\{1, 2, 4\}$, $Q=\{1, 2, 3, 6\}$이므로

　$x=1$이면 x는 6의 약수이다. (참)

　$x=2$이면 x는 6의 약수이다. (참)

　$x=4$이면 x는 6의 약수이다. (거짓)

조건 p가 참이 되는 x의 값 중 하나라도 q를 만족하지 못하면 이 명제는 거짓이다.

예2 에서 4는 6의 약수가 아니므로 이 명제를 거짓이 되게 하는 값이고 이를 반례라고 한다.

명제가 거짓임을 확인하려면 반례를 찾으면 된다.

---

03 명제 $p \to q$의 참, 거짓 판별하기

· 가정 p의 모든 진리집합의 원소가 결론 q의 진리집합의 원소에 속하면 명제 $p \to q$는 참이다.

= 집합 P가 집합 Q의 부분집합 ($P \subset Q$)이면

· 가정 p의 진리집합의 원소 중 하나라도 결론 q의 진리집합의 원소가 아니면 명제 $p \to q$는 거짓이다.

= 집합 P가 집합 Q에 포함되지 않으면 ($P \not\subset Q$)

$P \subset Q$이면 $p \to q$가 참이고, $P \not\subset Q$이면 $p \to q$가 거짓이다.

$x \in P$이고 $x \notin Q$인 x를 반례라고 한다. (P의 원소이지만 Q의 원소는 아닌 값) → 명제를 거짓으로 만든다.

개념 C.O.D.I 06 명제의 역과 대우

> 명제 $p \to q$의 선후 관계를 바꾸거나 부정하여 새로운 명제를 만들 수 있다.

명제 $p \to q$

01 $q \to p$: 명제의 역

원래 명제의 가정과 결론을 바꾼 명제를 원래 명제의 역이라 한다.

$p \to q$의 역 ▶ $q \to p$

(예) '3의 배수이면 6의 배수이다.'의 역을 구하시오.

p: x가 3의 배수, q: x가 6의 배수라 하면 위의 명제는 'p이면 q이다.'이므로 역은 $q \to p$이다.

∴ 6의 배수이면 3의 배수이다.

02 $\sim q \to \sim p$: 명제의 대우

원래 명제의 가정과 결론을 바꾸고 각각을 부정한 명제를 원래 명제의 대우라 한다.

$p \to q$의 대우 ▶ $\sim q \to \sim p$

(예) '3의 배수이면 6의 배수이다.'의 대우를 구하시오.

p: x가 3의 배수, q: x가 6의 배수라 하면 위의 명제는 'p이면 q이다.'이므로 대우는 $\sim q \to \sim p$이다.

∴ 6의 배수가 아니면 3의 배수가 아니다.

03 명제와 그 대우의 진릿값은 같다

$p \to q$가 참이면	$\sim q \to \sim p$도 참이다.
$p \to q$가 거짓이면	$\sim q \to \sim p$도 거짓이다.
$\sim q \to \sim p$가 참이면	$p \to q$도 참이다.
$\sim q \to \sim p$가 거짓이면	$p \to q$도 거짓이다.

명제가 참이면 대우도 참, 명제가 거짓이면 대우도 거짓이다. 반대로 대우가 참이면 명제도 참, 대우가 거짓이면 명제도 거짓이다.

명제와 대우는 이처럼 밀접한 관계가 있다. 명제와 대우 중 하나가 참인 것을 확인했다면 나머지도 참이기 때문에 따로 참이라는 것을 증명할 필요가 없다. 이 성질을 활용한 증명 방법도 있는데 이는 **04** 단원에서 배울 것이다.

> 명제와 역 사이에 참, 거짓은 상관관계가 없다.
> 명제가 참일 때 그 역은 참일수도 거짓일 수도 있다.

(예1) $x=1$이면 $x^2=1$이다. (참)

이 명제의 역은 '$x^2=1$이면 $x=1$'이므로 $x=-1$이 반례가 되어 거짓이다.

(예2) $|x|=1$이면 $x^2=1$이다. (참)

이 명제의 역은 '$x^2=1$이면 $|x|=1$'이므로 참이다.

증명 조건 p의 진리집합을 P, 조건 q의 진리집합을 Q라 하면 $\sim p$, $\sim q$의 진리집합은 각각 P^C, Q^C이 된다.

가정의 진리집합이 결론의 진리집합에 포함되면 그 명제는 참이고 포함되지 않으면 거짓이다.

(ⅰ) $p \to q$가 참이면 $P \subset Q$가 성립한다.

이를 벤다이어그램으로 나타내면

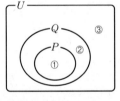

P: ① / P^C: ②③
Q: ①② / Q^C: ③

따라서 $Q^C \subset P^C$이 성립하므로 $\sim q \to \sim p$도 참이 된다.

(ⅱ) $p \to q$가 거짓이면 $P \not\subset Q$이다.

이를 만족하는 벤다이어그램 하나를 생각해 보자.

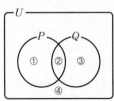

P: ①② / P^C: ③④
Q: ②③ / Q^C: ①④

따라서 $Q^C \not\subset P^C$이므로 $\sim q \to \sim p$도 거짓이 된다.

> 명제가 참일 때 역도 참이 되는 경우도 있지만 거짓이 되는 경우도 있다는 것을 왼쪽의 예에서 알 수 있다.

[0364–0369] 다음 문장이나 식을 부정하시오.

0364
국어를 공부하거나 수학을 공부한다.

0365
수필도 읽고 소설도 읽는다.

0366
$x<1$ 또는 $x≥2$

0367
$x≤-2$ 또는 $x>5$

0368
$-3≤x≤3$

0369
$0<x<1$

[0370–0373] 20 이하의 자연수 x에 대하여 두 조건
 p: x는 3의 배수, q: x는 4의 배수
의 진리집합을 P, Q라 할 때, 다음 물음에 답하시오.

0370
$(P\cup Q)^C$을 구하시오.

0371
p 또는 q를 부정하고 그 진리집합을 구하시오.

0372
$(P\cap Q)^C$을 구하시오.

0373
p 그리고 q를 부정하고 그 진리집합을 구하시오.

[0374–0377] 다음 명제를 부정하고 참, 거짓을 판별하시오.

0374
모든 소수는 홀수이다.

0375
모든 자연수는 양수이다.

0376
어떤 자연수의 양의 약수는 1개이다.

0377
어떤 실수 x에 대하여 $x^2<0$이다.

[0378–0381] 빈칸을 알맞게 채우시오.

0378
명제 $p → q$에서 조건 p를 ☐, 조건 q를 ☐이라 한다.

0379
$p → q$가 참일 때 P ☐ Q이다.
                    (단, P, Q는 조건 p, q의 진리집합)

0380
$q → p$가 참일 때 P ☐ Q이다.
                    (단, P, Q는 조건 p, q의 진리집합)

0381
$p → q$가 거짓일 때 P ☐ Q이다.
                    (단, P, Q는 조건 p, q의 진리집합)

[0382–0384] 다음 두 조건 p, q에 대하여 'p이면 q이다.'의 참, 거짓을 확인하시오.

0382
p: x는 6의 양의 약수, q: x는 3의 양의 약수

0383
p: $x=1$, q: $x^2+x-2=0$

0384
p: $-1≤x≤1$, q: $x^2-1≤0$

[0385–0388] 명제의 역과 대우를 구하고 각각의 참, 거짓을 확인하시오.

0385
3의 배수이면 6의 배수이다.

0386
$ab=0$이면 $a=0$ 또는 $b=0$이다.

0387
소수이면 홀수이다.

0388
마름모이면 평행사변형이다.

0389
명제 $p → q$가 참이면 이 명제의 대우도 참임을 진리집합을 이용하여 증명하시오.

01 충분조건과 필요조건

진리집합이 각각 P, Q인 조건 p, q에 대하여
(i) $p \rightarrow q$가 참이면 $p \Rightarrow q$로 나타낸다.
(ii) $p \Rightarrow q$가 성립할 때
　　(명제가 참일 때)
　　($P \subset Q$일 때)
→
・p는 q이기 위한 **충분조건**
・q는 p이기 위한 **필요조건**
이라 한다.

예 p: x는 10의 배수, q: x는 5의 배수일 때, p와 q는 서로에게 어떤 조건인가?
조건 p, q의 진리집합을 P, Q라 하면
$P = \{10, 20, \cdots\}$, $Q = \{5, 10, 15, 20, 25, \cdots\}$
이므로 $P \subset Q$가 성립하고 따라서 명제 $p \rightarrow q$가 참이다.
$$\therefore p는 q이기 위한 충분조건$$
$$q는 p이기 위한 필요조건$$

$p \rightarrow q$에서 조건 p를 가정, 조건 q를 결론이라고 배웠다.
이때 명제가 참이면 p를 충분조건, q를 필요조건이라고 부른다.
(i)　　p　$\Rightarrow$　q
　　　충분조건　　　필요조건

화살표의 방향으로 구분해 보자.
・화살표가 나오는 조건이 충분조건
・화살표가 들어가는 조건이 필요조건
(ii) $P \subset Q$이면 $p \rightarrow q$가 참이므로 포함 관계로 구분해 보자.
・포함되는 조건이 충분조건
・포함하는 조건이 필요조건

고양이(p)는 동물(q)이다. ($p \rightarrow q$)
고양이(p)가 되기 위해서는 우선 동물(q)일 필요가 있다. 따라서 동물(q)은 고양이(p)가 되기 위한 필요조건이라고 부르는 것이다. 또한 고양이(p)이면 이미 동물(q)이 되기에 충분하므로 고양이(p)는 동물(q)이 되기 위한 충분조건이라고 부른다.
참고로 알아두자.

02 필요충분조건

진리집합이 각각 P, Q인 조건 p, q에 대하여
(i) 명제 $p \rightarrow q$가 참이고 동시에 그 역 $q \rightarrow p$도 참일 때,
즉 $p \Rightarrow q$이고 $q \Rightarrow p$일 때 $p \Leftrightarrow q$로 나타낸다.
(ii) $p \Leftrightarrow q$가 성립할 때

$p \rightarrow q$가 참이므로 $P \subset Q$
$q \rightarrow p$가 참이므로 $Q \subset P$
$\longrightarrow$　$P = Q$

・p는 q이기 위한 필요충분조건
・q는 p이기 위한 필요충분조건
이라 한다.

$p \Leftrightarrow q$이면 p와 q는 서로에게 충분조건이면서 동시에 필요조건이 된다. 따라서 이를 필요충분조건이라고 부른다.
필요충분조건이 되기 위해서는 두 진리집합이 서로 같아야 함을 기억하자.

예 p: $x^2 - x - 6 = 0$, q: $(x+2)(x-a) = 0$일 때, p가 q이기 위한 필요충분조건이 되기 위한 상수 a의 값을 구하시오.
조건 p, q의 진리집합을 P, Q라 할 때,
$P = \{-2, 3\}$, $Q = \{-2, a\}$이고 p가 q이기 위한 필요충분조건이면 $p \Leftrightarrow q$이므로 $P = Q$가 성립한다.
따라서 두 진리집합의 원소가 같아야 한다.
$$\therefore a = 3$$

05 $p \rightarrow q$의 참, 거짓 판별 / 충분·필요조건 구분하기

다음 명제를 보면서 생각해 보자.
실수 a, b에 대하여 명제

> $ab=0$이면 $a=0$이고 $b=0$이다.

를 내용만으로 참, 거짓을 구분하기 쉽지 않다. 이럴 경우 명제를 두 개의 조건으로 나누고 각 조건의 진리집합의 포함 관계를 이용하여 진릿값을 판단한다.

p: $ab=0$, q: $a=0$이고 $b=0$이라 하자.

조건 p의 진리집합을 P라 하면 다음 조건을 만족하는 모든 실수의 순서쌍이 P의 원소가 된다.

(i) $a=0$이고 $b \neq 0$

(ii) $a \neq 0$이고 $b=0$ → a, b 중 적어도 하나가 0

(iii) $a=0$이고 $b=0$

∴ $P=\{(0, 1), (1, 0), (0, 0), (0, -5), \cdots\}$

조건 q의 진리집합을 Q라 하면 $Q=\{(0, 0)\}$

따라서 $P \supset Q$이고 $P \not\subset Q$이므로 $p \rightarrow q$는 거짓임을 알 수 있다.

만약 조건의 순서를 바꿔 $q \rightarrow p$, 즉 $a=0$이고 $b=0$이면 $ab=0$의 경우엔 어떨까?

$Q \subset P$이므로 이 명제는 참이고

    q는 p이기 위한 충분조건

    p는 q이기 위한 필요조건

이 된다.

06 명제를 연결하기: 삼단논법

두 개 이상의 참인 명제를 연결하여 새로운 참인 명제를 만들 수 있다.

삼단논법

두 명제 'p이면 q', 'q이면 r'이 참이면 'p이면 r'도 참인 명제이다.

$$p \Rightarrow q, \ q \Rightarrow r \text{이면} \ p \Rightarrow r$$

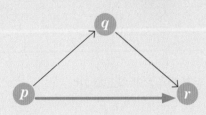

이런 논리적 관계를 삼단논법이라 한다.

세 조건 p, q, r의 진리집합이 각각 P, Q, R일 때
- $p \to q$가 참이므로 $P \subset Q$
- $q \to r$이 참이므로 $Q \subset R$

이를 벤다이어그램으로 나타내면 오른쪽 그림과 같다.

즉, $P \subset Q \subset R$이고 $P \subset R$이므로 $p \to r$은 참인 명제이다.

또한 $p \to r$이 참이면 그 대우인 $\sim r \to \sim p$도 참이 된다.

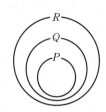

예1 세 조건 p, q, r에 대하여 $p \to q$, $q \to r$이 모두 참일 때, 항상 참인 명제를 모두 구하시오.

(i) 명제가 참이면 대우도 참이다.

$p \to q$가 참이므로 $\sim q \to \sim p$도 참

$q \to r$이 참이므로 $\sim r \to \sim q$도 참

(ii) 삼단논법에 따라 참인 명제

$p \to q$, $q \to r$이 참이므로 $p \to r$도 참

또한 $p \to r$이 참이므로 그 대우인 $\sim r \to \sim p$도 참이다.

$\therefore \sim q \to \sim p, \ \sim r \to \sim q, \ p \to r, \ \sim r \to \sim p$

예2 세 조건 p, q, r에 대하여 $r \to p$, $\sim q \to \sim p$가 모두 참일 때, 항상 참인 명제를 모두 구하시오.

(i) 명제가 참이면 대우도 참이다.

$r \to p$가 참이므로 $\sim p \to \sim r$도 참

$\sim q \to \sim p$가 참이므로 $p \to q$도 참

(ii) 삼단논법에 따라 참인 명제

$r \to p$, $p \to q$가 참이므로 $r \to q$도 참

또한 $r \to q$가 참이므로 그 대우 $\sim q \to \sim r$도 참이다.

$\therefore \sim p \to \sim r, \ p \to q, \ r \to q, \ \sim q \to \sim r$

예3 세 조건 p, q, r에 대하여 $r \to p$, $\sim q \to \sim p$가 모두 참일 때, q는 r이기 위한 무슨 조건인가?

예2에서 $r \Rightarrow q$가 성립함을 확인하였다. 따라서 q는 r이기 위한 필요조건이다.

화살표를 따라가라. 이것이 곧 논리의 흐름이다.

세 명제

① $p \to q$
② $q \to r$
③ $r \to s$

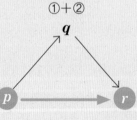

①+②

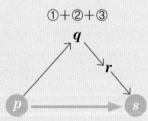

②+③   ①+②+③

가 모두 참일 때 위와 같이 $p \Rightarrow r$, $q \Rightarrow s$, $p \Rightarrow s$이고 이들의 대우도 $\sim r \Rightarrow \sim p$, $\sim s \Rightarrow \sim q$, $\sim s \Rightarrow \sim p$이다.

[0390–0398] 두 조건 p, q가 다음과 같을 때, 빈칸을 알맞게 채우시오.

0390

p: x는 16의 양의 약수

q: x는 4의 양의 약수

p는 q이기 위한 [　　　] 조건

q는 p이기 위한 [　　　] 조건

0391

p: x는 8의 배수

q: x는 16의 배수

p는 q이기 위한 [　　　] 조건

q는 p이기 위한 [　　　] 조건

0392

p: $|x|=1$

q: $x^2-1=0$

p는 q이기 위한 [　　　] 조건

q는 p이기 위한 [　　　] 조건

0393

p: $x^2<4$

q: $(x+2)(x-2)\leq0$

p는 q이기 위한 [　　　] 조건

q는 p이기 위한 [　　　] 조건

0394

p: $x<0$

q: $x\leq-\dfrac{1}{2}$

p는 q이기 위한 [　　　] 조건

q는 p이기 위한 [　　　] 조건

0395

p: $x<3$ 또는 $x>4$

q: $x^2-7x+12>0$

p는 q이기 위한 [　　　] 조건

q는 p이기 위한 [　　　] 조건

0396

p: $ab=0$

q: $a=0$이고 $b=0$

p는 q이기 위한 [　　　] 조건

q는 p이기 위한 [　　　] 조건

0397

p: $a=0$ 또는 $b=0$

q: $ab=0$

p는 q이기 위한 [　　　] 조건

q는 p이기 위한 [　　　] 조건

0398

p: $ab\neq0$

q: $a\neq0$ 또는 $b\neq0$

p는 q이기 위한 [　　　] 조건

q는 p이기 위한 [　　　] 조건

[0399–0406] $p\Rightarrow q$, $q\Rightarrow r$, $r\Rightarrow s$일 때, 다음 명제 중 항상 참인 것은 ○, 아닌 것은 ×로 표시하시오.

0399

$p\to q$

0400

$s\to q$

0401

$q\to s$

0402

$p\to s$

0403

$r\to p$

0404

$\sim p\to\sim r$

0405

$\sim r\to\sim p$

0406

$\sim r\to\sim q$

Style 01 명제

0407

다음 중 명제가 아닌 것은?

① 삼각형의 내각의 합은 180°이다.

② 이차함수 $y=x^2-2x$는 최댓값이 존재한다.

③ $x^2+4x+4=(x+2)^2$

④ $x+y=6$

⑤ 모든 4의 배수는 짝수이다.

0408

다음 중 명제인 것은? (정답 2개)

① 10^{10}은 큰 수이다.

② $x^2-4x+4=(x+2)^2$

③ $x=3$이면 $2x-1<10$

④ $2x-1<10$

⑤ $x+4\geq x-1$

Level up

0409

보기 에서 거짓인 명제를 모두 고르시오.

┌─ 보기 ─────────────────┐
│ ㄱ. 12와 15는 서로소이다.
│ ㄴ. $0\cdot x=3$
│ ㄷ. 자연수는 양의 실수이다.
│ ㄹ. $2(x+1)>2x-5$
│ ㅁ. x는 유리수이다.
│ ㅂ. $2x=x+4$
└──────────────────────┘

Style 02 조건과 진리집합

0410

전체집합 $U=\{x\,|\,x$는 20 이하의 홀수$\}$에 대하여 조건 $p: x$는 12의 양의 약수의 진리집합을 P라 할 때, $n(P)$의 값은?

① 2 　　　　② 3 　　　　③ 4

④ 5 　　　　⑤ 6

0411

집합 $P=\{(a,\,b)\,|\,a,\,b$는 실수$\}$는 조건 $p: ab=0$의 진리집합이다. 다음 중 P의 원소가 아닌 것은?

① $(-1,\,0)$ 　　② $(2,\,0)$ 　　③ $(1,\,-1)$

④ $(0,\,0)$ 　　⑤ $(0,\,\sqrt{3}\,)$

0412

실수 x에 대하여 두 조건 $p: -2<x\leq 0$, $q: 0<x<3$의 진리집합을 각각 P, Q라 할 때, 조건 $r: -2<x<3$의 진리집합을 P, Q를 이용하여 나타내시오.

Level up

0413

실수 x에 대하여 두 조건 $p: x\geq 3$, $q: x<7$의 진리집합을 각각 P, Q라 할 때, 조건 $r: 3\leq x<7$의 진리집합을 P, Q를 이용하여 나타내시오.

Style 03 명제와 조건의 부정 (1)

0414

다음 명제 중에서 부정이 참인 것은?

① $5+7=12$

② $(-3)^2>4$

③ $(-1)^{2n}=-1$

④ -1은 9의 약수이다.

⑤ $A \cap A^C = \varnothing$

0415

실수 x에 대하여 조건 p: $x<4$의 부정 $\sim p$를 참이 되게 하는 정수 x의 최솟값은?

① 2   ② 3   ③ 4

④ 5   ⑤ 6

Level up

0416

다음 중 조건 p: $ab=0$의 부정은?

① $a=0$이고 $b \neq 0$

② $a \neq 0$ 또는 $b \neq 0$

③ $a \neq 0$이고 $b=0$

④ $a=0$ 또는 $b \neq 0$

⑤ $a \neq 0$이고 $b \neq 0$

0417

정수 x에 대하여 조건 p: $x<-1$ 또는 $x \geq 4$의 부정 $\sim p$의 진리집합의 모든 원소의 합은?

① 2   ② 5   ③ 6

④ 8   ⑤ 9

Style 04 명제와 조건의 부정 (2)

0418

정수 x에 대한 조건 p: $x^2-6x-7 \geq 0$에 대하여 조건 $\sim p$의 진리집합의 원소의 개수는?

① 6   ② 7   ③ 8

④ 9   ⑤ 10

모의고사기출

0419

전체집합 $U=\{1, 2, 3, 4, 5, 6, 7, 8\}$에 대하여 조건 p가

　　　p: x는 짝수 또는 6의 약수이다.

일 때, 조건 $\sim p$의 진리집합의 모든 원소의 합은?

① 11   ② 12   ③ 13

④ 14   ⑤ 15

0420

실수 x에 대한 두 조건

　　　p: $x(x+4)<0$

　　　q: $(x+1)(x-3)<0$

에 대하여 다음 중 조건 'p 또는 q'의 부정의 진리집합은?

① $\{x \,|\, x \leq -4$ 또는 $x \geq 3\}$

② $\{x \,|\, x < -4$ 또는 $x > 3\}$

③ $\{x \,|\, -4 \leq x \leq 3\}$

④ $\{x \,|\, -1 \leq x \leq 0\}$

⑤ $\{x \,|\, x < -1$ 또는 $x > 0\}$

Level up

0421

실수 x에 대한 두 조건 p: $x<3$, q: $x<1$의 진리집합을 각각 P, Q라 할 때, 다음 중 조건 '$1 \leq x < 3$'의 진리집합으로 옳은 것은?

① $P \cap Q$ ② $P \cap Q^C$ ③ $P^C \cap Q$

④ $P \cup Q$ ⑤ $P^C \cup Q$

Style 05 '모든', '어떤'을 포함한 명제

0422
다음 중 거짓인 명제는? (정답 2개)
① 어떤 소수는 짝수이다.
② 모든 자연수의 양의 약수는 2개 이상이다.
③ 어떤 실수 x에 대하여 $x^2=0$이다.
④ 모든 실수 x에 대하여 $x^2\geq0$이다.
⑤ 어떤 실수 x에 대하여 $x^2-4x+5=0$이다.

0423
다음 중 그 부정이 참인 명제는?
① 어떤 소수는 짝수이다.
② 어떤 실수 x에 대하여 $(x-2)^2\geq0$
③ 어떤 실수 x에 대하여 $2x-1<3$
④ 모든 실수 x에 대하여 $(x-2)^2\geq0$
⑤ 모든 실수 x에 대하여 $x^2-1>0$

모의고사 기출
0424
자연수 a에 대한 조건
　'모든 양의 실수 x에 대하여 $x-a+4>0$이다.'
가 참인 명제가 되도록 하는 a의 개수는?
① 1 ② 2 ③ 3
④ 4 ⑤ 5

Level up
0425
명제 'p: 모든 실수 x에 대하여 $x^2-2x+k\geq0$'와
'q: 어떤 실수 x에 대하여 $x^2-3x+k<0$'가 모두 참이
되기 위한 모든 정수 k의 값의 합은?
① 0 ② 1 ③ 3
④ 6 ⑤ 10

Style 06 명제 $p\to q$가 참이 될 조건

0426
실수 x에 대한 두 조건
　$p: x=a$
　$q: x^2-4x-5\leq0$
에 대하여 $p\to q$가 참일 때, 실수 a의 최댓값과 최솟값
의 합은?
① -4 ② -1 ③ 1
④ 4 ⑤ 5

0427
자연수 x에 대한 두 조건 p, q에 대하여 조건 q가
$q: x$는 4의 약수일 때, 명제 $p\to q$가 참이 되기 위한 p
의 진리집합 P의 개수는? (단, $P\neq\varnothing$)
① 1 ② 3 ③ 7
④ 15 ⑤ 31

Level up
0428
실수 x에 대한 두 조건 p, q가 다음과 같다.
　$p: x\leq3$
　$q: x<a$
명제 $q\to p$가 참일 때, 실수 a의 값의 범위를 구하시오.

0429
전체집합 $U=\{x|-5\leq x\leq5, x$는 정수$\}$에 대하여 두
조건 p, q의 진리집합을 P, Q라 하자.
$q: (x+2)(x-3)>0$일 때, $\sim q\to p$가 참이 되게 하는
P의 개수는?
① 8 ② 16 ③ 32
④ 64 ⑤ 128

Style 07 명제 $p \to q$의 반례

0430

두 조건 p, q의 진리집합이 다음과 같다.

$P = \{-1, 0, 1\}$

$Q = \{-2, 0, 1, 2, 4\}$

명제 $p \to q$가 거짓임을 알 수 있는 원소는?

① -2 ② -1 ③ 0

④ 2 ⑤ 4

0431

두 조건 p, q의 진리집합 P, Q와 전체집합 U의 벤다이어그램이 오른쪽 그림과 같다.

명제 $p \to q$, $q \to p$가 거짓이 되게 하는 모든 원소의 합은?

① 3 ② 4 ③ 6

④ 7 ⑤ 10

0432

세 조건 p, q, r의 진리집합이 다음과 같다.

$P = \{x \mid |x| \le 2\}$

$Q = \{x \mid x < \alpha\}$

$R = \{x \mid x \ge \beta\}$

명제 $p \to q$는 거짓, $p \to r$은 참일 때, $\alpha + \beta$의 최댓값은?

① -2 ② -1 ③ 0

④ 1 ⑤ 2

 Style 08 명제 $p \to q$와 진리집합

0433

전체집합 U의 두 부분집합 P, Q는 조건 p, q의 진리집합이다. $\sim p \to q$가 참일 때, 다음 중 항상 참이 아닌 것은?

① $P \cap Q = \varnothing$ ② $P^C \subset Q$

③ $P^C \cap Q = P^C$ ④ $P^C \cup Q = Q$

⑤ $P \cup Q = U$

0434

전체집합 U의 두 부분집합 P, Q는 조건 p, q의 진리집합이다. $P \cap Q = \varnothing$일 때, 다음 중 참인 명제는?

① $p \to q$ ② $q \to p$

③ $\sim p \to \sim q$ ④ $\sim q \to \sim p$

⑤ $q \to \sim p$

모의고사 기출

0435

실수 x에 대하여 두 조건 p, q가 다음과 같다.

$p: (x+2)(x-4) \ne 0$,

$q: -2 \le x \le 4$

다음 중 참인 명제는?

① $p \to q$ ② $\sim p \to \sim q$

③ $q \to \sim p$ ④ $q \to p$

⑤ $\sim p \to q$

Level up

0436

진리집합이 P, Q인 두 조건 p, q에 대하여 명제 $p \to q$가 거짓일 때, 중 옳은 것을 모두 고르시오.

보기

ㄱ. $P \not\subset Q$ ㄴ. $P \subset Q$

ㄷ. $P \cap Q = P$ ㄹ. $P \cap Q^C \ne \varnothing$

ㅁ. $P = Q$

Style 09 $p \rightarrow q$의 역과 대우

0437
명제 '$a^2 > 2$이면 $a > \sqrt{2}$이다.'의 대우를 구하고 참, 거짓을 확인하시오.

Level up
0438
다음 명제의 역이 거짓인 것은? (단, x, y는 실수)
① $x=0$이면 $x^2=0$이다.
② $x^2>0$이면 $x \neq 0$이다.
③ $xy=0$이면 $x=0$이고 $y=0$이다.
④ $x^2>2x$이면 $x<0$이다.
⑤ $x^2+y^2=0$이면 $x=0$ 또는 $y=0$이다.

0439
실수 a, b에 대한 두 명제 p, q가 다음과 같다.
  $p: a^2+b^2=0$, $q: ab=0$
다음 명제 중 그 역이 참인 명제는? (정답 2개)
① $p \rightarrow q$ ② $q \rightarrow p$
③ $\sim p \rightarrow \sim q$ ④ $\sim q \rightarrow \sim p$
⑤ $\sim p \rightarrow q$

Style 10 명제의 대우를 이용하기

0440
명제 '$x^2+3x-10 \neq 0$이면 $x \neq a$이다.'가 참이 되는 모든 실수 a의 값의 합은?
① -3 ② -1 ③ 0
④ 1 ⑤ 3

Level up
0441
실수 x에 대한 두 조건이 다음과 같다.
  $p: |x-a|>1$
  $q: x \leq -3$ 또는 $x \geq 1$
명제 $q \rightarrow p$가 참이 되기 위한 실수 a의 값의 범위를 구하시오.

0442
명제 '$x \neq 3$이면 $x^2 \neq 9$이다.'가 거짓임을 알 수 있는 x의 값으로 알맞은 것은?
① -3 ② -1 ③ 0
④ 1 ⑤ 3

Level up
0443
명제 '$a+b$가 홀수이면 a가 홀수 또는 b가 홀수이다.'가 참임을 대우를 이용하여 증명하시오.

Style 11 충분조건·필요조건

0444

두 조건 p, q에 대하여 $\sim p$가 q이기 위한 필요조건이지만 충분조건이 아닐 때, 다음 명제 중 항상 참인 것은?

① $p \to q$ ② $p \to \sim q$
③ $q \to p$ ④ $\sim q \to p$
⑤ $\sim q \to \sim p$

0445

실수 a, b에 대한 두 조건

$$p: x(x+4) \neq 0$$
$$q: x^3 + 6x^2 + 8x = 0$$

에 대하여 $\sim p$는 q이기 위한 어떤 조건인지 구하시오.

Level up

0446

보기 중 p가 q이기 위한 충분조건이지만 필요조건은 아닌 것을 모두 고른 것은? (단, x, y는 실수)

보기
ㄱ. $p: x^2 + y^2 = 0$, $q: |x| + |y| = 0$
ㄴ. $p: x = y$, $q: x^2 = y^2$
ㄷ. $p: A = B$, $q: A \subset B$

① ㄱ   ② ㄴ   ③ ㄱ, ㄴ
④ ㄴ, ㄷ   ⑤ ㄱ, ㄴ, ㄷ

Style 12 필요충분조건

0447

보기 중 p가 q이기 위한 필요충분조건인 것을 모두 고르시오. (단, x, y, z는 실수)

보기
ㄱ. $p: xy > 0$, $q: x > 0$이고 $y > 0$
ㄴ. $p: A \cap B = A$, $q: A \subset B$
ㄷ. $p: x = y = z$, $q: (x-y)^2 + (y-z)^2 + (z-x)^2 = 0$
ㄹ. $p: xz = yz$, $q: x = y$
ㅁ. $p: xy = 0$, $q: x = 0$ 또는 $y = 0$

Level up

0448

세 실수 x, y, z에 대한 두 조건

$$p: x = y, \quad q: xz = yz$$

에 대하여 $z = 0$일 때 q는 p이기 위한 [(가)] 조건, $z \neq 0$일 때 q는 p이기 위한 [(나)] 조건이다. (가), (나)에 들어갈 내용으로 알맞은 것은?

	(가)	(나)
①	필요	충분
②	충분	필요
③	필요	필요충분
④	필요충분	필요
⑤	충분	필요충분

0449

다음 중 조건 '$p: B \subset A$'이기 위한 필요충분조건이 아닌 것은?

① $A \cap B = B$ ② $A \cup B = A$
③ $A^c \subset B^c$ ④ $B^c \subset A^c$
⑤ $B - A = \varnothing$

Style **13** 진리집합과 필요·충분조건

0450

두 조건 p, q의 진리집합이 P, Q이고 $P \cap Q = \varnothing$일 때, 다음 중 q이기 위한 필요조건이지만 충분조건은 아닌 것은?

① $\sim p$ ② $\sim q$ ③ p

④ p이고 $\sim q$ ⑤ $\sim p$이고 q

Level up
0451

세 조건 p, q, r에 대하여 r는 p 또는 q이기 위한 충분조건일 때, 각 조건의 진리집합 P, Q, R에 대하여 다음 중 항상 옳은 것은?

① $R \subset P$ ② $R \subset Q$

③ $R \subset (P \cup Q)$ ④ $R \subset (P \cap Q)$

⑤ $P \subset R$

Level up
0452

전체집합 $U = \{1, 2, 3, 4, 5\}$의 세 부분집합 P, Q, R가 조건 p, q, r의 진리집합이다. $Q = \{1, 3, 5\}$일 때 p는 q이기 위한 충분조건이지만 필요조건이 아니기 위한 P의 개수가 a, r는 q이기 위한 필요조건이지만 충분조건이 아니기 위한 R의 개수가 b이다. $a+b$의 값은?

① 8   ② 9   ③ 10

④ 11   ⑤ 12

Style **14** 필요·충분·필요충분조건과 미정계수

0453

실수 x에 대한 두 조건

    p: $x \leq 3$, q: $x < a$

에 대하여 p는 q이기 위한 필요조건일 때, 실수 a의 최댓값은?

① 1   ② 2   ③ 3

④ 4   ⑤ 5

0454

실수 x에 대한 두 조건 p, q가 다음과 같다.

    p: $x^2 + x - 12 \geq 0$

    q: $(x - a + 3)(x - a - 1) < 0$

q는 $\sim p$이기 위한 충분조건이 되기 위한 실수 a의 값의 범위는 $\alpha \leq a \leq \beta$이다. $\alpha\beta$의 값은?

① -2 ② -4 ③ -6

④ -8 ⑤ -12

모의고사기출
0455

실수 x에 대하여 두 조건 p, q를 각각

    p: $-1 < x < 2$, q: $x^2 + ax + b < 0$

이라 하자. p는 q이기 위한 필요충분조건일 때, $a+b$의 값은? (단, a, b는 상수이다.)

① -5 ② -4 ③ -3

④ -2 ⑤ -1

Level up
0456

실수 x에 대한 두 조건 p, q가 다음과 같다.

    p: $x^2 - 2ax + a + 2 = 0$

    q: $2(x - 2) = 3(x - 1)$

p는 q이기 위한 필요충분조건일 때, 실수 a의 값을 구하시오.

Style 15 삼단논법

0457

두 명제 $\sim p \to r$, $s \to \sim p$가 참일 때, 보기의 명제 중 항상 참인 것을 모두 고른 것은?

보기
ㄱ. $s \to r$ ㄴ. $r \to s$ ㄷ. $\sim r \to \sim s$

① ㄱ   ② ㄷ   ③ ㄱ, ㄴ
④ ㄱ, ㄷ   ⑤ ㄱ, ㄴ, ㄷ

0458

두 명제 $q \to r$, $r \to p$가 참일 때, 다음 중 항상 참이라고 할 수 없는 명제는?

① $p \to q$ ② $\sim r \to \sim q$
③ $\sim p \to \sim r$ ④ $q \to p$
⑤ $\sim p \to \sim q$

0459

다음 명제는 모두 참이다.

$$\sim p \to s, \ \sim q \to \sim s$$

p는 $\sim q$이기 위한 어떤 조건인지 구하시오.

Level up

0460

세 명제 $\sim q \Rightarrow \sim p$, $q \Rightarrow r$, $s \Rightarrow \sim r$일 때, 보기의 명제 중 참인 것을 모두 고르시오.

보기
ㄱ. $p \to q$ ㄴ. $r \to q$
ㄷ. $\sim r \to p$ ㄹ. $r \to \sim s$
ㅁ. $q \to \sim s$ ㅂ. $s \to \sim q$

Style 16 삼단논법과 진리집합

0461

세 조건 p, q, r의 진리집합 P, Q, R의 포함 관계가 다음과 같다.

$$Q \subset R \subset P$$

다음 명제 중 항상 참인 것을 고르면?

① $r \to q$ ② $\sim q \to \sim r$
③ $p \to r$ ④ $\sim q \to \sim p$
⑤ $\sim p \to \sim q$

0462

전체집합 U에 대하여 세 조건 p, q, r의 진리집합 P, Q, R의 포함 관계가 다음과 같다.

$$Q^c \subset R, \ P^c \subset R^c$$

q는 $\sim p$이기 위한 어떤 조건인지 구하시오.

Level up

0463

조건 p, q, r의 진리집합 P, Q, R의 관계가 오른쪽 벤다이어그램과 같을 때, 다음 중 항상 참인 명제는? (단, U는 전체집합)

① $\sim p \to \sim r$ ② $p \to \sim q$
③ $p \to q$ ④ $\sim r \to q$
⑤ $q \to r$

0464

어떤 실수 x에 대하여 '$x^2+5x+7\leq0$'의 참, 거짓을 판별하시오.

0465

세 실수 a, b, c에 대한 조건 '$abc=0$'의 부정을 구하시오.

Level up

0466

'어떤 실수 x에 대하여 $x^2-2(k+1)x+4=0$이다.'가 거짓이 되기 위한 정수 k의 값의 개수는?

① 1   ② 2   ③ 3

④ 4   ⑤ 5

0467

'모든 실수 x에 대하여 $2x^2-(k+2)x+2\geq0$이다.'가 참이 되기 위한 실수 k의 최댓값과 최솟값의 합은?

① -4 ② -2 ③ 0

④ 2   ⑤ 4

모의고사 기출

0468

다음 중 명제의 역이 거짓인 것은?

(단, x와 y는 실수이다.)

① $x^2>0$이면 $x>0$이다.

② $x\neq0$이면 $x^2>0$이다.

③ $x^2>x$이면 $x>1$이다.

④ $x-y>0$이면 $x>y>0$이다.

⑤ $x>1$이고 $y>1$이면 $x+y>2$이다.

0469

명제 '모든 실수 x에 대하여 $x^2>0$이다.'의 부정을 구하고 진위를 판별하시오.

0470

명제 '$x<1$ 또는 $x>2$이면 $x^2<1$ 또는 $x^2>4$이다.'의 대우를 구하시오.

0471

10 이하의 자연수 x에 대한 조건 p, q가 다음과 같다.

$p: (x-1)(x-3)(x-5)(x-7)(x-9)=0$

$q: x^2-8x+7<0$

조건 'p 또는 $\sim q$'의 부정의 진리집합의 모든 원소의 합은?

① 8   ② 9   ③ 12

④ 14   ⑤ 15

0472

실수 x에 대한 두 조건 p, q가 다음과 같다.

$$p: x=a,$$
$$q: x^2-3x-4 \leq 0$$

명제 $p \rightarrow q$가 참이 되도록 하는 실수 a의 최댓값은?

① 1   ② 2   ③ 3

④ 4   ⑤ 5

0473

세 실수 a, b, c에 대하여 다음 중 조건 '$a^2+b^2+c^2=0$' 이기 위한 필요충분조건인 것은?

① $ab=0$

② $abc=0$

③ $(a-b)^2+c^2=0$

④ $|a|+|b|+|c|=0$

⑤ $a=0$ 또는 $b=0$ 또는 $c=0$

0474

두 실수 a, b에 대한 두 조건 p, q가

$$p: ab \neq 6,$$
$$q: a \neq 2 \text{ 또는 } b \neq 3$$

일 때, 보기에서 참인 명제만을 있는 대로 고른 것은?

> **보기**
>
> ㄱ. $p \rightarrow q$ ㄴ. $\sim q \rightarrow \sim p$ ㄷ. $q \rightarrow p$

① ㄱ   ② ㄴ   ③ ㄷ

④ ㄱ, ㄴ   ⑤ ㄱ, ㄴ, ㄷ

0475

전체집합 $U=\{1, 2, 3, \cdots, 9\}$에 대하여 세 조건 p, q, r의 진리집합이 P, Q, R이다.

$$P=\{1, 2, 4, 8\}, \quad Q=\{1, 3, 5, 7\}$$

일 때, p가 q 또는 r이기 위한 충분조건이 되기 위한 집합 R의 개수를 구하시오.

0476

실수 x에 대한 두 조건 p, q가 다음과 같다.

$$p: x^2-4x+3>0,$$
$$q: x \leq a$$

$\sim p$가 q이기 위한 충분조건이 되도록 하는 실수 a의 최솟값은?

① 5   ② 4   ③ 3

④ 2   ⑤ 1

0477

조건 p, q, r의 진리집합 P, Q, R의 관계가 오른쪽 벤다이어그램과 같을 때, 다음 중 항상 참이라고 할 수 없는 명제는?

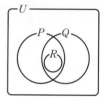

(단, U는 전체집합)

① $\sim r \rightarrow \sim p$ ② $r \rightarrow p$

③ $r \rightarrow q$ ④ $r \rightarrow p$ 또는 q

⑤ $r \rightarrow p$이고 q

0478

전체집합 U에 대하여 세 조건 p, q, r의 진리집합을 각각 P, Q, R이라 하자. $P^C \subset R^C$, $Q \cap R=Q$일 때, 다음 명제 중 항상 참인 것은?

① $r \rightarrow q$ ② $p \rightarrow r$

③ $\sim q \rightarrow \sim r$ ④ $q \rightarrow p$

⑤ $p \rightarrow \sim q$

자연의 거대한 책은
수학적 기호들로 쓰여졌다

-갈릴레오 갈릴레이-

04 간접증명법과 절대부등식

수학을 공부하면서 '증명'이라는 말을 들어봤을 것이다. 증명이란 쉽게 말해 명제가 참인지 확인하는 과정이다. 어떤 수학적 사실을 증명하는 것은 매우 중요한 과정이므로 증명의 방법도 다양하다. 이 단원에서는 명제를 간접적으로 증명하는 방법인 대우를 이용한 증명법과 귀류법이라는 것을 배운다.

또한 항상 참이 되는 부등식인 절대부등식에 대해서도 공부할 것이다. 등식 중에 항상 성립하는 식이 항등식이었다면 부등식 중에 항상 성립하는 식이 절대부등식이라고 할 수 있다. 절대부등식의 성질은 식의 최댓값, 최솟값을 구하는 데 응용할 수 있다.

01 증명과 공리, 정리

어떤 수학적 개념의 옳고 그름을 판단하는 것은 매우 중요한데 이를 증명이라고 하는 것은 이미 알고 있다.
이 증명의 정확한 개념과 공리, 정리에 대해 알아보자.
이 단원을 위한 배경 지식이므로 가볍게 읽고 넘어가도 괜찮다.

01 증명: 명제의 진위(참, 거짓)를 확인하는 것으로, 주로 어떤 명제가 참임을 밝히는 과정을 의미한다. 명제의 참, 거짓은 수학적 <u>공리</u>와 <u>정리</u>를 이용하여 증명한다.

02 공리: 참인 것이 확실하여 의심하지 않고 받아들이는 명제들을 공리라 한다.

03 정리: 공리로부터 참이 증명되는 명제들을 정리라 한다.

어떤 내용이 옳음을 보이는 것이 증명이라고 생각해도 된다. 어떤 주장이 타당성을 얻기 위해서 근거를 제시하는 것처럼 명제가 옳음을 증명하기 위해서도 근거가 필요하다. 명제의 증명에 필요한 근거가 바로 공리와 정리다.

공리는 직관적으로나 논리적으로나 너무나 당연하기 때문에 의심의 여지없이 참으로 인정하는 명제이다. 따라서 공리는 증명 없이 받아들인다.

 자연수마다 다음 자연수가 있다.
- 10의 다음 자연수는 11이다.
- 456의 다음 자연수는 457이다.
  …

수많은 수학적 개념들이 당연히 옳다고 받아들이는 공리에서 출발한다. 우리가 배우는 수많은 수학적 사실과 개념들은 몇 개의 공리를 근거로 옳음이 확인된 것들이다. 이것들을 정리라 한다. 정리는 '<u>참이 증명된 명제</u>'라고 생각하면 된다.

 피타고라스 정리

도형과 수에 대한 여러 공리와 정리를 이용하여 '직각삼각형에서

$$(빗변의 길이)^2$$
$$=(밑변의 길이)^2+(높이의 길이)^2$$

이라는 명제가 참임을 증명할 수 있다. 따라서 이를 '피타고라스 정리'라 부르는 것이다.

공리(참이 자명한 명제)와 정리(참이 증명된 명제)를 이용하여 어떤 명제의 참, 거짓을 확인하는 과정이 증명인 것이다.
지금까지 수학의 개념들을 배우면서 그 원리를 함께 공부해 왔는데 바로 이 개념의 성립 원리가 곧 증명이었다.
공리를 이용하여 정리를 하나씩 늘려가고 추가된 정리들을 또 다른 명제의 증명에 이용하면서 수학은 계속 탐구 범위를 넓혀 간다.

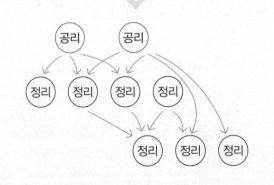

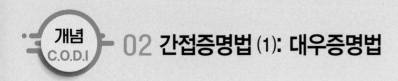

02 간접증명법 (1): 대우증명법

어떤 명제를 직접 증명하기 어려운 경우 간접적인 방법으로 증명한다. 이 중 하나가 명제와 대우의 관계를 이용하는 증명법이다.

대우증명법
어떤 명제의 대우가 참임을 증명하여 원래의 명제가 참임을 보이는 증명 방법으로 대우법이라고도 한다.

03 명제 단원에서 명제와 그 대우의 진릿값은 일치한다고 배웠다.

- 명제가 참이면 대우도 참 / 대우가 참이면 명제도 참
- 명제가 거짓이면 대우도 거짓 / 대우가 거짓이면 명제도 거짓

이 성질을 증명에 이용할 수 있다. 어떤 명제를 직접 증명하기 어렵다면 그 대우를 증명하면 된다. 대우가 참일 때 원래의 명제도 참이 되기 때문이다.

예 '자연수 n에 대하여 n^2이 2의 배수이면 n도 2의 배수이다.'를 증명하시오.
대우를 증명하는 것이 더 쉬우므로 이를 증명한다.
이 명제의 대우는 'n이 2의 배수가 아니면 n^2도 2의 배수가 아니다.'이다.

증명 $n=2m-1$ (m은 자연수)라 하면 $n^2=(2m-1)^2=4m^2-4m+1$이고
이를 정리하면 $n^2=2(2m^2-2m)+1$이므로 n^2도 2의 배수가 아니다.
대우가 참이므로 'n^2이 2의 배수이면 n도 2의 배수이다.'도 참이다.

보충 학습

(i)   2,   4,   6,   8, ⋯
     ↓   ↓   ↓   ↓
   2×1, 2×2, 2×3, 2×4, ⋯
이므로 2의 배수는 $2m$ (m은 자연수)의 꼴로 나타낼 수 있다. 또한

   1,   3,   5,   7, ⋯
   ↓   ↓   ↓   ↓
$2\times1-1$, $2\times2-1$, $2\times3-1$, $2\times4-1$, ⋯
이므로 2의 배수가 아닌 수는 $2m-1$ (m은 자연수)의 꼴로 나타낼 수 있다.
또는 $2m+1$ (m은 음이 아닌 정수)의 형식으로 표현도 가능하다.

(ii) 같은 원리로

   3,   6,   9,   12, ⋯
   ↓   ↓   ↓   ↓
3×1, 3×2, 3×3, 3×4, ⋯
이므로 3의 배수는 $3m$ (m은 자연수)의 꼴로 나타낼 수 있다.
이는 3으로 나눈 나머지가 0인 수로 해석할 수도 있다.
따라서 3의 배수가 아닌 수는

- $3m+1$ (3으로 나눈 나머지가 1인 수)
- $3m+2$ (3으로 나눈 나머지가 2인 수)

로 나타낼 수 있다. 또한 복부호를 사용하여 $3m\pm1$로 표현도 가능하다.

03 간접증명법 ⑵: 귀류법

귀류(歸謬)라는 말의 뜻은 '잘못되면 돌아온다.'는 뜻이다. <u>둘 중 하나가 참인 상황일 때, 한 쪽이 거짓임이 확실하면 다른 쪽이 참이 된다</u>. 즉, 어떤 명제를 직접 증명하기 어려울 때 그의 부정 명제가 거짓임을 증명하여 원래의 명제가 참임을 보이는 간접증명법이 귀류법이다.

귀류법

어떤 명제의 결론을 부정하여 가정이나 정리에 모순이 되는 것을 보여서 그 명제가 참임을 간접적으로 증명하는 방법으로,

$$p \to q \text{를} \quad p \to \sim q$$
(가정) (결론)　(결론을 부정)

로 바꾸어 증명하는 과정에서 모순을 보인다.

반대로 증명한다.
→ 그 과정에서 모순이 발생(말이 되지 않는다.)
→ 원래의 명제가 참이다.

귀류법을 쉽게 정리하면 '<u>반대로 증명하라.</u>'이다. A를 증명하고 싶으면 'A가 아니다.'를 증명해 보는 것이다. A가 아님을 증명하다 보면 말이 되지 않는 상황 (모순)이 발생한다.

모순이 되는 상황은 다음 두 가지이다.
　(ⅰ) 명제의 가정에 어긋난다.
　(ⅱ) 이미 참이라고 알려진 공리나 정리에 위배된다.
어떤 경우든 모순이 발생하므로 'A가 아니다.'는 성립할 수 없어 거짓이 된다. 따라서 원래 명제 A가 참이라는 것을 알 수 있다.

예를 통하여 확실히 이해해 보자.

예 $\sqrt{2}$가 무리수임을 증명하시오.

귀류법을 이용한다.

결론을 부정하면
　'$\sqrt{2}$는 무리수가 아니다.'
　→ '$\sqrt{2}$는 유리수이다.'
이므로 이를 증명해 본다.

유리수는 $\dfrac{정수}{정수}$의 꼴로 나타낼 수 있는 수이므로

$\sqrt{2} = \dfrac{n}{m}$ (m, n은 서로소인 자연수)이라 하면

$$n = \sqrt{2} \times m, \ n^2 = 2m^2 \quad \cdots \ \text{㉠}$$

에서 n^2이 2의 배수이다.

n^2이 2의 배수이므로 n도 2의 배수이다.

(개념 C.O.D.I 02 대우증명법에서 다루었다.)

$n = 2k$를 ㉠에 대입하면 $(2k)^2 = 2m^2$, $m^2 = 2k^2$에서 m^2이 2의 배수이므로 m도 2의 배수이다.

즉, $\sqrt{2}$가 유리수라면 m과 n 둘 다 2의 배수가 되어 m, n이 서로소라는 유리수의 정의에 모순이 된다.

따라서 $\sqrt{2}$는 무리수이다.

04 실수와 부등식의 성질

01 부등식의 성질

부등식 역시 참, 거짓을 확인, 즉 증명을 해야 할 때가 있다. 이때 부등식의 성질을 제대로 알고 있어야 정확한 증명이 가능하다.

a, b, c가 실수일 때

1 $a > b$이면
- $a - b > 0$
  (큰 수에서 작은 수를 빼면 0보다 크다.)
- $a + c > b + c$
  (양변에 같은 수를 더하면 부등호 방향은 그대로)
- $a - c > b - c$
  (양변에서 같은 수를 빼면 부등호 방향은 그대로)

2 $a > b$, $b > c$이면 $a > c$

3 $a > b$, $c > 0$이면
- $ac > bc$
- $\dfrac{a}{c} > \dfrac{b}{c}$
  (양변에 같은 양수를 곱하거나 나누면 부등호 방향은 그대로)

4 $a > b$, $c < 0$이면
- $ac < bc$
- $\dfrac{a}{c} < \dfrac{b}{c}$
  (양변에 같은 음수를 곱하거나 나누면 부등호 방향은 반대로)

위의 성질들은 중학교 과정에서 배운 것들로 쉽게 이해할 수 있다. 하지만 부등식을 증명할 때 기본이 되는 매우 중요한 성질이므로 잘 기억해 두자.

02 실수의 성질

부등호는 실수의 대소를 비교하기 위해서 사용하는 기호이다. 따라서 실수의 성질을 정확히 파악하고 있어야 부등식의 참, 거짓을 제대로 판별할 수 있다.

a, b가 실수일 때,

1 $|a|^2 = a^2$

2 $|a+b|^2 = (a+b)^2$, $|a-b|^2 = (a-b)^2$

3 $|ab| = |a||b|$

4 $a^2 + b^2 = 0$이면 $a = 0$이고 $b = 0$

5 $|a| + |b| = 0$이면 $a = 0$이고 $b = 0$

실수의 제곱과 절댓값의 제곱의 값은 같다.

1 $|a|^2 = a^2$

　예) $|-3|^2 = (-3)^2 = 9$

2 $|a+b|^2 = (a+b)^2$, $|a-b|^2 = (a-b)^2$

　예) $|-3+7|^2 = (-3+7)^2 = 16$

실수의 곱의 절댓값은 각 수의 절댓값의 곱과 같다.

3 $|ab| = |a||b|$

　예) $|(-2) \times 3| = |-2| \times |3| = 6$

실수의 제곱은 0 또는 양수의 값만 가능하므로 두 제곱의 합이 0이면 두 수 모두 0이다.

4 $a^2 + b^2 = 0$이면 $a = 0$이고 $b = 0$

실수의 절댓값은 0 또는 양수의 값만 가능하므로 두 절댓값의 합이 0이면 두 수 모두 0이다.

5 $|a| + |b| = 0$이면 $a = 0$이고 $b = 0$

05 수와 식의 대소 관계

여러 개의 실수 또는 문자식 중 어느 것이 더 큰지 비교하는 것은 함수를 비롯한 여러 단원의 문제를 해결하는 바탕이 된다. 이런 대소 비교는 다음 세 가지 방법 중 하나를 이용한다.

01 뺀다.

두 수나 식의 차의 부호를 확인하면 대소를 알 수 있다.

$$A-B>0 \Leftrightarrow A>B$$
$$A-B=0 \Leftrightarrow A=B$$
$$A-B<0 \Leftrightarrow A<B$$

가장 기본적인 대소 비교 방법이다.
빼서 계산한 결과의 부호를 확인하면 어떤 것이 더 큰지 알 수 있다.

예1 $(-7)-(+5)=-12<0$이므로
$-7<+5$

예2 $\frac{14}{4}-\frac{7}{2}=0$이므로 $\frac{14}{4}=\frac{7}{2}$

이는 문자가 들어간 식에도 적용할 수 있다.

예3 실수 x에 대하여 x^2-x와 $x-1$의 대소를 비교하시오.
두 식을 빼면
$(x^2-x)-(x-1)=x^2-2x+1=(x-1)^2$
이고 x는 실수이므로
$(x-1)^2 \geq 0 \rightarrow x^2-x \geq x-1$
즉, x^2-x가 $x-1$보다 크거나 같다. 또한
　(i) $x=1$일 때, $x^2-x=x-1$
　(ii) $x \neq 1$일 때, $x^2-x>x-1$
임을 알 수 있다.

02 제곱하여 뺀다.

두 수나 식의 부호가 같을 경우 제곱의 차의 부호를 확인하면 대소를 알 수 있다.

(1) $A \geq 0$, $B \geq 0$일 때
$A^2-B^2>0 \Leftrightarrow A^2>B^2 \Leftrightarrow A>B$
$A^2-B^2=0 \Leftrightarrow A^2=B^2 \Leftrightarrow A=B$
$A^2-B^2<0 \Leftrightarrow A^2<B^2 \Leftrightarrow A<B$

(2) $A \leq 0$, $B \leq 0$일 때
$A^2-B^2>0 \Leftrightarrow A^2>B^2 \Leftrightarrow A<B$
$A^2-B^2=0 \Leftrightarrow A^2=B^2 \Leftrightarrow A=B$
$A^2-B^2<0 \Leftrightarrow A^2<B^2 \Leftrightarrow A>B$

주로 제곱근이 있는 경우 대소를 비교할 때 사용하는 방법이다.

예1 $\sqrt{10}$과 3의 대소를 비교하시오.
두 수는 모두 양수이고
$(\sqrt{10})^2=10$, $3^2=9 \rightarrow 10-9>0$이므로
$\sqrt{10}>3$

이는 중등 과정의 제곱근에서 공부한 내용이다. 문자가 포함된 식에서도 같은 방법으로 대소를 비교할 수 있다.

예2 $x \geq 2$인 실수에 대하여 $\sqrt{x-2}$와 $\sqrt{x^2-5x+7}$의 대소를 비교하시오.
두 식을 제곱하여 빼 보자.
$(\sqrt{x-2})^2-(\sqrt{x^2-5x+7})^2$
$=x-2-(x^2-5x+7)$
$=-x^2+6x-9=-(x-3)^2 \leq 0$
$\therefore \sqrt{x-2} \leq \sqrt{x^2-5x+7}$
즉, $\sqrt{x^2-5x+7}$이 $\sqrt{x-2}$보다 크거가 같다.
또한
　(i) $x=3$일 때,
　　$\sqrt{x-2}=\sqrt{x^2-5x+7}$
　(ii) $2 \leq x<3$, $x>3$일 때,
　　$\sqrt{x-2}<\sqrt{x^2-5x+7}$
임을 알 수 있다.

◯3 나눈다.

$A>0,\ B>0$일 때

- $\dfrac{A}{B}>1$이면 $A>B$ - $\dfrac{A}{B}=1$이면 $A=B$ - $\dfrac{A}{B}<1$이면 $A<B$

나눗셈을 분수로 나타내고 그 값을 구해 보면 더 큰
것을 알 수 있다.

$\dfrac{8}{5}=1.6>1$ → 분자가 더 크면 1보다 크다.

$\dfrac{7}{7}=1$ → 분모와 분자가 같으면 1

$\dfrac{3}{4}=0.75<1$ → 분모가 더 크면 1보다 작다.

나눗셈을 이용한 대소 비교는 비율이나 지수로 표현
된 값일 때 유용하여 수학 I의 지수 단원에서 자주
쓰게 된다.

예1 2^6과 2^4의 대소를 비교하시오.

$$\dfrac{2^6}{2^4}=2^2=4>1$$이므로 $2^6>2^4$

예2 3^2과 3^5의 대소를 비교하시오.

$$\dfrac{3^2}{3^5}=\dfrac{1}{3^3}=\dfrac{1}{27}<1$$이므로 $3^2<3^5$

이는 문자가 들어간 식에도 적용할 수 있다.

예3 $a>2$인 실수 a에 대하여 $(a-1)^2$과 $a-1$의 대소를
비교하시오.

$$\dfrac{(a-1)^2}{a-1}=a-1>1$$

$$\therefore (a-1)^2>a-1$$

예4 $a>2$인 실수 a에 대하여 $\sqrt{a-1}$과 $a-1$의 대소를 비
교하시오.

$$\dfrac{\sqrt{a-1}}{a-1}=\dfrac{\sqrt{a-1}}{(\sqrt{a-1})^2}=\dfrac{1}{\sqrt{a-1}}<1$$

($a>2$이므로 $a-1>1$, $\sqrt{a-1}>1$이고 분모가 1보다
크므로 식의 값은 1보다 작다.)

$$\therefore \sqrt{a-1}<a-1$$

01 제곱, 절댓값과 부등식

① $a^2 \geq 0$

(실수의 제곱은 항상 0 이상이다.)

② $|a| \geq 0$

(실수의 절댓값은 항상 0 이상이다.)

③ $a^2 + b^2 \geq 0$

(실수의 제곱의 합은 항상 0 이상이다.)

④ $|a| + |b| \geq 0$

(실수의 절댓값의 합은 항상 0 이상이다.)

⑤ $|a| \geq a$, $|a+b| \geq a+b$

(실수의 절댓값은 항상 그 수와 같거나 크다.)

⑥ $|a| + |b| \geq |a+b|$

(절댓값의 합은 합의 절댓값과 같거나 크다.)

증명

①, ②
- $a=3$일 때, $a^2 = 3^2 > 0$, $|a| = |3| > 0$ (성립)
- $a=-2$일 때,
  $a^2 = (-2)^2 > 0$, $|a| = |-2| > 0$ (성립)
- $a=0$일 때, $a^2 = 0^2 = 0$, $|a| = |0| = 0$ (성립)

③, ④
- $a=1$, $b=-3$일 때,
  $a^2 + b^2 = 1^2 + (-3)^2 > 0$, $|1| + |-3| > 0$ (성립)
- $a=0$, $b=4$일 때,
  $a^2 + b^2 = 0^2 + 4^2 > 0$, $|0| + |4| > 0$ (성립)
- $a=0$, $b=0$일 때,
  $a^2 + b^2 = 0^2 + 0^2 = 0$, $|0| + |0| = 0$ (성립)

⑤ $a>0$일 때, $|a|=a$이므로 식은 성립

예 $a=5$일 때, $|5|=5$

$a=0$일 때, $|a|=a=0$이므로 식은 성립

$a<0$일 때, $|a|=-a>a$
$\underset{\text{(양수)}}{} > \underset{\text{(음수)}}{}$

⑥ 제곱의 차를 구해서 대소 비교를 해 보자.

$(|a|+|b|)^2 - |a+b|^2$
$= (|a|+|b|)^2 - (a+b)^2$
$= (|a|^2 + 2|a||b| + |b|^2) - (a^2 + 2ab + b^2)$
$= (a^2 + 2|ab| + b^2) - (a^2 + 2ab + b^2)$
$= 2(|ab| - ab) \geq 0$

($\because ab$의 절댓값은 항상 ab보다 크거나 같다.)

$|ab| = ab$일 때, 즉 $ab \geq 0$일 때 등호가 성립한다.

부등식과 실수에 대한 성질은 상당히 많기 때문에 전부 외우는 것은 비효율적이다.
실수의 성질을 생각하여 부등식이 성립함을 이해하고 문제에 적용하면서 자연스럽게 기억되도록 하자.

[0479–0481] 빈칸을 알맞게 채우시오.

0479
명제의 진위를 확인하는 과정을 □□□□□ 이라 한다.

0480
명제의 대우가 참임을 증명하여 원래의 명제가 참임을 보이는 증명법을 □□□□ 이라 한다.

0481
명제의 결론을 □□□□ 하여 모순이 됨을 보이는 증명법을 □□□□ 이라 한다.

[0482–0485] 다음 명제가 참임을 증명하시오.

0482
n^2이 2의 배수이면 n도 2의 배수이다.

0483
n^2이 홀수이면 n도 홀수이다.

0484
$\sqrt{2}$가 무리수임을 증명하시오.

0485
$\sqrt{5}$가 무리수임을 증명하시오.

[0486–0490] 빈칸을 알맞게 채우시오.

0486
$|a-b|^2=$ □□□□

0487
$|a||b|=$ □□□□

0488
$a^2+b^2=0$이면 □□□□

0489
$|a|+|b|+|c|=0$이면 □□□□

0490
$(x-2)^2+(y+1)^2=0$이면 □□□□

[0491–0496] 실수 x에 대하여 다음 두 식의 대소를 비교하고, 등호가 성립할 경우 그 조건을 구하시오.

0491
$x^2-x, \ x-1$

0492
$-x^2+x-1, \ -x+2$

0493
$4x-2, \ 4x^2$

0494
$\sqrt{x-2}, \ \sqrt{x^2-5x+7}$

0495
$x>3$일 때 $x-2, \ \sqrt{x-2}$

0496
$x>1$일 때 $x-1, \ x^2-1$

[0497–0503] 빈칸에 알맞은 부등호를 써 넣으시오.
(단, a, b는 실수)

0497
a^2 □ 0

0498
$a\neq0$일 때 0 □ $|a|$

0499
a^2+b^2 □ 0 (단, 등호는 □□□□ 일 때 성립)

0500
$|a|+|b|$ □ 0 (단, 등호는 □□□□ 일 때 성립)

0501
a □ $|a|$

0502
$|a-2b|$ □ $a-2b$

0503
$|a+b|$ □ $|a|+|b|$
(단, 등호는 □□□□ 일 때 성립)

등식 중에서 문자에 어떤 값을 대입해도 항상 성립하는 식을 항등식이라고 하였다. 마찬가지로 부등식에도 항상 성립하는 절대부등식이 있다.

01 절대부등식

항상 성립하는 부등식을 절대부등식이라 한다.
· 모든 실수에 대하여 성립하는 부등식
· 어떤 실수를 대입해도 항상 참이 되는 부등식

부등식 $x<3$은
· $-1, 0, 1, 2, \cdots$와 같이 x가 3보다 작은 수일 때는 참이다.
· $4, 5, 6, 10, \cdots$과 같이 x가 3보다 큰 수일 때는 거짓이다.
x의 값에 따라 참, 거짓이 달라지므로 절대부등식이 아니다.

다음의 예들이 대표적인 절대부등식이다.

예1 실수 a, b에 대하여
$$a^2+2ab+b^2 \ge 0 \quad \cdots \text{㉠}$$
$$a^2-2ab+b^2 \ge 0 \quad \cdots \text{㉡}$$
㉠의 식을 정리하면 $(a+b)^2 \ge 0$, ㉡의 식을 정리하면 $(a-b)^2 \ge 0$이다. 실수의 계산 결과는 실수이고 실수의 제곱은 항상 0 또는 양수이므로 ㉠, ㉡은 어떤 a, b의 값에도 항상 성립하는 절대부등식이다. 단, ㉠에서 $a=-b$일 때, ㉡에서 $a=b$일 때 등호가 성립한다.

예2 실수 x에 대하여 $4x^2+4x+1 \ge 0$
주어진 식을 정리하면 $(2x+1)^2 \ge 0$으로 (실수)$^2 \ge 0$의 꼴이므로 항상 성립하는 절대부등식이다.

02 절대부등식의 등호가 성립할 경우

절대부등식에 등호가 포함될 경우 등호가 성립할 때의 값이나 조건을 확인해야 한다. 절대부등식 $(2x+1)^2 \ge 0$은 $(2x+1)^2 > 0$ 또는 $(2x+1)^2 = 0$의 두 가지 경우로 나누어 생각할 수 있다.

(i) $x \ne -\dfrac{1}{2}$일 때, (좌변)>0으로 부등호가 성립

(ii) $x = -\dfrac{1}{2}$일 때, $\left(2 \times \left(-\dfrac{1}{2}\right)+1\right)^2 = 0$으로 등호가 성립

예1 실수 x에 대하여 $x^2-6x+10 > 0$
주어진 식을 정리하면 $(x-3)^2+1 > 0$이므로 모든 실수에 대하여 항상 성립한다.
이는 수학(상)의 항상 성립하는 이차부등식에서 배운 내용이다.

예2 실수 x, y에 대하여 $x^2-4xy+6y^2 \ge 0$
주어진 식을 정리하면
$$x^2-4xy+4y^2+2y^2 \ge 0$$
$$(x-2y)^2+2y^2 \ge 0$$
이므로 실수의 제곱의 합은 항상 0 이상이 되어 모든 실수에 대하여 성립하는 절대부등식이다.
이때 등호는 $x=2y$, $y=0$, 즉 $x=0$, $y=0$일 때 성립한다.

보통 '모든 실수'에 대하여 항상 성립할 때 절대부등식이라고 하지만 특정 조건을 만족하는 절대부등식도 존재한다.
예를 들어 부등식 $\sqrt{a}+\sqrt{b} \ge \sqrt{a+b}$는 a, b가 음의 실수일 때는 성립하지 않는다.
하지만 $a \ge 0$, $b \ge 0$일 경우 제곱의 차를 이용해서 비교하면
$$(\sqrt{a}+\sqrt{b})^2-(\sqrt{a+b})^2 = \{(\sqrt{a})^2+2\sqrt{ab}+(\sqrt{b})^2\}-(a+b)$$
$$= (a+2\sqrt{ab}+b)-(a+b)$$
$$= 2\sqrt{ab} \ge 0$$
으로 음이 아닌 모든 실수에 대해서 성립하는 절대부등식이다.

07 **평균**의 **종류:** 산술평균, 기하평균

평균은 여러 수들을 요약, 대표하는 값이다.

우리가 시험 결과를 얘기할 때 과목별 점수를 일일이 말하는 대신 평균 점수를 구하는 것이 좋은 예이다.

지금까지 우리는 평균을 구하는 방법을 하나만 알고 있었지만 사실 평균을 구하는 방법은 여러 가지이다.

여기서는 산술평균과 기하평균을 배운다.

01 산술평균

$a>0$, $b>0$일 때

$$\dfrac{a+b}{2}$$

를 a, b의 산술평균이라 한다.

양의 실수에 대하여 '수의 총합을 수의 개수로 나눈 것'이 산술평균이다.

여러 값들의 평균을 산술적으로 계산한다고 하여 산술평균이라 부른다.

- 두 양의 실수 a, b의 산술평균:
$$\dfrac{a+b}{2}$$
- 세 양의 실수 a, b, c의 산술평균:
$$\dfrac{a+b+c}{3}$$
- n개의 양의 실수 a_1, a_2, $\cdots$, a_n의 산술평균:
$$\dfrac{a_1+a_2+\cdots+a_n}{n}$$

이 단원에서는 두 수의 산술평균만 다룬다.

(예) 4, 8의 산술평균을 구하시오.
$$\dfrac{4+8}{2}=6$$

02 기하평균

$a>0$, $b>0$일 때

$$\sqrt{ab}$$

를 a, b의 기하평균이라 한다.

두 양의 실수에 대하여 '두 수의 곱의 제곱근', 즉 두 수를 곱하여 근호($\sqrt{}$)를 씌운 값'이 기하평균이다. '기하'는 도형을 뜻하므로 도형을 이용하여 평균을 구하는 방법이라고 이해할 수 있다.

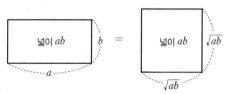

가로 a, 세로 b인 직사각형 ⟹ 같은 넓이의 정사각형의 한 변의 길이 : $\sqrt{ab}$ → 기하평균

(예) 4, 8의 기하평균을 구하시오.
$$\sqrt{4\times8}=\sqrt{32}=4\sqrt{2}$$

$a>0$, $b>0$일 때

$$\frac{a+b}{2} \geq \sqrt{ab}$$

산술평균은 항상 기하평균보다 크거나 같다.

(단, 등호는 $a=b$일 때 성립)

같은 값이라도 평균을 구하는 방법(종류)에 따라 그 값은 달라진다.

예1 $a=3$, $b=9$일 때,

$$\underset{\text{산술평균}}{\frac{3+9}{2}} \quad > \quad \underset{\text{기하평균}}{\sqrt{27}}$$

산술평균은 6, 기하평균은 6보다 작은 값 ($5<\sqrt{27}<6$)이므로 같은 값에 대한 산술평균이 더 크다.

예2 $a=10$, $b=10$일 때,

$$\underset{\text{산술평균}}{\frac{10+10}{2}} \quad = \quad \underset{\text{기하평균}}{\sqrt{10\times10}}$$

산술평균과 기하평균 모두 10이므로 같다.

예에서 보듯 같은 수에 대한 산술평균이 기하평균보다 크거나 같다는 것을 알 수 있다.

이 관계를 대소 비교를 통해 알아보자.

증명

제곱근이 포함되어 있으므로 제곱하여 빼 보자.

$$\left(\frac{a+b}{2}\right)^2 - (\sqrt{ab})^2 = \frac{a^2+2ab+b^2}{4} - ab$$

$$= \frac{a^2+2ab+b^2-4ab}{4}$$

$$= \frac{a^2-2ab+b^2}{4}$$

$$= \left(\frac{a-b}{2}\right)^2 \geq 0$$

(단, 등호는 $a=b$일 때 성립)

이처럼 식을 정리하여 인수분해하면 좌변이 (실수)^{2}의 꼴이 되므로

$$\frac{a+b}{2} \geq \sqrt{ab}$$

가 양의 실수에 대하여 항상 성립하는 절대부등식이라는 것을 알 수 있다.

산술·기하평균의 변형식

$$\frac{a+b}{2} \geq \sqrt{ab} \Rightarrow a+b \geq 2\sqrt{ab}$$

기본적인 산술·기하평균 부등식의 양변에 2를 곱한 것이다. 문제를 풀 때는 기본식보다는 변형식을 더 자주 쓰게 되니 알아두자.

02 산술·기하평균을 이용한 최댓값·최솟값 구하기

두 양수의 합이 일정할 때 곱의 최댓값은 얼마일까? 반대로 곱이 일정할 때 합의 최솟값은 얼마일까? 산술·기하평균을 이용하면 쉽게 구할 수 있다.

01 합이 주어진 경우

산술평균의 값을 구하여 곱의 최댓값을 구한다.

$a>0$, $b>0$, $a+b=k$일 때, $\dfrac{a+b}{2}\geq\sqrt{ab}$ 에서

$\dfrac{k}{2}\geq\sqrt{ab}$ 이고 양변을 제곱하면 $\dfrac{k^2}{4}\geq ab$이므로

두 수의 곱 ab의 최댓값은 $\dfrac{k^2}{4}$이다.

단, 등호가 성립하는 $a=b$일 때 최댓값을 갖는다.

> **예** 두 양수 a, b에 대하여 $a+b=10$일 때, ab의 최댓값을 구하시오.
>
> $\dfrac{a+b}{2}\geq\sqrt{ab}$ 에서 $\dfrac{10}{2}\geq\sqrt{ab}$, $25\geq ab$이므로 ab의 최댓값은 25이다.
>
> (단, $a=b=5$일 때, 최댓값 25가 된다.)

02 곱이 주어진 경우

기하평균의 값을 구하여 합의 최솟값을 구한다.

$a>0$, $b>0$, $ab=k$일 때, $a+b\geq2\sqrt{ab}$ 에서

$a+b\geq2\sqrt{k}$ 이므로 두 수의 합 $a+b$의 최솟값은 $2\sqrt{k}$ 이다.

단, 등호가 성립하는 $a=b$일 때 최솟값을 갖는다.

> **예** 두 양수 a, b에 대하여 $ab=16$일 때, $a+b$의 최솟값을 구하시오.
>
> $a+b\geq2\sqrt{ab}$ 에서 $a+b\geq2\sqrt{16}=8$이므로 $a+b$의 최솟값은 8이다.
>
> (단, $a=b=4$일 때, 최솟값 8이 된다.)

03 역수의 합의 최솟값

역수 관계인 두 수의 합의 최솟값은 2이다.

$a>0$일 때, $a+\dfrac{1}{a}$의 최솟값은 2이다.

$$a+\dfrac{1}{a}\geq2$$

산술평균과 기하평균의 관계를 통해 증명할 수 있다.

$$a+\dfrac{1}{a}\geq2\sqrt{a\times\dfrac{1}{a}}$$

$$\Rightarrow a+\dfrac{1}{a}\geq2$$

따라서 등호가 성립하는 $a=\dfrac{1}{a}$일 때, 최솟값 2가 된다.

> **예1** $x>0$, $y>0$일 때, $\dfrac{x}{y}+\dfrac{y}{x}$의 최솟값은?
>
> $$\dfrac{x}{y}+\dfrac{y}{x}\geq2\sqrt{\dfrac{x}{y}\cdot\dfrac{y}{x}}=2$$
>
> $\dfrac{x}{y}=\dfrac{y}{x}$, 즉 $x^2=y^2$, $x=y$일 때 최솟값 2를 갖는다.

> **예2** 양수 x에 대하여 $x+\dfrac{4}{x}$의 최솟값은?
>
> $$x+\dfrac{4}{x}\geq2\sqrt{x\cdot\dfrac{4}{x}}=2\sqrt{4}=4$$
>
> $x=\dfrac{4}{x}$, 즉 $x^2=4$, $x=2$일 때 최솟값 4를 갖는다.

> **예3** $x>1$인 실수 x에 대하여 $x-1+\dfrac{8}{x-1}$의 최솟값은?
>
> $x>1$이므로 $x-1>0$, 즉 양수이다. $x-1$과 $\dfrac{8}{x-1}$은 양수이므로 산술·기하평균을 이용하여 최솟값을 구한다.
>
> $$x-1+\dfrac{8}{x-1}\geq2\sqrt{(x-1)\cdot\dfrac{8}{x-1}}=4\sqrt{2}$$
>
> $x-1=\dfrac{8}{x-1}$, 즉 $x=1+2\sqrt{2}$일 때 최솟값 $4\sqrt{2}$를 갖는다.

03 코시-슈바르츠 부등식

모든 실수에 대하여 성립하는 절대부등식 중 하나가 코시-슈바르츠 부등식이다.

이 부등식은 필수 과정은 아니지만 알아두면 복잡한 식의 최댓값이나 최솟값을 구할 때 유용하다.

코시-슈바르츠 부등식

임의의 실수 a, b, x, y에 대하여 다음 부등식이 성립한다.

$$(a^2+b^2)(x^2+y^2) \geq (ax+by)^2$$

(단, 등호는 $\dfrac{x}{a}=\dfrac{y}{b}$일 때 성립)

증명

$(a^2+b^2)(x^2+y^2)-(ax+by)^2$

$=(a^2x^2+a^2y^2+b^2x^2+b^2y^2)-(a^2x^2+2abxy+b^2y^2)$

$=b^2x^2-2abxy+a^2y^2$

$=b^2x^2-2bx \cdot ay+a^2y^2$

$=(bx-ay)^2 \geq 0$

이므로 모든 실수에 대하여

$$(a^2+b^2)(x^2+y^2) \geq (ax+by)^2$$

이 성립한다.

단, 등호는 $bx=ay$, 즉 $\dfrac{x}{a}=\dfrac{y}{b}$일 때 성립한다.

예1 실수 x, y에 대하여 $2x+3y=13$일 때, x^2+y^2의 최솟값은?

코시-슈바르츠 부등식

$(a^2+b^2)(x^2+y^2) \geq (ax+by)^2$에서

$a=2$, $b=3$이라 하면

$(2^2+3^2)(x^2+y^2) \geq (2x+3y)^2$

$13(x^2+y^2) \geq 13^2$, $x^2+y^2 \geq 13$

이므로 x^2+y^2의 최솟값은 13이다.

예2 실수 x, y에 대하여 $x^2+y^2=5$일 때, $2x+y$의 최댓값과 최솟값은?

코시-슈바르츠 부등식

$(a^2+b^2)(x^2+y^2) \geq (ax+by)^2$에서

$a=2$, $b=1$이라 하면

$(2^2+1^2)(x^2+y^2) \geq (2x+y)^2$

$5 \times 5 \geq (2x+y)^2$, $(2x+y)^2 \leq 25$

$-5 \leq 2x+y \leq 5$

이므로 $2x+y$의 최댓값은 5, 최솟값은 -5이다.

[0504–0510] 다음 중 절대부등식인 것은 ○, 절대부등식이 아닌 것은 ×로 표시하시오. (단, x, y는 실수)

0504
$4x^2 - 12x + 9 \geq 0$

0505
$4x^2 - 12x + 9 > 0$

0506
$|x-2| \geq 0$

0507
$|x-2| > 0$

0508
$|x^2 - 1| \geq x^2 - 1$

0509
$x^2 - 6xy + 2y^2 \geq 0$

0510
$x^2 - 6xy + 9y^2 \geq 0$

[0511–0512] 다음 부등식이 성립함을 증명하시오.

0511
$a > 0$, $b > 0$일 때, $\dfrac{a+b}{2} \geq \sqrt{ab}$

0512
a, b, x, y가 실수일 때,
$(a^2 + b^2)(x^2 + y^2) \geq (ax + by)^2$

[0513–0518] 다음 식의 최솟값을 구하시오.
(단, $a > 0$, $b > 0$)

0513
$a + b$ (단, $ab = 16$)

0514
$2a + 3b$ (단, $ab = 6$)

0515
$a + \dfrac{1}{a}$

0516
$\dfrac{b}{a} + \dfrac{a}{b}$

0517
$a + \dfrac{4}{a}$

0518
$9a + \dfrac{4}{a}$

[0519–0520] 다음 식의 최댓값을 구하시오.
(단, $a > 0$, $b > 0$)

0519
ab (단, $a + b = 2$)

0520
ab (단, $a^2 + b^2 = 2$)

[0521–0523] 실수 x, y에 대하여 다음을 구하시오.

0521
$x + y = 2\sqrt{2}$일 때, $x^2 + y^2$의 최솟값을 구하시오.

0522
$2x + y = 5$일 때, $x^2 + y^2$의 최솟값을 구하시오.

0523
$x^2 + y^2 = 8$일 때, $x + y$의 최댓값과 최솟값을 구하시오.

Trendy

0524

다음은 명제 'n^2이 3의 배수이면 n은 3의 배수이다.'를 증명하는 과정이다.

이 명제의 대우 'n이 3의 배수가 아니면 n^2도 3의 배수가 아니다.'를 증명한다.
n은 3의 배수가 아니므로
$$n = \boxed{\text{(가)}} \ (m\text{은 정수})$$
로 나타낼 수 있다. 따라서
$$n^2 = (\boxed{\text{(가)}})^2 = 3 \times (\boxed{\text{(나)}}) + 1$$
이 되어 n^2도 3의 배수가 아니다.
대우가 참이므로 주어진 명제도 참이다.

빈칸을 알맞게 채우시오.

0525

다음은 명제 '$a+b \leq 0$이면 $a \leq 0$ 또는 $b \leq 0$이다.'를 증명하는 과정이다.

이 명제의 대우 '$\boxed{\text{(가)}}$'를 증명한다.
a, b가 모두 $\boxed{\text{(나)}}$이므로 $a+b$는 $\boxed{\text{(다)}}$이다.
대우가 참이므로 주어진 명제도 참이다.

빈칸을 알맞게 채우시오.

0526

다음은 자연수 m, n에 대한 명제 'mn이 짝수이면 m이 짝수 또는 n이 짝수이다.'를 증명하는 과정이다.

이 명제의 대우 'm이 홀수이고 n이 홀수이면 mn이 홀수이다.'를 증명한다.
m, n은 홀수이므로
$$m = 2a+1, \ n = 2b+1 \ (a, b\text{는 음이 아닌 정수})$$
로 나타낼 수 있다. 따라서
$$mn = 2 \times (\boxed{}) + 1$$
이 되어 mn도 홀수이다.
대우가 참이므로 주어진 명제도 참이다.

빈칸을 알맞게 채우시오.

0527

다음 명제를 대우증명법으로 증명하시오.

$a^2 + b^2 \neq 0$이면 $a \neq 0$ 또는 $b \neq 0$이다.

0528

다음 명제를 대우증명법으로 증명하시오.

$xy \neq 1$이면 $x \neq 1$ 또는 $y \neq 1$이다.

Style 02 귀류법

Level up

0529

$\sqrt{2}$가 무리수임을 이용하여 '$\sqrt{2}-1$이 무리수이다.'를 증명하시오.

증명

모의고사 기출

0530

다음은 $n \geq 2$인 자연수 n에 대하여 $\sqrt{n^2-1}$이 무리수임을 증명한 것이다.

증명

$\sqrt{n^2-1}$이 유리수라고 가정하면

$$\sqrt{n^2-1} = \frac{q}{p} \quad (p, q\text{는 서로소인 자연수})$$

로 놓을 수 있다.

이 식의 양변을 제곱하여 정리하면 $p^2(n^2-1) = q^2$

이다.

p는 q^2의 약수이고 p, q는 서로소인 자연수이므로

$n^2 = \boxed{\text{(가)}}$ 이다.

자연수 k에 대하여

(i) $q = 2k$일 때

$(2k)^2 < n^2 < \boxed{\text{(나)}}$ 인 자연수 n이 존재하지 않는다.

(ii) $q = 2k+1$일 때

$\boxed{\text{(나)}} < n^2 < (2k+2)^2$인 자연수 n이 존재하지 않는다.

(i)과 (ii)에 의하여 $\sqrt{n^2-1} = \frac{q}{p}$를 만족하는 자연수 n은 존재하지 않는다.

따라서 $\sqrt{n^2-1}$은 무리수이다.

위의 (가), (나)에 알맞은 식을 각각 $f(q)$, $g(k)$라고 할 때, $f(2) + g(3)$의 값은?

① 50   ② 52   ③ 54

④ 56   ⑤ 58

0531

다음은 '$1+2i$는 허수이다.'를 증명하는 과정이다.

(단, $i=\sqrt{-1}$)

방법 1

$1+2i$를 ⟨㉮⟩ 라 가정하면

$$1+2i=a \ (a는 \ ⟨㉮⟩ \ )$$

라 할 수 있다.

$2i=a-1$에서 양변을 제곱하면

  (좌변)$=-4$ ⟨㉯⟩ 0

  (우변)$=(a-1)^2$ ⟨㉰⟩ 0

이므로 모순이다.

따라서 $1+2i$는 허수이다.

방법 2

$1+2i$를 ⟨㉮⟩ 라 가정하면

$$1+2i=a \ (a는 \ ⟨㉮⟩ \ )$$

라 할 수 있다.

$2i=a-1$에서 좌변은 ⟨㉱⟩ , 우변은 실수이므로

모순이다.

따라서 $1+2i$는 허수이다.

빈칸을 알맞게 채우시오.

0532

다음은 자연수 m, n에 대하여 'm^2+n^2이 5의 배수이면 m, n은 5의 배수이거나 모두 5의 배수가 아니다.'를 증명한 것이다.

증명

m, n 중 하나만 5의 배수이고 다른 하나는 5의 배수가 아니라고 하자.

일반성을 잃지 않고 m을 5의 배수라 하고, n을 ⟨㉮⟩ 하자.

$m^2+n^2=5a$, $m=5b$인 자연수 a, b가 존재하여

$$n^2=5\times(a-⟨㉯⟩)$$

이므로 n^2은 5의 배수이다.

따라서 n도 5의 배수이다.

이는 n이 5의 배수가 아니라고 했던 것에 모순이다.

따라서 m, n은 모두 5의 배수이거나 모두 5의 배수가 아니어야 한다.

위의 증명 과정에서 ㉮, ㉯에 알맞은 것은?

	㉮	㉯
①	5의 배수라고	$5b$
②	5의 배수라고	$5b^2$
③	5의 배수가 아니라고	$25b$
④	5의 배수가 아니라고	$5b$
⑤	5의 배수가 아니라고	$5b^2$

Style 03 대소 비교

Level up

0533

$x>3$, $y>2$일 때, 다음 두 식의 대소를 비교하시오.

$$xy-x+6, \qquad x+3y$$

0534

$a\geq0$, $b\geq0$일 때, 다음 두 식의 대소를 비교하시오.

$$\sqrt{a+b}, \qquad \sqrt{a}+\sqrt{b}$$

0535

실수 x, y에 대한 두 식 A, B가 다음과 같다.

$$A=x^2+y^2, \ B=2x+2y-k$$

$A>B$를 만족하는 정수 k의 최솟값과 $A\geq B$를 만족하는 정수 k의 최솟값의 합은?

① 1 ② 2 ③ 3

④ 4 ⑤ 5

Level up

0536

a, b가 실수일 때, 다음 두 식의 대소를 비교하시오.

$$4a^2b^2, \qquad (a^2+b^2)^2$$

Style 04 절대부등식

0537

다음은 모든 실수 a, b, c에 대하여 부등식

$$a^2+b^2+c^2-ab-bc-ca\geq0$$

이 성립함을 증명하는 과정이다.

$$a^2+b^2+c^2-ab-bc-ca$$
$$=\frac{1}{2}(2a^2+2b^2+2c^2-2ab-2bc-2ca)$$
$$=\frac{1}{2}\times\{ \boxed{\qquad (가) \qquad} \}$$

(실수)$^2\geq0$이므로 실수의 제곱의 합도 0 이상이다.

$$\therefore \ a^2+b^2+c^2-ab-bc-ca\geq0$$

단, 등호는 $\boxed{\ (나)\ }$ 일 때 성립한다.

빈칸을 알맞게 채우시오.

0538

실수 a, b, c에 대하여 다음 부등식이 성립함을 증명하시오.

$$a^2+b^2+c^2+ab+bc+ca\geq0$$

0539

다음 중 절대부등식이 아닌 것은? (단, a, b는 실수)

① $a^2+|a-2|>0$ ② $a^2-2ab+b^2\geq0$

③ $|a-b|\geq|a|-|b|$ ④ $a^2+1>a$

⑤ $a^2\geq a$

Level up

0540

$4x^2+y^2-12x+6y+k+10\geq0$이 절대부등식일 때, 상수 k의 값의 범위를 구하시오. (단, x, y는 실수)

Style 05 산술·기하평균: 기본

0541

양수 a, b에 대하여 $ab=6$일 때, $2a+3b$의 최솟값은?

① 6 　　　　② 8 　　　　③ 10

④ 12 　　　　⑤ 24

Level up
0542

양수 a, b에 대하여 $ab=6$일 때, $\sqrt{2a}+\sqrt{3b}$의 최솟값을 k라 하자. k^2의 값은?

① 6 　　　　② 8 　　　　③ 10

④ 12 　　　　⑤ 24

0543

양수 x, y에 대하여 $2x+5y=20$일 때, xy의 최댓값은?

① 6 　　　　② 8 　　　　③ 10

④ 12 　　　　⑤ 24

Level up
0544

0이 아닌 두 실수 x, y에 대하여 $x^2+y^2=8$일 때, $-a\le xy\le a$이다. 양수 a의 값은?

① 2 　　　　② 4 　　　　③ 6

④ 8 　　　　⑤ 10

Style 06 산술·기하평균: 역수 관계

0545

양수 x, y에 대하여 $\dfrac{4x}{y}+\dfrac{9y}{x}$의 최솟값은?

① 6 　　　　② 8 　　　　③ 10

④ 12 　　　　⑤ 24

0546

$x>1$일 때, $x-1+\dfrac{4}{x-1}$의 최솟값은?

① 2 　　　　② 4 　　　　③ 6

④ 8 　　　　⑤ 10

Level up
0547

$x>2$일 때, $x-1+\dfrac{4}{x-2}$의 최솟값은?

① 1 　　　　② 3 　　　　③ 5

④ 7 　　　　⑤ 9

Level up
0548

실수 x에 대하여 $x^2+x+\dfrac{9}{x^2+x+2}$의 최솟값을 구하시오.

Style 07 산술·기하평균: 심화

Level up

0549

$x>0$, $y>0$일 때, $(x+y)\left(\dfrac{1}{x}+\dfrac{1}{y}\right)$의 최솟값은?

① 1   ② 2   ③ 3

④ 4   ⑤ 5

Level up

0550

$x>2$일 때, $3x+\dfrac{4}{x-2}$의 최솟값은 $m+n\sqrt{3}$이다.

$m+n$의 값은? (단, m, n은 자연수)

① 2   ② 4   ③ 6

④ 8   ⑤ 10

Level up

0551

양수 a, b에 대하여 $a+b=6$일 때, $\dfrac{1}{a}+\dfrac{1}{b}$의 최솟값은

$\dfrac{m}{n}$이다. mn의 값은? (단, m, n은 서로소인 자연수)

① 2   ② 4   ③ 6

④ 8   ⑤ 10

Level up

0552

$a>0$, $b>0$, $c>0$일 때, 다음 식의 최솟값은?

$$\frac{b}{a}+\frac{c}{a}+\frac{a}{b}+\frac{c}{b}+\frac{a}{c}+\frac{b}{c}$$

① 2   ② 4   ③ 6

④ 8   ⑤ 10

Style 08 산술·기하평균: 활용

0553

둘레의 길이가 16인 직사각형의 넓이의 최댓값은?

① 1   ② 2   ③ 4

④ 8   ⑤ 16

0554

오른쪽 그림과 같이 직사각형의 내부에 가로와 평행한 선분을 그어 이등분하였다. 모든 선분의 길이의 합이 30일 때, 큰 직사각형의 넓이의 최댓값을 구하시오.

Level up

0555

오른쪽 그림과 같이 반지름의 길이가 4인 사분원에 내접하는 직사각형 OABC의 넓이의 최댓값은?

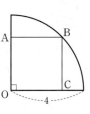

① 2   ② 4

③ 6   ④ 8

⑤ 10

정답 및 해설 • 46쪽

Style 09 코시-슈바르츠 부등식

0556

실수 x, y에 대하여 $x^2+y^2=2$일 때, $4x+3y$의 최댓값과 최솟값의 곱은?

① -18 ② -32 ③ -50
④ -72 ⑤ -128

0557

실수 x, y에 대하여 $x^2+y^2=80$일 때,

$-a \leq \dfrac{x}{2}+\dfrac{y}{4} \leq a$이다. a의 값은? (단, $a>0$)

① 5 ② 10 ③ 15
④ 20 ⑤ 25

Level up

0558

실수 x, y에 대하여 $\dfrac{3}{x}+\dfrac{1}{y}=2\sqrt{5}$일 때, $\dfrac{1}{x^2}+\dfrac{1}{y^2}$의 최솟값은?

① 1 ② 2 ③ 3
④ 4 ⑤ 5

Level up

0559

그림과 같이 중심이 O이고 반지름의 길이가 $\sqrt{5}$인 원에 내접하는 직사각형 ABCD가 있다. □ABCD의 둘레의 길이의 최댓값은?

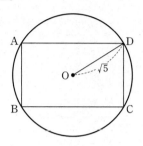

① $2\sqrt{5}$ ② 5 ③ $4\sqrt{5}$
④ $4\sqrt{10}$ ⑤ $5\sqrt{10}$

Level up

0560

오른쪽 그림과 같이 직선 $y=-\dfrac{1}{2}x+5$의 제1사분면 위의 점 P에서 만나고 중심이 $(0, 0)$인 원 중에서 반지름의 길이가 최소인 원의 넓이는?

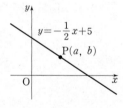

① 10π ② 15π ③ 20π
④ 25π ⑤ 30π

0561

다음은 실수 a, b에 대하여 '$a+bi=0$이면 $a=0$이고 $b=0$이다.'를 증명하는 과정이다.

결론을 부정하면 '$a+bi=0$이면 $a\neq0$ 또는 $b\neq0$이다.' 이고 다음 세 가지 경우로 생각할 수 있다.

(i) [(가)]이고 [(나)]인 경우

$a+0\cdot i=0$, $a=0$이므로 0이 아닌 수와 0이 같게 되므로 모순이다.

(ii) [(다)]이고 [(라)]인 경우

$bi=0$이므로 허수와 실수가 같아지는 모순이 생긴다.

(iii) [(마)]이고 [(바)]인 경우

$a+bi=0$, $a=-bi$에서 허수와 실수가 같아지는 모순이 생긴다.

따라서 $a+bi=0$이면 $a=0$이고 $b=0$이다.

빈칸을 알맞게 채우시오.

0562

a, b가 실수일 때, 다음 두 식의 대소를 비교하시오.

$$ab, \qquad a^2+b^2$$

0563

$x>-2$일 때, $x+4+\dfrac{9}{4x+8}$의 최솟값은?

① 1   ② 3   ③ 5

④ 7   ⑤ 9

0564

$x>1$일 때, $\dfrac{x^2-2x+5}{x-1}$의 최솟값은?

① 1   ② 2   ③ 3

④ 4   ⑤ 5

0565

오른쪽 그림과 같이 직선 $y=-\dfrac{1}{2}x+6$ 위의 점 P에서 x축, y축에 내린 수선의 발을 각각 A, B라 할 때, 직사각형 OAPB의 넓이의 최댓값은?

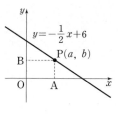

① 10   ② 15   ③ 18

④ 24   ⑤ 30

0566

실수 x, y에 대하여 $2x+\dfrac{1}{2}y=4$일 때, x^2+y^2의 최솟값을 구하시오.

개념 C.O.D.I 코디

II. 함수

진정 진리를 추구하려면
최소한 인생에 한 번은
가능한 한 모든 것에 대해서
의심을 품어봐야 한다

-르네 데카르트-

C.O.D.I

05 함수 (1)

여러 가지 함수

본문을 공부하기 전에 다음 질문의 답을 생각해 보자.

'함수란 무엇인가?'

몇 년에 걸쳐 함수를 배웠지만 안타깝게도 함수의 뜻을 정확하게 설명할 수 있는 학생이 많지 않다. 이 책을 공부하는 여러분은 제대로 공부해서 함수의 기본부터 심화까지 확실히 터득하길 바란다.

함수는 '어떤 대상이 다른 대상에 하나씩 연결되는 것'이다. 이 연결에는 규칙이 있고, 그 규칙에 따라 함수의 종류가 달라진다. 이 단원에서는 함수로 인정받는 연결의 규칙은 무엇인지, 함수에는 어떤 종류들이 있는지 배울 것이다.

01 대응과 함수

01 대응

대상 사이에 어떤 관계가 있을 때 둘을 연결하여 생각할 수 있다. 이러한 대상들의 연결을 대응이라고 한다.

쉽게 말해 규칙에 따라 대상들을 짝 짓는 것을 대응으로 볼 수 있다.
오른쪽 그림이 대응의 예라고 할 수 있다.

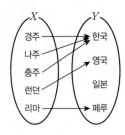

도시와 국가의 대응

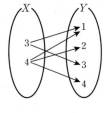

자연수와 그 약수의 대응

이처럼 대응은 집합 X의 원소들이 집합 Y의 원소들과 짝을 짓는 것으로 생각할 수 있다.

02 함수 f

두 집합 X, Y에 대하여 X의 모든 원소가 Y의 원소에 오직 하나씩 대응할 때, 이 대응을 X에서 Y로의 함수 f라 하고 기호로 다음과 같이 나타낸다.

$$f : X \rightarrow Y$$

모든 대응이 함수가 될 수는 없다.
대응이 함수가 되려면 X의 모든 원소가
  (i) 하나도 빠짐없이
  (ii) Y의 원소와 하나씩만
대응해야 한다.
예를 통해 이해해 보자.

함수가 아닌 대응

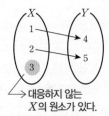

→ 대응하지 않는
X의 원소가 있다.

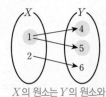

X의 원소는 Y의 원소와
하나씩만 대응해야 한다.

함수인 대응

어떤 대응이 함수인지 확인할 때의 기준은 X의 원소이다. X의 원소가 빠짐없이, 하나씩 대응하면 그 대응은 함수이다. 따라서 함수 g에서 Y의 원소 5에 중복 대응이 되어도 X의 원소 입장에서는 하나씩 대응이 되는 것이므로 함수로 보는 것이다. 또한 함수 h에서 Y의 원소 6의 짝은 없지만 X의 모든 원소가 대응이 되어 있으므로 함수가 맞다.

함수 이름 붙이기
여러 개의 함수가 있을 때, 서로 구분하기 위해 f, g, h, ⋯와 같이 알파벳 소문자를 이용하여 함수에 이름을 붙인다.

02 정의역, 공역, 치역

함수의 구성 요소

함수 $f : X \to Y$의 대응은 세 가지로 구성되어 있다.
(i) 집합 X와 (ii) 집합 Y, 그리고 (iii) X와 실제로 대응하는 Y의 원소들의 집합이다.

   (i) 정의역: 집합 X
   (ii) 공역: 집합 Y
   (iii) 치역: 함숫값들의 집합
         (X와 대응하는 Y의 원소들의 집합)

• 대응이 시작되는(화살표가 출발하는) 집합 X가 정의역이 된다.
• 대응이 연결되는(화살표가 들어가는) 집합 Y가 공역이 된다.
• 정의역 X의 원소에 실제로 대응하는 공역 Y의 원소로 이루어진 집합이 치역이다. 치역은 '대응의 결과를 모은 집합'이라고 할 수 있다.
• 정의역과 공역이 언급되지 않는 함수의 경우, 정의역과 공역은 '실수 전체의 집합'으로 간주한다.

함수의 식

함수의 대응에는 규칙이 있다. 이 규칙을 기호로 나타낸 것이 함수의 식이다.
예3 의 함수의 식 $h(x)=2x$는 x에 2를 곱한 것이므로 'X의 원소를 그 2배가 되는 Y의 원소와 대응시키는 함수'라고 해석할 수 있다.

함숫값

정의역 X와 대응되는 Y의 원소들을 함숫값이라고 한다.
따라서 치역은 함숫값의 집합이다.

예를 통해 구체적으로 알아보자.

예1 다음 함수 f의 정의역, 공역, 치역을 구하시오.

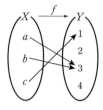

(i) 정의역: $\{a, b, c\}$
(ii) 공역: $\{1, 2, 3, 4\}$
(iii) 치역: $\{1, 3\}$

예2 다음 함수 g의 정의역, 공역, 치역을 구하시오.

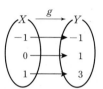

(i) 정의역: $\{-1, 0, 1\}$
(ii) 공역: $\{-1, 1, 3\}$
(iii) 치역: $\{-1, 1, 3\}$
이 경우 공역과 치역이 같다.

치역은 공역의 부분집합이다. 따라서 치역의 원소의 개수는 공역의 원소의 개수와 같거나 작다.
함수 f의 공역을 Y, 치역을 Y'이라 하면

$$Y' \subset Y, \ n(Y') \leq n(Y)$$

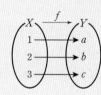 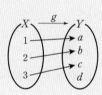

예3 두 집합 $X=\{-2, 0, 2\}$, $Y=\{-4, -2, 0, 2, 4\}$에 대하여 X에서 Y로의 함수 $h(x)=2x$의 정의역, 공역, 치역을 구하시오.

X에서 Y로 대응하는 함수이므로 정의역과 공역은 각각 X, Y이고 함수의 식을 통해서 대응 관계를 확인하여 치역을 구할 수 있다.

$h(-2)=2 \times (-2)=-4$
$h(0)=2 \times 0=0$
$h(2)=2 \times 2=4$
(i) 정의역: $\{-2, 0, 2\}$
(ii) 공역: $\{-4, -2, 0, 2, 4\}$
(iii) 치역: $\{-4, 0, 4\}$

03 서로 같은 함수

함수 f와 g가 같을 조건

　(i) $f : X \to Y$, $g : X \to Y$

　　: f, g 모두 X에서 Y로 대응한다.

　(ii) 정의역 X의 모든 x에 대하여 $f(x) = g(x)$

　　: 함숫값이 모두 같다.

일 때, 두 함수 f와 g는 서로 같다고 하고

$$f = g$$

로 나타낸다.

더 구체적으로 알아보자.

　(i) 두 함수의 정의역과 공역이 일치한다.
　　• f의 정의역 $=g$의 정의역
　　• f의 공역 $=g$의 공역
　(ii) f와 g의 함숫값이 모두 일치한다.
　　→ 두 함수의 모든 대응이 일치한다.

위의 두 조건을 모두 충족할 때, 함수 f와 g가 같다.
즉, $f = g$라 할 수 있다. 두 함수가 같지 않으면 $f \neq g$로 나타낸다.

예1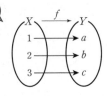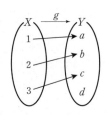

두 함수의 정의역과 대응은 같지만 공역이 다르다.
따라서 $f \neq g$이다.

예2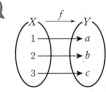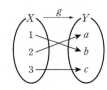

두 함수의 정의역, 공역끼리 서로 같지만 대응이 다르다. ($f(1) \neq g(1)$, $f(2) \neq g(2)$)
따라서 $f \neq g$이다.

예3 $X = \{1, 2\}$, $Y = \{2, 3\}$, $Z = \{0, 3, 8\}$에 대하여
$f : X \to Z$, $g : Y \to Z$이고 $f(x) = g(x) = x^2 - 1$
인 두 함수 f, g에서 두 함수의 식이 같지만 정의역
이 다르고 따라서 대응도 다르므로 $f \neq g$이다.

　　$f(1) = 0$　　　　$g(2) = 3$
　　$f(2) = 3$　　　　$g(3) = 8$

예4 $X = \{-1, 0, 1\}$에 대하여 $f : X \to X$, $g : X \to X$
이고 $f(x) = |x|$, $g(x) = x^2$인 두 함수 f, g에서
　　$f(-1) = 1$　　　$g(-1) = 1$
　　$f(0) = 0$　　　　$g(0) = 0$
　　$f(1) = 1$　　　　$g(1) = 1$

함수의 식은 다르지만 각 함수의 정의역, 공역, 대응
이 모두 일치하므로 두 함수는 같은 함수이다.

> 복잡한 대상을 그림이나 도표로 나타내면 이해하기 편하다. 마찬가지로 함수도 그래프를 구하여 좌표평면에 그려 보면 파악하기가 훨씬 쉬워진다.

01 함수의 그래프: 대응하는 순서쌍의 집합

함수 $f: X \to Y$에서 정의역 X의 원소 x와 대응하는 함숫값(Y의 원소) $f(x)$의 모든 순서쌍을 원소로 갖는 집합을 함수의 그래프라 한다.

'x와 대응하는 $f(x)$의 순서쌍의 집합'이 그래프이고 이것을 좌표평면에 옮기는 것을 '그래프를 그린다.'라고 한다.

예1 $X = \{-2, -1, 0, 1, 2\}$에서
$Y = \{0, 1, 2, 3, 4\}$로의 함수 f의 그래프
• 그래프: $\{(-2, 4), (-1, 1), (0, 0), (1, 1), (2, 4)\}$

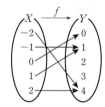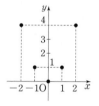

예2 함수 $f(x) = x+1$의 그래프
• 그래프: $\{(x, f(x)) | f(x) = x+1, x$는 실수$\}$

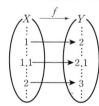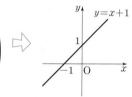

특별한 언급이 없으면 정의역과 공역은 실수 전체의 집합이다. 따라서 그래프는 수많은 실수의 순서쌍으로 이루어지므로 위의 그림처럼 선(직선, 곡선)의 형태가 된다.

02 함수의 그래프의 특징

함수의 그래프는 임의의 직선 $x = a$(x축에 수직인 직선)와의 교점이 항상 1개이다.
⇨ 세로선을 그어 교점을 확인하라.

x의 값이 y의 값에 하나씩 대응하는 것이 함수라는 것을 생각하고 다음 그래프를 확인해 보자.

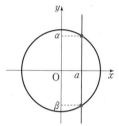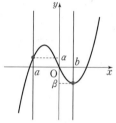

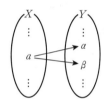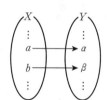

x축에 수직인 직선과의 교점이 2개 이상이면 x의 값 하나가 2개 이상의 y의 값과 대응되므로 함수가 아니다.

x축에서 수직인 어떤 직선과도 교점이 1개이다. 즉, 모든 x가 y에 하나씩 대응되므로 함수의 그래프이다.

실전
C.O.D.I

01 x의 **값**의 **범위**와 **그래프**

앞으로 x의 값의 범위에 따라 식이 달라지는 함수를 자주 보게 될 것이다. 이는 정의역 X의 원소의 값에 따라 대응 방법이 다르다는 의미이다.

예 $f(x) = \begin{cases} 2x & (x \geq 0) \\ -2x & (x < 0) \end{cases}$

• 음수인 x는 -2를 곱한 수와 대응
• 0 이상인 x는 2를 곱한 수와 대응

$x < 0$일 때

$x \geq 0$일 때

$y = f(x)$

[0567–0570] 다음 대응 중 함수인 것은 ○, 함수가 아닌 것은 ×로 표시하시오.

0567

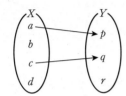

0568

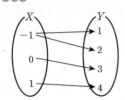

0569

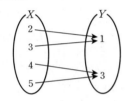

0570

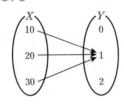

[0571–0574] 함수의 정의역, 공역, 치역을 구하시오.

0571

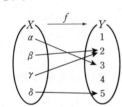

0572

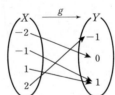

0573

$y=-3x+2$

0574

$y=x^2-4x+3$

[0575–0577] 다음 두 함수 f, g가 같은 함수이면 $f=g$, 다른 함수이면 $f\neq g$로 나타내시오.

0575

$X=\{-1, 0, 1\}$에서 $Y=\{-2, 0, 2\}$로의 함수

$$f(x)=2x \qquad g(x)=2x^3$$

0576

$X=\{0, 1, 2\}$에서 $Y=\{0, 2, 4, 16\}$으로의 함수

$$f(x)=2x \qquad g(x)=2x^3$$

0577

$X=\{-1, 1\}$에서 $Y=\{1, 2\}$로의 함수

$$f(x)=x^2 \qquad g(x)=\frac{1}{|x|}$$

[0578–0579] 다음 함수의 그래프를 보고 정의역과 치역을 구하시오.

0578

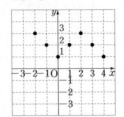

0579

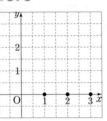

[0580–0583] 다음 함수의 그래프를 그리시오.

0580

정의역: $\{1, 2, 3, 4\}$

$$y=\begin{cases} x^2 & (x\leq 2) \\ x-3 & (x>2) \end{cases}$$

0581

정의역: $\{1, 2, 3, 4\}$

$$y=\frac{1}{x}$$

0582

정의역: $\{1, 4, 9\}$

$$y=\sqrt{x}$$

0583

정의역: $\{-1, 0, 1\}$

$$y=x^4$$

[0584–0587] 다음 중 함수의 그래프는 ○, 함수의 그래프가 아닌 것은 ×로 표시하시오.

0584

0585

0586

0587

[0588–0593] $f(x)=\begin{cases} x^2-2x & (x<0) \\ 3x & (0\leq x<1) \\ -x+5 & (x\geq 1) \end{cases}$ 에 대하여 다음을 구하시오.

0588

$f(-2)$

0589

$f(0)$

0590

$f\left(\dfrac{1}{3}\right)$

0591

$f(1)$

0592

$f(2)$

0593

$f(4)$

05 여러 가지 함수(1)

> 정의역 X와 공역 Y가 대응하는 규칙은 매우 다양하고 이에 따라 함수의 종류가 달라진다.
> 이제 다양한 종류의 함수를 하나씩 배울 것이다.

01 항등함수: 자기 자신과 대응하는 함수

$f: X \to X$이고 $f(x)=x$일 때, 함수 f를 X에서의 항등함수라 하고 I 또는 I_X로 나타낸다.

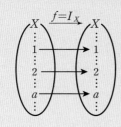

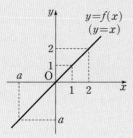

항등함수는 '항상 같은 함수'라는 뜻으로 함수의 정의역 X의 원소들이 자신과 똑같은 값과 대응한다고 해석할 수 있다.

- 1은 1과 대응 (1을 대입한 함숫값이 1)
- 2는 2와 대응 (2를 대입한 함숫값이 2)
- x는 x와 대응 (x를 대입한 함숫값이 x)

이처럼 정의역의 모든 x의 값들이 자기 자신과 대응하므로 다음 성질이 성립한다.

(ⅰ) 정의역과 공역이 같다.
(ⅱ) 함수의 식은 $y=x$ 또는 $f(x)=x$이다.
　　$f(1)=1, f(2)=2, \cdots, f(a)=a, \cdots$

항등함수의 식은 일차함수 $y=x$인 것을 알 수 있다.

02 상수함수: 치역의 원소가 단 한 개인 함수

함수 $f: X \to Y$에서 $f(x)=k$ (k는 실수)일 때, 즉 정의역 X의 모든 원소 x가 공역 Y의 원소 중 단 한 개에만 대응할 때 f를 상수함수라 한다.

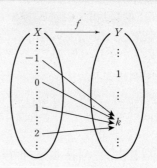

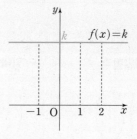

'상수'는 값이 변하지 않는 수라는 뜻이다.
보통 함수에 대입하는 x의 값이 달라지면 그와 대응하는 y의 값도 달라지지만 상수함수는 어떤 값을 대입하든 항상 같은 값 하나와 대응한다.
이를 좌표평면에 그리면 x축과 평행한(y축에 수직인) 직선의 모양이 된다.

06 여러 가지 함수 (2)

함수는 x가 y에 하나씩만 대응하면 된다. 따라서 여러 x의 값이 하나의 y의 값에 대응할 수도 있다. 그런데 'x 하나에 y도 하나씩만 대응하는', 즉 1 : 1로 짝이 되는 함수는 없을까? 그런 함수가 있다면 어떤 특징을 가질까?

01 일대일함수 : 함숫값이 모두 다른 함수

함수 $f : X \to Y$에서 정의역 X의 원소와 대응하는 공역 Y의 원소가 모두 다를 때(중복되지 않을 때), 함수 f를 일대일함수라 한다. 정의역 X의 임의의 두 원소 x_1, x_2에 대하여 일대일함수 f는 다음을 만족한다.

$$x_1 \neq x_2 \text{이면 } f(x_1) \neq f(x_2)$$

위의 식을 해석해 보자.

$$\underset{x\text{의 값이 다르면}}{x_1 \neq x_2} \quad \text{이면} \quad \underset{\text{함숫값도 다르다.}}{f(x_1) \neq f(x_2)}$$

따라서 일대일함수는 다른 값을 대입하면 함숫값도 달라지는, 함숫값이 중복되지 않는 함수라는 것을 알 수 있다.

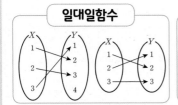

$$f(1) \neq f(2), f(2) \neq f(3)$$
$$f(1) \neq f(3)$$
$$\to x_1 \neq x_2 \text{이면 } f(x_1) \neq f(x_2)$$

$$f(1) = 1, f(2) = 1$$
$$\to f(1) = f(2)$$

02 일대일대응

함수 $f : X \to Y$에서 정의역 X의 원소와 대응하는 공역 Y의 원소가 모두 다르고 공역과 치역이 같은 함수일 때, 함수 f를 일대일대응이라 한다. 일대일대응 f는 다음을 만족한다.

(i) $x_1 \neq x_2$이면 $f(x_1) \neq f(x_2)$

(ii) 치역 = 공역

즉, 일대일함수 중에서 공역과 치역이 같은 함수이다.

일대일대응은 일대일함수에 '치역과 공역이 같다.'는 조건이 추가된 함수이다.

두 함수 모두 $x_1 \neq x_2$이면 $\begin{cases} f(x_1) \neq f(x_2) \\ g(x_1) \neq g(x_2) \end{cases}$

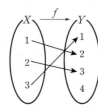

공역 : $\{1, 2, 3, 4\}$ 공역 : $\{1, 2, 3\}$

치역 : $\{1, 2, 3\}$ 치역 : $\{1, 2, 3\}$

치역 ≠ 공역   치역 = 공역

일대일함수   일대일대응

03 일대일대응의 그래프의 모양

일대일대응의 그래프는

(i) 그래프가 끊어지지 않는다.

(ii) 오른쪽 위로만 올라가거나 오른쪽 아래로만 내려가는 모양이다.

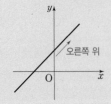
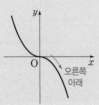

그래프와 임의의 직선 $y = k$(x축과 평행한 직선)와의 교점이 항상 1개일 때, 그 함수는 일대일대응이다.

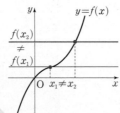
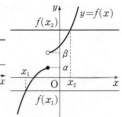

- 그래프가 끊어지지 않음 : 치역=공역
- 오른쪽 위로 올라가는 모양
  : $x_1 \neq x_2$
  $\to f(x_1) \neq f(x_2)$

일대일대응

- 그래프가 끊어짐
  : 치역≠공역
  ↓
  $\{y \mid y \leq \alpha, y > \beta\}$
  $\neq \{y \mid y$는 실수$\}$

일대일함수

- $f(x_1) = f(x_2)$
  $= f(x_3)$
  ↓
  일대일함수도,
  일대일대응도 아니다.

02 여러 가지 함수 (3): 우함수와 기함수

> 수학(상)에서 y축 대칭과 원점 대칭에 대해 배웠다. 함수의 그래프가 이런 대칭성을 가질 수 있는데, 이에 대해 배워 보자.

01 우함수: 그래프가 y축 대칭 모양인 함수

정의역 X의 모든 원소 x에 대하여
$$f(x)=f(-x)$$
인 관계식이 성립하는 함수 f를 우함수라 한다.
- 우함수의 그래프는 y축에 대하여 대칭인 모양이다.
- 다항함수 중 함수의 식의 모든 항이 짝수 차수인 함수가 우함수이다.

우함수의 관계식 $f(x)=f(-x)$를 살펴보자.
$$f(1)=f(-1), f(5)=f(-5),$$
$$f(a)=f(-a), \cdots$$
$f(x)$에 절댓값이 같고 부호가 반대인 두 값을 대입한 함숫값이 서로 같다. 이를 그래프로 보면

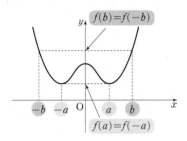

$$f(x)=f(-x)$$

y축을 기준으로 좌우의 모양이 같은 y축 대칭 모양의 그래프가 되는 것을 알 수 있다.

어떤 함수가 우함수인지 확인하려면 $f(x)$와 $f(-x)$의 식을 비교하면 된다.

예1 $f(x)=x^2$일 때, $f(-x)=(-x)^2=x^2$에서 $f(x)=f(-x)$가 성립하므로 우함수이다.

예2 $g(x)=2x^4+x$일 때,
$g(-x)=2(-x)^4+(-x)=2x^4-x$에서
$g(x) \neq g(-x)$이므로 우함수가 아니다.

예3 $h(x)=-x^6+3x^2+1$일 때,
$$h(-x)=-(-x)^6+3(-x)^2+1$$
$$=-x^6+3x^2+1$$
에서 $h(x)=h(-x)$이므로 우함수이다.

예를 통해 함수의 식이 모두 짝수 차수인 항으로 이루어진 다항함수는 우함수라는 것을 알 수 있다.

02 기함수: 그래프가 원점 대칭 모양인 함수

정의역 X의 모든 원소 x에 대하여
$$f(x)=-f(-x) \text{ 또는 } f(-x)=-f(x)$$
인 관계식이 성립하는 함수 f를 기함수라 한다.
- 기함수의 그래프는 원점에 대하여 대칭인 모양이다.
- 기함수의 그래프는 항상 원점 $(0, 0)$을 지난다. 다항함수 중 함수의 식의 모든 항이 홀수 차수인 함수가 기함수이다.

기함수의 관계식 $f(x)=-f(-x)$를 살펴보자.
$$f(1)=-f(-1), f(5)=-f(-5),$$
$$f(a)=-f(-a), \cdots$$
$f(x)$에 절댓값이 같고 부호가 반대인 두 값을 대입하면 함수값도 절댓값이 같고 부호가 반대이다. 이를 그래프로 보면

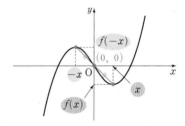

$$f(x)=-f(-x) \text{ 또는 } f(-x)=-f(x)$$

원점을 기준으로 점대칭 모양의 그래프임을 알 수 있다.

기함수의 관계식에 $x=0$을 대입하면
$$f(0)=-f(0), \quad 2f(0)=0에서 f(0)=0$$
이므로 기함수의 그래프는 항상 점 $(0, 0)$을 지나는 것을 알 수 있다.

어떤 함수가 기함수인지 확인하려면 $f(x)$와 $f(-x)$의 식을 비교하면 된다.

예 $f(x)=-5x^3+2x$일 때,
$$f(-x)=-5(-x)^3+2(-x)$$
$$=5x^3-2x=-f(x)$$
이므로 기함수이다.

예를 통해 함수의 식이 모두 홀수 차수인 항으로 이루어진 다항함수는 기함수라는 것을 알 수 있다.

03 우함수, 기함수의 사칙연산

함수끼리 더하거나 빼거나 곱하여 새로운 함수를 만들 수 있다.

예를 들어 $f(x)=x^2+2$, $g(x)=2x-1$일 때, 두 함수 f와 g를 더한 함수를 h라 정의하면

$$h(x)=f(x)+g(x)=x^2+2x+1$$

이라 할 수 있다. **실전 C.O.D.I 02**에서 배운 우함수와 기함수들을 결합하여 새로운 함수를 만들 수 있는데, 이렇게 만들어진 함수가 어떤 함수가 되는지 확인해 보자.

01 우함수의 사칙연산

두 함수 $y=f(x)$, $y=g(x)$가 모두 우함수일 때, 다음 함수들도 모두 우함수이다.

① 우함수의 합: $y=f(x)+g(x)$ → 우함수

② 우함수의 차: $y=f(x)-g(x)$ → 우함수

③ 우함수의 곱: $y=f(x)g(x)$ → 우함수

④ 우함수의 나눗셈: $y=\dfrac{f(x)}{g(x)}$ → 우함수

 두 함수가 모두 우함수이므로

$f(x)=f(-x)$, $g(x)=g(-x)$임을 이용한다.

① $f(-x)+g(-x)=f(x)+g(x)$이므로 우함수

② $f(-x)-g(-x)=f(x)-g(x)$이므로 우함수

③ $f(-x)g(-x)=f(x)g(x)$이므로 우함수

④ $\dfrac{f(-x)}{g(-x)}=\dfrac{f(x)}{g(x)}$이므로 우함수

02 기함수의 사칙연산

두 함수 $y=f(x)$, $y=g(x)$가 모두 기함수일 때, 기함수의 합과 차는 기함수, 곱과 나눗셈은 우함수이다.

① 기함수의 합: $y=f(x)+g(x)$ → 기함수

② 기함수의 차: $y=f(x)-g(x)$ → 기함수

③ 기함수의 곱: $y=f(x)g(x)$ → 우함수

④ 기함수의 나눗셈: $y=\dfrac{f(x)}{g(x)}$ → 우함수

 두 함수가 모두 기함수이므로

$f(-x)=-f(x)$, $g(-x)=-g(x)$임을 이용한다.

① $f(-x)+g(-x)=-f(x)-g(x)=-\{f(x)+g(x)\}$

　이므로 기함수

② $f(-x)-g(-x)=-f(x)+g(x)=-\{f(x)-g(x)\}$

　이므로 기함수

③ $f(-x)g(-x)=\{-f(x)\}\{-g(x)\}=f(x)g(x)$

　이므로 우함수

④ $\dfrac{f(-x)}{g(-x)}=\dfrac{-f(x)}{-g(x)}=\dfrac{f(x)}{g(x)}$이므로 우함수

03 우함수와 기함수의 곱과 나눗셈

$y=f(x)$가 우함수, $y=g(x)$는 기함수일 때, 두 함수의 곱과 나눗셈은 기함수이다.

① $y=f(x)g(x)$ → 기함수

② $y=\dfrac{f(x)}{g(x)}$ → 기함수

 $f(x)=f(-x)$, $g(-x)=-g(x)$임을 이용한다.

① $f(-x)g(-x)=f(x)\{-g(x)\}=-f(x)g(x)$

　이므로 기함수

② $\dfrac{f(-x)}{g(-x)}=\dfrac{f(x)}{-g(x)}=-\dfrac{f(x)}{g(x)}$이므로 기함수

 함수 $y=\dfrac{f(x)+f(-x)}{2}$의 대칭성을 확인하시오.

f에 $-x$를 대입하면

$$\dfrac{f(-x)+f(-(-x))}{2}=\dfrac{f(-x)+f(x)}{2}=\dfrac{f(x)+f(-x)}{2}$$

이므로 그래프가 y축 대칭 모양인 우함수이다.

앞으로 다양한 함수의 대칭성을 확인하여 문제를 풀어야 할 경우가 있다. 위의 경우들을 모두 기억하려 하지 말고 우함수와 기함수의 원리를 이용해 이해하자.

[0594–0599] 빈칸을 알맞게 채우시오.

0594
정의역의 모든 원소가 자기 자신과 대응하는 함수를 ☐ 라 한다.

0595
정의역이 모든 실수일 때 항등함수의 식은 ☐ 이다.

0596
정의역의 모든 원소가 공역의 원소 단 하나와 대응하는 함수를 ☐ 라 한다.

0597
치역의 원소가 한 개인 함수를 ☐ 라 한다.

0598
정의역의 임의의 원소 x_1, x_2에 대하여 x_1 ☐ x_2이면 $f(x_1)$ ☐ $f(x_2)$인 함수를 일대일함수라 한다.

0599
일대일함수 중에서 치역 ☐ 공역인 함수를 ☐ 이라 한다.

[0600–0603] 다음 조건에 맞는 함수가 되도록 대응을 완성하시오.

0600
항등함수

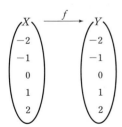

0601
상수함수 (단, $f(x) > 0$)

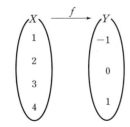

0602
일대일함수 (단, $f(x) \geq 0$)

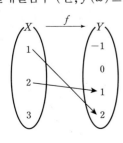

0603
일대일대응 (단, $f(3) > 0$)

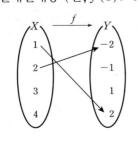

[0604–0605] 빈칸을 알맞게 채우시오.

0604
그래프가 ☐ 에 대하여 대칭인 함수를 우함수라 한다.

0605
그래프가 ☐ 에 대하여 대칭인 함수를 기함수라 한다.

0606
함수 $y = f(x)$가 우함수일 때 성립하는 관계식을 쓰시오.

0607
함수 $y = g(x)$가 기함수일 때 성립하는 관계식을 쓰시오.

[0608–0613] 다음 함수의 그래프를 보고 어떤 함수인지 답하시오.

0608

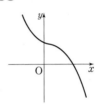

0609

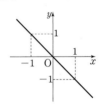

0610

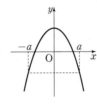

0611

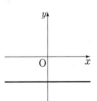

0612

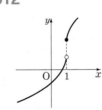

0613

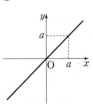

0614
두 개의 우함수를 더한 함수도 우함수임을 증명하시오.

0615
우함수와 기함수의 곱이 기함수임을 증명하시오.

0616
$X=\{1,\ 2,\ 3\}$, $Y=\{1,\ 2,\ 3,\ 4,\ 5\}$일 때, 다음 중 X에서 Y로의 함수가 아닌 것은?

① $f(x)=x+2$ ② $f(x)=x^2-2x+3$
③ $f(x)=|x-5|$ ④ $f(x)=-2x+7$
⑤ $f(x)=1$

0617
$X=\{x\,|\,x>0,\ x\text{는 실수}\}$일 때, 다음 중 X에서 X로의 함수인 것은?

① $f(x)=2x+1$ ② $f(x)=x^2-1$
③ $f(x)=-\sqrt{x}$ ④ $f(x)=-\dfrac{1}{x-1}+2$
⑤ $f(x)=3x-1$

0618
$X=\{x\,|\,0\leq x\leq2\}$, $Y=\{y\,|\,-1\leq y\leq4\}$일 때, 다음 중 X에서 Y로의 함수가 아닌 것은?

① $f(x)=\dfrac{1}{2}x-1$ ② $f(x)=x^2-1$
③ $f(x)=-x^2+3$ ④ $f(x)=2x$
⑤ $f(x)=3x-1$

Level up
0619
$X=\{x\,|\,-1\leq x\leq2\}$, $Y=\{y\,|\,-2\leq y\leq a\}$일 때, 보기의 대응들이 모두 X에서 Y로의 함수가 되기 위한 실수 a의 최솟값을 구하시오.

보기
$f(x)=2x$ $g(x)=x^2+1$
$h(x)=2x^2$ $i(x)=-x+4$

0620
실수 전체의 집합에서 정의된 함수 f가 다음과 같다.
$$f(x)=\begin{cases} x^3-2x & (x<-1) \\ -4x+3 & (-1\leq x<1) \\ -3x^2+x+2 & (x\geq1) \end{cases}$$
$f(-2)+f(-1)+f(0)+f(2)$의 값은?

① -2 ② -1 ③ 0
④ 1 ⑤ 2

0621
자연수 전체의 집합 N에서 N으로의 함수 f가 다음과 같다.
$$f(x)=\begin{cases} \dfrac{x+1}{2} & (x=2n-1) \\ \dfrac{1}{2}x+1 & (x=2n) \end{cases}$$
$f(5)-f(4)$의 값은? (단, $n\in N$)

① -2 ② -1 ③ 0
④ 1 ⑤ 2

0622
음이 아닌 실수 전체의 집합에서 정의된 함수 $f(\sqrt{x})=\dfrac{1}{4}x^2-1$에 대하여 $f(2)$의 값은?

① 1 ② 2 ③ 3
④ 4 ⑤ 5

Level up
0623
함수 $f\left(\dfrac{3x-1}{2}\right)=6x+2$에 대하여 $f\left(\dfrac{1}{2}\right)$의 값은?

① 2 ② 3 ③ 4
④ 5 ⑤ 6

Style 03 정의역, 공역, 치역

0624
정의역이 $\{-2, -1, 0, 1, 2\}$인 함수 $f(x)=x^2-2$의 치역의 모든 원소의 합은?

① -2 ② -1 ③ 0
④ 1 ⑤ 2

0625
$X=\{x \mid -2 \le x \le 1\}$, $Y=\{y \mid \alpha \le y \le \beta\}$일 때, X에서 Y로의 함수 $f(x)=-2x+4$에 대하여 α의 최댓값과 β의 최솟값의 곱은?

① 2 ② 4 ③ 8
④ 12 ⑤ 16

Level up

0626
자연수 전체의 집합에서 정의된 함수 f가 다음과 같다.

$$f(x)=x-10\left[\frac{x}{10}\right]$$

(단, $[x]$는 x보다 크지 않은 최대 정수)

(1) $f(3)+f(41)+f(106)$의 값을 구하시오.

(2) 함수 f의 치역의 원소의 개수를 구하시오.

Style 04 함수의 관계식

0627
임의의 실수 x, y에 대하여 함수 f가

$$f(x+y)=f(x)+f(y)-1$$

을 만족하고 $f(1)=2$이다. 다음은 $f(0)$과 $f(6)$의 값을 구하는 과정이다.

임의의 실수에 대하여 성립하므로 함수의 관계식에

(i) $x=0$, $y=0$을 대입하면 $f(0)=$ [(가)]

(ii) $x=1$, $y=1$을 대입하면 $f(2)=$ [(나)]

(iii) $x=2$, $y=2$를 대입하면 $f(4)=$ [(다)]

(iv) $x=$ [(라)], $y=2$를 대입하면 $f(6)=$ [(마)]

빈칸을 알맞게 채우시오.

0628
함수 f가 임의의 두 양수 x, y에 대하여

$$f(xy)=f(x)+f(y), f(3)=1$$

을 만족할 때, $f(9)$의 값을 구하시오.

Level up

0629
임의의 실수 x, y에 대하여 함수 f가

$$f(x+y)=f(x)f(y)$$

를 만족하고 $f(x)>0$, $f(3)=27$일 때, $f(1)$의 값을 구하시오.

모의고사 기출

0630
자연수 전체의 집합에서 정의된 함수 f가 다음 두 조건을 만족한다.

(i) p가 소수이면 $f(p)=p$

(ii) 임의의 두 자연수 a, b에 대하여
$$f(ab)=f(a)+f(b)$$

이때 $f(100)$의 값을 구하시오.

Style 05 서로 같은 함수

0631

정의역이 $X=\{-1, 1\}$일 때, 다음 중 함수
$f(x)=3x^2+x-1$과 같은 함수는? (정답 2개)

① $g(x)=2x+1$

② $g(x)=\begin{cases} 3 & (x<0) \\ 1 & (x \geq 0) \end{cases}$

③ $g(x)=\begin{cases} \dfrac{x-1}{2} & (x<1) \\ 2x^2+1 & (x \geq 1) \end{cases}$

④ $g(x)=x^2+x+1$

⑤ $g(x)=|x+2|$

Level up

0632

정의역이 $\{-3, 1\}$일 때, 두 함수 $f(x)=x^2+ax-1$,
$g(x)=2x+b$에 대하여 $f=g$이다. 두 상수 a, b의 합
$a+b$의 값은?

① 0   ② 2   ③ 4

④ 6   ⑤ 8

모의고사 기출

0633

두 집합 $X=\{0, 1, 2\}$, $Y=\{1, 2, 3, 4\}$에 대하여 두
함수 $f: X \to Y$, $g: X \to Y$를

   $f(x)=2x^2-4x+3$, $g(x)=a|x-1|+b$

라 하자. 두 함수 f와 g가 서로 같도록 하는 상수 a, b에
대하여 $2a-b$의 값은?

① -3 ② -1 ③ 1

④ 3   ⑤ 5

Style 06 항등함수, 상수함수

0634

집합 $X=\{-1, 0, 1\}$일 때, 다음 중 X에서 X로의 항
등함수인 것은? (정답 2개)

① $f(x)=x+1$ ② $f(x)=x$

③ $f(x)=x^2-x$ ④ $f(x)=\dfrac{1}{2}x+\dfrac{1}{2}$

⑤ $f(x)=x^3$

0635

함수 $h(x)$의 치역의 원소는 한 개이다.
$h(1)+h(2)+\cdots+h(5)=20$일 때, $h(-3)$의 값은?

① 1   ② 2   ③ 3

④ 4   ⑤ 5

0636

f는 항등함수, g는 상수함수이다. $f(3)+g(1)=0$일 때,
$f(4)+g(-2)$의 값은?

① 1   ② 2   ③ 3

④ 4   ⑤ 5

0637

f는 항등함수, g는 상수함수이다. $f(5)=g(5)$일 때,
$g(x)=k$이다. 상수 k의 값은?

① 1   ② 2   ③ 3

④ 4   ⑤ 5

Style 07 일대일함수, 일대일대응

0638

보기의 그래프 중 일대일함수의 그래프의 개수를 m, 일대일대응의 그래프의 개수를 n이라 할 때, $m-n$의 값은?

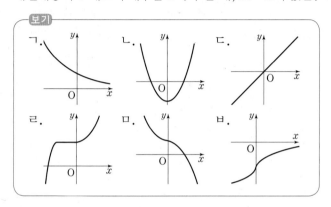

① -2 ② -1 ③ 0
④ 1 ⑤ 2

모의고사 기출

0639

집합 $X=\{2, 3, 6\}$에 대하여 집합 X에서 X로의 일대일대응, 항등함수, 상수함수를 각각 $f(x)$, $g(x)$, $h(x)$라 하자. 세 함수 $f(x)$, $g(x)$, $h(x)$가 다음 조건을 만족시킬 때, $f(3)+h(2)$의 값은?

(개) $f(2)=g(3)=h(6)$
(나) $f(2)f(3)=f(6)$

① 4 ② 5 ③ 6
④ 8 ⑤ 9

0640

두 집합 $X=\{1, 3, 5, 7\}$, $Y=\{0, 2, 4, 6\}$에 대하여 f는 X에서 Y로의 일대일대응이고 $f(7)=2$, $f(1)=f(3)+2$일 때, $f(1)+f(5)$의 값은?

① 4 ② 6 ③ 8
④ 10 ⑤ 12

Style 08 일대일대응일 조건

0641

$X=\{x\,|\,2\le x\le 4\}$에서 $Y=\{y\,|\,4\le y\le 5\}$로의 함수 f가 일대일대응이고 $f(x)=ax+b$를 만족할 때, ab의 값은? (단, a, b는 상수이고, $a>0$)

① $\dfrac{1}{2}$ ② 1 ③ $\dfrac{3}{2}$
④ 2 ⑤ $\dfrac{5}{2}$

모의고사 기출

0642

실수 전체의 집합 R에 대하여 함수 $f: R \to R$가
$$f(x)=a\,|\,x+2\,|\,-4x$$
로 정의될 때, 이 함수가 일대일대응이 되도록 하는 정수 a의 개수를 구하시오.

0643

다음은 집합 $X=\{x\,|\,x\ge a\}$에 대하여 X에서 X로의 함수 $f(x)=x^2-4x$가 일대일대응이 되기 위한 상수 a의 값을 구하는 과정이다.

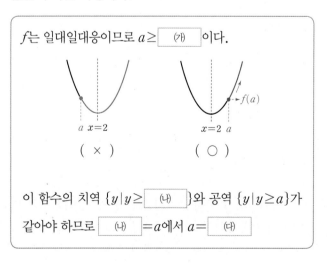

이 함수의 치역 $\{y\,|\,y\ge$ (나) $\}$와 공역 $\{y\,|\,y\ge a\}$가 같아야 하므로 (나) $=a$에서 $a=$ (다)

빈칸을 알맞게 채우시오.

정답 및 해설 • 53쪽

Style 09 조건을 만족하는 함수의 개수

0644
집합 $X=\{1, 2, 3, 4\}$에 대하여 X에서 X로의 항등함수의 개수를 m, 상수함수의 개수를 n이라 할 때, $m+n$의 값은?

① 5   ② 6   ③ 7
④ 8   ⑤ 9

0645
집합 $X=\{a, b, c, d\}$에 대하여 $f: X \rightarrow X$인 함수 f의 개수는 2^m이다. 자연수 m의 값은?

① 2   ② 4   ③ 8
④ 12   ⑤ 16

0646
$X=\{1, 2, 3\}$, $Y=\{-1, 0, 1\}$, $Z=\{1, 2, 3, 4, 5\}$에 대하여
$$f(x_1)=f(x_2)$$이면 $x_1=x_2$
를 만족하는 $f: X \rightarrow Y$의 개수를 p, $f: X \rightarrow Z$의 개수를 q라 할 때, $\dfrac{q}{p}$의 값을 구하시오.

Level up
0647
$X=\{1, 2, 3, 4\}$에서 $Y=\{1, 2, 3, 4, 5, 6\}$으로의 일대일함수 f에 대하여 x가 홀수이면 $f(x)$도 홀수, x가 짝수이면 $f(x)$도 짝수를 만족하는 f의 개수를 구하시오.

Style 10 함수의 대칭성

0648
두 함수 f, g가 다음 조건을 만족한다.
$$f(x)=-f(-x), \quad g(x)=g(-x)$$
$f(3)=3$, $g(-2)=4$일 때, $f(-3)+f(0)+g(2)$의 값은?

① 1   ② 2   ③ 3
④ 4   ⑤ 5

0649
함수 $f(x)=a_0x^3+a_1x^2+a_2x+a_3$의 그래프가 원점에 대하여 대칭이고 두 점 $(1, 1)$, $(-2, -14)$를 지난다. $2a_0+a_2$의 값은? (단, a_0, a_1, a_2, a_3은 상수)

① 1   ② 2   ③ 3
④ 4   ⑤ 5

0650
다음 중 $f(x)=-x^2+1$과 곱하여 기함수가 되는 함수는?

① $g(x)=2x-1$ ② $g(x)=x^2-2x$
③ $g(x)=|x|$ ④ $g(x)=|x^3|$
⑤ $g(x)=\dfrac{1}{2}x^3-\dfrac{1}{3}x$

Level up
0651
모든 실수에서 정의된 함수 f가
$$f(x)=f(-x), \quad f(x)=f(x+2)$$
를 만족한다. $f(-49)=4$, $f(-100)=-1$일 때, $f(500)$의 값을 구하시오.

0652

실수 전체의 집합에서 정의된 함수 $f(x)$가
$f(-2x+5)=x^2-1$을 만족시킬 때, $f(11)$의 값은?

① 2   ② 4   ③ 6

④ 8   ⑤ 10

모의고사기출

0653

집합 $A=\{-2, -1, 0, 1, 2\}$에 대하여 다음 두 조건을 모두 만족하는 함수 f의 개수를 구하시오.

> ㈎ 함수 f는 A에서 A로의 함수이다.
> ㈏ A의 모든 원소 x에 대하여 $f(-x)=-f(x)$이다.

Level up

0654

두 함수 $f(x)=x^2+x-6$, $g(x)=3x+2$에 대하여 $f=g$를 만족하는 정의역 X의 개수는? (단, $X\neq\varnothing$)

① 1   ② 2   ③ 3

④ 7   ⑤ 15

Level up

0655

함수 $f(x)=x^3-6x^2+12x-6$이 항등함수가 되기 위한 정의역 X의 개수는? (단, $X\neq\varnothing$)

① 1   ② 2   ③ 3

④ 7   ⑤ 15

모의고사기출

0656

두 집합 $X=\{x\,|\,-3\leq x\leq 5\}$, $Y=\{y\,|\,|y|\leq a,\ a>0\}$에 대하여 X에서 Y로의 함수 $f(x)=2x+b$가 일대일 대응이다. 두 상수 a, b에 대하여 a^2+b^2의 값은?

① 66   ② 68   ③ 70

④ 72   ⑤ 74

0657

실수 전체의 집합에서 정의된 함수 f가
$$f(x)=\begin{cases} x^2-2x+a & (x<1) \\ -2x+3-a & (x\geq 1) \end{cases}$$
인 일대일대응일 때, 상수 a의 값을 구하시오.

모의고사기출

0658

실수 전체의 집합에서 정의된 함수
$$f(x)=\begin{cases} (a+3)x+1 & (x<0) \\ (2-a)x+1 & (x\geq 0) \end{cases}$$
이 일대일대응이 되도록 하는 모든 정수 a의 개수는?

① 1   ② 2   ③ 3

④ 4   ⑤ 5

Level up

0659

$0\leq x\leq 3$에서 $f(x)=-x^2+4$이고 $f(x)=f(x+3)$일 때, $f(22)$의 값은?

① -5 ② -2 ③ 0

④ 3   ⑤ 4

근본적인 수학 탐구에는
마지막 종착점이 없으며
최초의 출발점도 없다

-펠릭스 클라인-

06 함수 (2)

합성함수와 역함수

앞 단원에서 여러 가지 함수를 배웠다. 이런 다양한 함수들을 결합하여 새로운 함수를 만들 수 있다. 이런 함수의 결합을 합성함수라 한다. 기존에 있던 함수들을 합성하여 새로운 대응의 함수를 만들어 내는 과정을 공부하면서 함수와 대응을 더 확실히 이해할 수 있다. 또한 기존 함수의 대응 방향을 반대로 바꾸는 대응을 생각할 수도 있다. 이것을 역함수라 한다.
함수의 대응을 거꾸로 생각하면서 함수를 심도 있게 이해할 수 있다.

다음 두 함수 f, g를 생각해 보자.

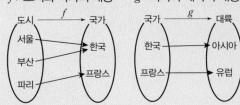

f: 도시와 국가의 대응 g: 국가와 대륙의 대응

서울은 한국과 대응되고 한국은 다시 아시아와 대응된다.
이 두 함수 f와 g를 연결하면 결국 서울이 아시아와 짝이 되는
대응을 생각할 수 있다.

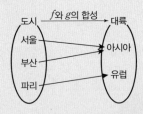

이와 같이 여러 함수의 대응을 합하여 만든 새로운 대응을
합성함수라 한다.

함수 f와 g의 합성함수

두 함수 $f: X \to Y$, $g: Y \to Z$에 대하여 X에서 Z로의 함
수를 f와 g의 합성함수라 하고 $g \circ f$로 나타낸다.

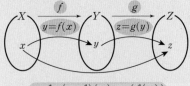

$$g \circ f : (g \circ f)(x) = g(f(x))$$
$$z = g(y) \to z = g(f(x))$$

① 합성함수 $g \circ f$의 정의역은 X, 공역은 Z이므로
　 $g \circ f : X \to Z$로 나타낼 수 있다.

② 합성함수의 식은 $y = (g \circ f)(x) = g(f(x))$이다.

③ $g \circ f$가 존재하려면 f의 치역이 g의 정의역에 포함되어야
　 한다.

(ⅰ) 합성함수의 대응의 흐름은 $X \to Y \to Z$이므로 X에서 시작하여 Z에서 끝난다.
　　따라서 X가 정의역, Z가 공역인 함수이다.

(ⅱ) 함수 f에 의하여 X의 원소 x에 $f(x)$를 대응시키고 $f(x)$의 값을 다시 함수 g에 따라 대응시키므로
　　$(g \circ f)(x) = g(f(x))$ ($f(x)$를 g에 대입한다.)

예1 $f(1) = 3$, $g(3) = -2$일 때

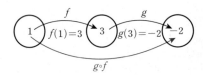

$$(g \circ f)(1) = g(f(1)) = g(3) = -2$$

예2 두 함수 $f: X \to Y$, $g: Y \to Z$의 대응이 다음과 같다.

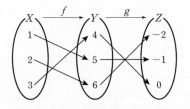

• $(g \circ f)(1) = g(f(1)) = g(5) = -1$
• $(g \circ f)(2) = g(f(2)) = g(6) = -2$
• $(g \circ f)(3) = g(f(3)) = g(4) = 0$

(ⅲ) 합성함수의 대응 순서를 생각하면 f의 치역이 g의 정의역이 된다.
　　따라서 f의 치역이 g의 정의역의 부분집합이 되지 않으면 합성함수 $g \circ f$가 성립할 수 없다.

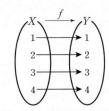 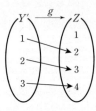 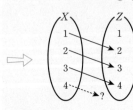

$Y \not\subset Y'$이므로 $(g \circ f)(4)$가
정의되지 않는다.

(함수는 정의역의 모든 원소가 빠짐없이 대응해야 한다.)

01 세 함수 f, g, h의 합성함수

조건이 맞는다면 세 개 이상의 함수를 연결하여 합성할 수도 있다.

합성함수 $f \circ g \circ h$

세 함수 $h: X \to Y$, $g: Y \to Z$, $f: Z \to W$에 대하여 X에서 W로의 함수를 f와 g와 h의 합성함수라 하고 대응의 순서에 따라 $f \circ g \circ h$로 나타낸다.

$$\therefore (f \circ g \circ h)(x) = f(g(h(x)))$$

(h의 치역$\subset g$의 정의역, g의 치역$\subset f$의 정의역)

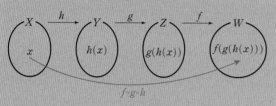

$f \circ g \circ h$는 세 함수의 대응을 연결하는 것으로 합성의 원리는 같다.

h의 대응의 결과를 g에 대입하여 계산하고, 이를 다시 f에 대입한 값이 합성함수의 값이다.

예 $X = \{x \mid x \text{는 실수}\}$일 때, X에서 X로의 세 함수 $f(x) = -x^2 + 2$, $g(x) = 3x - 5$, $h(x) = \sqrt{x-1}$에 대하여 $(f \circ g \circ h)(10)$의 값을 구하시오.

$$\begin{aligned} (f \circ g \circ h)(10) &= f(g(h(10))) \quad \text{←} \; h(10) = \sqrt{10-1} \\ &= f(g(3)) \quad \text{←} \; g(3) = 3 \cdot 3 - 5 \\ &= f(4) \\ &= -14 \end{aligned}$$

02 합성함수의 식 구하기

$y = (f \circ g)(x)$의 식 구하기

두 함수 $y = f(x)$, $y = g(x)$의 합성 방법

(ⅰ) 대응의 순서를 확인한다: $g \to f$의 순

(ⅱ) $y = f(x)$에 $x = g(x)$를 대입

$$\therefore y = (f \circ g)(x) = f(g(x))$$

$f(x)$의 식의 x에 1을 대입하는 것이 $f(1)$인 것처럼 $f(g(x))$는 $f(x)$의 식의 x에 $g(x)$의 식을 대입하면 된다.

예1 $f(x) = 3x - 2$, $g(x) = x^2 + 1$에 대하여 $y = (f \circ g)(x)$의 식과 $(f \circ g)(2)$의 값을 구하시오.

$g(x)$의 식을 $f(x)$에 대입하면

$$f(g(x)) = 3g(x) - 2 = 3(x^2 + 1) - 2 = 3x^2 + 1$$

구체적인 값을 대입하여 확인해 보자.

$g(2) = 5$, $f(5) = 13$이므로 $(f \circ g)(2) = f(g(2)) = f(5) = 13$

이다. 이를 합성함수의 식에 대입한 값과 비교하면

$f(g(2)) = 3 \cdot 2^2 + 1 = 13$이므로 일치하는 것을 알 수 있다.

예2 $f(x) = 3x - 2$, $g(x) = x^2 + 1$에 대하여 $y = (g \circ f)(x)$의 식과 $(g \circ f)(2)$의 값을 구하시오.

$f(x)$의 식을 $g(x)$에 대입하면

$$g(f(x)) = \{f(x)\}^2 + 1 = (3x-2)^2 + 1 = 9x^2 - 12x + 5$$

구체적인 값을 대입하여 확인해 보자.

$f(2) = 4$, $g(4) = 17$이므로 $(g \circ f)(2) = g(f(2)) = g(4) = 17$

이다. 이를 합성함수의 식에 대입한 값과 비교하면

$g(f(2)) = 9 \cdot 2^2 - 12 \cdot 2 + 5 = 17$이므로 일치하는 것을 알 수 있다.

합성함수의 성질

$\boxed{1}$ $f \circ g \neq g \circ f$
: 교환법칙이 성립하지 않는다.

$\boxed{2}$ $(f \circ g) \circ h = f \circ (g \circ h) = f \circ g \circ h$
: 결합법칙이 성립한다.

$\boxed{3}$ 함수 f와 항등함수 I에 대하여
$$f \circ I = I \circ f = f$$
• f와 항등함수의 합성함수는 f 자신이 된다.
• 항등함수와의 합성은 예외적으로 교환법칙이 성립한다.

$\boxed{1}$ $f \circ g$의 대응 순서: $g \to f$ $\quad$ $f \circ g \neq g \circ f$
$g \circ f$의 대응 순서: $f \to g$ $\quad$ (같지 않다)

f, g라는 같은 함수를 이용해 합성해도 합성의 순서가 다르면 다른 함수가 된다.
(예외도 있지만 드물다.)
합성 순서가 다르면 대응의 방법이 달라지므로 다른 함수가 되는 것이다.

📢예 $f(x) = -2x+1$, $g(x) = 3x+2$일 때,
$(f \circ g)(x)$와 $(g \circ f)(x)$를 비교하시오.
(i) $(f \circ g)(x) = f(g(x)) = -2g(x)+1$
$\qquad\qquad\qquad = -2(3x+2)+1$
$\qquad\qquad\qquad = -6x-3$
(ii) $(g \circ f)(x) = g(f(x)) = 3f(x)+2$
$\qquad\qquad\qquad = 3(-2x+1)+2$
$\qquad\qquad\qquad = -6x+5$
$\therefore (f \circ g)(x) \neq (g \circ f)(x)$

$\boxed{2}$ $(f \circ g) \circ h = f \circ (g \circ h)$
두 경우 모두 합성의 순서는 $h \to g \to f$이다.
합성 순서가 같으면
• f와 g를 먼저 합성하고 나중에 h를 합성하든
• g와 h를 먼저 합성하고 나중에 f를 합성하든
결과는 같다. 따라서 같은 함수이다.

📢예 $f(x) = 2x-1$, $g(x) = x^2$, $h(x) = -3x+1$일 때,
$((f \circ g) \circ h)(x)$와 $(f \circ (g \circ h))(x)$를 비교하시오.
(i) $((f \circ g) \circ h)(x)$의 식 구하기
먼저 $(f \circ g)(x)$를 구하면 $f(g(x)) = 2x^2-1$이고
이 식에 $h(x)$의 식을 대입하면
$f(g(h(x))) = 2(-3x+1)^2-1 = 18x^2-12x+1$
(ii) $(f \circ (g \circ h))(x)$의 식 구하기
먼저 $(g \circ h)(x)$의 식을 구하면
$g(h(x)) = (-3x+1)^2 = 9x^2-6x+1$이고
이 식을 $f(x)$에 대입하면
$f(g(h(x))) = 2(9x^2-6x+1)-1$
$\qquad\qquad\qquad = 18x^2-12x+1$
$\therefore (f \circ g) \circ h = f \circ (g \circ h)$

대응표로도 확인해 보자.

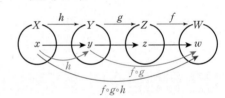

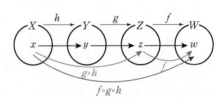

$$f \circ g \circ h = (f \circ g) \circ h = f \circ (g \circ h)$$

f, g, h 중 어떤 것을 먼저 합성해도 대응의 흐름은 h에서 시작하여 f로 끝나는, $h \to g \to f$의 순서이므로 결합법칙이 성립하는 것을 알 수 있다.

$\boxed{3}$ 항등함수의 식은 $I(x) = x$이므로
• $(f \circ I)(x) = f(I(x)) = f(x)$
• $(I \circ f)(x) = I(f(x)) = f(x)$
따라서 f가 어떤 함수이든 항등함수와 합성하면 합성 순서에 관계없이 f 자신이 된다는 것을 알 수 있다.

실전 C.O.D.I 03 복잡한 **합성함수**의 **그래프 그리기**

> 합성함수 $y=f(g(x))$는 $g(x)$의 값을 $f(x)$에 대입한 것이다.
> 즉, $g(x)$가 f의 정의역이 됨을 꼭 기억하자.

1 두 함수 f, g가 다음과 같다.

$$f(x)=-x+3$$

$$g(x)=\begin{cases} x-2 & (x\geq 0) \\ x^2+2x-2 & (x<0) \end{cases}$$

$y=f(g(x))$의 식을 구하고 그래프를 그리시오.

함수 g가 x의 값에 따라 식이 달라지므로 범위별로 식을 구한다.

(i) $x\geq 0$일 때, $g(x)=x-2$이므로

$$f(g(x))=-(x-2)+3=-x+5$$

(ii) $x<0$일 때, $g(x)=x^2+2x-2$이므로

$$f(g(x))=-(x^2+2x-2)+3=-x^2-2x+5$$

$$\therefore f(g(x))=\begin{cases} -x+5 & (x\geq 0) \\ -x^2-2x+5 & (x<0) \end{cases}$$

이를 그래프로 나타내면 다음과 같다.

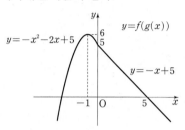

2 두 함수 f, g가 다음과 같다.

$$f(x)=-x+3$$

$$g(x)=\begin{cases} x-2 & (x\geq 0) \\ x^2+2x-2 & (x<0) \end{cases}$$

$y=g(f(x))$의 식을 구하고 그래프를 그리시오.

$g(x)$의 식을 생각해 보자.

x가 0 이상의 값이면 $x-2$에, x가 음수이면 x^2+2x-2에 대입하는 규칙을 갖고 있다.

따라서 합성함수 $g(f(x))$는 g의 식에 $f(x)$의 값을 대입할 때, $f(x)\geq 0$이면 $f(x)$를 $x-2$에, $f(x)<0$이면 $f(x)$를 x^2+2x-2에 대입한다.

(i) $x\leq 3$일 때, $f(x)\geq 0$이므로

$$g(f(x))=(-x+3)-2=-x+1$$

(ii) $x>3$일 때, $f(x)<0$이므로

$$g(f(x))=(-x+3)^2+2(-x+3)-2$$
$$=x^2-8x+13$$

$$\therefore g(f(x))=\begin{cases} x^2-8x+13 & (x>3) \\ -x+1 & (x\leq 3) \end{cases}$$

이를 그래프로 나타내면 다음과 같다.

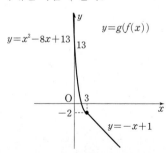

③ 두 함수 f, g가 다음과 같다.

$$f(x)=\begin{cases} -x+1 & (x<1) \\ x-1 & (x\geq1) \end{cases}$$

$$g(x)=\begin{cases} x & (x<2) \\ -x+4 & (x\geq2) \end{cases}$$

$y=f(g(x))$의 식을 구하고 그래프를 그리시오.

이 문제는 상당히 복잡하니 차근차근 정리하고 반복하면서 이해해 보자.

합성함수 $y=f(g(x))$는 f의 식에 $g(x)$를 대입하는 함수이다.
f에 대입하는 값이 1 미만일 때와 1 이상일 때 식이 다르므로 f에 대입하는 $g(x)$의 값을 1을 기준으로 구분해야 한다.

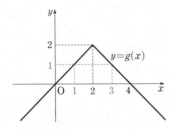

• $x<1$일 때, $g(x)=x$이고 $g(x)<1$
• $1\leq x<2$일 때, $g(x)=x$이고 $g(x)\geq1$
• $2\leq x\leq3$일 때, $g(x)=-x+4$이고 $g(x)\geq1$
• $x>3$일 때, $g(x)=-x+4$이고 $g(x)<1$

x와 $g(x)$의 값의 범위에 따라 f의 식에 대입하여 합성한다.

• $x<1$, $g(x)<1$이면
  $g(x)=x$를 $f(x)=-x+1$에 대입
    $\Rightarrow f(g(x))=-x+1$

• $1\leq x<2$, $g(x)\geq1$이면
  $g(x)=x$를 $f(x)=x-1$에 대입
    $\Rightarrow f(g(x))=x-1$

• $2\leq x\leq3$, $g(x)\geq1$이면
  $g(x)=-x+4$를 $f(x)=x-1$에 대입
    $\Rightarrow f(g(x))=-x+3$

• $x>3$, $g(x)<1$이면
  $g(x)=-x+4$를 $f(x)=-x+1$에 대입
    $\Rightarrow f(g(x))=x-3$

따라서 $y=f(g(x))$의 식과 그래프는 다음과 같다.

$$f(g(x))=\begin{cases} -x+1 & (x<1) \\ x-1 & (1\leq x<2) \\ -x+3 & (2\leq x\leq3) \\ x-3 & (x>3) \end{cases}$$

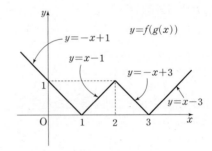

[0660–0665] 빈칸을 알맞게 채우시오.

0660

$f: X \rightarrow Y$, $g: Y \rightarrow Z$인 두 함수에 대하여 $X \rightarrow Z$인 함수를 f와 g의 ☐ 라 하고 기호로 ☐ 로 나타낸다.

0661

$g: X \rightarrow Y$, $f: Y \rightarrow Z$인 두 함수에 대하여 $X \rightarrow Z$인 함수를 f와 g의 ☐ 라 하고 기호로 ☐ 로 나타낸다.

0662
$(f \circ g)(0) = f(\boxed{})$

0663
$(g \circ f)(3) = g(\boxed{})$

0664
$(f \circ g)(x) = f(\boxed{})$

0665
$(g \circ f)(x) = g(\boxed{})$

[0666–0669] 두 함수 f, g의 대응이 그림과 같을 때, 다음을 구하시오.

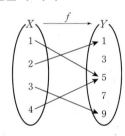 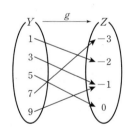

0666
$(g \circ f)(1)$

0667
$(g \circ f)(2)$

0668
$(g \circ f)(3)$

0669
$(g \circ f)(4)$

[0670–0672] 함수 f의 대응이 오른쪽 그림과 같을 때 다음을 구하시오.

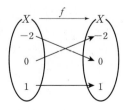

0670
$(f \circ f)(-2)$

0671
$(f \circ f)(0)$

0672
$(f \circ f)(1)$

[0673–0680] 모든 실수에 대하여 정의된 두 함수 $f(x) = 2x-1$, $g(x) = x^2+1$에 대하여 다음을 구하시오.

0673
$(f \circ g)(2)$

0674
$(g \circ f)(2)$

0675
$(f \circ f)(0)$

0676
$(g \circ g)(1)$

0677
$(f \circ g)(x)$

0678
$(g \circ f)(x)$

0679
$(f \circ f)(x)$

0680
$(g \circ g)(x)$

[0681–0682] 함수 $f(x)$에 대하여 다음을 구하시오.

$$f(x) = \begin{cases} \dfrac{3x+1}{2} & (x \geq 0) \\ -x^2-6x & (x < 0) \end{cases}$$

0681
$(f \circ f)(3)$

0682
$(f \circ f)(-4)$

[0683–0687] 빈칸을 알맞게 채우시오.

0683
$f \circ g \boxed{} g \circ f$

0684
$f \circ I \boxed{} I \circ f$
(단, I는 항등함수)

0685

일반적으로 함수의 합성에서 ☐ 법칙이 성립하지 않는다.

0686
$f \circ g \circ h = \boxed{} = \boxed{}$

0687

함수의 합성에서 ☐ 법칙이 성립한다.

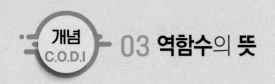
역함수에서 '역'이란 '반대로', '거꾸로'의 뜻을 가지고 있다. 그림과 같이 국가를 선택하여 그 수도와 대응하는 함수를 생각해 보자.

이 대응의 순서를 반대로 바꾸는 역대응을 하면 수도를 선택하여 그 도시를 수도로 하는 국가와 대응하는 함수가 된다.

이처럼 역함수는 원래의 함수의 대응을 반대로 바꾼 함수이다.

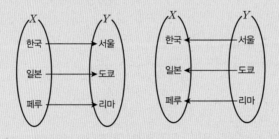

일대일대응 $f: X \to Y$의 역대응 $Y \to X$를 f의 **역함수**라 하고 f^{-1}로 나타낸다.

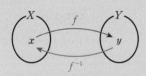

$$x \to y: y = f(x)$$
$$y \to x: x = f^{-1}(y)$$

예 f의 역함수 f^{-1}가 존재하고
$$f(1) = 3, \ f(2) = -1, \ f(3) = 0 \text{일 때,}$$
$$f^{-1}(3) = 1, \ f^{-1}(-1) = 2, \ f^{-1}(0) = 3$$

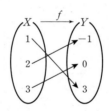 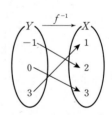

일대일대응 f에 대하여 $f(a) = b$이면
$$f^{-1}(b) = a \ (\text{역함수는 } x \text{와 } y \text{가 바뀐다.})$$

04 역함수가 존재할 조건

모든 함수가 역함수를 갖는 것은 아니다.
$f(x)=x^3$은 역함수 $f^{-1}(x)$가 존재하지만 $g(x)=x^2$의 역함수는 존재할 수 없다.
두 함수의 차이는 무엇일까?

함수 $y=f(x)$가 일대일대응일 때, 즉
　(ⅰ) $x_1 \neq x_2$이면 $f(x_1) \neq f(x_2)$
　(ⅱ) f의 치역 $=$ 공역
일 때 $y=f(x)$의 역함수 $y=f^{-1}(x)$가 존재한다.

f의 역함수는 대응 방향이 반대로 바뀐 함수이므로 원래 함수의 공역이 정의역이 되고, 정의역이 공역이 된다.
따라서 이런 역대응이 함수의 조건을 만족하는 경우는 일대일대응 밖에 없다.

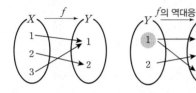

f에서 x와 대응하는 y가 중복될 경우 역대응에서 정의역 하나가 여러 개의 공역과 대응하게 되어 함수가 될 수 없다.

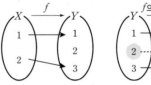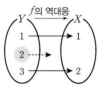

f의 치역과 공역이 다르면 역대응에서 정의역의 원소 중 대응하지 않는 값이 생겨 모든 원소가 빠짐없이 대응해야 하는 함수가 될 수 없다.

어떤 함수든 역대응은 구할 수 있지만 그것이 함수의 조건을 만족하는 '역함수'가 되려면 다음 그림처럼 원래의 함수가 일대일대응이어야 한다.

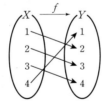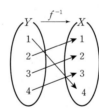

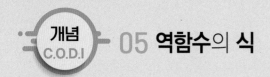

05 역함수의 식

역함수도 함수이므로 대응의 규칙을 나타내는 식이 있다.
역함수는 정의역 X와 공역 Y가 역할을 바꾼 것으로 x가 y가 되고 y가 x가 된다.
이 성질을 이용해 다음과 같이 역함수의 식을 구할 수 있다.

01 역함수의 식 $y=f^{-1}(x)$ 구하기

① $y=f(x)$의 식을 x에 대하여 정리한다.
    $\rightarrow x=f^{-1}(y)$의 꼴
만약, $f(x)=(x$에 대한 식)의 꼴이면 $f(x)$를 y로 바꾸고 정리한다.
② x와 y를 바꾸어 쓴다.
$$x=f^{-1}(y) \longrightarrow y=f^{-1}(x)$$

예1 $y=2x-1$의 역함수를 구하시오.

(i) x에 대하여 정리:
$$y=2x-1\text{에서 } x=\frac{1}{2}y+\frac{1}{2}$$

(ii) $x \leftrightarrow y$: $y=\frac{1}{2}x+\frac{1}{2}$

즉, 역함수는 $y=\frac{1}{2}x+\frac{1}{2}$

식을 $x=\frac{1}{2}y+\frac{1}{2}$로 두어도 대응 관계를 확인할 수 있으나 함수는 일반적으로 정의역을 문자 x로, 치역과 공역을 문자 y로 표현하므로 이를 바꿔주는 것이다.

예2 $f(x)=-\frac{2}{3}x+4$의 역함수를 구하시오.

(i) $f(x)$를 y로 바꾸고 x에 대하여 정리:
$$y=-\frac{2}{3}x+4\text{에서 } x=-\frac{3}{2}y+6$$

(ii) $x \leftrightarrow y$: $y=-\frac{3}{2}x+6$

$$\therefore f^{-1}(x)=-\frac{3}{2}x+6$$

02 정의역, 치역의 범위가 제한된 함수의 역함수

제한된 범위에서의 일대일대응 f와 그 역함수 f^{-1}의 정의역과 치역은 다음과 같다.

f
정의역: $\{x\,|\,x\geq a\}$
치역: $\{y\,|\,y\geq b\}$

f^{-1}
정의역: $\{x\,|\,x\geq b\}$
치역: $\{y\,|\,y\geq a\}$

f
정의역: $\{x\,|\,x< a\}$
치역: $\{y\,|\,y< b\}$

f^{-1}
정의역: $\{x\,|\,x< b\}$
치역: $\{y\,|\,y< a\}$

f
정의역: $\{x\,|\,a\leq x\leq b\}$
치역: $\{y\,|\,c\leq y\leq d\}$

f^{-1}
정의역: $\{x\,|\,c\leq x\leq d\}$
치역: $\{y\,|\,a\leq y\leq b\}$

즉, 정의역과 치역이 서로 바뀐다.

예 $f(x)=x^2-4x+5 \ (x\geq 2)$의 역함수 f^{-1}의 정의역과 치역을 구하시오.
이차함수 $f(x)=x^2-4x+5$는 아래로 볼록한 모양이므로 일대일대응이 아니다. 따라서 실수 전체의 범위에서는 역함수가 존재하지 않지만 정의역을 $\{x\,|\,x\geq 2\}$로 제한하면 일대일대응이 되어 다음 그림과 같이 역함수가 존재한다.

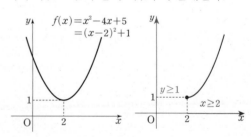

f의 정의역이 $\{x\,|\,x\geq 2\}$,
    치역(공역)이 $\{y\,|\,y\geq 1\}$이므로
f^{-1}의 정의역은 $\{x\,|\,x\geq 1\}$,
    치역(공역)은 $\{y\,|\,y\geq 2\}$이다.

06 $y=f(x)$와 $y=f^{-1}(x)$의 **그래프**

개념 C.O.D.I 05에서의 예를 다시 생각해 보자.

예1 $f(x)=2x-1$의 역함수: $f^{-1}(x)=\dfrac{1}{2}x+\dfrac{1}{2}$

역함수 관계인 두 함수의 그래프를 그리고 두 함수의 그래프가 지나는 점을 잘 살펴보자.

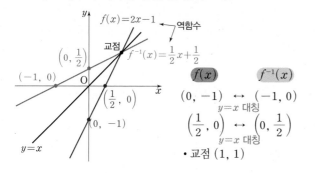

$f(x)$		$f^{-1}(x)$
$(0, -1)$	$\underset{y=x\text{ 대칭}}{\longleftrightarrow}$	$(-1, 0)$
$\left(\dfrac{1}{2}, 0\right)$	$\underset{y=x\text{ 대칭}}{\longleftrightarrow}$	$\left(0, \dfrac{1}{2}\right)$

• 교점 $(1, 1)$

예2 $f(x)=-\dfrac{2}{3}x+4$의 역함수: $f^{-1}(x)=-\dfrac{3}{2}x+6$

마찬가지로 두 함수의 그래프를 그리고 두 함수의 그래프의 점 사이의 관계를 잘 살펴보자.

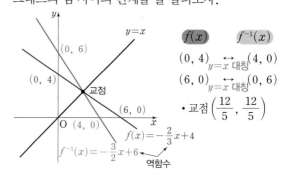

$f(x)$		$f^{-1}(x)$
$(0, 4)$	$\underset{y=x\text{ 대칭}}{\longleftrightarrow}$	$(4, 0)$
$(6, 0)$	$\underset{y=x\text{ 대칭}}{\longleftrightarrow}$	$(0, 6)$

• 교점 $\left(\dfrac{12}{5}, \dfrac{12}{5}\right)$

$y=f(x)$와 $y=f^{-1}(x)$의 그래프의 관계

① 역함수 관계인 $y=f(x)$와 $y=f^{-1}(x)$의 그래프는 직선 $y=x$에 대하여 대칭이다.

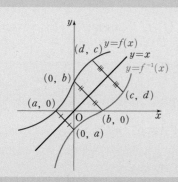

② $y=f(x)$와 $y=x$의 그래프가 만나면 그 교점에서 $y=f^{-1}(x)$의 그래프와도 만난다.

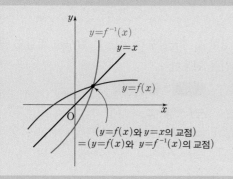

($y=f(x)$와 $y=x$의 교점)
$=$($y=f(x)$와 $y=f^{-1}(x)$의 교점)

① 함수 $y=f(x)$의 그래프 위의 임의의 점을 (a, b)라 하면 $f(a)=b$가 성립한다. 역함수의 성질에 의해 $f^{-1}(b)=a$이므로 이를 좌표로 나타내면 (b, a)가 된다.

두 점 (a, b)와 (b, a)는 $y=x$에 대칭인 관계이므로 $y=f(x)$와 $y=f^{-1}(x)$의 그래프는 $y=x$에 대하여 대칭이다.

② $y=x$와 $y=f(x)$의 그래프의 교점을 (a, a)라 하면 $f(a)=a$가 성립한다. 역함수의 성질에 의해 $f^{-1}(a)=a$이므로 이를 좌표로 나타내면 (a, a)이다. 즉, $y=x$와 $y=f(x)$의 그래프의 교점이 존재하면 그 점이 $y=f(x)$와 $y=f^{-1}(x)$의 그래프의 교점도 된다.

이 성질을 이용해 역함수와의 교점을 찾을 수 있다.

예 $f(x)=3x-4$와 그 역함수 $y=f^{-1}(x)$의 교점을 구하시오.

(i) 역함수를 구한 뒤 연립하여 푼다.

$y=3x-4$에서 $3x=y+4$, $x=\dfrac{1}{3}y+\dfrac{4}{3}$이므로

$f^{-1}(x)=\dfrac{1}{3}x+\dfrac{4}{3}$

$f(x)=f^{-1}(x)$에서 $3x-4=\dfrac{1}{3}x+\dfrac{4}{3}$ $\therefore x=2, y=2$

따라서 교점의 좌표는 $(2, 2)$이다.

(ii) $y=x$와 $y=f(x)$를 연립한다.

$x=3x-4$에서 $x=2, y=2$

$y=x$와 $y=f(x)$의 교점이 곧 $y=f(x)$와 $y=f^{-1}(x)$의 그래프의 교점이므로 교점은 $(2, 2)$이다.

> 역함수와 합성함수를 결합하여 생각하면 여러 가지 성질을 알아낼 수 있다. 함수의 연산에 있어 이 성질들은 유용하다.

01 $(f^{-1})^{-1}=f$

역함수의 역함수는 자기 자신이다.

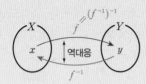

f와 f^{-1}는 역대응의 관계로, 서로에게 역함수가 된다. 즉, f의 역함수는 f^{-1}, f^{-1}의 역함수는 f이다.

$$\therefore (f^{-1})^{-1}=f$$

(예) $f(a)=b$이면 역함수의 대응은 $f^{-1}(b)=a$이다. $f^{-1}(b)=a$에서 f^{-1}의 역함수의 대응은 $(f^{-1})^{-1}(a)=b$이므로 이 대응은 f의 대응과 같다. 따라서 역함수의 역함수는 자기 자신이 된다.

02 $f\circ f^{-1}=f^{-1}\circ f=I$

- 역함수끼리의 합성은 교환법칙이 성립한다.
- 역함수끼리 합성하면 항등함수가 된다.

$$f^{-1}\circ f=I \qquad f\circ f^{-1}=I$$

한 대응과 그 역대응을 결합하면 결국 제자리로 돌아가는 셈이다.

(증명) $f(a)=b$이면 역함수의 대응은 $f^{-1}(b)=a$이다.

(i) $(f^{-1}\circ f)(a)=f^{-1}(f(a))=f^{-1}(b)=a$
→ a에서 a로 대응

(ii) $(f\circ f^{-1})(b)=f(f^{-1}(b))=f(a)=b$
→ b에서 b로 대응

따라서 역함수 관계인 두 함수를 합성하면 합성 순서와 관계없이 자기 자신과 대응하는 항등함수가 된다.

$$\therefore (f\circ f^{-1})(x)=(f^{-1}\circ f)(x)=x$$

03 $g\circ f=f\circ g=I$이면 $g=f^{-1}$, $f=g^{-1}$

합성하여 항등함수가 되는 함수들은 역함수 관계이다.

(증명)

$g(f(x))=x$ ┐ x에 $f^{-1}(x)$ 대입
$g(f(f^{-1}(x)))=f^{-1}(x)$
$g(x)=f^{-1}(x)$ ←── $f(f^{-1}(x))=x$

$f(g(x))=x$ ┐ x에 $g^{-1}(x)$ 대입
$f(g(g^{-1}(x)))=g^{-1}(x)$
$f(x)=g^{-1}(x)$ ←── $g(g^{-1}(x))=x$

04 $(f\circ g)^{-1}=g^{-1}\circ f^{-1}$

합성함수 $f\circ g$의 역함수는 $g^{-1}\circ f^{-1}$

$$(f\circ g)^{-1}=g^{-1}\circ f^{-1}$$
분배하고 / 순서 바꾸고

(증명) 합성하여 항등함수가 되는 두 함수는 역함수 관계임을 이용한다.

$(f\circ g)\circ(g^{-1}\circ f^{-1})$ ┐ 결합법칙
$=f\circ(g\circ g^{-1})\circ f^{-1}$ ┐ $g\circ g^{-1}=I$
$=f\circ I\circ f^{-1}$ ┐ $f\circ I=f$
$=f\circ f^{-1}$
$=I$

05 $(f\circ g\circ h)^{-1}=h^{-1}\circ g^{-1}\circ f^{-1}$

합성함수 $f\circ g\circ h$의 역함수는 $h^{-1}\circ g^{-1}\circ f^{-1}$

$$(f\circ g\circ h)^{-1}=h^{-1}\circ g^{-1}\circ f^{-1}$$
분배하고 / 순서 거꾸로

(증명) $(f\circ g\circ h)\circ(h^{-1}\circ g^{-1}\circ f^{-1})$ ┐ 결합법칙
$=f\circ g\circ(h\circ h^{-1})\circ g^{-1}\circ f^{-1}$ ┐ $h\circ h^{-1}=I$
$=f\circ g\circ I\circ g^{-1}\circ f^{-1}$ ┐ $g\circ I=g$, 결합법칙
$=f\circ(g\circ g^{-1})\circ f^{-1}$ ┐ $g\circ g^{-1}=I$
$=f\circ f^{-1}$
$=I$

[0688–0690] 빈칸을 알맞게 채우시오.

0688
함수 $f: X \to Y$의 □ $Y \to X$가 함수의 조건을 만족할 때, 이를 f의 □ 라 하고 기호로 □ 로 나타낸다.

0689
f의 역함수가 존재할 때, f는 □ 이다.

0690
f의 역함수가 존재할 때, $f(b)=a$이면
$f^{-1}(\boxed{})=\boxed{}$

[0691–0693] $f(-1)=5$, $f(0)=2$, $f(3)=-7$인 함수 f의 역함수가 존재할 때, 다음을 구하시오.

0691
$f^{-1}(-7)$

0692
$f^{-1}(2)$

0693
$f^{-1}(a)=-1$을 만족하는 상수 a

[0694–0697] 함수 $f(x)=4x-2$에 대하여 다음을 구하시오.

0694
$f^{-1}(2)$

0695
$f^{-1}(-2)$

0696
$f^{-1}(10)$

0697
$f^{-1}(0)$

[0698–0700] 다음 함수의 역함수를 구하시오.

0698
$y=2x-1$

0699
$y=4x-2$

0700
$f(x)=-\dfrac{2}{3}x+4$

[0701–0704] 역함수가 존재하는 f의 정의역 X와 치역 Y가 다음과 같을 때, f^{-1}의 정의역과 치역을 구하시오.

0701
$X=\{1,\,3,\,5\}$, $Y=\{-3,\,1,\,4\}$

0702
$X=\{x\,|\,x\geq 1\}$, $Y=\{y\,|\,y\leq 3\}$

0703
$X=\{x\,|\,-3\leq x\leq 2\}$, $Y=\{y\,|\,1\leq y\leq 6\}$

0704
$X=\{x\,|\,x$는 모든 실수$\}$, $Y=\{y\,|\,y>0\}$

[0705–0711] 빈칸을 알맞게 채우시오.

0705
$y=f(x)$와 $y=f^{-1}(x)$의 그래프는 □ 에 대하여 대칭이다.

0706
$y=f(x)$와 $y=x$의 교점이 $(a,\,a)$일 때,
$f^{-1}(\boxed{})=\boxed{}$

0707
$(f^{-1})^{-1}=\boxed{}$

0708
$f\circ f^{-1}=\boxed{}=\boxed{}$

0709
$(f\circ g)(x)=(g\circ f)(x)=x$이면
$g(x)=\boxed{}$, $f(x)=\boxed{}$

0710
$(f\circ g)^{-1}=\boxed{}$

0711
$(f\circ g\circ h)^{-1}=\boxed{}$

[0712–0715] 두 함수 f, g의 대응이 그림과 같을 때, 다음을 구하시오.

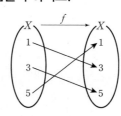 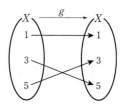

0712
$(f^{-1})^{-1}(3)$

0713
$(f\circ g\circ f)(1)$

0714
$(f\circ g)^{-1}(3)$

0715
$(g^{-1}\circ f^{-1})(3)$

04 절댓값과 함수의 그래프

> 함수의 식에 절댓값이 포함된 경우에도 절댓값 안의 식이 양수인 경우와 음수인 경우로 나누어 식을 정리하고 그래프를 그리면 된다. 하지만 절댓값이 포함된 함수의 그래프의 특징을 알면 빠르고 효율적으로 그래프를 그릴 수 있다.

01 $y=|ax+b|$, $y=-|ax+b|$의 그래프

① $y=|ax+b|$의 그래프는 $y=ax+b$의 그래프에서 x축 아래 부분을 x축에 대하여 대칭이동한 모양이다.

② $y=-|ax+b|$의 그래프는 $y=|ax+b|$의 그래프를 x축에 대하여 대칭이동한 모양이다.

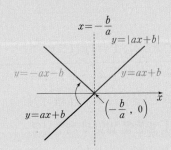

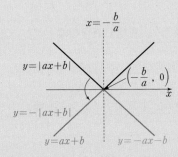

- 점 $\left(-\dfrac{b}{a},\ 0\right)$에서 꺾이는 직선
- 직선 $x=-\dfrac{b}{a}$에 대하여 대칭

02 $y=|ax+b|+n$, $y=-|ax+b|+n$의 그래프

$y=|ax+b|$, $y=-|ax+b|$의 그래프를 y축의 방향으로 n만큼 평행이동시킨 모양이다.

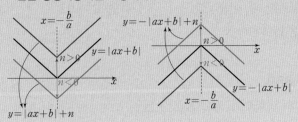

예 $y=|x-3|+1$, $y=-|x-3|+1$의 그래프

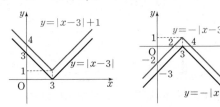

이를 x의 범위별로 나누어 식을 나타내면 다음과 같다.

$$y=|x-3|+1 \Rightarrow y=\begin{cases} x-2 & (x\geq 3) \\ -x+4 & (x<3) \end{cases}$$

$$y=-|x-3|+1 \Rightarrow y=\begin{cases} -x+4 & (x\geq 3) \\ x-2 & (x<3) \end{cases}$$

예1 $y=|2x-1|$의 그래프

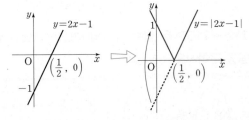

이를 x의 범위별로 나누어 식을 나타내면 다음과 같다.

$$y=\begin{cases} 2x-1 & \left(x\geq \dfrac{1}{2}\right) \\ -2x+1 & \left(x<\dfrac{1}{2}\right) \end{cases}$$

예2 $y=-|2x-1|$의 그래프

예1의 그래프를 x축에 대하여 대칭이동시킨다.

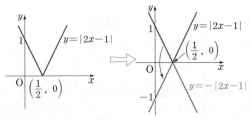

이를 x의 범위별로 나누어 식을 나타내면 다음과 같다.

$$y=\begin{cases} -2x+1 & \left(x\geq \dfrac{1}{2}\right) \\ 2x-1 & \left(x<\dfrac{1}{2}\right) \end{cases}$$

03 $y=|f(x)|$의 그래프

$y=f(x)$의 그래프에서 x축 아래 부분을 x축에 대하여 대칭이동한 모양이다.

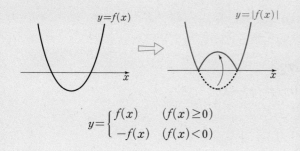

$$y=\begin{cases} f(x) & (f(x)\geq 0) \\ -f(x) & (f(x)<0) \end{cases}$$

예1 $f(x)=|x^2-2x|$의 그래프

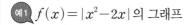

예2

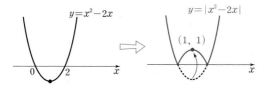

04 $y=f(|x|)$의 그래프

$y=f(x)$의 그래프의 y축 오른쪽 부분을 y축에 대하여 대칭이동시킨 모양이다.

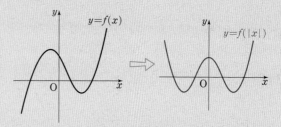

$f(|x|)=f(|-x|)$가 성립하므로 이 함수는 우함수, 즉 y축에 대하여 대칭인 그래프가 된다.

$$y=f(|x|)=\begin{cases} f(x) & (x\geq 0) \\ f(-x) & (x<0) \end{cases}$$

$f(|-1|)=f(1)$, $f(|-2|)=f(2)$이므로 y축 오른쪽의 그래프 모양을 기준으로 y축에 대하여 대칭인 모양의 그래프가 된다.

예 $y=|x|^2-2|x|$의 그래프

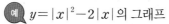

이를 x의 범위별로 나누어 식을 나타내면 다음과 같다.

$$y=\begin{cases} x^2-2x & (x\geq 0) \\ x^2+2x & (x<0) \end{cases}$$

[0716–0728] 다음 함수의 그래프를 그리시오.

0716
$y=|2x-1|$

0717
$y=|x+2|$

0718
$y=-|2x-1|$

0719
$y=-|x-3|$

0720
$y=|x-3|+1$

0721
$y=|x-3|-1$

0722
$y=-|x+1|+2$

0723
$y=-|x+1|-2$

0724
$f(x)=|x^2-2x|$

0725
$f(x)=|x^2-1|$

0726
$f(x)=||x-3|-1|$

0727
$y=|x|^2-2|x|$

0728
$y=|x|^2+2|x|$

Style **01**　합성함수 (1)

수능기출

0729

그림은 함수 $f: X \to X$를 나타낸 것이다.

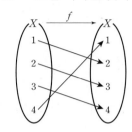

$f(4)+(f \circ f)(2)$의 값은?

① 3　　　　② 4　　　　③ 5

④ 6　　　　⑤ 7

0730

두 함수 $f(x)=3x+a$, $g(x)=ax^2+2x$에 대하여 $(f \circ g)(3)=-10$일 때, 상수 a의 값은?

① -3　　　② -2　　　③ -1

④ 1　　　　⑤ 2

0731

두 함수 $f(x)=3x-1$, $g(x)=x^2-1$에 대하여 $(g \circ f)(a)=3$을 만족하는 모든 실수 a의 값의 합은 $\dfrac{q}{p}$ 이다. $p+q$의 값은? (단, p, q는 서로소인 자연수)

① 1　　　　② 2　　　　③ 3

④ 4　　　　⑤ 5

Level up

0732

세 함수 $f(x)=2x^2+x$, $g(x)=x+1$, $h(x)=3x$에 대하여 $(h \circ f \circ g)(a)=30$을 만족하는 정수 a의 값은?

① -2　　　② -1　　　③ 0

④ 1　　　　⑤ 2

Style **02**　합성함수 (2)

0733

두 함수

$$f(x)=\begin{cases} -x^2+1 & (x \geq 0) \\ 3x+1 & (x<0) \end{cases}, \; g(x)=-2x+4$$

에 대하여 $(f \circ g)(3)+(g \circ f)(2)$의 값은?

① 1　　　　② 2　　　　③ 3

④ 4　　　　⑤ 5

0734

두 함수

$$f(x)=\begin{cases} x^2 & (x \geq 0) \\ -x^2-2x & (x<1) \end{cases}, \; g(x)=\begin{cases} -x & (x \geq 0) \\ \frac{1}{2}x+1 & (x<0) \end{cases}$$

에 대하여 $(f \circ g \circ f)(2)$의 값을 구하시오.

수능기출

0735

보기 의 함수 $f(x)$ 중 $(f \circ f \circ f)(x)=f(x)$가 성립하는 것만을 있는 대로 고른 것은?

보기
ㄱ. $f(x)=x+1$
ㄴ. $f(x)=-x$
ㄷ. $f(x)=-x+1$

① ㄱ　　　② ㄴ　　　③ ㄷ

④ ㄱ, ㄷ　　⑤ ㄴ, ㄷ

모의고사 기출

0736

함수 $y=f(x)$의 그래프가 그림과 같다. $(f \circ f)(1)$의 값은?

① -1　　　② 0

③ 1　　　　④ 2

⑤ 3

Style 03 합성함수 $f \circ g = h$

0737
$f(x) = x - 2$, $(g \circ f)(x) = x^2 - 8x + 18$일 때, 함수 $y = g(x)$의 최솟값은?

① -2 ② -1 ③ 0

④ 1 ⑤ 2

0738
세 함수 f, g, h에 대하여

$$f(x) = \frac{1}{2}x + 3, \ h(x) = x^2 - 3x + 5,$$

$$(f \circ g)(x) = h(x)$$

일 때, $g(1)$의 값은?

① -2 ② -1 ③ 0

④ 1 ⑤ 2

0739
두 함수 $f(x) = 2x - 1$, $g(x) = -x + k$에 대하여
$f \circ g = g \circ f$일 때, 상수 k의 값은?

① -2 ② -1 ③ 0

④ 1 ⑤ 2

모의고사 기출
0740
세 함수 f, g, h에 대하여

$$f(x) = 3x + 2, \ (g \circ h)(x) = 2x + 3$$

일 때, $((f \circ g) \circ h)(x)$는?

① $5x + 5$ ② $5x + 7$ ③ $6x + 6$

④ $6x + 7$ ⑤ $6x + 11$

Style 04 다중합성

모의고사 기출
0741
집합 $X = \{1, 2, 3\}$에 대하여 함수 $f : X \to X$를 다음과 같이 정의한다.

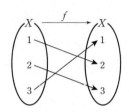

$f^1(x) = f(x)$, $f^{n+1}(x) = f(f^n(x))$ $(n = 1, 2, 3, \cdots)$라 할 때, $f^{100}(1) - f^{200}(3)$의 값은?

① -2 ② -1 ③ 0

④ 1 ⑤ 2

0742
함수 $f(x) = -x + 5$에 대하여 $f^1 = f$, $f^{n+1} = f \circ f^n$이라 할 때, $f^{2001}(-1) + f^{2030}(-1)$의 값은?

① -5 ② -1 ③ 1

④ 5 ⑤ 6

Level up
0743
함수 $f(x) = \begin{cases} 2x & (x \leq 3) \\ -x + 7 & (x > 3) \end{cases}$에 대하여 $f^1 = f$, $f^{n+1} = f \circ f^n$이라 할 때, $f^{104}(2)$의 값은?

① 1 ② 2 ③ 3

④ 4 ⑤ 6

Style **05** 합성함수의 그래프

Level up
0744
두 함수

$$f(x)=-x+3,\ g(x)=\begin{cases} x-2 & (x\geq 0) \\ x^2+2x-2 & (x<0) \end{cases}$$

에 대하여 함수 $y=(g\circ f)(x)$는 $x=a$에서 최솟값 b를 갖는다. $a+b$의 값은?

① 1 ② 2 ③ 3

④ 4 ⑤ 5

Level up
0745
두 함수

$$f(x)=\begin{cases} x-3 & (x\geq 1) \\ -2x & (x<1) \end{cases},$$

$$g(x)=\begin{cases} x^2-2x+2 & (x\geq 1) \\ x^2 & (x<1) \end{cases}$$

일 때, $y=(f\circ g)(x)$의 그래프를 그리시오.

Style **06** 역함수

0746
다음은 두 함수 f, g의 대응을 나타낸 것이다.

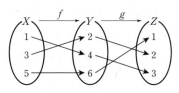

$(g\circ f)(5)+f^{-1}(2)+g^{-1}(2)$의 값은?

① 5 ② 6 ③ 7

④ 8 ⑤ 9

0747
함수 $f(x)=\dfrac{1}{3}x-1$에 대하여 $f^{-1}(1)$의 값은?

① 0 ② 3 ③ 6

④ 9 ⑤ 12

0748
일차함수 f와 $f(g(x))=x$를 만족하는 함수 g에 대하여

$$f(2)=1,\ g(7)=-1$$

이 성립할 때, $g(5)$의 값은?

① 0 ② 3 ③ 6

④ 9 ⑤ 12

모의고사기출
0749
두 함수 $f(x)$, $g(x)$에 대하여 $f(x)=2x-1$, $f^{-1}(x)=g(2x+1)$일 때, $g(5)$의 값은?

① 0 ② $\dfrac{1}{2}$ ③ 1

④ $\dfrac{3}{2}$ ⑤ 2

Style **07** 역함수가 존재할 조건

0750
실수 전체의 집합에서 정의된 함수
$$f(x)=\begin{cases}(2-a)x & (x\geq0) \\ (a+3)x & (x<0)\end{cases}$$
에 대하여 $f(g(x))=g(f(x))=x$인 함수 g가 존재하는
정수 a의 개수는?

① 1　　　　　② 2　　　　　③ 3
④ 4　　　　　⑤ 5

Level up
0751
실수 전체의 집합에서 정의된 함수
$$f(x)=\begin{cases}(-a+3)x+a^2 & (x\geq1) \\ (2a+1)x+a-1 & (x<1)\end{cases}$$
의 역함수가 존재할 때, 상수 a의 값은?

① 0　　　　　② 1　　　　　③ 2
④ 3　　　　　⑤ 4

Level up
0752
$$f(x)=\begin{cases}x^2-4x & (x\geq a) \\ x-4 & (x<a)\end{cases}$$
의 역함수가 존재하도록 하는 실수 a의 값은?

① 0　　　　　② 1　　　　　③ 2
④ 3　　　　　⑤ 4

모의고사 기출
0753
두 정수 a, b에 대하여 함수
$$f(x)=\begin{cases}a(x-2)^2+b & (x<2) \\ -2x+10 & (x\geq2)\end{cases}$$
는 실수 전체의 집합에서 정의된 역함수를 갖는다. $a+b$
의 최솟값은?

① 1　　　　　② 3　　　　　③ 5
④ 7　　　　　⑤ 9

Style **08** 역함수의 식 구하기

0754
일차함수 f의 역함수 $f^{-1}(x)=ax+b$에 대하여
$f(2)=1$, $f^{-1}(3)=3$이 성립할 때, $5a+b$의 값은?
(단, a, b는 상수)

① 1　　　　　② 2　　　　　③ 3
④ 4 ,　　　　⑤ 5

0755
실수 전체의 집합을 정의역으로 하는 함수
$f(x)=ax-3$에 대하여 $f=f^{-1}$가 성립하는 상수 a의 값
을 구하시오.

0756
일차함수 $f(x)$의 역함수를 $g(x)$라 할 때, 함수
$y=f\left(\frac{1}{3}x+1\right)$의 역함수를 $g(x)$로 나타내려고 한다.
다음은 그 풀이 과정이다.

f와 g는 역함수 관계이므로 $f(g(x))=x$가 성립함을
이용한다.
$f\left(\frac{1}{3}x+1\right)$의 역함수를 $h(x)$라 하면
$$f(\boxed{(가)})=f(g(x))=x$$
에서 $\boxed{(가)}=g(x)$
$$\therefore h(x)=\boxed{(나)}$$

빈칸을 알맞게 채우시오.

Style 09 역함수와 합성함수 (1)

모의고사기출

0757

집합 $X=\{1,\ 2,\ 3,\ 4,\ 5\}$에 대하여 X에서 X로의 두 함수 f, g가 각각 그림과 같을 때, $(f^{-1}\circ g)(4)$의 값은?
(단, f^{-1}는 f의 역함수이다.)

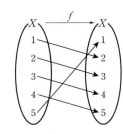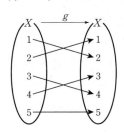

① 1   ② 2   ③ 3

④ 4   ⑤ 5

0758

두 함수 $f(x)=2x-1$, $g(x)=-2x+5$에 대하여 $(f^{-1}\circ g^{-1})(3)$의 값은?

① -2 ② -1 ③ 0

④ 1   ⑤ 2

Level up

0759

함수 $f(x)=\dfrac{1}{4}x+\dfrac{3}{4}$에 대하여 $g(f(x))=x$가 성립할 때, $(g\circ f\circ g)(2)$의 값은?

① 1   ② 2   ③ 3

④ 4   ⑤ 5

Style 10 역함수와 합성함수 (2)

0760

$x\geq 5$에서 정의된 함수 $f(x)=x^2-4x$에 대하여 $(f^{-1}\circ f^{-1})(96)$의 값을 구하시오.

Level up

0761

역함수가 존재하는 두 함수

$$f(x)=\begin{cases} x^2+1 & (x\geq 0) \\ 2x+1 & (x<0) \end{cases}$$

$$g(x)=\begin{cases} -2x+3 & (x\geq 1) \\ -3x+4 & (x<1) \end{cases}$$

에 대하여 $(f^{-1}\circ g^{-1})(-7)$의 값은?

① -2 ② -1 ③ 0

④ 1   ⑤ 2

모의고사기출

0762

실수 전체의 집합에서 정의된 두 함수

$$f(x)=5x+20,\ g(x)=\begin{cases} 2x & (x<25) \\ x+25 & (x\geq 25) \end{cases}$$

에 대하여 $f(g^{-1}(40))+f^{-1}(g(40))$의 값을 구하시오.
(단, f^{-1}, g^{-1}는 각각 f, g의 역함수이다.)

Style **11** 합성함수·역함수의 그래프

모의고사 기출

0763

그림은 $x \geq 0$에서 정의된 두 함수 $y=f(x)$, $y=g(x)$의 그래프와 직선 $y=x$를 나타낸 것이다. $g^{-1}(f(c))$의 값은? (단, g는 역함수가 존재하는 함수이다.)

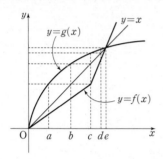

① a ② b ③ c

④ d ⑤ e

0764

다음 중 $f(x)=2x-5$와 $y=f^{-1}(x)$의 그래프의 교점의 좌표는?

① $(1, 1)$ ② $(3, 3)$ ③ $(5, 5)$

④ $(7, 7)$ ⑤ $(9, 9)$

Level up

0765

함수

$$f(x)=\begin{cases} \dfrac{1}{2}x+2 & (x \geq 0) \\ 3x+2 & (x<0) \end{cases}$$

와 역함수 $y=f^{-1}(x)$의 그래프로 둘러싸인 도형의 넓이를 구하시오.

모의고사 기출

0766

함수 $y=f(x)$의 그래프는 그림과 같이 원점과 두 점 $(1, 1)$, $(-1, -2)$를 각각 지나는 두 반직선으로 이루어져 있다. 이때, 보기 중 옳은 것을 모두 고르면?

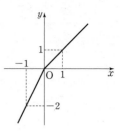

보기

ㄱ. $f(10)=f(f(10))$이다.

ㄴ. $f^{-1}(-2)=-1$이다.

ㄷ. $y=f(x)$의 그래프와 역함수 $y=f^{-1}(x)$의 그래프의 교점은 두 개뿐이다.

① ㄱ   ② ㄷ   ③ ㄱ, ㄴ

④ ㄴ, ㄷ   ⑤ ㄱ, ㄴ, ㄷ

Level up

0767

집합 $X=\{x|x \geq 3\}$에 대하여 $f: X \to X$가

$$f(x)=x^2-6x+12$$

일 때, $y=f(x)$와 $y=f^{-1}(x)$의 그래프의 두 교점 사이의 거리는?

① $\sqrt{2}$ ② $\sqrt{3}$ ③ $2\sqrt{2}$

④ $2\sqrt{3}$ ⑤ $2\sqrt{5}$

Level up

0768

두 집합 $X=\{x|x \geq 0\}$, $Y=\{y|y \geq k\}$에 대하여 $f: X \to Y$가 $f(x)=x^2+k$이다. $y=f(x)$와 $y=f^{-1}(x)$의 그래프의 교점이 오직 하나일 때의 상수 k의 값을 α라 하자. 16α의 값은?

① 1 ② 2 ③ 4

④ 8 ⑤ 16

Level up

Style 12 절댓값과 그래프

0769

$f(x)=|x-2|$일 때, 다음 중 $y=f(|x|)$의 그래프는?

①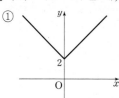
②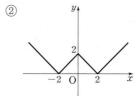

③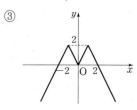
④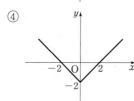

⑤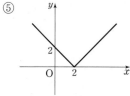

0770

$y=||x+1|-1|$의 그래프를 그리시오.

Level up

0771

$-1≤x≤4$에서 함수 $f(x)=|x^2-4x|$의 최댓값은?

① 1   ② 2   ③ 3

④ 4   ⑤ 5

0772

다음은 함수 $f(x)=|x-1|+|x-3|$의 최솟값을 구하는 과정이다.

x의 범위에 따라 $f(x)$의 식을 구한다.

$$f(x)=\begin{cases} \boxed{(가)} & (x<1) \\ \boxed{(나)} & (1≤x<3) \\ \boxed{(다)} & (x≥3) \end{cases}$$

따라서 $f(x)$의 최솟값은 $\boxed{(라)}$ 이다.

빈칸을 알맞게 채우시오.

Level up

0773

두 함수 $f(x)=|x^2-4x+1|$, $g(x)=|x-2|$에 대하여 방정식 $f(x)=g(x)$의 모든 실근의 합은?

① 2   ② 4   ③ 6

④ 8   ⑤ 10

0774

세 함수 $f(x)=x^3-2x^2$, $g(x)=-2x^2+3x$,
$h(x)=3x-1$에 대하여 $(f \circ h \circ g)(1)$의 값은?

① -8 ② -2 ③ 0

④ 2 ⑤ 4

0775

두 함수 $f(x)=x^2+2x-3$, $g(x)=x-2$에 대하여
$y=(f \circ g)(x)$와 $y=(g \circ f)(x)$의 최솟값의 차는?

① 1 ② 2 ③ 4

④ 5 ⑤ 7

0776

$f(x)=-x+3$, $g(x)=2x^2$일 때, 함수 h, p에 대하여
$$(f \circ h)(x)=g(x),\quad (p \circ f)(x)=g(x)$$
가 성립한다. $h(1)+p(1)$의 값은?

① 1 ② 3 ③ 5

④ 7 ⑤ 9

Level up

0777

함수
$$f(x)=\begin{cases} x-10 & (x \geq 0) \\ -2x+5 & (x < 0) \end{cases}$$
에 대하여 $f^1=f$, $f^2=f \circ f$, $\cdots$, $f^{n+1}=f \circ f^n$으로 정의할
때, $f^k(5)=-5$를 만족하는 두 자리 자연수 k의 개수를
구하시오.

모의고사 기출

0778

집합 $A=\{1, 2, 3, 4\}$에 대하여 함수 $f: A \to A$를
$$f(x)=\begin{cases} x+1 & (x \leq 3) \\ 1 & (x=4) \end{cases}$$
로 정의하자.
$f^1(x)=f(x)$, $f^{n+1}(x)=f(f^n(x))(n=1, 2, 3, \cdots)$이
라 할 때, $f^{2012}(2)+f^{2013}(3)$의 값은?

① 3 ② 4 ③ 5

④ 6 ⑤ 7

Level up

0779

두 함수
$$f(x)=\begin{cases} x-2 & (x \geq 0) \\ -x-1 & (x < 0) \end{cases}$$
$$g(x)=\begin{cases} -x^2+1 & (x \geq 0) \\ -2x+1 & (x < 0) \end{cases}$$
에 대하여 함수 $y=g(f(x))$의 최댓값은?

① 2 ② 3 ③ 4

④ 5 ⑤ 6

0780
두 함수 $f(x)=|x-3|$, $g(x)=2x-1$에 대하여 방정식 $f(g(x))=x$의 실근의 개수를 구하시오.

0781
함수 $f(x)=x^2-2x+2$ $(x\geq1)$의 역함수 f^{-1}에 대하여 $f^{-1}(5)$의 값은?

① 1   ② 3   ③ 5

④ 7   ⑤ 9

모의고사 기출
0782
집합 $X=\{1,\ 2,\ 3,\ 4\}$에 대하여 함수 $f: X \to X$가 그림과 같다.

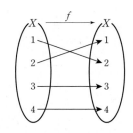

함수 $g: X \to X$의 역함수가 존재하고,
$$g(2)=3,\ g^{-1}(1)=3,\ (g\circ f)(2)=2$$
일 때, $g^{-1}(4)+(f\circ g)(2)$의 값을 구하시오.

모의고사 기출
0783
양의 실수 전체의 집합 X에서 X로의 일대일대응인 두 함수 f, g에 대하여
$$f^{-1}(x)=x^2,\ (f\circ g^{-1})(x^2)=x$$
일 때, $(f\circ g)(20)$의 값은?

(단, f^{-1}, g^{-1}는 각각 f, g의 역함수이다.)

① $2\sqrt{5}$ ② $4\sqrt{10}$ ③ 40

④ 200   ⑤ 400

0784
함수 $y=|x+1|+|x-3|$의 최솟값은?

① -4 ② -2 ③ 0

④ 2   ⑤ 4

Level up
0785
$|x|+|y|=2$의 그래프를 그리시오.

다른 모든 것과 마찬가지로
수학적 이론에서도 아름다움을
느낄 수 있지만 설명할 수는
없다

-아서 케일리-

C.O.D.I

07 유리식과 유리함수

지금까지 배웠던 문자식은 모두 다항식이었다.
이제 문자식의 범위가 확장되는데 그중 하나가
이 단원에서 다루는 유리식이다.
수의 범위를 확장했던 것과 비슷하다. 정수를 배
우고 난 뒤 분수꼴, 즉 $\dfrac{정수}{정수}$ 형태인 유리수를 배
운 것처럼 다항식을 확장하여 $\dfrac{다항식}{다항식}$ 의 꼴인 유
리식과 그 성질, 계산 방법을 배우게 된다.
일차식, 이차식과 같은 다항식으로 된 함수를
다항함수라 부르듯 함수의 식이 유리식이면
그 함수는 유리함수가 된다.

01 유리식의 뜻과 종류

01 유리식: $\dfrac{\text{다항식}}{\text{다항식}}$

두 다항식 A, B에 대하여

$$\frac{A}{B} \ (\text{단, } B \neq 0)$$

로 나타낼 수 있는 식을 유리식이라 한다.

> **예1** $\dfrac{-2x}{x+1}$, $\dfrac{x-2}{x^2-x+1}$, $x+\dfrac{1}{x}$, …
>
> 분수의 분모, 분자에 다항식이 들어가는 식이므로 위의 식들은 모두 유리식이다.

> **예2** $3x^2-x-4$, $\dfrac{1}{2}x+4$, …
>
> 이 식들은 다항식이라고 배웠다. 다항식도 유리식에 포함된다. 위의 두 식을
>
> $$3x^2-x-4=\frac{3x^2-x-4}{1}, \ \frac{x+8}{2}$$
>
> 과 같이 나타낼 수 있으므로 다항식도 유리식이다. (상수항만 존재하는 식도 다항식이다.)

> **예1** 과 **예2** 를 통해 유리식은 ① 다항식과 ② 다항식이 아닌 분수꼴의 식으로 구분할 수 있다는 것을 알 수 있다. 다항식이 아닌 유리식을 분수식이라 한다.

02 유리식의 종류

> • 다항식: 한 개 이상의 단항식의 합으로 이루어진 식
> • 분수식: 분모에 일차 이상의 문자가 포함된 식
>
> 유리식 $\begin{cases} \text{다항식} \\ \text{분수식} \end{cases}$
>
>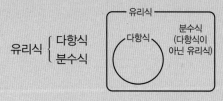
>
> (다항식)∪(분수식)＝(유리식)

(i) 다항식은 '분모가 상수인 유리식'이다.

$\dfrac{6x^2-10x+4}{2}=3x^2-5x+2$이므로 다항식은 분모가 상수이다. 다항식은 분수꼴의 식을 정리하여 $\dfrac{-2x+1}{3}=-\dfrac{2}{3}x+\dfrac{1}{3}$처럼 분모의 상수를 계수로 바꿔서 표현이 가능하다.

(ii) 분수식은 '분모에 문자가 존재하는 유리식'이다.

$\dfrac{x^2+1}{2}$과 같은 식은 $\dfrac{1}{2}x^2+\dfrac{1}{2}$로 정리할 수 있으므로 다항식이다. 따라서 다항식이 아닌 유리식, 즉 분수식의 분모는 다음과 같이 일차 이상의 다항식으로 되어 있다.

$$\frac{1}{x^2-1}, \ \frac{2}{x(x+2)}, \ \frac{x-1}{x+3}, \ \cdots$$

03 유리식의 값

유리식의 문자에 상수를 대입하고 계산하여 값을 구할 수 있다. 단, 분모가 0이 되는 값은 대입할 수 없다.

> **예** $\dfrac{x}{x-1}$일 때,
>
> • $x=2$ 대입: $\dfrac{2}{2-1}=2$
>
> • $x=-3$ 대입: $\dfrac{-3}{-3-1}=\dfrac{3}{4}$
>
> 이 유리식에는 $x \neq 1$인 모든 실수를 대입할 수 있다. $x=1$이면 $\dfrac{1}{1-1}=\dfrac{1}{0}$이므로 분모가 0이 되어 값이 정의되지 않는다.

이 단원에서는 유리식의 계산 방법을 배우는데 정확히는 '분수식'의 계산을 공부하는 것이다.
다항식의 계산은 고등수학(상)에서 이미 배웠다.
분수식은 분수의 형태로 구성된 식이므로 분수의 성질과 계산 방법(약분과 통분 등)을 그대로 적용한다.

02 유리식의 계산(1): 덧셈과 뺄셈

분수(유리수)의 덧셈, 뺄셈은 통분한 후 계산하는 것이 기본이다. 유리식도 마찬가지 방법으로 더하고 빼면 된다.

01 유리식의 통분

두 개 이상의 유리식을 다음과 같은 방법으로 통분하여 분모를 같게 만들 수 있다.
(i) 분모의 다항식을 인수분해한다.
(ii) 분모가 같아지도록 인수를 분모, 분자에 곱한다.

유리식의 통분도 분수의 통분과 같은 원리이다.

분모와 분자에 같은 식을 곱한다.
$$\frac{A}{B} = \frac{A \times C}{B \times C}$$

분수의 통분을 복습해 보자.

$\frac{1}{4}$, $\frac{1}{6}$에 각각 6과 4를 곱하여 $\frac{6}{24}$, $\frac{4}{24}$로 통분할 수도 있지만 $\frac{1}{2 \times 2}$, $\frac{1}{2 \times 3}$로 나타내어 공통인수를 제외한 3과 2를 곱하여 $\frac{3}{12}$, $\frac{2}{12}$로 통분하는 것이 효과적이다.

유리식의 통분도 마찬가지이다. 다음을 통분해 보자.

$$\frac{1}{x^2-1}, \frac{1}{x^2-3x+2}$$

㉠ $\dfrac{1}{x^2-1} = \dfrac{1}{(x-1)(x+1)}$

㉡ $\dfrac{1}{x^2-3x+2} = \dfrac{1}{(x-1)(x-2)}$

이므로 두 식의 분모의 공통인수는 $x-1$이다.
따라서 ㉠에는 $x-2$를, ㉡에는 $x+1$을 곱하여 통분하면 된다.

$$\therefore \frac{x-2}{(x-1)(x+1)(x-2)}, \frac{x+1}{(x-1)(x+1)(x-2)}$$

02 유리식의 약분

(i) 유리식의 분모, 분자를 인수분해한다.
(ii) 분모와 분자의 공통인수를 약분하여 소거한다.

예 $\dfrac{x^2+2x-8}{x^2-4}$을 약분하시오.

$$\frac{x^2+2x-8}{x^2-4} = \frac{(x-2)(x+4)}{(x-2)(x+2)} = \frac{x+4}{x+2}$$

03 유리식의 덧셈과 뺄셈

(i) 통분하여 분모를 같게 만든다.
(ii) 분자끼리 더하고 빼서 정리한다.

예1 $\dfrac{x}{x+1} + \dfrac{-x+2}{x+1}$를 계산하시오.

분모가 같을 경우 바로 계산할 수 있다.

$$\frac{x}{x+1} + \frac{-x+2}{x+1} = \frac{x-x+2}{x+1} = \frac{2}{x+1}$$

예2 $\dfrac{x+1}{x} + \dfrac{1}{x-2}$을 계산하시오.

$$\frac{(x+1)(x-2)}{x(x-2)} + \frac{x}{x(x-2)}$$
$$= \frac{x^2-x-2+x}{x(x-2)}$$
$$= \frac{x^2-2}{x(x-2)}$$

예3 $\dfrac{1}{a^2-2a-3} - \dfrac{1}{a^2-a-6}$을 계산하시오.

$$\frac{1}{(a-3)(a+1)} - \frac{1}{(a-3)(a+2)}$$
$$= \frac{a+2}{(a-3)(a+1)(a+2)} - \frac{a+1}{(a-3)(a+2)(a+1)}$$
$$= \frac{a+2-a-1}{(a-3)(a+1)(a+2)}$$
$$= \frac{1}{(a-3)(a+1)(a+2)}$$

예4 $\dfrac{1}{x+1} + \dfrac{1}{x-1} - \dfrac{2}{x^2-1}$를 계산하시오.

$$\frac{x-1}{(x+1)(x-1)} + \frac{x+1}{(x-1)(x+1)}$$
$$- \frac{2}{(x+1)(x-1)}$$
$$= \frac{x-1+x+1-2}{(x+1)(x-1)}$$
$$= \frac{2(x-1)}{(x+1)(x-1)}$$
$$= \frac{2}{x+1}$$

03 **유리식**의 **계산**(2): 곱셈과 나눗셈

> 분수의 곱셈과 나눗셈을 할 수 있다면 유리식의 곱셈과 나눗셈도 같은 원리로 계산할 수 있다.

01 유리수의 곱셈

A, B, C, D $(B \neq 0,\ D \neq 0)$가 다항식일 때,

$$\frac{A}{B} \times \frac{C}{D} = \frac{AC}{BD}$$

· 분자의 다항식끼리 곱한다.
· 분모의 다항식끼리 곱한다.
· 분모와 분자에 공통인수가 있으면 약분하여 소거한다.

예1 $\dfrac{x+1}{x} \times \dfrac{-x+5}{2x-3} = \dfrac{-(x+1)(x-5)}{x(2x-3)}$

예2 $\dfrac{x+1}{x-3} \times \dfrac{x-1}{2x+2} \times \dfrac{-x+3}{3x-1}$

$$= \frac{-(x+1)(x-1)(x-3)}{2(x-3)(x+1)(3x-1)} = -\frac{x-1}{2(3x-1)}$$

02 유리수의 나눗셈

A, B, C, D $(B \neq 0,\ C \neq 0,\ D \neq 0)$가 다항식일 때,

$$\frac{A}{B} \div \frac{C}{D} = \frac{A}{B} \times \frac{D}{C} = \frac{AD}{BC}$$

· 나눗셈을 역수의 곱으로 바꾼다.
· 분자의 다항식끼리 곱한다.
· 분모의 다항식끼리 곱한다.
· 분모와 분자에 공통인수가 있으면 약분하여 소거한다.

예1 $\dfrac{2x-1}{x} \div \dfrac{2x-1}{3x+1} = \dfrac{2x-1}{x} \times \dfrac{3x+1}{2x-1} = \dfrac{3x+1}{x}$

예2 $\dfrac{x+1}{x^2-4} \div \dfrac{x}{x^2-x-2}$

$$= \frac{x+1}{(x-2)(x+2)} \div \frac{x}{(x-2)(x+1)}$$

$$= \frac{x+1}{(x-2)(x+2)} \times \frac{(x-2)(x+1)}{x} = \frac{(x+1)^2}{x(x+2)}$$

03 번분수식의 계산

<u>번분수식</u>이란 분자나 분모에 분수식이 포함된 분수식으로 다음과 같이 계산한다.

[방법 1] 분수를 나눗셈으로 바꿔 계산한다.

$$\frac{\dfrac{A}{B}}{\dfrac{C}{D}} = \frac{A}{B} \div \frac{C}{D} = \frac{A}{B} \times \frac{D}{C} = \frac{AD}{BC}$$

[방법 2]

$$\frac{\dfrac{A}{B}}{\dfrac{C}{D}} = \frac{AD}{BC}$$

· (분모의 분자) × (분자의 분모) → 분모
· (분모의 분모) × (분자의 분자) → 분자

예1 $\dfrac{\dfrac{1}{x}}{\dfrac{x-1}{x^2}} = \dfrac{x^2}{x(x-1)} = \dfrac{x}{x-1}$

예2 $\dfrac{x}{\dfrac{x+3}{x}} = \dfrac{\dfrac{x}{1}}{\dfrac{x+3}{x}} = \dfrac{x^2}{x+3}$

예3 $\dfrac{1}{1-\dfrac{x-1}{x}} = \dfrac{1}{\dfrac{x}{x}-\dfrac{x-1}{x}} = \dfrac{1}{\dfrac{1}{x}} = x$

예4 $\dfrac{1+\dfrac{1}{x}}{1-\dfrac{1}{x}} = \dfrac{\dfrac{x+1}{x}}{\dfrac{x-1}{x}} = \dfrac{x(x+1)}{x(x-1)} = \dfrac{x+1}{x-1}$

[0786–0791] 다음 식을 다항식과 분수식으로 구분하시오.

0786
$$\frac{3}{x-1}$$

0787
$$x^2+4x+5$$

0788
$$(2x-1)^3$$

0789
$$\frac{x}{\sqrt{x-1}}$$

0790
$$\frac{x+1}{(2x+1)(2x-1)}$$

0791
$$\frac{6x^3-5x+3}{7}$$

[0792–0794] 다음 유리식에 주어진 x의 값을 대입하여 계산하시오.

0792
$$\frac{2x}{x+1} \qquad [x=1]$$

0793
$$\frac{x^3+2}{x^2-1} \qquad [x=2]$$

0794
$$\frac{1}{x(x+1)}+\frac{1}{(x+1)(x+2)} \qquad [x=3]$$

[0795–0797] 다음 유리식을 통분하시오.

0795
$$\frac{1}{x-1}, \ \frac{1}{x+2}$$

0796
$$\frac{x-3}{(x+2)(x-1)}, \ \frac{x-2}{(x-1)(x+3)}$$

0797
$$\frac{2}{x+3}, \ \frac{2x+1}{x^2-2x-15}$$

[0798–0799] 다음 유리식을 약분하시오.

0798
$$\frac{x^2-1}{x^3-1}$$

0799
$$\frac{(x+1)(x^2+x-2)}{x^2+3x+2}$$

[0800–0805] 다음 유리식을 간단히 하시오.

0800
$$\frac{x+2}{x+1}-\frac{x-1}{x+1}$$

0801
$$\frac{x}{x-1}+\frac{x-1}{x}$$

0802
$$\frac{1}{x^2-2x-3}-\frac{1}{x^2-x-6}$$

0803
$$\frac{1}{x-2}+\frac{1}{x+2}-\frac{4}{x^2-4}$$

0804
$$\frac{a-1}{3a-1} \times \frac{3a+1}{a-2} \times \frac{2a-4}{a-1}$$

0805
$$\frac{2}{x^2-1} \times \frac{x(x+1)}{x^2+1} \div \frac{x}{x^2+x-2}$$

04 유리식의 변형: 분자의 차수 낮추기

01 분자의 값 작게 만들기

(i) 분자의 값이 분모보다 큰 가분수는 분자를 나눠 대분수로 만들어서 분자를 작게 만들 수 있다.

(ii) 역수를 이용하여 분자를 1로 만들 수 있다.

$$\frac{a}{b} = \frac{1}{\frac{b}{a}}$$

(i) 초등학교 때 배운 가분수와 대분수의 전환을 잠시 복습해 보자.

- $\dfrac{5}{3} = \dfrac{3+2}{3} = 1 + \dfrac{2}{3}$

- $\dfrac{25}{6} = \dfrac{24+1}{6} = \dfrac{6 \times 4 + 1}{6} = 4 + \dfrac{1}{6}$

(ii) $\dfrac{1}{\frac{b}{a}} = 1 \div \dfrac{b}{a} = 1 \times \dfrac{a}{b} = \dfrac{a}{b}$

- $\dfrac{7}{4} = \dfrac{1}{\frac{4}{7}}$

- $\dfrac{19}{8} = 2 + \dfrac{3}{8} = 2 + \dfrac{1}{\frac{8}{3}} = 2 + \dfrac{1}{2 + \frac{2}{3}} = 2 + \dfrac{1}{2 + \frac{1}{\frac{3}{2}}} = 2 + \dfrac{1}{2 + \frac{1}{1 + \frac{1}{2}}}$

02 유리식의 분자의 차수 낮추기

(분자의 차수) ≥ (분모의 차수)일 때,

(i) 분자를 변형한다.

분모로 분자를 나누거나 분자의 다항식의 일부가 분모를 인수로 갖도록 묶는다.

(ii) 유리식을 두 개로 분리한다.

(iii) 약분한다.

예1 $\dfrac{x}{x-1}$ 를 변형하시오.

$$\frac{x}{x-1} = \frac{x-1+1}{x-1} = \frac{x-1}{x-1} + \frac{1}{x-1}$$
$$= 1 + \frac{1}{x-1}$$

예2 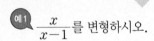 $\dfrac{x^2 - 3x + 2}{x-3}$ 를 변형하시오.

$$\frac{x^2 - 3x + 2}{x-3} = \frac{x(x-3)+2}{x-3}$$
$$= \frac{x(x-3)}{x-3} + \frac{2}{x-3}$$
$$= x + \frac{2}{x-3}$$

예3 $\dfrac{2x-1}{x+2}$ 을 변형하시오.

[방법1] $2x-1$을 $x+2$로 나누어 식을 변형한다.

$$\frac{2x-1}{x+2} = \frac{2(x+2)-5}{x+2}$$
$$= \frac{2(x+2)}{x+2} - \frac{5}{x+2}$$
$$= 2 - \frac{5}{x+2}$$

$$\begin{array}{r} 2 \\ x+2 \overline{)\,2x-1} \\ 2x+4 \\ \hline -5 \end{array}$$

$\therefore 2x-1 = 2(x+2)-5$

[방법2] 분자의 다항식의 상수항을 적당히 더하고 빼서 변형한다.

$$\frac{2x-1}{x+2} = \frac{2x+4-5}{x+2} = \frac{2(x+2)-5}{x+2} = 2 - \frac{5}{x+2}$$

예4 $\dfrac{2x^2 + 3x - 15}{x+4}$ 를 변형하시오.

$$\frac{2x^2 + 3x - 15}{x+4}$$
$$= \frac{(2x-5)(x+4)+5}{x+4}$$
$$= \frac{(2x-5)(x+4)}{x+4} + \frac{5}{x+4}$$
$$= 2x-5 + \frac{5}{x+4}$$

$$\begin{array}{r} 2x-5 \\ x+4 \overline{)\,2x^2+3x-15} \\ 2x^2+8x \\ \hline -5x-15 \\ -5x-20 \\ \hline 5 \end{array}$$

$\therefore 2x^2 + 3x - 15 = (2x-5)(x+4)+5$

분자의 차수를 낮추는 변형 방법은 이어서 배울 유리함수의 식을 정리할 때 유용하게 쓰인다.

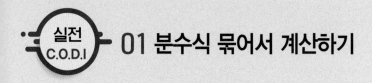

01 분수식 묶어서 계산하기

여러 개의 분수식의 덧셈과 뺄셈

두 개씩 묶어서 먼저 계산한다.
- 부호가 +와 −인 식끼리 묶는다.
- 통분했을 때 분자가 같아지도록 묶는다.

네 개 이상의 유리식을 더하고 뺄 때 한 번에 통분하면 매우 복잡하다. 이럴 때는 두 개씩 묶어서 먼저 계산하면 편리하다.

예1 $\dfrac{1}{x-1}-\dfrac{1}{x-3}-\dfrac{1}{x-5}+\dfrac{1}{x-7}$ 을 계산하시오.

다음과 같이 유리식을 두 개씩 묶어서 통분하자.

$$\left(\dfrac{1}{x-1}-\dfrac{1}{x-5}\right)-\left(\dfrac{1}{x-3}-\dfrac{1}{x-7}\right)$$

$$=\dfrac{x-5-x+1}{(x-1)(x-5)}-\dfrac{x-7-x+3}{(x-3)(x-7)}$$

$$=\dfrac{-4}{(x-1)(x-5)}-\dfrac{-4}{(x-3)(x-7)}$$

(정리된 두 식의 분자가 같아졌고 차수도 낮아져서 계산이 편리하다. 이를 다시 통분하여 정리하면 된다.)

$$=-4\left\{\dfrac{1}{(x-1)(x-5)}-\dfrac{1}{(x-3)(x-7)}\right\}$$

$$=-4\times\dfrac{(x-3)(x-7)-(x-1)(x-5)}{(x-1)(x-3)(x-5)(x-7)}$$

$$=-4\times\dfrac{x^2-10x+21-(x^2-6x+5)}{(x-1)(x-3)(x-5)(x-7)}$$

$$=\dfrac{16(x-4)}{(x-1)(x-3)(x-5)(x-7)}$$

예2 $\dfrac{1}{x}-\dfrac{1}{x+1}+\dfrac{1}{x+2}-\dfrac{1}{x+3}$ 을 계산하시오.

$$\dfrac{1}{x}-\dfrac{1}{x+1}+\dfrac{1}{x+2}-\dfrac{1}{x+3}$$

$$=\left(\dfrac{1}{x}-\dfrac{1}{x+1}\right)+\left(\dfrac{1}{x+2}-\dfrac{1}{x+3}\right)$$

$$=\dfrac{x+1-x}{x(x+1)}+\dfrac{x+3-(x+2)}{(x+2)(x+3)}$$

$$=\dfrac{1}{x(x+1)}+\dfrac{1}{(x+2)(x+3)}$$

$$=\dfrac{(x+2)(x+3)+x(x+1)}{x(x+1)(x+2)(x+3)}$$

$$=\dfrac{x^2+5x+6+x^2+x}{x(x+1)(x+2)(x+3)}$$

$$=\dfrac{2(x^2+3x+3)}{x(x+1)(x+2)(x+3)}$$

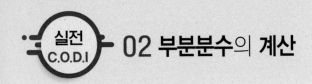

실전 C.O.D.I **02 부분분수의 계산**

다음 식을 보자.

$$\frac{1}{x(x+1)} + \frac{1}{(x+1)(x+2)} + \frac{1}{(x+2)(x+3)} + \frac{1}{(x+3)(x+4)}$$

통분을 해서 정리하기 쉽지 않다. 이럴 경우 다음 변형식을 활용하면 된다.

01 부분분수 변형식

$$\frac{1}{AB} = \frac{1}{B-A}\left(\frac{1}{A} - \frac{1}{B}\right)$$

예1
$$\frac{1}{(x-2)(x-1)}$$
$$= \frac{1}{(x-1)-(x-2)}\left(\frac{1}{x-2} - \frac{1}{x-1}\right)$$
$$= \frac{1}{x-2} - \frac{1}{x-1}$$

예2
$$\frac{1}{(x+2)(x+1)}$$
$$= \frac{1}{(x+1)(x+2)}$$
$$= \frac{1}{(x+2)-(x+1)}\left(\frac{1}{x+1} - \frac{1}{x+2}\right)$$
$$= \frac{1}{x+1} - \frac{1}{x+2}$$

크기 순으로 정렬하고 식을 변형하는 것이 좋다. $x+2$가 $x+1$ 보다 크기 때문에 분모를 $(x+1)(x+2)$로 바꾸고 풀자.

예3
$$\frac{1}{(2x-1)(2x+1)}$$
$$= \frac{1}{(2x+1)-(2x-1)}\left(\frac{1}{2x-1} - \frac{1}{2x+1}\right)$$
$$= \frac{1}{2}\left(\frac{1}{2x-1} - \frac{1}{2x+1}\right)$$

부분분수의 변형식을 이용하여 복잡한 유리식을 간단 히 정리할 수 있다.

$$\frac{1}{x(x+1)} + \frac{1}{(x+1)(x+2)} + \frac{1}{(x+2)(x+3)}$$
$$+ \frac{1}{(x+3)(x+4)}$$

$$\Downarrow$$

$$\frac{1}{x(x+1)} \Rightarrow \frac{1}{x} - \frac{1}{x+1}$$
$$+ \frac{1}{(x+1)(x+2)} \Rightarrow \frac{1}{x+1} - \frac{1}{x+2}$$
$$+ \frac{1}{(x+2)(x+3)} \Rightarrow \frac{1}{x+2} - \frac{1}{x+3}$$
$$+ \frac{1}{(x+3)(x+4)} \Rightarrow \frac{1}{x+3} - \frac{1}{x+4}$$
$$= \frac{1}{x} - \frac{1}{x+4} = \frac{4}{x(x+4)}$$

부분분수의 변형식을 이용하면 식이 대부분 소거되어 매우 간 단해지기 때문에 유리식의 개수가 많을 때 위력을 발휘한다.

02 숫자의 부분분수 변형

분모의 두 인수의 차가 일정한 분수의 합은 부분분수의 변 형식으로 정리하여 계산한다.

분수로 된 숫자의 계산에도 부분분수의 성질을 이용 할 수 있다.

예1 $\frac{1}{1\cdot2} + \frac{1}{2\cdot3} + \frac{1}{3\cdot4} + \cdots + \frac{1}{19\cdot20}$ 을 계산하 시오.

$$\frac{1}{1\cdot2} = \frac{1}{2-1}\left(\frac{1}{1} - \frac{1}{2}\right) = 1 - \frac{1}{2},$$
$$\frac{1}{2\cdot3} = \frac{1}{3-2}\left(\frac{1}{2} - \frac{1}{3}\right) = \frac{1}{2} - \frac{1}{3}, \cdots \text{이므로}$$

$$(\text{주어진 식}) = 1 - \frac{1}{2} + \frac{1}{2} - \frac{1}{3} + \frac{1}{3} - \frac{1}{4}$$
$$+ \cdots + \frac{1}{19} - \frac{1}{20}$$
$$= 1 - \frac{1}{20} = \frac{19}{20}$$

예2 $\frac{2}{1\cdot3} + \frac{2}{3\cdot5} + \frac{2}{5\cdot7} + \cdots + \frac{2}{19\cdot21}$ 를 계산하 시오.

$$\frac{2}{1\cdot3} = \frac{2}{3-1}\left(\frac{1}{1} - \frac{1}{3}\right) = 1 - \frac{1}{3},$$
$$\frac{2}{3\cdot5} = \frac{2}{5-3}\left(\frac{1}{3} - \frac{1}{5}\right) = \frac{1}{3} - \frac{1}{5}, \cdots \text{이므로}$$

$$(\text{주어진 식}) = 1 - \frac{1}{3} + \frac{1}{3} - \frac{1}{5} + \frac{1}{5} - \frac{1}{7}$$
$$+ \cdots + \frac{1}{19} - \frac{1}{21}$$
$$= 1 - \frac{1}{21} = \frac{20}{21}$$

[0806–0808] 빈칸을 알맞게 채우시오.

0806

$$\frac{11}{3} = 3 + \frac{\square}{3}$$

0807

$$\frac{66}{13} = \square + \frac{1}{13}$$

0808

$$\frac{13}{7} = 1 + \cfrac{1}{\square + \cfrac{1}{\square}}$$

[0809–0812] 다음 유리식의 분자의 차수를 분모보다 낮게 변형하시오.

0809

$$\frac{x+1}{x-1}$$

0810

$$\frac{x-1}{x+1}$$

0811

$$\frac{4x}{2x-1}$$

0812

$$\frac{x^2-3x+2}{x-3}$$

[0813–0816] 부분분수의 변형식을 이용하여 다음 유리식을 두 유리식의 차로 나타내시오.

0813

$$\frac{1}{x(x+1)}$$

0814

$$\frac{1}{(x+2)x}$$

0815

$$\frac{2}{x(x+2)}$$

0816

$$\frac{4}{(2x-1)(2x+1)}$$

[0817–0821] 다음 유리식을 간단히 하시오.

0817

$$\frac{1}{x-1} - \frac{1}{x-3} - \frac{1}{x-5} + \frac{1}{x-7}$$

0818

$$\frac{1}{x} - \frac{1}{x+1} + \frac{1}{x+2} - \frac{1}{x+3}$$

0819

$$\frac{2}{(2x-1)(2x+1)} + \frac{2}{(2x+1)(2x+3)} + \frac{2}{(2x+3)(2x+5)}$$

0820

$$\frac{1}{x(x+1)} + \frac{1}{(x+1)(x+2)} + \frac{1}{(x+2)(x+3)} + \frac{1}{(x+3)(x+4)}$$

0821

$$\frac{1}{1\cdot2} + \frac{1}{2\cdot3} + \frac{1}{3\cdot4} + \frac{1}{4\cdot5} + \frac{1}{5\cdot6}$$

05 유리함수의 기본형 (1)

함수의 식이 유리식일 때, 이 함수를 유리함수라 한다. 유리함수 중 $f(x)=x^2$과 같이 다항식으로 된 함수를 다항함수라 하므로 여기서는 $y=\dfrac{1}{x}$, $y=\dfrac{2x+1}{x-3}$과 같이 분수식으로 된 함수를 다룬다.

유리함수에서 주의할 점은 분모를 0으로 하는 x의 값은 정의되지 않으므로 정의역에서 제외한다는 것이다.

기본적인 유리함수의 식부터 차근차근 알아보자.

유리함수 중 가장 간단한 것이 $y=\dfrac{k}{x}$의 꼴이다.

이 중 분자가 양의 상수인 그래프를 그리고 특징을 확인해 보자.

$y=\dfrac{1}{x}$	$y=\dfrac{2}{x}$
$\cdots,\ \left(-2,\ -\dfrac{1}{2}\right),$ $(-1,\ -1),\ \cdots,$ $\left(-\dfrac{1}{2},\ -2\right),\left(\dfrac{1}{2},\ 2\right),$ $\cdots,\ (1,\ 1),$ $\left(2,\ \dfrac{1}{2}\right),\ \cdots$	$\cdots,\ (-2,\ -1),$ $(-1,\ -2),\ \cdots,$ $\left(-\dfrac{1}{2},\ -4\right),\left(\dfrac{1}{2},\ 4\right),$ $\cdots,\ (1,\ 2),$ $(2,\ 1),\ \cdots$

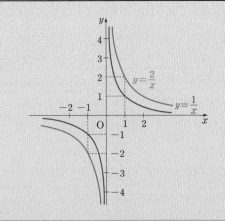

- 두 개의 곡선이 대칭의 형태로 그려지는 쌍곡선의 그래프이다.
- 분모가 0이 되는 값을 대입할 수 없으므로 정의역은 $\{x\,|\,x\neq0$인 실수$\}$이다.
  또한 함숫값도 0이 될 수 없으므로 치역은 $\{y\,|\,y\neq0$인 실수$\}$이다.
- 함수의 그래프는 제1사분면과 제3사분면을 지난다.
- x의 절댓값이 커질수록 그래프는 x축에 가까워진다.
- x의 값이 0에 가까워질수록 그래프는 y축에 가까워진다.

함수의 그래프가 어떤 직선에 한없이 가까워질 때, 그 직선을 그 함수의 점근선이라 한다.

- $y=\dfrac{1}{x}$, $y=\dfrac{2}{x}$의 그래프의 점근선은 x축$(y=0)$, y축$(x=0)$이다.

$y=\dfrac{k}{x}\,(k>0)$의 그래프의 특징

① 정의역: $\{x\,|\,x\neq0$인 실수$\}$
② 치역: $\{y\,|\,y\neq0$인 실수$\}$
③ 제1, 3사분면을 지나는 쌍곡선 모양의 그래프
④ 점근선: x축$(y=0)$, y축$(x=0)$
⑤ k의 값이 작을수록 x축, y축에 가까워진다.

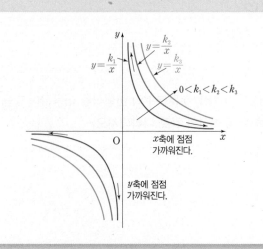

06 유리함수의 기본형 (2)

$y=\dfrac{k}{x}$의 꼴의 유리함수 중 $k<0$, 즉 분자가 음의 상수인 그래프를 그리고 그 특징을 확인해 보자.

$y=-\dfrac{1}{x}$	$y=-\dfrac{2}{x}$
$\cdots,\left(-2,\dfrac{1}{2}\right),$ $(-1,1),\cdots,$ $\left(-\dfrac{1}{2},2\right),\left(\dfrac{1}{2},-2\right),$ $\cdots,(1,-1),$ $\left(2,-\dfrac{1}{2}\right),\cdots$	$\cdots,(-2,1),$ $(-1,2),\cdots,$ $\left(-\dfrac{1}{2},4\right),\left(\dfrac{1}{2},-4\right),$ $\cdots,(1,-2),$ $(2,-1),\cdots$

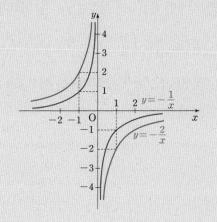

- 두 개의 곡선이 대칭의 형태로 그려지는 쌍곡선의 그래프이다.
- 분모가 0이 되는 값을 대입할 수 없으므로 정의역은 $\{x\,|\,x\neq0$인 실수$\}$이다.
  또한 함숫값도 0이 될 수 없으므로 치역은 $\{y\,|\,y\neq0$인 실수$\}$이다.
- 함수의 그래프는 제2사분면과 제4사분면을 지난다.
- x의 절댓값이 커질수록 그래프는 x축에 가까워진다.
- x의 값이 0에 가까워질수록 그래프는 y축에 가까워진다.
- $y=-\dfrac{1}{x}$, $y=-\dfrac{2}{x}$의 그래프의 점근선은 x축$(y=0)$, y축$(x=0)$이다.

$y=\dfrac{k}{x}\,(k<0)$의 그래프의 특징

① 정의역: $\{x\,|\,x\neq0$인 실수$\}$
② 치역: $\{y\,|\,y\neq0$인 실수$\}$
③ 제2, 4사분면을 지나는 쌍곡선 모양의 그래프
④ 점근선: x축$(y=0)$, y축$(x=0)$
⑤ k의 값이 클수록 (k의 절댓값이 작을수록) x축, y축에 가까워진다.

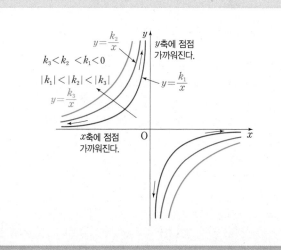

03 유리함수 $y=\dfrac{k}{x}$ 의 그래프의 대칭성

함수의 대칭성을 파악하면 그래프 문제를 쉽게 해결할 수 있다. 대칭에는 점대칭과 선대칭이 있다는 것을 기억하자.

01 점 $(0, 0)$에 대하여 대칭

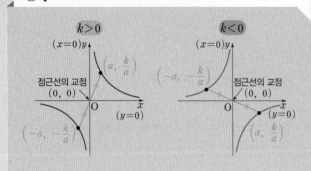

$y=\dfrac{k}{x}$ 의 그래프의 두 점근선 $x=0(y$축$)$, $y=0(x$축$)$ 의 교점은 원점 $(0, 0)$이고 $y=\dfrac{k}{x}$ 의 그래프는 점 $(0, 0)$에 대하여 대칭이다.

증명 $a\neq0$인 실수 a에 대하여 $y=\dfrac{k}{x}$ 위의 임의의 두 점 $\left(a, \dfrac{k}{a}\right)$, $\left(-a, -\dfrac{k}{a}\right)$를 이은 선분의 중점은

$$\left(\frac{a-a}{2}, \frac{\dfrac{k}{a}-\dfrac{k}{a}}{2}\right)=(0, 0)$$

이므로 $y=\dfrac{k}{x}$ 의 그래프는 원점에 대하여 대칭이다.

02 직선 $y=x$에 대하여 대칭

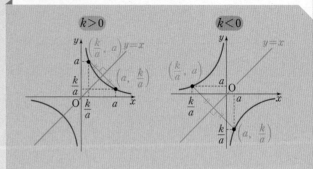

증명 $a\neq0$인 실수 a에 대하여 $y=\dfrac{k}{x}$ 위의 임의의 두 점 $\left(a, \dfrac{k}{a}\right)$, $\left(\dfrac{k}{a}, a\right)$는 직선 $y=x$에 대하여 대칭이므로 $y=\dfrac{k}{x}$ 의 그래프는 직선 $y=x$에 대하여 대칭이다.

03 직선 $y=-x$에 대하여 대칭

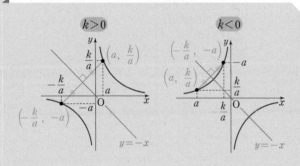

증명 $a\neq0$인 실수 a에 대하여 $y=\dfrac{k}{x}$ 위의 임의의 두 점 $\left(a, \dfrac{k}{a}\right)$, $\left(-\dfrac{k}{a}, -a\right)$는 직선 $y=-x$에 대하여 대칭이므로 $y=\dfrac{k}{x}$ 의 그래프는 직선 $y=-x$에 대하여 대칭이다.

고등수학(상) 복습

점의 대칭 관계

(ⅰ) 두 점 (a, b)와 $(-a, -b)$는 원점 $(0, 0)$에 대하여 대칭이다.

(ⅱ) 두 점 (a, b)와 (b, a)는 직선 $y=x$에 대하여 대칭이다.

(ⅲ) 두 점 (a, b)와 $(-b, -a)$는 직선 $y=-x$에 대하여 대칭이다.

도형의 대칭 관계

(ⅰ) 두 도형 $f(x, y)=0$, $f(-x, -y)=0$은 원점 $(0, 0)$에 대하여 대칭이다.

(ⅱ) 두 도형 $f(x, y)=0$, $f(y, x)=0$은 직선 $y=x$에 대하여 대칭이다.

(ⅲ) 두 도형 $f(x, y)=0$, $f(-y, -x)=0$은 직선 $y=-x$에 대하여 대칭이다.

개념 C.O.D.I 07 유리함수의 그래프의 평행이동

> 평행이동이란 도형의 모양과 크기는 변하지 않고 위치만 달라지는 이동이다. 유리함수의 위치가 바뀌면 정의역, 치역, 점근선도 달라진다.

$$y=\dfrac{k}{x-m}+n \text{의 그래프}$$

① $y=\dfrac{k}{x}$의 그래프를 x축의 방향으로 m만큼, y축의 방향으로 n만큼 평행이동한 그래프
② 정의역: $\{x\,|\,x\neq m \text{인 실수}\}$
③ 치역: $\{y\,|\,y\neq n \text{인 실수}\}$
④ 점근선의 방정식: $x=m$, $y=n$

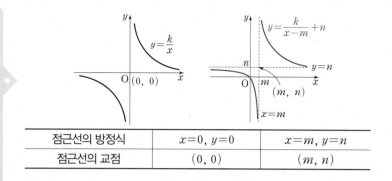

	점근선의 방정식	점근선의 교점
$y=\dfrac{k}{x}$	$x=0,\ y=0$	$(0,\ 0)$
$y=\dfrac{k}{x-m}+n$	$x=m,\ y=n$	$(m,\ n)$

개념 C.O.D.I 08 유리함수의 식의 변형

$y=\dfrac{3x-4}{x-2}$와 같은 유리함수의 그래프의 모양은 어떨까?

개념 C.O.D.I 04에서 배운 분자의 차수를 낮추는 방법을 쓰면 다음과 같이 변형이 가능하다.

$y=\dfrac{3x-4}{x-2}=\dfrac{3x-6+2}{x-2}=\dfrac{3(x-2)+2}{x-2}$에서 $y=\dfrac{2}{x-2}+3$

이므로 이 함수는 $y=\dfrac{2}{x}$의 그래프를 x축의 방향으로 2만큼, y축의 방향으로 3만큼 평행이동한 것이다. 따라서 점근선의 방정식은 $x=2$, $y=3$이고 점근선의 교점은 $(2,\ 3)$이다.

$$y=\dfrac{ax+b}{x-m} \text{의 그래프}$$

분자의 차수를 낮춰 $y=\dfrac{k}{x-m}+a$의 꼴로 변형하고
 (ⅰ) 분자의 상수의 부호
 (ⅱ) 점근선
 (ⅲ) x축, y축과의 교점
을 확인하여 그래프를 그린다.

예1 $y=\dfrac{-4x+5}{x-1}$의 그래프를 그리시오.

$y=\dfrac{-4x+5}{x-1}=\dfrac{-4x+4+1}{x-1}=\dfrac{1}{x-1}-4$이므로

$y=\dfrac{1}{x}$의 그래프를 x축의 방향으로 1만큼, y축의 방향으로 -4만큼 평행이동한 것이다.
- 점근선: $x=1$, $y=-4$
- $x=0$ 대입: $y=-5 \rightarrow y$축과의 교점: $(0,\ -5)$
- $y=0$ 대입: $x=\dfrac{5}{4} \rightarrow x$축과의 교점: $\left(\dfrac{5}{4},\ 0\right)$

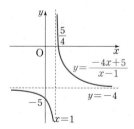

예2 $y=\dfrac{3x+1}{2x-1}$의 그래프를 그리시오.

분모의 x항의 계수를 1로 만들고 변형하는 것이 좋다.

$y=\dfrac{3x+1}{2x-1}=\dfrac{\dfrac{3}{2}x+\dfrac{1}{2}}{x-\dfrac{1}{2}}=\dfrac{\dfrac{3}{2}x-\dfrac{3}{4}+\dfrac{3}{4}+\dfrac{1}{2}}{x-\dfrac{1}{2}}$

$=\dfrac{\dfrac{3}{2}\left(x-\dfrac{1}{2}\right)+\dfrac{5}{4}}{x-\dfrac{1}{2}}=\dfrac{\dfrac{5}{4}}{x-\dfrac{1}{2}}+\dfrac{3}{2}$

이므로 $y=\dfrac{\dfrac{5}{4}}{x}$의 그래프를 x축의 방향으로 $\dfrac{1}{2}$만큼, y축의 방향으로 $\dfrac{3}{2}$만큼 평행이동한 것이다.
- 점근선: $x=\dfrac{1}{2}$, $y=\dfrac{3}{2}$
- $x=0$ 대입: $y=-1 \rightarrow y$축과의 교점: $(0,\ -1)$
- $y=0$ 대입: $x=-\dfrac{1}{3} \rightarrow x$축과의 교점: $\left(-\dfrac{1}{3},\ 0\right)$

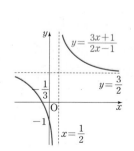

[0822~0827] 다음 유리함수의 정의역과 치역을 구하시오.

0822

$y = \dfrac{3}{x}$

0823

$y = -\dfrac{2}{x}$

0824

$y = \dfrac{1}{x} - 1$

0825

$y = \dfrac{1}{x+1}$

0826

$y = \dfrac{3}{2-x} - 2$

0827

$y = \dfrac{-5}{2x-3} + 3$

[0828~0830] 다음 유리함수의 그래프를 [ ] 안에 주어진 값만큼 평행이동시킨 그래프의 식을 구하고, 그 그래프를 그리시오.

0828

$y = -\dfrac{4}{x}$ [x축 방향: -2, y축 방향: 1]

0829

$y = \dfrac{2}{x}$ [x축 방향: 3, y축 방향: -2]

0830

$y = \dfrac{2}{3x}$ [x축 방향: 1, y축 방향: -1]

[0831~0835] 다음 유리함수를 $y = \dfrac{a}{x-m} + n$의 꼴로 변형하시오. (단, a, m, n은 상수)

0831

$y = \dfrac{x-2}{x+1}$

0832

$y = \dfrac{-x}{x-2}$

0833

$y = \dfrac{-3x}{1-x}$

0834

$y = \dfrac{2x-1}{x+4}$

0835

$y = \dfrac{x+3}{2x}$

04 평행이동한 유리함수의 대칭성

유리함수 $y=\dfrac{k}{x}$의 그래프가 이동하면 점근선, 대칭점, 대칭축(직선)도 같이 이동한다.

유리함수 $y=\dfrac{k}{x-m}+n$의 그래프는

(ⅰ) 점 $(m,\,n)$ (ⅱ) 직선 $y=x-m+n$, $y=-x+m+n$

에 대하여 대칭이다.

$$y=\dfrac{k}{x-m}+n$$

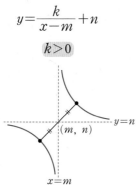

점 $(m,\,n)$에 대하여 대칭

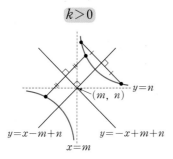

예 $y=\dfrac{-2x}{x+1}$의 그래프의 대칭성을 조사하시오.

$y=\dfrac{-2x}{x+1}=\dfrac{-2x-2+2}{x+1}=\dfrac{2}{x+1}-2$이므로

$y=\dfrac{2}{x}$의 그래프를 x축의 방향으로 -1만큼, y축의 방향으로 -2만큼 평행이동한 유리함수의 그래프이다.

- 두 점근선 $x=-1$, $y=-2$의 교점인 점 $(-1,\,-2)$에 대하여 대칭
- $y+2=x+1$에서 직선 $y=x-1$에 대하여 대칭
- $y+2=-(x+1)$에서 직선 $y=-x-3$에 대하여 대칭

증명 유리함수 $y=\dfrac{k}{x-m}+n$의 그래프는 $y=\dfrac{k}{x}$의 그래프를 x축의 방향으로 m만큼, y축의 방향으로 n만큼 평행이동한 것이므로 점근선과 대칭점, 대칭축도 똑같이 평행이동하게 된다.

	$y=\dfrac{k}{x}$
점근선	$x=0,\ y=0$
대칭점 (점근선의 교점)	$(0,\,0)$
대칭축	① $y=x$ ② $y=-x$

$$\begin{pmatrix} x\text{축의 방향으로 } m\text{만큼} \\ y\text{축의 방향으로 } n\text{만큼} \end{pmatrix} \text{평행이동}$$
↓

	$y=\dfrac{k}{x-m}+n$
점근선	$x-m=0 \to x=m$ $y-n=0 \to y=n$
대칭점 (점근선의 교점)	$(m,\,n)$
대칭축	① $y-n=x-m$ $\to y=x-m+n$ ② $y-n=-(x-m)$ $\to y=-x+m+n$

05 직선과 유리함수의 그래프의 위치 관계

어떤 종류의 함수이든 두 함수의 식을 연립하여 실근의 개수를 구하면 위치 관계를 확인할 수 있다.

예1 두 함수 $y=\dfrac{1}{x-2}+1$, $y=x-1$의 그래프의 위치 관계는?

$\dfrac{1}{x-2}+1=x-1$에서 $\dfrac{1}{x-2}=x-2$

$(x-2)^2=1$ $\therefore x=3$ 또는 $x=1$ $\left(\text{판별식 }\dfrac{D}{4}>0\right)$

따라서 교점의 좌표는 $(3,2)$, $(1,0)$이므로 두 함수의 그래프는
두 점에서 만난다.

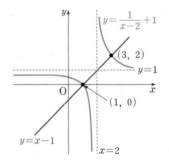

예2 두 함수 $y=\dfrac{x-2}{x-1}$, $y=4x+1$의 그래프의 위치 관계는?

$\dfrac{x-2}{x-1}=4x+1$에서 $(4x+1)(x-1)=x-2$

$(2x-1)^2=0$ $\therefore x=\dfrac{1}{2}$ $\left(\text{판별식 }\dfrac{D}{4}=0\right)$

따라서 교점의 좌표는 $\left(\dfrac{1}{2},3\right)$이므로 두 함수의 그래프는
한 점에서 만난다. (직선이 곡선에 접한다.)

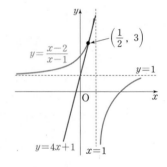

예3 두 함수 $y=\dfrac{5}{x+2}$, $y=-2x+1$의 그래프의 위치 관계는?

$\dfrac{5}{x+2}=-2x+1$에서 $5=(-2x+1)(x+2)$

$2x^2+3x+3=0$
이때 $D=9-24<0$이므로 두 함수의 그래프는 만나지 않는다.

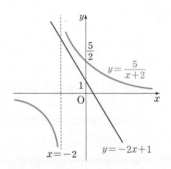

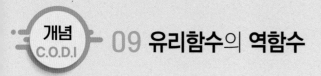

개념 C.O.D.I **09 유리함수의 역함수**

> 유리함수는 일대일대응이므로 역함수가 존재한다.
> **06** 단원에서 배운 방법으로 유리함수의 역함수를 구할 수 있다.

역함수 구하기

(i) 식을 x에 대하여 정리한다.

⬇

(ii) 정리한 식에서 x와 y를 바꿔 쓴다.

⬇

(iii) 정의역, 치역을 확인한다.

 유리함수 $f(x)=\dfrac{3}{x+2}-1$의 역함수를 구하시오.

$y=\dfrac{3}{x+2}-1$에서 $y+1=\dfrac{3}{x+2}$

$\dfrac{1}{y+1}=\dfrac{x+2}{3}$, $x=\dfrac{3}{y+1}-2$

$\therefore y=\dfrac{3}{x+1}-2$

	$f(x)=\dfrac{3}{x+2}-1$	$f^{-1}(x)=\dfrac{3}{x+1}-2$
정의역	$\{x\,\|\,x\neq-2\text{인 실수}\}$	$\{x\,\|\,x\neq-1\text{인 실수}\}$
치역	$\{y\,\|\,y\neq-1\text{인 실수}\}$	$\{y\,\|\,y\neq-2\text{인 실수}\}$
점근선	$x=-2,\ y=-1$	$x=-1,\ y=-2$

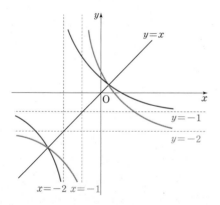

 유리함수 $f(x)=\dfrac{x+1}{2x+3}$의 역함수를 구하시오.

$y=\dfrac{x+1}{2x+3}$에서 $y(2x+3)=x+1$

$2xy+3y=x+1,\ 2xy-x=-3y+1$

$(2y-1)x=-3y+1,\ x=\dfrac{-3y+1}{2y-1}$

$\therefore y=\dfrac{-3x+1}{2x-1}$

	$f(x)=\dfrac{x+1}{2x+3}$	$f^{-1}(x)=\dfrac{-3x+1}{2x-1}$
정의역	$\left\{x\,\middle|\,x\neq-\dfrac{3}{2}\text{인 실수}\right\}$	$\left\{x\,\middle|\,x\neq\dfrac{1}{2}\text{인 실수}\right\}$
치역	$\left\{y\,\middle|\,y\neq\dfrac{1}{2}\text{인 실수}\right\}$	$\left\{y\,\middle|\,y\neq-\dfrac{3}{2}\text{인 실수}\right\}$
점근선	$x=-\dfrac{3}{2},\ y=\dfrac{1}{2}$	$x=\dfrac{1}{2},\ y=-\dfrac{3}{2}$

06 유리함수의 역함수 쉽게 구하기

01 $y = \dfrac{k}{x-m} + n$의 역함수

$$y = \dfrac{k}{x-n} + m$$

(m과 n을 바꿔 준다.)

증명 $y = \dfrac{k}{x-m} + n$에서 $y - n = \dfrac{k}{x-m}$

$\dfrac{1}{y-n} = \dfrac{x-m}{k}$, $x = \dfrac{k}{y-n} + m$

$\therefore y = \dfrac{k}{x-n} + m$

$$y = \dfrac{k}{x-m} + n \xleftrightarrow[\text{역함수}]{\text{그대로}} y = \dfrac{k}{x-n} + m$$

예1 $y = \dfrac{1}{x-2} + 4$의 역함수를 구하시오.

$y = \dfrac{1}{x-2} + 4 \rightarrow y = \dfrac{1}{x-4} + 2$

예2 $y = \dfrac{2}{x+1} - 3$의 역함수를 구하시오.

$y = \dfrac{2}{x-(-1)} + (-3)$

$\rightarrow y = \dfrac{2}{x-(-3)} + (-1)$

$\therefore y = \dfrac{2}{x+3} - 1$

02 $y = \dfrac{cx+d}{ax+b}$의 역함수

$$y = \dfrac{-bx+d}{ax-c}$$

(b와 c의 자리를 바꾸고, 부호를 반대로)

증명 $y = \dfrac{cx+d}{ax+b}$에서 $(ax+b)y = cx+d$

$(ay-c)x = -by+d$, $x = \dfrac{-by+d}{ay-c}$

$\therefore y = \dfrac{-bx+d}{ax-c}$

$$y = \dfrac{cx+d}{ax+b} \xleftrightarrow[\text{역함수}]{} y = \dfrac{-bx+d}{ax-c}$$

자리 바꾸고
부호는 반대로!

예 $y = \dfrac{3x+2}{x-5}$의 역함수를 구하시오.

$$y = \dfrac{3x+2}{x-5} \longrightarrow y = \dfrac{5x+2}{x-3}$$

[0836–0841] 다음 유리함수의 그래프의 대칭성을 조사
하시오.

0836

$y=\dfrac{4}{x}$

0837

$y=-\dfrac{2}{x}-1$

0838

$y=\dfrac{1}{x-2}$

0839

$y=\dfrac{2}{x+1}-3$

0840

$y=\dfrac{-2x}{x+1}$

0841

$y=\dfrac{-3x+8}{x-4}$

[0842–0847] 다음 유리함수의 역함수를 구하시오.

0842

$y=\dfrac{1}{x}$

0843

$y=-\dfrac{5}{x}$

0844

$y=\dfrac{2}{x-3}$

0845

$y=\dfrac{-2}{x}+1$

0846

$y=\dfrac{1}{x+2}+1$

0847

$y=\dfrac{-3x+2}{x-1}$

[0848–0850] 다음 곡선과 직선의 위치 관계를 구하시
오.

0848

$y=\dfrac{1}{x-2}$, $y=x-1$

0849

$y=\dfrac{x-2}{x-1}$, $y=4x+1$

0850

$y=\dfrac{5}{x+2}$, $y=-2x+1$

Style 01 유리식의 사칙연산 (1)

0851
다음 식을 간단히 하시오.

$$\frac{1}{x+\sqrt{2}}+\frac{1}{x-\sqrt{2}}-\frac{2x}{x^2+2}-\frac{8x}{x^4+4}$$

0852
x에 대한 유리식

$$\frac{1}{x+1}+\frac{1}{x^2-x+1}-\frac{2}{x^3+1}$$

를 계산하여 정리한 식이 $\frac{f(x)}{g(x)}$일 때, $f(2)+g(1)$의 값은? (단, $f(x)$, $g(x)$는 x에 대한 다항식)

① 2   ② 4   ③ 6
④ 8   ⑤ 10

0853
다음 식을 간단히 하시오.

$$\frac{x^2+3x}{x^3-2x^2-x+2}\div\frac{x^2-x}{x^3-8}\times\frac{x^2-1}{x^2+5x+6}$$

Style 02 유리식의 사칙연산 (2)

0854
$x\neq2$, $x\neq-3$인 모든 실수 x에 대하여

$$\frac{2}{x+3}-\frac{1}{x-2}=\frac{ax+b}{x^2+x-6}$$

가 성립할 때, $2a+b$의 값은? (단, a, b는 상수)

① -5 ② -2 ③ 0
④ 2   ⑤ 5

0855
$x\neq-1$, $x\neq-2$인 모든 실수 x에 대하여

$$\frac{p}{x+1}+\frac{q}{x+2}=\frac{x+4}{x^2+3x+2}$$

가 성립할 때, $p-q$의 값은? (단, p, q는 상수)

① -5 ② -2 ③ 0
④ 2   ⑤ 5

Level up
0856
$x\neq-2$, $x\neq2$인 모든 실수 x에 대하여

$$\frac{a}{x-2}+\frac{b}{x+2}-\frac{3a-1}{x^2-4}=\frac{3}{x^2-4}$$

이 성립할 때, a^2+b^2의 값은? (단, a, b는 상수)

① 5   ② 8   ③ 10
④ 13   ⑤ 25

Style 03 번분수식의 계산

0857

$\dfrac{\dfrac{x}{x-1}}{1-\dfrac{1}{x}}=\left(\dfrac{ax}{bx+c}\right)^2$ 이 $x\neq p$, $x\neq q$인 모든 실수 x에 대

하여 성립할 때, $a+b+c+p+q$의 값은?

(단, a, b, c, p, q는 상수)

① -2 ② -1 ③ 0

④ 1 ⑤ 2

Level up

0858

다음 식을 간단히 하시오.

$$1-\cfrac{1}{1-\cfrac{1}{2-\cfrac{1}{x-1}}}$$

0859

다음 식을 간단히 하시오.

$$\frac{\dfrac{x}{x+1}-\dfrac{x+2}{x+3}}{\dfrac{1}{x-1}-\dfrac{1}{x+1}}$$

Style 04 복잡한 분수식의 계산

0860

$x\neq 0$, $x\neq -1$, $x\neq -2$, $x\neq -3$인 모든 실수 x에 대하여

$$\frac{1}{x}-\frac{1}{x+1}-\frac{1}{x+2}+\frac{1}{x+3}$$
$$=\frac{2(ax+b)}{x(x+1)(x+2)(x+3)}$$

가 성립할 때, ab의 값은? (단, a, b는 상수)

① 1 ② 2 ③ 4

④ 6 ⑤ 8

Level up

0861

$x\neq 0$, $x\neq -1$, $x\neq -2$, $x\neq -3$인 모든 실수 x에 대하여

$$\frac{x+2}{x}-\frac{x+3}{x+1}-\frac{x+4}{x+2}+\frac{x+5}{x+3}$$
$$=\frac{m(2x+n)}{x(x+1)(x+2)(x+3)}$$

이 성립할 때, $m+n$의 값은? (단, m, n은 상수)

① 5 ② 6 ③ 7

④ 8 ⑤ 9

Level up

0862

$x\neq 0$, $x\neq 1$, $x\neq 2$인 모든 실수 x에 대하여

$$\frac{(x-1)^2}{x^2-2x}-\frac{2x^2-6x+5}{x^2-3x+2}+1=-\frac{1}{f(x)}$$

이 성립할 때, $f(3)$의 값은?

(단, $f(x)$는 x에 대한 다항식)

① 5 ② 6 ③ 7

④ 8 ⑤ 9

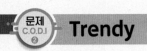
Style 05 **부분분수 변형식**

0863

$x\neq-1$, $x\neq-2$, $\cdots$, $x\neq-20$인 모든 실수 x에 대하여

$$\frac{1}{(x+1)(x+2)}+\frac{1}{(x+2)(x+3)}+\cdots$$
$$+\frac{1}{(x+19)(x+20)}=\frac{c}{(x+a)(x+b)}$$

가 성립할 때, $a+b-c$의 값은? (단, a, b, c는 상수)

① 1   ② 2   ③ 3

④ 4   ⑤ 5

0864

다음 식을 간단히 하시오.

$$\frac{1}{x(x+1)}+\frac{2}{(x+1)(x+3)}+\frac{3}{(x+3)(x+6)}$$

Level up
0865

$f(x)=\dfrac{1}{x(x+1)}$에 대하여 $f(1)+f(2)+\cdots+f(15)$

의 값은 $\dfrac{m}{n}$이다. $m-n$의 값은?

(단, m, n은 서로소인 자연수)

① -2 ② -1 ③ 1

④ 2   ⑤ 3

Level up
0866

$f(x)=\dfrac{1}{4x^2-1}$에 대하여 $f(1)+f(2)+\cdots+f(10)$의

값을 구하시오.

Style 06 **유리식의 값 구하기**(1)

0867

$a+b=3\sqrt{2}$, $ab=4$일 때, $\dfrac{b}{a}+\dfrac{a}{b}$의 값은?

① 1   ② $\dfrac{3}{2}$ ③ 2

④ $\dfrac{5}{2}$ ⑤ 3

0868

$a+b=4$, $ab=2$일 때, $\dfrac{a^2-b^2}{a^2+b^2-2ab}$의 값은?

(단, $a>b$)

① 1   ② $\sqrt{2}$ ③ $\sqrt{3}$

④ 2   ⑤ $\sqrt{5}$

모의고사 기출
0869

서로 다른 두 실수 a, b에 대하여

$$\frac{(a-5)^2}{a-b}+\frac{(b-5)^2}{b-a}=0$$

일 때, $a+b$의 값을 구하시오.

수능기출
0870

$x=\sqrt{2}$일 때, $\dfrac{3}{x-\dfrac{x-1}{x+1}}$의 값은?

① $\sqrt{2}+1$ ② $2(\sqrt{2}+1)$ ③ $3(\sqrt{2}+1)$

④ $4(\sqrt{2}+1)$ ⑤ $5(\sqrt{2}+1)$

Style 07 유리식의 값 구하기 (2)

Level up

0871

$x^2-3x+1=0$일 때, $\dfrac{x^4+2x^3-3x^2+2x+1}{x^2}$의 값은?

① 6   ② 8   ③ 10

④ 12   ⑤ 14

0872

다음은 $a+b+c=0$일 때, $\dfrac{b}{a}+\dfrac{a}{b}+\dfrac{c}{b}+\dfrac{b}{c}+\dfrac{c}{a}+\dfrac{a}{c}$ 의 값을 구하는 과정이다. (단, $abc\neq0$)

$$\dfrac{b}{a}+\dfrac{a}{b}+\dfrac{c}{b}+\dfrac{b}{c}+\dfrac{c}{a}+\dfrac{a}{c}$$
$$=\dfrac{\boxed{(가)}}{a}+\dfrac{\boxed{(나)}}{b}+\dfrac{\boxed{(다)}}{c}$$

에서 $a+b+c=0$을 이항하여 대입하면

(i) $a=\boxed{(라)}$ 이므로 $\dfrac{\boxed{(가)}}{a}=\dfrac{\boxed{(가)}}{\boxed{(라)}}=-1$

(ii) $b=\boxed{(마)}$ 이므로 $\dfrac{\boxed{(나)}}{b}=\dfrac{\boxed{(나)}}{\boxed{(마)}}=-1$

(iii) $c=\boxed{(바)}$ 이므로 $\dfrac{\boxed{(다)}}{c}=\dfrac{\boxed{(다)}}{\boxed{(바)}}=-1$

따라서 주어진 유리식의 값은 -3이다.

빈칸을 알맞게 채우시오.

Level up

0873

$a+2b+3c=0$일 때, $\dfrac{2b}{a}+\dfrac{a}{b}+\dfrac{3c}{b}+\dfrac{2b}{c}+\dfrac{3c}{a}+\dfrac{a}{c}$ 의 값을 구하시오.

Style 08 유리식과 비례식

0874

$x:y:z=2:1:3$일 때, $\dfrac{x^3+y^3+z^3}{3xyz}$의 값은?

① 1   ② 2   ③ 3

④ 4   ⑤ 5

Level up

0875

$(x+y):(y+z):(z+x)=5:7:6$일 때,

$\dfrac{x^2+y^2+z^2}{xy+yz+zx}=\dfrac{m}{n}$이 성립한다. $m-n$의 값은?

(단, m, n은 서로소인 자연수)

① 1   ② 2   ③ 3

④ 4   ⑤ 5

0876

다음은 $a-4b+c=0$, $2a+b-c=0$일 때, $\dfrac{c^2}{ab}$의 값을 구하는 과정이다. (단 $abc\neq0$)

$a-4b+c=0$ $\cdots$ ㉠, $2a+b-c=0$ $\cdots$ ㉡

위의 두 식을 연립하여 c를 소거하면

$a=\boxed{(가)}$ 이고

이를 ㉠에 대입하면 $c=\boxed{(나)}$ 이므로

$a:b:c=1:\boxed{(다)}:\boxed{(라)}$

$\therefore \dfrac{c^2}{ab}=\boxed{(마)}$

빈칸을 알맞게 채우시오.

Level up

0877

$2a=3b$, $a+b-c=0$일 때, $\dfrac{a^2+b^2+c^2}{a^2+bc}$의 값을 구하시오. (단, $abc\neq0$)

Style 09 유리함수의 그래프

0878
다음 함수 중 그 그래프를 $y=\dfrac{1}{3x}$ 과 $y=\dfrac{3}{x}$ 의 그래프 사이에 그릴 수 있는 것은?

① $y=\dfrac{4}{x}$ ② $y=\dfrac{2}{x-1}$ ③ $y=\dfrac{1}{2x}$

④ $y=-\dfrac{1}{x}$ ⑤ $y=-\dfrac{2}{x}$

0879
$y=\dfrac{4x-1}{x+1}$ 의 그래프에 대한 설명으로 옳은 것을 보기에서 모두 고른 것은?

보기
ㄱ. $y=\dfrac{4}{x}$ 의 그래프를 평행이동한 것이다.

ㄴ. 점근선의 방정식은 $x=-1$, $y=4$이다.

ㄷ. 점 $(-2, 9)$를 지난다.

① ㄱ ② ㄴ ③ ㄱ, ㄷ
④ ㄴ, ㄷ ⑤ ㄱ, ㄴ, ㄷ

모의고사 기출
0880
유리함수 $f(x)=\dfrac{x+b}{x-a}$ 의 그래프가 점 $(3, 7)$을 지나고, 직선 $x=2$를 한 점근선으로 가질 때, $a+b$의 값은? (단, a, b는 상수이다.)

① 6 ② 7 ③ 8
④ 9 ⑤ 10

Style 10 유리함수의 그래프의 평행이동

0881
함수 $y=\dfrac{2}{x}$ 의 그래프를 x축의 방향으로 m만큼, y축의 방향으로 n만큼 평행이동하면 $y=\dfrac{nx+4}{x-2}$ 의 그래프와 일치한다. mn의 값은?

① -3 ② -2 ③ -1
④ 1 ⑤ 2

0882
함수 $y=\dfrac{-3x+1}{x+2}$ 의 그래프를 x축의 방향으로 -1만큼, y축의 방향으로 2만큼 평행이동한 그래프의 두 점근선의 교점은 (p, q)이다. $p-q$의 값은?

① -3 ② -2 ③ -1
④ 1 ⑤ 2

모의고사 기출
0883
유리함수 $f(x)=\dfrac{3x+k}{x+4}$ 의 그래프를 x축의 방향으로 -2만큼, y축의 방향으로 3만큼 평행이동한 곡선을 $y=g(x)$라 하자. 곡선 $y=g(x)$의 두 점근선의 교점이 곡선 $y=f(x)$ 위의 점일 때, 상수 k의 값은?

① -6 ② -3 ③ 0
④ 3 ⑤ 6

Style 11 유리함수의 그래프의 점근선

0884

유리함수 $y=\dfrac{ax-1}{3x-2}\,(a\neq0)$의 그래프의 두 점근선의 교점의 좌표가 $\left(b,\ \dfrac{1}{3}\right)$일 때, $a+b$의 값은?

(단, a, b는 상수)

① $\dfrac{2}{3}$ ② 1 ③ $\dfrac{4}{3}$

④ $\dfrac{5}{3}$ ⑤ 2

0885

함수 $f(x)=\dfrac{-x+3}{x-2}$의 그래프의 두 점근선의 교점과 직선 $y=\dfrac{3}{4}x$ 사이의 거리는?

① 1 ② $\dfrac{6}{5}$ ③ $\dfrac{7}{5}$

④ 2 ⑤ $\dfrac{12}{5}$

Level up

0886

함수 $f(x)=\dfrac{x}{2x-1}$의 그래프를 x축의 방향으로 2만큼, y축의 방향으로 -3만큼 평행이동한 그래프의 함수를 $y=g(x)$라 하자. 두 함수 $y=f(x)$, $y=g(x)$의 그래프의 점근선들로 둘러싸인 도형의 넓이를 구하시오.

0887

유리함수 $y=\dfrac{3}{x-a}+2a-4$의 그래프의 두 점근선의 교점이 직선 $y=3x-1$ 위의 점일 때, 상수 a의 값은?

① -3 ② -1 ③ 1

④ 3 ⑤ 5

Style 12 유리함수의 그래프가 지나는 사분면

0888

곡선 $y=\dfrac{2x}{x-3}$가 지나지 않는 사분면을 구하시오.

0889

함수 $f(x)=\dfrac{k}{x-1}+2$의 그래프가 제3사분면을 지나지 않도록 하는 상수 k의 최댓값은? (단, $k\neq0$)

① -1 ② 1 ③ 2

④ 3 ⑤ 4

모의고사 기출

0890

함수 $y=\dfrac{3x+k-10}{x+1}$의 그래프가 제4사분면을 지나도록 하는 자연수 k의 개수는?

① 5 ② 7 ③ 9

④ 11 ⑤ 13

0891

함수 $y=\dfrac{k}{x+m}+n$의 그래프가 오른쪽 그림과 같을 때, $k+m+n$의 값은?

(단, k, m, n은 상수)

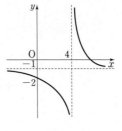

① -2 　　② -1 　　③ 0

④ 1 　　⑤ 2

0892

함수 $y=\dfrac{bx+c}{x+a}$의 그래프가 오른쪽 그림과 같을 때, abc의 값은? (단, a, b, c는 상수)

① -6 　　② -3

③ -2 　　④ 2

⑤ 3

Level up

0893

함수 $y=\dfrac{ax+b}{x-a}$의 그래프가 원점을 지나고 두 점근선과 x축, y축으로 둘러싸인 도형의 넓이가 4이다. 이 그래프가 점 $(1, p)$를 지날 때, 실수 p의 값을 구하시오.

(단, a, b는 상수이고 $a>0$)

0894

함수 $y=\dfrac{3x-1}{x-1}$의 그래프가 직선 $y=x+m$, $y=-x+n$에 대하여 대칭일 때, $m+n$의 값은?

(단, m, n은 상수)

① 0 　　② 2 　　③ 4

④ 6 　　⑤ 8

0895

함수 $y=\dfrac{3x+2}{2x-1}$의 그래프가 두 직선 l, m에 대하여 대칭이다. 두 직선 l, m과 x축으로 둘러싸인 도형의 넓이는?

① $\dfrac{3}{2}$ 　　② $\dfrac{7}{4}$ 　　③ 2

④ $\dfrac{9}{4}$ 　　⑤ $\dfrac{5}{2}$

Level up

0896

함수 $y=\dfrac{2}{x+m}+n$의 그래프가 두 직선 $y=x+1$, $y=-x-5$에 대하여 대칭일 때, $m+n$의 값은?

(단, m, n은 상수)

① 1 　　② 2 　　③ 3

④ 4 　　⑤ 5

Level up

0897

함수 $y=\dfrac{ax+4}{x+2}$의 그래프가 두 직선 $y=x$, $y=-x+k$에 대하여 대칭일 때, 상수 k의 값을 구하시오.

(단, a는 상수)

Style 15 **유리함수의 최대·최소**

0898

$5 \le x \le 7$에서 함수 $y = \dfrac{-2x+9}{x-4}$의 최댓값과 최솟값을 구하시오.

0899

$-7 \le x \le -1$에서 함수 $y = \dfrac{5x+3}{x-1}$의 최댓값과 최솟값을 구하시오.

Level up
0900

$-1 \le x \le a$에서 함수 $y = \dfrac{k}{x+2} - 3$의 최댓값이 -5, 최솟값이 -13일 때, $a+k$의 값을 구하시오.

(단, a, k는 상수)

Level up
0901

점 $(1, 2)$와 곡선 $y = \dfrac{2x-1}{x-1}$ 사이의 거리의 최솟값을 구하시오.

Style 16 **유리함수의 역함수와 합성함수**

0902

함수 $f(x) = \dfrac{3}{x-5} + 2$에 대하여 $f^{-1}(1)$의 값을 구하시오.

Level up
0903

함수 $f(x) = \dfrac{bx-1}{ax+1}$의 역함수가 $f^{-1}(x) = \dfrac{-x+c}{2x-1}$일 때, $a+b+c$의 값은? (단, a, b, c는 상수)

① 1   ② 2   ③ 3
④ 4   ⑤ 5

0904

함수 $f(x) = \dfrac{-x+2}{x-3}$의 그래프의 두 점근선과 역함수 $y = f^{-1}(x)$의 그래프의 두 점근선으로 둘러싸인 도형의 넓이를 구하시오.

0905

두 함수 $f(x) = \dfrac{4x-2}{x+2}$, $g(x) = \dfrac{-x}{2x+3}$에 대하여 $(g \circ f)^{-1}(1)$의 값을 구하시오.

0906

다음 식을 간단히 하시오.

$$\frac{1}{(3n-1)(3n+2)}+\frac{1}{(3n+2)(3n+5)}$$
$$+\frac{1}{(3n+5)(3n+8)}+\frac{1}{(3n+8)(3n+11)}$$

0907

x에 대한 유리식

$$f(x)=\frac{\dfrac{1}{x}-\dfrac{1}{x+1}}{\dfrac{1}{x}-\dfrac{1}{x+2}}$$

에 대하여 $f(a)=\dfrac{1}{3}$ 을 만족하는 상수 a의 값은?

① -5 ② -4 ③ -3

④ -2 ⑤ -1

Level up

0908

$x\neq-1$인 모든 실수에 대하여 등식

$$\frac{x^4+2}{(x+1)^5}=\frac{a_1}{x+1}+\frac{a_2}{(x+1)^2}+\frac{a_3}{(x+1)^3}$$
$$+\frac{a_4}{(x+1)^4}+\frac{a_5}{(x+1)^5}$$

가 성립할 때, $a_1+a_2+a_3+a_4+a_5$의 값은?

① 2   ② 4   ③ 8

④ 16   ⑤ 32

0909

유리식 $\dfrac{3}{x-1}$이 정수가 되도록 하는 모든 실수 x의 값의 합은?

① 1   ② 2   ③ 3

④ 4   ⑤ 5

Level up

0910

$x\neq-2$인 실수 x에 대하여 유리식 $\dfrac{2x+10}{x+2}$의 값이 정수가 되도록 하는 x의 값의 개수는?

① 4   ② 6   ③ 8

④ 10   ⑤ 12

0911

$\dfrac{1}{x}:\dfrac{1}{y}:\dfrac{1}{z}=1:2:3$인 세 실수 x, y, z에 대하여

$\dfrac{x^2+4y^2+9z^2}{xy+yz+zx}$의 값은?

① 1   ② $\dfrac{3}{2}$ ③ 2

④ $\dfrac{5}{2}$ ⑤ 3

0912

$a+b+c=0$인 세 실수 a, b, c에 대하여

$\dfrac{(a+b)(b+c)(c+a)}{abc}$의 값을 구하시오. (단, $abc\neq0$)

0913

유리함수 $f(x)=\dfrac{nx+n^2-3n}{x-2n}$의 그래프가 원점을 지날 때, 점근선의 방정식은 $x=p$, $y=q$이다. $p+q$의 값은? (단, n, p, q는 상수)

① 3   ② 5   ③ 7

④ 9   ⑤ 11

0914

함수 $y=\dfrac{ax+1}{bx+1}$ 의 그래프가 점 $(2,\ 3)$을 지나고 직선 $y=2$를 한 점근선으로 가질 때, a^2+b^2의 값은?

(단, a와 b는 0이 아닌 상수이다.)

① 2　　　　　② 5　　　　　③ 8

④ 11　　　　　⑤ 14

0915

$a \leq x \leq a+2$에서 함수 $f(x)=\dfrac{2x-1}{x-1}$의 최솟값이 $\dfrac{7}{3}$일 때, 최댓값을 구하시오. (단, $a>1$)

0916

점 $\mathrm{A}(3,\ 2)$와 함수 $y=\dfrac{-4}{x-3}+2$의 그래프 위의 점 P에 대하여 $\overline{\mathrm{AP}}$의 최솟값을 구하시오.

0917

함수 $f(x)=\dfrac{-3x+4}{2x+1}$에 대하여

$(f \circ f)^{-1}(-1)=-\dfrac{n}{m}$이다. $m+n$의 값은? (단, $m,\ n$은 서로소인 자연수)

① 6　　　　　② 10　　　　　③ 14

④ 18　　　　　⑤ 22

0918

함수 f에 대하여 $f^1=f$, $f^{n+1}=f \circ f^n$이라 정의하자. $f(x)=\dfrac{-1}{x+1}+1$일 때, $f^{98}\left(\dfrac{1}{2}\right)$의 값을 구하시오.

0919

두 함수 $f(x)=-\dfrac{3}{x}+4$, $g(x)=3x+k$의 그래프가 두 점에서 만나지 않도록 하는 상수 k의 값의 범위를 구하시오.

0920

$a>2$인 실수 a에 대하여 함수 $y=\dfrac{4}{x-2}+1$의 그래프 위의 점 $\mathrm{P}(a,\ b)$에서 x축, y축에 내린 수선의 발을 각각 H, H'이라 하자. $\square\mathrm{PHOH}'$의 둘레의 길이의 최솟값은? (단, O는 원점)

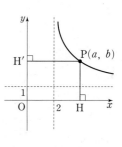

① 2　　　　　② 6　　　　　③ 10

④ 14　　　　　⑤ 18

'명백한(Obvious)'은 수학에서
가장 위험한 단어다

-에릭 템플 벨-

08 무리식과 무리함수

제곱수가 아닌 수에 $\sqrt{}$ (근호)를 씌우면 무리수가
된다. ($\sqrt{2}, \sqrt{3}, \sqrt{5}, \cdots$)
그렇다면 문자식에 $\sqrt{}$ 를 씌우면 어떨까?
$\sqrt{}$ 가 정리되지 않는 문자식, 완전제곱식이 아닌
문자식에 근호를 씌운 식을 무리식이라 생각하면
이해가 쉽다. 이 단원에서는 무리식의 정확한
의미와 성질, 계산 방법을 배울 것이다. 제곱근을
이해하고 있다면 어렵지 않다.
무리식으로 된 함수를 무리함수라 한다. 무리함수
의 그래프의 성질, 무리함수의 역함수 등에
대해서도 공부해 보자.

01 무리식의 뜻과 실수 조건

01 무리식의 뜻

- 근호가 정리되지 않는 문자식
- 근호 안에 문자가 포함되고 유리식으로 나타낼 수 없는 식

(i) $\sqrt{x}$, $\sqrt{x-1}$, $2x-\sqrt{x^2+1}$, $\dfrac{\sqrt{-3x+2}-1}{x+3}$과

같이 근호 안에 문자가 있는 식들이 무리식이다.

(ii) 근호가 있더라도 유리식으로 정리가 되면 무리식
이 아니다.

다음의 식들은 무리식이 아닌 유리식이다.

- $\sqrt{x^2-2x+1}=\sqrt{(x-1)^2}=|x-1|$
- $\sqrt{\dfrac{1}{x^2}}=\sqrt{\left(\dfrac{1}{x}\right)^2}=\left|\dfrac{1}{x}\right|$

02 무리식의 값과 실수 조건

- 무리식의 문자에 값을 대입하여 계산한 결과를 무리식의 값
  이라고 한다.
- 무리식의 값이 실수가 되는 값만 대입하는 것을 원칙으로
  한다.

예를 들어 $\sqrt{x-5}$에 $x=2$를 대입하면 $\sqrt{-3}=\sqrt{3}\,i$로
허수가 된다. 이런 값들은 무리식에 대입하지 않기로
한다. 따라서 무리식 $\sqrt{x-5}$에 대입할 수 있는 값의
범위는 $x-5\geq0$, 즉 $x\geq5$이다.

$\sqrt{f(x)}$ 에서 $f(x)\geq0$: 근호 안의 식은 0 이상!

무리식의 범위에 대한 조건이 없는 경우, 근호 안의
식이 0 이상이 되는 값을 대입한다고 생각하면 된다.

02 무리식의 성질과 계산

> 무리식에는 근호가 있다. 따라서 무리식의 계산은 근호의
> 계산 방법과 동일하다.

01 제곱의 제곱근 (1)

1 $\sqrt{a^2}=|a|=\begin{cases} a & (a\geq0) \\ -a & (a<0) \end{cases}$

2 $\sqrt{(a-b)^2}=|a-b|=\begin{cases} a-b & (a\geq b) \\ -a+b & (a<b) \end{cases}$

 수 무리식

- $\sqrt{2^2}=2$
- $\sqrt{(-3)^2}$
  $=-(-3)$
  $=3$

- $x\geq1$일 때,
  $\sqrt{(x-1)^2}=|x-1|$
  $=x-1$
- $x<-2$일 때,
  $\sqrt{(x+2)^2}=|x+2|$
  $=-x-2$

02 제곱근의 곱셈과 나눗셈

$a>0$, $b>0$일 때,

1 $\sqrt{a}\sqrt{b}=\sqrt{ab}$ 2 $\dfrac{\sqrt{a}}{\sqrt{b}}=\sqrt{\dfrac{a}{b}}$

 수   무리식

$\sqrt{2}\sqrt{3}=\sqrt{6}$

$x\geq2$일 때,
$\sqrt{x-2}\sqrt{x-1}$
$=\sqrt{(x-2)(x-1)}$
$=\sqrt{x^2-3x+2}$

 수   무리식

$\dfrac{\sqrt{3}}{\sqrt{5}}=\sqrt{\dfrac{3}{5}}$

$x\geq2$일 때,
$\dfrac{\sqrt{x-2}}{\sqrt{x-1}}=\sqrt{\dfrac{x-2}{x-1}}$

03 제곱의 제곱근 (2)

$a>0$, $b>0$일 때,

1 $\sqrt{a^2 b}=a\sqrt{b}$ 　　　2 $\sqrt{\dfrac{a}{b^2}}=\dfrac{\sqrt{a}}{b}$

 예1　수　　　　　　　　　무리식

$$\sqrt{12}=\sqrt{2^2\cdot 3}$$
$$=2\sqrt{3}$$

$x\geq 1$일 때,
$$\sqrt{x^3-2x^2+x}=\sqrt{(x-1)^2 x}$$
$$=(x-1)\sqrt{x}$$

예2　수　　　　　　　　　무리식

$$\sqrt{\dfrac{3}{4}}=\sqrt{\dfrac{3}{2^2}}$$
$$=\dfrac{\sqrt{3}}{2}$$

$x>1$일 때,
$$\sqrt{\dfrac{x+2}{x^2-2x+1}}=\sqrt{\dfrac{x+2}{(x-1)^2}}$$
$$=\dfrac{\sqrt{x+2}}{x-1}$$

04 제곱근의 덧셈과 뺄셈

$a>0$이고 m, n은 유리수일 때,

1 $m\sqrt{a}+n\sqrt{a}=(m+n)\sqrt{a}$
2 $m\sqrt{a}-n\sqrt{a}=(m-n)\sqrt{a}$

 예1　수　　　　　　　　　무리식

- $3\sqrt{2}+4\sqrt{2}=7\sqrt{2}$　　$x\geq 0$일 때,
- $\dfrac{\sqrt{5}}{3}+\dfrac{\sqrt{5}}{4}=\dfrac{7\sqrt{5}}{12}$　　
  - $2\sqrt{x}+6\sqrt{x}=8\sqrt{x}$
  - $x\sqrt{x}+(2x-1)\sqrt{x}$
    $=(3x-1)\sqrt{x}$

예2　수　　　　　　　　　무리식

- $3\sqrt{2}-4\sqrt{2}=-\sqrt{2}$　　$x\geq 0$일 때,
- $\dfrac{\sqrt{5}}{3}-\dfrac{\sqrt{5}}{4}=\dfrac{\sqrt{5}}{12}$　　
  - $2\sqrt{x}-6\sqrt{x}=-4\sqrt{x}$
  - $x\sqrt{x}-(2x-1)\sqrt{x}$
    $=(-x+1)\sqrt{x}$

05 분모의 유리화 (1)

$a>0$, $b>0$일 때,

$$\dfrac{\sqrt{a}}{\sqrt{b}}=\dfrac{\sqrt{a}\sqrt{b}}{\sqrt{b}\sqrt{b}}=\dfrac{\sqrt{ab}}{\sqrt{b^2}}=\dfrac{\sqrt{ab}}{b}$$

 예　 수

$$\dfrac{\sqrt{2}}{\sqrt{3}}=\dfrac{\sqrt{2}\sqrt{3}}{\sqrt{3}\sqrt{3}}=\dfrac{\sqrt{6}}{3}$$

무리식

$x>1$일 때,

$$\dfrac{\sqrt{x+1}}{\sqrt{x-1}}=\dfrac{\sqrt{x+1}\sqrt{x-1}}{\sqrt{x-1}\sqrt{x-1}}$$
$$=\dfrac{\sqrt{(x+1)(x-1)}}{\sqrt{(x-1)^2}}$$
$$=\dfrac{\sqrt{x^2-1}}{x-1}$$

06 분모의 유리화 (2)

$a>0$, $b>0$일 때,

1 $\dfrac{1}{\sqrt{a}+\sqrt{b}}=\dfrac{\sqrt{a}-\sqrt{b}}{(\sqrt{a}+\sqrt{b})(\sqrt{a}-\sqrt{b})}=\dfrac{\sqrt{a}-\sqrt{b}}{a-b}$

2 $\dfrac{1}{\sqrt{a}-\sqrt{b}}=\dfrac{\sqrt{a}+\sqrt{b}}{(\sqrt{a}-\sqrt{b})(\sqrt{a}+\sqrt{b})}=\dfrac{\sqrt{a}+\sqrt{b}}{a-b}$

 예1　수

$$\dfrac{\sqrt{2}}{\sqrt{3}+\sqrt{2}}=\dfrac{\sqrt{2}(\sqrt{3}-\sqrt{2})}{(\sqrt{3}+\sqrt{2})(\sqrt{3}-\sqrt{2})}=\dfrac{\sqrt{2}(\sqrt{3}-\sqrt{2})}{1}$$
$$=\sqrt{6}-2$$

무리식

$x\geq 0$일 때,

$$\dfrac{1}{\sqrt{x+1}+\sqrt{x}}=\dfrac{\sqrt{x+1}-\sqrt{x}}{(\sqrt{x+1}+\sqrt{x})(\sqrt{x+1}-\sqrt{x})}$$
$$=\sqrt{x+1}-\sqrt{x}$$

 예2　수

$$\dfrac{2}{3-\sqrt{5}}=\dfrac{2(3+\sqrt{5})}{(3-\sqrt{5})(3+\sqrt{5})}=\dfrac{2(3+\sqrt{5})}{4}=\dfrac{3+\sqrt{5}}{2}$$

무리식

$x\geq 0$일 때,

$$\dfrac{\sqrt{x}}{\sqrt{x+1}-\sqrt{x}}=\dfrac{\sqrt{x}(\sqrt{x+1}+\sqrt{x})}{(\sqrt{x+1}-\sqrt{x})(\sqrt{x+1}+\sqrt{x})}$$
$$=\sqrt{x(x+1)}+\sqrt{x^2}=\sqrt{x^2+x}+x$$

[0921-0928] 다음 무리식의 값이 실수가 되도록 하는 실수 x의 값의 범위를 구하시오.

0921
$\sqrt{x+5}$

0922
$\sqrt{4-2x}$

0923
$\dfrac{1}{\sqrt{x+5}}$

0924
$\dfrac{1}{\sqrt{4-2x}}$

0925
$\sqrt{x^2-6x+9}$

0926
$\dfrac{1}{\sqrt{x^2-6x+9}}$

0927
$\sqrt{x-2}+\sqrt{x+1}$

0928
$\sqrt{1-x}-\sqrt{x+3}$

[0929-0932] 다음 식을 간단히 하시오.

0929
$x<0$일 때, $\sqrt{x^2}+\sqrt{x^2-2x+1}$

0930
$0\le x<1$일 때, $\sqrt{x^2}+\sqrt{x^2-2x+1}$

0931
$x\ge 1$일 때, $\sqrt{x^2}+\sqrt{x^2-2x+1}$

0932
$a>0$, $b<0$일 때, $\sqrt{a^2}-\sqrt{(b-1)^2}+\sqrt{(a-b)^2}$

[0933-0938] 다음 식을 계산하시오.

0933
$x\ge 0$일 때, $\sqrt{x^3+10x^2+25x}$

0934
$(\sqrt{x+1}+\sqrt{x})^2$

0935
$(\sqrt{a}-\sqrt{b})^2$

0936
$(\sqrt{x+1}+\sqrt{x})(\sqrt{x+1}-\sqrt{x})$

0937
$(\sqrt{a}-\sqrt{b})(\sqrt{a}+\sqrt{b})$

0938
$x\sqrt{2x+1}-\sqrt{2x+1}$

[0939-0943] 다음 식의 분모를 유리화하시오.

0939
$\dfrac{1}{\sqrt{a}+\sqrt{b}}$

0940
$\dfrac{1}{\sqrt{a}-\sqrt{b}}$

0941
$\dfrac{\sqrt{a}-\sqrt{b}}{\sqrt{a}+\sqrt{b}}$

0942
$\dfrac{1}{\sqrt{x+1}-\sqrt{x}}$

0943
$\dfrac{\sqrt{x}}{\sqrt{x}+\sqrt{x-1}}$

개념 C.O.D.I 03 무리함수

① 무리함수: 무리식으로 된 함수

  $f(x)$가 무리식일 때, 함수 $y=f(x)$를 무리함수라 한다.

② 무리함수의 정의역

  ⇨ ($\sqrt{}$ 안의 식)≥0을 만족하는 x의 값의 집합

(ⅰ) $y=\sqrt{x}$, $y=\sqrt{x-1}$, $f(x)=2x-\sqrt{x}$,

$$g(x)=\frac{\sqrt{-3x+2}-1}{x+3}$$

등은 무리식으로 된 함수이므로 모두 무리함수이다. 하지만 고등학교 1학년 과정에서는 근호 안에만 문자가 있고, 근호 안이 일차식인 경우만 다룬다.

(ⅱ) 함숫값이 실수가 되려면 무리식이 실수가 되는 값을 대입해야 하므로 근호 안의 식의 값이 0 또는 양수가 되는 값을 정의역의 원소로 갖는다.

개념 C.O.D.I 04 무리함수의 그래프 (1): 기본형

무리함수의 기본형의 그래프 모양을 알아보자. 다음 네 가지 무리함수의 그래프를 그려볼 것이다.

$$y=\sqrt{x},\ y=\sqrt{2x},\ y=\sqrt{-x},\ y=\sqrt{-2x}$$

① $y=\sqrt{x}$의 그래프가 지나는 점

  ⇨ $(0,0)$, $(1,1)$, $(4,2)$, $(9,3)$, …

② $y=\sqrt{2x}$의 그래프가 지나는 점

  ⇨ $(0,0)$, $\left(\frac{1}{2},1\right)$, $(2,2)$, $\left(\frac{9}{2},3\right)$, …

③ $y=\sqrt{-x}$의 그래프가 지나는 점

  ⇨ $(0,0)$, $(-1,1)$, $(-4,2)$, $(-9,3)$, …

④ $y=\sqrt{-2x}$의 그래프가 지나는 점

  ⇨ $(0,0)$, $\left(-\frac{1}{2},1\right)$, $(-2,2)$, $\left(-\frac{9}{2},3\right)$, …

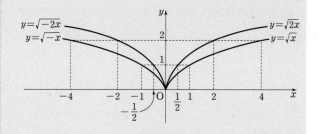

$y=\sqrt{ax}$ 의 그래프

$a>0$	$a<0$
• 정의역: $\{x\|x\geq0\}$	• 정의역: $\{x\|x\leq0\}$
• 치역: $\{y\|y\geq0\}$	• 치역: $\{y\|y\geq0\}$
• 원점 $(0,0)$과 제1사분면을 지난다.	• 원점 $(0,0)$과 제2사분면을 지난다.
• x의 값이 증가할 때, y의 값도 증가하는 증가함수이다.	• x의 값이 증가할 때, y의 값은 감소하는 감소함수이다.
• 그래프가 오른쪽 위를 향한다.	• 그래프가 왼쪽 위를 향한다.
• a의 값이 클수록 x축에서 멀어진다.	• a의 값이 작을수록 x축에서 멀어진다.

• $y=\sqrt{kx}$와 $y=\sqrt{-kx}$의 그래프는 y축에 대하여 대칭임을 알 수 있다.

  증명 $y=\sqrt{kx} \rightarrow y=\sqrt{k(-x)}=\sqrt{-kx}$

    y축 대칭: $x \rightarrow -x$ 대입

$y=-\sqrt{ax}$ 의 그래프는 $y=\sqrt{ax}$ 의 그래프를 x축에 대하여 대칭이동한 것이다.

$a>0$

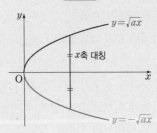

$a<0$

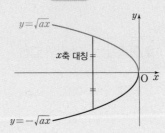

$y=-\sqrt{ax}$ 의 그래프

$a>0$

- 정의역: $\{x\,|\,x\geq0\}$
- 치역: $\{y\,|\,y\leq0\}$
- 원점 $(0,\ 0)$과 제4사분면을 지난다.
- x의 값이 증가할 때, y의 값이 감소하는 감소함수이다.
- 그래프가 오른쪽 아래를 향한다.
- a의 값이 클수록 x축에서 멀어진다.

$a<0$

- 정의역: $\{x\,|\,x\leq0\}$
- 치역: $\{y\,|\,y\leq0\}$
- 원점 $(0,\ 0)$과 제3사분면을 지난다.
- x의 값이 증가할 때, y의 값은 증가하는 증가함수이다.
- 그래프가 왼쪽 아래를 향한다.
- a의 값이 작을수록 x축에서 멀어진다.

각각의 무리함수의 그래프를 대칭이동의 관점에서 연결하여 생각할 수 있다.

(ⅰ) $y=\sqrt{3x}$
- y축에 대하여 대칭이동: $y=\sqrt{-3x}$
- x축에 대하여 대칭이동: $y=-\sqrt{3x}$
- 원점에 대하여 대칭이동: $y=-\sqrt{-3x}$

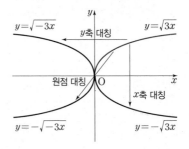

(ⅱ) $y=\sqrt{-x}$
- y축에 대하여 대칭이동: $y=\sqrt{x}$
- x축에 대하여 대칭이동: $y=-\sqrt{-x}$
- 원점에 대하여 대칭이동: $y=-\sqrt{x}$

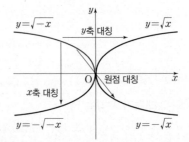

06 무리함수의 그래프 (3): 평행이동

함수의 그래프의 평행이동은 어떤 함수든 같은 원리가 적용된다. 무리함수의 평행이동도 마찬가지다. 설명의 편의를 위해 $\sqrt{}$ 안의 식의 값이 0이 될 때를 시작점이라 부르도록 한다. 예 $y=\sqrt{x}$의 시작점: $(0, 0)$

01 $y=\sqrt{a(x-m)}+n$의 그래프

함수 $y=\sqrt{ax}$의 그래프를
x축의 방향으로 m만큼, y축의 방향으로 n만큼
평행이동한 그래프의 식이 $y=\sqrt{a(x-m)}+n$이다.

함수의 그래프를 평행이동했으므로 정의역, 치역, 시작점이 달라진다.

$y=\sqrt{ax}$	$y=\sqrt{a(x-m)}+n$
$a>0$일 때,	
정의역: $ax\geq0$에서 $\{x\|x\geq0\}$	정의역: $a(x-m)\geq0$에서 $\{x\|x\geq m\}$
치역: $\{y\|y\geq0\}$	치역: $\{y\|y\geq n\}$
시작점: $(0, 0)$	시작점: (m, n)
$a<0$일 때,	
정의역: $ax\geq0$에서 $\{x\|x\leq0\}$	정의역: $a(x-m)\geq0$에서 $\{x\|x\leq m\}$
치역: $\{y\|y\geq0\}$	치역: $\{y\|y\geq n\}$
시작점: $(0, 0)$	시작점: (m, n)

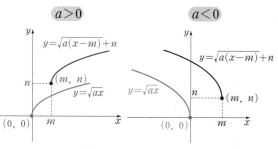

02 $y=-\sqrt{a(x-m)}+n$의 그래프

함수 $y=-\sqrt{ax}$의 그래프를
x축의 방향으로 m만큼, y축의 방향으로 n만큼
평행이동한 그래프의 식 $y=-\sqrt{a(x-m)}+n$이다.

정의역, 치역, 시작점을 확인하자.

$y=-\sqrt{ax}$	$y=-\sqrt{a(x-m)}+n$
$a>0$일 때,	
정의역: $ax\geq0$에서 $\{x\|x\geq0\}$	정의역: $a(x-m)\geq0$에서 $\{x\|x\geq m\}$
치역: $\{y\|y\leq0\}$	치역: $\{y\|y\leq n\}$
시작점: $(0, 0)$	시작점: (m, n)
$a<0$일 때,	
정의역: $ax\geq0$에서 $\{x\|x\leq0\}$	정의역: $a(x-m)\geq0$에서 $\{x\|x\leq m\}$
치역: $\{y\|y\leq0\}$	치역: $\{y\|y\leq n\}$
시작점: $(0, 0)$	시작점: (m, n)

그래프를 그릴 때는 다음 사항을 확인하자.
(i) 시작점과 방향　　(ii) 축과의 교점　　(iii) 지나는 사분면

예1 $y=\sqrt{x-4}-1$의 그래프를 그리시오.
$y=\sqrt{x}$의 그래프를 x축의 방향으로 4만큼, y축의 방향으로 -1만큼 평행이동한 것이다.

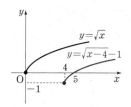

예2 $y=-\sqrt{-2x+6}+2$의 그래프를 그리시오.
$y=-\sqrt{-2x+6}+2=-\sqrt{-2(x-3)}+2$이므로
$y=-\sqrt{-2x}$의 그래프를 x축의 방향으로 3만큼, y축의 방향으로 2만큼 평행이동한 것이다.

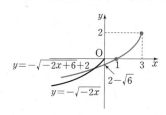

01 무리함수의 그래프와 직선의 위치 관계

곡선인 무리함수의 그래프와 직선의 위치 관계는 오른쪽 그림과 같이 세 가지 경우로 나누어 생각할 수 있다.
두 함수의 그래프의 위치 관계는 일반적으로 두 함수의 식을 연립하여 방정식을 풀고, 실근의 개수를 구하여 확인한다.
무리함수의 그래프와 직선의 위치 관계는 이와 함께 반드시 그래프를 그려 생각해야 한다.
세 가지 위치 관계를 그림과 함께 생각해 보자.

(i) 만나지 않는다.   (ii) 한 점에서 만난다.   (iii) 두 점에서 만난다.

$y=\sqrt{ax+b}+c$와 $y=mx+n$의 그래프의 위치 관계
(단, $a>0$, $m>0$)

• 두 식을 연립하여 이차방정식의 실근을 구한다.
• 그래프의 개형을 확인한다.

1 만나지 않는 경우
이차방정식의 실근이 존재하지 않는다: $D<0$
(직선이 곡선보다 위에 있다)

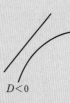
$D<0$

2 한 점에서 만나는 경우
(i) 접하는 경우: $D=0$
(ii) 직선이 시작점보다 아래에 있는 경우

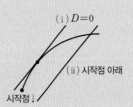
(i) $D=0$
(ii) 시작점 아래
시작점

3 두 점에서 만나는 경우
직선이 접점 아래($D>0$)와 시작점까지의 범위에 있는 경우

시작점

직선의 방정식에 미정계수가 있고 그 값에 따라 위치 관계가 달라질 때 조건에 맞는 미정계수의 값을 구하는 문제가 많다. 예를 통해 알아보자.

예 직선 $g(x)=x+k$와 무리함수 $f(x)=\sqrt{x-1}$의 그래프의 위치 관계
우선 두 식을 연립하여 방정식을 세운다: $g(x)=f(x)$
$$x+k=\sqrt{x-1}, \ (x+k)^2=\left(\sqrt{x-1}\right)^2$$
$$x^2+(2k-1)x+k^2+1=0$$

(i) 만나지 않는 경우

교점이 없다.
=(이차방정식이 허근을 갖는다.)
=$D<0$

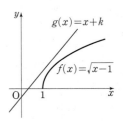
$g(x)=x+k$
$f(x)=\sqrt{x-1}$

즉, $D=(2k-1)^2-4k^2-4<0$에서 $k>-\dfrac{3}{4}$

(ii) 한 점에서 만나는 경우

• 접하는 경우:
$$D=(2k-1)^2-4k^2-4$$
$$=0$$
에서 $k=-\dfrac{3}{4}$

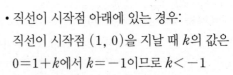
접한다.
$g(x)=x+k$
$f(x)=\sqrt{x-1}$
$-\dfrac{3}{4}$
-1
시작점 아래에 있다.

• 직선이 시작점 아래에 있는 경우:
직선이 시작점 $(1, 0)$을 지날 때 k의 값은
$0=1+k$에서 $k=-1$이므로 $k<-1$
∴ $k=-\dfrac{3}{4}$ 또는 $k<-1$

(iii) 두 점에서 만나는 경우
직선이 접점보다 아래에 있는 경우부터 시작점을 지나는 경우까지이므로

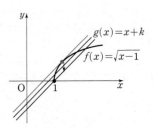
$g(x)=x+k$
$f(x)=\sqrt{x-1}$

$$-1\leq k<-\dfrac{3}{4}$$

07 **무리함수**의 **역함수**의 **식**

> 무리함수는 일대일대응이다. 따라서 역함수가 존재하고
> 식을 구할 수 있으며 식을 통해 그래프를 그릴 수도 있다.

무리함수의 역함수의 식 구하기

① 무리함수의 정의역과 치역을 확인한다.

② 무리함수의 식을 x에 대하여 정리한다.
- 근호가 있는 부분만 남기고 나머지는 다른 변으로 이항한다.
- 양변을 제곱한다.
- x에 대하여 식을 정리한다.

③ x와 y를 바꾼다.

④ 정의역과 치역을 바꾼다.

예1 $y=\sqrt{x}$의 역함수를 구하시오.

① 무리함수의 정의역: $\{x\,|\,x\geq0\}$, 치역: $\{y\,|\,y\geq0\}$

② x에 대하여 정리
- 양변 제곱: $y^2=x$, $x=y^2$

③ 역함수의 식: $y=x^2$

④ 역함수의 정의역: $\{x\,|\,x\geq0\}$, 치역: $\{y\,|\,y\geq0\}$

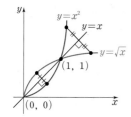

$y=\sqrt{x}$와 $y=x^2$의 그래프의 교점 $(0,\,0)$, $(1,\,1)$이 직선 $y=x$ 위에 있다.
∴ 두 점에서 만난다.

예2 $y=\sqrt{-x}$의 역함수를 구하시오.

① 무리함수의 정의역: $\{x\,|\,x\leq0\}$, 치역: $\{y\,|\,y\geq0\}$

② x에 대하여 정리
- 양변 제곱: $y^2=-x$, $x=-y^2$

③ 역함수의 식: $y=-x^2$

④ 역함수의 정의역: $\{x\,|\,x\geq0\}$, 치역: $\{y\,|\,y\leq0\}$

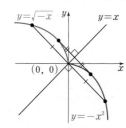

$y=\sqrt{-x}$와 $y=-x^2$의 그래프의 교점 $(0,\,0)$이 직선 $y=x$ 위에 있다.
∴ 한 점에서 만난다.

예3 $y=\sqrt{x-2}-1$의 역함수를 구하시오.

① 무리함수의 정의역: $\{x\,|\,x\geq2\}$, 치역: $\{y\,|\,y\geq-1\}$

② x에 대하여 정리
- 이항: $y+1=\sqrt{x-2}$
- 양변 제곱 후 정리:
  $(y+1)^2=x-2$, $x=(y+1)^2+2$

③ 역함수의 식: $y=(x+1)^2+2$

④ 역함수의 정의역: $\{x\,|\,x\geq-1\}$, 치역: $\{y\,|\,y\geq2\}$

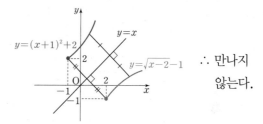

∴ 만나지 않는다.

예4 $y=-\sqrt{-x+3}+1$의 역함수를 구하시오.

① 무리함수의 정의역: $\{x\,|\,x\leq3\}$, 치역: $\{y\,|\,y\leq1\}$

② x에 대하여 정리
- 이항: $y-1=-\sqrt{-x+3}$
- 양변 제곱 후 정리:
  $(y-1)^2=-x+3$, $x=-(y-1)^2+3$

③ 역함수의 식: $y=-(x-1)^2+3$

④ 역함수의 정의역: $\{x\,|\,x\leq1\}$, 치역: $\{y\,|\,y\leq3\}$

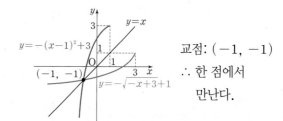

교점: $(-1,\,-1)$
∴ 한 점에서 만난다.

> 무리함수의 역함수를 구하는 과정도 일반적인 함수의 역함수를 구하는 원리와 같다는 것을 알 수 있다.
> 또한 무리함수의 역함수의 그래프는
>
> ### 이차함수의 그래프의 절반
>
> 임도 확인할 수 있다.

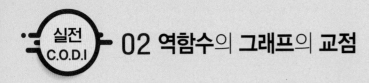

02 역함수의 그래프의 교점

역함수 관계인 두 함수의 그래프는 직선 $y=x$에 대하여 대칭이다.
따라서 두 함수의 그래프의 교점도 이와 관련된 성질을 갖는다.

역함수의 그래프의 교점

1 증가함수는 역함수와의 그래프의 교점이 직선 $y=x$
위에만 존재한다.

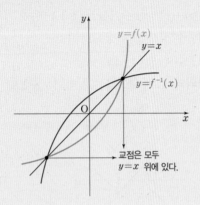

2 감소함수는 역함수와의 그래프의 교점이 직선 $y=x$
위의 점 이외에도 존재할 수 있다.
직선 $y=x$ 위가 아닌 교점은 짝수 개로 존재하며 각각
의 교점의 쌍들은 직선 $y=x$에 대하여 대칭이다.

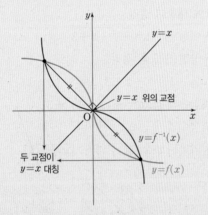

고등수학(하) 과정에서는 주로 증가함수와 그 역함수의
그래프의 교점에 대해서만 다룬다.
따라서 역함수와의 그래프의 교점 문제는 다음과 같이 정
리해 두자.

> 증가함수 $y=f(x)$와 그 역함수 $y=f^{-1}(x)$의 그래프의 교점은
> $y=f(x)$의 그래프와 직선 $y=x$의 교점과 같다.

감소함수 $y=f(x)$와 그 역함수 $y=f^{-1}(x)$의 그래프의
교점을 구하는 문제는 매우 드물지만 수학 II 에서 고난도
문항으로 출제되기도 한다.
다음을 기억하자.

> $y=f(x)$와 그 역함수 $y=f^{-1}(x)$의 그래프의 교점 중 직선
> $y=x$ 위의 점이 아닌 점의 좌표가 $(a,\ b)$이면 다른 교점의 좌
> 표는 $(b,\ a)$이다. (단, $a \neq b$)

[0944–0947] 다음 함수의 정의역과 치역을 구하고, 그래프를 그리시오.

0944

$y=\sqrt{-2x}$

0945

$y=-2\sqrt{x}$

0946

$y=\sqrt{x+2}+1$

0947

$y=-\sqrt{-2x+6}-2$

[0948–0952] 다음 조건에 맞는 함수의 식을 구하시오.

0948

$y=\sqrt{2x}$의 그래프를 x축의 방향으로 1만큼, y축의 방향으로 3만큼 평행이동한 그래프의 함수

0949

$y=\sqrt{-x}$의 그래프를 x축의 방향으로 -3만큼, y축의 방향으로 1만큼 평행이동한 그래프의 함수

0950

$y=\sqrt{x+1}$의 그래프를 x축의 방향으로 2만큼, y축의 방향으로 -2만큼 평행이동한 그래프의 함수

0951

$y=-\sqrt{-x-2}$의 그래프를 y축에 대하여 대칭이동한 그래프의 함수

0952

$y=\sqrt{2x-2}-3$의 그래프를 x축에 대하여 대칭이동한 그래프의 함수

[0953–0955] 다음 두 함수의 그래프의 위치 관계를 구하시오.

0953

$f(x)=\sqrt{x}$, $g(x)=-x-1$

0954

$f(x)=2\sqrt{x}$, $g(x)=x+1$

0955

$f(x)=\sqrt{x-2}$, $g(x)=2x-4$

[0956–0958] 다음 함수의 역함수의 식을 구하시오.

0956

$y=\sqrt{-x}$

0957

$y=\sqrt{x-2}+1$

0958

$y=-\sqrt{-x+3}+1$

Style 01 무리식의 실수 조건

0959

$\sqrt{x+2}+\dfrac{1}{\sqrt{3-x}}$ 의 값이 실수가 되게 하는 모든 정수 x

의 값의 합은?

① 0　　　　　② 1　　　　　③ 2

④ 3　　　　　⑤ 4

0960

$\sqrt{x^2-4}-\sqrt{-x^2+3x+4}$ 의 값이 실수가 되게 하는 정수

x의 값의 개수는?

① 1　　　　　② 2　　　　　③ 3

④ 4　　　　　⑤ 5

0961

$\dfrac{2x+3}{\sqrt{x^2-x-2}}$ 의 값이 실수가 되게 하는 자연수 x의 최솟

값은?

① 1　　　　　② 2　　　　　③ 3

④ 4　　　　　⑤ 5

Level up

0962

모든 실수 x에 대하여 $\sqrt{kx^2-8x+k-6}$ 의 값이 실수가

되게 하는 실수 k의 값의 범위를 구하시오.

Style 02 무리식의 계산

0963

$\dfrac{\sqrt{x+1}+\sqrt{x-1}}{\sqrt{x+1}-\sqrt{x-1}}$ 을 간단히 하시오.

0964

$\dfrac{1}{x+\sqrt{x^2-1}}+\dfrac{1}{x-\sqrt{x^2-1}}$ 을 간단히 하면?

① x　　　　　② $2x$　　　　　③ x^2-1

④ $\sqrt{x^2-1}$　　　⑤ $2\sqrt{x^2-1}$

0965

$\dfrac{1}{\sqrt{x}+\sqrt{x+1}}+\dfrac{1}{\sqrt{x+1}+\sqrt{x+2}}+\dfrac{1}{\sqrt{x+2}+\sqrt{x+3}}$ 을

간단히 하시오.

모의고사 기출

0966

임의의 양수 a, b에 대하여 $\dfrac{1}{a+\sqrt{ab}}+\dfrac{1}{b+\sqrt{ab}}$ 을 간단

히 하면?

① $\sqrt{a}-\sqrt{b}$　　② $\sqrt{a}+\sqrt{b}$　　③ $\sqrt{ab}$

④ $\dfrac{1}{\sqrt{ab}}$　　　⑤ $\dfrac{1}{\sqrt{a}+\sqrt{b}}$

Style 03 무리식의 값

0967

$x=3$일 때, $\dfrac{1}{\sqrt{x+1}+\sqrt{x-1}}+\dfrac{1}{\sqrt{x+1}-\sqrt{x-1}}$의 값은?

① 1   ② 2   ③ 3

④ 4   ⑤ 5

0968

$x=\sqrt{2}$일 때, $\dfrac{\sqrt{x+1}}{\sqrt{x+1}+\sqrt{x-1}}-\dfrac{\sqrt{x+1}}{\sqrt{x+1}-\sqrt{x-1}}$의 값은?

① -1 ② -2 ③ -3

④ -4 ⑤ -5

Level up

0969

$x=\dfrac{\sqrt{2}+1}{\sqrt{2}-1}$, $y=\dfrac{\sqrt{2}-1}{\sqrt{2}+1}$일 때, $\dfrac{\sqrt{x}-\sqrt{y}}{\sqrt{x}+\sqrt{y}}+\dfrac{\sqrt{x}+\sqrt{y}}{\sqrt{x}-\sqrt{y}}$의 값을 구하시오.

Level up

0970

$f(x)=\dfrac{1}{\sqrt{x}+\sqrt{x+1}}$일 때,

$f(1)+f(2)+f(3)+\cdots+f(48)$의 값은?

① 4   ② $2\sqrt{5}$ ③ 5

④ $4\sqrt{3}-1$ ⑤ 6

Style 04 무리함수의 정의역과 치역

0971

무리함수 $y=\sqrt{x-2}+k$의 그래프가 점 $(6, -1)$을 지날 때, 이 함수의 치역을 구하시오. (단, k는 상수)

0972

무리함수 $y=\sqrt{-x+a}+2$의 정의역이 $\{x|x\leq-1\}$, 치역이 $\{y|y\geq b\}$일 때, $a+b$의 값은? (단, a, b는 상수)

① -2 ② -1 ③ 1

④ 2   ⑤ 3

0973

무리함수 $y=-\sqrt{2x-4}-1$에 대한 설명으로 보기 에서 옳은 것을 모두 고른 것은?

보기

ㄱ. 정의역은 $\{x|x\geq4\}$이다.

ㄴ. 치역은 $\{y|y\leq-1\}$이다.

ㄷ. x의 값이 증가할 때 y의 값은 감소한다.

① ㄱ   ② ㄷ   ③ ㄱ, ㄴ

④ ㄴ, ㄷ   ⑤ ㄱ, ㄴ, ㄷ

0974

함수 $y=\sqrt{-2x}$ 의 그래프를 x축의 방향으로 1만큼, y축의 방향으로 -3만큼 평행이동한 그래프가 점 $(a, -1)$을 지날 때, 실수 a의 값은?

① -2 ② -1 ③ 0

④ 1 ⑤ 2

0975

함수 $y=\sqrt{x}$ 의 그래프를 x축의 방향으로 m만큼, y축의 방향으로 n만큼 평행이동하였더니 $y=\sqrt{x+2}+4$의 그래프와 일치하였다. $m+n$의 값은?

① -2 ② -1 ③ 0

④ 1 ⑤ 2

0976

함수 $y=2\sqrt{x+3}+1$의 그래프를 원점에 대하여 대칭이동한 그래프의 식을 구하시오.

Level up

0977

함수 $y=\sqrt{x}-1$의 그래프를 y축에 대하여 대칭이동한 후 x축의 방향으로 m만큼, y축의 방향으로 3만큼 평행이동한 그래프의 식이 $y=a\sqrt{bx+2}+n$이다.
$a+b+m+n$의 값은? (단, a, b, m, n은 상수)

① 1 ② 2 ③ 3

④ 4 ⑤ 5

0978

함수 $f(x)=\sqrt{-x+m}+n$의 그래프가 오른쪽 그림과 같을 때, $f(-7)$의 값을 구하시오.
(단, m, n은 상수)

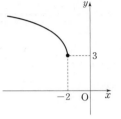

0979

함수 $y=\sqrt{ax+b}+c$의 그래프가 오른쪽 그림과 같을 때, abc의 값은? (단, a, b, c는 상수)

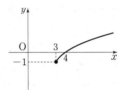

① 1 ② 2

③ 3 ④ 4

⑤ 5

모의고사 기출

0980

그림과 같이 집합 $\{x\,|\,x\geq 2\}$에서 정의된 무리함수 $y=-\sqrt{2x+a}+3$의 그래프가 점 $(2, b)$를 지날 때, 두 상수 a, b에 대하여 $a+b$의 값은?

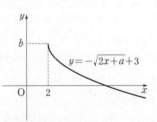

① -2 ② -1 ③ 0

④ 1 ⑤ 2

Style 07 무리함수의 그래프 (2)

0981

보기 에서 함수 $y=-\sqrt{4-x}+4$의 그래프가 지나지 않는 사분면을 모두 고르시오.

> 보기
>
> ㄱ. 제1사분면   ㄴ. 제2사분면
> ㄷ. 제3사분면   ㄹ. 제4사분면

0982

함수 $f(x)=a\sqrt{x+1}-2$의 그래프가 제1, 2, 3사분면을 지나도록 하는 자연수 a의 최솟값은?

① 1   ② 2   ③ 3

④ 4   ⑤ 5

Level up

0983

함수 $f(x)=\sqrt{ax-a}-2$의 그래프가 제2, 3, 4사분면을 지나도록 하는 상수 a의 값의 범위를 구하시오.

Level up

0984

함수 $y=-\sqrt{-2x+a}+a$의 그래프가 제1, 3사분면만을 지나도록 하는 상수 a의 값은?

① -2 ② -1 ③ 0

④ 1   ⑤ 2

Style 08 무리함수의 최댓값·최솟값

0985

$-2\le x\le1$에서 두 무리함수 $f(x)=\sqrt{2x+8}+1$, $g(x)=\sqrt{10-x}-2$의 최솟값을 각각 p, q라 할 때, $p+q$의 값은?

① 1   ② 2   ③ 3

④ 4   ⑤ 5

0986

함수 $y=\sqrt{-2x+a}+2$는 $x=2$일 때 최솟값 b를 갖는다. $a-b$의 값은? (단, a, b는 상수)

① -2 ② -1 ③ 0

④ 1   ⑤ 2

0987

$3\le x\le7$에서 함수 $y=\sqrt{x-3}+k$의 최솟값이 -1일 때, 최댓값을 구하시오. (단, k는 상수)

Level up

0988

$a\le x\le11$에서 함수 $f(x)=-\sqrt{x+b}+5$의 최댓값이 4, 최솟값이 $-2\sqrt{2}+5$일 때, $a+b$의 값은?

(단, a, b는 상수)

① 1   ② 2   ③ 3

④ 4   ⑤ 5

Style **09** 무리함수의 그래프와 직선의 위치 관계

0989
실수 t에 대하여 두 함수 $y=2\sqrt{x+1}$과 $y=x+t$의 그래프의 교점의 개수를 $g(t)$라 하자. 예를 들어 $g(10)=0$, $g(-10)=1$이다. $g(0)+g(1)+g(2)+g(3)$의 값을 구하시오.

Level up
0990
두 함수 $y=\sqrt{-x-1}+2$와 $y=-x+k$의 그래프가 한 점에서 만나도록 하는 상수 k의 최댓값은 $\dfrac{p}{q}$이다. $p-q$의 값은? (단, p, q는 서로소인 자연수)
① 1   ② 3   ③ 5
④ 7   ⑤ 9

Level up
0991
두 함수 $y=\sqrt{1-x}-4$와 $y=x+k$의 그래프가 제3사분면에서 만나도록 하는 모든 정수 k의 값의 개수를 구하시오.

Style **10** 무리함수의 역함수

0992
함수 $f(x)=-\sqrt{2x+2}+1$에 대하여 $f^{-1}(-3)$의 값은?
① 1   ② 3   ③ 5
④ 7   ⑤ 9

0993
함수 $f(x)=\sqrt{ax}+3$에 대하여 $f^{-1}(5)=2$일 때, $f^{-1}(2a)$의 값은? (단, a는 상수)
① 0   ② $\dfrac{1}{2}$ ③ 1
④ $\dfrac{3}{2}$ ⑤ 2

0994
무리함수 $f(x)=\sqrt{ax+b}$의 역함수를 $g(x)$라 할 때, $f(2)=1$, $g(3)=6$이다. $a+b$의 값은?
(단, a, b는 상수)
① -1 ② 0   ③ 1
④ 2   ⑤ 4

0995
두 함수 $f(x)=\sqrt{5-x}+1$, $g(x)=ax^2+bx+c$ $(x\geq d)$에 대하여 $f(g(x))=x$가 성립할 때, $a+b+c+d$의 값은? (단, a, b, c, d는 상수)
① 2   ② 4   ③ 6
④ 8   ⑤ 10

Style 11 무리함수의 그래프의 활용

0996

오른쪽 그림과 같이 직선 $x=1$이 $y=\sqrt{ax}$와 $y=\sqrt{x}$의 그래프 및 x축과 만나는 점을 각각 A, B, H라 하자. $\overline{AB}=\overline{BH}$일 때, 양수 a의 값은?

① 2
② 3
③ 4
④ 5
⑤ 6

0997

오른쪽 그림과 같이 함수 $f(x)=\sqrt{x-1}+3$의 그래프 위의 점 $(1, 3)$을 A, 점 A에서 직선 $x=n$에 내린 수선의 발을 H, $x=n$과 $y=f(x)$의 그래프의 교점을 B라 할 때, $\triangle ABH=4$이다. 양수 n의 값은?

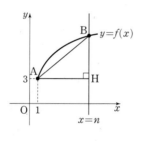

① 2
② 3
③ 4
④ 5
⑤ 6

0998

함수 $y=2\sqrt{x+1}$의 그래프 위의 점과 직선 $y=x+5$ 사이의 거리의 최솟값을 구하시오.

0999

다음 그림과 같이 점 A$(1, 0)$에서 y축과 평행하게 그은 직선과 $y=\sqrt{3x}$의 그래프의 교점을 B, 점 B에서 x축과 평행하게 그은 직선과 $y=\sqrt{x}$의 그래프의 교점을 C, 점 C에서 y축과 평행하게 그은 직선과 $y=\sqrt{3x}$의 교점을 D, 점 D에서 x축과 평행하게 그은 직선과 $y=\sqrt{x}$의 교점을 E라 할 때, $\overline{DE}=k\overline{BC}$이다. 양수 k의 값은?

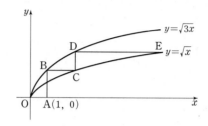

① 1
② 2
③ 3
④ 4
⑤ 5

1000

다음 그림과 같이 네 함수 $y=\sqrt{x-2}+2$, $y=\sqrt{x-4}$, $y=-x+6$, $y=-x+4$의 그래프로 둘러싸인 도형의 넓이는?

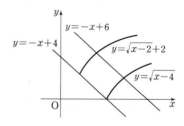

① 1
② 2
③ 3
④ 4
⑤ 5

1001

등식 $\dfrac{\sqrt{x+2}}{\sqrt{x-1}}=-\sqrt{\dfrac{x+2}{x-1}}$ 가 성립할 때,

$\sqrt{x^2+4x+4}+\sqrt{x^2-2x+1}$ 을 간단히 하면?

① $-2x-1$ ② $-2x-3$ ③ 1

④ $2x+1$ ⑤ 3

1002

x에 대한 무리식 $\sqrt{(k+2)x^2-2kx+k+3}$ 이 x의 값에 관계없이 항상 실수의 값을 가질 때, 실수 k의 값의 범위를 구하시오.

1003

다음 식을 만족하는 실수 n의 값을 구하시오.

$$\dfrac{1}{\sqrt{2}+1}+\dfrac{1}{\sqrt{3}+\sqrt{2}}+\cdots+\dfrac{1}{\sqrt{n+1}+\sqrt{n}}=3$$

1004

$x=2\sqrt{2}$ 일 때, 다음 식의 값을 구하시오.

$$\dfrac{\sqrt{3+x}-\sqrt{3-x}}{\sqrt{3+x}+\sqrt{3-x}}+\dfrac{\sqrt{3+x}+\sqrt{3-x}}{\sqrt{3+x}-\sqrt{3-x}}$$

1005

함수 $y=a\sqrt{px}$에 대하여 보기 에서 옳은 것을 모두 고른 것은? (단, a, p는 상수)

보기

ㄱ. 점 $(0, 0)$을 지난다.

ㄴ. $p<0$일 때, 정의역은 $\{x\,|\,x<0\}$이다.

ㄷ. $a>0$일 때, 치역은 $\{y\,|\,y\geq0\}$이다.

① ㄱ   ② ㄱ, ㄴ   ③ ㄱ, ㄷ

④ ㄴ, ㄷ   ⑤ ㄱ, ㄴ, ㄷ

1006

함수 $f(x)=\sqrt{x+2}+k$의 그래프가 점 $(2, 3)$을 지날 때, $f(a)=4$를 만족하는 실수 a의 값은?

(단, k는 상수)

① -1 ② 1 ③ 3

④ 5 ⑤ 7

Level up
1007

함수 $f(x)=\sqrt{2-x}+1$의 그래프를 x축의 방향으로 -1만큼, y축의 방향으로 -3만큼 평행이동한 그래프의 식을 $y=g(x)$, $y=g(x)$의 그래프를 x축에 대하여 대칭이동한 그래프의 식을 $y=h(x)$라 하자. $y=g(x)$의 그래프와 x축, y축과의 교점을 각각 A, B, $y=h(x)$의 그래프와 y축과의 교점을 C라 할 때, $\triangle$ABC의 넓이는?

① $\dfrac{5}{2}$ ② 3 ③ $\dfrac{7}{2}$

④ 4 ⑤ $\dfrac{9}{2}$

1008

함수 $y=\sqrt{2x+2}-8$의 그래프를 x축의 방향으로 -1만큼, y축의 방향으로 4만큼 평행이동한 그래프가 x축, y축과 만나는 점을 각각 A, B라 할 때, $\overline{AB}$의 중점의 좌표는?

① $(3, -1)$ ② $(-3, 1)$ ③ $(-1, 3)$

④ $(1, -3)$ ⑤ $(6, -2)$

Level up
1009

오른쪽 그림과 같이 직선 $x=n$과 두 함수 $y=\sqrt{x}$, $y=\sqrt{x-1}$의 그래프가 만나는 점을 각각 A_n, B_n이라 하자.

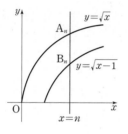

$$\overline{A_1B_1}+\overline{A_2B_2}+\overline{A_3B_3}+\cdots$$
$$+\overline{A_{25}B_{25}}$$

의 값은?

① $2\sqrt{6}$ ② 5 ③ $5-\sqrt{2}$

④ 6 ⑤ $3\sqrt{3}$

모의고사 기출
1010

함수 $y=5-2\sqrt{1-x}$의 그래프와 직선 $y=-x+k$가 제1사분면에서 만나도록 하는 모든 정수 k의 값의 합은?

① 11   ② 13   ③ 15

④ 17   ⑤ 19

1011

$-4 \leq x \leq 1$에서 함수 $f(x)=\sqrt{-x+5}+a$의 최댓값이 4, 최솟값이 b일 때, ab의 값은? (단, a, b는 상수)

① 2   ② 3   ③ 5

④ 6   ⑤ 8

모의고사 기출
1012

유리함수 $y=a+\dfrac{b}{x+c}$의 그래프가 다음과 같을 때, 무리함수 $y=\sqrt{ax+b}+c$의 그래프의 개형으로 알맞은 것은? (단, a, b, c는 상수이다.)

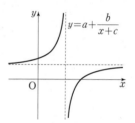

① 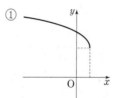   ②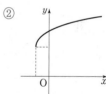

③ 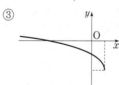   ④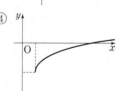

⑤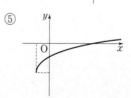

III. 경우의 수

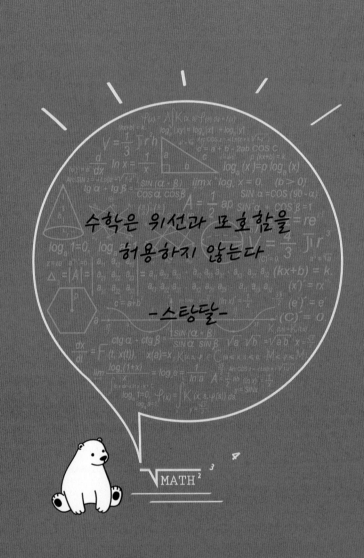

수학은 위선과 포호함을
허용하지 않는다

-스탕달-

C.O.D.I **09** 순열

세는 경우의 수는 '순열'을 이용하는 것이 효과적이다.

경우의 수는 일상생활에 쉽게 적용할 수 있는 실용적인 단원이다. 의사결정을 할 때 내가 고를 수 있는 선택지가 어떤 것이 있는지, 그 경우가 몇 가지인지 파악하는 것은 매우 중요하다.

이 단원부터 경우의 수를 효율적으로 세기 위한 개념들을 배울 것이다. 특히 순서를 고려하여 세는 경우의 수는 '순열'을 이용하는 것이 효과적이다.

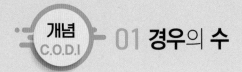

개념 C.O.D.I

01 경우의 수

중학교 때 배운 경우의 수의 개념을 기본부터 다시 복습해 보자.

01 사건

어떤 상황에서 생각할 수 있는 결과들을 사건이라 한다.

사건 = 결과

> **예** 동전을 던졌을 때,
>
> 앞면이 나오는 결과＝앞면이 나오는 사건

02 경우의 수

• 어떤 상황에서 주어진 조건에 맞는 사건(결과)의 개수를 경우의 수라고 한다.
• 어떤 상황에서 생길 수 있는 모든 사건(결과)의 개수를 전체 경우의 수 또는 모든 경우의 수라고 한다.

> **예1** 주사위를 던졌을 때, 짝수가 나오는 경우의 수
> 짝수의 눈이 나오는 사건은 2, 4, 6의 세 가지이므로 경우의 수는 3이다.

> **예2** 주사위를 던졌을 때, 전체 경우의 수
> 주사위를 던졌을 때 가능한 사건은 1, 2, 3, 4, 5, 6의 여섯 가지이므로 전체 경우의 수는 6이다.

03 사건과 경우의 수를 기호로 나타내기

• 사건의 이름은 알파벳 대문자를 이용하여 나타낸다.
• 사건 A의 경우의 수가 m일 때,
$$n(A)=m$$
으로 나타낸다.

> **예** 주사위를 던졌을 때, 3의 약수의 눈이 나오는 사건을 A라 하면 사건 A의 경우의 수는 2이므로 $n(A)=2$로 나타낸다.

02 합의 법칙

> 경우의 수를 정확히 구하려면 체계적인 방법을 써서 세어야 한다. 합의 법칙은 경우의 수를 중복해서 잘못 세지 않도록 도와준다.

합의 법칙

다음 조건을 만족할 때 경우의 수를 더하여 구한다.
- $n(A)=m$, $n(B)=n$
- 두 사건 A, B가 동시에 일어나지 않을 때

사건 A 또는 B가 일어나는 경우의 수는
$$m+n$$
이다. 이를 합의 법칙이라 한다.

합의 법칙은 동시에 일어나지 않는 사건들 중 하나를 선택할 때 쓰는데 각 사건의 경우의 수를 더하여 구한다.
다음을 기억하자.

> '또는', '이거나', '아니면' → 합의 법칙으로 계산

합의 법칙은 '양자택일'을 생각하면 이해하기 쉽다.

예1 집에서 놀이공원까지 가는 교통편은 버스가 4개 노선, 지하철이 2개 노선이 있다. 집에서 놀이공원까지 갈 수 있는 방법의 수를 구하시오.

버스를 타는 사건을 A라 하면 $n(A)=4$, 지하철을 타는 사건을 B라 하면 $n(B)=2$이다.
버스를 타면 지하철은 선택할 수 없고, 지하철을 타면 버스로는 갈 수가 없으므로 두 사건은 동시에 일어날 수 없다.
따라서 놀이공원에 가는 방법은 $4+2=6$(가지)이다.

예2 1부터 20까지의 자연수 중 하나를 선택할 때 5의 배수 또는(아니면) 6의 배수를 고르는 경우의 수를 구하시오.

1에서 20까지의 자연수 중 5의 배수는 4개, 6의 배수는 3개이고 5의 배수와 6의 배수를 동시에 선택할 수 없으므로 고르는 경우의 수는 $4+3=7$이다.

'또는', '이거나'와 같은 말이 나오지 않아도 제시된 문제 속에 여러 사건 중 하나를 택해야 하는 상황이면 합의 법칙을 이용하면 된다.

> 동시에 일어나지 않는 세 개 이상의 사건에 대해서도 합의 법칙이 성립한다.

개념 C.O.D.I 03 곱의 법칙

> 합의 법칙은 서로 연관이 없는 사건들의 경우의 수를 구하는 것이라고 생각해도 좋다. 그렇다면 서로 연결하여 생각해야 하는 사건들의 경우의 수는 어떻게 구할까? 서로 연결되었다는 것은 사건들이 동시에 일어나거나 연달아 일어날 때를 말한다. 이럴 때 곱의 법칙을 쓴다.

곱의 법칙

두 사건 A, B에 대하여 $n(A)=m$, $n(B)=n$일 때, 사건 A, B가 동시에 일어나거나 연속으로 일어나는 경우의 수는

$$m \times n$$

이다. 이를 곱의 법칙이라 한다.

합의 법칙이 여러 사건 중 하나를 선택해야 하는 것과 달리 곱의 법칙은 각 사건을 하나씩은 선택해야 한다는 차이점이 있다. 다음을 기억하자.

'동시에', '연속하여', '이어서' → 곱의 법칙으로 계산

예를 보면 쉽게 이해할 수 있다.

예1 집에서 서점까지 가는 길이 3가지, 서점에서 도서관까지 가는 길이 2가지일 때, 집에서 서점을 들렀다가 도서관에 가는 방법의 수를 구하시오.

문제의 상황을 정확히 이해해 보자.
가야하는 길이 집 → 서점 → 도서관이다.
즉, 집 → 서점, 서점 → 도서관이라는 사건이 이어서 일어나는 사건이므로 곱의 법칙에 의해 경우의 수는 $3 \times 2 = 6$이다.
그림으로 이해해 보자.

갈 수 있는 경로를 모두 구해보면 다음과 같다.

①⟨$\begin{matrix}a\\b\end{matrix}$ ②⟨$\begin{matrix}a\\b\end{matrix}$ ③⟨$\begin{matrix}a\\b\end{matrix}$

$$2 \quad + \quad 2 \quad + \quad 2$$
$$= 3 \times 2$$

위 그림과 같이 가지 모양으로 경우의 수를 나타낸 것을 수형도라 한다. 경우의 수를 확인할 때 편리하다.
수형도를 보면 집 → 서점의 경로 3가지마다 서점 → 도서관의 경로 2가지를 이어서 선택해야 하므로 곱의 법칙이 성립하여 경우의 수는 $3 \times 2 = 6$이 된다는 것을 알 수 있다.

예2 과자 4종류와 아이스크림 4종류가 있다.

(1) 과자나 아이스크림 중 하나를 선택하는 경우의 수를 구하시오.
간식 두 종류 중 하나를 선택해야 하므로 합의 법칙에 의해 $4 + 4 = 8$

(2) 과자와 아이스크림을 하나씩 선택하는 경우의 수를 구하시오.
과자도 고르고 아이스크림도 고르는, 과자와 아이스크림을 동시에 선택하는 상황이므로 곱의 법칙에 의해 $4 \times 4 = 16$

예2를 통해 합의 법칙과 곱의 법칙을 써야 할 상황을 구분할 수 있을 것이다. 문제의 상황을 잘 파악하여 각각의 법칙을 정확히 적용하도록 하자.

세 개 이상의 사건에 대해서도 곱의 법칙이 성립한다.

01 경우의 수 구하기 (1): 선물을 교환하는 경우의 수

같은 반 친구들끼리 선물을 교환하는 상황을 생각해 보자. 핵심은 무엇일까?
각자가 준비한 선물을 남에게 주고 자신은 남의 것을 받는 것이다.
즉, 선물 교환의 경우의 수는 '모두가 자기 것이 아닌 것과 대응하는 경우의 수'를 구하는 것이다.

자기 자신이 아닌 것과 대응하는 경우의 수

⇨ 수형도를 이용하여 구한다.

예1 A, B, C 세 명이 모두 다른 사람의 모자를 가져
가는 경우의 수를 구하시오.

사람	A	B	C
모자	B — C — A		
	C — A — B		

∴ 2가지

예3 A, B, C, D, E 다섯 명이 모두 다른 사람의 모자
를 가져가는 경우의 수를 구하시오.

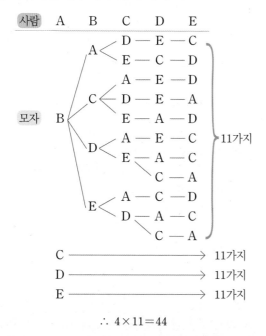

C ⟶ 11가지
D ⟶ 11가지
E ⟶ 11가지

∴ 4×11=44

예2 A, B, C, D 네 명이 모두 다른 사람의 모자를
가져가는 경우의 수를 구하시오.

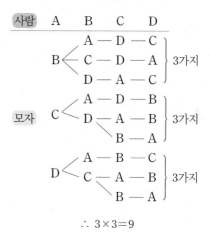

∴ 3×3=9

예4 A, B, C, D 네 명 중 한 명만 자기 모자를 가져가
고, 다른 세 명은 다른 사람의 모자를 가져가는 경우
의 수를 구하시오.

(ⅰ) A가 자기 모자를 가져가고, B, C, D는 서로 다른
　 사람의 모자를 가져가게 되는 경우는 2가지이다.

(ⅱ) B, C, D가 각각 자기 모자를 가져가고, 나머지
　 사람들이 다른 사람의 모자를 가져가는 경우도 각
　 각 2가지씩이다.

∴ 4×2=8

02 경우의 수 구하기 (2): 지불 방법과 지불 금액의 수

지불 금액과 지불 방법의 차이부터 알아야 한다.

1 지불 금액

말 그대로 '내는 돈의 액수'이다. 가게에서 1000원짜리 물건을 살 때 1000원 지폐 1장을 낼 수도, 500원 동전 2개를 낼 수도, 100원 동전 10개를 낼 수도 있다.
어떤 경우든 금액은 1000원이므로 어떤 돈을 내든 지불 금액의 경우는 한 가지로 간주한다.

2 지불 방법

돈을 내는 방법으로 '어떤 돈을 몇 개나 사용하는가'에 따라 달라진다. 같은 1000원도 지불 방법은 여러 가지다.
1000원 지폐 1장을 내는 경우, 500원 동전 2개를 내는 경우, 500원 동전 1개와 100원 동전 5개를 내는 경우 등은 모두 다른 지불 방법이다.

같은 금액도 지불 방법은 여러 가지가 나올 수 있으므로 보통

(지불 방법의 수) ≥ (지불 금액의 수)

가 성립한다.

01 지불 방법의 수

서로 다른 종류의 화폐 A, B, C가 각각 m, n, l개 있을 때, 이들 일부 또는 전부를 사용하여 지불할 수 있는 방법의 수는 다음과 같다.

$$(m+1)(n+1)(l+1)-1$$

(단, 0원을 지불하는 경우는 제외한다.)

예 500원 동전 2개, 100원 동전 4개를 일부 또는 전부를 사용하여 지불할 수 있는 방법의 수를 구하시오.

(단, 0원을 지불하는 경우는 제외한다.)

곱의 법칙을 이용하면 된다.

500원 동전을 지불하는 사건을 A, 100원 동전을 지불하는 사건을 B라 하면

500원 동전 사용 개수	100원 동전 사용 개수
0개	0개
1개	⋮
2개	4개
∴ $n(A)=3$	∴ $n(B)=5$

따라서 지불 방법의 수는 $3 \times 5 = 15$인데 이 중 500원과 100원을 모두 내지 않는 한 가지를 제외해야 하므로 경우의 수는 14이다.

02 지불 금액의 수: 중복되지 않을 때

서로 다른 종류의 화폐 A, B, C가 각각 m, n, l개 있고, 지불하는 금액의 지불 방법이 중복되지 않을 때, 이들 일부 또는 전부를 사용하여 지불할 수 있는 금액의 수는 지불 방법의 수와 같다.

$$(m+1)(n+1)(l+1)-1$$

(단, 0원을 지불하는 경우는 제외한다.)

> **예** 500원 동전 3개와 50원 동전 4개를 일부 또는 전부 사용하여 지불할 수 있는 금액의 경우의 수를 구하시오.
> 어떤 지불 금액의 경우도 지불 방법이 중복되지 않는다.
> 예를 들어 1200원을 지불하려면 500원 동전 2개와 50원 동전 4개를 내는 방법 하나뿐이다.
> 따라서 지불 방법의 경우의 수와 같으므로
> $4 \times 5 - 1 = 19$이다.

03 지불 금액의 수: 중복될 때

지불하는 금액의 지불 방법이 중복될 때 중복되는 화폐의 종류를 작은 금액을 기준으로 통일하여 지불 방법을 구하는 방법으로 계산한다.

중복되면 환전하라!

> **예** 100원 동전 2개와 50원 동전 3개를 일부 또는 전부 사용하여 지불할 수 있는 금액의 경우의 수를 구하시오.
> 지불 방법이 겹친다.
> 예를 들어 100원 동전 1개를 쓸 수도, 50원 동전 2개를 쓸 수도 있는데, 내는 돈은 100원으로 같으므로 지불 금액은 한 가지로 센다.
> 이럴 때 100원을 50원짜리로 바꾸면
>   100원 2개 → 50원 4개
> 가 되므로 50원 동전 7개가 되는 셈이다.
> 이렇게 환전한 뒤 지불 방법의 수를 구하면
> $8 - 1 = 7$이고 지불 금액의 수도 이와 같다.

(총 2개) 100	(총 3개) 50	금액
0	1	50
0	2	100
1	0	100
1	1	150
0	3	150
1	2	200
2	0	200
1	3	250
2	1	250
2	2	300
2	3	350

∴ 지불 금액: 7가지

환전 ⟹

(총 7개) 50	금액
1	50
2	100
3	150
4	200
5	250
6	300
7	350

∴ 지불 금액: 7가지

03 경우의 수 구하기 (3): 색칠하는 경우의 수

색칠 문제는 중학교에서도 보던 유형이다. 일반적으로 색칠하는 경우의 수를 구할 때 다음과 같은 상황이 주어진다.

(ⅰ) 영역이 나누어진 도형이 주어진다.

(ⅱ) 칠할 수 있는 색의 개수가 정해져 있다.

(ⅲ) 이웃한(인접한) 영역은 같은 색으로 칠할 수 없다.

(ⅳ) (ⅲ)의 규칙에 어긋나지 않으면 같은 색을 여러 번 사용해도 된다.

(ⅴ) 모든 종류의 색을 다 사용해도 되고 일부만 사용해도 된다.

01 기본 풀이

① 색칠할 영역을 고르고 그 영역에 색칠할 수 있는 가짓수를 구한다. (되도록 이웃한 영역이 많은 것을 고른다.)

② 그 다음 색칠할 영역을 고르고 색칠할 가짓수를 구한다. (이미 색칠한 영역과 다른 색이 되도록 경우의 수를 구한다.)

③ 모든 영역을 다 색칠할 때까지 반복한다.

예1 다음 그림과 같이 4개의 영역을 4종류의 색을 이용하여 색칠하려고 한다. 같은 색을 중복하여 색칠해도 좋으나 인접한 영역은 서로 다른 색으로 칠하는 경우의 수를 구하시오.

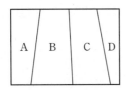

B → C → A → D의 순서대로 색칠을 한다면

• B: 4종류의 색 중 하나를 선택
  → 4가지

• C: B에 칠한 색 하나를 뺀 3종류에서 선택
  → 3가지

• A: B에 칠한 색 하나를 뺀 3종류에서 선택
  → 3가지

• D: C에 칠한 색 하나를 뺀 3종류에서 선택
  → 3가지

∴ 색칠하는 경우의 수: $4 \times 3 \times 3 \times 3 = 108$

  (A → B → C → D의 순서로 해도 결과는 같다.)

예2 다음 그림과 같이 4개의 영역을 4종류의 색을 이용하여 색칠하려고 한다. 같은 색을 중복하여 색칠해도 좋으나 인접한 영역은 서로 다른 색으로 칠하는 경우의 수를 구하시오.

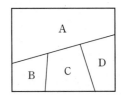

A → B → C → D의 순서대로 색칠하면

• A는 4가지

• B는 A에 칠한 색을 제외한 3가지

• C는 A, B에 칠한 색을 제외한 2가지

• D는 A, C에 칠한 색을 제외한 2가지

를 골라 색칠할 수 있으므로 경우의 수는

$4 \times 3 \times 2 \times 2 = 48$

02 같은 색을 쓸 경우와 다른 색을 쓸 경우로 나누는 풀이

① 기본 풀이대로 풀어 경우의 수가 달라지는 영역을 찾는다.
② 그 영역과 인접하는 두 영역에 칠하는 색이 같은 경우와 다른 경우 두 가지로 나누어 구한다.

예 다음 그림과 같이 4개의 영역을 4종류의 색을 이용하여 색칠하려고 한다. 같은 색을 중복하여 색칠해도 좋으나 인접한 영역은 서로 다른 색으로 칠하는 경우의 수를 구하시오.

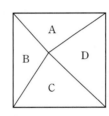

기본 풀이로 경우의 수를 구할 경우 뒤쪽 순서의 영역의 경우의 수가 달라진다.

A → B → D → C의 순서로 색칠할 때, 각 영역에 색칠할 수 있는 경우의 수는

A는 4가지, B는 3가지, D는 3가지임을 알 수 있다.

문제는 C에 칠할 색을 고를 때이다.

B, D에 같은 색을 칠할 수도, 다른 색을 칠할 수도 있으므로 이를 구분해서 경우의 수를 세어야 한다.

(i) B, D를 같은 색으로 칠하는 경우

　A에 4가지, B, D를 같은 색을 칠하는 경우 3가지, C는 B, D에 칠한 색을 제외한 3가지이므로

　$4 \times 3 \times 3 = 36$

(ii) B, D를 다른 색으로 칠하는 경우

　A에 4가지, B에 3가지, D에 2가지 색을 선택할 수 있고 마지막 C는 B, D에 칠한 색 2가지를 제외한 2가지를 고를 수 있으므로

　$4 \times 3 \times 2 \times 2 = 48$

따라서 색칠할 수 있는 모든 경우의 수는 $36 + 48 = 84$

1013

A 지점에서 B 지점으로 가는 교통편은 도보, 자전거, 버스, 지하철, 택시가 있다. A 지점에서 B 지점까지 이동하는 경우의 수를 구하시오.

1014

A 지점에서 B 지점으로 가는 교통편은 도보, 자전거, 버스, 지하철, 택시가 있다. A, B 두 지점을 한 번 왕복하는 경우의 수를 구하시오.

1015

A 지점에서 B 지점으로 가는 교통편은 도보, 자전거, 버스, 지하철, 택시가 있다. A, B 두 지점을 한 번 왕복할 때, 한 번 이용한 교통수단을 다시 이용하지 않는 경우의 수를 구하시오.

1016

1부터 10까지의 자연수 중 하나를 택할 때, 3의 배수나 5의 배수를 고르는 경우의 수를 구하시오.

[1017-1019] 세 지점 A, B, C를 연결하는 도로망이 그림과 같다. 다음 물음에 답하시오.

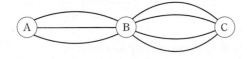

1017

A에서 B로 가는 경우의 수를 구하시오.

1018

B에서 C로 가는 경우의 수를 구하시오.

1019

A에서 B를 거쳐 C로 가는 경우의 수를 구하시오.

[1020-1021] 서점에 소설 5권, 자기 계발서 3권이 있다. 다음 물음에 답하시오.

1020

소설이나 자기 계발서 중 한 권을 사는 경우의 수를 구하시오.

1021

소설과 자기 계발서를 한 권씩 사는 경우의 수를 구하시오.

1022

500원 동전 3개와 100원 동전 4개의 일부 또는 전부를 사용하여 지불할 수 있는 방법의 수와 금액의 수를 구하시오. (단, 0원을 지불하는 경우는 제외한다.)

1023

500원 동전 2개와 100원 동전 6개의 일부 또는 전부를 사용하여 지불할 수 있는 방법의 수와 금액의 수를 구하시오. (단, 0원을 지불하는 경우는 제외한다.)

1024

A, B, C, D 네 명이 모두 다른 사람의 우산을 가져가는 경우의 수를 구하시오.

1025

A, B, C, D, E 다섯 명이 모두 다른 사람의 우산을 가져가는 경우의 수를 구하시오.

[1026-1027] 다음 그림과 같이 4개의 영역을 4종류의 색을 이용하여 색칠할 때, 같은 색을 중복하여 사용해도 좋으나 인접한 영역은 서로 다른 색으로 채우는 경우의 수를 구하시오.

1026

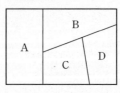

1027

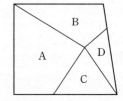

04 순열

01 순열(순서대로 나열)

여러 대상들을 일렬로(순서대로) 나열하는 것을 **순열**이라 하고, 일렬로 나열하는 경우의 수를 순열의 수라 한다.

중학교 수준의 경우의 수 문제를 풀어 보자.
'다섯 명의 사람 중 세 명을 뽑아 일렬로 세우는 경우의 수'는 $5 \times 4 \times 3 = 60$이다.
줄 세우는 경우의 수가 순열의 원리를 이용한 것이다.
줄 세우기, 즉 순열의 핵심은 순서대로(일렬로) 나열한다는 점이다.

02 순열의 수의 기호: $_nP_r$

서로 다른 n개 중에서 $r(0 \leq r \leq n)$개를 택하여 나열하는 순열의 수를 $_nP_r$로 나타낸다.

앞의 예를 다시 생각해 보자.

예1 다섯 명의 사람 중 세 명을 뽑아 일렬로 세우는 경우의 수
→ 5명 중 3명을 택해 일렬로 나열하는 순열의 수

첫 번째 자리		두 번째 자리		세 번째 자리
⇑		⇑		⇑
5	×	4	×	3
5명 중 선택		첫째 자리의 사람을 제외한 4명 중 선택		첫째, 둘째 자리의 사람을 제외한 3명 중 선택

$\therefore {}_5P_3 = 5 \times 4 \times 3 = 60$ ─ 곱해진 수 **3**개

예2 10개 중 2개를 택해 일렬로 나열하는 순열의 수
$${}_{10}P_2 = 10 \times 9 = 90$$
↑
곱해진 수 **2**개

예3 6개 중 6개를 택해 일렬로 나열하는 순열의 수
$${}_6P_6 = 6 \times 5 \times 4 \times 3 \times 2 \times 1 = 720$$
↑
곱해진 수 **6**개

중학교 때 배운 줄 세우는 경우의 수 계산 방법과 똑같다.
이를 기호로 정리한 것이 순열이라고 생각하자.

03 $_nP_r$의 식: 기본

$$_nP_r = n(n-1)(n-2)\cdots(n-r+1)$$
$$= \underbrace{(n-0)(n-1)(n-2)\cdots\{n-(r-1)\}}_{r개}$$

순서	첫번째	두번째	세번째	⋯	r번째
경우의 수	n	$n-1$	$n-2$		$n-(r-1)$ $=n-r+1$

예1 ${}_5P_3 = (5-0) \times (5-1) \times (5-2)$
$\qquad = 5 \times 4 \times 3 = 60$

예2 ${}_{10}P_2 = (10-0) \times (10-1)$
$\qquad = 10 \times 9 = 90$

예3 ${}_6P_6 = (6-0) \times (6-1) \times (6-2) \times (6-3)$
$\qquad \times (6-4) \times (6-5)$
$\qquad = 6 \times 5 \times 4 \times 3 \times 2 \times 1 = 720$

05 $_n\mathrm{P}_r$의 **변형식**과 **!**(factorial)

순열의 수의 변형식은 경우의 수와 관련된 여러 증명과 성질을 파악하는 데 사용된다.

01 계승: !의 정의

- n의 계승: 자연수 1부터 n까지의 모든 자연수를 한 번씩 곱한 것을 n의 계승이라 한다.
- n의 계승의 기호: 1부터 n까지의 자연수를 곱한 n의 계승을 기호로 다음과 같이 나타낸다.

$$n! = n \times (n-1) \times (n-2) \times \cdots \times 2 \times 1$$

계승을 나타내는 기호 !를 팩토리얼(factorial)이라 읽는다.

예1 $4! = 4 \times 3 \times 2 \times 1 = 24$

예2 $_5\mathrm{P}_5 = 5! = 5 \times 4 \times 3 \times 2 \times 1 = 120$

02 $_n\mathrm{P}_r$의 변형식

$_n\mathrm{P}_r$의 식을 !을 이용하여 다음과 같이 나타낼 수 있다.

$$_n\mathrm{P}_r = n(n-1)(n-2)\cdots(n-r+1) = \frac{n!}{(n-r)!}$$

예1 $_6\mathrm{P}_3 = \dfrac{6!}{(6-3)!} = \dfrac{6!}{3!}$

예2 $_8\mathrm{P}_2 = \dfrac{8!}{(8-2)!} = \dfrac{8!}{6!}$

증명 $_n\mathrm{P}_r = n(n-1)(n-2)\cdots(n-r+1)$ → 기본식

$$= \frac{n(n-1)(n-2)\cdots(n-r+1)(n-r)(n-r-1)\cdots 3 \cdot 2 \cdot 1}{(n-r)(n-r-1)\cdots 3 \cdot 2 \cdot 1}$$

순열의 기본식을 변형하여 !로 바꿔주는 것이 핵심이다. 분모와 분자에 똑같이 $(n-r)(n-r-1)\cdots 3 \cdot 2 \cdot 1$을 곱하면

(i) 분자는 1부터 n까지의 자연수가 한 번씩 곱해진 n의 계승, $n!$이 되고

(ii) 분모는 1부터 $n-r$까지의 자연수가 한 번씩 곱해진 $n-r$의 계승인 $(n-r)!$이 된다.

앞의 예를 다시 정리해 보자.

$$_6\mathrm{P}_3 = 6 \cdot 5 \cdot 4 = \frac{6 \cdot 5 \cdot 4 \cdot 3 \cdot 2 \cdot 1}{3 \cdot 2 \cdot 1} = \frac{6!}{3!}$$

03 $0!$, $_n\mathrm{P}_0$의 값

다음과 같이 약속한다.

- $0! = 1$ 　　 - $_n\mathrm{P}_0 = 1$

증명1 $_n\mathrm{P}_n = n!$임을 이용한다.

순열의 수의 변형식을 사용하면

$$_n\mathrm{P}_n = \frac{n!}{(n-n)!} = n! 에서 \frac{n!}{0!} = n!$$

이므로 식이 성립하도록 $0! = 1$로 정의하고 사용하기로 한다.

증명2 $_n\mathrm{P}_0 = \dfrac{n!}{(n-0)!} = \dfrac{n!}{n!} = 1$

$_n\mathrm{P}_0$은 서로 다른 n개 중에서 0개를 선택하여 일렬로 나열하는 경우의 수를 뜻하므로 '아무 것도 뽑지 않는' 경우의 한 가지라고 생각할 수 있다.

04 경우의 수 구하기 (4): 조건에 맞게 나열하기

01 양 끝에 조건에 맞는 대상 배치하기

① 배열의 양 끝에 조건에 맞는 대상을 먼저 배열한다.

② 나머지 자리에 남은 대상들을 순서대로 나열한다.

(양 끝의 순열의 수)×(남은 자리의 순열의 수)

예1 a, b, c, d, e를 일렬로 나열할 때, 양 끝 자리에 자음이 오는 경우의 수를 구하시오.

양 끝: 자음 3개 중 2개를
택해 일렬로 나열

| 앞 | ● | ● | ● | 뒤 |

양 끝에 배열한 2개의 자음을
제외한 3개의 문자를 나열

(i) 양 끝(맨 앞과 맨 뒤) 자리에 자음 b, c, d 중 2개를 나열하는 경우의 수:
$${}_3P_2 = 3 \times 2 = 6$$
(ii) 가운데 3자리에 남은 알파벳 3개를 배열하는 경우의 수: ${}_3P_3 = 3! = 6$

∴ 경우의 수: ${}_3P_2 \times {}_3P_3 = 6 \times 6 = 36$

예2 남학생 4명과 여학생 3명을 일렬로 배열할 때, 양 끝 자리에 남학생이 서는 경우의 수를 구하시오.

양 끝: 남학생 4명 중 2명을
택해 일렬로 나열

양 끝에 선 2명을 제외한
5명을 일렬로 나열

(i) 양 끝(맨 앞과 맨 뒤) 자리에 남학생을 배열하는 경우의 수: ${}_4P_2 = 4 \times 3 = 12$
(ii) 가운데 5자리에 남은 5명을 배열하는 경우의 수: ${}_5P_5 = 5! = 120$

∴ 경우의 수: ${}_4P_2 \times {}_5P_5 = 12 \times 120 = 1440$

일렬로 나열할 대상이 총 n개이고 그중 양 끝에 올 수 있는 것이 m개 있을 때 나열하는 경우의 수는

$$\underset{\substack{\text{양 끝 자리에}\\\text{나열}}}{{}_mP_2} \times \underset{\substack{\text{남은 자리에}\\\text{나열}}}{{}_{n-2}P_{n-2}} = m(m-1) \times (n-2)!$$

02 남녀 교대로 줄 세우기
⇨ **남녀가 같은 수일 경우**

① 남자가 먼저 서는 경우의 수를 구한다.
② 여자가 먼저 서는 경우의 수를 구한다.
③ ①과 ②의 경우의 수를 더한다.

예 남학생 3명과 여학생 3명을 모두 일렬로 세울 때, 남녀가 교대로 서는 경우의 수를 구하시오.

	1열	2열	3열	4열	5열	6열
(i)	남	여	남	여	남	여
(ii)	여	남	여	남	여	남

(i) 남자가 먼저 서는 경우:

(1, 3, 5열에 남자를 배열하는 경우의 수)
×(2, 4, 6열에 여자를 배열하는 경우의 수)
$=_3P_3 \times _3P_3 = 6 \times 6 = 36$

(ii) 여자가 먼저 서는 경우:

(1, 3, 5열에 여자를 배열하는 경우의 수)
×(2, 4, 6열에 남자를 배열하는 경우의 수)
$=_3P_3 \times _3P_3 = 6 \times 6 = 36$

∴ 남녀가 교대로 서는 경우의 수:

$36 + 36 = 72$

인원 수가 각각 n명인 두 집단이 교대로 줄을 서는 경우의 수는

$$_nP_n \times _nP_n \times 2 = n! \times n! \times 2 = (n!)^2 \times 2$$

---

03 남녀 교대로 줄 세우기
⇨ **한쪽이 한 명 더 많을 경우**

숫자가 더 많은 쪽을 일렬로 세우고 그 사이에 나머지 성별을 나열한다.

예 남학생 4명과 여학생 3명을 모두 일렬로 세울 때, 남녀가 교대로 서는 경우의 수를 구하시오.

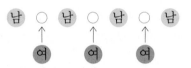

(i) 남자 4명을 일렬로 나열: $_4P_4 = 4! = 24$
(ii) 남자들 사이의 세 자리에 여자 3명을 나열:
  $_3P_3 = 6$
∴ 남녀가 교대로 서는 경우의 수:
  $_4P_4 \times _3P_3 = 24 \times 6 = 144$

인원 수가 각각 $n+1$명, n명인 두 집단이 교대로 줄을 서는 경우의 수는

$$_{n+1}P_{n+1} \times _nP_n = (n+1)!n! = (n+1)(n!)^2$$

남녀가 교대로 줄을 서는 상황은 같은 성별끼리는 떨어져 있다는 의미이다.

∴ 남녀가 교대로 선다. (앉는다.)
  =남자끼리, 여자끼리는 서로 이웃하지 않는다.

05 경우의 수 구하기 (5): '적어도 ~인 경우'

'적어도'라는 조건이 포함된 경우의 수는 직접 구하기가 번거로울 때가 많다. 예를 통해 알아보자.

예1 남학생 4명과 여학생 3명을 일렬로 배열할 때, 양 끝자리에 적어도 한 명의 남학생이 서는 경우의 수를 구하시오.

양 끝에 적어도 한 명의 남학생이 서는 경우를 생각해 보면 다음과 같다.

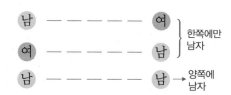

이렇게 모든 경우를 직접 구하는 것은 효율적이지 않다. 남녀 총 7명이 일렬로 서는 전체 경우의 수는

> (양 끝에 적어도 남자 한 명이 있는 경우의 수)
>   +(양 끝에 모두 여자가 서는 경우의 수)

로 생각할 수 있다. 따라서

> (양 끝에 적어도 남자 한 명이 있는 경우의 수)
> =(전체 경우의 수)
>   −(양 끝에 모두 여자가 서는 경우의 수)

로 계산할 수 있다.
(i) 전체 경우의 수: $_7P_7 = 7!$
(ii) 양 끝에 여자가 서는 경우의 수:
    $_3P_2 \times _5P_5 = 6 \times 5! = 6!$
∴ 경우의 수: $7! - 6! = 7 \times 6! - 6! = 6 \times 6!$
             $= 6 \times 720 = 4320$

예2 수학책 5권과 과학책 4권 중 3권을 골라 책꽂이에 일렬로 꽂을 때, 적어도 한 권의 수학책이 포함될 경우의 수를 구하시오.

구하는 경우의 수는 전체 경우의 수에서 과학책만 뽑아서 나열하는 경우의 수를 빼면 된다.
- 전체 경우의 수(과목 관계없이 9권 중 3권을 택해 나열하는 경우의 수): $_9P_3 = 9 \times 8 \times 7 = 504$
- 과학책 4권 중에서만 3권을 택하여 나열하는 경우의 수: $_4P_3 = 24$
∴ 경우의 수: $504 - 24 = 480$

조건에 맞는 모든 경우를 확인해 보면
(i) 수학책 1권, 과학책 2권을 택해 나열하는 경우
(ii) 수학책 2권, 과학책 1권을 택해 나열하는 경우
(iii) 수학책 3권, 과학책 0권을 택해 나열하는 경우
와 같다. 책의 종류와 골라서 나열할 개수가 많을수록 생각해야 할 경우가 많아지므로 직접 구하는 것보다 전체 경우의 수에서 조건 이외의 경우의 수를 빼는 것이 편리하다.

다음을 기억하자.

> **'적어도 A인' 경우의 수 구하기**
> (전체 경우의 수)−(하나도 A가 아닌 경우의 수)

[1028–1033] 다음 값을 구하시오.

1028
$_7P_3$

1029
$_{20}P_2$

1030
$_5P_5$

1031
$_4P_0$

1032
$4!$

1033
$0!$

[1034–1037] 다음 식을 !을 이용하여 나타내시오.

1034
$_6P_2$

1035
$_8P_4$

1036
$_7P_3$

1037
$_nP_r$

1038
네 명을 일렬로 세우는 경우의 수를 구하시오.

1039
다섯 명 중 세 명을 뽑아 일렬로 나열하는 경우의 수를 구하시오.

1040
A, B, C, D, E를 일렬로 나열할 때, 양 끝 자리에 모음이 오는 경우의 수를 구하시오.

1041
남학생 4명과 여학생 3명을 일렬로 배열할 때, 양 끝 자리에 여학생이 서는 경우의 수를 구하시오.

1042
남학생 3명, 여학생 3명을 일렬로 세울 때, 남녀가 교대로 서는 경우의 수를 구하시오.

1043
남학생 4명과 여학생 3명을 일렬로 세울 때, 남녀가 교대로 서는 경우의 수를 구하시오.

1044
남학생 3명, 여학생 3명을 일렬로 배열할 때, 양 끝 자리에 적어도 한 명의 남학생이 서는 경우의 수를 구하시오.

1045
수학책 4권과 과학책 3권 중 3권을 골라 책꽂이에 일렬로 꽂을 때, 적어도 한 권의 수학책이 포함될 경우의 수를 구하시오.

1046
A, B, C, D, E를 나열할 때, A, B가 이웃하는 경우의 수를 구하시오.

1047
A, B, C, D, E를 나열할 때, A, B, C가 이웃하는 경우의 수를 구하시오.

1048
A, B, C, D, E를 나열할 때, A, B가 이웃하지 않는 경우의 수를 구하시오.

1049
1, 2, 3, 4, 5, 6 여섯 개의 수를 나열할 때, 짝수는 짝수끼리, 홀수는 홀수끼리 이웃하는 경우의 수를 구하시오.

문제 C.O.D.I ② Trendy

정답 및 해설 ▶ 83쪽

Style 01 합의 법칙과 곱의 법칙

1050
서로 다른 두 개의 주사위를 동시에 던졌을 때, 나오는 두 눈의 수의 합이 6의 배수가 되는 경우의 수를 구하시오.

Level up

1051
1부터 40까지의 자연수 중에서 4의 배수 또는 5의 배수 중 하나를 선택하는 경우의 수를 구하시오.

1052
$(a+b)(x+y+z)$를 전개한 식의 서로 다른 항의 개수는?

① 3   ② 4   ③ 5

④ 6   ⑤ 8

1053
서로 다른 두 개의 주사위를 던져 나오는 두 눈의 곱이 홀수가 되는 경우의 수를 구하시오.

Style 02 경로의 수

1054
다음 그림과 같이 A, B, C 세 지점을 연결하는 도로가 있다. A에서 C로 가는 경로의 수는?

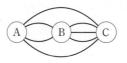

① 6   ② 8   ③ 10

④ 12   ⑤ 15

1055
오른쪽 그림과 같이 네 도시 A, B, C, D를 연결하는 도로가 있다. A에서 출발하여 D를 방문한 후 다시 A로 돌아오는 경우의 수를 구하시오.

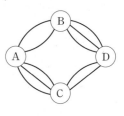

(단, 한 번 지난 도시는 다시 가지 않는다.)

Level up

1056
오른쪽 그림과 같이 네 도시 A, B, C, D를 연결하는 도로가 있다. A에서 출발하여 D까지 가는 모든 경우의 수를 구하시오.

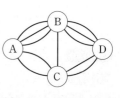

(단, 한 번 지난 도시는 다시 가지 않는다.)

Style 03 **지불 방법과 지불 금액의 수**

1057

500원 동전 1개, 100원 동전 2개, 10원 동전 2개로 지불할 수 있는 방법의 수를 a, 지불 금액의 수를 b라 할 때, $a-b$의 값을 구하시오.

(단, 0원을 지불하는 경우는 제외)

1058

다음 중 5000원짜리 지폐 1장과 1000원짜리 지폐 5장을 사용하여 지불할 수 있는 금액의 수와 같은 것은?

① 1000원 지폐 10장

② 5000원 지폐 2장

③ 10000원 지폐 1장

④ 500원 동전 20개

⑤ 5000원 지폐 1장, 500원 동전 10개

1059

500원 동전 1개, 100원 동전 2개, 50원 동전 2개로 지불할 수 있는 방법의 수를 a, 지불 금액의 수를 b라 할 때, $a-b$의 값은? (단, 0원을 지불하는 경우는 제외)

① -4 ② -2 ③ 0

④ 2 ⑤ 4

Level up
1060

500원 동전 1개, 100원 동전 5개, 50원 동전 3개로 지불할 수 있는 금액의 수를 구하시오.

(단, 0원을 지불하는 경우는 제외)

Style 04 **수형도**

1061

A, B, C, D 네 명이 수업이 끝난 후 우산을 가져갈 때, 한 사람만 자신의 우산을 챙겨가고 나머지 사람들은 모두 다른 사람의 우산을 가져가는 경우의 수는?

① 2   ② 4   ③ 6

④ 8   ⑤ 10

1062

A, B, C, D, E 다섯 명이 수업이 끝난 후 우산을 가져갈 때, A, C 두 사람은 자신의 우산을 맞게 가져가고 다른 사람들은 남의 우산을 잘못 가져가는 경우의 수는?

① 2   ② 4   ③ 6

④ 8   ⑤ 10

1063

A, B, C, D, E 다섯 명이 수업이 끝난 후 우산을 가져갈 때, 한 사람만 자신의 우산을 챙겨가고 나머지 사람들은 모두 다른 사람의 우산을 가져가는 경우의 수를 구하시오.

Level up
1064

A, B, C, D, E, F 여섯 명의 학생이 오른쪽 그림과 같이 앉아 있다가 잠시 외출하고 돌아와 다시 앉을 때, A만 원래 자리에 앉고 나머지 학생들은 모두 처음 자리와 다른 자리에 앉는 경우의 수를 구하시오.

Style 05 색칠하는 경우의 수

1065

오른쪽 그림과 같이 여섯 개로 구분된 영역을 서로 다른 여섯 개의 색을 이용하여 색칠하려고 한다. 같은 색을 여러 번 사용하되 인접한 영역은 서로 다른 색으로 칠하는 경우의 수는 15×2^k이다. k의 값은?

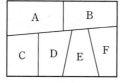

① 6 　　　　② 7 　　　　③ 8

④ 9 　　　　⑤ 10

1066

오른쪽 그림과 같이 여섯 개로 구분된 영역을 서로 다른 다섯 개의 색을 이용하여 색칠하려고 한다. 같은 색을 여러 번 사용하되 인접한 영역은 서로 다른 색으로 칠하는 경우의 수는 $2^m \times 3^n \times 5$이다. mn의 값은?

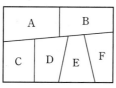

① 6 　　　　② 7 　　　　③ 8

④ 9 　　　　⑤ 10

Level up

1067

오른쪽 그림과 같이 다섯 개로 구분된 영역을 서로 다른 다섯 개의 색을 이용하여 색칠하려고 한다. 같은 색을 중복하여 사용해도 좋지만 인접한 영역은 서로 다른 색으로 칠하는 경우의 수를 구하시오.

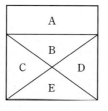

Style 06 순서쌍의 개수

1068

부등식 $x+y \leq 5$를 만족하는 음이 아닌 정수 x, y의 순서쌍의 개수는?

① 5 　　　　② 10 　　　　③ 14

④ 17 　　　　⑤ 21

1069

부등식 $x+y \leq 5$를 만족하는 자연수 x, y의 순서쌍의 개수는?

① 6 　　　　② 10 　　　　③ 14

④ 17 　　　　⑤ 21

1070

방정식 $x+y+2z=7$을 만족시키는 자연수 x, y, z의 순서쌍의 개수는?

① 6 　　　　② 10 　　　　③ 14

④ 17 　　　　⑤ 21

Level up

1071

방정식 $x+2y+z^2=10$을 만족시키는 음이 아닌 정수해의 개수를 구하시오.

1072
$_6\mathrm{P}_3 + _7\mathrm{P}_2$의 값을 구하시오.

1073
$_n\mathrm{P}_3 = 210$을 만족시키는 n의 값은?

① 6   ② 7   ③ 8

④ 9   ⑤ 10

Level up

1074
$_n\mathrm{P}_4 = 72 \cdot _{n-2}\mathrm{P}_2$를 만족시키는 n의 값은?

① 6   ② 7   ③ 8

④ 9   ⑤ 10

Level up

1075
$_5\mathrm{P}_5 + k \cdot _4\mathrm{P}_4 = _6\mathrm{P}_6$을 만족시키는 실수 k의 값을 구하시오.

1076
o, r, a, n, g, e 6개의 알파벳을 일렬로 나열할 때, 모음끼리 이웃하는 경우의 수를 구하시오.

1077
세 쌍의 부부가 일렬로 앉을 때, 부부끼리 이웃하여 앉는 경우의 수는?

① 16   ② 24   ③ 32

④ 40   ⑤ 48

Level up

1078
1학년 2명, 2학년 2명, 3학년 3명이 한 줄로 설 때, 1학년은 1학년끼리, 2학년은 2학년끼리 이웃하여 서는 경우의 수는?

① 144   ② 240   ③ 360

④ 480   ⑤ 512

Level up

1079
수학책 3권과 국어책 n권을 책꽂이에 순서대로 꽂을 때, 수학책을 이웃하게 꽂는 방법의 수가 144이다. n의 값은?

① 2   ② 3   ③ 4

④ 5   ⑤ 6

Style 09 이웃하지 않는 경우의 수 (1)

1080
아빠와 엄마, 자녀 두 명이 한 줄로 설 때, 아빠와 엄마가 이웃하지 않게 서는 경우의 수는?

① 12   ② 15   ③ 18
④ 21   ⑤ 24

1081
남학생 4명과 여학생 2명을 여학생이 서로 이웃하지 않게 배열하는 경우의 수를 구하시오.

Level up
1082
1학년 2명, 2학년 n명을 1학년이 서로 이웃하지 않게 배열하는 경우의 수가 480일 때, n의 값은?

① 4   ② 5   ③ 6
④ 7   ⑤ 8

Level up
1083
A, B, C, D, E, F 여섯 명이 오른쪽 그림과 같은 자리에 앉을 때, A, B가 서로 옆 자리에 앉지 않는 경우의 수를 구하시오.

Style 10 이웃하지 않는 경우의 수 (2)

1084
다음은 A, B, C, D, E, F 여섯 명의 자리를 배치할 때, A, B, C 세 명 중 누구도 이웃하지 않는 경우의 수를 구하는 과정이다.

> (i) D, E, F 세 명을 일렬로 나열하는 경우의 수는
> (가)
>
> (ii) D, E, F의 자리를 ◯로 나타내면
>
>
>
> ✓ 표시된 네 자리 중 세 자리에 A, B, C의 자리를 정하면 A, B, C 누구도 이웃하지 않는다.
> 이 경우의 수는 ₍ₙₐ₎P₍ₐₐ₎ = (라)
> ∴ 경우의 수: (가) × (라) = (마)

빈칸을 알맞게 채우시오.

1085
1학년 3명과 2학년 2명, 3학년 2명이 일렬로 줄을 설 때, 1학년이 서로 이웃하지 않는 경우의 수를 구하시오.

Level up
1086
세 명의 학생이 다음 그림과 같은 빈 의자 7개 중 하나씩을 골라 앉을 때, 세 명 모두 한 자리 이상 떨어져 앉는 경우의 수는?

① 15   ② 20   ③ 30
④ 45   ⑤ 60

Style 11 조건에 맞게 나열하기

1087
남학생 3명과 여학생 3명을 일렬로 세울 때, 남학생이 홀수 번째 자리에 서는 경우의 수는 p^2이다. 자연수 p의 값은?

① 5   ② 6   ③ 7
④ 8   ⑤ 9

1088
남학생 2명과 여학생 4명을 일렬로 세울 때, 남학생이 홀수 번째 자리에 서는 경우의 수는 $n \times 4!$이다. n의 값은?

① 5   ② 6   ③ 7
④ 8   ⑤ 9

Level up
1089
A, B, C, D, E 다섯 명을 일렬로 배열할 때, A가 맨 뒤에 오고 A와 C는 이웃하지 않게 하는 경우의 수는?

① 18   ② 24   ③ 36
④ 48   ⑤ 96

Level up
1090
a, b, c, d, e, f를 일렬로 나열할 때, a와 b 사이에 하나의 문자가 오는 경우의 수를 구하시오.

Style 12 '적어도'가 포함된 경우의 수

1091
1학년 3명, 2학년 4명 중에서 학교 대표와 부대표를 한 명씩 뽑을 때, 적어도 한 명은 1학년이 뽑히는 경우의 수는?

① 24   ② 30   ③ 36
④ 42   ⑤ 48

1092
a, b, c, d, e, f를 일렬로 나열할 때, a와 b 사이에 적어도 하나의 문자가 오는 경우의 수를 구하시오.

Level up
1093
a, b, c, d, e, f를 일렬로 나열할 때, a, c, e 중 적어도 두 개의 문자가 이웃하는 경우의 수를 구하시오.

1094
남학생 3명, 여학생 3명을 일렬로 세울 때, 적어도 한 명의 여학생이 홀수 번째 자리에 서는 경우의 수를 구하시오.

Style 13 자연수의 개수

1095

1, 2, 3, 4 중 두 개를 택하여 만든 두 자리의 자연수 중 3의 배수의 개수를 구하시오.

1096

1, 2, 3, 4, 5를 나열하여 다섯 자리의 자연수를 만들 때, 짝수의 개수는?

① 36　　　　② 48　　　　③ 54
④ 60　　　　⑤ 72

Level up

1097

0, 1, 2, 3, 4를 나열하여 다섯 자리의 자연수를 만들 때, 짝수의 개수는?

① 36　　　　② 48　　　　③ 54
④ 60　　　　⑤ 72

1098

0, 1, 2, 3, 4, 5 중 5개를 택하여 만든 다섯 자리의 자연수 중 5의 배수의 개수를 구하시오.

Style 14 사전식 배열

1099

m, a, t, h를 사전식으로 배열할 때, 18번째로 오는 문자열은?

① $mtha$　　　② $math$　　　③ $maht$
④ $mtah$　　　⑤ $tahm$

1100

a, b, c, d, e를 사전식으로 배열할 때, $caedb$는 몇 번째 오는 문자열인가?

① 50번째　　　② 52번째　　　③ 54번째
④ 56번째　　　⑤ 58번째

Level up

1101

1, 2, 3, 4, 5, 6 중 네 개의 수를 택하여 일렬로 나열할 때, 5100보다 큰 수의 개수를 구하시오.

1102

오른쪽 그림과 같이 한 변의 길이가 1인 아홉 개의 정사각형이 있을 때, 이들 정사각형으로 만들 수 있는 정사각형의 개수는?

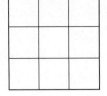

① 13   ② 14
③ 15   ④ 16
⑤ 17

1103

서로 다른 두 개의 주사위를 동시에 던졌을 때, 두 눈의 곱이 소수가 되는 경우의 수는?

① 4   ② 6   ③ 9
④ 16   ⑤ 25

1104

서로 다른 두 개의 주사위를 동시에 던졌을 때, 두 눈의 곱이 짝수가 되는 경우의 수는?

① 4   ② 9   ③ 18
④ 27   ⑤ 30

1105

$(2a-b)(p-3q+2r)(x+y+z^2)$을 전개한 식의 서로 다른 항의 개수를 구하시오.

1106

500원 동전 3개와 50원 동전 5개, 10원 동전 n개를 일부 또는 전부를 사용하여 지불할 때, 지불 방법과 지불 금액의 수가 일치하도록 하는 자연수 n의 개수는?

(단, 0원을 지불하는 경우의 수는 제외한다.)

① 1   ② 2   ③ 3
④ 4   ⑤ 5

모의고사 기출

1107

그림과 같이 크기가 같은 6개의 정사각형에 1부터 6까지의 자연수가 하나씩 적혀 있다.

1	2	3
4	5	6

서로 다른 4가지 색의 일부 또는 전부를 사용하여 다음 조건을 만족시키도록 6개의 정사각형에 색을 칠하는 경우의 수는? (단, 한 정사각형에 한 가지 색만을 칠한다.)

(가) 1이 적힌 정사각형과 6이 적힌 정사각형에는 같은 색을 칠한다.
(나) 변을 공유하는 두 정사각형에는 서로 다른 색을 칠한다.

① 72   ② 84   ③ 96
④ 108   ⑤ 120

Level up

1108

$abc=150$을 만족하는 1보다 큰 자연수 a, b, c의 순서쌍의 개수를 구하시오.

1109
7개의 문자 c, h, e, e, r, u, p를 모두 일렬로 나열할 때, 2개의 문자 e가 서로 이웃하게 되는 경우의 수를 구하시오.

1110
빈 의자 6개가 일렬로 놓여 있다. 이 의자에 다섯 명이 앉는 경우의 수는?

① $5!$ ② $2 \times 5!$ ③ $_6P_5$

④ $6 \times _4P_4$ ⑤ $5 \times 5!$

1111
일렬로 놓여진 6개의 의자에 남학생 2명과 여학생 3명이 앉을 때, 남학생이 이웃하지 않게 자리를 배정하는 경우의 수를 구하시오.

1112
두 집합 $X = \{1, 2, 3\}$, $Y = \{1, 2, 3, 4, 5, 6\}$에 대하여 $f : X \to Y$인 일대일함수의 개수는?

① 60 ② 120 ③ 168

④ 196 ⑤ 216

1113
할아버지, 할머니, 아버지, 어머니, 아들, 딸로 구성된 가족이 있다. 이 가족 6명이 그림과 같은 6개의 좌석에 모두 앉을 때, 할아버지, 할머니가 같은 열에 이웃하여 앉고, 아버지, 어머니도 같은 열에 이웃하여 앉는 경우의 수를 구하시오.

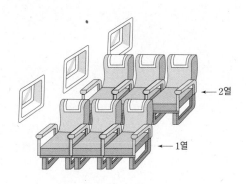

1114
어른 2명과 어린이 3명이 함께 놀이공원에 가서 어느 놀이기구를 타려고 한다. 이 놀이기구는 그림과 같이 앞줄에 2개, 뒷줄에 3개의 의자가 있다. 어린이가 어른과 반드시 같은 줄에 앉을 때, 5명이 모두 놀이기구의 의자에 앉는 방법의 수를 구하시오.

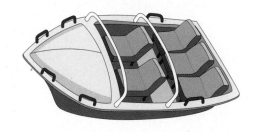

1115
1, 2, 3, 4, 5 다섯 개의 숫자에서 세 개의 숫자를 나열하여 세 자리의 자연수를 만들 때, 3의 배수의 개수를 구하시오.

수학에서 문제를
제안하는 기술은 문제를 푸는
것보다 훨씬 가치 있게
평가 받아야 한다

-게오르그 칸토르-

√MATH²

순열은 대상을 순서대로 나열하는 경우의 수를 구할 때 사용한다. 하지만 순서를 고려할 필요가 없는 경우의 수도 많다. 예를 들어 편의점에서 간식으로 먹을 샌드위치 세 종류를 산다고 하자. 어떤 순서든 세 개만 고르면 된다.

이처럼 순서는 생각하지 않고 대상을 고르는 것을 조합이라 한다.

01 조합(Combination)과 조합의 수 $_nC_r$

- 서로 다른 n개에서 r개를 순서에 관계없이 고르는 것을 n개에서 r개를 택하는 조합이라 한다.
- n개에서 r개를 택하는 조합의 수를 기호로 $_nC_r$로 나타낸다.

예 A, B, C, D 네 개의 알파벳 중 두 개를 고르는 경우의 수는 네 개에서 두 개를 택하는 조합의 수이다. $\Rightarrow {}_4C_2$

조합은 순서를 생각하지 않고 고르기만 하는 것

02 $_nC_r$의 식

$$_nC_r = \frac{_nP_r}{r!}$$

예1 서로 다른 A, B, C, D 중에서 두 개를 뽑는 경우의 수

4개에서 2개를 택하는 조합의 수이므로

$$_4C_2 = \frac{_4P_2}{2!} = \frac{4 \times 3}{2 \times 1} = 6$$

직접 경우의 수를 구해 보면

(A, B), (A, C), (A, D), (B, C),
(B, D), (C, D) → 여섯 가지

조합의 수를 구할 때에는 순서를 따지지 않음을 잊지 말자.
순서쌍 (A, B)와 (B, A)는 A, B를 뽑는 같은 조합이므로 중복해서 세지 않도록 주의한다.

예2 서로 다른 6개 중에서 3개를 고르는 경우의 수

6개에서 3개를 택하는 조합의 수이므로

$$_6C_3 = \frac{_6P_3}{3!} = \frac{6 \times 5 \times 4}{3 \times 2 \times 1} = 20$$

증명 조합의 식을 이해하려면 순열을 다시 봐야 한다.

서로 다른 n개 중에서 r개를 택해 일렬로
나열하는 경우의 수

라는 순열의 수 $_nP_r$의 의미를 두 단계로 나누어 생각해 보자.

$$_nP_r$$

(i) n개에서 r개를 선택하고
(ii) 선택한 r개를 일렬로 나열한다.

순열은 (i) 고르고, (ii) 나열하는 두 사건이 연속으로 일어나는 것이므로 곱의 법칙으로 계산할 수 있다.

$$_nP_r = {}_nC_r \times r!$$

| n개에서 r개 택하여 나열하는 순열의 수 | n개에서 r개 택하는 조합의 수 | 선택한 r개를 일렬로 나열하는 경우의 수 |

이 등식의 양변을 $r!$로 나누면 조합의 수의 식이 된다.

$$\therefore {}_nC_r = \frac{_nP_r}{r!}$$

예 A, B, C, D 네 개의 알파벳 중 두 개를 택하는

조합 (고르기만 한다.)	순열 (고르고 나열한다.)
① A, B	①′ A B ①″ B A
② A, C	②′ A C ②″ C A
③ A, D	③′ A D ③″ D A
④ B, C	④′ B C ④″ C B
⑤ B, D	⑤′ B D ⑤″ D B
⑥ C, D	⑥′ C D ⑥″ D C
조합의 수: $_4C_2 = 6$	순열의 수: $_4P_2 = 12$

$$\therefore {}_4C_2 \times 2! = {}_4P_2 \rightarrow {}_4C_2 = \frac{_4P_2}{2!}$$

01 조합의 수의 변형식 (1)

$$_n\mathrm{C}_r = \frac{_n\mathrm{P}_r}{r!} = \frac{n!}{(n-r)!\,r!}$$

 증명 $_n\mathrm{P}_r = \dfrac{n!}{(n-r)!}$ 임을 앞 단원에서 배웠다. 이를 이용하면 조합의 수 $_n\mathrm{C}_r$도 !을 이용하여 나타낼 수 있다.

$$_n\mathrm{C}_r = \frac{_n\mathrm{P}_r}{r!} = {_n\mathrm{P}_r} \times \frac{1}{r!} = \frac{n!}{(n-r)!\,r!}$$

이 식은 실제 경우의 수를 구할 때는 사용하지 않지만 조합과 관련된 여러 가지 성질을 유도하고 증명하는 데 쓰인다.

예 $_8\mathrm{C}_3 = \dfrac{_8\mathrm{P}_3}{3!} = {_8\mathrm{P}_3} \times \dfrac{1}{3!}$

$$= \frac{8!}{(8-3)!} \times \frac{1}{3!} = \frac{8!}{(8-3)!\,3!} = \frac{8!}{5!\,3!}$$

이 식을 이용해서 $_8\mathrm{C}_3$의 값을 구해 보자.

$$_8\mathrm{C}_3 = \frac{8\times7\times6\times5\times4\times3\times2\times1}{5\times4\times3\times2\times1\times3\times2\times1} = 56$$

조합의 기본 계산 방법으로도 구해 보면

$$_8\mathrm{C}_3 = \frac{8\times7\times6}{3\times2\times1} = 56$$

으로 기본 계산 방법이 훨씬 편리하다는 것을 알 수 있다.

02 조합의 수의 값

$$\cdot\, _n\mathrm{C}_0 = 1 \qquad \cdot\, _n\mathrm{C}_n = 1$$

증명1 $_n\mathrm{C}_0 = \dfrac{_n\mathrm{P}_0}{0!} = \dfrac{1}{1} = 1 \,(0! = 1,\ _n\mathrm{P}_0 = 1)$

$$_n\mathrm{C}_0 = \frac{_n\mathrm{P}_0}{0!} = \frac{n!}{(n-0)!\,0!} = \frac{n!}{n!} = 1$$

직관적으로 이해해 보자.

서로 다른 n개 중에서 0개를 택하는 경우의 수는 '아무 것도 고르지 않는 한 가지 경우'이다.

증명2 $_n\mathrm{C}_n = \dfrac{_n\mathrm{P}_n}{n!} = \dfrac{n!}{n!} = 1$

$$_n\mathrm{C}_n = \frac{_n\mathrm{P}_n}{n!} = \frac{n!}{(n-n)!\,n!}$$

$$= \frac{n!}{0!\,n!} = \frac{n!}{n!} = 1$$

직관적으로 이해해 보자.

서로 다른 n개 중에서 n개를 택하는 경우의 수는 '모두를 선택하는 한 가지 경우'이다.

예 $_4\mathrm{C}_0 = 1,\ _7\mathrm{C}_0 = 1,\ _3\mathrm{C}_3 = 1,\ _4\mathrm{C}_4 = 1$

03 조합의 수의 변형식 (2)

$$_n\mathrm{C}_r = {_n\mathrm{C}_{n-r}}$$

이 변형식은 매우 많이 사용하는 유용한 공식이다.

예1 $_8\mathrm{C}_3 = \dfrac{8\times7\times6}{3\times2\times1} = 56$

$$_8\mathrm{C}_5 = \frac{8\times7\times6\times5\times4}{5\times4\times3\times2\times1} = 56$$

$$\therefore\ _8\mathrm{C}_3 = {_8\mathrm{C}_5}$$

예2 $_6\mathrm{C}_4 = \dfrac{6!}{(6-4)!\,4!} = \dfrac{6!}{2!\,4!} = 15$

$$_6\mathrm{C}_2 = \frac{6!}{(6-2)!\,2!} = \frac{6!}{4!\,2!} = 15$$

증명1

$$_n\mathrm{C}_r = \frac{_n\mathrm{P}_r}{r!} = \frac{n!}{(n-r)!\,r!}$$

$$_n\mathrm{C}_{n-r} = \frac{n!}{(n-(n-r))!\,(n-r)!} = \frac{n!}{r!\,(n-r)!}$$

$$\therefore\ _n\mathrm{C}_r = {_n\mathrm{C}_{n-r}}$$

증명2

n개에서 r개를 골라서 가져가는 경우의 수 $_n\mathrm{C}_r$은 n개에서 $(n-r)$개를 빼는 경우의 수와 같다.

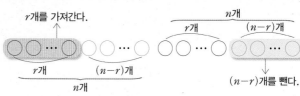

$$\therefore\ _n\mathrm{C}_r = {_n\mathrm{C}_{n-r}}$$

[1116–1119] 빈칸을 알맞게 채우시오.

1116
서로 다른 n개에서 r개를 순서에 관계없이 고르는 것을 n개에서 r개를 택하는 ⬚이라 하고, 그 경우의 수를 기호로 ⬚로 나타낸다.

1117
$$_nP_r = ⬚ \times ⬚!$$

1118
$$_nC_r = \frac{⬚}{⬚}$$

1119
$$_nC_r = \frac{⬚}{⬚ \times ⬚}$$

[1120–1133] 다음 식의 값을 구하시오.

1120
$_5C_2$

1121
$_5C_3$

1122
$_7C_1$

1123
$_4C_2$

1124
$_6C_2$

1125
$_6C_3$

1126
$_7C_3$

1127
$_7C_4$

1128
$_8C_2$

1129
$_9C_6$

1130
$_4C_0$

1131
$_{10}C_{10}$

1132
$_7P_2 - _7C_2$

1133
$_4C_0 + _4C_1 + _4C_2 + _4C_3 + _4C_4$

[1134–1136] 다음 식을 증명하시오.

1134
$_nC_0 = 1$

1135
$_nC_n = 1$

1136
$_nC_r = _nC_{n-r}$

[1137–1145] 다음 식을 만족하는 n 또는 r의 값을 구하시오.

1137
$_9P_4 = n \times _9C_4$

1138
$_nC_2 = 55$

1139
$_nC_3 = 20$

1140
$_7P_r = 210$, $_7C_r = 35$

1141
$_8P_r = 56$, $_8C_r = 28$

1142
$_{n+2}C_n = 21$

1143
$_8C_5 = _8C_r$
(단, $r \neq 5$)

1144
$_6C_r = _6C_{r+2}$

1145
$_7C_{r+1} = _7C_{r-4}$

01 경우의 수 구하기 (1): 직선의 개수

> 두 개의 점을 연결하면 하나의 직선이 만들어진다.
> 여러 개의 점이 있을 때 그을 수 있는 직선의 총 개
> 수는 조합을 이용하여 구할 수 있다.

01 어느 세 점도 한 직선 위에 있지 않은 경우

서로 다른 두 점을 선택해 연결하면 직선이 하나씩 생긴다. 따라서 직선의 개수는 두 점을 택하는 조합의 수와 같다.
예를 통해 알아보자.

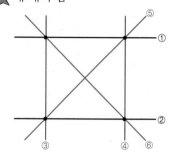

예1 네 개의 점

네 개의 점 중 두 개를 선택하여 연결하는 경우마다 직선이 하나씩 만들어진다.
따라서 경우의 수는
$$_4C_2 = 6$$

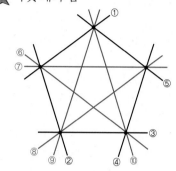

예2 다섯 개의 점

$$_5C_2 = 10$$

> 평면 위에 n개의 점이 있고, 어느 세 점도 한 직선 위에 있지 않을 때 그을 수 있는 직선의 개수는
> $$_nC_2 = \frac{n(n-1)}{2!}$$

이와는 달리 세 개 이상의 점이 한 직선 위에 있을 경우 조합을 이용해 직선의 개수를 세면 중복이 된다.
다음 그림을 보자.

한 직선 위의 어떤 두 점을 연결해도 같은 직선이 된다.

∴ 그을 수 있는 직선의 개수: 1

이처럼 한 직선 위에 있는 점들을 연결하면 모두 같은 직선이 되므로 한 번만 세면 된다.

02 세 개 이상의 점이 한 직선 위에 있는 경우

위에서 알아본 것처럼 한 직선 위에 여러 점이 있을 때 조합을 이용하면 같은 직선을 중복하여 세게 되어 경우의 수가 맞지 않는다.
예를 통해 정확히 세는 방법을 알아보자.

예 그림과 같이 점이 같은 간격으로 놓여 있을 때, 이 점들을 연결하여 만들 수 있는 직선의 개수를 구하시오.

(ⅰ) 점 두 개를 선택하는 모든 경우의 수를 구한다.

6개 중 2개를 선택: $_6C_2 = 15$

(ⅱ) 한 직선 위에 세 개의 점이 있는 경우를 중복해서 세었으므로 이를 뺀다. 오른쪽 그림과 같이 점 세 개가 한 직선 위에 있는 경우 모두 같은 직선이 되는데 (ⅰ)에서 이를 중복해서 세었으므로 빼는 것이다.

한 직선 위의 두 점을 선택한 경우의 수: $_3C_2 \times 2 = 3 \times 2 = 6$

(ⅲ) (ⅱ)에서 중복된 직선을 모두 뺐기 때문에 한 번씩 더해야 한다. 더해야 할 직선의 개수는 2이다.

∴ 직선의 개수: $15 - 6 + 2 = 11$

02 경우의 수 구하기 (2): 다각형의 대각선의 개수

중학교 때 n각형의 대각선의 개수를 구하는 공식을 배웠다.
여기서는 그 원리와 함께 복습해 보기로 하자.

n각형의 대각선의 개수는 다음과 같다.

$$\Rightarrow \frac{n(n-3)}{2}$$

 $-$ 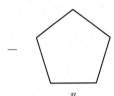 $=$

$_nC_2$
n개의 꼭짓점 중
2개를 선택

n
대각선이 아닌
변의 개수

$_nC_2-n$

$$_nC_2-n=\frac{n(n-1)}{2}-n=\frac{n^2-n-2n}{2}=\frac{n(n-3)}{2}$$

대각선도 선분이고 선분은 두 점을 이어서 만들어지므로 n개의 꼭짓점에서 2개를 선택하는 조합의 수를 구한다.

(ⅰ) $_nC_2$: n각형에서 꼭짓점을 연결해 만들 수 있는 모든 선분의 개수
이렇게 구한 선분 중에는 n각형의 변도 있다.

∴ $_nC_2$ (선분의 개수) = (대각선의 개수) + (변의 개수)

따라서 선분의 개수에서 변의 개수 n을 빼면 대각선의 개수가 된다.

(ⅱ) (대각선의 개수) $=_nC_2-n=\dfrac{n(n-3)}{2}$

예1 팔각형의 대각선의 개수는

$$\frac{8 \cdot (8-3)}{2}=\frac{8 \cdot 5}{2}=20$$

예2 대각선의 개수가 35인 다각형을 구하시오.

구하려는 도형을 n각형이라 하면 대각선의 개수는 35이므로

$\dfrac{n(n-3)}{2}=35$에서 $n(n-3)=70$

$n^2-3n-70=0$, $(n-10)(n+7)=0$

∴ $n=10$ $(∵ n>0)$

따라서 십각형이다.

03 경우의 수 구하기 (3): 삼각형의 개수

한 직선 위에 있지 않은 세 점을 연결하면 삼각형이 만들어진다. 이때 세 점이 삼각형의 꼭짓점이 된다.
여러 점이 있을 때 삼각형을 몇 개 만들 수 있는지 알아보자.

01 어느 세 점도 한 직선 위에 있지 않은 경우

어느 세 점도 한 직선 위에 있지 않은 n개의 점이 있을 때,
만들 수 있는 삼각형의 개수는

$$_nC_3$$

예 오른쪽 그림과 같이 평면 위에 4개의
점이 있을 때, 이 점들을 꼭짓점으로
하는 삼각형의 개수를 구하시오.

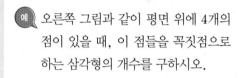

4개의 점 중에 3개의 점을 선택하여 선분을 그으
면 모두 다른 삼각형이 된다.
따라서 경우의 수는 $_4C_3 = 4$

세 점을 선분으로 이어도 삼각형이 만들어지지 않을
수도 있다.

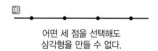
어떤 세 점을 선택해도
삼각형을 만들 수 없다.

위의 그림과 같이 한 직선 위의 세 점을 연결하면 삼
각형이 될 수 없다. 이럴 경우 삼각형이 되지 않는 경
우의 수를 빼야 한다.

02 세 개 이상의 점이 한 직선 위에 있는 경우

예1 오른쪽 그림과 같이 점이 일정한 간격
으로 놓여 있을 때 이 점들을 꼭짓점
으로 하는 삼각형의 개수를 구하시오.

(ⅰ) 6개의 점 중 꼭짓점으로 삼을 3개의 점을 고
르는 경우의 수: $_6C_3 = 20$
(ⅱ) (ⅰ)에서 센 경우의 수 중에서 한 직선 위의 세
점을 선택한 경우의 수
를 구하여 **뺀다**.
한 직선 위의 세 점을 고
른 경우의 수:

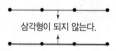
삼각형이 되지 않는다.

$$_3C_3 \times 2 = 2$$
∴ 경우의 수: $20 - 2 = 18$

예2 다음 그림과 같이 점이 일정한 간격으로 놓여 있
을 때, 이 점들을 꼭짓점으로 하는 삼각형의 개
수를 구하시오.

(ⅰ) 8개의 점 중 꼭짓점으로 삼을 3개의 점을 고
르는 경우의 수: $_8C_3 = 56$
(ⅱ) (ⅰ)에서 센 경우의 수 중에서 한 직선 위의 세
점을 선택한 경우의 수를 구하여 뺀다.

삼각형이 되지 않는다.

한 직선 위의 세 점을 고른 경우의 수:
$$_4C_3 \times 2 = 8$$
∴ 경우의 수: $56 - 8 = 48$

04 경우의 수 구하기 (4): 평행사변형의 개수

예1 다음 그림과 같이 서로 평행한 직선이 각각 3개, 4개가 있다. 이 직선들로 만들 수 있는 평행사변형의 개수는?

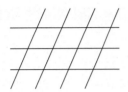

평행사변형을 만드는 몇 가지 경우를 생각해 보자.

 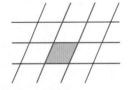

가로 2개, 세로 2개의 직선을 선택한다.

이를 통해 평행한 두 쌍의 직선을 선택하면 평행사변형이 된다는 것을 알 수 있다.

(i) 가로로 평행한 직선 3개 중 2개를 선택하고
(ii) 세로로 평행한 직선 4개 중 2개를 선택한다.
∴ 평행사변형의 개수: $_3C_2 \times _4C_2 = 3 \times 6 = 18$

예2 다음 그림과 같이 바둑판 모양으로 된 도형이 있다. 이 도형의 선분들로 만들 수 있는 직사각형의 개수는?

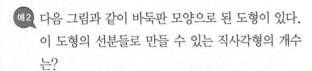

직사각형도 평행사변형이므로 같은 방법으로 구할 수 있다.

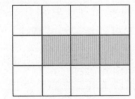 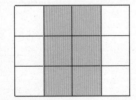

가로 2개, 세로 2개의 선분을 선택한다.

(i) 가로로 평행한 직선 4개 중 2개를 선택하고
(ii) 세로로 평행한 직선 5개 중 2개를 선택한다.
∴ 직사각형의 개수: $_4C_2 \times _5C_2 = 6 \times 10 = 60$

평행사변형은 두 쌍의 대변이 평행한 사각형으로 평행한 두 쌍의 선분이나 직선에 둘러싸인 도형이라고 생각할 수 있다.

예3 다음 그림과 같이 서로 평행한 직선이 각각 2개, 3개, 4개가 있다. 이 직선들로 만들 수 있는 평행사변형의 개수는?

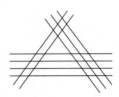

평행사변형이 만들어지는 부분은 그림과 같이 세 곳이다.

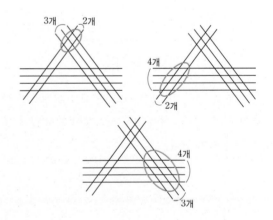

(i) $_3C_2$ × $_2C_2$ $=3 \times 1 = 3$
    (3개 중 2개)   (2개 중 2개)

(ii) $_4C_2$ × $_2C_2$ $=6 \times 1 = 6$
    (4개 중 2개)   (2개 중 2개)

(iii) $_4C_2$ × $_3C_2$ $=6 \times 3 = 18$
    (4개 중 2개)   (3개 중 2개)

∴ 평행사변형의 개수: $3 + 6 + 18 = 27$

05 경우의 수 구하기 (5): 함수의 개수

어떤 함수인지에 따라 함수의 개수를 구하는 방법이 다르다.
곱의 법칙으로만 구할 수도 있고, 순열을 써야 하는 경우도 있으며 조합으로 구하는 경우도 있다.

01 함수의 개수: 곱의 법칙으로 구한다.

두 집합 X, Y에 대하여 $n(X)=m$, $n(Y)=n$일 때, X에서 Y로 대응하는 함수 f의 개수는

$$n^m$$

$X \to Y$인 함수는 정의역 X의 원소가 공역 Y에 하나씩만 대응하면 된다.

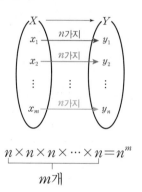

$$\underbrace{n \times n \times n \times \cdots \times n}_{m개} = n^m$$

예 $X=\{1, 2, 3\}$에서 $Y=\{1, 2\}$로 대응하는 함수의 개수는?

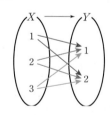

함수 ①	함수 ②	함수 ③
$1 \to 1$	$1 \to 1$	$1 \to 1$
$2 \to 1$	$2 \to 1$	$2 \to 2$	...
$3 \to 1$	$3 \to 2$	$3 \to 2$

X의 원소 1, 2, 3이 대응할 수 있는 경우가
각각 2가지씩이므로 함수의 개수는

$$2 \times 2 \times 2 = 2^3 = 8$$

02 일대일함수의 개수: 순열로 구한다.

두 집합 X, Y에 대하여 $n(X)=m$, $n(Y)=n$일 때, X에서 Y로 대응하는 함수 중 $x_1 \neq x_2$이면 $f(x_1) \neq f(x_2)$인 f의 개수는

$$_nP_m \quad (단, n \geq m)$$

$X \to Y$인 함수는 정의역 X의 원소가 공역 Y에 하나씩만 대응하면서 함숫값이 중복되지 않아야 한다.

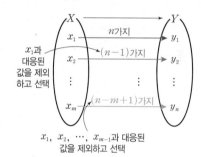

$$\underbrace{n(n-1)(n-2)\cdots(n-m+1)}_{m개} = {}_nP_m$$

예 $X=\{1, 2, 3\}$에서 $Y=\{1, 2, 3, 4\}$로 대응하는 일대일함수의 개수는?

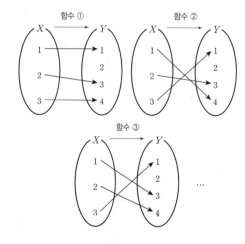

X의 원소 1이 대응할 수 있는 경우: 4가지
X의 원소 2가 대응할 수 있는 경우: 3가지
X의 원소 3이 대응할 수 있는 경우: 2가지
∴ 함수의 개수: $_4P_3 = 4 \times 3 \times 2 = 24$

03 증가함수의 개수: 조합으로 구한다.

두 집합 X, Y에 대하여 $n(X)=m$, $n(Y)=n$일 때,
X에서 Y로 대응하는 함수 중 $x_1<x_2$이면 $f(x_1)<f(x_2)$인
f의 개수는

$$_n\text{C}_m \qquad \text{(단, } n\geq m)$$

함수의 조건 $x_1<x_2$이면 $f(x_1)<f(x_2)$를 생각해 보자.
x의 값이 커지면 대응하는 함숫값도 커진다.
이런 함수를 <u>증가함수</u>라 한다.

증가함수는 크기에 따라 X와 Y의 원소의 대응이 자동
으로 결정되기 때문에 공역 Y의 원소 중에서 정의역 X
의 원소와 대응할 것을 고르기만 하면 된다.
따라서 공역의 원소 n개 중 정의역의 원소의 개수 m만
큼 선택하는 경우의 수가 증가함수의 개수이다.

예 $X=\{1,\ 2,\ 3\}$에서 $Y=\{1,\ 2,\ 3,\ 4,\ 5\}$로 대응하는
증가함수의 개수는?

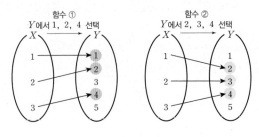

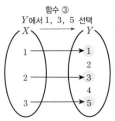

$$\therefore \text{증가함수의 개수: } _5\text{C}_3=10$$

$x_1<x_2$이면 $f(x_1)>f(x_2)$인 함수 f를 감소함수라 한다.
감소함수는 x의 값이 커지면 함숫값은 감소한다.
감소함수 역시 크기에 따라 X와 Y의 원소의 대응이 자동
으로 결정되므로 증가함수와 같은 방법으로 개수를 구하면
된다.

06 경우의 수 구하기 (6): 묶음 만들기

01 서로 다른 5개의 볼펜을 2개, 3개씩 묶어 두 묶음으로 만드는 경우의 수를 구하시오.

5개 중 2개를 골라 한 묶음을 만들고, 남은 세 자루로 다른 묶음을 만들면 되므로

$$_5C_2 \times _3C_3 = 10 \times 1 = 10$$

02 서로 다른 6권의 책을 1권, 2권, 3권으로 나누어 묶음을 만드는 경우의 수를 구하시오.

1권 짜리 묶음을 만들고, 남은 5권으로 2권짜리 묶음을 만들고, 남은 3권으로 나머지 묶음을 만들면 되므로

$$_6C_1 \times _5C_2 \times _3C_3 = 6 \times 10 \times 1 = 60$$

조합을 이용하여 차례대로 묶음을 만든다.

03 서로 다른 선물 A, B, C, D를 2개씩 묶는 방법의 수를 구하시오.

같은 개수의 묶음이 있을 경우 다음과 같이 계산해야 한다.

$$_4C_2 \times _2C_2 \times \frac{1}{2!} = \frac{6 \times 1}{2 \times 1} = 3$$

이유를 알아보자.

$$_4C_2 \times _2C_2 = 6$$

⇓

(A, B) (C, D)
(A, C) (B, D)
(A, D) (B, C)
(B, C) (A, D)
(B, D) (A, C)
(C, D) (A, B)

순서만 바꿨을 뿐 짝 지은 것들은 똑같은 묶음이다.

중복이 발생!

개수가 같은 두 묶음을 조합으로 구하다 보면 그 과정에서 묶음을 나열하는 순서까지 세어 중복이 된다.
따라서 나열하는 경우의 수로 나누어야 한다.

같은 개수의 묶음이 r개일 경우 r!로 나눈다.

04 서로 다른 6권의 책을 3권, 3권으로 나누어 두 묶음을 만드는 경우의 수를 구하시오.

개수가 같은 묶음이 2개이므로 조합으로 묶음의 수를 구한 뒤 2!로 나눈다.

$$_6C_3 \times _3C_3 \times \frac{1}{2!} = \frac{20 \times 1}{2 \times 1} = 10$$

05 서로 다른 6권의 책을 2권씩 묶어 세 개의 묶음으로 구성하는 경우의 수를 구하시오.

개수가 같은 묶음이 3개이므로 조합으로 구한 후 3!로 나눈다.

$$_6C_2 \times _4C_2 \times _2C_2 \times \frac{1}{3!} = \frac{15 \times 6 \times 1}{3 \times 2 \times 1} = 15$$

06 서로 다른 10개의 볼펜을 2자루, 2자루, 3자루, 3자루씩 묶어 네 개의 묶음으로 구성하는 경우의 수를 구하시오.

개수가 같은 묶음이 2자루짜리와 3자루짜리가 2개씩 있으므로 2!, 2!로 나눈다.

$$_{10}C_2 \times _8C_2 \times _6C_3 \times _3C_3 \times \frac{1}{2!} \times \frac{1}{2!} = \frac{45 \times 28 \times 20 \times 1}{2 \times 1 \times 2 \times 1} = 6300$$

실전 C.O.D.I ─ 07 경우의 수 구하기 (7): 대진표

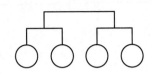
대진표 또는 토너먼트를 짜는 경우의 수 문제는 많은 학생들이 어려워하지만 기본 원리는 묶음 만들기와 같으니 대진표의 유형별로 차근차근 공부해 보자.

01 간단한 대진표

묶음 만들기와 같은 방법으로 구한다.
(같은 수의 묶음만큼 !로 나눈다.)

(예) 네 팀이 오른쪽 그림과 같은 대진에 따라 토너먼트 경기를 치르려고 한다. 대진표를 작성하는 방법의 수를 구하시오.

4개의 팀을 2팀씩 두 조로 묶음을 만들면 되므로

$$_4C_2 \times _2C_2 \times \frac{1}{2!} = 3$$

02 복잡한 대진표 (1)

(i) 결승 대진을 기준으로 크게 두 묶음으로 나눈다.
(ii) 각 묶음별로 대진조를 다시 나눈다.
(같은 수의 묶음만큼 !로 나눈다.)

(예) 8명이 다음 그림과 같은 대진에 따라 토너먼트 경기를 치르려고 한다.

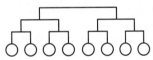

대진표를 작성하는 방법의 수를 구하시오.

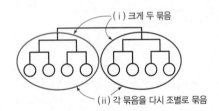

(i) 8명을 4명씩 두 묶음으로 나눈다:

$$_8C_4 \times _4C_4 \times \frac{1}{2!} = 35$$

(ii) 각 묶음을 다시 2명씩 두 조로 나눈다:

$$_4C_2 \times _2C_2 \times \frac{1}{2!} \times _4C_2 \times _2C_2 \times \frac{1}{2!}$$
$$= 3 \times 3 = 9$$

∴ 대진표를 작성하는 방법의 수:

$$_8C_4 \times _4C_4 \times \frac{1}{2!} \times _4C_2 \times _2C_2 \times \frac{1}{2!}$$
$$\times _4C_2 \times _2C_2 \times \frac{1}{2!}$$
$$= 35 \times 9 = 315$$

03 복잡한 대진표 (2): 부전승이 있는 경우

(i) 결승 대진을 기준으로 크게 두 묶음으로 나눈다.
(ii) 각 묶음에서 부전승 팀을 고르고 나머지 대진조를 다시 나눈다.
(같은 수의 묶음만큼 !로 나눈다.)

(예) 6명이 다음 그림과 같은 대진에 따라 토너먼트 경기를 치르려고 한다.

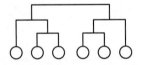

대진표를 작성하는 방법의 수를 구하시오.

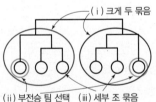

(i) 6명을 3명씩 묶는다:

$$_6C_3 \times _3C_3 \times \frac{1}{2!} = 10$$

(ii) 각 묶음에서 부전승팀을 하나씩 뽑는다:

$$_3C_1 \times _3C_1 = 3 \times 3 = 9$$

(iii) 나머지 조를 짠다: $_2C_2 \times _2C_2 = 1$

∴ 대진표를 작성하는 방법의 수:

$$_6C_3 \times _3C_3 \times \frac{1}{2!} \times _3C_1 \times _3C_1 \times _2C_2 \times _2C_2$$
$$= 10 \times 9 \times 1 = 90$$

[1146–1149] 다음 그림의 점들을 이어서 만들 수 있는 직선의 개수를 구하시오.

1146

1147

1148

1149

[1150–1153] 다음 다각형의 대각선의 개수를 구하시오.

1150
삼각형

1151
오각형

1152
칠각형

1153
십이각형

1154
n각형의 대각선의 개수가 $\dfrac{n(n-3)}{2}$ 임을 증명하시오.

[1155–1158] 다음 그림의 점들을 꼭짓점으로 갖는 삼각형의 개수를 구하시오.

1155

1156

1157

1158

[1159–1160] 다음 그림과 같이 평행선으로 둘러싸인 도형에서 평행사변형의 개수를 구하시오.

1159

1160

[1161–1164] 집합 $X=\{1,\ 2,\ 3\}$에서 집합 $Y=\{1,\ 2,\ 3,\ 4,\ 5,\ 6\}$으로의 함수 f 중 다음 조건을 만족하는 f의 개수를 구하시오.

1161
$f: X \to Y$

1162
$x_1 \neq x_2$이면 $f(x_1) \neq f(x_2)$인 f

1163
$x_1 < x_2$이면 $f(x_1) < f(x_2)$인 f

1164
$x_1 < x_2$이면 $f(x_1) > f(x_2)$인 f

[1165–1168] 서로 다른 6권의 책을 다음과 같은 묶음으로 나누는 방법의 수를 구하시오.

1165
2권, 4권

1166
3권, 3권

1167
1권, 1권, 4권

1168
2권, 2권, 2권

1169
오른쪽 그림과 같은 대진표에 6개의 팀의 대진을 편성하는 경우의 수를 구하시오.

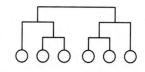

1170
오른쪽 그림과 같은 대진표에 8개의 팀의 대진을 편성하는 경우의 수를 구하시오.

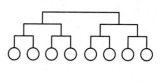

Style 01 **조합**: 기본 (1)

1171

전국 체전에 출전할 10명의 학생 중에서 단장, 부단장, 기수를 뽑는 경우의 수와 대표 3명을 뽑는 경우의 수를 각각 구하시오.

1172

서로 다른 과자가 3개, 빵이 4개 있을 때, 종류에 상관없이 두 가지를 고르는 경우의 수와 빵과 과자를 하나씩 고르는 경우의 수의 차는?

① 7 ② 9 ③ 11
④ 13 ⑤ 15

Level up
1173

5쌍의 부부가 있다. 부부끼리는 악수하지 않고 나머지 사람들과 빠짐없이 악수하는 경우의 수는?

① 30 ② 35 ③ 40
④ 45 ⑤ 50

Level up
1174

남학생 n명, 여학생 4명이 있다. 같은 성별끼리는 악수하지 않고 나머지 사람들과 빠짐없이 악수하는 경우의 수가 24일 때, n의 값은?

① 3 ② 4 ③ 5
④ 6 ⑤ 7

Style 02 **조합**: 기본 (2)

1175

준서, 준희가 포함된 모둠의 8명 중에서 발표 준비자 3명을 뽑을 때, 준서는 뽑히고 준희는 제외하는 경우의 수를 a, 준서와 준희가 모두 뽑히는 경우의 수를 b라 하자. $a+b$의 값은?

① 21 ② 28 ③ 35
④ 42 ⑤ 49

1176

다음은 1에서 10까지의 자연수 중 3개의 수를 골라 더한 값이 홀수가 되는 경우의 수를 구하는 과정이다.

> 세 자연수의 합이 홀수가 되는 경우는 두 가지이다.
> (ⅰ) 세 수가 모두 홀수
> (ⅱ) 두 수는 짝수, 하나는 홀수
>
> (ⅰ) 세 개의 홀수를 고르는 경우의 수: ┌ (가) ┐
>
> (ⅱ) 짝수 두 개, 홀수 한 개를 고르는 경우의 수:
> ┌ (나) ┐
>
> ∴ 구하는 경우의 수: ┌ (다) ┐

빈칸을 알맞게 채우시오.

모의고사 기출
1177

1부터 8까지의 자연수가 각각 하나씩 적혀 있는 8장의 카드 중에서 동시에 5장의 카드를 선택하려고 한다. 선택한 카드에 적혀 있는 수의 합이 짝수인 경우의 수는?

① 24 ② 28 ③ 32
④ 36 ⑤ 40

Style 03 조합과 집합

1178
집합 $A=\{1, 2, 3, 4, 5\}$에 대하여
$$X \subset A, \ 2 \leq n(X) \leq 3$$
을 만족하는 집합 X의 개수는?

① 10　　　　② 15　　　　③ 20
④ 25　　　　⑤ 31

1179
집합 $A=\{1, 2, 3, 4, 5, 6, 7\}$의 부분집합 중에서
$1 \in X, \ n(X)=4$인 집합 X의 개수는?

① 10　　　　② 15　　　　③ 20
④ 25　　　　⑤ 31

모의고사 기출
1180
집합 $\{1, 2, 3, 4, 5\}$의 부분집합 중 원소의 개수가 2인
부분집합을 두 개 선택할 때, 선택한 두 집합이 서로 같
지 않은 경우의 수를 구하시오.

Level up
1181
전체집합 $U=\{1, 2, 3, \cdots, 8\}$의 부분집합 A, B에 대
하여 $A \cap B=\{5\}$, $n(A)=3$, $n(B)=4$를 만족하는 A,
B의 순서쌍의 개수는?

① 60　　　　② 90　　　　③ 150
④ 195　　　　⑤ 210

Style 04 직선의 개수

1182
오른쪽 그림과 같이 정삼각형의 변 위
에 9개의 점들이 일정한 간격으로 놓
여 있다. 이 점들을 연결하여 만들 수
있는 직선의 개수는?

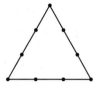

① 15　　　　② 18
③ 21　　　　④ 24
⑤ 27

1183
오른쪽 그림과 같이 12개의 점
이 일정한 간격으로 놓여 있다.
이 점들을 연결하여 만들 수 있
는 직선의 개수는?

① 26　　　　② 30　　　　③ 35
④ 41　　　　⑤ 45

Level up
1184
오른쪽 그림과 같이 16개의 점이 일
정한 간격으로 놓여 있다. 이 점들
을 연결하여 만들 수 있는 선분의
개수를 a, 직선의 개수를 b라 할
때, $a-b$의 값을 구하시오.

Style 05 **삼각형의 개수**

1185

오른쪽 그림과 같이 9개의 점이 일정한 간격으로 놓여 있을 때, 이 점들을 꼭짓점으로 하는 삼각형의 개수는?

① 76

② 80

③ 84

④ 88

⑤ 92

모의고사기출

1186

그림과 같이 사각형 ABCD의 꼭짓점과 변 위에 10개의 점이 있다. 이 중에서 3개의 점을 꼭짓점으로 하는 삼각형의 개수를 구하시오.

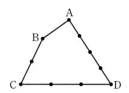

Level up

1187

2개의 평행선, 3개의 평행선, 4개의 평행선이 오른쪽 그림과 같이 만나고 있다. 이 직선들로 둘러싸인 삼각형의 개수를 구하시오.

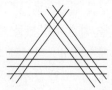

Style 06 **다각형과 대각선의 개수**

1188

n각형의 대각선의 개수가 35일 때, n의 값은?

① 6

② 7

③ 8

④ 9

⑤ 10

1189

대각선의 개수가 20인 다각형의 꼭짓점을 연결하여 만들 수 있는 직선의 개수는?

① 10

② 15

③ 21

④ 28

⑤ 36

Level up

1190

오른쪽 그림과 같이 어떤 세 점도 한 직선 위에 있지 않은 6개의 점의 일부 또는 전부를 사용하여 만들 수 있는 다각형의 개수를 구하시오.

Style 07 사각형의 개수

1191

오른쪽 그림과 같이 원 위의 8개의 점 중 4개의 점을 꼭짓점으로 하는 사각형의 개수는?

① 58 　　　　　② 64

③ 70 　　　　　④ 76

⑤ 82

1192

오른쪽 그림과 같이 평행한 두 직선 위에 모두 같은 간격으로 점이 놓여 있다. 이 8개의 점 중 4개의 점을 꼭짓점으로 하는 사각형의 개수를 a, 평행사변형의 개수를 b라 할 때, $a+b$의 값을 구하시오.

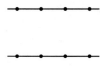

모의고사기출

1193

그림은 평행사변형의 각 변을 4등분하여 얻은 도형이다. 이 도형의 선들로 만들 수 있는 평행사변형 중에서 색칠한 부분을 포함하는 평행사변형의 개수는?

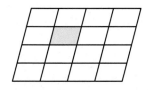

① 24 　　　　② 30 　　　　③ 36

④ 42 　　　　⑤ 48

Style 08 함수의 개수 (1)

1194

두 집합 $X=\{1, 2, 3, 4\}$, $Y=\{1, 2, 3, 4, 5, 6\}$에 대하여 X에서 Y로의 함수 중

$x_1 \neq x_2$이면 $f(x_1) \neq f(x_2)$인 함수 f의 개수를 a

$x_1 < x_2$이면 $f(x_1) < f(x_2)$인 함수 f의 개수를 b

$x_1 < x_2$이면 $f(x_1) > f(x_2)$인 함수 f의 개수를 c

라 할 때, a, b, c의 대소 관계는?

① $b=c<a$ 　　　　　② $a<b<c$

③ $a=b<c$ 　　　　　④ $c<a<b$

⑤ $b<c<a$

1195

두 집합 $X=\{1, 2, 3, 4\}$, $Y=\{1, 2, 3, 4, 5, 6\}$에 대하여 X에서 Y로의 함수 f 중 $f(2)=4$인 일대일함수의 개수는?

① 10 　　　　② 20 　　　　③ 35

④ 45 　　　　⑤ 60

1196

두 집합 $X=\{1, 2, 3, 4\}$, $Y=\{1, 2, 3, 4, 5, 6\}$에 대하여 X에서 Y로의 함수 f 중 $f(2)=3$이고 $x_1 < x_2$이면 $f(x_1) < f(x_2)$인 함수의 개수는?

① 6 　　　　② 8 　　　　③ 10

④ 12 　　　　⑤ 14

Style 09 함수의 개수 (2)

Level up
1197
집합 $X=\{1,\,2,\,3,\,4,\,5\}$에서 $Y=\{1,\,2,\,3,\,4,\,5,\,6,\,7\}$로의 함수 f 중 $f(1)+f(3)$이 3의 배수인 일대일함수의 개수를 구하시오.

Level up
1198
집합 $X=\{1,\,2,\,3,\,4,\,5\}$에서 $Y=\{1,\,3,\,5,\,7,\,9,\,11\}$로의 함수 f 중 다음 조건을 만족하는 f의 개수가 p이다. $\dfrac{p}{25}$의 값은?

> (가) $f(1)>f(5)$
> (나) $f(2)<f(4)$

① 18   ② 27   ③ 36
④ 45   ⑤ 54

모의고사 기출
1199
집합 $A=\{1,\,2,\,3,\,4\}$, $B=\{1,\,2,\,3,\,4,\,5,\,6,\,7,\,8,\,9\}$에 대하여 다음 두 조건을 만족하는 함수 $f:A \to B$의 개수를 구하시오.

> Ⅰ. $a<b$이면 $f(a)<f(b)$이다.
> Ⅱ. $f(1)+f(2)+f(3)+f(4)$는 홀수이다.

Style 10 뽑아서 나열하기

1200
남학생 5명 중 3명, 여학생 3명 중 2명을 뽑아 일렬로 나열하는 경우의 수는 $n\times(n+1)!$이다. 자연수 n의 값은?

① 4   ② 5   ③ 6
④ 7   ⑤ 8

Level up
1201
남학생 5명 중 3명, 여학생 3명 중 2명을 뽑아 혼성 계주 팀을 구성하고 달리는 순서를 정할 때, 첫 주자와 마지막 주자가 모두 남학생인 경우의 수를 구하시오.

1202
1학년 2명 중 1명, 2학년 3명 중 2명, 3학년 4명 중 3명을 뽑아 일렬로 세우는 경우의 수는 $30\times(n!)^2$이다. n의 값을 구하시오.

Style 11 묶음의 수

1203

6명을 2명, 4명으로 나누는 경우의 수를 a, 2명, 4명으로 나눈 뒤 A조, B조에 배정하는 경우의 수를 b라 할 때, $\dfrac{b}{a}$의 값은?

① 2   ② 6   ③ 12

④ 24   ⑤ 120

1204

6명을 2명, 2명, 2명으로 나누는 경우의 수를 a, 2명, 2명, 2명으로 나눈 뒤 A조, B조, C조에 배정하는 경우의 수를 b라 할 때, $b=na$가 성립한다. n의 값은?

① 2   ② 6   ③ 12

④ 24   ⑤ 120

1205

7명 중 6명을 뽑아 3명, 3명으로 나누는 경우의 수를 구하시오.

Level up
1206

여학생 2명, 남학생 4명을 3명, 3명으로 나누어 두 개의 조를 편성하려 한다. 조장이 모두 여학생인 경우의 수는?

① 6   ② 10   ③ 12

④ 24   ⑤ 48

Style 12 대진표

1207

10개의 팀이 다음 대진표에 따라 경기를 할 때, 대진표를 짜는 경우의 수는 $k \times 225$이다. k의 값을 구하시오.

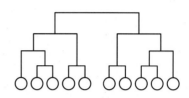

Level up
1208

A를 포함한 7개의 팀이 오른쪽 그림과 같은 대진표에 따라 경기를 치를 때, A팀이 2경기만에 우승할 수 있는 대진표의 개수는?

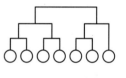

① 30   ② 45   ③ 60

④ 75   ⑤ 90

Level up
1209

A, B를 포함한 8개의 팀이 다음 대진표에 따라 경기할 때, A와 B가 결승전에서 만나는 대진표의 개수를 구하시오.

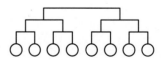

1210

$_nC_3=56$, $_9C_{r+3}=_9C_{r^2}$일 때, $n+r$의 값은?

① 7   ② 8   ③ 9

④ 10   ⑤ 11

Level up

1211

$_nC_{r-1}+_nC_r=_{n+1}C_r$이 성립한다. 예를 들어 $_4C_1+_4C_2=_5C_2$이다. 이 성질을 이용할 때, 다음 중

$$_2C_0+_3C_1+_4C_2+_5C_3+_6C_4$$

의 값과 같은 것은?

① $_6C_4$ ② $_7C_5$ ③ $_7C_4$

④ $_8C_3$ ⑤ $_8C_4$

모의고사 기출

1212

어느 동아리에 속한 여학생 수와 남학생 수가 같다. 이 동아리에서 3명의 대표를 선출하려고 한다. 남녀 구분 없이 3명의 대표를 선출하는 경우의 수가 여학생 중에서 3명의 대표를 선출하는 경우의 수의 10배일 때, 이 동아리에 속한 여학생 수는?

① 7   ② 8   ③ 9

④ 10   ⑤ 11

1213

1에서 15까지의 자연수 중에서 두 수를 선택하여 더한 값이 짝수가 되는 경우의 수를 구하시오.

1214

모의고사를 대비하여 공부해야 할 영역과 세부 과목은 다음과 같다.

영역	세부 과목
국어영역	문학, 비문학, 화법과 작문, 언어와 매체
수학영역	수학(상), 수학(하), 수학 I
탐구영역	한국사, 한국지리, 물리학 I

각 영역별로 적어도 하나씩, 총 4과목을 선택하는 경우의 수를 구하시오.

Level up

1215

1에서 20까지의 자연수 중 두 수를 선택하여 더한 값이 3의 배수가 되는 경우의 수를 구하려고 한다. 다음은 그 풀이 과정이다.

자연수를 3으로 나눈 나머지에 따라 구분하면

    ① $3k-2$ 꼴의 자연수: (가) 개

    ② $3k-1$ 꼴의 자연수: (나) 개

    ③ $3k$ 꼴의 자연수: (다) 개

                (단, k는 자연수)

두 수의 합이 3의 배수가 되려면

(i) ①과 ②를 하나씩 택하여 더한 경우: (라) 가지

(ii) ③을 두 개 택하여 더한 경우: (마) 가지

∴ 경우의 수: (바)

빈칸을 알맞게 채우시오.

1216

오른쪽 그림과 같이 반원 위에 8개의 점이 놓여 있다. 이 중 3개의 점을 꼭짓점으로 하는 삼각형의 개수는?

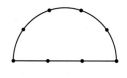

① 40　　　　② 44　　　　③ 48

④ 52　　　　⑤ 56

1217

집합 $A=\{1, 2, 3, 4, 5\}$의 부분집합 중 원소의 합이 10 이상인 부분집합의 개수는?

① 8　　　　② 9　　　　③ 10

④ 11　　　　⑤ 12

모의고사 기출

1218

좌표평면 위에 9개의 점 $(i, j)(i=0, 4, 8, j=0, 4, 8)$이 있다. 이 9개의 점 중 네 점을 꼭짓점으로 하는 사각형 중에서 내부에 세 점 $(1, 1), (3, 1), (1, 3)$을 꼭짓점으로 하는 삼각형을 포함하는 사각형의 개수는?

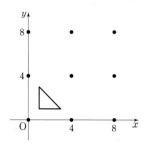

① 13　　　　② 15　　　　③ 17

④ 19　　　　⑤ 21

모의고사 기출

1219

삼각형 ABC에서 꼭짓점 A와 선분 BC 위의 네 점을 연결하는 4개의 선분을 그리고, 선분 AB 위의 세 점과 선분 AC 위의 세 점을 연결하는 3개의 선분을 그려 그림과 같은 도형을 만들었다. 이 도형의 선들로 만들 수 있는 삼각형의 개수는?

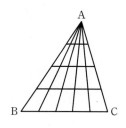

① 30　　　　② 40　　　　③ 50

④ 60　　　　⑤ 70

모의고사 기출

1220

한 변의 길이가 a인 정사각형 모양의 시트지 2장, 빗변의 길이가 $\sqrt{2}a$인 직각이등변삼각형 모양의 시트지 4장이 있다. 정사각형 모양의 시트지의 색은 모두 노란색이고, 직각이등변삼각형 모양의 시트지의 색은 모두 서로 다르다. [그림 1]과 같이 한 변의 길이가 a인 정사각형 모양의 창문 네 개가 있는 집이 있다. [그림 2]는 이 집의 창문 네 개에 6장의 시트지를 빈틈없이 붙인 경우의 예이다. 이 집의 창문 네 개에 시트지 6장을 빈틈없이 붙이는 경우의 수는? (단, 붙이는 순서는 구분하지 않으며, 집의 외부에서만 시트지를 붙일 수 있다.)

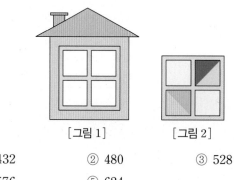

[그림 1]　　　　[그림 2]

① 432　　　　② 480　　　　③ 528

④ 576　　　　⑤ 624

개념 C.O.D.I 코디 고등 수학(하)

2022. 7. 18. 초 판 1쇄 인쇄
2022. 7. 25. 초 판 1쇄 발행

지은이 │ 송해선
펴낸이 │ 이종춘
펴낸곳 │ BM (주)도서출판 **성안당**
주소 │ 04032 서울시 마포구 양화로 127 첨단빌딩 3층(출판기획 R&D 센터)
      │ 10881 경기도 파주시 문발로 112 파주 출판 문화도시(제작 및 물류)
전화 │ 02) 3142-0036
     │ 031) 950-6300
팩스 │ 031) 955-0510
등록 │ 1973. 2. 1. 제406-2005-000046호
출판사 홈페이지 │ www.cyber.co.kr
ISBN │ 978-89-315-5785-5 (53410)
정가 │ **22,000원**

이 책을 만든 사람들
기획 │ 최옥현
진행 │ 오영미
편집 · 교정 │ 고영일
검토 │ 김보미, 강현민, 유은비
본문 · 표지 디자인 │ 박수정
전산편집 │ 금강에듀
홍보 │ 김계향, 이보람, 유미나, 이준영
국제부 │ 이선민, 조혜란, 권수경
마케팅 │ 구본철, 차정욱, 오영일, 나진호, 강호묵
마케팅 지원 │ 장상범, 박지연
제작 │ 김유석

■ **도서 A/S 안내**

성안당에서 발행하는 모든 도서는 저자와 출판사, 그리고 독자가 함께 만들어 나갑니다.
좋은 책을 펴내기 위해 많은 노력을 기울이고 있습니다. 혹시라도 내용상의 오류나 오탈자 등이 발견되면 **"좋은 책은 나라의 보배"**로서 우리 모두가 함께 만들어 간다는 마음으로 연락주시기 바랍니다. 수정 보완하여 더 나은 책이 되도록 최선을 다하겠습니다.
성안당은 늘 독자 여러분들의 소중한 의견을 기다리고 있습니다. 좋은 의견을 보내주시는 분께는 성안당 쇼핑몰의 포인트(3,000포인트)를 적립해 드립니다.
잘못 만들어진 책이나 부록 등이 파손된 경우에는 교환해 드립니다.

수학 스타일리스트

문제 **C.O.D.I** 코디

Level up
TEST

01 집합

01 다음 중 무한집합이 아닌 것은?

① $\{x \mid x^2-x+1=0, x는 실수\}$

② $\left\{x \mid \dfrac{1}{2}<x<\dfrac{3}{4}, x는 실수\right\}$

③ $\left\{x \mid x=\dfrac{1}{n}, n은 자연수\right\}$

④ $\{p \mid 1 \leq p \leq 2, p는 유리수\}$

⑤ $\{n \mid n=6k, k는 자연수\}$

02 집합 $A=\{\{a\}, \{b\}, \{a, b\}\}$에 대하여 다음 중 옳은 것은?

① $n(A)=4$ ② $\{a\} \in A$

③ $\{a\} \subset A$ ④ $\{a, b\} \subset A$

⑤ $\{\{a\}, \{b\}\} \not\subset A$

03 집합 $P=\{1, 2, 3\}$에 대하여 집합 X는 다음과 같이 정의한다.

$$X=\{(a, b) \mid a \in P, b \in P\}$$

$n(X)$의 값은?

① 6 ② 7 ③ 8

④ 9 ⑤ 10

04 두 집합

$$A=\{1, 2, 3\}, B=\{1, 3, 5\}$$

에 대하여 집합 $X=\{ab-a-b+1 \mid a \in A, b \in B\}$의 모든 원소의 합은?

① 14 ② 20 ③ 26

④ 32 ⑤ 38

모의고사 기출

05 집합 $A=\left\{x \mid x=\dfrac{8}{6-n}, n과 x는 자연수\right\}$의 모든 원소의 합을 구하시오.

06 집합 $U=\{x \mid x는 50 이하의 자연수\}$의 부분집합 A_k를 다음과 같이 정의한다.

$$A_k=\{x \mid x=kn, n은 자연수\}$$

$n(A_8)+n(A_{12})+n(A_{16})$의 값은?

① 7 ② 9 ③ 11

④ 13 ⑤ 15

07 집합 $A_k = \{x \mid x = kn, n$은 자연수$\}$에 대하여

$$A_{12} \subset A_k$$

를 만족하는 자연수 k의 개수는?

① 3   ② 4   ③ 5

④ 6   ⑤ 7

Level up

08 두 집합

$$A = \{x \mid |x-1| < k\}$$
$$B = \{x \mid x^2 + ax - 8 < 0\}$$

에 대하여 $A = B$일 때, $a+k$의 값은?

(단, a, k는 상수)

① 0   ② 1   ③ 2

④ 3   ⑤ 4

Level up

09 두 집합

$$A = \{2, 6, a^2\}$$
$$B = \{a, a+2, 6\}$$

에 대하여 $A \subset B$, $B \subset A$일 때, 자연수 a의 값은?

① 1   ② 2   ③ 3

④ 4   ⑤ 5

모의고사 기출

10 자연수 전체의 집합의 부분집합 A에 대하여 다음을 만족하는 집합 A의 개수는? (단, $A \neq \varnothing$)

> a가 집합 A의 원소이면 $\dfrac{81}{a}$도 집합 A의 원소
> 이다.

① 5   ② 6   ③ 7

④ 8   ⑤ 9

11 집합 $A = \{1, 2, 3, \cdots, n\}$의 진부분집합의 개수가 127일 때, n의 값을 구하시오.

12 다음 조건을 만족하는 전체집합 $U = \{1, 2, 3, \cdots, 7\}$의 부분집합 A의 개수는?

> ㈎ $\{6, 7\} \subset A$
> ㈏ $\{1\} \cap A = \varnothing$

① 2   ② 4   ③ 8

④ 16   ⑤ 32

Level up

13 전체집합 $U=\{1, 2, 3, 4, 5\}$의 두 부분집합 A, B에 대하여 $\{1, 2\} \subset B \subset A$를 만족하는 A, B의 순서쌍의 개수는?

① 8 ② 16 ③ 25

④ 27 ⑤ 81

16 전체집합 $U=\{1, 2, 3, \cdots, 9, 10\}$의 부분집합 중 두 개의 원소를 가지는 집합을 $A=\{a, b\}$로 나타낼 때, 두 원소의 곱 ab가 어떤 자연수의 제곱이 되는 집합 A의 개수는?

① 3 ② 4 ③ 5

④ 6 ⑤ 7

Level up

14 전체집합 $U=\{n \mid n$은 15 이하의 자연수$\}$에 대하여 다음 조건을 만족하는 집합 A의 개수를 구하시오. (단, $A \neq \varnothing$)

> (가) $A \subset U$
> (나) $A=\{a \mid a$는 6과 서로소$\}$

17 세 집합
$$A=\{x \mid x \leq m\}$$
$$B=\{x \mid 2 \leq x \leq 4\}$$
$$C=\{x \mid x > n\}$$
에 대하여 $B \subset A$, $B \subset C$를 만족하는 m의 최솟값과 n의 최댓값의 합을 구하시오. (단, m, n은 정수)

18 실수 전체의 집합의 두 부분집합
$$A=\{x \mid |x-k| \leq 1\}, \ B=\{x \mid -2 \leq x \leq 3\}$$
에 대하여 $A \subset B$가 성립하도록 하는 실수 k의 최댓값은?

① -2 ② -1 ③ 1

④ 2 ⑤ 3

15 집합 $P=\{1, 2, 3, 4, 5\}$의 부분집합 중에서 짝수가 한 개 이상 속해 있는 집합의 개수는?

① 16 ② 20 ③ 24

④ 28 ⑤ 32

19 두 집합

$$A=\{n-2,\ n,\ n+2\}$$
$$B=\{1,\ 3,\ 5,\ 7,\ 9,\ 11\}$$

에 대하여 $A \subset B$를 만족하는 정수 n의 최댓값과 최솟값의 합은?

① 8   ② 9   ③ 10

④ 11   ⑤ 12

20 집합 $\{1,\ 3,\ 5\}$의 모든 부분집합의 원소들의 총합은?

① 27   ② 36   ③ 45

④ 54   ⑤ 63

모의고사 기출

21 집합 $S=\{1,\ 2,\ 3,\ 4,\ 5\}$의 부분집합 중 원소의 개수가 2개 이상인 모든 집합에 대하여 각 집합의 가장 작은 원소를 모두 더한 값은?

① 42   ② 46   ③ 50

④ 54   ⑤ 58

22 집합 $\{1,\ 2,\ 3,\ 4,\ 5\}$의 부분집합 중 원소가 2개 이상인 부분집합들의 모든 원소의 합을 구하시오.

모의고사 기출

23 집합 $A=\{3,\ 4,\ 5,\ 6,\ 7\}$에 대하여 다음 조건을 만족시키는 집합 A의 모든 부분집합 X의 개수는?

> ㈎ $n(X) \geq 2$
> ㈏ 집합 X의 모든 원소의 곱은 6의 배수이다.

① 18   ② 19   ③ 20

④ 21   ⑤ 22

Level up

24 집합 $A=\{2,\ 3,\ 4,\ 5,\ 6\}$의 부분집합 중 2, 3을 원소로 갖지 않는 부분집합들의 모든 원소의 합을 구하시오.

01 두 집합

$$A=\{0,\ a+1\},\quad B=\{a-3,\ a-1,\ a^2-11\}$$

에 대하여 $A\cap B=\{-2\}$일 때, 집합 B의 모든 원소의 합을 구하시오.

02 두 집합

$$A=\{x\,|\,x^2-(a+2)x+2a\le 0\}$$
$$B=\{x\,|\,x^2-5x+4\ge 0\}$$

에 대하여 $n(A\cap B)=1$을 만족하는 상수 a의 값은?

(정답 2개)

① 1   ② 2   ③ 3
④ 4   ⑤ 5

03 두 집합

$$A=\{x\,|\,(x-m)(x-n)=0\}$$
$$B=\{x\,|\,x^3-3x^2-10x+24=0\}$$

에 대하여 $A\cup B=B$일 때, $m+n$의 최솟값을 α, 최댓값을 β라 하자. $\alpha+\beta$의 값은?

(단, m, n은 상수)

① 1   ② 2   ③ 3
④ 4   ⑤ 5

04 전체집합 $U=\{a,\ b,\ c,\ d,\ e,\ f\}$의 두 부분집합 A, B에 대하여 $A=\{c,\ f\}$일 때, $A\cap B=\varnothing$, $A\cup B\neq U$를 만족하는 집합 B의 개수는?

① 7   ② 8   ③ 15
④ 16   ⑤ 32

05 두 집합

$$A=\{0,\ 2\}$$
$$B=\{0,\ 2,\ 4,\ 6,\ 8,\ 10\}$$

에 대하여 $A\cap X=A$, $X\cup B=B$를 만족하는 집합 X의 개수는?

① 7   ② 8   ③ 15
④ 16   ⑤ 32

06 두 집합 $A=\{1,\ a^3-3a\}$, $B=\{a+2,\ a^2-a\}$에 대하여 $A\cap B=\{2\}$가 되도록 상수 a의 값을 정할 때, 집합 $A\cup B$의 모든 원소의 합은?

① 3   ② 4   ③ 5
④ 6   ⑤ 7

07 집합 $A=\{1,\ 3,\ 5,\ 7,\ 9,\ 11\}$에 대하여
$$A^c \cap B=\{2,\ 4,\ 6\}$$
을 만족하는 집합 B의 모든 원소의 합이 22일 때, $A-B$의 모든 원소의 합은?

① 24　　　　② 26　　　　③ 28
④ 32　　　　⑤ 36

08 전체집합 $U=\{1,\ 2,\ 3,\ 4,\ 5,\ 6,\ 7\}$의 두 부분집합 A, B가 다음 조건을 만족한다.

> (가) $(A \cap B^c) \cup (A^c \cap B)=\{2,\ 4,\ 5\}$
> (나) $A^c \cap B^c=\{1\}$

$A \cap B$를 구하시오.

09 두 집합 A, B가 다음 조건을 만족한다.

> (가) $A=\{-2,\ -1,\ 1,\ 2,\ 4\}$
> (나) $(A-B) \cup (B-A)=\{-2,\ 0,\ 1,\ 3,\ 4\}$

$A \cap B$의 모든 원소의 합은?

① 1　　　　② 2　　　　③ 3
④ 4　　　　⑤ 5

10 다음 중 오른쪽 벤다이어그램의 색칠한 영역을 나타내는 집합이 아닌 것은?

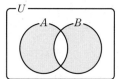

① $(A-B) \cup (B-A)$
② $(A \cap B^c) \cup (A \cap B)$
③ $(A \cup B)-(A \cap B)$
④ $(A \cap B^c) \cup (A^c \cap B)$
⑤ $(A \cup B) \cap (A^c \cup B^c)$

11 전체집합 $U=\{x \,|\, x$는 16 이하의 자연수$\}$의 두 부분집합
$$A=\{x \,|\, x$는 16의 약수$\}$$
$$B=\{x \,|\, x$는 16 이하의 홀수$\}$$
에 대하여 집합 $A-B^c$의 원소의 개수는?

① 1　　　　② 2　　　　③ 3
④ 4　　　　⑤ 5

12 두 집합
$$A=\{x \,|\, (x-1)(x-26)>0\}$$
$$B=\{x \,|\, (x-a)(x-a^2) \le 0\}$$
에 대하여 $A \cap B=\varnothing$이 되도록 하는 정수 a의 개수는?

① 1　　　　② 2　　　　③ 3
④ 4　　　　⑤ 5

13 두 집합

$$A=\{x\,|\,-2\le x\le m,\ x\text{는 정수}\}$$
$$B=\{x\,|\,n<x<6,\ x\text{는 정수}\}$$

에 대하여 $n(A-B)=2$, $n(B-A)=1$일 때, 정수 m, n의 합 $m+n$의 값은?

① 1   ② 2   ③ 3

④ 4   ⑤ 5

14 전체집합 U의 세 부분집합 A, B, C에 대하여 옳은 것만을 보기에서 있는 대로 고른 것은?

보기

ㄱ. $A-B^c=A\cap B$

ㄴ. $(A-B)-C=A-(B\cup C)$

ㄷ. $(A\cap(B-A)^c)\cup((B-A)\cap A)=A$

① ㄱ   ② ㄷ   ③ ㄱ, ㄴ

④ ㄴ, ㄷ   ⑤ ㄱ, ㄴ, ㄷ

15 오른쪽 벤다이어그램에서 색칠한 부분을 나타내는 집합은

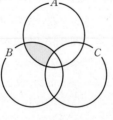

$(A \boxed{\ \text{(가)}\ } B)- \boxed{\quad \text{(나)} \quad}$

이다. 빈칸을 알맞게 채우시오.

16 전체집합 U의 두 부분집합 A, B에 대하여 $A\cap B=\varnothing$일 때, 보기 중 옳은 것을 모두 고르시오.

보기

ㄱ. $A\subset B$ ㄴ. $A\subset B^c$

ㄷ. $A-B=\varnothing$ ㄹ. $B-A=B$

17 전체집합 U의 임의의 두 부분집합 A, B에 대하여 다음 중 집합 $(A-B^c)^c$과 같은 집합은?

① $A\cup B^c$ ② $A^c\cap B$

③ $A\cap B$ ④ $A^c\cup B^c$

⑤ $A^c\cap B^c$

18 전체집합 U의 세 부분집합 A, B, C에 대하여 다음 중 $(A-B)\cup(A-C)$와 같은 집합은?

① $B\cap(A\cup C)$ ② $B-(A\cap C)$

③ $A-(B\cup C)$ ④ $A-(B\cap C)$

⑤ $A-(B-C)$

19 전체집합 $U=\{x|x$는 자연수$\}$의 세 부분집합 P, Q, R가

$$P=\{x|x$는 10 이하의 자연수$\}$$
$$Q=\{x|x$는 소수$\}$$
$$R=\{x|x$는 홀수$\}$$

일 때, 집합 $(P^C \cup Q)^C - R$의 모든 원소의 합은?

① 25　　　　② 26　　　　③ 27

④ 28　　　　⑤ 29

20 전체집합 U의 두 부분집합 A, B에 대하여

$$A^C \cap B^C = \varnothing,\ n(U)=15$$
$$n(A-B)+n(B-A)=11$$

일 때, $n(A \cap B)$의 값은?

① 1　　　　② 2　　　　③ 3

④ 4　　　　⑤ 5

21 전체집합 U의 세 부분집합 A, B, C에 대하여

$$n(A \cap B \cap C^C)=4$$
$$n(A \cap B)=7$$

일 때, $n(A \cap B \cap C)$의 값은?

① 1　　　　② 3　　　　③ 5

④ 7　　　　⑤ 9

22 어느 야구팀에서 등 번호가 2의 배수 또는 3의 배수인 선수는 모두 25명이다. 이 야구팀에서 등 번호가 2의 배수인 선수의 수와 등 번호가 3의 배수인 선수의 수는 같고, 등 번호가 6의 배수인 선수는 3명이다. 이 야구팀에서 등 번호가 2의 배수인 선수의 수는?

(단, 모든 선수는 각각 한 개의 등 번호를 갖는다.)

① 6　　　　② 8　　　　③ 10

④ 12　　　　⑤ 14

23 어느 학급 전체 학생 30명이 있다. 이 학급의 학생들 중 방과후 수업으로 수학을 신청한 학생이 24명, 영어를 신청한 학생이 15명이라 하자. 이 학급의 학생 중에서 수학과 영어를 모두 신청한 학생 수의 최댓값과 최솟값의 합은?

① 20　　　　② 21　　　　③ 22

④ 23　　　　⑤ 24

24 전체집합 $U=\{1, 2, 3, \cdots, 10\}$의 두 부분집합 A, B가 다음 조건을 만족한다.

> (가) $A=\{2, 4, 6, 8\}$
> (나) $n(B)=4$
> (다) $n(A \cap B)=2$

집합 B의 원소의 합의 최솟값을 구하시오.

01 다음 중 거짓인 명제는?

① $x=\sqrt{5}$이면 $1<x<2$이다.

② 두 쌍의 대변이 평행한 사각형은 평행사변형이다.

③ $x^2-3x-4=0$의 해는 정수이다.

④ 51은 소수가 아니다.

⑤ $x=3$이면 $x^2=9$이다.

02 두 조건 $p: x^2-3x=0$, $q: x^2-5x+6=0$의 진리집합을 P, Q라 할 때, 조건 $r: x(x-2)(x-3)=0$의 진리집합을 P, Q를 이용하여 나타내시오.

Level up

03 명제

'$x=a$이면 $x^3-2x^2-13x-10=0$이다.'

가 참이 되기 위한 양수 a의 값은?

① 1   ② 2   ③ 3

④ 4   ⑤ 5

04 조건 '$abc=0$'의 부정을 구하시오.

05 두 조건

$p: x^2+x-12>0$

$q: x^2-3x-10\le0$

에 대하여 조건 'p 또는 $\sim q$'의 부정의 진리집합의 원소 중 모든 정수의 합은?

① -1 ② 0   ③ 1

④ 2   ⑤ 3

Level up

06 '어떤 실수 x에 대하여 $|x-1|<k$'가 참이 되기 위한 실수 k의 값의 범위를 구하시오.

모의고사 기출

07 전체집합 U가 실수 전체의 집합일 때, 실수 x에 대한 두 조건 p, q가

$$p: a(x-1)(x-2)<0, \quad q: x>b$$

이다. 두 조건 p, q의 진리집합을 각각 P, Q라 할 때, 옳은 것만을 보기에서 있는 대로 고른 것은?

(단, a, b는 실수이다.)

보기
ㄱ. $a=0$일 때, $P=\varnothing$이다.
ㄴ. $a>0$, $b=0$일 때, $P\subset Q$이다.
ㄷ. $a<0$, $b=3$일 때, 명제 '$\sim p$이면 q이다.'는 참이다.

① ㄱ ② ㄱ, ㄴ ③ ㄱ, ㄷ
④ ㄴ, ㄷ ⑤ ㄱ, ㄴ, ㄷ

Level up

08 명제 '모든 실수 x에 대하여 $ax^2-2ax+4>0$'이 참이 되기 위한 정수 a의 개수는?

① 1 ② 2 ③ 3
④ 4 ⑤ 5

09 두 조건

$$p: a-1<x<a+1$$
$$q: |x-2|<3$$

에 대하여 명제 $p \longrightarrow q$가 참이 되도록 하는 실수 a의 최댓값과 최솟값의 합은?

① 0 ② 1 ③ 2
④ 3 ⑤ 4

모의고사 기출

10 세 조건 p, q, r가

$$p: x>4$$
$$q: x>5-a$$
$$r: (x-a)(x+a)>0$$

일 때, 명제 $p \longrightarrow q$와 명제 $q \longrightarrow r$가 모두 참이 되도록 하는 실수 a의 최댓값과 최솟값의 합은?

① 3 ② $\dfrac{7}{2}$ ③ 4
④ $\dfrac{9}{2}$ ⑤ 5

11 세 조건 p, q, r의 진리집합이 P, Q, R이고 명제 '$r \longrightarrow p$ 또는 q'가 참일 때, 보기에서 옳은 것을 모두 고른 것은?

보기
ㄱ. $(P\cup Q)\cap R=R$
ㄴ. $R\subset P$
ㄷ. $R\subset Q$

① ㄱ ② ㄴ ③ ㄱ, ㄴ
④ ㄱ, ㄷ ⑤ ㄴ, ㄷ

12 명제 '$x^2+ax-6\neq0$이면 $x\neq-6$이다.'가 참이 되는 실수 a의 값은?

① -5 ② -3 ③ 3
④ 5 ⑤ 7

13 두 명제

p: $a+b>0$

q: $a\leq0$ 또는 $b\leq0$

에 대하여 다음 중 그 역이 참인 명제는?

(단, a, b는 실수)

① $p \longrightarrow \sim q$　　② $p \longrightarrow q$

③ $q \longrightarrow p$　　④ $\sim q \longrightarrow p$

⑤ $\sim p \longrightarrow \sim q$

14 명제의 역이 참인 것만을 보기 에서 있는 대로 고른 것은?

보기

ㄱ. $x^3=1$이면 $x=1$이다.

ㄴ. $x\geq1$이고 $y\geq1$이면 $x+y\geq2$이다.

ㄷ. 자연수 x, y에 대하여 x^2+y^2이 홀수이면 xy는 짝수이다.

① ㄱ　　② ㄴ　　③ ㄱ, ㄷ

④ ㄴ, ㄷ　　⑤ ㄱ, ㄴ, ㄷ

15 전체집합 U의 두 부분집합 P, Q는 조건 p, q의 진리집합이고 $P\cap Q=\varnothing$일 때, 보기 중 항상 참인 명제를 고르시오.

보기

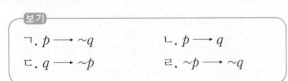

ㄱ. $p \longrightarrow \sim q$　　ㄴ. $p \longrightarrow q$

ㄷ. $q \longrightarrow \sim p$　　ㄹ. $\sim p \longrightarrow \sim q$

16 두 조건

p: $a+b>0$

q: $a>0$이고 $b>0$

에 대하여 다음 빈칸을 알맞게 채우시오.

ㄱ. p는 q이기 위한 　(가)　 조건이다.

ㄴ. $\sim p$는 $\sim q$이기 위한 　(나)　 조건이다.

(단, a, b는 실수)

17 전체집합 U의 두 부분집합 P, Q는 조건 p, q의 진리집합이고 $\sim q \Rightarrow p$일 때, 다음 중 옳은 것은?

① $P\subset Q$　　② $Q\subset P$

③ $P^C\subset Q$　　④ $P\cup Q=Q$

⑤ $P\cap Q=\varnothing$

18 두 실수 x, y에 대하여 (가), (나)에 알맞은 것은?

ㄱ. $x\geq1$이고 $y\geq1$은 $xy\geq1$이기 위한 　(가)　 조건이다.

ㄴ. $x^2+y^2=0$은 $|x|+|y|=0$이기 위한 　(나)　 조건이다.

	(가)	(나)
①	충분	필요
②	필요	충분
③	필요	필요충분
④	충분	필요충분
⑤	필요충분	필요

19 두 조건

$$p: (x-a+1)(x-a-2) \le 0$$
$$q: 2 < x < 9$$

에 대하여 p가 q이기 위한 충분조건이 되도록 하는 모든 정수 a의 값의 합은?

① 9   ② 12   ③ 14

④ 15   ⑤ 18

Level up

20 두 조건

$$p: -2 < x < 4$$
$$q: x^2 - 2(a-1)x + 4 = 0$$

에 대하여 p는 q이기 위한 필요조건일 때, 실수 a의 값의 범위를 구하시오.

Level up

21 두 조건

$$p: x = a - 1$$
$$q: x^2 + mx + n = 0$$

에 대하여 $p \longrightarrow q$가 참이 되는 모든 실수 a의 값의 합이 4, 곱이 2일 때, $m+n$의 값은?

(단, m, n은 상수)

① -3 ② -1 ③ 0

④ 1   ⑤ 3

22 세 조건 p, q, r에 대하여

$$p \longrightarrow \sim r, \quad \sim q \longrightarrow p$$

가 모두 참일 때, 다음 중 항상 참인 명제는?

① $\sim r \longrightarrow p$ ② $q \longrightarrow \sim p$

③ $p \longrightarrow q$ ④ $q \longrightarrow r$

⑤ $\sim q \longrightarrow \sim r$

모의고사 기출

23 두 명제 "바다에는 물고기가 산다.", "물고기가 사는 곳에서는 낚시를 할 수 있다."가 모두 참이라 할 때, **보기** 중에서 참인 명제를 모두 고르면?

보기

Ⅰ. 바다에서는 낚시를 할 수 있다.

Ⅱ. 물고기가 살지 않으면 바다가 아니다.

Ⅲ. 바다가 아닌 곳에서는 낚시를 할 수 없다.

---

① Ⅰ   ② Ⅱ   ③ Ⅲ

④ Ⅰ, Ⅱ   ⑤ Ⅱ, Ⅲ

모의고사 기출

24 전체집합 U의 공집합이 아닌 세 부분집합 P, Q, R가 각각 세 조건 p, q, r의 진리집합이라 하자.

세 명제

$$\sim p \longrightarrow r, \quad r \longrightarrow \sim q, \quad \sim r \longrightarrow q$$

가 모두 참일 때, **보기**에서 옳은 것만을 있는 대로 고른 것은?

보기

ㄱ. $P^C \subset R$

ㄴ. $P \subset Q$

ㄷ. $P \cap Q = R^C$

---

① ㄱ   ② ㄴ   ③ ㄱ, ㄷ

④ ㄴ, ㄷ   ⑤ ㄱ, ㄴ, ㄷ

모의고사기출

01 다음은 임의의 두 실수 a, b와 $p \geq 0$, $q \geq 0$,
$p+q=1$을 만족하는 p, q에 대하여
$$|ap+bq| \leq \sqrt{a^2p+b^2q}$$
임을 증명한 것이다.

증명

$|ap+bq|^2 - (\sqrt{a^2p+b^2q})^2$

$= a^2p(p-1) + b^2q \boxed{\quad (가) \quad} + 2abpq$

$= \boxed{\quad (나) \quad} p(p-1)$

$p \geq 0$, $q \geq 0$, $p+q=1$이므로

$p(p-1) \boxed{\quad (다) \quad} 0$이다.

따라서 $|ap+bq|^2 - (\sqrt{a^2p+b^2q})^2 \leq 0$

그러므로 $|ab+bq| \leq \sqrt{a^2p+b^2q}$ 이다.

위의 증명 과정에서 (가), (나), (다)에 알맞은 것은?

	(가)	(나)	(다)
①	$(p-1)$	$(a+b)^2$	$\leq$
②	$(p-1)$	$-(a-b)^2$	$\geq$
③	$(q-1)$	$(a-b)^2$	$\geq$
④	$(q-1)$	$-(a+b)^2$	$\geq$
⑤	$(q-1)$	$(a-b)^2$	$\leq$

모의고사기출

02 다음은 좌표평면 위의 점 $C\left(\sqrt{3}, \dfrac{1}{5}\right)$을 중심으로 하고, x좌표, y좌표가 모두 정수인 점 P를 지나는 원을 그리면 이 원 위의 점들 중에는 x좌표, y좌표가 모두 정수인 점이 P 외에 존재하지 않음을 증명한 것이다.

증명

원 위에 점 $P(a, b)$(a, b는 정수)가 아닌 다른 점 $Q(c, d)$(c, d는 정수)가 존재한다고 가정하자.

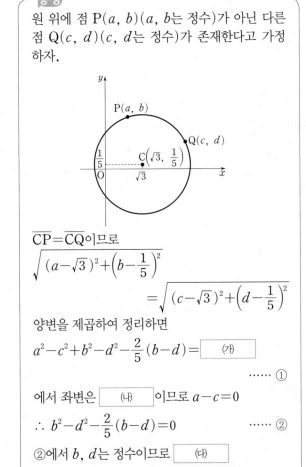

$\overline{CP} = \overline{CQ}$이므로

$\sqrt{(a-\sqrt{3})^2 + \left(b-\dfrac{1}{5}\right)^2}$
$\qquad = \sqrt{(c-\sqrt{3})^2 + \left(d-\dfrac{1}{5}\right)^2}$

양변을 제곱하여 정리하면

$a^2 - c^2 + b^2 - d^2 - \dfrac{2}{5}(b-d) = \boxed{\quad (가) \quad}$

$\qquad\qquad\qquad\qquad \cdots\cdots ①$

에서 좌변은 $\boxed{\quad (나) \quad}$ 이므로 $a-c=0$

$\therefore b^2 - d^2 - \dfrac{2}{5}(b-d) = 0 \qquad \cdots\cdots ②$

②에서 b, d는 정수이므로 $\boxed{\quad (다) \quad}$

따라서 이 원 위의 점들 중에는 x좌표, y좌표가 모두 정수인 점이 P 외에 존재하지 않는다.

위의 증명에서 (가), (나), (다)에 알맞은 것은?

	(가)	(나)	(다)
①	$\sqrt{3}(a-c)$	유리수	$b+d=5$
②	$\sqrt{3}(a-c)$	무리수	$b+d=5$
③	$2\sqrt{3}(a-c)$	유리수	$b+d=5$
④	$2\sqrt{3}(a-c)$	무리수	$b-d=0$
⑤	$2\sqrt{3}(a-c)$	유리수	$b-d=0$

모의고사 기출

03 다음은 a, b, c가 정수일 때, $f(x)=ax^2+bx+c$에 대하여 $f(0)$, $f(1)$이 홀수이면 방정식 $f(x)=0$은 정수인 근을 갖지 않음을 증명한 것이다.

> **증명**
>
> 방정식 $f(x)=0$이 정수인 근 α를 가진다고 가정하면 $f(\alpha)=0$이다.
>
> (i) $\alpha=2n$ (n은 정수)일 때,
>
> $\quad f(\alpha)=2(2an^2+bn)+$ $\boxed{\quad(가)\quad}$
>
> 위 등식에서 우변은 $\boxed{\quad(나)\quad}$가 되어 모순이다.
>
> (ii) $\alpha=2n+1$ (n은 정수)일 때,
>
> $\quad f(\alpha)=2(2an^2+2an+bn)+$ $\boxed{\quad(다)\quad}$
>
> 위 등식에서 우변은 $\boxed{\quad(나)\quad}$가 되어 모순이다.
>
> 따라서 방정식 $f(x)=0$은 정수인 근을 갖지 않는다.

위 증명에서 (가), (나), (다)에 알맞은 것은?

	(가)	(나)	(다)
①	$f(1)$	짝수	$f(1)$
②	$f(1)$	짝수	$f(0)$
③	$f(0)$	짝수	$f(0)$
④	$f(0)$	홀수	$f(0)$
⑤	$f(0)$	홀수	$f(1)$

수능기출

04 다음은 세 자연수 a, b, c $(a<b<c)$에 대하여

$$P=(b^2-a^2)(c^2-a^2)(c^2-b^2)$$

이 12의 배수임을 증명한 것이다.

> **증명**
>
> a, b, c를 각각 2로 나누었을 때 나머지는 $\boxed{\quad(가)\quad}$ 같다. 이 중 나머지가 같은 두 수를 a와 b라 하면 b^2-a^2은 4의 배수이다.
>
> 그러므로 P도 4의 배수이다. $\quad\cdots\cdots$ ㉠
>
> 다음으로, a^2, b^2, c^2을 3으로 나누었을 때 나머지를 알아보자.
>
> a^2, b^2, c^2을 각각 3으로 나눈 나머지는 $\boxed{\quad(나)\quad}$이므로 a^2, b^2, c^2 중에는 3으로 나눈 나머지가 같은 것이 적어도 2개가 있다.
>
> 그러므로 P는 3의 배수이다. $\quad\cdots\cdots$ ㉡
>
> ㉠과 ㉡으로부터 P는 12의 배수이다.

위의 증명에서 (가), (나)에 알맞은 것은?

	(가)	(나)
①	모두	0 또는 1
②	모두	1 또는 2
③	적어도 2개가	0 또는 1
④	적어도 2개가	0 또는 2
⑤	적어도 2개가	1 또는 2

05 두 실수 a, b에 대하여 보기에서 옳은 것을 모두 고르면?

> 보기
> ㄱ. $a < b$이면 $a^2 < ab$
> ㄴ. $a - b > 0$이고 $ab < 0$이면 $a > 0$, $b < 0$
> ㄷ. $a^2 > b^2$이면 $a > b$

① ㄴ   ② ㄱ, ㄴ   ③ ㄱ, ㄷ
④ ㄴ, ㄷ   ⑤ ㄱ, ㄴ, ㄷ

06 $ab > 0$을 만족하는 두 실수 a, b에 대하여 보기에서 옳은 것을 모두 고르면?

> 보기
> ㄱ. $a + b > 0$
> ㄴ. $a + b > a - b$
> ㄷ. $(a+b)^2 > (a-b)^2$

① ㄱ   ② ㄴ   ③ ㄷ
④ ㄱ, ㄷ   ⑤ ㄴ, ㄷ

Level up

07 모든 실수 x에 대하여 $\sqrt{ax^2 - 2ax + 6}$ 의 값이 실수가 되도록 하는 정수 a의 개수는?

① 5   ② 6   ③ 7
④ 8   ⑤ 9

Level up

08 세 실수 a, b, c에 대하여 다음 부등식이 항상 성립함을 증명하시오.

$$4a^2 + 9b^2 + c^2 - 6ab - 3bc - 2ca \geq 0$$

09 $a > 0$, $b > 0$일 때, 다음 두 식의 대소를 비교하시오.

$$\sqrt{a^2 + b^2} \qquad \sqrt{ab}$$

10 $x \neq 0$일 때, $4x^2 + \dfrac{9}{x^2}$의 최솟값은?

① 4   ② 6   ③ 8
④ 10   ⑤ 12

11 $a+b=4$일 때, $(a+1)(b+1)$의 최댓값은?

(단, $a>0$, $b>0$)

① 6 　　② 7 　　③ 8

④ 9 　　⑤ 10

14 네 실수 a, b, c, d에 대하여 $a^2+b^2=4$, $c^2+d^2=6$일 때, $ab+cd$의 최댓값을 구하시오.

15 양수 m에 대하여 직선 $y=mx+2m+3$이 x축, y축과 만나는 점을 각각 A, B라 하자. 삼각형 OAB의 넓이의 최솟값은? (단, O는 원점이다.)

① 8 　　② 9 　　③ 10

④ 11 　　⑤ 12

12 $x>1$일 때, $9x+\dfrac{1}{4x-4}$의 최솟값을 구하시오.

13 $x>0$, $y>0$일 때, $\left(4x+\dfrac{1}{y}\right)\left(\dfrac{1}{x}+4y\right)$의 최솟값은?

① 8 　　② 10 　　③ 12

④ 14 　　⑤ 16

16 한 모서리의 길이가 6이고 부피가 108인 직육면체를 만들려고 한다. 이때, 만들 수 있는 직육면체의 대각선의 길이의 최솟값은?

① $6\sqrt{2}$ 　　② 9 　　③ $7\sqrt{2}$

④ 11 　　⑤ $8\sqrt{2}$

01 집합 $X=\{-1,\ 0,\ 1,\ 2\}$에 대하여 $f(-1)+f(1)=1$을 만족하는 X에서 X로의 함수의 개수를 구하시오.

Level up

02 집합 $X=\{-2,\ -1,\ 0,\ 1,\ 2\}$에 대하여 X에서 X로의 함수 f가 다음 조건을 만족한다.

> (가) $f(x)=-f(-x)$
> (나) $2f(2)-f(-1)=0$
> (다) $f(-2)+f(1)=3$

$f(0)+f(1)+f(2)$의 값은?

① -2 ② -1 ③ 0
④ 1 ⑤ 2

03 집합 $X=\{x\,|\,-1\le x\le 2\}$, $Y=\{y\,|\,-3\le y\le 5\}$에 대하여 $f(x)=ax+1$이 X에서 Y로의 함수가 되기 위한 상수 a의 최댓값과 최솟값의 합은?

① -2 ② -1 ③ 0
④ 1 ⑤ 2

04 집합 $X=\{-3,\ -2,\ -1,\ 0,\ 1,\ 2,\ 3\}$에 대하여 X에서 X로의 함수 f가 다음 조건을 만족한다.

> (가) $f(x)=f(-x)$
> (나) $f(-1)=3$
> (다) $f(1)+f(2)=1$

$f(-2)$의 값은?

① -3 ② -2 ③ -1
④ 0 ⑤ 1

05 실수 전체의 집합에서 정의된 함수 f에 대하여
$$f(2x+1)=4x^2-1$$
일 때, $f(x)$의 식을 구하시오.

모의고사 기출

06 집합 $X=\{-3,\ 1\}$에 대하여 X에서 X로의 함수
$$f(x)=\begin{cases} 2x+a & (x<0) \\ x^2-2x+b & (x\ge 0) \end{cases}$$
이 항등함수일 때, $a\times b$의 값은?

(단, a, b는 상수이다.)

① 4 ② 6 ③ 8
④ 10 ⑤ 12

07 실수 전체의 집합 R의 부분집합 X에 대하여 X에서 X로의 함수 $f(x)=x^2-x-3$이 항등함수이다. 이를 만족시키는 집합 X의 개수는? (단, $X\neq\varnothing$)

① 2   ② 3   ③ 7

④ 8   ⑤ 15

08 집합 $X=\{1,\ 2,\ 3,\ 4\}$에서 $Y=\{1,\ 3,\ 5,\ 7\}$로의 함수 f가 일대일대응이고

$$f(3)=3,\ f(1)-f(4)=4$$

일 때, $f(2)+f(4)$의 값은?

① 4   ② 6   ③ 8

④ 10   ⑤ 12

09 집합 $X=\{2,\ 3,\ 6\}$에 대하여 집합 X에서 X로의 일대일대응, 항등함수, 상수함수를 각각 $f(x)$, $g(x)$, $h(x)$라 하자. 세 함수 $f(x)$, $g(x)$, $h(x)$가 다음 조건을 만족시킬 때, $f(3)+h(2)$의 값은?

> (가) $f(2)=g(3)=h(6)$
>
> (나) $f(2)f(3)=f(6)$

① 4   ② 5   ③ 6

④ 8   ⑤ 9

10 집합 $X=\{x\,|\,x\geq k\}$에 대하여 X에서 X로의 함수 $f(x)=x^2-6x-8$이 일대일대응이 되기 위한 상수 k의 값은?

① -1 ② 2   ③ 4

④ 6   ⑤ 8

11 실수 전체의 집합 R에서 R로의 함수 $f(x)=a|x-1|+(2-a)x+a$가 일대일대응이 되기 위한 실수 a의 값의 범위는?

① $a<-1$ ② $-1<a<1$

③ $0<a<1$ ④ $a<1$

⑤ $a<-1,\ a>1$

12 실수 전체에서 정의된 함수 f가 다음과 같다.

$$f(x)=\begin{cases} x+4 & (0\leq x<2) \\ x^2-2x-4 & (2\leq x<4) \end{cases}$$

$$f(x)=f(x+4)$$

$f(481)+f(482)$의 값을 구하시오.

06 함수 (2): 합성함수와 역함수

01 집합 X에서 X로의 함수 f, g가 다음과 같다.

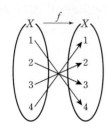 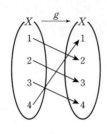

$f(g(2))+g(f(3))$의 값은?

① 2   ② 3   ③ 4

④ 5   ⑤ 6

02 함수 $f(x)=-x^2+3x+1$에 대하여 $(f \circ f)(2)$의 값을 구하시오.

03 두 함수 f, g가 그림과 같을 때, $g(x)=h(f(x))$를 만족하는 함수 h에 대하여 $g(f(4))+10h(1)$의 값을 구하시오.

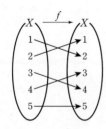 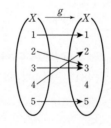

04 함수 $f(x)=-x^2+3$, $g(x)=2x+1$, $h(x)=\dfrac{1}{2}x$에 대하여 $(f \circ g \circ h)(2)$의 값은?

① -6 ② -3 ③ 0

④ 3   ⑤ 6

05 함수 $f(x)=x^2+x-1$, $g(x)=-3x+4$에 대하여 $(g \circ f)(a)=-29$일 때, 양수 a의 값은?

① 1   ② 2   ③ 3

④ 4   ⑤ 5

06 집합 $X=\{1, 2, 3, 4\}$에 대하여 함수 $f : X \longrightarrow X$를 다음과 같이 정의하였다.

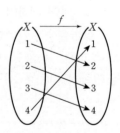

함수 $g : X \longrightarrow X$에 대하여 $g(1)=3$이고, $f \circ g = g \circ f$가 성립할 때, $g(2)+g(3)$의 값을 구하시오.

07 세 함수 f, g, h에 대하여

$$f(x)=\frac{3x+1}{2},\ (g\circ h)(x)=4x-1$$

일 때, $((f\circ g)\circ h)(2)$의 값은?

① 3 ② 5 ③ 7

④ 9 ⑤ 11

Level up

08 세 함수 f, g, h에 대하여

$$f(x)=x-4,\ g(x)=2x$$
$$(f\circ g\circ h)(x)=-2x^2+6x-4$$

일 때, $h(x)$의 식을 구하시오.

09 집합 $X=\{1,\ 2,\ 3\}$에 대하여 함수 $f:X\longrightarrow X$의 대응은 다음과 같다.

$$f(1)=3,\ f(2)=1,\ f(3)=2$$

$$f^1(x)=f(x),\ f^{n+1}(x)=f(f^n(x))$$
$$(n=1,\ 2,\ 3,\ \cdots)$$

라 할 때, $f^{2010}(1)+f^{2020}(2)$의 값은?

① 2 ② 3 ③ 4

④ 5 ⑤ 6

모의고사 기출

10 두 함수

$$f(x)=x+a$$
$$g(x)=\begin{cases}2x-6 & (x<a)\\ x^2 & (x\geq a)\end{cases}$$

에 대하여 $(g\circ f)(1)+(f\circ g)(4)=57$을 만족시키는 모든 실수 a의 값의 합을 S라 할 때, $10S^2$의 값을 구하시오.

11 두 함수 $f(x)=2x-3$, $g(x)=-x+k$에 대하여 $f\circ g=g\circ f$일 때, 상수 k의 값을 구하시오.

모의고사 기출

12 실수 전체의 집합에서 정의된 두 함수

$$f(x)=|x|,\ g(x)=-2x+1$$

에 대하여 합성함수 $y=(g\circ f)(x)$의 그래프는?

①
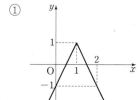

②
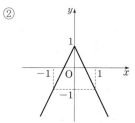

③
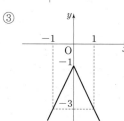

④
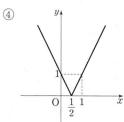

⑤
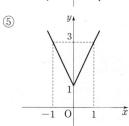

13 함수 $f(x)=\dfrac{1}{3}x-1$의 역함수를 $g(x)$라 할 때, $g(3)$의 값은?

① 4   ② 6   ③ 8

④ 10   ⑤ 12

14 함수 $f(x)=ax+b$의 역함수를 $g(x)$라 하면 $f(1)=2$, $g(11)=-2$일 때, $g(-1)$의 값은?

(단, a, b는 상수)

① 2   ② 4   ③ 6

④ 8   ⑤ 10

15 두 함수 $f(x)=x^3-4x$, $g(x)=-2x+1$에 대하여 $f(g^{-1}(-5))$의 값을 구하시오.

Level up

16 함수 $f(x)=\dfrac{1}{3}x-2$에 대하여 $(f\circ g)(x)=x$를 만족하는 함수 $y=g(x)$의 그래프와 x축, y축으로 둘러싸인 도형의 넓이는?

① $\dfrac{9}{2}$ ② 5   ③ $\dfrac{11}{2}$

④ 6   ⑤ $\dfrac{13}{2}$

모의고사 기출

17 세 집합

$$A=\{1, 2, 3\}, B=\{4, 5, 6\}, C=\{7, 8, 9\}$$

에 대하여 두 함수 $f:A\longrightarrow B$와 $g:B\longrightarrow C$가 일대일대응이다. 함수 $(g\circ f)^{-1}:C\longrightarrow A$가 그림과 같고 $f(1)=4$, $g(6)=9$일 때, $f(2)+g(5)$의 값은?

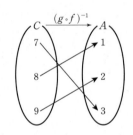

① 11   ② 12   ③ 13

④ 14   ⑤ 15

18 두 함수 $f(x)=5x-2$, $g(x)=\dfrac{1}{5}x+\dfrac{2}{5}$에 대하여 $(f^{-1}\circ g\circ f)(8)$의 값은?

① 0   ② 1   ③ 2

④ 3   ⑤ 4

19 함수 $f(x)=ax+1$에 대하여 $f=f^{-1}$을 만족할 때, 상수 a의 값을 구하시오.

20 함수 $f(x)=ax+a^2+2$의 그래프와 그 역함수 $y=f^{-1}(x)$의 그래프의 교점의 x좌표가 2일 때, 상수 a의 값은?

① -2 ② -1 ③ 0
④ 1 ⑤ 2

모의고사 기출

21 함수 $f(x)=x^2-6x$ $(x\geq3)$의 그래프와 그 역함수 $y=f^{-1}(x)$의 그래프의 교점이 $(a,\ b)$일 때, $10ab$의 값을 구하시오.

Level up

22 함수 $f(x)=|x^2-4x|$의 그래프와 $g(x)=k$의 그래프의 교점의 개수가 3일 때, 상수 k의 값은?

① 0 ② 1 ③ 2
④ 3 ⑤ 4

Level up

23 함수 $y=|2x-3|+|2x-9|$의 최솟값은?

① 3 ② 4 ③ 6
④ 7 ⑤ 9

Level up

24 $2|x|+|y|=4$가 나타내는 도형의 넓이를 구하시오.

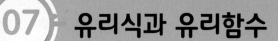

01 $a+b=2$, $ab=-1$일 때, $\dfrac{b}{a}+\dfrac{a}{b}$의 값은?

① -6 ② -4 ③ -2

④ 2 ⑤ 4

02 $x=\sqrt{2}$일 때, $\dfrac{1}{1+\dfrac{x}{1-\dfrac{1}{x}}}=a+b\sqrt{2}$ 이다.

$a+b$의 값은? (단, a, b는 유리수)

① -2 ② -1 ③ 0

④ 1 ⑤ 2

03 $4x=3y$일 때, $\dfrac{x^2+y^2}{(x-y)^2}$의 값을 구하시오.

04 다음 식을 간단히 하시오.

$$\frac{1}{x-1}-\frac{x+1}{x^2+1}-\frac{2x+2}{x^4+1}$$

05 $\dfrac{1}{2\cdot5}+\dfrac{1}{5\cdot8}+\dfrac{1}{8\cdot11}+\cdots+\dfrac{1}{29\cdot32}=\dfrac{n}{m}$ 일 때, $m-n$의 값은? (단, m, n은 서로소인 자연수)

① 22 ② 27 ③ 32

④ 37 ⑤ 42

06 다음 식을 간단히 하시오.

$$\frac{1}{(2x+1)(2x+3)}+\frac{1}{(2x+3)(2x+5)}$$
$$+\frac{1}{(2x+5)(2x+7)}+\frac{1}{(2x+7)(2x+9)}$$

Level up

07 $\dfrac{1}{ABC}=\dfrac{1}{C-A}\left(\dfrac{1}{AB}-\dfrac{1}{BC}\right)$ 을 이용하여 다음 식을 간단히 하시오.

$$\dfrac{1}{x(x+1)(x+2)}+\dfrac{1}{(x+1)(x+2)(x+3)}$$
$$+\dfrac{1}{(x+2)(x+3)(x+4)}$$
$$+\dfrac{1}{(x+3)(x+4)(x+5)}$$
$$+\dfrac{1}{(x+4)(x+5)(x+6)}$$

Level up

08 $(x+2y):(y+2z):(z+2x)=3:4:5$일 때,

$\dfrac{xy+yz+zx}{x^2+y^2+z^2}=\dfrac{n}{m}$ 이다. $m-n$의 값은?

(단, m, n은 서로소인 자연수)

① 1   ② 2   ③ 3

④ 4   ⑤ 5

모의고사 기출

09 농도가 a %인 소금물 100 g과 b %의 소금물 200 g을 섞어 p %의 소금물을 얻었다. 또, 농도가 a %인 소금물 200 g과 b %의 소금물 100 g을 섞어 q %의 소금물을 얻었다. $p:q=2:3$일 때, $\dfrac{3a^2+4b^2}{ab}$의 값을 구하시오. (단, $ab\neq0$)

10 유리함수 $y=\dfrac{ax+1}{x+b}$의 그래프의 점근선의 교점이 $(2, 5)$일 때, $a+b$의 값은? (단, a, b는 상수)

① 1   ② 3   ③ 5

④ 7   ⑤ 9

11 함수 $y=\dfrac{ax+1}{bx+1}$의 그래프가 점 $(1, 2)$를 지나고 점근선 중 하나가 $y=3$일 때, $a+b$의 값은?

(단, a, b는 상수)

① 1   ② 2   ③ 3

④ 4   ⑤ 5

모의고사 기출

12 두 상수 a, b에 대하여 정의역이 $\{x\,|\,2\leq x\leq a\}$인 함수 $y=\dfrac{3}{x-1}-2$의 치역이 $\{y\,|-1\leq y\leq b\}$일 때, $a+b$의 값은? (단, $a>2$, $b>-1$)

① 5   ② 6   ③ 7

④ 8   ⑤ 9

13 유리함수 $y = \dfrac{ax+3}{x+2}$의 그래프의 점근선의 교점이 직선 $y = -2x$ 위에 있을 때, 상수 a의 값은?

① 1   ② 2   ③ 3
④ 4   ⑤ 5

16 함수 $y = \dfrac{2}{x}$의 그래프를 x축의 방향으로 m만큼, y축의 방향으로 $m+1$만큼 평행이동하면 점 $(0,\ 0)$을 지난다. 실수 m의 값을 모두 구하시오.

모의고사 기출

14 a는 상수이고, 유리함수 $f(x) = \dfrac{2}{x-a} + 3a - 1$에 대하여 직선 $y = x$가 곡선 $y = f(x)$의 두 점근선의 교점을 지날 때, 상수 a의 값은?

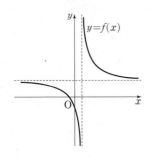

① $\dfrac{1}{6}$ ② $\dfrac{1}{3}$ ③ $\dfrac{1}{2}$
④ $\dfrac{2}{3}$ ⑤ $\dfrac{5}{6}$

17 유리함수 $y = \dfrac{x+2a-5}{x-4}$의 그래프가 제3사분면을 지나지 않도록 하는 자연수 a의 개수는?

① 1   ② 2   ③ 3
④ 4   ⑤ 5

18 함수 $y = \dfrac{-2x+b}{x+a}$의 그래프가 점 $(0,\ -5)$를 지나고 점 $(1,\ c)$에 대하여 대칭일 때, $a+b+c$의 값은?

(단, a, b, c는 상수)

① 1   ② 2   ③ 3
④ 4   ⑤ 5

15 함수 $y = \dfrac{2}{x}$의 그래프를 x축의 방향으로 m만큼, y축의 방향으로 n만큼 평행이동하면 $y = \dfrac{ax-4}{x-3}$의 그래프와 포개어진다. $a+m+n$의 값은?

(단, a, m, n은 상수)

① -1 ② 1   ③ 3
④ 5   ⑤ 7

19 함수 $y=\dfrac{5x+1}{2x+3}$의 그래프는 두 직선 $y=ax+b$, $y=cx+d$에 대하여 대칭이다. $a+b+c+d$의 값은? (단, a, b, c, d는 상수)

① 1   ② 2   ③ 3

④ 4   ⑤ 5

20 함수 $y=\dfrac{ax-1}{x+b}$의 그래프가 두 직선 $y=x+1$, $y=-x+5$에 대하여 대칭일 때, $a+b$의 값은?

(단, a, b는 상수)

① 1   ② 2   ③ 3

④ 4   ⑤ 5

모의고사 기출

21 그림과 같이 원점을 지나는 직선 l과 함수 $y=\dfrac{2}{x}$의 그래프가 두 점 P, Q에서 만난다. 점 P를 지나고 x축에 수직인 직선과 점 Q를 지나고 y축에 수직인 직선이 만나는 점을 R라 할 때, 삼각형 PQR의 넓이는?

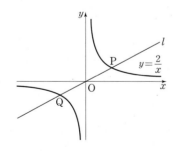

① 4   ② $\dfrac{9}{2}$ ③ 5

④ $\dfrac{11}{2}$ ⑤ 6

모의고사 기출

22 그림과 같이 함수 $y=\dfrac{1}{x}$의 제1사분면 위의 점 A에서 x축과 y축에 평행한 직선을 그어 $y=\dfrac{k}{x}\,(k>0)$와 만나는 점을 각각 B, C라 하자. $\triangle ABC$의 넓이가 50일 때, k의 값을 구하시오.

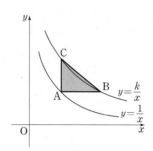

Level up

23 함수 $y=-\dfrac{4}{x+3}+1$의 그래프 위의 점 P와 직선 $y=x+4$ 사이의 거리의 최솟값을 구하시오.

24 함수 $f(x)=\dfrac{3x+4}{2x-1}$의 역함수를 구하시오.

01 모든 실수 x에 대하여

$$\sqrt{(k-1)x^2+(k-1)x+6} \geq 2$$

을 만족하는 정수 k의 개수는?

① 3   ② 6   ③ 8

④ 9   ⑤ 11

모의고사 기출

02 실수 x에 대한 두 조건

$$p: \frac{\sqrt{x+3}}{\sqrt{x-12}} = -\sqrt{\frac{x+3}{x-12}}$$

$$q: -5 < x < n-4$$

에 대하여 p는 q이기 위한 충분조건일 때, 상수 n의 최솟값을 구하시오.

03 다음을 간단히 하시오.

$$\frac{1}{\sqrt{x}+\sqrt{x+1}} + \frac{2}{\sqrt{x+1}+\sqrt{x+3}}$$

$$+ \frac{3}{\sqrt{x+3}+\sqrt{x+6}} + \frac{4}{\sqrt{x+6}+\sqrt{x+10}}$$

04 함수 $y=a\sqrt{bx-3}+c$의 정의역이 $\{x \mid x \geq 1\}$, 치역이 $\{y \mid y \leq 4\}$이고 그래프가 점 $(4, -2)$를 지날 때, $a+b+c$의 값은? (단, a, b, c는 상수)

① 1   ② 2   ③ 3

④ 4   ⑤ 5

05 함수 $y=\sqrt{ax}$의 그래프를 x축의 방향으로 -2만큼, y축의 방향으로 -2만큼 평행이동한 그래프가 원점을 지날 때, 상수 a의 값은?

① -4 ② -2 ③ 2

④ 4   ⑤ 5

모의고사 기출

06 꼭짓점의 좌표가 $\left(\frac{1}{2}, \frac{9}{2}\right)$인 이차함수 $f(x)=ax^2+bx+c$의 그래프가 점 $(0, 4)$를 지날 때, 무리함수 $g(x)=a\sqrt{x+b}+c$에 대하여 옳은 것만을 [보기]에서 있는 대로 고른 것은?

> [보기]
>
> ㄱ. 정의역은 $\{x \mid x \geq -2\}$이고 치역은 $\{y \mid y \leq 4\}$이다.
>
> ㄴ. 함수 $y=g(x)$의 그래프는 제3사분면을 지난다.
>
> ㄷ. 방정식 $f(x)=0$의 두 근을 α, β $(\alpha < \beta)$라 할 때, $\alpha \leq x \leq \beta$에서 함수 $g(x)$의 최댓값은 2이다.

① ㄱ   ② ㄴ   ③ ㄱ, ㄷ

④ ㄴ, ㄷ   ⑤ ㄱ, ㄴ, ㄷ

모의고사 기출

07 그림과 같이 무리함수 $y=\sqrt{-2x+4}+a$의 그래프가 두 점 $(b, 1)$, $(0, 3)$을 지날 때, 두 상수 a, b의 합 $a+b$의 값은?

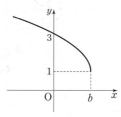

① 3   ② 4   ③ 5
④ 6   ⑤ 7

08 $a \le x \le 7$에서 함수 $f(x)=-\sqrt{x+b}-3$의 최댓값이 -5, 최솟값이 -6일 때, $a+b$의 값은?

(단, a, b는 상수)

① 2   ② 4   ③ 6
④ 8   ⑤ 10

모의고사 기출

09 그림과 같이 양수 a에 대하여 직선 $x=a$와 두 곡선 $y=\sqrt{x}$, $y=\sqrt{3x}$가 만나는 점을 각각 A, B라 하자. 점 B를 지나고 x축과 평행한 직선이 곡선 $y=\sqrt{x}$와 만나는 점을 C라 하고, 점 C를 지나고 y축과 평행한 직선이 곡선 $y=\sqrt{3x}$와 만나는 점을 D라 하자. 두 점 A, D를 지나는 직선의 기울기가 $\frac{1}{4}$일 때, a의 값을 구하시오.

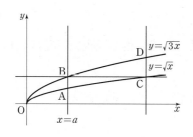

Level up

10 곡선 $y=\sqrt{x-3}+1$과 직선 $y=x+k$가 두 점에서 만나도록 하는 상수 k의 값의 범위를 구하시오.

11 함수 $f(x)=-\sqrt{-x+5}+3$의 그래프와 역함수 $y=f^{-1}(x)$의 그래프의 교점을 P라 할 때, $\overline{\text{OP}}=m\sqrt{2}$이다. 유리수 m의 값은? (단, O는 원점)

① 1   ② 2   ③ 3
④ 4   ⑤ 5

Level up

12 함수 $f(x)=-\sqrt{x-1}-2$의 역함수를 구하시오.

09 순열

01 다음 조건을 만족시키는 두 자리의 자연수의 개수는?

> ㈎ 홀수이다.
> ㈏ 십의 자리의 수는 4의 약수이다.

① 12   ② 15   ③ 20
④ 26   ⑤ 36

02 오른쪽 그림과 같이 원 위에 일정한 간격으로 6개의 점이 놓여 있다. 이 중 3개의 점을 꼭짓점으로 하는 삼각형 중 직각삼각형의 개수는?

① 8   ② 10   ③ 12
④ 15   ⑤ 18

<u>Level up</u>

03 $|x|+|y|=6$을 만족하는 정수 x, y의 순서쌍의 개수를 구하시오.

04 집합 S_1, S_2, S_3은 다음과 같다.

$$S_1=\{1, 2\}, \quad S_2=\{1, 2, 3, 4\}$$
$$S_3=\{1, 2, 3, 4, 5, 6\}$$

집합 S_1에서 한 개의 원소를 선택하여 백의 자리의 수, 집합 S_2에서 한 개의 원소를 선택하여 십의 자리의 수, 집합 S_3에서 한 개의 원소를 선택하여 일의 자리의 수로 하는 세 자리의 수를 만들 때, 각 자리의 수가 모두 다른 세 자리의 수의 개수는?

① 8   ② 12   ③ 16
④ 20   ⑤ 24

05 '3·6·9게임'은 참가자들이 1부터 순서대로 말하다가 3, 6, 9가 들어간 수에는 그 개수만큼 박수를 치는 게임이다. 예를 들어 6, 13, 61, 920과 같은 수는 박수를 한 번, 33, 69, 316과 같은 수는 박수를 두 번, 339는 박수를 세 번 치면 된다. 1부터 999까지 게임이 진행되었을 때, 박수친 횟수를 구하시오.

06 네 개의 도시 A, B, C, D의 도로망이 다음 그림과 같다. A에서 출발하여 D로 가는 경우의 수는?

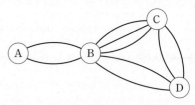

(단, 한 번 지난 도시는 다시 가지 않는다.)

① 4   ② 8   ③ 12
④ 16   ⑤ 20

모의고사 기출

07 서로 다른 네 가지의 색이 있다. 이 중 네 가지 이하의 색을 이용하여 인접한 행정 구역을 구별할 수 있도록 모두 칠하고자 한다. 다섯 개의 구역을 서로 다른 색으로 칠할 수 있는 모든 경우의 수는?

(단, 행정 구역에는 한 가지 색만을 칠한다.)

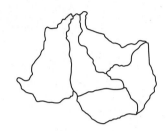

① 108 ② 144 ③ 216
④ 288 ⑤ 324

08 다음 그림과 같이 중심이 같은 4개의 원을 경계로 하여 영역을 A, B, C, D로 나누고 서로 다른 3개의 색을 이용하여 각 영역을 색칠하려 한다. 이웃한 영역은 서로 다른 색으로 칠할 때, 색칠할 수 있는 경우의 수는?

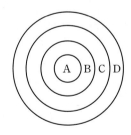

① 16 ② 24 ③ 36
④ 54 ⑤ 81

09 $_nP_2 + _nP_1 = 49$를 만족하는 n의 값은?

① 5 ② 6 ③ 7
④ 8 ⑤ 9

10 6명의 학생을 앞 줄에 3명, 뒷 줄에 3명씩 나눠 순서대로 배치하는 경우의 수는?

① 120 ② 240 ③ 360
④ 540 ⑤ 720

11 1, 2, 3, 4, 5, 6을 한 번씩만 사용하여 여섯 자리의 수를 만들 때, 양 끝 자리의 수가 모두 짝수인 경우의 수를 구하시오.

모의고사 기출

12 다음은 네 자연수 1, 2, 3, 4를 한 번씩 사용하여 만든 네 자리 정수를 크기 순으로 나열한 것이다.

1234	1243	……	1423	1432
2134	2143	……	2413	2431
3124	3142	……	3412	3421
4123	4132	……	4312	4321

위의 모든 수들의 총합은?

① 88880 ② 77770 ③ 66660
④ 55550 ⑤ 44440

13 1, 1, 2, 3, 4, 5를 한 번씩만 나열하여 여섯 자리의 수를 만들 때, 2개의 수 1이 서로 이웃하는 경우의 수는?

① 120   ② 150   ③ 240
④ 360   ⑤ 720

14 6명의 학생 A, B, C, D, E, F를 일렬로 세울 때, A를 맨 앞에 세우고 B는 A와 이웃하지 않게 세우는 경우의 수는?

① 24   ② 48   ③ 72
④ 96   ⑤ 120

15 A, B, C, D, E, F 여섯 명의 학생이 일렬로 줄을 설 때, A, B, C 중 누구도 서로 이웃하지 않는 경우의 수는?

① 24   ② 36   ③ 72
④ 144   ⑤ 240

Level up

16 A, B, C, D 4명의 학생이 일렬로 놓여진 7개의 의자에 하나씩 앉을 때, 어느 누구도 이웃하여 앉지 않는 경우의 수는?

① 24   ② 36   ③ 72
④ 144   ⑤ 240

17 그림과 같은 3좌석씩 3줄인 9개의 좌석에서 남자 5명, 여자 4명이 함께 영화를 관람하려 할 때, 남자끼리 좌우에 이웃하여 앉지 않고, 여자끼리 좌우에 이웃하여 앉지 않는 방법의 수는?

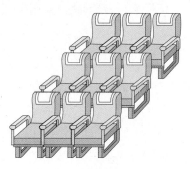

① $4! \times 5!$ ② $2 \times 3! \times 5!$ ③ $3 \times 4! \times 5!$
④ $5! \times 6!$ ⑤ $9 \times 4! \times 5!$

18 0, 1, 2, 3, 4, 5를 모두 나열하여 여섯 자리의 자연수를 만들 때, 양 끝 자리에 적어도 하나의 짝수가 오는 경우의 수를 구하시오.

Level up

19 1, 2, 3, 4, 5를 한 번씩 사용하여 다섯 자리의 자연수를 만들 때, 33000보다 작은 자연수의 개수를 구하시오.

20 a, e, k, o, r 다섯 개의 문자를 사전식으로 나열할 때, korea는 몇 번째 오는 문자열인가?

① 42번째   ② 48번째   ③ 54번째

④ 60번째   ⑤ 66번째

21 $n(X)=3$, $n(Y)=m$인 두 함수 X, Y에 대하여 X에서 Y로의 일대일함수의 개수가 336일 때, 자연수 m의 값은?

① 5   ② 6   ③ 7

④ 8   ⑤ 9

22 다음 그림의 빈칸에 6장의 사진 A, B, C, D, E, F를 하나씩 배치하여 사진첩의 한 면을 완성할 때, A와 B가 이웃하는 경우의 수는?

(단, 옆으로 이웃하는 경우만 이웃하는 것으로 한다.)

① 128   ② 132   ③ 136

④ 140   ⑤ 144

23 숫자 1, 2, 3, 6, 18이 하나씩 적혀 있는 5장의 카드가 있다. 다음은 이 5장의 카드를 일렬로 나열할 때, 이웃한 두 카드에 적혀 있는 수의 곱이 모두 6의 배수가 되도록 나열하는 경우의 수를 구하는 과정이다.

> 이웃한 두 카드에 적힌 수의 곱이 6의 배수가 되지 않는 경우는 1, 2가 적힌 두 카드가 서로 이웃하는 경우와 1, 3이 적힌 두 카드가 서로 이웃하는 경우이다.
>
> (ⅰ) 1, 2가 적힌 두 카드가 서로 이웃하는 경우
> 이 두 카드를 한 묶음으로 생각하고, 두 카드의 자리를 바꾸는 것을 고려하면 1, 2가 적힌 두 카드가 이웃하도록 5장의 카드를 나열하는 경우의 수는 ☐(개) 이다.
>
> (ⅱ) 1, 3이 적힌 두 카드가 서로 이웃하는 경우
> (ⅰ)과 마찬가지로 경우의 수는 ☐(개) 이다.
>
> (ⅲ) (ⅰ)과 (ⅱ)가 동시에 일어나는 경우
> 1, 2, 3이 적힌 세 카드를 한 묶음으로 생각하고, 세 카드 중 1이 적힌 카드가 가운데에 위치하도록 5장의 카드를 나열하는 경우의 수는 ☐(나) 이다.
>
> 5장의 카드를 일렬로 나열하는 모든 경우의 수는 5!=120이므로 (ⅰ), (ⅱ), (ⅲ)에 의해 구하는 경우의 수는 ☐(다) 이다.

위의 ㈎, ㈏, ㈐에 알맞은 수를 각각 p, q, r라 할 때, $p+q+r$의 값은?

① 96   ② 100   ③ 104

④ 108   ⑤ 112

10 조합

01 $_8P_r - _8C_r = 23 \cdot _8C_r$일 때, r의 값은?

① 2   ② 3   ③ 4

④ 5   ⑤ 6

02 1부터 10까지의 자연수 중 세 개를 뽑아서 더한 결과가 짝수가 되는 경우의 수는?

① 28   ② 36   ③ 44

④ 52   ⑤ 60

모의고사 기출
03 흰 공 4개, 검은 공과 파란 공이 각각 2개씩, 빨간 공과 노란 공이 각각 1개씩 총 10개의 공이 들어 있는 주머니가 있다. 이 주머니에서 5개의 공을 꺼낼 때, 꺼낸 공의 색이 3종류인 경우의 수를 구하시오.
(단, 같은 색의 공은 구별하지 않는다.)

04 A, B 두 사람이 인터넷 강의 5과목 중 2과목씩을 선택하여 수강하려고 한다. A와 B가 신청한 과목 중 1과목이 겹치는 경우의 수는?

① 28   ② 36   ③ 44

④ 52   ⑤ 60

05 전체집합 $U = \{1, 2, 3, \cdots, 8\}$에 대하여 $A \subset B$이고, $n(A) = 3$, $n(B) = 4$를 만족하는 A, B의 순서쌍의 개수를 구하시오.

모의고사 기출
06 $c < b < a < 10$인 자연수 a, b, c에 대하여 백의 자리의 수, 십의 자리의 수, 일의 자리의 수가 각각 a, b, c인 세 자리의 자연수 중 500보다 크고 700보다 작은 모든 자연수의 개수는?

① 12   ② 14   ③ 16

④ 18   ⑤ 20

07 $X=\{1,\ 2,\ 3,\ 4\}$에서 $Y=\{1,\ 2,\ 3,\ 4,\ 5,\ 6,\ 7\}$로의 함수 중 다음 조건을 만족하는 f의 개수는?

$$f(1)<f(2)\leq f(3)<f(4)$$

① 30   ② 40   ③ 50

④ 60   ⑤ 70

모의고사기출

08 두 집합 $X=\{1,\ 2,\ 3,\ 4,\ 5\}$이고 $Y=\{0,\ 1\}$이다. X의 부분집합 A에 대하여 함수 $f:X\rightarrow Y$를

$$f(x)=\begin{cases}1 & (x\in A)\\0 & (x\in A^{c})\end{cases}$$

로 정의할 때, $2\leq n(A)\leq 4$인 함수 f의 개수를 구하시오.

Level up

09 오른쪽 그림과 같이 12개의 점이 일정한 간격으로 놓여 있다. 이 중 세 점을 꼭짓점으로 하는 삼각형의 개수는?

① 168   ② 176   ③ 184

④ 192   ⑤ 200

10 1부터 30까지의 서로 다른 자연수 두 개를 뽑아서 더한 값이 4의 배수가 되는 경우의 수는?

① 90   ② 95   ③ 100

④ 105   ⑤ 110

모의고사기출

11 1부터 100까지의 자연수에서 서로 다른 3개를 선택하는 방법 중, 17을 포함하도록 선택하는 방법의 수를 a라 하고, 17을 포함하지 않도록 선택하는 방법의 수를 b라고 할 때, $\dfrac{b}{a}$의 값은?

① $\dfrac{94}{3}$ ② $\dfrac{95}{3}$ ③ $\dfrac{97}{3}$

④ $\dfrac{98}{3}$ ⑤ $\dfrac{100}{3}$

Level up

12 16개의 팀이 다음 대진표대로 경기를 할 때, 대진표를 짜는 경우의 수는

$$\frac{1}{128}\times {}_{16}C_{8}\times ({}_{m}C_{4})^{2}\times ({}_{n}C_{2})^{4}$$

이다. $m+n$의 값을 구하시오.

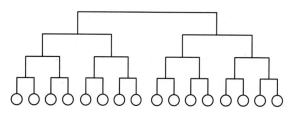

MEMO

개념 **C.O.D.I** 코디

정답
및
해설

01 집합

문제 Basic

0001 답· 명확   0002 답· 원소

0003 답· $\in$ 0004 답· $\not\subset$

0005 답· 원소나열법   0006 답· 조건제시법

0007 답· ○   0008 답· ×   0009 답· ○   0010 답· ○

0011 답· ×   0012 답· $\in$ 0013 답· $\not\in$ 0014 답· $\in$

0015 답· $\not\in$ 0016 답· $\in$ 0017 답· $\not\in$ 0018 답· $\in$

0019 답· $\in$ 0020 답· $\{-4, -2, -1, 1, 2, 4\}$

0021 답· $\{1, 2, 3, 4, 5\}$

0022 답· $\{8, 16, 24, 32, 40, 48\}$

0023 답· $\{x \,|\, x$는 10의 양의 약수$\}$

0024 답· $\{x \,|\, x$는 10 이하의 소수$\}$

0025 답· $\{x \,|\, -1 \leq x \leq 1, \ x$는 정수$\}$

0026 답· 유한집합   0027 답· 유한집합

0028 답· 무한집합   0029 답· 공집합

0030 답· 0   0031 답· 3   0032 답· 12

0033 답· 모든 원소, 부분집합   0034 답· $\subset$

0035 답· $=$ 0036 답· 진부분집합

0037 답· 벤다이어그램   0038 답· $\subset$

0039 답· $\not\subset$ 0040 답· $\subset$ 0041 답· $\subset$ 0042 답· $\subset$

0043 답· $\not\subset$ 0044 답· $\subset$ 0045 답· $\subset$

0046 답·

0047 답·

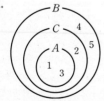

0048 답· $\varnothing, \{1\}, \{3\}, \{5\}, \{1, 3\}, \{1, 5\}, \{3, 5\}, \{1, 3, 5\}$

0049 답· $\varnothing, \{a\}, \{b\}, \{c\}, \{a, b\}, \{a, c\}, \{b, c\}$

0050 답· 해설 참조   0051 답· A의 부분집합

0052 답· $P = \{\varnothing, \{1\}, \{2\}, \{1, 2\}\}$

0053 답· 4   0054 답· 참   0055 답· 거짓   0056 답· 참

0057 답· 2   0058 답· $\varnothing, \{1\}, \{2\}, \{1, 2\}$

0059 답· 4   0060 답· 3   0061 답· 3

0062 답· $\varnothing, \{1\}, \{2\}, \{3\}, \{1, 2\}, \{1, 3\}, \{2, 3\}, \{1, 2, 3\}$

0063 답· 8   0064 답· 7   0065 답· 8   0066 답· 32

0067 답· $\varnothing, \{2\}, \{3\}, \{2, 3\}$ 0068 답· 4

0069 답· $\varnothing, \{1\}$ 0070 답· 2

0071 답· $\{b, e\}, \{a, b, e\}, \{b, c, e\}, \{b, d, e\}, \{a, b, c, e\},$
      $\{a, b, d, e\}, \{b, c, d, e\}, \{a, b, c, d, e\}$

0072 답· 8

0073 답· $\{a, c, e\}, \{a, b, c, e\}, \{a, c, d, e\}, \{a, b, c, d, e\}$

0074 답· 4

문제 Trendy

0075 답· ③   0076 답· ②   0077 답· ②   0078 답· ⑤

0079 답· ②   0080 답· ③   0081 답· ①   0082 답· ③

0083 답· ④   0084 답· ⑤   0085 답· ①   0086 답· 9

0087 답· ②   0088 답· ④   0089 답· ④   0090 답· 1

0091 답· $k \leq \dfrac{9}{4}$ 0092 답· ②   0093 답· ④

0094 답· ④   0095 답· ④   0096 답· ①   0097 답· ③

0098 답· ②   0099 답· $C = \{1, 2, 3, 4, 6\}$

0100 답· ㄱ, ㄷ, ㅁ   0101 답· ④

0102 답· ②, ③   0103 답· ④   0104 답· ②

0105 답· ③   0106 답· ①   0107 답· ④   0108 답· ①

0109 답· ④   0110 답· ②   0111 답· ④   0112 답· ⑤

0113 답· ④   0114 답· $A \subset C \subset B$

0115 답· $2 \leq a < 6, \ \beta \geq 6$ 0116 답· ③

0117 답· 4   0118 답· ④   0119 답· ⑤   0120 답· ④

0121 답· 63   0122 답· ③   0123 답· ⑤   0124 답· ①

0125 답· ②   0126 답· ②   0127 답· ④   0128 답· ④

0129 답· 8   0130 답· ④   0131 답· ⑤   0132 답· ①

0133 답· ②   0134 답· ④   0135 답· 63

0136 답· (가) 8 (나) 8 (다) 8 (라) 24

0137 답· (가) 5 (나) 3 (다) 24

0138 답· ④   0139 답· ②   0140 답· ②   0141 답· ③

0142 답· ③   0143 답· ③   0144 답· ④   0145 답· ⑤

문제 Final

0146 답· ③   0147 답· 1   0148 답· 3   0149 답· ②

0150 답· ④   0151 답· ②   0152 답· ③   0153 답· ①

0154 답· ④   0155 답· ⑤   0156 답· ③   0157 답· 8

0158 답· ⑤   0159 답· 32   0160 답· 512   0161 답· 36

Basic

0162 탑· $A \cup B = \{a, c, e, r, o\}$, $A \cap B = \{a, e\}$

0163 탑· $A \cup B = \{1, 2, 3, 4, 9, 16\}$, $A \cap B = \{1, 4\}$

0164 탑· $A \cup B = \{1, 2, 3, 4, 5, 6\}$, $A \cap B = \varnothing$

0165 탑· $A \cup B = \{1, 2, 4, 8, 12, 16, 20\}$, $A \cap B = \{4\}$

0166 탑· $A \cup B \cup C = \{1, 2, 3, 4, 5, 6, 7, 8, 9, 10\}$,
$A \cap B \cap C = \{4, 5\}$

0167 탑· $A \cup B \cup C = \{-5, -3, -1, 0, 1, 2, 3, 4\}$,
$A \cap B \cap C = \varnothing$

0168 탑· $A - B = \{\beta, \gamma\}$, $B - A = \{\pi\}$

0169 탑· $A - B = \{8\}$, $B - A = \varnothing$

0170 탑· $A - B = \{6, 12, 18\}$, $B - A = \{1, 3, 5, 15\}$

0171 탑· $A^C = \{1, 5, 6\}$

0172 탑· $A^C = \{-2, -1, 0, 1\}$

0173 탑· A **0174** 탑· A **0175** 탑· A **0176** 탑· $\varnothing$

0177 탑· $\varnothing$ **0178** 탑· $\varnothing$ **0179** 탑· $\{1, 2, 3, 5, 6\}$

0180 탑· $\{1, 2, 3, 5, 6\}$ **0181** 탑· $\{2, 3, 6\}$

0182 탑· $\{2, 3, 6\}$ **0183** 탑· $\{-3, 3\}$

0184 탑· $\{-3, 3\}$ **0185** 탑· $\{-3, -2, 0, 2, 3\}$

0186 탑· $\{-3, -2, 0, 2, 3\}$ **0187** 탑· $\{2, 3, 4, 7, 8, 9\}$

0188 탑· $\{4, 8\}$ **0189** 탑· $\{1, 2, 6, 9\}$

0190 탑· $\{2, 9\}$ **0191** 탑· $\{1, 6\}$

0192 탑· $\{1, 2, 3, 6, 7, 9\}$ **0193** 탑· $\{2, 4\}$

0194 탑· $\{2, 4\}$ **0195** 탑· $\{1, 3, 5\}$

0196 탑· $\varnothing$ **0197** 탑· $\{1, 2, 3, 4, 5\}$

0198 탑· $\{1, 2, 3, 4, 5\}$ **0199** 탑· $\varnothing$

0200 탑· A **0201** 탑· $\varnothing$ **0202** 탑· U **0203** 탑· A^C

0204 탑· $\varnothing$ **0205** 탑· U **0206** 탑· $\{7, 9\}$

0207 탑· $\{7, 9\}$ **0208** 탑· $\{7, 9\}$

0209 탑· $\{7, 9\}$ **0210** 탑· $\varnothing$

0211 탑· $\{-1, 0, 1\}$ **0212** 탑· $\{-3, 2, 3\}$

0213 탑·

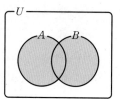

0214 탑· $B \subset A$

0215 탑· $\{0, 1, 2\}$ **0216** 탑· $\{-2, -1, 0, 1, 2\}$

0217 탑· $\{-2, -1\}$ **0218** 탑· $\varnothing$

0219 탑· $\{-3, 3\}$ **0220** 탑· $\{-3, -2, -1, 3\}$

0221 탑· $A^C \subset B^C$ **0222** 탑· $\varnothing$

0223 탑· B **0224** 탑· A **0225** 탑· $\varnothing$ **0226** 탑· $\subset$

0227 탑·

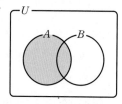

0228 탑· $A \cup B$

0229 탑·

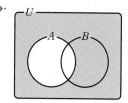

0230 탑· A

0231 탑·

0232 탑· A^C **0233** 탑· 14   **0234** 탑· 11   **0235** 탑· 15

0236 탑· 17   **0237** 탑· 8   **0238** 탑· 해설 참조

0239 탑· 해설 참조   **0240** 탑· 해설 참조

0241 탑· 해설 참조

Trendy

0242 탑· ③   **0243** 탑· ③   **0244** 탑· ②   **0245** 탑· ③

0246 탑· ①   **0247** 탑· ③   **0248** 탑· ②   **0249** 탑· ④

0250 탑· ③   **0251** 탑· ②   **0252** 탑· ②   **0253** 탑· ①

0254 탑· ①   **0255** 탑· 10   **0256** 탑· 16   **0257** 탑· ⑤

0258 탑· ③   **0259** 탑· $\{2, 5\}$

0260 탑· $\{0, 2, 8, 10\}$ **0261** 탑· ⑤   **0262** 탑· ②

0263 탑· ①   **0264** 탑· ①   **0265** 탑· ③   **0266** 탑· 7

0267 탑· ②   **0268** 탑· ①   **0269** 탑· ①

0270 탑· ㄴ, ㄷ, ㄹ   **0271** 탑· ②   **0272** 탑· ⑤

0273 탑· (가) ∪ (나) A (다) A

0274 탑· (가) ∩ (나) U (다) $A \cup B$

0275 탑· ②   **0276** 탑· ④   **0277** 탑· ⑤   **0278** 탑· 16

0279 탑· $\{b, d\}$ **0280** 탑· ①   **0281** 탑· ③

0282 답·④　**0283** 답·16　**0284** 답·⑤　**0285** 답·21

0286 답·③　**0287** 답·②　**0288** 답·②, ⑤

0289 답·④　**0290** 답·ㄱ, ㄴ, ㅁ　　**0291** 답·⑤

0292 답·③　**0293** 답·18　**0294** 답·④　**0295** 답·⑤

0296 답·②　**0297** 답·17　**0298** 답·5　**0299** 답·③

0300 답·③　**0301** 답·③　**0302** 답·①　**0303** 답·2

0304 답·4　**0305** 답·③　**0306** 답·②　**0307** 답·④

0308 답·②　**0309** 답·4　**0310** 답·⑤　**0311** 답·②

0312 답·87　**0313** 답·75　**0314** 답·⑤　**0315** 답·85

문제 C.O.D.I Final

0316 답·(1) {2, 6}　(2) {1, 3}

0317 답·⑤　**0318** 답·②　**0319** 답·④　**0320** 답·①

0321 답·②　**0322** 답·③　**0323** 답·④

0324 답·②, ④　　　**0325** 답·①　**0326** 답·24

0327 답·6　**0328** 답·②　**0329** 답·30

03 명제

I. 집합과 명제
p.58 ~ p.85

문제 C.O.D.I Basic

0330 답·×　**0331** 답·참　**0332** 답·×　**0333** 답·×

0334 답·거짓　　　**0335** 답·참　**0336** 답·×

0337 답·참　**0338** 답·×　**0339** 답·{1, 2, 5, 10}

0340 답·{−4, 4}　　**0341** 답·×　**0342** 답·{2}

0343 답·{$a\,|-1\le a\le 3$, a는 실수}

0344 답·{1, 3, 6, 9}　**0345** 답·{−2, 2, 3}

0346 답·{$x\,|\,0<x<4$, x는 실수}

0347 답·{2, 3, 4, 6, 8, 9, 10, 12, 14, 15, 16, 18, 20}

0348 답·{3, 9}　　　**0349** 답·{−2}

0350 답·{$x\,|\,2<x<3$, x는 실수}

0351 답·{6, 12, 18}　**0352** 답·거짓

0353 답·참　**0354** 답·참　**0355** 답·거짓

0356 답·i는 허수이다, 참

0357 답·π는 3보다 작거나 같다, 거짓

0358 답·~p: x는 홀수이다, $P^C=\{1, 3, 5, 7, \cdots\}$

0359 답·~p: $x\le 2$, $P^C=\{x\,|\,x\le 2$, x는 실수$\}$

0360 답·~p: $x<-1$, $P^C=\{x\,|\,x<-1$, x는 실수$\}$

0361 답·~p: $x\ge 3$, $P^C=\{x\,|\,x\ge 3$, x는 실수$\}$

0362 답·~p: $x\ne 2$, $P^C=\{x\,|\,x\ne 2$, x는 실수$\}$

0363 답·~p: $x=3$, $P^C=\{3\}$

0364 답·국어를 공부하지 않고 수학도 공부하지 않는다.

0365 답·수필을 읽지 않거나 소설을 읽지 않는다.

0366 답·$1\le x<2$　　　**0367** 답·$-2<x\le 5$

0368 답·$x<-3$ 또는 $x>3$　**0369** 답·$x\le 0$ 또는 $x\ge 1$

0370 답·{1, 2, 5, 7, 10, 11, 13, 14, 17, 19}

0371 답·x는 3의 배수가 아니고 4의 배수도 아니다,
　　$P^C\cap Q^C=\{1, 2, 5, 7, 10, 11, 13, 14, 17, 19\}$

0372 답·{$x\,|\,x\ne 12$인 20 이하의 자연수}

0373 답·x는 3의 배수가 아니거나 4의 배수가 아니다,
　　$P^C\cup Q^C=(P\cap Q)^C$
　　　　　$=\{x\,|\,x\ne 12$인 20 이하의 자연수$\}$

0374 답·어떤 소수는 짝수이다, 참

0375 답·어떤 자연수는 양수가 아니다, 거짓

0376 답·모든 자연수의 양의 약수는 1개가 아니다, 거짓

0377 답·모든 실수 x에 대하여 $x^2\ge 0$이다, 참

0378 답·가정, 결론　　**0379** 답·⊂

0380 답·⊃　　　　　**0381** 답·⊄

0382 답·거짓　　　　**0383** 답·참

0384 답·참

0385 답·역: 6의 배수이면 3의 배수이다, 참
　　대우: 6의 배수가 아니면 3의 배수가 아니다, 거짓

0386 답·역: $a=0$ 또는 $b=0$이면 $ab=0$이다, 참
　　대우: $a\ne 0$이고 $b\ne 0$이면 $ab\ne 0$이다, 참

0387 답·역: 홀수이면 소수이다, 거짓
　　대우: 짝수이면 소수가 아니다, 거짓

0388 답·역: 평행사변형이면 마름모이다, 거짓
　　대우: 평행사변형이 아니면 마름모가 아니다, 참

0389 답·해설 참조　　**0390** 답·필요, 충분

0391 답·필요, 충분　　**0392** 답·필요충분, 필요충분

0393 답·충분, 필요　　**0394** 답·필요, 충분

0395 답·필요충분, 필요충분　**0396** 답·필요, 충분

0397 답·필요충분, 필요충분　**0398** 답·충분, 필요

0399 답·○　**0400** 답·×　**0401** 답·○　**0402** 답·○

0403 답·×　**0404** 답·×　**0405** 답·○　**0406** 답·○

Trendy

0407 ⊕·④　　0408 ⊕·③, ⑤

0409 ⊕·ㄱ, ㄴ　　0410 ⊕·①

0411 ⊕·③　　0412 ⊕·$P \cup Q$

0413 ⊕·$P \cap Q$　　0414 ⊕·③

0415 ⊕·③　　0416 ⊕·⑤

0417 ⊕·②　　0418 ⊕·②

0419 ⊕·②　　0420 ⊕·①

0421 ⊕·②　　0422 ⊕·②, ⑤

0423 ⊕·⑤　　0424 ⊕·④

0425 ⊕·③　　0426 ⊕·④

0427 ⊕·③　　0428 ⊕·$\alpha \leq 3$

0429 ⊕·③　　0430 ⊕·②

0431 ⊕·④　　0432 ⊕·③

0433 ⊕·①　　0434 ⊕·⑤

0435 ⊕·⑤　　0436 ⊕·ㄱ, ㄹ

0437 ⊕·해설 참조　　0438 ⊕·⑤

0439 ⊕·②, ③　　0440 ⊕·①

0441 ⊕·$-2 < a < 0$　　0442 ⊕·①

0443 ⊕·해설 참조　　0444 ⊕·②

0445 ⊕·충분조건　　0446 ⊕·④

0447 ⊕·ㄴ, ㄷ, ㅁ　　0448 ⊕·③

0449 ⊕·④　　0450 ⊕·①

0451 ⊕·③　　0452 ⊕·③

0453 ⊕·③　　0454 ⊕·①

0455 ⊕·③　　0456 ⊕·-1

0457 ⊕·④　　0458 ⊕·①

0459 ⊕·필요조건　　0460 ⊕·ㄱ, ㄹ, ㅁ, ㅂ

0461 ⊕·⑤　　0462 ⊕·필요조건

0463 ⊕·②

Final

0464 ⊕·거짓

0465 ⊕·$a \neq 0$이고 $b \neq 0$이고 $c \neq 0$

0466 ⊕·③　0467 ⊕·①　0468 ⊕·⑤

0469 ⊕·해설 참조

0470 ⊕·$1 \leq x^2 \leq 4$이면 $1 \leq x \leq 2$이다.

0471 ⊕·③　0472 ⊕·④　0473 ⊕·④　0474 ⊕·④

0475 ⊕·64　0476 ⊕·③　0477 ⊕·①　0478 ⊕·④

04 간접증명법과 절대부등식

Basic

0479 ⊕·증명

0480 ⊕·대우증명법 또는 대우법

0481 ⊕·부정, 귀류법　　0482 ⊕·해설 참조

0483 ⊕·해설 참조　　0484 ⊕·해설 참조

0485 ⊕·해설 참조　　0486 ⊕·$(a-b)^2$

0487 ⊕·$|ab|$　　0488 ⊕·$a=0$이고 $b=0$

0489 ⊕·$a=0$이고 $b=0$이고 $c=0$

0490 ⊕·$x=2$이고 $y=-1$

0491 ⊕·해설 참조　　0492 ⊕·해설 참조

0493 ⊕·해설 참조　　0494 ⊕·해설 참조

0495 ⊕·해설 참조　　0496 ⊕·해설 참조

0497 ⊕·$\geq$　　0498 ⊕·$<$

0499 ⊕·$\geq$, $a=0$이고 $b=0$　　0500 ⊕·$\geq$, $a=0$이고 $b=0$

0501 ⊕·$\leq$　0502 ⊕·$\geq$　0503 ⊕·$\leq$, $ab \geq 0$

0504 ⊕·○　0505 ⊕·×　0506 ⊕·○　0507 ⊕·×

0508 ⊕·○　0509 ⊕·×　0510 ⊕·○

0511 ⊕·해설 참조　　0512 ⊕·해설 참조

0513 ⊕·8　0514 ⊕·12　0515 ⊕·2　0516 ⊕·2

0517 ⊕·4　0518 ⊕·12　0519 ⊕·1　0520 ⊕·1

0521 ⊕·4　0522 ⊕·5

0523 ⊕·최댓값: 4, 최솟값: -4

Trendy

0524 ⊕·(가) $3m \pm 1$　(나) $3m^2 \pm 2m$

0525 ⊕·(가) $a>0$이고 $b>0$이면 $a+b>0$이다.　(나) 양수　(다) 양수

0526 ⊕·$2ab+a+b$　　0527 ⊕·해설 참조

0528 ⊕·해설 참조　　0529 ⊕·해설 참조

0530 ⊕·③　0531 ⊕·(가) 실수 (나) $<$ (다) $\geq$ (라) 허수

0532 ⊕·⑤　0533 ⊕·$xy-x+6 > x+3y$

0534 ⊕·$\sqrt{a+b} \leq \sqrt{a}+\sqrt{b}$　0535 ⊕·⑤

0536 ⊕·$4a^2b^2 \leq (a^2+b^2)^2$

0537 ⊕·(가) $(a-b)^2+(b-c)^2+(c-a)^2$　(나) $a=b=c$

0538 ⊕·해설 참조　　0539 ⊕·⑤

0540 ⊕·$k \geq 8$　0541 ⊕·④　0542 ⊕·⑤

0543 ⊕·③　0544 ⊕·②　0545 ⊕·④　0546 ⊕·②

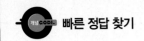
0547 답·③ 0548 답·4 0549 답·④ 0550 답·⑤

0551 답·③ 0552 답·③ 0553 답·⑤ 0554 답·$\frac{75}{2}$

0555 답·④ 0556 답·③ 0557 답·① 0558 답·②

0559 답·④ 0560 답·③

 Final

0561 답·(가) $a\neq0$ (나) $b=0$ (다) $a=0$ (라) $b\neq0$ (마) $a\neq0$ (바) $b\neq0$

0562 답·$ab\leq a^2+b^2$

0563 답·③ 0564 답·④ 0565 답·③

0566 답·$\frac{64}{17}$

05 함수 (1): 여러 가지 함수
Ⅱ. 함수
p.112 ~ p.129

Basic

0567 답·× 0568 답·× 0569 답·○ 0570 답·○

0571 답·정의역: $\{\alpha, \beta, \gamma, \delta\}$, 공역: $\{1, 2, 3, 4, 5\}$, 치역: $\{2, 3, 5\}$

0572 답·정의역: $\{-2, -1, 1, 2\}$, 공역: $\{-1, 0, 1\}$, 치역: $\{-1, 0, 1\}$

0573 답·정의역: $\{x|x는 실수\}$, 공역: $\{y|y는 실수\}$, 치역: $\{y|y는 실수\}$

0574 답·정의역: $\{x|x는 실수\}$, 공역: $\{y|y는 실수\}$, 치역: $\{y|y\geq-1\}$

0575 답·$f=g$ 0576 답·$f\neq g$

0577 답·$f=g$

0578 답·정의역: $\{-2, -1, 0, 1, 2, 3, 4\}$, 치역: $\{1, 2, 3\}$

0579 답·정의역: $\{1, 2, 3\}$, 치역: $\{0\}$

0580 답·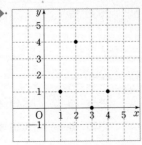

0581 답·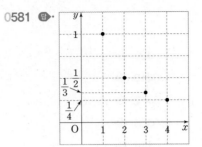

0582 답·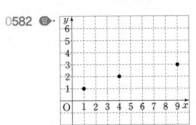

0583 답·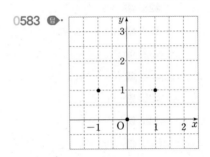

0584 답·× 0585 답·○ 0586 답·× 0587 답·×

0588 답·8 0589 답·0 0590 답·1 0591 답·4

0592 답·3 0593 답·1 0594 답·항등함수

0595 답·$y=x$ 0596 답·상수함수

0597 답·상수함수   0598 답·$\neq$, $\neq$

0599 답·$=$, 일대일대응

0600 답·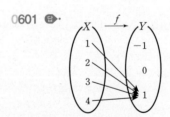

0601 답·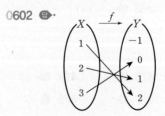

0603 답·

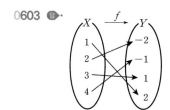

0604 답·y축 **0605** 답·원점

0606 답·$f(x)=f(-x)$ **0607** 답·$g(x)=-g(-x)$

0608 답·일대일대응 **0609** 답·일대일대응

0610 답·우함수 **0611** 답·상수함수

0612 답·일대일함수 **0613** 답·항등함수

0614 답·해설 참조 **0615** 답·해설 참조

문제 C.O.D.I **Trendy**

0616 답·② **0617** 답·① **0618** 답·⑤ **0619** 답·8

0620 답·① **0621** 답·③ **0622** 답·③ **0623** 답·⑤

0624 답·② **0625** 답·⑤ **0626** 답·(1) 10 (2) 10

0627 답·(가) 1 (나) 3 (다) 5 (라) 4 (마) 7 **0628** 답·2

0629 답·3 **0630** 답·14 **0631** 답·④, ⑤

0632 답·④ **0633** 답·④ **0634** 답·②, ⑤

0635 답·④ **0636** 답·① **0637** 답·⑤ **0638** 답·⑤

0639 답·② **0640** 답·② **0641** 답·③ **0642** 답·7

0643 답·(가) 2 (나) a^2-4a (다) 5 **0644** 답·①

0645 답·③ **0646** 답·10 **0647** 답·36 **0648** 답·①

0649 답·③ **0650** 답·⑤ **0651** 답·-1

문제 C.O.D.I **Final**

0652 답·④ **0653** 답·25 **0654** 답·③ **0655** 답·④

0656 답·② **0657** 답·1 **0658** 답·④ **0659** 답·④

06 함수 (2): 합성함수와 역함수

II. 함수

p.130 ~ p.155

문제 C.O.D.I **Basic**

0660 답·합성함수, $g \circ f$ **0661** 답·합성함수, $f \circ g$

0662 답·$g(0)$ **0663** 답·$f(3)$

0664 답·$g(x)$ **0665** 답·$f(x)$

0666 답·0 **0667** 답·-2 **0668** 답·-1 **0669** 답·0

0670 답·-2 **0671** 답·0 **0672** 답·1 **0673** 답·9

0674 답·10 **0675** 답·-3 **0676** 답·5

0677 답·$(f \circ g)(x)=2x^2+1$

0678 답·$(g \circ f)(x)=4x^2-4x+2$

0679 답·$(f \circ f)(x)=4x-3$

0680 답·$(g \circ g)(x)=x^4+2x^2+2$

0681 답·8 **0682** 답·$\dfrac{25}{2}$ **0683** 답·$\neq$ **0684** 답·$=$

0685 답·교환 **0686** 답·$(f \circ g) \circ h, f \circ (g \circ h)$

0687 답·결합 **0688** 답·역대응, 역함수, f^{-1}

0689 답·일대일대응 **0690** 답·a, b **0691** 답·3

0692 답·0 **0693** 답·5 **0694** 답·1 **0695** 답·0

0696 답·3 **0697** 답·$\dfrac{1}{2}$ **0698** 답·$y=\dfrac{1}{2}x+\dfrac{1}{2}$

0699 답·$y=\dfrac{1}{4}x+\dfrac{1}{2}$

0700 답·$f^{-1}(x)=-\dfrac{3}{2}x+6$

0701 답·정의역: $\{-3, 1, 4\}$, 치역: $\{1, 3, 5\}$

0702 답·정의역: $\{x | x \leq 3\}$, 치역: $\{y | y \geq 1\}$

0703 답·정의역: $\{x | 1 \leq x \leq 6\}$, 치역: $\{y | -3 \leq y \leq 2\}$

0704 답·정의역: $\{x | x > 0\}$, 치역: $\{y | y$는 모든 실수$\}$

0705 답·$y=x$ **0706** 답·a, a

0707 답·f **0708** 답·$f^{-1}f, I$

0709 답·$f^{-1}(x), g^{-1}(x)$ **0710** 답·$g^{-1}f^{-1}$

0711 답·$h^{-1} \circ g^{-1} \circ f^{-1}$ **0712** 답·5

0713 답·1 **0714** 답·1 **0715** 답·1

0716 답·

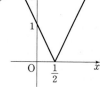

0717 답·

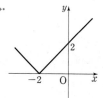

0718 답·

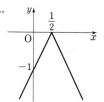

0719 답·

0720 답·

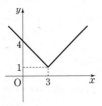

0721 답·

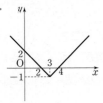

0722 답·

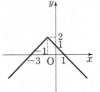

0723 답·

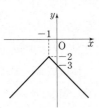

0724 답·

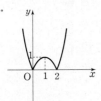

0725 답·

0726 답·

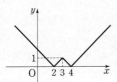

0727 답·

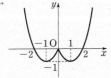

0728 답·

문제 C.O.D.I ② **Trendy**

0729 답·③	0730 답·③	0731 답·⑤	0732 답·④
0733 답·⑤	0734 답·-8	0735 답·⑤	0736 답·⑤
0737 답·⑤	0738 답·③	0739 답·⑤	0740 답·⑤
0741 답·⑨	0742 답·④	0743 답·①	0744 답·①
0745 답·해설 참조		0746 답·②	0747 답·③
0748 답·①	0749 답·④	0750 답·④	0751 답·②
0752 답·⑤	0753 답·④	0754 답·④	0755 답·-1

0756 답·(가) $\dfrac{1}{3}h(x)+1$ (나) $3g(x)-3$ **0757** 답·②

0758 답·④	0759 답·⑤	0760 답·6	0761 답·⑤
0762 답·129	0763 답·①	0764 답·③	0765 답·10
0766 답·③	0767 답·①	0768 답·③	0769 답·②
0770 답·해설 참조		0771 답·⑤	

0772 답·(가) $-2x+4$ (나) 2 (다) $2x-4$ (라) 2   **0773** 답·④

문제 C.O.D.I ③ **Final**

0774 답·③	0775 답·②	0776 답·⑤	0777 답·30
0778 답·④	0779 답·④	0780 답·2	0781 답·②
0782 답·7	0783 답·①	0784 답·⑤	

0785 답·해설 참조

07 유리식과 유리함수

Ⅱ. 함수

p.156 ~ p.185

문제 C.O.D.I ① **Basic**

| 0786 답·분수식 | 0787 답·다항식 |

0788 답·다항식

0789 답·다항식도, 분수식도 아니다.

| 0790 답·분수식 | 0791 답·다항식 |

0792 답 · 1   0793 답 · $\dfrac{10}{3}$ 0794 답 · $\dfrac{2}{15}$

0795 답 · 해설 참조   0796 답 · 해설 참조

0797 답 · 해설 참조   0798 답 · $\dfrac{x+1}{x^2+x+1}$

0799 답 · $x-1$ 0800 답 · $\dfrac{3}{x+1}$

0801 답 · $\dfrac{2x^2-2x+1}{x(x-1)}$

0802 답 · $\dfrac{1}{(x+1)(x+2)(x-3)}$

0803 답 · $\dfrac{2}{x+2}$ 0804 답 · $\dfrac{2(3a+1)}{3a-1}$

0805 답 · $\dfrac{2(x+2)}{x^2+1}$ 0806 답 · 2   0807 답 · 5

0808 답 · 1, 6   0809 답 · $1+\dfrac{2}{x-1}$

0810 답 · $1-\dfrac{2}{x+1}$ 0811 답 · $2+\dfrac{2}{2x-1}$

0812 답 · $x+\dfrac{2}{x-3}$ 0813 답 · $\dfrac{1}{x}-\dfrac{1}{x+1}$

0814 답 · $\dfrac{1}{2}\left(\dfrac{1}{x}-\dfrac{1}{x+2}\right)$ 0815 답 · $\dfrac{1}{x}-\dfrac{1}{x+2}$

0816 답 · $2\left(\dfrac{1}{2x-1}-\dfrac{1}{2x+1}\right)$

0817 답 · $\dfrac{16(x-4)}{(x-1)(x-3)(x-5)(x-7)}$

0818 답 · $\dfrac{2(x^2+3x+3)}{x(x+1)(x+2)(x+3)}$

0819 답 · $\dfrac{6}{(2x-1)(2x+5)}$

0820 답 · $\dfrac{4}{x(x+4)}$ 0821 답 · $\dfrac{5}{6}$

0822 답 · 정의역: $\{x\,|\,x\neq0$인 실수$\}$, 치역: $\{y\,|\,y\neq0$인 실수$\}$
0823 답 · 정의역: $\{x\,|\,x\neq0$인 실수$\}$, 치역: $\{y\,|\,y\neq0$인 실수$\}$
0824 답 · 정의역: $\{x\,|\,x\neq0$인 실수$\}$, 치역: $\{y\,|\,y\neq-1$인 실수$\}$
0825 답 · 정의역: $\{x\,|\,x\neq-1$인 실수$\}$, 치역: $\{y\,|\,y\neq0$인 실수$\}$
0826 답 · 정의역: $\{x\,|\,x\neq2$인 실수$\}$, 치역: $\{y\,|\,y\neq-2$인 실수$\}$
0827 답 · 정의역: $\left\{x\,\middle|\,x\neq\dfrac{3}{2}$인 실수$\right\}$, 치역: $\{y\,|\,y\neq3$인 실수$\}$

0828 답 · 해설 참조   0829 답 · 해설 참조

0830 답 · 해설 참조   0831 답 · $y=-\dfrac{3}{x+1}+1$

0832 답 · $y=-\dfrac{2}{x-2}-1$ 0833 답 · $y=\dfrac{3}{x-1}+3$

0834 답 · $y=-\dfrac{9}{x+4}+2$ 0835 답 · $y=\dfrac{\frac{3}{2}}{x}+\dfrac{1}{2}$

0836 답 · 점 $(0,\,0)$과 두 직선 $y=x$, $y=-x$에 대하여 대칭
0837 답 · 점 $(0,\,-1)$과 두 직선 $y=x-1$, $y=-x-1$에 대하여 대칭
0838 답 · 점 $(2,\,0)$과 두 직선 $y=x-2$, $y=-x+2$에 대하여 대칭
0839 답 · 점 $(-1,\,-3)$과 두 직선 $y=x-2$, $y=-x-4$에 대하여 대칭
0840 답 · 점 $(-1,\,-2)$와 두 직선 $y=x-1$, $y=-x-3$에 대하여 대칭
0841 답 · 점 $(4,\,-3)$과 두 직선 $y=x-7$, $y=-x+1$에 대하여 대칭

0842 답 · $y=\dfrac{1}{x}$ 0843 답 · $y=-\dfrac{5}{x}$

0844 답 · $y=\dfrac{3x+2}{x}$ 0845 답 · $y=\dfrac{-2}{x-1}$

0846 답 · $y=\dfrac{-2x+3}{x-1}$ 0847 답 · $y=\dfrac{x+2}{x+3}$

0848 답 · 서로 다른 두 점에서 만난다.
0849 답 · 접한다.(한 점에서 만난다.)
0850 답 · 만나지 않는다.

문제 C.O.D.I ② Trendy

0851 답 · $\dfrac{64x}{(x^4-4)(x^4+4)}$ 0852 답 · ③

0853 답 · $\dfrac{x^2+2x+4}{(x-1)(x+2)}$ 0854 답 · ①   0855 답 · ⑤

0856 답 · ②   0857 답 · ⑤   0858 답 · $\dfrac{-x+1}{x-2}$

0859 답 · $-\dfrac{x-1}{x+3}$ 0860 답 · ④   0861 답 · ③

0862 답 · ②   0863 답 · ②   0864 답 · $\dfrac{6}{x(x+6)}$

0865 답 · ②   0866 답 · $\dfrac{10}{21}$ 0867 답 · ④   0868 답 · ②

0869 답 · 10   0870 답 · ①   0871 답 · ③

0872 답 · (가) $b+c$ (나) $a+c$ (다) $a+b$ (라) $-(b+c)$ (마) $-(a+c)$ (바) $-(a+b)$

0873 답 · -6 0874 답 · ②   0875 답 · ③

0876 답 · (가) b (나) $3b$ (다) 1 (라) 3 (마) 9   0877 답 · 2

0878 답 · ③   0879 답 · ④   0880 답 · ①   0881 답 · ②

0882 답 · ②   0883 답 · ⑤   0884 답 · ④   0885 답 · ④

0886 답 · 6   0887 답 · ①   0888 답 · 제3사분면

0889 답 · ③   0890 답 · ③   0891 답 · ②   0892 답 · ⑤

0893 답 · -2 0894 답 · ④   0895 답 · ④   0896 답 · ①

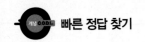

0897 답· -4 0898 답· 최댓값: -1, 최솟값: $-\dfrac{5}{3}$

0899 답· 최댓값: 4, 최솟값: 1 0900 답· -7 0901 답· $\sqrt{2}$

0902 답· 2 0903 답· ② 0904 답· 16 0905 답· 0

문제 C.O.D.I Final

0906 답· $\dfrac{4}{(3n-1)(3n+11)}$ 0907 답· ②

0908 답· ① 0909 답· ④ 0910 답· ③ 0911 답· ⑤

0912 답· -1 0913 답· ④ 0914 답· ② 0915 답· 3

0916 답· $2\sqrt{2}$ 0917 답· ③ 0918 답· $\dfrac{1}{100}$

0919 답· $-2\leq k\leq 10$ 0920 답· ④

08 무리식과 무리함수
II. 함수
p.186 ~ p.205

문제 C.O.D.I Basic

0921 답· $x\geq -5$ 0922 답· $x\leq 2$

0923 답· $x>-5$ 0924 답· $x<2$

0925 답· 모든 실수 0926 답· $x\neq 3$인 모든 실수

0927 답· $x\geq 2$ 0928 답· $-3\leq x\leq 1$

0929 답· $-2x+1$ 0930 답· 1

0931 답· $2x-1$ 0932 답· $2a-1$

0933 답· $(x+5)\sqrt{x}$ 0934 답· $2x+1+2\sqrt{x^2+x}$

0935 답· $a+b-2\sqrt{ab}$ 0936 답· 1

0937 답· $a-b$ 0938 답· $(x-1)\sqrt{2x+1}$

0939 답· $\dfrac{\sqrt{a}-\sqrt{b}}{a-b}$ 0940 답· $\dfrac{\sqrt{a}+\sqrt{b}}{a-b}$

0941 답· $\dfrac{a+b-2\sqrt{ab}}{a-b}$ 0942 답· $\sqrt{x+1}+\sqrt{x}$

0943 답· $x-\sqrt{x^2-x}$ 0944 답· 해설 참조

0945 답· 해설 참조 0946 답· 해설 참조

0947 답· 해설 참조 0948 답· $y=\sqrt{2x-2}+3$

0949 답· $y=\sqrt{-x-3}+1$ 0950 답· $y=\sqrt{x-1}-2$

0951 답· $y=-\sqrt{x-2}$ 0952 답· $y=-\sqrt{2x-2}+3$

0953 답· 만나지 않는다. 0954 답· 한 점에서 만난다.

0955 답· 두 점에서 만난다. 0956 답· $y=-x^2 \ (x\geq 0)$

0957 답· $y=(x-1)^2+2 \ (x\geq 1)$

0958 답· $y=-(x-1)^2+3 \ (x\leq 1)$

문제 C.O.D.I Trendy

0959 답· ① 0960 답· ③ 0961 답· ③

0962 답· $k\geq 8$ 0963 답· $x+\sqrt{x^2-1}$

0964 답· ② 0965 답· $-\sqrt{x}+\sqrt{x+3}$ 0966 답· ④

0967 답· ② 0968 답· ① 0969 답· $\dfrac{3\sqrt{2}}{2}$

0970 답· ⑤ 0971 답· $\{y|y\geq -3\}$ 0972 답· ③

0973 답· ④ 0974 답· ② 0975 답· ⑤

0976 답· $y=-2\sqrt{-x+3}-1$ 0977 답· ④

0978 답· $\sqrt{5}+3$ 0979 답· ③ 0980 답· ②

0981 답· ㄹ 0982 답· ③ 0983 답· $-4<a<0$

0984 답· ④ 0985 답· ④ 0986 답· ⑤ 0987 답· 1

0988 답· ① 0989 답· 4 0990 답· ① 0991 답· 17

0992 답· ④ 0993 답· ④ 0994 답· ① 0995 답· ③

0996 답· ③ 0997 답· ④ 0998 답· $\dfrac{3\sqrt{2}}{2}$

0999 답· ③ 1000 답· ④

문제 C.O.D.I Final

1001 답· ⑤ 1002 답· $k\geq -\dfrac{6}{5}$ 1003 답· 15

1004 답· $\dfrac{3\sqrt{2}}{2}$ 1005 답· ③ 1006 답· ⑤

1007 답· ② 1008 답· ① 1009 답· ② 1010 답· ③

1011 답· ② 1012 답· ④

09 순열
III. 경우의 수
p.208 ~ p.233

문제 C.O.D.I Basic

1013 답· 5 1014 답· 25 1015 답· 20 1016 답· 5

1017 답· 3 1018 답· 4 1019 답· 12 1020 답· 8

1021 답· 15

1022 답· 지불 방법의 수: 19, 지불 금액의 수: 19

1023 답· 지불 방법의 수: 20, 지불 금액의 수: 16

1024 답· 9 1025 답· 44 1026 답· 48 1027 답· 84

1028 답▶210 1029 답▶380 1030 답▶120 1031 답▶1

1032 답▶24 1033 답▶1 1034 답▶$\dfrac{6!}{4!}$

1035 답▶$\dfrac{8!}{4!}$ 1036 답▶$\dfrac{7!}{4!}$ 1037 답▶$\dfrac{n!}{(n-r)!}$

1038 답▶24 1039 답▶60 1040 답▶12 1041 답▶720

1042 답▶72 1043 답▶144 1044 답▶576 1045 답▶204

1046 답▶48 1047 답▶36 1048 답▶72 1049 답▶72

Trendy

1050 답▶6 1051 답▶16 1052 답▶④ 1053 답▶9

1054 답▶② 1055 답▶72 1056 답▶25 1057 답▶0

1058 답▶① 1059 답▶⑤ 1060 답▶23 1061 답▶④

1062 답▶① 1063 답▶45 1064 답▶44 1065 답▶④

1066 답▶③ 1067 답▶1040 1068 답▶⑤

1069 답▶② 1070 답▶① 1071 답▶16 1072 답▶162

1073 답▶② 1074 답▶④ 1075 답▶25 1076 답▶144

1077 답▶⑤ 1078 답▶④ 1079 답▶② 1080 답▶①

1081 답▶480 1082 답▶① 1083 답▶576

1084 답▶(가) 6 (나) 4 (다) 3 (라) 24 (마) 144

1085 답▶1440 1086 답▶⑤ 1087 답▶②

1088 답▶② 1089 답▶① 1090 답▶192 1091 답▶②

1092 답▶480 1093 답▶576 1094 답▶684 1095 답▶4

1096 답▶② 1097 답▶④ 1098 답▶216 1099 답▶①

1100 답▶③ 1101 답▶120

Final

1102 답▶② 1103 답▶② 1104 답▶④ 1105 답▶18

1106 답▶④ 1107 답▶③ 1108 답▶24 1109 답▶720

1110 답▶③ 1111 답▶480 1112 답▶② 1113 답▶64

1114 답▶72 1115 답▶24

10 조합

III. 경우의 수 p.234 ~ p.255

Basic

1116 답▶조합, $_n\mathrm{C}_r$ 1117 답▶$_n\mathrm{C}_r$, r

1118 답▶$\dfrac{_n\mathrm{P}_r}{r!}$

1119 답▶$\dfrac{n!}{(n-r)! \times r!}$

1120 답▶10 1121 답▶10 1122 답▶7 1123 답▶6

1124 답▶15 1125 답▶20 1126 답▶35 1127 답▶35

1128 답▶28 1129 답▶84 1130 답▶1 1131 답▶1

1132 답▶21 1133 답▶16 1134 답▶해설 참조

1135 답▶해설 참조 1136 답▶해설 참조

1137 답▶24 1138 답▶11 1139 답▶6 1140 답▶3

1141 답▶2 1142 답▶5 1143 답▶3 1144 답▶2

1145 답▶5 1146 답▶10 1147 답▶15 1148 답▶1

1149 답▶18 1150 답▶0 1151 답▶5 1152 답▶14

1153 답▶54 1154 답▶해설 참조 1155 답▶10

1156 답▶20 1157 답▶0 1158 답▶48 1159 답▶36

1160 답▶45 1161 답▶216 1162 답▶120 1163 답▶20

1164 답▶20 1165 답▶15 1166 답▶10 1167 답▶15

1168 답▶15 1169 답▶90 1170 답▶315

Trendy

1171 답▶720, 120 1172 답▶② 1173 답▶③

1174 답▶④ 1175 답▶① 1176 답▶(가) 10 (나) 50 (다) 60

1177 답▶② 1178 답▶③ 1179 답▶③ 1180 답▶45

1181 답▶⑤ 1182 답▶③ 1183 답▶③ 1184 답▶58

1185 답▶① 1186 답▶105 1187 답▶24 1188 답▶⑤

1189 답▶④ 1190 답▶42 1191 답▶③ 1192 답▶50

1193 답▶③ 1194 답▶① 1195 답▶⑤ 1196 답▶①

1197 답▶840 1198 답▶⑤ 1199 답▶60 1200 답▶①

1201 답▶1080 1202 답▶4 1203 답▶①

1204 답▶② 1205 답▶70 1206 답▶①

1207 답▶126 1208 답▶② 1209 답▶180

Final

1210 답▶④ 1211 답▶③ 1212 답▶② 1213 답▶49

1214 답▶126

1215 답▶(가) 7 (나) 7 (다) 6 (라) 49 (마) 15 (바) 64

1216 답▶④ 1217 답▶③ 1218 답▶② 1219 답▶④

1220 답▶④

01 집합

I. 집합과 명제
p.8 ~ p.33

Basic

0001 답· 명확

0002 답· 원소

0003 답· $\in$

0004 답· $\not\in$

0005 답· 원소나열법

0006 답· 조건제시법

0007 답· ○

'1보다 작다.'라는 조건이 명확하므로 집합이다. 단 이 조건을 만족하는 원소가 존재하지 않으므로 이 집합은 공집합($\varnothing$)이다.

0008 답· ×

'가깝다.'는 사람마다 생각하는 기준이 다르므로 명확한 조건이 될 수 없다.
따라서 집합이 아니다.

0009 답· ○

50과의 차가 3 미만인 수는 48, 49, 50, 51, 52이다. 대상을 정확히 구분할 수 있으므로 집합이다.

0010 답· ○

국적이 대한민국인 사람들을 정확히 구분할 수 있으므로 집합이다.

0011 답· ×

'체력이 강하다.'는 기준은 사람마다 다르다. 조건이 명확하지 않기 때문에 집합이 아니다.

0012 답· $\in$

0013 답· $\not\in$

0014 답· $\in$

0015 답· $\not\in$

0016 답· $\in$

집합 B를 원소나열법으로 나타내면 $B=\{a, e, i, o, u\}$이므로 a는 B의 원소이다.

0017 답· $\not\in$

알파벳 o는 집합 A의 원소가 아니다.

0018 답· $\in$

0019 답· $\in$

0020 답· $\{-4, -2, -1, 1, 2, 4\}$

참고

고등학교 수학에서는 음의 정수도 약수로 간주한다.

(i) 6의 약수: $-6, -3, -2, -1, 1, 2, 3, 6$

(ii) 6의 양의 약수: $1, 2, 3, 6$

0021 답· $\{1, 2, 3, 4, 5\}$

0022 답· $\{8, 16, 24, 32, 40, 48\}$

0023 답· $\{x \mid x$는 10의 양의 약수$\}$

0024 답· $\{x \mid x$는 10 이하의 소수$\}$

0025 답· $\{x \mid -1 \leq x \leq 1,\ x$는 정수$\}$

다른풀이

다음과 같이 조건을 제시할 수도 있다.
$\{x \mid |x| \leq 1,\ x$는 정수$\}$
또는 $\{x \mid -2 < x < 2,\ x$는 정수$\}$

0026 답· 유한집합

$\varnothing$ 기호 한 개를 원소로 갖는 유한집합이다.

0027 답· 유한집합

원소의 개수가 5인 유한집합이다.

0028 답· 무한집합

0과 1 사이에 무수히 많은 실수가 존재하므로 원소의 개수를 셀 수 없는 무한집합이다.

0029 답· 공집합

0 이상의 음수는 존재하지 않는다. 따라서 원소가 없는 공집합이다.

0030 답· 0

공집합의 원소의 개수는 0이다.

0031 답· 3

0032 답· 12

$72 = 2^3 \times 3^2$이므로 72의 양의 약수의 개수는
$4 \times 3 = 12$이고, $n(A) = 12$이다.

0033 답· 모든 원소, 부분집합

0034 답· $\subset$

0035 답· $=$

0036 답· 진부분집합

0037 답· 벤다이어그램

0038 답· $\in$

0039 답· $\not\subset$

0040 답· $\in$

0041 답· $\subset$

0042 답· $\subset$

공집합은 모든 집합의 부분집합이다.

0043 답· ⊄

{∅}의 원소 ∅가 집합 {−1, 1}의 원소가 아니므로 부분집합이 아니다.

0044 답· ⊂

0045 답· ⊂

공집합은 모든 집합의 부분집합이므로 공집합 자신의 부분집합이기도 하다.

0046 답·

0047 답·

0048 답· ∅, {1}, {3}, {5}, {1, 3}, {1, 5}, {3, 5}, {1, 3, 5}

0049 답· ∅, {a}, {b}, {c}, {a, b}, {a, c}, {b, c}

0050 답· 해설 참조

원소의 개수에 따라 차례로 구해 보자.

원소 0개: ∅

원소 1개: {1}, {2}, {3}, {4}

원소 2개: {1, 2}, {1, 3}, {1, 4}, {2, 3}, {2, 4}, {3, 4}

원소 3개: {1, 2, 3}, {1, 2, 4}, {1, 3, 4}, {2, 3, 4}

원소 4개: {1, 2, 3, 4}

0051 답· A의 부분집합

0052 답· $P=\{∅, \{1\}, \{2\}, \{1, 2\}\}$

0053 답· 4

0054 답· 참

기호 ∅이 집합 P의 원소이므로 참이다.

0055 답· 거짓

집합 P의 원소 중 1은 없으므로 거짓이다.

0056 답· 참

집합 {∅}의 원소 ∅가 집합 P의 원소이므로 부분집합 관계이다.

0057 답· 2

0058 답· ∅, {1}, {2}, {1, 2}

0059 답· 4

A의 원소의 개수가 2이므로 부분집합의 개수는 $2^2=4$

0060 답· 3

(진부분집합의 개수)=(전체 부분집합의 개수)−1이므로

$4-1=3$

0061 답· 3

0062 답· ∅, {1}, {2}, {3}, {1, 2}, {1, 3}, {2, 3}, {1, 2, 3}

0063 답· 8

$2^3=8$

0064 답· 7

$8-1=7$

0065 답· 8

$n(P)=3$이므로 부분집합의 개수는 $2^3=8$

0066 답· 32

$2^5=32$

0067 답· ∅, {2}, {3}, {2, 3}

0068 답· 4

1을 포함하지 않는 부분집합은 집합 B의 원소 중 1을 제외한 2, 3을 원소로 갖는 집합의 부분집합의 개수이므로

$2^{3-1}=2^2=4$

0069 답· ∅, {1}

0070 답· 2

2, 3을 포함하지 않는 부분집합은 집합 B의 원소 중 2, 3을 제외한 1을 원소로 갖는 집합의 부분집합의 개수이므로

$2^{3-2}=2^1=2$

0071 답· {b, e}, {a, b, e}, {b, c, e}, {b, d, e}, {a, b, c, e}, {a, b, d, e}, {b, c, d, e}, {a, b, c, d, e}

0072 답· 8

$2^{5-2}=8$

0073 답· {a, c, e}, {a, b, c, e}, {a, c, d, e}, {a, b, c, d, e}

0074 답· 4

$2^{5-3}=4$

문제 C.O.D.I Trendy

0075 답· ③

①, ② 대도시의 기준이 명확하지 않다.

③ 우리나라는 대한민국을 뜻하고 섬은 대륙이나 본토와 떨어진 바다로 둘러싸인 땅을 의미하므로 기준이 명확하여 대상을 정확히 구분할 수 있다. 따라서 집합이다.

④ '귀엽다.'라는 기준이 사람에 따라 다르므로 올바른 조건이 아니다.

⑤ 키가 크다는 의미의 '장신'은 명확한 기준이 아니다.

0076 답· ②

② 최상위권의 기준이 명확하지 않으므로 집합이 될 수 없다.

0077 답· ②

• 집합인 것: 2개

㈐ 방정식이 서로 다른 두 허근을 갖는다. 따라서 조건을 만족하는 대상이 없어 공집합이 된다.

㈐ 주어진 식은 항등식이므로 모든 복소수에 대하여 성립한다. 따라서 원소가 무수히 많은 무한집합이다.

• 집합이 아닌 것 : 3개

㈎, ㈐의 '작다.'라는 조건은 명확하지 않다.

㈑ x가 어떤 수인지 알 수 없기 때문에 대상을 구분할 수 없다.

따라서 $m=2$, $n=3$이므로 $m-n=-1$

0078 답·⑤

'10과 가까운'이라는 조건은 불명확하므로 대상을 정확히 구분할 수 있는 조건으로 바꿔야 한다.

보기 중 명확한 조건은 ⑤이다.

0079 답·②

② $\sqrt{2.25}=\sqrt{(1.5)^2}=1.5$이므로 무리수가 아니다.

0080 답·③

① 123은 4의 배수가 아니므로 B의 원소가 아니다. (거짓)

② 72는 3의 배수이므로 A의 원소이다. (거짓)

③ 90315는 3의 배수이므로 A의 원소이다. (참)

④ 52728은 4의 배수이므로 B의 원소이다. (거짓)

⑤ 5200은 3의 배수가 아니므로 A의 원소가 아니다. (거짓)

> **참고**
>
> **배수 판정법**
>
> (ⅰ) 3의 배수 판정법
>
> 각 자릿수의 합이 3의 배수이면 그 수는 3의 배수이다.
>
> 예 90315 → 9+0+3+1+5=18로 각 자릿수의 합이 3의 배수, 즉 3의 배수이다.
>
> (ⅱ) 9의 배수 판정법
>
> 각 자릿수의 합이 9의 배수이면 그 수는 9의 배수이다.
>
> 예 72 → 7+2=9로 각 자릿수의 합이 9의 배수, 즉 9의 배수이다.
>
> (ⅲ) 4의 배수 판정법
>
> 끝 두 자릿수(십의 자리와 일의 자리)가 4의 배수이면 그 수는 4의 배수이다.
>
> 예 52728 → 끝 두 자릿수가 28로 4의 배수, 즉 4의 배수이다.

0081 답·①

$10=2\times5$이므로 10과 서로소인 수는 2의 배수도 아니고 5의 배수도 아닌 수이므로 1, 3, 7, 9, 11, … 등의 수이다. 보기에서 옳지 않은 것은 ①이다.

0082 답·③

① 8은 12의 약수가 아니므로 A_{12}의 원소가 아니다. (거짓)

② 15는 15의 약수이므로 A_{15}의 원소이다. (거짓)

③ 어떤 자연수이든 1을 약수로 갖기 때문에 k가 어떤 값이든 집합 A_k는 1을 원소로 갖는다. (참)

④ 18은 36의 약수이므로 A_{36}의 원소이다. (거짓)

⑤ 15는 100의 약수가 아니므로 A_{100}의 원소가 아니다. (거짓)

0083 답·④

③ 대한민국 국적자들은 대상이 많다고 생각할 수 있지만 그 대상을 셀 수 있으므로 유한집합이다. (참)

④ 0보다 크고 1보다 작은 범위에 있는 실수는 무수히 많다. 따라서 이 집합은 무한집합이다. (거짓)

0084 답·⑤

특정 범위 내의 유리수, 무리수, 실수는 무수히 많기 때문에 무한집합이 된다.

ㄷ. $-2<x<2$인 자연수는 1뿐이므로 유한집합이다.

ㄹ. $-2<x<2$인 정수는 -1, 0, 1로 유한개이다.

0085 답·①

① 0과 1 사이의 실수는 무수히 많아 셀 수 없으므로 이를 원소로 갖는 집합은 무한집합이다.

0086 답·9

$f(x)=x^2-mx+4$라 하면 다음 그림과 같이 이차함수의 그래프가 x축과 접하거나 만나지 않아야 부등식 $f(x)\leq0$의 해가 유한개가 된다.

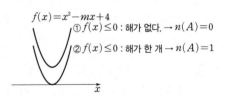

따라서 x축과의 교점이 0개이거나 1개이므로

$D=(-m)^2-4\cdot1\cdot4\leq0$에서 $-4\leq m\leq4$이고

이때 정수는 -4, -3, -2, -1, 0, 1, 2, 3, 4의 9개이다.

> **보충학습**
>
> 서로 다른 두 실수 α, $\beta\,(\alpha<\beta)$에 대하여 부등식 $\alpha<x<\beta$, $\alpha\leq x\leq\beta$를 만족하는 실수 x는 무수히 많다. 예를 들어 $0.001<x<0.002$와 같이 차이가 0.001인 비교적 좁은 범위 안에서도 실수 x는 무수히 많다. 따라서 부등식을 만족하는 실수를 원소로 갖는 집합은 보통 무한집합이 된다.

0087 답·②

(ⅰ) 집합 A의 원소는 20 이하의 홀수이므로 $n(A)=10$

(ⅱ) 집합 B를 원소나열법으로 나타내면 $B=\{2, 6, 10, 14\}$이므로 $n(B)=4$

(ⅲ) 집합 C를 원소나열법으로 나타내면

$C=\{2, 3, 5, 7, 11, 13, 17, 19\}$이므로 $n(C)=8$

$\therefore n(A)+n(B)-n(C)=6$

0088 답·④

두 집합 A, B를 원소나열법으로 나타내면
$A=\{-6, -3, -2, -1, 1, 2, 3, 6\}$, $B=\{1, 2, 3, 6\}$
이므로 $n(A)-n(B)=8-4=4$

0089 답·④

조건의 부등식을 정리하면 $|x-1|\leq2$에서
$-2\leq x-1\leq2$, 즉 $-1\leq x\leq3$이므로 집합 A를 원소나열법으로 나타내면 $A=\{-1, 0, 1, 2, 3\}$
$\therefore n(A)=5$

0090 답·1

(i) $n(\varnothing)$는 공집합($\varnothing$)의 원소의 개수를 뜻한다.

  공집합의 원소의 개수는 0이므로 $n(\varnothing)=0$

(ii) $n(\{\varnothing\})$는 집합 $\{\varnothing\}$의 원소의 개수를 뜻한다.

  이 집합의 원소는 $\varnothing$ 하나이므로 $n(\{\varnothing\})=1$

$\therefore n(\varnothing)+n(\{\varnothing\})=1$

0091 답·$k\leq\dfrac{9}{4}$

삼차방정식 $(x-1)(x^2-3x+k)=0$을 두 부분으로 나누어 생각하면

$x-1=0$ ···㉠

$x^2-3x+k=0$ ···㉡

일차방정식 ㉠의 해는 $x=1$로 실수이고 이차방정식 ㉡은 k의 값에 따라 실근이 되기도, 허근이 되기도 한다.

이때 집합 A는 실근, 허근을 모두 원소로 갖고 집합 B는 실근만을 원소로 갖는다.

즉, 이차방정식 ㉡이 실근을 가질 때 $n(A)=n(B)$가 성립한다.

따라서 $D=(-3)^2-4k\geq0$에서 $k\leq\dfrac{9}{4}$

0092 답·②

조건제시법으로 표시된 집합을 원소나열법으로 나타내면

② $\{3, 5, 7, 9, 11\}$

③ $\{1, 3, 5, 7, 9\}$

④ $\{1, 3, 5, 7, 9\}$

⑤ $\{1, 3, 5, 7, 9\}$

따라서 나머지 넷과 다른 집합은 ②이다.

0093 답·④

-2와 2가 원소가 되어야 하므로 $x^2=k$의 두 근이 -2, 2이다.

$\therefore k=4$

0094 답·④

집합 B의 범위 안의 정수가 -2, -1, 0, 1만 존재해야 한다. 따라서 부등식 $(x+2)(x-k)\leq0$의 해는 세 가지 경우로 생각할 수 있다.

(i) $k=-2$일 때

  $(x+2)^2\leq0$이므로 $x=-2$이고 B의 원소는 -2뿐이다.
  따라서 $A=B$가 성립할 수 없다.

(ii) $k<-2$일 때

  조건을 만족하는 부등식의 해는 $k\leq x\leq-2$이므로 이 범위 내에 -1, 0, 1이 존재하지 않는다.

(iii) $k>-2$일 때

  조건을 만족하는 부등식의 해는 $-2\leq x\leq k$이므로 이 범위 내에 -2, -1, 0, 1이 존재하도록 수직선에 나타내면 다음과 같다.

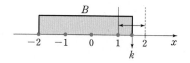

  이를 만족하는 k는 $1\leq k<2$이고 이 중 정수는 1이다.

0095 답·④

0094번에서 조건을 만족하는 k의 값의 범위는 $1\leq k<2$이므로 $\alpha=1$, $\beta=2$

$\therefore \alpha+\beta=3$

0096 답·①

주어진 집합의 원소의 형태는 $\dfrac{x}{3}$이고 x에 1부터 6을 대입하면 원소가 되므로 원소나열법으로 나타내면

$\left\{\dfrac{1}{3}, \dfrac{2}{3}, 1, \dfrac{4}{3}, \dfrac{5}{3}, 2\right\}$이고 모든 원소의 합은 7이다.

0097 답·③

집합 B를 해석해 보자.

원소의 형태는 $\sqrt{a}$이고, 근호 안에 A의 원소 1, 2, 3, 4를 대입하면 되므로 $B=\{1, \sqrt{2}, \sqrt{3}, 2\}$이다.

이 중 자연수의 합은 $1+2=3$

0098 답·②

집합 B는 집합 A의 원소 두 개를 더한 값을 원소로 갖는다. 다음과 같이 표를 만들어 원소를 빠짐없이 구하면 된다.

a╲b	-1	0	1	2
-1	-2	-1	0	1
0	-1	0	1	2
1	0	1	2	3
2	1	2	3	4

따라서 $B=\{-2, -1, 0, 1, 2, 3, 4\}$이므로 $n(B)=7$

0099 답·$C=\{1, 2, 3, 4, 6\}$

집합 C는 집합 A의 원소 하나와 집합 B의 원소 하나를 선택하여 곱한 값 중 정수를 원소로 갖는다.

표를 이용해 원소를 정확히 구해 보자.

a\b	2	4	6
$\dfrac{1}{3}$	$\dfrac{2}{3}$	$\dfrac{4}{3}$	2
$\dfrac{1}{2}$	1	2	3
1	2	4	6

$\therefore C=\{1, 2, 3, 4, 6\}$

0100 답 · ㄱ, ㄷ, ㅁ

ㄱ. -1은 A의 원소이다. (참)

ㄴ. 집합 A와 B의 원소의 개수와 종류가 다르므로 $A \neq B$
이다. (거짓)

ㄷ. 집합 A의 모든 원소가 B에 속하므로 A는 B의 부분집
합이다. (참)

ㄹ. A는 집합 B의 원소가 아니다. (거짓)

ㅁ. 2는 A의 원소가 아니다. (참)

ㅂ. 1은 B의 원소이다. (거짓)

0101 답 · ④

주어진 집합은 삼차방정식의 해를 원소로 갖는다.

따라서 우선 방정식의 해를 구한다.

$4x^3+12x^2-x-3=0$에서

$(x+3)(2x+1)(2x-1)=0$

$\therefore x=-3, -\dfrac{1}{2}, \dfrac{1}{2}$

즉, 원소나열법으로 나타내면 $\left\{-3, -\dfrac{1}{2}, \dfrac{1}{2}\right\}$이다.

④ 집합 $\left\{-3, \dfrac{1}{3}\right\}$의 원소 중 $\dfrac{1}{3}$이 주어진 집합에 속하지

않으므로 이 집합은 부분집합이 아니다.

0102 답 · ②, ③

(i) 어떤 집합이 다른 집합의 부분집합이면 벤다이어그램에
서 그 집합이 다른 집합의 영역 내부에 존재해야 한다. 주
어진 벤다이어그램에서 집합 B의 영역 안에 C가 들어가
있으므로 $C \subset B$가 성립한다.

(ii) A와 B, A와 C는 한 집합의 영역에 다른 집합이 포함되
지 않으므로 부분집합의 관계가 아니다.

$\therefore C \not\subset A$

0103 답 · ④

$A=\{1, 2, 3, 6\}$이므로 집합 B가 A의 부분집합이 되려면
A의 원소의 약수를 원소로 가져야 한다.

(i) $k=1$: $B=\{1\}$, $B \subset A$

(ii) $k=2$: $B=\{1, 2\}$, $B \subset A$

(iii) $k=3$: $B=\{1, 3\}$, $B \subset A$

따라서 모든 k의 값의 합은 $1+2+3=6$

($k=6$일 때 $A=B$이므로 조건에 맞지 않는다.)

0104 답 · ②

주어진 집합의 원소는 $\varnothing$, $\{1\}$, $\{2\}$, $\{1, 2\}$이다.

따라서 집합의 원소가 아닌 것은 ② 1이다.

0105 답 · ③

주어진 집합의 원소인 $\varnothing$, $\{1\}$, $\{2\}$, $\{1, 2\}$ 이외의 원소를
갖는 집합은 부분집합이 아니다.

③ 집합 $\{1\}$의 원소 1은 주어진 집합의 원소가 아니므로 이
집합은 $\{\varnothing, \{1\}, \{2\}, \{1, 2\}\}$의 부분집합이 아니다.

0106 답 · ①

집합 P의 원소는 1, $\{1, 2\}$, $\{3\}$, 4의 네 개이다.

① $\{1, 2\}$의 원소 중 2는 집합 P의 원소가 아니므로
$\{1, 2\} \not\subset P$이다.

② $1 \in P$, ④ $\{3\} \in P$는 모두 참이다.

③ $\{1\}$의 원소 1이 집합 P의 원소이므로 $\{1\} \subset P$는 참이다.

⑤ $\{\{1, 2\}, 4\}$의 원소 $\{1, 2\}$와 4가 모두 집합 P의 원소이
므로 $\{\{1, 2\}, 4\} \subset P$가 성립한다.

0107 답 · ④

집합 P의 원소는 $\varnothing$, $\{\varnothing\}$, $\{a, b\}$의 세 개이다.

$\varnothing$와 $\{a, b\}$는 집합 P의 원소이므로 ①, ⑤는 참이다.

② $\varnothing$은 모든 집합의 부분집합이므로 참이다.

③ $\{\varnothing\}$의 원소 $\varnothing$가 P의 원소이므로 $\{\varnothing\} \subset P$는 참이다.

0108 답 · ①

$A \subset B$이면 집합 A의 모든 원소가 B에 속해야 한다.

따라서 A의 원소 a가 B의 원소 중 하나와 일치해야 하므로
$a=5$ 또는 $a=7$이다.

따라서 최댓값과 최솟값의 차는 $7-5=2$

0109 답 · ②

$A \subset B$이므로 A의 모든 원소가 B에 속한다.

(i) $2=2a$, 즉 $a=1$일 때

$A=\{1, 2\}$, $B=\{1, 1, 2\}=\{1, 2\}$이므로

$n(A)<n(B)$를 만족하지 않는다.

(ii) $a=2$일 때

$A=\{1, 2\}$, $B=\{1, 2, 4\}$이므로 $A \subset B \subset C$와

$n(A)<n(B)<n(C)$를 모두 만족한다.

(i), (ii)에서 $a=2$

0110 답 · ②

$A \subset B$이므로 A의 모든 원소가 B에 속하고 A의 원소인 2
가 B의 원소가 된다.

(i) $a=2$일 때

$A=\{2, 4\}$, $B=\{1, 2, 4\}$이므로 $A \subset B$가 성립한다.

(ii) $a+2=2$, 즉 $a=0$일 때

$A=\{0, 2\}$, $B=\{0, 1, 2\}$이므로 포함 관계이지만 a가
자연수가 아니므로 알맞은 답이 아니다.

(i), (ii)에서 $a=2$

0111 답·④

A의 원소 중 최소는 p, 최대는 $p+4$이므로 조건을 만족시키기 위한 p의 값의 범위를 구해 보자.

$2\leq p$, $p+4\leq 8$에서 $2\leq p\leq 4$

B의 원소가 자연수이므로 A의 원소도 자연수이다.

$\therefore p=2, 3, 4$

따라서 모든 p의 값의 합은

$2+3+4=9$

0112 답·⑤

$A\subset B$이므로 A의 원소의 범위가 B의 원소의 범위에 포함되어야 한다.

따라서 $k\leq 5$이므로 k의 최댓값은 5이다.

0113 답·④

주어진 포함 관계를 만족하기 위해서는 그림과 같은 조건을 만족해야 한다.

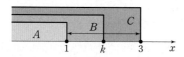

따라서 $1\leq k\leq 3$이므로 최솟값은 1, 최댓값은 3이고

그 합은 $1+3=4$

0114 답·$A\subset C\subset B$

$A=\{x|-2<x<2\}$

$B=\{x|(x+2)(x-3)\leq 0\}=\{x|-2\leq x\leq 3\}$

$C=\{x|(x+2)(x-2)\leq 0\}=\{x|-2\leq x\leq 2\}$

이므로 이를 수직선에 나타내면 포함 관계를 알 수 있다.

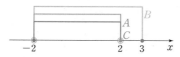

$\therefore A\subset C\subset B$

0115 답·$2\leq a<6$, $\beta\geq 6$

$A\subset B$이므로 수직선에 포함 관계를 나타내면 다음과 같다.

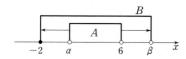

$\therefore \beta\geq 6$, $2\leq a<6$

(A는 공집합이 아니므로 부등식의 해가 존재해야 한다.)

(ⅰ) 부등식 $a<x<b$의 해

• $a<b$: 해는 범위 안의 실수이므로 무수히 많다.

• $a=b$: 부등식 $a<x<a$를 만족하는 수는 없다.

• $a>b$: 조건을 만족하는 수는 없다.

   예 $4<x<1$: 4보다 크면서 1보다 작은 수는 존재
      하지 않는다.

(ⅱ) 부등식 $a\leq x\leq b$

• $a<b$: 해는 범위 안의 실수이므로 무수히 많다.

• $a=b$: 부등식 $a\leq x\leq a$의 해는 $x=a$

• $a>b$: 조건을 만족하는 수는 없다.

0116 답·③

문제의 조건에 의하여 $A=B$이므로 두 집합의 원소가 모두 같아야 한다.

즉, $a=5$이고 $a+b=20$에서 $b=15$

0117 답·4

방정식 $x^3-2x-4=0$의 실근이 A의 원소이다.

$(x-2)(x^2+2x+2)=0$에서 $x=2$, $-1\pm i$이므로

$A=\{2\}$이고 집합 B도 2를 원소로 갖는다.

따라서 $\sqrt{a}=2$이므로 $a=4$

0118 답·③

이차부등식 $x^2+ax+b\geq 0$의 해가 $x\leq -1$ 또는 $x\geq 3$이므로

$x^2+ax+b=(x+1)(x-3)=x^2-2x-3$

따라서 $a=-2$, $b=-3$이므로 $ab=6$

0119 답·⑤

두 집합의 원소를 비교하여 일치하는 값을 찾는다.

(ⅰ) $a+2=2$, 즉 $a=0$일 때

   $A=\{2, -2\}$, $B=\{2, 6\}$이므로 $A\neq B$

(ⅱ) $a+2=6-a$, 즉 $a=2$일 때

   $A=\{2, 4\}$, $B=\{2, 4\}$이므로 $A=B$

(ⅰ), (ⅱ)에서 $a=2$

0120 답·④

주어진 집합의 원소의 개수는 5이므로 부분집합의 개수는

$2^5=32$

0121 답·63

주어진 집합을 원소나열법으로 나타내면

$\{-4, -3, -2, -1, 0, 1\}$이고 원소의 개수는 6이다.

따라서 진부분집합의 개수는 $2^6-1=63$

0122 답·③

부분집합의 개수가 32이면 집합 A의 원소의 개수가 5이다.

즉, 2^m은 약수의 개수가 5인 수이다.

따라서 $m+1=5$이므로 $m=4$

0123 답·⑤

집합 $P(A)$는 공집합을 제외한 집합 A의 부분집합을 원소로 갖는다. 즉,

($P(A)$의 원소의 개수)=(A의 부분집합의 개수-1)

이므로 $n(A)=m$이라 하면

$n(P(A))=2^m-1=511$, $2^m=512=2^9$

$\therefore m=9$

0124 답 ① ①

A의 원소 5개 중에서 1, 5 두 개를 모두 포함하는 부분집합의 개수는 $2^{5-2}=2^3$

∴ $m=3$

0125 답 ② ②

1부터 10까지의 자연수 중 4와 서로소인 수는 짝수 5개를 제외한 1, 3, 5, 7, 9이다.

따라서 이 수들로 이루어진 부분집합의 개수는

$2^{10-5}=2^5=32$

0126 답 ① ①

주어진 집합의 부분집합 중 9의 배수 9, 18을 모두 포함하고 12의 배수 12, 24를 포함하지 않는 부분집합의 개수는

$2^{8-2-2}=2^4=16$

0127 답 ④ ④

$n(A)=2n$이므로 조건을 만족하는 부분집합의 개수는

$2^{2n-n-2}=64=2^6$에서 $n-2=6$, $n=8$

∴ $n(A)=16$

0128 답 ② ②

집합 X는 $\{1, 2, 3, 4, 5\}$의 부분집합 중에서 원소 1, 2, 3을 모두 포함하는 집합이다.

따라서 X의 개수는 $2^{5-3}=4$

0129 답 8

$A=\{1, 2, 4\}$, $B=\{1, 2, 3, 4, 6, 12\}$이므로 집합 X의 개수는 $2^{6-3}=8$

0130 답 ④ ④

두 집합 A, B를 원소나열법으로 나타내면

$A=\{-3, 2\}$, $B=\{-3, -2, -1, 0, 1, 2\}$이므로 조건을 만족하는 집합 X의 개수는 $2^{6-2}=16$

0131 답 ⑤ ⑤

$n(A)=m$이라 하면 $A \subset X \subset B$인 집합 X의 개수는

$2^{7-m}=8=2^3$이므로 $7-m=3$

∴ $m=4$

따라서 A의 진부분집합의 개수는 $2^4-1=15$

0132 답 ① ①

$A=\{1, 3, 5, 15\}$, 즉 $n(A)=4$이므로 A의 진부분집합의 개수는 $2^4-1=15$

0133 답 ② ②

A의 부분집합 중 원소 1, 2를 모두 갖는 부분집합의 개수는 $2^{5-2}=8$이고, 이 중에는 A 자신도 포함되어 있으므로 이를 제외한 7개가 진부분집합이다.

0134 답 ④ ④

$2^{6-2}=16$

(특정 원소가 빠진 부분집합들은 자기 자신이 될 수 없으므로 모두 진부분집합이다.)

0135 답 63

집합 A의 원소 x는 $\dfrac{18}{x}$을 자연수가 되게 하는 수이므로 18의 양의 약수이다.

따라서 $A=\{1, 2, 3, 6, 9, 18\}$이고 진부분집합의 개수는

$2^6-1=63$

0136 답 (가) 8 (나) 8 (다) 8 (라) 24

조건을 만족하는 부분집합을 X라 하면 적어도 하나의 모음을 갖는 경우는 다음 세 가지이다.

① $a \in X$이고 $e \notin X$

② $a \notin X$이고 $e \in X$

③ $a \in X$이고 $e \in X$

조건 ①을 만족하는 X의 개수는 $2^{5-1-1}=$ (가) 8

조건 ②를 만족하는 X의 개수는 $2^{5-1-1}=$ (나) 8

조건 ③을 만족하는 X의 개수는 $2^{5-2}=$ (다) 8

이므로 적어도 하나의 모음을 원소로 갖는 X의 개수는 ①, ②, ③ 세 경우의 수를 더한 값인 (라) 24 이다.

0137 답 (가) 5 (나) 3 (다) 24

$\{a, b, c, d, e\}$의 부분집합 중에서 모음 a, e를 하나도 원소로 갖지 않는 집합을 제외하면 적어도 하나의 모음을 갖는 집합이 남는다. 즉,

(전체 부분집합의 개수)

−(모음을 원소로 갖지 않는 부분집합의 개수)

=(적어도 하나의 모음을 원소로 갖는 부분집합의 수)

이므로

$2^{(가) 5}-2^{(나) 3}=$ (다) 24

0138 답 ④ ④

A의 부분집합의 개수에서 홀수 1, 3, 5를 하나도 포함하지 않는 부분집합의 개수를 빼면 적어도 하나의 홀수를 원소를 갖는 부분집합의 개수를 구할 수 있으므로

$2^5-2^2=28$

0139 답 ② ②

문제를 풀기 전 **실전 C.O.D.I 05**를 공부하여 정리하기를 권한다.

집합 $\{1, 3\}$의 부분집합의 모든 원소의 합은

$(1+3) \times 2^{2-1}=4 \times 2=8$

0140 답 ② ②

한 집합의 부분집합들의 모든 원소의 합은

(한 집합의 원소의 총합)$\times 2^{집합의 원소의 개수-1}$

이므로 $A=\{a_1, a_2, \cdots, a_n\}$의 모든 부분집합들의 원소의 합은 $(\boxed{(가) a_1+a_2+\cdots+a_n}) \times 2^{\boxed{(나) n-1}}$이다.

0141 답· ③

$(2+4+6+8) \times 2^{4-1} = 20 \times 8 = 160$

0142 답· ③

$(1+2+3+\cdots+10) \times 2^9 = 55 \times 2^9$

0143 답· ③

- 1이 최소 원소인 부분집합의 개수: $2^{4-1} = 8$
- 2가 최소 원소인 부분집합의 개수: $2^{4-2} = 4$
- 3이 최소 원소인 부분집합의 개수: $2^{4-3} = 2$
- 4가 최소 원소인 부분집합의 개수: $2^{4-4} = 1$

따라서 각 부분집합의 최소 원소들의 합은

$1 \times 8 + 2 \times 4 + 3 \times 2 + 4 \times 1 = 26$

0144 답· ④

- 1이 최소 원소인 부분집합의 개수: $2^{5-1} = 16$
- 2가 최소 원소인 부분집합의 개수: $2^{5-2} = 8$
- 3이 최소 원소인 부분집합의 개수: $2^{5-3} = 4$
- 4가 최소 원소인 부분집합의 개수: $2^{5-4} = 2$
- 5가 최소 원소인 부분집합의 개수: $2^{5-5} = 1$

$\therefore a_1 + a_2 + a_3 + \cdots + a_{31}$
$= 1 \times 16 + 2 \times 8 + 3 \times 4 + 4 \times 2 + 5 \times 1 = 57$

0145 답· ⑤

집합의 원소의 수가 작으므로 직접 구해서 원리를 확인해 보자.

최대 원소를 기준으로 구분해서 나열하면

- 가장 큰 원소가 1인 경우: {1} → 1개

  1은 반드시 속하고 1보다 큰 3, 5는 속하지 않는 부분집합
  의 개수이므로 $2^{3-3} = 1$

- 가장 큰 원소가 3인 경우: {3}, {1, 3} → 2개

  3은 반드시 속하고 3보다 큰 5는 속하지 않는 부분집합의
  개수이므로 $2^{3-2} = 2$

- 가장 큰 원소가 5인 경우:

  {5}, {1, 5}, {3, 5}, {1, 3, 5} → 4개

  5는 반드시 속하는 부분집합의 개수이므로 $2^{3-1} = 4$

따라서 7개 집합의 최대 원소의 합은

$1+3+3+5+5+5+5 = 1 \times 1 + 3 \times 2 + 5 \times 4 = 27$

(즉, (최대 원소)×(최대 원소가 포함된 부분집합의 개수)
의 총합과 같다.)

 Final

0146 답· ③

① 100은 5의 배수이다. (참)

② 28은 6의 배수가 아니다. (참)

③ $A_6 = \{6, 12, 18, 24, \cdots\}$, $A_{12} = \{12, 24, \cdots\}$

  이므로 $A_6 \not\subset A_{12}$이다. (거짓)

④ $A_8 = \{8, 16, 24, \cdots\}$, $A_3 = \{3, 6, 9, \cdots\}$

  이므로 $A_8 \not\subset A_3$이다. (참)

⑤ $A_4 = \{4, 8, 12, \cdots\}$, $A_2 = \{2, 4, 6, 8, 10, 12, \cdots\}$

  이므로 $A_4 \subset A_2$이다. (참)

0147 답· 1

2가 집합 A의 원소이므로 A의 조건을 만족하는 값이 2이다.

즉, 이차방정식 $x^2 - 4x + k = 0$의 해가 2이므로 $x = 2$를 대
입하면 $k = 4$가 된다.

따라서 $A = \{x \mid x^2 - 4x + 4 = 0\} = \{2\}$이므로

$n(A) = 1$

0148 답· 3

집합 $\{1, \{1, 2\}, \varnothing\}$의 원소는 1, $\{1, 2\}$, $\varnothing$의 세 개이다.

0149 답· ②

A의 원소는 실수이므로 A의 조건인 이차방정식이 허근을
가지면 공집합이 된다.

$\dfrac{D}{4} = a^2 - a - 2 < 0$에서 $(a+1)(a-2) < 0$

$\therefore -1 < a < 2$

따라서 구하는 정수 a는 0, 1의 두 개이다.

0150 답· ④

P가 무한집합이 되려면 조건의 이차부등식이

$\alpha < x < \beta \, (\alpha < \beta)$와 같은 범위를 가져야 한다.

즉, $D = k^2 - 4k - 12 > 0$에서 $(k+2)(k-6) > 0$

$\therefore k < -2$ 또는 $k > 6$

따라서 구하는 자연수 k의 최솟값은 7이다.

0151 답· ②

② 주어진 조건의 해는 $-1 < x < 1$이므로 정수는 존재하지
않는다.

0152 답· ③

예를 통해 A를 해석해 보자.

$m = 8$이면 $A = \{x \mid x$는 8의 양의 약수$\} = \{1, 2, 4, 8\}$이
므로 $n(A) = 4$가 되어 문제의 조건에 맞지 않는다.

따라서 10 이하의 자연수 중에서 약수가 2개인 수가 적절한
m의 값이 된다.

즉, m은 10 이하의 소수인 2, 3, 5, 7의 네 개이다.

0153 답· ①

집합 B는 A의 원소를 제곱한 수를 원소로 갖는다. 즉,

$x = -1$일 때, $x^2 = 1$

$x = 1$일 때, $x^2 = 1$(중복)

$x = 2$일 때, $x^2 = 4$

따라서 $B = \{1, 4\}$이므로 모든 원소의 합은 5이다.

0154 답·④

A가 B의 부분집합이므로 a, b는 1, 2, 3 중 하나의 값을 갖는다. 가능한 경우를 나열해 보자.

- $a=1$, $b=2$일 때, $ab=2$(최소)
- $a=1$, $b=3$일 때, $ab=3$
- $a=2$, $b=3$일 때, $ab=6$(최대)

따라서 ab의 최댓값과 최솟값의 합은

$6+2=8$

0155 답·⑤

포함 관계에 맞게 수직선을 나타내면 다음과 같다.

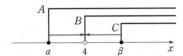

(i) $\alpha \leq 4$

$\alpha=4$일 때, $A=\{x|x\geq 4\}$, $B=\{x|x>4\}$이므로 $B \subset A$가 성립한다.

즉, 정수 α의 최댓값은 4이다.

(ii) $\beta > 4$

$\beta=4$일 때, $C=\{x|x\geq 4\}$, $B=\{x|x>4\}$이므로 $C \not\subset B$이므로 조건에 어긋난다.

즉, 정수 β의 최솟값은 5이다.

따라서 α의 최댓값과 β의 최솟값의 합은

$4+5=9$

0156 답·③

A가 B에 포함되지 않으므로 수직선에 범위를 다음과 같이 나타낼 수 있다.

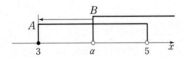

따라서 $\alpha \geq 3$이므로 α의 최솟값은 3이다.

0157 답·8

집합 A는 B의 원소 중 3과 서로소인 1, 2, 4를 원소로 갖는다.

$\therefore A=\{1, 2, 4\}$

따라서 X는 B의 부분집합 중 원소 1, 2, 4를 반드시 포함하는 부분집합이므로 그 개수는 $2^{6-3}=8$

0158 답·⑤

적어도 하나의 짝수를 원소로 갖는 부분집합의 개수는 전체 부분집합의 개수에서 짝수 원소를 하나도 갖지 않는 부분집합의 개수를 빼면 되므로

$2^{10}-2^{10-5}=2^{10}-2^5$에서 $m=10$, $n=5$

$\therefore m+n=15$

0159 답·32

집합 U의 원소 중 3의 배수는 3, 6, 9의 세 개, 4의 배수는 4, 8의 두 개이므로 조건을 만족하는 부분집합의 개수는

$2^{10-3-2}=2^5=32$

0160 답·512

$A=\{1^2, 2^2, 3^2, \cdots, 10^2\}$이므로 $n(A)=10$이고

부분집합의 모든 원소의 합은

$(1^2+2^2+3^2+\cdots+10^2)\times 2^{10-1}=385\times 512$

$\therefore k=512$

0161 답·36

- 2가 최대 원소인 부분집합의 개수: $2^{5-1}=16$
- 1이 최대 원소인 부분집합의 개수: $2^{5-2}=8$
- 0이 최대 원소인 부분집합의 개수: $2^{5-3}=4$
- -1이 최대 원소인 부분집합의 개수: $2^{5-4}=2$
- -2가 최대 원소인 부분집합의 개수: $2^{5-5}=1$

$\therefore a_1+a_2+\cdots+a_{31}$

$=2\times 16+1\times 8+0\times 4+(-1)\times 2+(-2)\times 1=36$

02 집합의 연산

 Basic

0162 답· $A \cup B = \{a, c, e, r, o\}$, $A \cap B = \{a, e\}$

0163 답· $A \cup B = \{1, 2, 3, 4, 9, 16\}$, $A \cap B = \{1, 4\}$

0164 답· $A \cup B = \{1, 2, 3, 4, 5, 6\}$, $A \cap B = \varnothing$

0165 답· $A \cup B = \{1, 2, 4, 8, 12, 16, 20\}$, $A \cap B = \{4\}$

집합 A, B를 원소나열법으로 나타내면
$A = \{1, 2, 4\}$, $B = \{4, 8, 12, 16, 20\}$

0166 답· $A \cup B \cup C = \{1, 2, 3, 4, 5, 6, 7, 8, 9, 10\}$,
$A \cap B \cap C = \{4, 5\}$

0167 답· $A \cup B \cup C = \{-5, -3, -1, 0, 1, 2, 3, 4\}$,
$A \cap B \cap C = \varnothing$

0168 답· $A - B = \{\beta, \gamma\}$, $B - A = \{\pi\}$

0169 답· $A - B = \{8\}$, $B - A = \varnothing$

0170 답· $A - B = \{6, 12, 18\}$, $B - A = \{1, 3, 5, 15\}$

0171 답· $A^c = \{1, 5, 6\}$

0172 답· $A^c = \{-2, -1, 0, 1\}$

$U = \{-2, -1, 0, 1, 2, 3, 4\}$이므로
$A^c = \{-2, -1, 0, 1\}$

0173 답· A

0174 답· A

0175 답· A

0176 답· $\varnothing$

0177 답· $\varnothing$

0178 답· $\varnothing$

0179 답· $\{1, 2, 3, 5, 6\}$

$B \cap C = \{3, 5\}$이므로 $A \cup (B \cap C) = \{1, 2, 3, 5, 6\}$

0180 답· $\{1, 2, 3, 5, 6\}$

$A \cup B = \{1, 2, 3, 4, 5, 6\}$, $A \cup C = \{1, 2, 3, 5, 6\}$이므로 $(A \cup B) \cap (A \cup C) = \{1, 2, 3, 5, 6\}$

0181 답· $\{2, 3, 6\}$

$B \cup C = \{2, 3, 4, 5, 6\}$이므로 $A \cap (B \cup C) = \{2, 3, 6\}$

0182 답· $\{2, 3, 6\}$

$A \cap B = \{2, 3\}$, $A \cap C = \{3, 6\}$이므로
$(A \cap B) \cup (A \cap C) = \{2, 3, 6\}$

0183 답· $\{-3, 3\}$

$A \cup B = \{-2, -1, 0, 1, 2\}$이므로
$(A \cup B)^c = \{-3, 3\}$

0184 답· $\{-3, 3\}$

$A^c = \{-3, 2, 3\}$, $B^c = \{-3, -2, 0, 3\}$이므로

$A^c \cap B^c = \{-3, 3\}$

0185 답· $\{-3, -2, 0, 2, 3\}$

$A \cap B = \{-1, 1\}$이므로 $(A \cap B)^c = \{-3, -2, 0, 2, 3\}$

0186 답· $\{-3, -2, 0, 2, 3\}$

$A^c = \{-3, 2, 3\}$, $B^c = \{-3, -2, 0, 3\}$이므로
$A^c \cup B^c = \{-3, -2, 0, 2, 3\}$

0187 답· $\{2, 3, 4, 7, 8, 9\}$

0188 답· $\{4, 8\}$

0189 답· $\{1, 2, 6, 9\}$

0190 답· $\{2, 9\}$

0191 답· $\{1, 6\}$

0192 답· $\{1, 2, 3, 6, 7, 9\}$

0193 답· $\{2, 4\}$

0194 답· $\{2, 4\}$

0195 답· $\{1, 3, 5\}$

0196 답· $\varnothing$

0197 답· $\{1, 2, 3, 4, 5\}$

0198 답· $\{1, 2, 3, 4, 5\}$

0199 답· $\varnothing$

0200 답· A

0201 답· $\varnothing$

0202 답· U

0203 답· A^c

0204 답· $\varnothing$

0205 답· U

0206 답· $\{7, 9\}$

0207 답· $\{7, 9\}$

0208 답· $\{7, 9\}$

0209 답· $\{7, 9\}$

0210 답· $\varnothing$

0211 답· $\{-1, 0, 1\}$

0212 답· $\{-3, 2, 3\}$

0213 답·

0214 답· $B \subset A$

0215 답· $\{0, 1, 2\}$

0216 답· $\{-2, -1, 0, 1, 2\}$

0217 답· $\{-2, -1\}$

0218 답· $\varnothing$

0219 답· $\{-3, 3\}$

0220 답· $\{-3, -2, -1, 3\}$

0221 답· $A^C \subset B^C$

0222 답· $\varnothing$

0223 답· B

0224 답· A

0225 답· $\varnothing$

0226 답· $\subset$

0227 답·

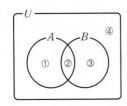

벤다이어그램의 각 부분을 번호로 나타내면 다음 그림과 같다.

$A = ①②$, $B^C = ①④$, $A \cup B^C = ①②④$이므로

$(A \cup B^C)^C = ③$, $A \cup (A \cup B^C)^C = ①②③$이고

이는 $A \cup B$를 의미한다.

0228 답· $A \cup B$

$$A \cup (A \cup B^C)^C = A \cup (A^C \cap B)$$
$$= (A \cup A^C) \cap (A \cup B)$$
$$= U \cap (A \cup B)$$
$$= A \cup B$$

0229 답·

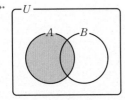

벤다이어그램의 각 부분을 번호로 나타내면 다음 그림과 같다.

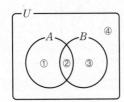

$A - B = ①$, $A \cap B = ②$이므로

$(A - B) \cup (A \cap B) = ①②$이고 이는 A를 의미한다.

0230 답· A

$$(A - B) \cup (A \cap B) = (A \cap B^C) \cup (A \cap B)$$

$$= A \cap (B^C \cup B)$$
$$= A \cap U$$
$$= A$$

0231 답·

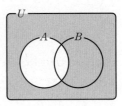

벤다이어그램의 각 부분을 번호로 나타내면 다음 그림과 같다.

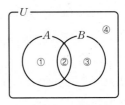

$A^C \cap B = B - A = ③$, $(A \cup B)^C = ④$이므로

$(A^C \cap B) \cup (A \cup B)^C = ③④$이고 이는 A^C을 의미한다.

0232 답· A^C

$$(A^C \cap B) \cup (A \cup B)^C = (A^C \cap B) \cup (A^C \cap B^C)$$
$$= A^C \cap (B \cup B^C)$$
$$= A^C \cup U$$
$$= A^C$$

0233 답· 14

$$n(A \cup B) = n(A) + n(B) - n(A \cap B)$$
$$= 10 + 10 - 6 = 14$$

0234 답· 11

$$n(A \cup B) = n(A) + n(B) - n(A \cap B)$$
$$= 6 + 11 - 6 = 11$$

0235 답· 15

A, B가 서로소이면 $A \cap B = \varnothing$이고 $n(A \cap B) = 0$이므로

$$n(A \cup B) = n(A) + n(B) = 7 + 8 = 15$$

0236 답· 17

$$n(A \cup B \cup C)$$
$$= n(A) + n(B) + n(C) - n(A \cap B) - n(B \cap C)$$
$$\quad - n(C \cap A) + n(A \cap B \cap C)$$
$$= 7 + 9 + 9 - 2 - 4 - 3 + 1 = 17$$

0237 답· 8

$A \cap C = \varnothing$이므로 $A \cap B \cap C = \varnothing$이다.

따라서 $n(A \cap C) = 0$, $n(A \cap B \cap C) = 0$이므로

$$n(A \cup B \cup C)$$
$$= n(A) + n(B) + n(C) - n(A \cap B) - n(B \cap C)$$
$$\quad - n(C \cap A) + n(A \cap B \cap C)$$
$$= 5 + 4 + 2 - 2 - 1 - 0 + 0 = 8$$

0238 답· 해설 참조

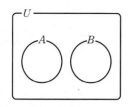

$n(A\cup B)=n(A)+n(B)=12$

0239 답· 해설 참조

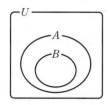

$n(A\cup B)=n(A)=7$

0240 답· 해설 참조

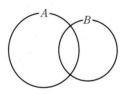

$n(U)=10$이므로 $n(A\cup B)=10$

0241 답· 해설 참조

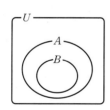

$n(A\cup B)=n(A)=7$

Trendy

0242 답· ③

$A\cup B=\{1,\ 2,\ 3,\ 5\}$이므로 모든 원소의 합은 11이다.

0243 답· ③

A와 B의 합집합과 벤다이어그램을 비교하면

$A\cap B=\{6,\ 12\}$이고 모든 원소의 합은 18이다.

0244 답· ②

① $A\cap B=\{e,\ u,\ r\}$

② $B\cap C=\{e,\ u,\ r,\ l\}$

③ $C\cap A=\{e,\ u,\ r\}$

④ $A\cap B\cap C=\{e,\ u,\ r\}$

⑤ $B\cap(A\cap C)=\{e,\ u,\ r\}$

0245 답· ③

③ $B\cup C=\{1,\ 2,\ 4,\ 6,\ 7,\ 8\}$이므로

$A\cap(B\cup C)=\{2,\ 7\}$ (거짓)

0246 답· ①

A와 B의 합집합의 원소 중 8이 존재하고 B의 원소에 8이 속하지 않으므로 $8\in A$이다.

$\therefore a=8$

0247 답· ③

A와 B의 교집합의 원소, 즉 공통 원소가 -5, 5이므로 집합 A의 원소 중 -5, 5가 존재한다.

따라서 $a=-5$, $b=5$ 또는 $a=5$, $b=-5$이므로 두 수의 합은 0이다.

0248 답· ②

A와 B의 공통 원소가 2개이므로 3 이외의 다른 원소가 서로 같아야 한다.

(i) $a+2=0$일 때,

$a=-2$이고 -2는 자연수가 아니므로 적절하지 않다.

(ii) $a^2=a+2$일 때,

$a^2-a-2=0$에서 $a=-1$ 또는 $a=2$

$\therefore a=2$

이때 $A=\{0,\ 3,\ 4\}$, $B=\{3,\ 4\}$이고 $n(A\cap B)=2$이므로 조건을 만족한다.

(i), (ii)에서 $a=2$

0249 답· ④

$A\cap B=\{3,\ 5\}$이므로 집합 B는 3과 5를 반드시 원소로 갖는다. 또한 $A-B=\{4\}$이므로 $4\notin B$이다.

따라서 집합 B는 U의 부분집합 중에서 3, 5를 모두 원소로 갖고 4를 원소로 갖지 않는 부분집합이다.

(i) 조건을 만족하는 최소한의 원소만을 가지고 있을 때 B의 원소의 개수가 최소이므로

$B=\{3,\ 5\}$, $n(B)=2$

(ii) 조건을 만족하면서 최대한 많은 원소를 가질 때 B의 원소의 개수가 최대이므로

$B=\{1,\ 2,\ 3,\ 5,\ 6\}$, $n(B)=5$

따라서 $n(B)$의 최댓값과 최솟값의 합은 7이다.

0250 답· ③

집합 A의 어떤 원소도 갖고 있지 않은 집합을 찾으면 된다.

③ $D=\{x\,|\,x^2-16>0\}=\{x\,|\,x<-4$ 또는 $x>4\}$이므로

$A\cap D=\varnothing$, 즉 서로소이다.

0251 답· ②

$A=\{x\,|\,x^2-2x-15\le0\}=\{x\,|\,-3\le x\le5\}$이므로 집합 A의 조건의 부등식의 범위와 겹치지 않는 집합의 조건을 찾으면 된다.

② $\{x\,|\,x^2+7x+12<0\}=\{x\,|\,(x+3)(x+4)<0\}$이므로 조건을 만족하는 원소의 범위는 $-4<x<-3$이다.

즉, A와 서로소이다.

0252 답· ②

A와 B는 서로소이므로 공통 원소가 없고, A와 B를 합하면
전체집합이 되어야 하므로 $B=A^C=\{-4,\,-1,\,2\}$이다.
따라서 B의 모든 원소의 합은 -3이다.

0253 답· ①

세 집합이 서로소이면 다음 그림과 같은 수직선 위의 범위를
만족해야 한다.

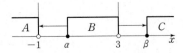

따라서 $\alpha \geq -1$, $\beta \geq 3$이므로 α, β의 최솟값의 합은
$-1+3=2$

0254 답· ①

집합 A는 보기에 주어진 집합 B의 원소를 제곱한 값을 원소
로 갖는다.

① $B=\{3\}$일 때, $A=\{9\}$, $A\cap B=\varnothing$
② $B=\{2,\,4\}$일 때, $A=\{4,\,16\}$, $A\cap B=\{4\}$
③ $B=\{1,\,3\}$일 때, $A=\{1,\,9\}$, $A\cap B=\{1\}$
④ $B=\{-1,\,1\}$일 때, $A=\{1\}$, $A\cap B=\{1\}$
⑤ $B=\{1,\,2,\,4\}$일 때, $A=\{1,\,4,\,16\}$, $A\cap B=\{1,\,4\}$

따라서 서로소인 경우는 ①이다.

0255 답· 10

조건을 만족하는 집합을 B라 하면 A와 B는 서로소이므로
B는 U의 부분집합 중에서 A의 원소 3, 7, 13을 제외한 원
소를 갖는 집합이므로 그 개수는 $2^{6-3}=8$
따라서 $a=6$, $b=3$, $p=8$이므로 $ab-p=10$

0256 답· 16

$A=\{-8,\,-4,\,-2,\,-1,\,1,\,2,\,4,\,8\}$이고 X는 A의 부분
집합 중 B의 원소가 속하지 않는 부분집합의 개수이므로
$2^{8-4}=16$

0257 답· ⑤

$U=\{1,\,2,\,3,\,\cdots,\,10\}$, $A=\{1,\,2,\,3,\,6\}$,
$B=\{2,\,3,\,5,\,7\}$에서

ㄱ. $A\cap B=\{2,\,3\}$이므로 5는 교집합의 원소가 아니다.

(참)

ㄴ. $B-A=\{5,\,7\}$이므로 $n(B-A)=2$ (참)

ㄷ. $A\cup B=\{1,\,2,\,3,\,5,\,6,\,7\}$과 서로소인 U의 부분집합
의 개수는 $2^{10-6}=16$ (참)

따라서 옳은 것은 ㄱ, ㄴ, ㄷ이다.

0258 답· ③

$A^C=\{1,\,9\}$의 모든 원소의 합은 $p=10$
$B-A=\{1,\,9\}$의 모든 원소의 합은 $q=10$
$\therefore p-q=0$

0259 답· $\{2,\,5\}$

주어진 집합을 벤다이어그램으로 나타내면 다음과 같다.

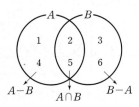

$\therefore A\cap B=\{2,\,5\}$

0260 답· $\{0,\,2,\,8,\,10\}$

주어진 집합을 벤다이어그램으로 나타내면 다음과 같다.

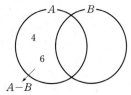

$A\cup B=(A-B)\cup B$이므로
$B=(A\cup B)-(A-B)$
$\quad =\{0,\,2,\,4,\,6,\,8,\,10\}-\{4,\,6\}$
$\quad =\{0,\,2,\,8,\,10\}$

0261 답· ⑤

$A^C\cap B=B-A$이고 드모르간의 법칙에 의해
$A^C\cap B^C=(A\cup B)^C$이므로 벤다이어그램으로 나타내면 다
음과 같다.

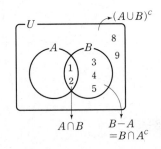

U의 원소 중 위의 세 부분에 속하지 않은 원소가 $A-B$의
원소이므로 $A-B=\{6,\,7\}$
$\therefore A=(A-B)\cup(A\cap B)$
$\quad =\{6,\,7\}\cup\{1,\,2\}$
$\quad =\{1,\,2,\,6,\,7\}$

따라서 A의 모든 원소의 합은 16이다.

0262 답· ②

수직선으로 집합의 원소의 범위를 나타내면 다음과 같다.

$A^C=\{x\,|\,3\leq x<7\}$이고 A, A^C은 자연수를 원소를 갖는
집합들이므로 $A^C=\{3,\,4,\,5,\,6\}$
$\therefore n(A^C)=4$

0263 답·①

수직선으로 집합의 원소의 범위를 나타내면 다음과 같다.

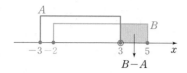

$$\therefore B-A=\{x|3<x\le5\}$$

0264 답·①

$P-Q^c=P\cap(Q^c)^c=P\cap Q$이므로

$P\cap Q=\{x|2\le x<4\}$이다.

이 집합과 정수의 모임인 집합 R의 교집합은 $2\le x<4$의 범위에서 정수를 원소로 갖는다.

따라서 구하는 모든 원소의 합은 $2+3=5$

0265 답·③

$A\cap B=\{4\}$이므로 원소 4는 A와 B에 모두 속한다.

(ⅰ) $a+2=4$에서 $a=2$

(ⅱ) $b=4$

$\therefore a+b=6$

0266 답·7

$A\cap B^c=A-B=\{6,7\}$이므로 A의 원소 중 B에 속하지 않는 원소가 6, 7이다.

이때 3은 A와 B의 공통 원소가 되므로 B의 원소에도 3이 존재한다.

즉, $a-4=3$에서 $a=7$

0267 답·②

$A\cap B^c=A-B$는 A에는 속하고 B에 속하지 않는 원소를 가진 집합이다.

$A^c\cap B=B-A$는 B에는 속하고 A에 속하지 않는 원소를 가진 집합이다.

$(A\cap B^c)\cup(A^c\cap B)=\{1,3,8\}$에서 1, 3은 A의 원소이므로 8은 B의 원소이다.

따라서 B의 원소 중 하나는 8이 되어야 한다.

(ⅰ) $a+2=8$, 즉 $a=6$일 때,

$A=\{1,3,5\}$, $B=\{5,8\}$이므로 주어진 조건을 만족한다.

(ⅱ) $a^2-4a-7=8$, 즉 $a^2-4a-15=0$일 때,

$a=2\pm\sqrt{19}$이므로 집합 A, B의 원소는 자연수가 아닌 수가 되어 조건에 어긋난다.

$\therefore a=6$

0268 답·①

① $A^c=U-A$이고 $U-A^c=U\cap(A^c)^c=U\cap A=A$이다. (거짓)

② 어떤 집합과 그 집합의 여집합은 서로소이다. (참)

③ 어떤 집합과 그 집합의 여집합의 합집합은 전체집합이다. (참)

④ 어떤 집합의 여집합의 여집합은 자기 자신이다. (참)

⑤ 공집합의 여집합은 전체집합, 전체집합의 여집합은 공집합이다. (참)

0269 답·①

① $(B-A)^c=(B\cap A^c)^c=B^c\cup A\ne A-B$ (거짓)

② $A\cap B^c=A-B$ (참)

③ 집합 A에서 B와의 교집합의 원소를 뺀 원소들의 집합이 차집합이다.

$\therefore A-(A\cap B)=A-B$ (참)

④ A와 B의 합집합 중에서 B의 원소를 모두 제외하면 A에만 속하고 B에는 속하지 않는, 즉 차집합의 원소만 남는다.

$\therefore (A\cup B)-B=A-B$ (참)

⑤ 다음과 같이 차집합을 교집합을 이용하여 나타낼 수 있음을 배웠다.

$P-Q=P\cap Q^c$

$\therefore (A\cup B)\cap B^c=(A\cup B)-B=A-B$ (참)

다른풀이

집합의 연산의 성질을 이용하여 확인할 수 있다.

③ $A-(A\cap B)=A\cap(A\cap B)^c$
$=A\cap(A^c\cup B^c)$
$=(A\cap A^c)\cup(A\cap B^c)$
$=\varnothing\cup(A\cap B^c)$
$=A\cap B^c$
$=A-B$

④ $(A\cup B)-B=(A\cup B)\cap B^c$
$=(A\cap B^c)\cup(B\cap B^c)$
$=(A\cap B^c)\cup\varnothing$
$=A\cap B^c$
$=A-B$

0270 답·ㄴ, ㄷ, ㄹ

ㄱ. $A\cup\varnothing=A$ (거짓)

ㄴ. $A\cap\varnothing=\varnothing$ (참)

ㄷ. $A\cap A=A\cup A=A$ (참)

ㄹ. $A\cap(B\cup B^c)=A\cap U=A$ (참)

ㅁ. $A-A^c=A\cap(A^c)^c=A\cap A=A$ (거짓)

ㅂ. 반례: $A=\{1,2,3\}$, $B=\{2,3,4\}$이면

$A-B=\{1\}\ne\varnothing$

$A-B=\varnothing$은 항상 성립하지 않고 $A\subset B$일 때에만 성립한다. (거짓)

따라서 옳은 것은 ㄴ, ㄷ, ㄹ이다.

0271 답 · ②

$\varnothing^C=U=\{5,\ 6,\ 7,\ 8,\ 9\}$이고 $A^C=\{5,\ 7,\ 8\}$이므로

$A=\{6,\ 9\}$이다.

이때 6과 9의 공약수는 1, 3이고, 합은 4이다.

보충학습

두 수의 공약수는 두 수의 최대공약수의 약수들이다.

예 12와 18의 공약수

$\quad$ $12=2^2\times3$, $18=2\times3^2$ → 최대공약수: $2\times3=6$

$\quad$ 즉, 12, 18의 공약수는 6의 약수인 1, 2, 3, 6이다.

0272 답 · ⑤

$(B\cap A)\cup(B\cap C)=B$ (가) $\cap$ $($ (나) $A\cup C$ $)$

0273 답 · (가) $\cup$ (나) A (다) A

$A\cup(A\cap B)$

$=(A$ (가) $\cup$ $A)\cap(A$ (가) $\cup$ $B)$

$=$ (나) A $\cap(A$ (가) $\cup$ $B)$

$=$ (다) A

0274 답 · (가) $\cap$ (나) U (다) $A\cup B$

$A\cup(A^C\cap B)$

$=(A\cup A^C)$ (가) $\cap$ $(A\cup B)$

$=$ (나) U (가) $\cap$ $(A\cup B)$

$=$ (다) $A\cup B$

0275 답 · ②

$A=\{8,\ 16,\ 24,\ \cdots\}$, $B=\{4,\ 8,\ 12,\ 16,\ 20,\ 24,\ \cdots\}$이므로 $A\subset B$이다.

A가 B의 부분집합일 때 성립하는 성질을 확인한다.

①, ②: $A\subset B$일 때, $B^C\subset A^C$이다.

$\quad\quad$ ①은 참, ②는 거짓이다.

③, ④: $A\subset B$일 때, $A\cap B=A$, $A\cup B=B$이다.

$\quad\quad$ ③, ④ 모두 참이다.

⑤ $A\subset B$일 때, $A\cap B^C=A-B=\varnothing$이다. (참)

0276 답 · ④

$A\cap B=B$이면 $B\subset A$인 관계가 성립하므로 집합 B는 A의 부분집합이다.

따라서 조건을 만족하는 B의 개수는 A의 진부분집합의 개수와 같으므로 ($\because A\neq B$)

$2^4-1=15$

0277 답 · ⑤

(i) $(A-B)\cup X=X$에서 $(A-B)\subset X$

(ii) $A\cap X=X$에서 $X\subset A$

(iii) $n(A-B)=n(A)-n(A\cap B)=7-5=2$

이므로 집합 X는 A의 부분집합 중에서 $A-B$의 원소 두 개를 모두 포함하는 집합이다.

따라서 X의 개수는 $2^{7-2}=32$

0278 답 · 16

벤다이어그램을 통해 주어진 상황을 이해해 보자.

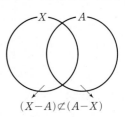

$(X-A)\not\subset(A-X)$

[그림 1]

[그림 1]과 같이 벤다이어그램의 양쪽 차집합이 모두 공집합이 아닐 경우 이 둘은 서로소이다.

따라서 포함 관계가 성립하지 않는다.

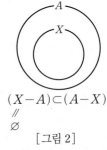

$(X-A)\subset(A-X)$

$\quad\quad$ $/\!/$

$\quad\quad$ $\varnothing$

[그림 2]

[그림 2]와 같이 한 집합이 다른 집합에 포함되는 경우 한쪽의 차집합이 공집합이므로 다른 차집합에 포함된다.

($\because$ 공집합은 모든 집합의 부분집합)

따라서 문제의 조건을 만족하려면 $X\subset A$이 성립하고 $A=\{1,\ 2,\ 5,\ 10\}$이므로 X의 개수는 $2^4=16$

0279 답 · $\{b,\ d\}$

우선 주어진 집합을 간단히 정리한 후 집합의 연산을 구하자.

분배법칙을 이용하여 정리한다.

$A\cap(A^C\cup B^C)=(A\cap A^C)\cup(A\cap B^C)$

$\quad\quad\quad\quad\quad\quad\quad\quad =\varnothing\cup(A\cap B^C)$

$\quad\quad\quad\quad\quad\quad\quad\quad =A-B=\{b,\ d\}$

다른풀이

드모르간의 법칙을 써서 변형한 후 집합을 해석할 수도 있다.

$A\cap(A^C\cup B^C)=A\cap(A\cap B)^C$

$\quad\quad\quad\quad\quad\quad\quad\quad =A-(A\cap B)$

$\quad\quad\quad\quad\quad\quad\quad\quad =A-B$

집합 A에서 A와 B의 교집합을 뺀 결과는 A에 대한 B의 차집합이다.

0280 답 · ①

$(A^C\cup B)^C=(A^C)^C\cap B^C=A\cap B^C=A-B$이므로 옳은 것은 ①이다.

0281 답·③

$A^c \cap B^c = (A \cup B)^c$이고 이를 해석하면 A와 B의 합집합의 여집합이다.

어떤 집합의 여집합은 전체집합에서 그 집합을 뺀 것이므로

$A^c \cap B^c = U - (\boxed{A \cup B})$

0282 답·④

조건에 맞게 벤다이어그램을 그리면 다음과 같다.

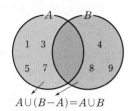

$A \cup (B-A) = A \cup B$

$A \cup B = \{1, 3, 4, 5, 7, 8, 9\}$이고

$A^c \cap B^c = (A \cup B)^c = \{2, 6\}$이므로

구하는 모든 원소의 합은 8이다.

0283 답·16

집합 P를 변형하면

$P = (A \cup B) \cap (A \cap B)^c = (A \cup B) - (A \cap B)$이다.

이는 다음 벤다이어그램에서 색칠한 부분이다.

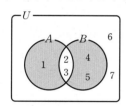

$P \subset X \subset U$에서 X는 1, 4, 5를 원소로 갖는 U의 부분집합이므로 그 개수는 $2^{7-3} = 16$

0284 답·⑤

$A \cap (A \cap B^c)^c = A \cap (A^c \cup B) = (A \cap A^c) \cup (A \cap B)$
$= \varnothing \cup (A \cap B) = A \cap B$

이므로 $A \cap B = A$가 성립한다.

따라서 $A \subset B$, 즉 A는 B의 부분집합이고

그 개수는 $2^5 = 32$

0285 답·21

㈎에서 $A^c \cap B^c = (A \cup B)^c = \varnothing$

$\therefore A \cup B = U$

따라서 집합 B는 A에 속하지 않은 7, 8, 9, 10 네 개를 반드시 원소로 가져야 한다. 또한 ㈏에서

(i) $n(B) = 5$일 때,

집합 B에는 7, 8, 9, 10과 A의 원소 중 하나가 속한다.

A의 원소 중 하나를 고르는 경우의 수는 6가지이다.

(ii) $n(B) = 6$일 때,

집합 B에는 7, 8, 9, 10과 A의 원소 중 두 개가 속한다.

A의 원소 두 개를 고르는 경우의 수를 순서쌍으로 나타

내면

$(1, 2)$, $(1, 3)$, $(1, 4)$, $(1, 5)$, $(1, 6)$, $(2, 3)$,
$(2, 4)$, $(2, 5)$, $(2, 6)$, $(3, 4)$, $(3, 5)$, $(3, 6)$,
$(4, 5)$, $(4, 6)$, $(5, 6)$의 15가지이다.

따라서 집합 B의 개수는 $6 + 15 = 21$

0286 답·③

$X \cup A = X - B$가 성립하는 상황을 이해해 보자.

• $X \cup A$: 집합 X와 A의 원소가 모두 포함된 집합이다.

• $X - B$: X에서 B의 원소를 제외한 집합이다.

(i) 위의 두 집합이 같으려면 X와 B가 서로소가 되어야 한다. X와 B의 공통 원소가 존재한다면 $X - B$는 집합 X에서 그 공통 원소가 빠진 집합이 되어 X의 원소가 모두 속한 $X \cup A$와 같을 수 없기 때문이다.

$\therefore X \cap B = \varnothing \rightarrow X - B = X$

(ii) A는 X의 부분집합이 된다. A가 X의 부분집합이 아니면 $X \cup A$의 원소에는 X의 원소 이외의 원소도 포함되므로 $X - B$와 같을 수 없다.

따라서 X는 U의 부분집합 중에서 1, 2를 원소로 갖고, 3, 5, 8을 원소로 갖지 않는 부분집합이므로 개수는 $2^{8-5} = 8$

0287 답·②

보기의 집합들을 벤다이어그램으로 표시해 비교한다.

① $A \cap B^c = A - B$: 차집합을 의미한다.

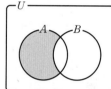

② A, B의 교집합과 B의 여집합을 합한 것이다.

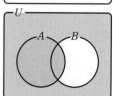

③ $A - B$와 A의 여집합을 합한 것이다.

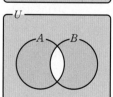

④ $(A \cup B) \cap (A \cap B)^c$
$= (A \cup B) - (A \cap B)$: 합집합에서 교집합을 뺀 것이다.

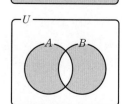

⑤ $(A-B) \cup (A^c \cap B^c)$
$= (A-B) \cup (A \cup B)^c$: 차집합과 합집합의 여집합을 합한 것이다.

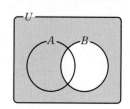

0288 답· ②, ⑤

벤다이어그램으로 표시하여 같은 것을 찾는다.

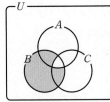
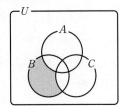

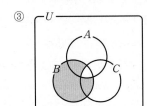
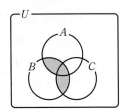

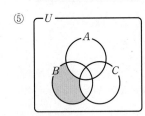

> **다른풀이**
>
> 색칠한 영역의 특징을 파악하여 집합의 연산으로 표시할 수 있다. 색칠한 부분은 집합 B에서 A, C와 겹치는 부분을 제외한 것이다.
>
> 이를 여러 가지 방법으로 표현할 수 있다.
>
> • B에서 $A \cup C$를 뺀다.: $B - (A \cup C)$
>
> • $B - (A \cup C)$를 변형한다.
> $$B - (A \cup C) = B \cap (A \cup C)^c = B \cap (A^c \cap C^c)$$
> $$= A^c \cap B \cap C^c$$

0289 답· ④

벤다이어그램에서 색칠한 부분은 B와 C의 교집합에서 A, B, C 세 집합의 교집합을 뺀 것이다.

$\therefore (B \cap C) - (A \cap B \cap C)$

0290 답· ㄱ, ㄴ, ㅁ

ㄱ. $A - A^c = A \cap (A^c)^c = A \cap A = A$ (참)

ㄴ. $(A \cap B) \cup (A^c \cap B) = (A \cup A^c) \cap B$
$$= U \cap B = B \text{ (참)}$$

ㄷ. $A \cap A^c = \varnothing$ (거짓)

ㄹ. $(A \cup B) \cap (B - A)^c = (A \cup B) \cap (B \cap A^c)^c$
$$= (A \cup B) \cap (B^c \cup A)$$
$$= A \cup (B \cap B^c)$$
$$= A \cup \varnothing = A \text{ (거짓)}$$

ㅁ. 복잡한 식의 경우 식을 해석하여 성립 여부를 확인하거나 벤다이어그램을 이용한다.

$A \cap B^c = A - B$: B와 겹치지 않는 A의 부분이다.

$B \cap A^c = B - A$: A와 겹치지 않는 B의 부분이다.

위의 두 부분과 A의 합집합은 $A \cup B$가 된다. (참)

0291 답· ⑤

주어진 식의 좌변을 간단히 정리하면
$$A \cap (A^c \cup B) = (A \cap A^c) \cup (A \cap B)$$
$$= \varnothing \cup (A \cap B)$$
$$= A \cap B$$

$\therefore A \cap B = B$

따라서 $B \subset A$이므로 B, 즉 A의 부분집합의 개수는 $2^6 = 64$

0292 답· ③

$A \subset B$일 때, 다음 성질들이 성립한다.

$A \cup B = B$, $A \cap B = A$, $B^c \subset A^c$

③ $A \cap B = A$이므로 $(A \cap B)^c = A^c$이다. (거짓)

0293 답· 18

연산법칙들을 이용하여 간단히 한 후 구하는 것이 편하다.
$$(A - B)^c - B = (A \cap B^c)^c \cap B^c$$
$$= (A^c \cup B) \cap B^c$$
$$= (A^c \cap B^c) \cup (B \cap B^c)$$
$$= (A^c \cap B^c) \cup \varnothing$$
$$= A^c \cap B^c$$
$$= (A \cup B)^c$$

이때 $A = \{1, 2, 5, 10\}$, $B = \{1, 3, 7, 9\}$에서

$A \cup B = \{1, 2, 3, 5, 7, 9, 10\}$이므로

$(A \cup B)^c = \{4, 6, 8\}$

따라서 구하는 모든 원소의 합은 18이다.

0294 답· ④

$A_3 \cap A_4$는 3의 배수이면서 4의 배수인 원소를 갖는 집합이므로 3과 4의 공배수, 즉 12의 배수의 집합이다.

$\therefore k = 12$

0295 답· ⑤

$B_{36} \cap B_{54}$는 36의 약수이면서 54의 약수인 원소를 갖는 집합이므로 36과 54의 공약수, 즉 18의 약수의 집합이다.

따라서 18의 약수들을 원소로 갖는 집합들이 $B_{36} \cap B_{54}$의 부분집합이 될 수 있고 k는 36과 54의 최대공약수인 18일 때 최댓값을 갖는다.

0296 답· ②

① $A_6 = \{6, 12, \cdots\}$, $A_3 = \{3, 6, 9, 12, \cdots\}$이므로
$A_6 \subset A_3$ (참)

② $B_{12} = \{1, 2, 3, 4, 6, 12\}$, $B_6 = \{1, 2, 3, 6\}$이므로
$B_6 \subset B_{12}$ (거짓)

③ $A_3 = \{3, 6, 9, 12, 15, 18, \cdots\}$, $A_9 = \{9, 18, \cdots\}$이므로 $A_9 \subset A_3$이고 $A_3 \cup A_9 = A_3$ (참)

④ B_n의 원소는 n의 약수이고 B_{2n}의 원소는 $2n$의 약수인데 $2n$의 약수에는 n의 약수도 포함되므로 $B_n \subset B_{2n}$이고

$B_n \cap B_{2n} = B_n$ (참)

⑤ $A_4 \cap (A_3 \cup A_6) = A_4 \cap A_3 = A_{12}$ (참)

0297 답 · 17

$A_4 - A_3$은 4의 배수에서 4와 3의 공배수인 12의 배수를 제외한 원소로 이루어진 집합이다. 100 이하의 자연수에서 4의 배수는 25개, 12의 배수는 8개이므로

$n(A_4 - A_3) = 25 - 8 = 17$

0298 답 · 5

$A = \{1, 2, 3\}$, $B^C = \{1, 3, 5, 7\}$이므로

$A \cup B^C = \{1, 2, 3, 5, 7\}$

$\therefore n(A \cup B^C) = 5$

0299 답 · ②

$A \cap B = A - (A - B)$이므로

$n(A \cap B) = n(A) - n(A - B) = 15 - 8 = 7$

0300 답 · ③

$n(A \cup B) = n(A) + n(B) - n(A \cap B)$이므로

$28 = 18 + 19 - n(A \cap B)$

$\therefore n(A \cap B) = 9$

0301 답 · ③

$n(A^C) = 13$, $n(B^C) = 11$에서

$n(A) = 10$, $n(B) = 12$

$n(A^C \cup B^C) = n((A \cap B)^C) = 17$에서

$n(A \cap B) = 6$

$\therefore n(A \cup B) = n(A) + n(B) - n(A \cap B)$
$= 10 + 12 - 6 = 16$

0302 답 · ①

$A \cap C = \varnothing$이므로 $A \cap B \cap C = \varnothing$이다.

$\therefore n(A \cup B \cup C) = n(A) + n(B) + n(C) - n(A \cap B)$
$\qquad - n(B \cap C) - n(C \cap A)$
$\qquad + n(A \cap B \cap C)$
$\qquad = 7 + 6 + 5 - 2 - 2 - 0 + 0 = 14$

0303 답 · 2

$n(A \cup B \cup C) = n(A) + n(B) + n(C) - n(A \cap B)$
$\qquad - n(B \cap C) - n(C \cap A)$
$\qquad + n(A \cap B \cap C)$

이므로

$14 = 7 + 8 + 9 - 4 - 5 - 3 + n(A \cap B \cap C)$

$\therefore n(A \cap B \cap C) = 2$

0304 답 · 4

A, B, C의 합집합의 원소의 개수를 구하는 식에 주어진 값들을 대입하면

$n(A \cup B \cup C) = n(A) + n(B) + n(C) - n(A \cap B)$
$\qquad - n(B \cap C) - n(C \cap A)$

$\qquad + n(A \cap B \cap C)$

이므로

$28 = 10 + 10 + 14 - n(A \cap B) - n(B \cap C)$
$\qquad - n(C \cap A) + 2$

에서 $n(A \cap B) + n(B \cap C) + n(C \cap A) = 8$

따라서 벤다이어그램의 색칠한 부분의 원소의 개수는

$n(A \cap B) + n(B \cap C) + n(C \cap A) - 2 \times n(A \cap B \cap C)$
$= 8 - 4 = 4$

보충학습

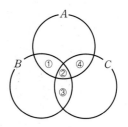

벤다이어그램에서 색칠한 부분을 번호로 표시하면 위의 그림과 같다.

$n(A \cap B) + n(B \cap C) + n(C \cap A) - 2 \times n(A \cap B \cap C)$
$= ①② + ②③ + ②④ - 2 \times ② = ①②③④$

0305 답 · ③

$A \cup B \cup C$는 다음 벤다이어그램에서 어두운 부분과 파란색으로 색칠된 두 부분의 합이다.

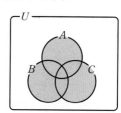

어두운 부분은 $A \cup B$를 나타내므로

$n(A \cup B) = n(A) + n(B) - n(A \cap B)$
$\qquad = 10 + 13 - 7 = 16$

파란 부분은 $C - (A \cup B)$를 나타내고 이를 변형하면

$C \cap (A \cup B)^C = A^C \cap B^C \cap C$이므로

$n(A^C \cap B^C \cap C) = 5$

$\therefore n(A \cup B \cup C) = n(A \cup B) + n(A^C \cap B^C \cap C)$
$\qquad = 16 + 5 = 21$

0306 답 · ②

다음 식의 구조를 다시 생각해 보자.

$n(A \cup B) = n(A) + n(B) - n(A \cap B)$

에서 $n(A) + n(B)$의 값이 일정하면 $n(A \cap B)$의 값이 최소일 때 $n(A \cup B)$이 최대, $n(A \cap B)$의 값이 최대일 때 $n(A \cup B)$이 최소가 된다.

• $n(A \cap B) = 6$일 때 $n(A \cup B) = 9 + 9 - 6 = 12$

따라서 $n(A \cup B)$의 최댓값은 12이다.

$\therefore c=12$

· $A=B$일 때 $n(A \cap B)=9$로 최대가 되고

$n(A \cup B)=9$로 최소가 된다.

$\therefore a=9, b=9$

$\therefore a+b+c=30$

0307 답 · ④

(i) $A \subset B$일 때 $n(A \cap B)=13$으로 최대이다.

$\therefore a=13$

(ii) $n(A \cap B)=5$로 최소일 때 $n(A \cup B)$가 최대이고

이때 $A^c \cap B^c=(A \cup B)^c=\varnothing$이므로 $A \cup B=U$이다.

$$n(U)=n(A \cup B)=n(A)+n(B)-n(A \cap B)$$
$$=13+17-5=25$$

$\therefore b=25$

$\therefore a+b=38$

0308 답 · ②

$A^c-B=A^c \cap B^c=(A \cup B)^c$이므로 주어진 식은

$n(A-B)-n((A \cup B)^c)$가 된다.

벤다이어그램을 통해 이 식의 값이 최소, 최대가 되는 상황을 생각해 보자.

(i) 최소: $B \subset A$일 때,

$n(A-B)-n((A \cup B)^c)=17-33=-16$

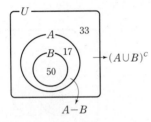

(ii) 최대: $(A \cup B)^c=\varnothing$일 때, $(U=A \cup B)$

$n(A-B)-n((A \cup B)^c)=50$

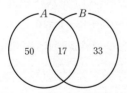

따라서 구하는 최댓값과 최솟값의 합은 $50-16=34$

0309 답 · 4

$$n(A \cup B)=n(A)+n(B)-n(A \cap B)$$
$$=14+16-10=20$$

집합 A, B, C를 벤다이어그램을 이용해 나타내면 다음과 같다.

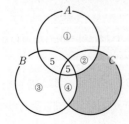

$n(A \cap B)=10$에서 $n(① \cup ② \cup ③ \cup ④)=10$,

$n(② \cup ④) \leq 10$이고

$C-(A \cup B)$는 벤다이어그램에서 색칠한 부분을 나타내므로

$$n(C-(A \cup B))=n(C)-n(A \cap B \cap C)-n(② \cup ④)$$
$$=19-5-n(② \cup ④)$$
$$=14-n(② \cup ④)$$

이다. $n(② \cup ④)$가 최대일 때, $n(C-(A \cup B))$가 최소이므로

$14-10=4$

0310 답 · ⑤

동호회 전체 회원의 집합을 U, A 지역 여행 경험자들의 집합을 A, B 지역 여행 경험자들의 집합을 B라 하면

$n(U)=45$, $n((A \cup B)^c)=6$에서

$n(A \cup B)=39$, $n(A)=25$, $n(B)=29$

$n(A \cup B)=n(A)+n(B)-n(A \cap B)$이므로

$39=25+29-n(A \cap B)$

$\therefore n(A \cap B)=15$

따라서 A, B 두 지역을 모두 여행해 본 사람은 15명이다.

0311 답 · ②

전체 신입사원의 집합을 U, 소방안전 교육을 받은 사원의 집합을 A, 심폐소생술 교육을 받은 사원의 집합을 B라 하면 주어진 조건에 의해 $n(U)=200$, $n(A)=120$,

$n(B)=115$, $n((A \cup B)^c)=17$이다.

또한 $n(A \cup B)=183$이므로

$n(A \cup B)=n(A)+n(B)-n(A \cap B)$에서

$183=120+115-n(A \cap B)$

$\therefore n(A \cap B)=52$

따라서 심폐소생술 교육만 받은 사원의 수는

$n(B-A)=n(B)-n(A \cap B)=115-52=63$

0312 답 · 87

학생 전체의 집합을 U, A, B, C 과목을 듣는 학생들의 집합을 각각 A, B, C라 하자.

㈎에 의하여 $(A \cup B \cup C)^c=\varnothing$, $A \cup B \cup C=U$

㈏에 의하여 $n(A)=104$, $n(B)=120$, $n(C)=124$

㈐에 의하여 $n(A \cap B \cap C)=15$

$$n(A \cup B \cup C)=n(A)+n(B)+n(C)-n(A \cap B)$$
$$-n(B \cap C)-n(C \cap A)$$
$$+n(A \cap B \cap C)$$

에서

$$231=104+120+124-n(A \cap B)-n(B \cap C)$$
$$-n(C \cap A)+15$$

$\therefore n(A \cap B)+n(B \cap C)+n(C \cap A)=132$

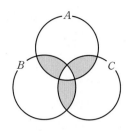

따라서 두 과목만 수강하는 학생의 집합을 벤다이어그램으로 나타내면 위의 그림과 같고 그 원소의 개수는

$n(A \cap B) + n(B \cap C) + n(C \cap A) - 3 \times n(A \cap B \cap C)$

$= 132 - 45 = 87$

 보충학습

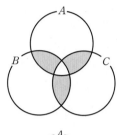

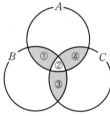

벤다이어그램에서 색칠한 부분을 숫자로 나타내면 ①③④이다.

$n(A \cap B) + n(B \cap C) + n(C \cap A)$

$- 3 \times n(A \cap B \cap C)$

$= ①② + ②③ + ②④ - 3 \times ② = ①③④$

0313 답 · 75

2학년 학생 전체의 집합을 U, 문학 체험, 역사 체험, 과학 체험을 신청한 학생들의 집합을 각각 A, B, C라 하자.

⑦, ⑭에 의해 $n(A) = 80$, $n(B) = 90$, $n(A \cap B) = 45$이므로 $n(A \cup B) = 80 + 90 - 45 = 125$

⑭에 의해 $n((A \cup B \cup C)^C) = 12$이므로

$n(A \cup B \cup C) = 200$

따라서 과학 체험만 신청한 학생 수는

$n(A \cup B \cup C) - n(A \cup B) = 200 - 125 = 75$

0314 답 · ⑤

학급 전체 학생의 집합을 U, 토요일과 일요일에 시청한 학생의 집합을 각각 A, B라 하면

$n(U) = 36$, $n(A) = 25$, $n(B) = 17$

(i) $B \subset A$일 때, $n(A \cap B) = 17$로 최대가 되므로

$M = 17$

(ii) $A \cup B = U$일 때, $n(A \cup B) = n(U) = 36$이고

$n(A \cup B) = n(A) + n(B) - n(A \cap B)$에서

$36 = 25 + 17 - n(A \cap B)$

즉, $n(A \cap B) = 6$으로 최소가 되므로 $m = 6$

$\therefore M + m = 23$

보충학습

$n(A \cap B)$의 최솟값을 경우별로 구해 보자.

(i) $n(A) + n(B) \leq n(U)$ 일 때, 그림과 같이 $A \cap B = \varnothing$이 가능한 상황이다.

따라서 최솟값은 0이다.

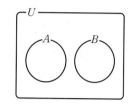

(ii) $n(A) + n(B) > n(U)$ 일 때, $A \cap B = \varnothing$이 성립할 수 없다.

따라서 $A \cup B = U$일 때 A와 B의 교집합의 원소의 개수가 가장 작다.

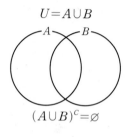

0315 답 · 85

전체 학생의 집합을 U, 체험 활동 A, B를 신청한 학생들의 집합을 각각 A, B라 하자.

문제의 조건에 의해 $n(A \cup B) = a$라 하면

$n((A \cup B)^C) = a - 100$

$n(U) = n(A \cup B) + n((A \cup B)^C)$이므로

$200 = a + a - 100$에서 $a = 150$

$\therefore n(A \cup B) = 150$

$n(B) = b$라 하면 $n(A) = b + 20$

체험 활동 A만 신청한 학생 수, 즉 $n(A - B)$가 최대가 되는 상황은 $A \cap B = \varnothing$일 때이고

$n(A \cup B) = n(A) + n(B)$에서

$150 = 2b + 20$ $\therefore b = 65$

$\therefore n(A - B) = n(A) = 85$

보충학습

$n(A - B)$가 최소가 되는 상황과 그 값도 생각해 보자.

$B \subset A$일 때 최소가 되고 이때 $n(A \cup B) = n(A)$이므로 $150 = b + 20$에서 $b = 130$

이때 $n(A) = 150$이므로

$n(A - B) = n(A) - n(B) = 150 - 130 = 20$

따라서 최솟값은 20이다.

0316 답· (1) $\{2, 6\}$　　(2) $\{1, 3\}$

0317 답· ⑤

$A-B=\{5, 9\}$이므로 $a=5$

0318 답· ②

두 집합이 서로소가 되려면 두 집합의 부등식이 나타내는 범위가 겹치지 않아야 한다.

(ⅰ) $p<3$일 때, $B=\{x|p<x<3\}$이고
　　$A\cap B=\{x|p<x<3\}\neq\varnothing$이므로 서로소가 아니다.

(ⅱ) $p>3$일 때, $B=\{x|3<x<p\}$이고 $A\cap B=\varnothing$이므로 조건을 만족한다.

(ⅲ) $p=3$일 때, $B=\varnothing$이고 $A\cap B=\varnothing$이므로 조건을 만족한다.

따라서 $p\geq3$이므로 p의 최솟값은 3이다.

0319 답· ④

$B-A=\varnothing$에서 $B\subset A$임을 알 수 있다.

보기 중 A의 부분집합이 아닌 것은 ④이다.

0320 답· ①

$B^C-A^C=B^C\cap A=A-B=\{2, 6\}$이므로

구하는 모든 원소의 합은 8이다.

0321 답· ②

$A\cup B$의 원소 중에서 2개의 원소가 $n(A\cap B)$의 원소이다.

$n(A\cap B)$의 원소가 -1, 0일 때 합은 -1로 최소이고 4, 5일 때 합은 9로 최대가 된다.

따라서 구하는 최댓값과 최솟값의 합은

$-1+9=8$

0322 답· ③

$B\cup(A-B)=B\cup(A\cap B^C)=(B\cup A)\cap(B\cup B^C)$
$\qquad\qquad\qquad=(B\cup A)\cap U=A\cup B=A$

$\therefore B\subset A$

따라서 성립하지 않는 것은 ③이다.

0323 답· ④

$(A-B)\cup X=X$에서 $(A-B)\subset X$이고 $A\cap X=X$에서 $X\subset A$이므로 X는 $A-B$의 원소 15, 20, 25를 포함하는 A의 부분집합이고 그 개수는 $2^{6-3}=8$

0324 답· ②, ④

색칠한 부분은 집합 A에서 $B\cap C$를 뺀 부분이다.

또한 A에서 $A\cap B\cap C$를 뺀 부분으로 생각할 수도 있다.

0325 답· ①

$(A\cap B)\cup(A^C\cup B)^C=(A\cap B)\cup(A\cap B^C)$
$\qquad\qquad\qquad\qquad=A\cap(B\cup B^C)$
$\qquad\qquad\qquad\qquad=A\cap U=A$

0326 답· 24

$\{2, 3\}\cap A\neq\varnothing$이므로 집합 A는 2, 3 중 적어도 하나를 원소로 갖는다.

(ⅰ) 2를 원소로 갖고 3을 원소로 갖지 않는 경우: $2^{5-2}=8$

(ⅱ) 3을 원소로 갖고 2를 원소로 갖지 않는 경우: $2^{5-2}=8$

(ⅲ) 2, 3을 모두 원소로 갖는 경우: $2^{5-2}=8$

따라서 A의 개수는 $8+8+8=24$

> **다른풀이**
>
> 전체 부분집합의 개수에서 2, 3을 모두 원소로 갖지 않는 부분집합의 개수를 빼면 적어도 2, 3 중 하나를 원소로 갖는 집합의 개수가 되므로
> $$2^5-2^{5-2}=32-8=24$$

0327 답· 6

$P_{12}=\{1, 2, 3, 4, 6, 12\}$, $n(P_{12})=6$이므로

$n(P_{12}\cap P_m)=4$이다.

따라서 한 자리 자연수 중 이 조건을 만족시키는 m의 값은 6이다.

0328 답· ②

ㄱ. $A_3=\{2, 3\}$, $B_4=\{1, 2, 4\}$이므로
　　$A_3\cap B_4=\{2\}$ (참)

ㄴ. A_n은 n 이하의 소수를 원소로 갖고, A_{n+1}은 $n+1$ 이하의 소수를 원소로 갖기 때문에 항상 A_n의 모든 원소가 A_{n+1}에 속한다. (참)

ㄷ. B_m의 모든 원소가 B_n에 속하면 m은 n의 약수가 된다.
　　(예: $B_4=\{1, 2, 4\}$, $B_8=\{1, 2, 4, 8\}$) (거짓)

따라서 옳은 것은 ㄱ, ㄴ이다.

0329 답· 30

$n(A\cup B\cup C)$의 값은 원소의 개수가 가장 많은 A에 나머지 집합이 포함될 때, 즉 $(B\cup C)\subset A$일 때 최소가 된다.

$\therefore n(A\cup B\cup C)=n(A)=30$

03 명제

Basic

0330 답· ×
'편리하다.'의 기준이 모호하여 참, 거짓을 확인할 수 없다.

0331 답· 참

0332 답· ×
x의 값에 따라 참, 거짓이 달라지므로 명제가 아닌 조건이다.

0333 답· ×
x의 값에 따라 참, 거짓이 달라지므로 명제가 아닌 조건이다.

0334 답· 거짓
방정식의 해가 $x=\pm3$이므로 실근이다. 따라서 거짓인 명제이다.

0335 답· 참
등식의 우변을 전개하면 좌변과 일치하므로 항등식이 된다. x의 값에 관계없이 항상 성립하므로 '참인 명제'이다.

0336 답· ×
'가깝다.'의 기준이 정확하지 않으므로 참, 거짓을 판별할 수 없다.

0337 답· 참

0338 답· ×
주어진 등식은 '참인 명제'이다.

0339 답· $\{1, 2, 5, 10\}$

0340 답· $\{-4, 4\}$

0341 답· ×
등식의 좌변을 전개하면 우변과 일치하므로 항등식이다.
따라서 조건이 아닌 '참인 명제'이다.

0342 답· $\{2\}$

0343 답· $\{a\,|\,-1\leq a\leq 3,\ a$는 실수$\}$
$|a-1|\leq2$에서 $-2\leq a-1<2$, $-1\leq a\leq3$이므로 $\{a\,|\,-1\leq a\leq3,\ a$는 실수$\}$

0344 답· $\{1, 3, 6, 9\}$

0345 답· $\{-2, 2, 3\}$

0346 답· $\{x\,|\,0<x<4,\ x$는 실수$\}$
$x^2-6x+8<0$에서 $(x-2)(x-4)<0$, $2<x<4$이므로 $\{x\,|\,0<x<4,\ x$는 실수$\}$

0347 답· $\{2, 3, 4, 6, 8, 9, 10, 12, 14, 15, 16, 18, 20\}$

0348 답· $\{3, 9\}$

0349 답· $\{-2\}$

0350 답· $\{x\,|\,2<x<3,\ x$는 실수$\}$

0351 답· $\{6, 12, 18\}$

0352 답· 거짓
짝수인 2도 소수이므로 이 명제는 거짓이다.

0353 답· 참
자연수는 모두 0보다 큰 양의 실수이다.

0354 답· 참
1의 양의 약수는 1뿐이므로 약수가 한 개인 자연수가 존재한다.

0355 답· 거짓
제곱하여 음수가 되는 실수는 존재하지 않는다.

0356 답· i는 허수이다, 참
i는 실수가 아니다. → i는 허수이다.

0357 답· π는 3보다 작거나 같다, 거짓
$\pi\fallingdotseq3.14$이므로 3보다 큰 수이다.

0358 답· $\sim p$: x는 홀수이다, $P^C=\{1, 3, 5, 7, \cdots\}$

0359 답· $\sim p$: $x\leq2$, $P^C=\{x\,|\,x\leq2,\ x$는 실수$\}$

0360 답· $\sim p$: $x<-1$, $P^C=\{x\,|\,x<-1,\ x$는 실수$\}$

0361 답· $\sim p$: $x\geq3$, $P^C=\{x\,|\,x\geq3,\ x$는 실수$\}$

0362 답· $\sim p$: $x\neq2$, $P^C=\{x\,|\,x\neq2,\ x$는 실수$\}$

0363 답· $\sim p$: $x=3$, $P^C=\{3\}$

0364 답· 국어를 공부하지 않고 수학도 공부하지 않는다.

0365 답· 수필을 읽지 않거나 소설을 읽지 않는다.

0366 답· $1\leq x<2$
$x<1$ 또는 $x\geq2$의 부정은 $1\leq x$이고 $x<2$

0367 답· $-2<x\leq5$
$x\leq-2$ 또는 $x>5$의 부정은 $-2<x$이고 $x\leq5$

0368 답· $x<-3$ 또는 $x>3$
$-3\leq x\leq3$은 $-3\leq x$이고 $x\leq3$이므로 이를 부정하면 $x<-3$ 또는 $x>3$

0369 답· $x\leq0$ 또는 $x\geq1$

0370~0373 $U=\{1, 2, 3, \cdots, 20\}$이라 할 때, 벤다이어그램으로 주어진 집합을 나타내면 그림과 같다.

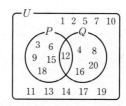

0370 답· $\{1, 2, 5, 7, 10, 11, 13, 14, 17, 19\}$

0371 답· x는 3의 배수가 아니고 4의 배수도 아니다,
$P^C\cap Q^C=\{1, 2, 5, 7, 10, 11, 13, 14, 17, 19\}$

0372 답· $\{x\,|\,x\neq12$인 20 이하의 자연수$\}$

0373 답·x는 3의 배수가 아니거나 4의 배수가 아니다,

$$P^C \cup Q^C = (P \cap Q)^C$$
$$= \{x \mid x \neq 12\text{인 } 20 \text{ 이하의 자연수}\}$$

0374 답· 어떤 소수는 짝수이다, 참

2는 짝수인 소수이므로 짝수인 소수가 존재한다.

0375 답· 어떤 자연수는 양수가 아니다, 거짓

양수가 아닌 자연수는 존재하지 않는다.

0376 답· 모든 자연수의 양의 약수는 1개가 아니다, 거짓

1의 양의 약수는 1개이므로 모든 자연수에 대해 성립하지 않는다.

0377 답· 모든 실수 x에 대하여 $x^2 \geq 0$이다, 참

실수의 제곱은 항상 0 이상의 값이 된다.

0378 답· 가성, 결론

0379 답· $\subset$

0380 답· $\supset$

0381 답· $\not\subset$

0382 답· 거짓

$P = \{1, 2, 3, 6\}$, $Q = \{1, 3\}$, $P \not\subset Q$이므로 $p \to q$는 거짓이다.

0383 답· 참

$P = \{1\}$, $Q = \{-2, 1\}$, $P \subset Q$이므로 $p \to q$는 참이다.

0384 답· 참

$P = Q$이므로 $P \subset Q$이고 $p \to q$는 참이다.

0385 답· 역: 6의 배수이면 3의 배수이다, 참

대우: 6의 배수가 아니면 3의 배수가 아니다, 거짓

0386 답· 역: $a = 0$ 또는 $b = 0$이면 $ab = 0$이다, 참

대우: $a \neq 0$이고 $b \neq 0$이면 $ab \neq 0$이다, 참

0387 답· 역: 홀수이면 소수이다, 거짓

대우: 짝수이면 소수가 아니다, 거짓

9, 15는 홀수이지만 소수가 아니다. 또한 2는 짝수인 소수이다.

0388 답· 역: 평행사변형이면 마름모이다, 거짓

대우: 평행사변형이 아니면 마름모가 아니다, 참

0389 답· 해설 참조

조건 p, q의 진리집합을 각각 P, Q라 하자.

$p \to q$가 참이면 $P \subset Q$가 성립하고 $Q^C \subset P^C$도 성립한다.

따라서 대우인 $\sim q \to \sim p$도 참이다.

0390 답· 필요, 충분

$P = \{1, 2, 4, 8, 16\}$, $Q = \{1, 2, 4\}$, $Q \subset P$이므로 $q \Rightarrow p$

0391 답· 필요, 충분

$P = \{8, 16, 24, 32, \cdots\}$, $Q = \{16, 32, \cdots\}$, $Q \subset P$이므로 $q \Rightarrow p$

0392 답· 필요충분, 필요충분

$P = \{-1, 1\}$, $Q = \{-1, 1\}$, $P = Q$이므로 $p \Leftrightarrow q$

0393 답· 충분, 필요

$P = \{x \mid -2 < x < 2\}$, $Q = \{x \mid -2 \leq x \leq 2\}$, $P \subset Q$이므로 $p \Rightarrow q$

0394 답· 필요, 충분

$Q \subset P$이므로 $q \Rightarrow p$

0395 답· 필요충분, 필요충분

$q : x^2 - 7x + 12 > 0$, $(x-3)(x-4) > 0$에서

$x < 3$ 또는 $x > 4$이므로 $P = Q$

0396 답· 필요, 충분

$P = \{(a, b) \mid a = 0 \text{ 또는 } b = 0\}$, $Q = \{(a, b) \mid a = 0 \text{이고}$ $b = 0\}$이므로 $Q \subset P$이고 $q \Rightarrow p$

0397 답· 필요충분, 필요충분

$P = \{(a, b) \mid a = 0 \text{ 또는 } b = 0\}$, $Q = \{(a, b) \mid a = 0 \text{ 또는 }$ $b = 0\}$이므로 $P = Q$이고 $p \Leftrightarrow q$

0398 답· 충분, 필요

$P = \{(a, b) \mid a \neq 0 \text{이고 } b \neq 0\}$, $Q = \{(a, b) \mid a \neq 0 \text{ 또는 }$ $b \neq 0\}$이므로 $P \subset Q$이고 $p \Rightarrow q$

0399~0406 $p \Rightarrow q$, $q \Rightarrow r$, $r \Rightarrow s$이므로 삼단논법에 의해 명제 $p \to r$, $q \to s$, $p \to s$도 참이다.

또한 이 명제들의 대우도 항상 참이 된다.

$$\sim q \to \sim p, \ \sim r \to \sim q, \ \sim s \to \sim r$$
$$\sim r \to \sim p, \ \sim s \to \sim q, \ \sim s \to \sim p$$

0399 답· ○

0400 답· ×

0401 답· ○

0402 답· ○

0403 답· ×

0404 답· ×

0405 답· ○

0406 답· ○

문제 C.O.D.I **Trendy**

0407 답· ④

참, 거짓을 명확히 확인할 수 있는 식이나 문장이 명제이다. 기준이 모호하여 참, 거짓을 확인할 수 없거나 미지수의 값에 따라 진릿값이 달라지는 것들은 명제가 아니다.

① 참인 명제이다.

② 주어진 이차함수는 $x = 1$일 때 최솟값 -1을 가지고 최댓값은 존재하지 않는다. 따라서 거짓인 명제이다.

③ 항등식이므로 항상 성립한다. 따라서 참인 명제이다.

④ x, y의 값에 따라 식이 참일 수도, 거짓일 수도 있다.
따라서 명제가 아니다.
⑤ 모든 4의 배수는 $4n=2\times(2n)$의 꼴이므로 짝수이다.
따라서 참인 명제이다.

0408 답· ③, ⑤
① 큰 수의 정의가 명확하지 않다.
② x의 값에 따라 참, 거짓이 달라지는 조건이다.
③ 결론의 식에 $x=3$을 대입하면 $2\times3-1<10$이므로 참인 것을 확인할 수 있다. 따라서 이 식은 명제이다.
④ x의 값에 따라 참, 거짓이 달라지는 조건이다.
⑤ $x+4\geq x-1$, $0\cdot x\geq-5$이므로 x의 값에 관계없이 항상 참이 되는 명제이다.

0409 답· ㄱ, ㄴ
ㄱ. 12와 15의 공약수는 1, 3이므로 서로소가 아니다.
따라서 거짓인 명제이다.
ㄴ. x에 어떤 값을 대입해도 식이 성립하지 않으므로 항상 거짓이 된다. 따라서 거짓인 명제이다.
ㄷ. 참인 명제
ㄹ. $2(x+1)>2x-5$, $0\cdot x>-7$이므로 x의 값에 관계없이 항상 참이 되는 명제이다.
ㅁ, ㅂ. 미지수의 값에 따라 진릿값이 달라지는 조건이다.

0410 답· ①
진리집합 P는 12의 양의 약수 중 홀수를 원소로 갖는다.
따라서 $P=\{1, 3\}$이므로 $n(P)=2$

0411 답· ③
$ab=0$은 $a=0$ 또는 $b=0$를 뜻한다. 즉, a와 b 중 적어도 하나가 0이어야 하므로 $(1, -1)$과 같이 a, b 모두 0이 아닌 순서쌍은 P의 원소가 될 수 없다.

0412 답· $P\cup Q$
조건 r의 범위 $-2<x<3$은 두 조건 p, q의 범위를 합한 것이다. 따라서 r는 p 또는 q와 같고 이를 진리집합으로 나타내면 $P\cup Q$이다.

0413 답· $P\cap Q$
조건 r의 범위 $3\leq x<7$은 두 조건 p, q의 공통 범위임을 알 수 있다. 따라서 r는 p 그리고 q와 같고 이를 진리집합으로 나타내면 $P\cap Q$이다.

0414 답· ③
$(-1)^{2n}=1$ (-1의 짝수 제곱은 1)이므로 ③의 부정 $(-1)^{2n}\neq-1$은 참이다.
①, ②, ④, ⑤의 명제는 참이므로 그 부정은 거짓이다.

0415 답· ③
$\sim p$: $x\geq4$이므로 범위를 만족하는 정수의 최솟값은 4이다.

0416 답· ⑤
$ab=0$은 $a=0$ 또는 $b=0$이므로 이의 부정은 $a\neq0$이고 $b\neq0$이다.

0417 답· ②
$\sim p$: $-1\leq x$이고 $x<4$, 즉 $-1\leq x<4$이므로 정수 x는 -1, 0, 1, 2, 3이다.
따라서 $\sim p$의 진리집합의 모든 원소의 합은 5이다.

0418 답· ②
$\sim p$: $x^2-6x-7<0$, 즉 $(x+1)(x-7)<0$에서 $-1<x<7$이므로 부등식을 만족하는 정수는 0, 1, 2, $\cdots$, 6이다.
따라서 $\sim p$의 진리집합의 원소의 개수는 7이다.

0419 답· ②
'$\sim p$: x는 홀수이고 6의 약수가 아니다.'이므로
전체집합 U에서
(ⅰ) 홀수의 집합: $\{1, 3, 5, 7\}$
(ⅱ) 6의 약수가 아닌 수의 집합: $\{4, 5, 7, 8\}$
$\sim p$의 진리집합은 위의 두 집합의 교집합이므로 $P^C=\{5, 7\}$
따라서 $\sim p$의 진리집합의 모든 원소의 합은 12이다.

0420 답· ①
$\sim p$: $x(x+4)\geq0 \rightarrow P^C=\{x\,|\,x\leq-4$ 또는 $x\geq0\}$
$\sim q$: $(x+1)(x-3)\geq0 \rightarrow Q^C=\{x\,|\,x\leq-1$ 또는 $x\geq3\}$
따라서 p 또는 q의 부정은 $\sim p$이고 $\sim q$이므로 진리집합은 $P^C\cap Q^C=\{x\,|\,x\leq-4$ 또는 $x\geq3\}$

0421 답· ②
$\sim q$: $x\geq1$이므로 조건 $1\leq x<3$은 조건 p이고 $\sim q$가 된다.
따라서 구하는 진리집합은 $P\cap Q^C$이다.

0422 답· ②, ⑤
'어떤'이란 표현이 포함된 명제는 단 하나라도 만족하는 값이 존재하면 참이 되고, '모든'이란 표현이 포함된 명제는 예외 없이 모두 만족할 때 참이 된다.
① 2는 짝수인 소수이다. (참)
② 1의 양의 약수는 1 하나뿐이므로 모든 자연수의 양의 약수가 2개 이상인 것은 아니다. (거짓)
③ $x=0$일 때 $x^2=0$이다. (참)
④ 모든 실수의 제곱은 0 이상의 값이 된다. (참)
⑤ 주어진 이차방정식은 허근을 가진다. 따라서 만족하는 실수가 존재하지 않는다. (거짓)

0423 답· ⑤
부정을 구한 뒤 참, 거짓을 확인한다.
① 모든 소수는 홀수이다. → 반례: 2 (거짓)
② 모든 실수 x에 대하여 $(x-2)^2<0$ → 해가 존재하지 않는다. (거짓)

③ 모든 실수 x에 대하여 $2x-1 \geq 3$ → 반례: $x=0$ (거짓)

④ 어떤 실수 x에 대하여 $(x-2)^2 < 0$ → 해가 존재하지 않는다. (거짓)

⑤ 어떤 실수 x에 대하여 $x^2-1 \leq 0$ → $-1 \leq x \leq 1$일 때 부등식이 성립한다. (참)

0424 답·④

$x-a+4>0$, 즉 $x>a-4$에서 모든 양의 실수는 0보다 큰 수이므로 $x>0$, $x>-1$과 같이 $a-4 \leq 0$이면 모든 양수에 대하여 부등식이 성립한다.

따라서 $a \leq 4$이므로 자연수 a는 1, 2, 3, 4의 4개이다.

0425 답·③

$x^2-2x+k \geq 0$이 모든 실수에 대하여 성립하려면

$\dfrac{D}{4} = (-1)^2 - k \leq 0$에서 $k \geq 1$

$x^2-3x+k<0$의 근이 존재하려면

$D = (-3)^2 - 4k > 0$에서 $k < \dfrac{9}{4}$

따라서 $1 \leq k < \dfrac{9}{4}$이므로 모든 정수 k의 값의 합은

$1+2=3$

보충학습

(i) $x^2-2x+k \geq 0$에서 $f(x)=x^2-2x+k$라 할 때, 이 차부등식이 항상 성립하려면 $y=f(x)$의 그래프가 다음 그림과 같이 x축과 만나지 않거나 접해야 한다.

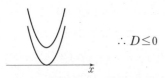

$\therefore D \leq 0$

(ii) $x^2-3x+k<0$의 해가 존재하려면 다음 그림과 같이 $f(x)=x^2-3x+k$의 그래프가 x축 아래에 있는 부분이 존재해야 하므로 x축과 서로 다른 두 점에서 만나게 된다.

$\therefore D>0$

0426 답·④

조건 p, q의 진리집합을 각각 P, Q라 하면

$P=\{a\}$, $Q=\{x \mid -1 \leq x \leq 5\}$

이때 $p \rightarrow q$가 참이므로 $P \subset Q$이다.

따라서 $-1 \leq a \leq 5$이므로 a의 최솟값은 -1, 최댓값은 5이고, 그 합은 $-1+5=4$

0427 답·③

조건 p, q의 진리집합을 각각 P, Q라 하면 $Q=\{1, 2, 4\}$

이때 $p \rightarrow q$가 참이므로 $P \subset Q$이다.

따라서 P는 Q의 부분집합 중 공집합을 제외한 것으로 P의 개수는 $2^3-1=7$

0428 답·$a \leq 3$

조건 p, q의 진리집합을 각각 P, Q라 하면

$q \rightarrow p$가 참이므로 $Q \subset P$이다.

두 집합의 포함 관계를 수직선으로 나타내면 다음 그림과 같다.

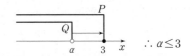

$\therefore a \leq 3$

0429 답·③

$\sim q: (x+2)(x-3) \leq 0$에서 $-2 \leq x \leq 3$

즉, $Q^C = \{-2, -1, 0, 1, 2, 3\}$이고 $\sim q \rightarrow p$가 참이므로 $Q^C \subset P$이다.

따라서 집합 P는 U의 부분집합 중에서 Q의 모든 원소를 갖는 부분집합이므로 P의 개수는 $2^{11-6}=2^5=32$

0430 답·②

$P \not\subset Q$이면 $p \rightarrow q$가 거짓이다.

따라서 P에는 속하지만 Q에는 속하지 않는 원소를 확인하면 -1이다.

0431 답·④

(i) $P \not\subset Q$이면 $p \rightarrow q$가 거짓이므로 P에는 속하지만 Q에는 속하지 않는 원소를 확인하면 1, 2이다.

(ii) $Q \not\subset P$이면 $q \rightarrow p$가 거짓이므로 Q에는 속하지만 P에는 속하지 않는 원소를 확인하면 4이다.

따라서 구하는 모든 원소의 합은 7이다.

0432 답·③

(i) $p \rightarrow q$가 거짓이므로 $P \not\subset Q$

(ii) $p \rightarrow r$이 참이므로 $P \subset R$

이 포함 관계를 수직선에 나타내면 다음과 같다.

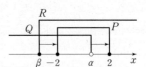

$\therefore \beta \leq -2, \alpha \leq 2$

따라서 α, β가 최대일 때 $\alpha+\beta$가 최대가 되고 그 값은 0이다.

0433 답·①

$\sim p \Rightarrow q$에서 $P^C \subset Q$이고 이를 벤다이어그램으로 나타내면 다음 그림과 같다.

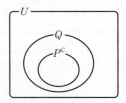

따라서 항상 참이라고 할 수 없는 것은 ①이다.

(i) 고정 관념을 버려라.

여집합도 집합이므로 위의 그림처럼 벤다이어그램으로 표현할 수 있다.

(ii) $P^C=Q$일 경우 $P\cap Q=\varnothing$가 참이지만 $P^C\neq Q$, $P^C\subset Q$(P^C이 Q의 진부분집합)이면 $P\cap Q\neq\varnothing$가 되어 참이 되지 않는다.

0434 답· ⑤

서로소인 두 집합의 벤다이어그램을 연상해 보면 쉽게 이해할 수 있다. $P\cap Q=\varnothing$에서

$Q\subset P^C$이므로 $q\Rightarrow\sim p$

$P\subset Q^C$이므로 $p\Rightarrow\sim q$

따라서 보기에서 참인 명제는 ⑤이다.

0435 답· ⑤

$\sim p$: $x=-2$ 또는 $x=4$에서 $P^C=\{-2,\ 4\}$이고

$Q=\{x\,|-2\leq x\leq4\}$이므로 $P^C\subset Q$

따라서 $\sim p\to q$가 참이다.

0436 답· ㄱ, ㄹ

$p\to q$가 거짓이면 $P\not\subset Q$이므로 다음과 같은 벤다이어그램을 생각할 수 있다.

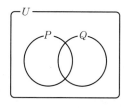 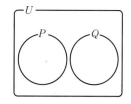

따라서 옳은 것은 ㄱ, ㄹ이다.

0437 답· 해설 참조

주어진 명제의 대우는 '$a\leq\sqrt2$이면 $a^2\leq2$이다.'

p: $a\leq\sqrt2$, q: $a^2\leq2$의 진리집합을 P, Q라 하면

$P=\{a\,|\,a\leq\sqrt2\}$, $Q=\{a\,|-\sqrt2\leq a\leq\sqrt2\}$

따라서 $P\not\subset Q$이므로 거짓이다.

반례를 찾아 거짓임을 확인할 수 있다.

$a=-2$이면 $a^2=4$이므로 2보다 큰 값이 되어 거짓이 된다.

0438 답· ⑤

보기의 역을 각각 구한 뒤 참, 거짓을 확인한다.

① $x^2=0$이면 $x=0$이다.

제곱하여 0이 되는 실수는 0뿐이므로 참이다.

② $x\neq0$이면 $x^2>0$이다.

0이 아닌 실수의 제곱은 양수이므로 참이다.

③ $x=0$이고 $y=0$이면 $xy=0$이다. (참)

④ $x<0$이면 $x^2>2x$이다.

$x^2>2x$의 해는 $x<0$ 또는 $x>2$이므로 참이다.

⑤ $x=0$ 또는 $y=0$이면 $x^2+y^2=0$이다.

x, y가 모두 0이어야 $x^2+y^2=0$이 되므로 거짓이다.

(반례: $x=0$, $y=1$)

0439 답· ②, ③

p: $a^2+b^2=0$에서 $a=0$이고 $b=0$

q: $ab=0$에서 $a=0$ 또는 $b=0$

따라서 $p\to q$가 참이 된다.

② $q\to p$의 역이 $p\to q$이므로 참이 된다.

③ $\sim p\to\sim q$의 역 $\sim q\to\sim p$는 참인 명제 $p\to q$의 대우이므로 참이 된다.

0440 답· ①

주어진 명제의 대우는 '$x=a$이면 $x^2+3x-10=0$이다.'

따라서 $x^2+3x-10=0$의 해는 $x=-5$ 또는 $x=2$이므로 주어진 명제가 참이 되는 모든 실수 a의 값의 합은 -3이다.

직접 참, 거짓을 판별하기 힘든 명제의 경우 대우를 구하여 확인하면 쉽게 알 수 있는 경우가 있다. 명제와 그 대우의 진릿값이 같으므로 대우의 참, 거짓을 확인하면 명제의 참, 거짓도 알 수 있다.

0441 답· $-2<a<0$

명제 $q\to p$가 참이면 그 대우 $\sim p\to\sim q$도 참이다.

$\sim p$: $|x-a|\leq1$에서 $a-1\leq x\leq a+1$

$\sim q$: $-3<x<1$이므로 수직선에 포함 관계를 나타내면 다음과 같다.

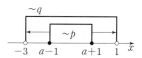

따라서 $a-1>-3$이고 $a+1<1$이므로 $-2<a<0$이다.

0442 답· ①

주어진 명제의 대우 '$x^2=9$이면 $x=3$이다.'에서 $x^2=9$의 진리집합의 원소 중 $x=-3$이 거짓이 되는 반례이다.

0443 답· 해설 참조

주어진 명제의 대우 'a가 짝수이고 b가 짝수이면 $a+b$가 짝수이다.'가 참임을 증명하면 된다.

두 짝수의 합은 짝수이므로 참이다.

식을 세워 대우를 증명할 수 있다.

짝수는 $2\times$(정수)의 꼴이므로 $a=2m$, $b=2n$(m, n은 정수)라 하면 $a+b=2m+2n=2(m+n)$이므로 대우가 참임을 알 수 있다.

대우가 참이므로 원래의 명제도 참이다.

0444 답·②

$\sim p$가 q이기 위한 필요조건이므로 $q \to \sim p$가 참이다.

따라서 이 명제의 대우 $p \to \sim q$도 참이다.

0445 답·충분조건

두 조건 p, q의 진리집합을 P, Q라 하면

$\sim p$: $x(x+4)=0$에서 $P^C=\{-4, 0\}$

q: $x^3+6x^2+8x=0$, $x(x+2)(x+4)=0$에서

$Q=\{-4, -2, 0\}$

즉, $P^C \subset Q$이므로 $\sim p \to q$가 참이다.

따라서 $\sim p$는 q이기 위한 충분조건이다.

0446 답·④

보기의 조건 p, q의 진리집합을 각각 P, Q라 하자.

ㄱ. $P=\{(x, y)\,|\,x=0$이고 $y=0\}$

$Q=\{(x, y)\,|\,x=0$이고 $y=0\}$

$P=Q$이므로 $p \Leftrightarrow q$, 즉 p는 q이기 위한 필요충분조건

ㄴ. $P=\{(x, y)\,|\,x=y\}$

$Q=\{(x, y)\,|\,x=y$ 또는 $x=-y\}$

$P \subset Q$이므로 $p \Rightarrow q$, 즉 p는 q이기 위한 충분조건

ㄷ. 집합 P는 서로 같은 두 집합을 원소로 갖고 집합 Q는 서로 같은 두 집합뿐 아니라 B의 진부분집합까지 원소로 갖는다.

$P \subset Q$이므로 $p \Rightarrow q$, 즉 p는 q이기 위한 충분조건

따라서 충분조건이지만 필요조건은 아닌 것은 ㄴ, ㄷ이다.

0447 답·ㄴ, ㄷ, ㅁ

서로 같은 내용을 의미하면 필요충분조건이다.

각 조건의 의미를 파악하여 포함 관계를 생각한다.

ㄱ. p: $xy>0$은 '$x>0$이고 $y>0$' 또는 '$x<0$이고 $y<0$'

q: $x>0$이고 $y>0$

즉, $q \Rightarrow p$이므로 p는 필요조건

ㄴ. p: $A \cap B=A$에서 $A \subset B$

q: $A \subset B$

즉, 두 조건이 같아 $p \Leftrightarrow q$이므로 p는 필요충분조건

ㄷ. p: $x=y=z$

q: $x=y$이고 $y=z$이고 $z=x$에서 $x=y=z$

즉, 두 조건이 같아 $p \Leftrightarrow q$이므로 p는 필요충분조건

ㄹ. p: $z=0$ 또는 $x=y$

q: $x=y$

즉, $q \Rightarrow p$이므로 p는 필요조건

ㅁ. p: $xy=0$은 $x=0$ 또는 $y=0$

q: $x=0$ 또는 $y=0$

즉, 두 조건이 같아 $p \Leftrightarrow q$이므로 p는 필요충분조건

따라서 p가 q이기 위한 필요충분조건은 ㄴ, ㄷ, ㅁ이다.

0448 답·③

(i) $z=0$일 때 q는 $x=y$, $x \neq y$인 경우 모두 참이므로 $p \Rightarrow q$이다.

따라서 q는 p이기 위한 <u>⑴ 필요</u> 조건이다.

(ii) $z \neq 0$일 때 $xz=yz$의 양변을 z로 나누면 $x=y$이므로 $p \Leftrightarrow q$이다.

따라서 q는 p이기 위한 <u>⑴ 필요충분</u> 조건이다.

보충학습

$xz=yz$가 성립하는 경우를 생각해 보자.

(i) $z=0$인 경우 $0 \cdot x=0 \cdot y$이므로 x, y의 값에 관계없이 성립한다.

(ii) $z \neq 0$인 경우 양변이 같기 위해서는 $x=y$를 만족해야 한다.

⑩ $z=3$일 때, $3x=3y$에서 $x=y$

0449 답·④

보기에서 $B \subset A$와 일치하지 않는 것을 찾으면 된다.

집합의 연산을 복습할 것을 권한다.

④ $B^C \subset A^C$이면 $A \subset B$가 성립한다.

0450 답·①

서로소인 두 집합의 벤다이어그램을 연상해 보면 쉽게 이해할 수 있다.

$P \cap Q=\varnothing$에서 $P \subset Q^C$이므로 $p \Rightarrow \sim q$이다. 이 명제의 대우 $q \to \sim p$도 역시 참이다.

따라서 $\sim p$는 q이기 위한 필요조건이다.

0451 답·③

$r \to (p$ 또는 $q)$가 참이므로 이를 진리집합의 포함 관계로 나타내면 $R \subset (P \cup Q)$

0452 답·③

(i) p가 q이기 위한 필요조건이 아닌 충분조건이므로 진리집합 P가 Q의 진부분집합이 된다.

$\therefore a=2^3-1=7$

(ii) r이 q이기 위한 충분조건이 아닌 필요조건이므로 진리집합 R은 Q의 모든 원소가 속하는 U의 부분집합이고 Q와 같지 않아야 한다.

$\therefore b=2^{5-3}-1=3$

$\therefore a+b=10$

보충학습

P의 개수를 구할 때 $P=Q$인 경우의 수를 빼야 한다.

$P=Q$인 경우 p는 q이기 위한 필요충분조건이 되므로 주어진 조건에 어긋난다.

R의 개수를 구할 때 역시 $R=Q$이면 r은 q이기 위한 필요충분조건이 되므로 이 경우의 수를 빼야 한다.

0453 답·③

p가 q이기 위한 필요조건이므로 $q \Rightarrow p$이다.

즉, q의 범위가 p의 범위에 포함되어야 하므로 $a \leq 3$

따라서 a의 최댓값은 3이다.

0454 답·①

$\sim p$: $x^2+x-12<0$에서 $-4<x<3$

q: $\{x-(a-3)\}\{x-(a+1)\}<0$에서 $a-3<x<a+1$

$q \Rightarrow \sim p$이므로 q의 범위가 $\sim p$의 범위에 포함이 된다.

$-4 \leq a-3$에서 $-1 \leq a$

$a+1 \leq 3$에서 $a \leq 2$

$\therefore -1 \leq a \leq 2$

따라서 $\alpha=-1$, $\beta=2$이므로 $\alpha\beta=-2$

0455 답·③

두 조건이 필요충분조건이므로 부등식의 해가 일치한다.

즉, $x^2+ax+b<0$의 해가 $-1<x<2$이므로

$x^2+ax+b=(x+1)(x-2)=x^2-x-2$에서

$a=-1$, $b=-2$

$\therefore a+b=-3$

0456 답·-1

$2(x-2)=3(x-1)$에서 $x=-1$이므로 조건 q의 진리집합은 $Q=\{-1\}$이다.

p가 q이기 위한 필요충분조건이므로 조건 p의 진리집합은 $P=\{-1\}$이고 방정식 $x^2-2ax+a+2=0$이 -1을 중근으로 갖는다.

따라서 $(-1)^2+2a+a+2=0$이므로 $a=-1$

0457 답·④

$s \to \sim p$, $\sim p \to r$이 참이면 삼단논법에 의해 $s \to r$이 참이고 대우인 $\sim r \to \sim s$도 참이다.

따라서 항상 참인 것은 ㄱ, ㄷ이다.

0458 답·①

$q \to r$, $r \to p$가 참이면

(i) 대우도 참: $\sim r \Rightarrow \sim q$, $\sim p \Rightarrow \sim r$

(ii) 삼단논법에 의해 $q \Rightarrow p$도 참

(iii) (ii)의 대우도 참: $\sim p \Rightarrow \sim q$

따라서 항상 참이라고 할 수 없는 것은 ①이다.

0459 답·필요조건

주어진 명제와 그 대우는 모두 참이다.

$\sim p \Rightarrow s \cdots$ ㉠, $\sim q \Rightarrow \sim s \cdots$ ㉡, $\sim s \Rightarrow p \cdots$ ㉢, $s \Rightarrow q \cdots$ ㉣

㉡과 ㉣에 의해 $\sim q \Rightarrow p$

따라서 p는 $\sim q$이기 위한 필요조건이다.

0460 답·ㄱ, ㄹ, ㅁ, ㅂ

참인 명제와 그 대우를 나열해 보자.

$\sim q \Rightarrow \sim p \quad \cdots$ ㉠, $\qquad p \Rightarrow q \quad \cdots$ ㉠′

$q \Rightarrow r \quad \cdots$ ㉡, $\qquad \sim r \Rightarrow \sim q \quad \cdots$ ㉡′

$s \Rightarrow \sim r \quad \cdots$ ㉢, $\qquad r \Rightarrow \sim s \quad \cdots$ ㉢′

(i) 참인 명제의 대우: ㄱ, ㄹ

(ii) 삼단논법에 의해 참인 명제:

㉡과 ㉢′에 의해 ㅁ. $q \Rightarrow \sim s$

(iii) (ii)의 대우: ㅂ. $s \Rightarrow \sim q$

따라서 참인 것은 ㄱ, ㄹ, ㅁ, ㅂ이다.

0461 답·⑤

$Q \subset R$에서 $q \Rightarrow r \quad \cdots$ ㉠

$R \subset P$에서 $r \Rightarrow p \quad \cdots$ ㉡

㉠, ㉡에서 $q \Rightarrow p$이고 그 대우 $\sim p \Rightarrow \sim q$도 참이므로

옳은 것은 ⑤이다.

0462 답·필요조건

$Q^C \subset R$에서 $\sim q \Rightarrow r \quad \cdots$ ㉠

$P^C \subset R^C$에서 $\sim p \Rightarrow \sim r \quad \cdots$ ㉡

㉠에서 $\sim r \Rightarrow q$이고 ㉡과 삼단논법으로 연결하면 $\sim p \Rightarrow q$이므로 q는 $\sim p$이기 위한 필요조건이다.

0463 답·②

① $R^C \subset P^C$이므로 $\sim r \to \sim p$는 참이지만

  $P^C \not\subset R^C$이므로 $\sim p \to \sim r$은 거짓

② $P \subset Q^C$이므로 $p \to \sim q$는 참

③ $P \cap Q=\varnothing$, $P \not\subset Q$에서 $p \to q$는 거짓

④ $Q \subset R^C$이므로 $q \to \sim r$은 참이지만

  $R^C \not\subset Q$이므로 $\sim r \to q$는 거짓

⑤ $Q \cap R=\varnothing$, $Q \not\subset R$에서 $q \to r$은 거짓

문제 C.O.D.I Final

0464 답·거짓

$f(x)=x^2+5x+7$이라 하면 $D=5^2-4 \cdot 7<0$

즉, 모든 실수 x에 대하여 $f(x)>0$이므로 $x^2+5x+7 \leq 0$은 어떤 실수에 대하여도 성립하지 않는다. (거짓)

0465 답·$a \neq 0$이고 $b \neq 0$이고 $c \neq 0$

$abc=0$은 '$a=0$ 또는 $b=0$ 또는 $c=0$'과 같은 의미이다.

따라서 이를 부정하면 '$a \neq 0$이고 $b \neq 0$이고 $c \neq 0$'이다.

보충학습

$a=0$ 또는 $b=0$ 또는 $c=0$은 'a, b, c 세 수 중 적어도 하나는 0'임을 뜻한다.

따라서 이 부정은 'a, b, c 세 수 중 하나도 0이 아니다.'가 되므로 이를 $a \neq 0$이고 $b \neq 0$이고 $c \neq 0$로 표현할 수 있다.

0466 답·③

주어진 명제가 거짓이면 이차방정식 $x^2-2(k+1)x+4=0$
이 실근을 갖지 않아야 하므로

$\frac{D}{4}=(k+1)^2-4<0$에서 $(k+3)(k-1)<0$

$\therefore -3<k<1$

따라서 정수 k는 $-2, -1, 0$의 3개이다.

0467 답·①

이차부등식이 항상 성립하기 위한 조건을 구한다.

$D=(k+2)^2-16\le0$에서 $(k+6)(k-2)\le0$

$\therefore -6\le k\le2$

따라서 실수 k의 최댓값은 2, 최솟값은 -6이므로 그 합은
-4이다.

0468 답·⑤

⑤ $x+y>2$이면 $x>1$이고 $y>1$이다.

　[반례] $x=3, y=0$이면 $x+y>2$이지만
　　　　 $x>1$이고 $y<1$이다. (거짓)

0469 답·해설 참조

주어진 명제의 부정은 다음과 같다.

'어떤 실수 x에 대하여 $x^2\le0$이다.'

이때 부등식을 만족하는 실수의 값이 하나만 존재해도 참이
된다.

따라서 $x=0$일 때 부등식이 참이 되므로 참이다.

0470 답·$1\le x^2\le4$이면 $1\le x\le2$이다.

0471 답·③

두 조건 p, q의 진리집합을 각각 P, Q라 하면

$P=\{1, 3, 5, 7, 9\}$에서 $P^C=\{2, 4, 6, 8, 10\}$

$q: x^2-8x+7<0, (x-1)(x-7)<0$에서

$Q=\{2, 3, 4, 5, 6\}$

즉, 'p 또는 $\sim q$'의 부정 '$\sim p$ 그리고 q'의 진리집합은

$P^C\cap Q=\{2, 4, 6\}$

따라서 구하는 모든 원소의 합은 12이다.

0472 답·④

두 조건 p, q의 진리집합을 P, Q라 하면

$p \to q$가 참일 때, $P\subset Q$이다.

$q: x^2-3x-4\le0, (x+1)(x-4)\le0$에서 $-1\le x\le4$이
므로 a는 이 범위에서 하나의 값을 갖는다.

따라서 a의 최댓값은 4이다.

0473 답·④

$a^2+b^2+c^2=0$은 $a=0$이고 $b=0$이고 $c=0$과 필요충분조건
이다.

이와 일치하는 것은 ④이다.

① $ab=0 \Leftrightarrow a=0$ 또는 $b=0$

② $abc=0 \Leftrightarrow a=0$ 또는 $b=0$ 또는 $c=0$

③ $(a-b)^2+c^2=0 \Leftrightarrow a=b$이고 $c=0$

0474 답·④

두 조건 p, q의 부정을 구해 보자.

$\sim p: ab=6,$ $\sim q: a=2$이고 $b=3$

조건 p, q의 진리집합을 P, Q라 하면

$P^C=\{(2, 3), (1, 6), (3, 2), (-1, -6), \cdots\}$

$Q^C=\{(2, 3)\}$

이때 $Q^C\subset P^C$이므로 $\sim q \Rightarrow \sim p$이고 대우 $p \Rightarrow q$도 성립한다.

따라서 참인 명제는 ㄱ, ㄴ이다.

0475 답·64

$p \Rightarrow (q$ 또는 $r)$이므로 $P\subset(Q\cup R)$이 성립한다.

$P-Q=\{2, 4, 8\}$이므로 포함 관계가 성립하려면 집합 R가
$2, 4, 8$을 모두 원소로 가져야 한다.

따라서 U의 부분집합 중 $2, 4, 8$을 모두 원소로 갖는 R의
개수는 $2^{9-3}=64$

0476 답·③

$\sim p: x^2-4x+3\le0$에서 $1\le x\le3$이고

$\sim p \Rightarrow q$이므로 $1\le x\le3$이 $x\le a$에 포함된다.

따라서 $a\ge3$이므로 a의 최솟값은 3이다.

0477 답·①

진리집합 사이의 포함 관계를 통해 항상 참인 명제를 확인
한다.

・$R\subset P$에서 $r \Rightarrow p$

・$R\subset Q$에서 $r \Rightarrow q$

・$R\subset(P\cup Q)$에서 $r \Rightarrow (p$ 또는 $q)$

・$R\subset(P\cap Q)$에서 $r \Rightarrow (p$이고 $q)$

따라서 항상 참이라고 할 수 없는 명제는 ①이다.

0478 답·④

・$P^C\subset R^C$에서 $R\subset P$이므로 $r \Rightarrow p$　　　…㉠

・$Q\cap R=Q$에서 $Q\subset R$이므로 $q \Rightarrow r$　　　…㉡

・삼단논법에 의해 ㉠, ㉡을 연결하면 $q \Rightarrow p$

따라서 항상 참인 명제는 ④이다.

Basic

0479 답· 증명

0480 답· 대우증명법 또는 대우법

0481 답· 부정, 귀류법

0482 답· 해설 참조

주어진 명제의 대우 'n이 2의 배수가 아니면 n^2도 2의 배수가 아니다.'를 증명한다.

$n=2m+1$(m은 정수)로 놓으면

$n^2=(2m+1)^2=2(2m^2+2m)+1$

이므로 n^2도 2의 배수가 아니다.

대우가 참이므로 원래의 명제도 참이다.

0483 답· 해설 참조

주어진 명제의 대우 'n이 짝수이면 n^2도 짝수이다.'를 증명한다.

$n=2m$(m은 정수)로 놓으면 $n^2=4m^2=2\cdot(2m^2)$이므로 n^2도 짝수이다.

대우가 참이므로 원래의 명제도 참이다.

0484 답· 해설 참조

귀류법으로 증명한다.

$\sqrt{2}$가 유리수라 하면 $\sqrt{2}=\dfrac{n}{m}$(m, n은 서로소인 자연수)의 꼴로 나타낼 수 있다. $n=m\sqrt{2}$에서 $n^2=2m^2$이므로 n^2은 2의 배수이고 n도 2의 배수이다.

따라서 $n=2a$이고 이를 다시 대입하면 $n^2=2m^2$, $m^2=2a^2$에서 m^2이 2의 배수이고 m도 2의 배수가 된다.

이는 m, n이 서로소라는 유리수의 정의에 모순이 되므로 $\sqrt{2}$는 무리수이다.

0485 답· 해설 참조

귀류법으로 증명한다.

$\sqrt{5}$가 유리수라 하면 $\sqrt{5}=\dfrac{n}{m}$(m, n은 서로소인 자연수)의 꼴로 나타낼 수 있다. $n=m\sqrt{5}$에서 $n^2=5m^2$이므로 n^2은 5의 배수이고 n도 5의 배수이다.

따라서 $n=5a$이고 이를 다시 대입하면 $n^2=5m^2$, $m^2=5a^2$에서 m^2이 5의 배수이고 m도 5의 배수가 된다.

이는 m, n이 서로소라는 유리수의 정의에 모순이 되므로 $\sqrt{5}$는 무리수이다.

0486 답· $(a-b)^2$

0487 답· $|ab|$

0488 답· $a=0$이고 $b=0$

0489 답· $a=0$이고 $b=0$이고 $c=0$

0490 답· $x=2$이고 $y=-1$

0491 답· 해설 참조

$x^2-x-(x-1)=x^2-2x+1$
$=(x-1)^2\geq 0$

이므로 $x^2-x\geq x-1$이고 등호는 $x=1$일 때 성립한다.

0492 답· 해설 참조

$-x^2+x-1-(-x+2)=-x^2+2x-3$
$=-(x-1)^2-2<0$

이므로 $-x^2+x-1<-x+2$이고 등호는 성립하지 않는다.

0493 답· 해설 참조

$4x-2-4x^2=-4x^2+4x-1-1$
$=-(2x-1)^2-1<0$

이므로 $4x-2<4x^2$이고 등호는 성립하지 않는다.

0494 답· 해설 참조

제곱하여 뺀다.

$(\sqrt{x-2})^2-(\sqrt{x^2-5x+7})^2=x-2-(x^2-5x+7)$
$=-x^2+6x-9$
$=-(x-3)^2\leq 0$

이므로 $\sqrt{x-2}\leq\sqrt{x^2-5x+7}$이고 등호는 $x=3$일 때 성립한다.

0495 답· 해설 참조

제곱하여 뺀다.

$(x-2)^2-(\sqrt{x-2})^2=x^2-4x+4-(x-2)$
$=x^2-5x+6$
$=(x-2)(x-3)$

에서 $x>3$일 때 식의 값은 양수이므로

$x-2>\sqrt{x-2}$이고 등호는 성립하지 않는다.

0496 답· 해설 참조

$x-1-(x^2-1)=-x^2+x=-x(x-1)$에서 $x>1$일 때 식의 값은 음수이므로 $x-1<x^2-1$이고 등호는 성립하지 않는다.

0497 답· $\geq$

0498 답· $<$

0499 답· $\geq$, $a=0$이고 $b=0$

0500 답· $\geq$, $a=0$이고 $b=0$

0501 답· $\leq$

0502 답· $\geq$

0503 답· $\leq$, $ab\geq 0$

0504 답· ○

$4x^2-12x+9=(2x-3)^2\geq 0$이므로 모든 실수에 대하여 성립하는 절대부등식이다.

0505 답·×

$4x^2-12x+9=(2x-3)^2>0$이므로 $x=\dfrac{3}{2}$일 때, $0>0$이 되어 성립하지 않는다. 따라서 절대부등식이 아니다.

0506 답·○

실수의 절댓값은 항상 0 이상이므로 절대부등식이다.

0507 답·×

$x=2$일 때 $0>0$이 되어 성립하지 않는다. 따라서 절대부등식이 아니다.

0508 답·○

어떤 수나 식의 절댓값은 항상 그 수나 식보다 크거나 같으므로 절대부등식이다.

0509 답·×

$x^2-6xy+2y^2=x^2-6xy+9y^2-7y^2=(x-3y)^2-7y^2$이므로 항상 성립하지 않는다.

(반례) $x=1$, $y=1$이면 $1^2-6\cdot1\cdot1+2\cdot1^2<0$

0510 답·○

$x^2-6xy+9y^2=(x-3y)^2\geq0$이므로 모든 실수 x, y에 대하여 성립하는 절대부등식이다.

0511 답·해설 참조

양변을 제곱하여 빼서 대소 비교한다.

$$\left(\dfrac{a+b}{2}\right)^2-(\sqrt{ab})^2=\dfrac{a^2+2ab+b^2}{4}-ab$$
$$=\dfrac{a^2-2ab+b^2}{4}$$
$$=\left(\dfrac{a-b}{2}\right)^2\geq0$$

$\therefore \dfrac{a+b}{2}\geq\sqrt{ab}$ (단, 등호는 $a=b$일 때 성립)

0512 답·해설 참조

$$(a^2+b^2)(x^2+y^2)-(ax+by)^2$$
$$=(a^2+b^2)x^2+(a^2+b^2)y^2-(a^2x^2+2abxy+b^2y^2)$$
$$=b^2x^2-2abxy+a^2y^2$$
$$=(bx-ay)^2\geq0$$
$$\therefore (a^2+b^2)(x^2+y^2)\geq(ax+by)^2$$

(단, 등호는 $\dfrac{x}{a}=\dfrac{y}{b}$일 때 성립)

0513 답·8

산술·기하평균의 관계를 이용한다.

$a+b\geq2\sqrt{ab}$ 에서 $a+b\geq2\sqrt{16}=8$

0514 답·12

$2a+3b\geq2\sqrt{6ab}$ 에서 $2a+3b\geq2\sqrt{36}=12$

0515 답·2

$a+\dfrac{1}{a}\geq2\sqrt{a\cdot\dfrac{1}{a}}=2$

0516 답·2

$\dfrac{b}{a}+\dfrac{a}{b}\geq2\sqrt{\dfrac{b}{a}\cdot\dfrac{a}{b}}=2$

0517 답·4

$a+\dfrac{4}{a}\geq2\sqrt{a\cdot\dfrac{4}{a}}=4$

0518 답·12

$9a+\dfrac{4}{a}\geq2\sqrt{9a\cdot\dfrac{4}{a}}=2\sqrt{36}=12$

0519 답·1

$\dfrac{a+b}{2}\geq\sqrt{ab}$에서 $1\geq\sqrt{ab}$ $\therefore ab\leq1$

0520 답·1

$\dfrac{a^2+b^2}{2}\geq\sqrt{a^2b^2}=ab$에서 $1\geq ab$

0521 답·4

$(a^2+b^2)(x^2+y^2)\geq(ax+by)^2$에서
$(1^2+1^2)(x^2+y^2)\geq(x+y)^2$, $2(x^2+y^2)\geq(2\sqrt{2})^2$
$\therefore x^2+y^2\geq4$

0522 답·5

$(a^2+b^2)(x^2+y^2)\geq(ax+by)^2$에서
$(2^2+1^2)(x^2+y^2)\geq(2x+y)^2$, $5(x^2+y^2)\geq5^2$
$\therefore x^2+y^2\geq5$

0523 답·최댓값: 4, 최솟값: -4

$(a^2+b^2)(x^2+y^2)\geq(ax+by)^2$에서
$(1^2+1^2)(x^2+y^2)\geq(x+y)^2$, $2\cdot8\geq(x+y)^2$
$-4\leq x+y\leq4$이므로 최댓값은 4, 최솟값은 -4이다.

Trendy

0524 답·㈎ $3m\pm1$ ㈏ $3m^2\pm2m$

주어진 명제의 대우를 증명한다.

'n이 3의 배수가 아니면 n^2도 3의 배수가 아니다.'에서
n은 3의 배수가 아니므로 $n=\boxed{㈎\ 3m\pm1}$ (m은 정수)로 나타낼 수 있다. 따라서

$$n^2=(\boxed{㈎\ 3m\pm1})^2=9m^2\pm6m+1$$
$$=3\times(\boxed{㈏\ 3m^2\pm2m})+1$$

이 되어 n^2도 3의 배수가 아니다.
대우가 참이므로 주어진 명제도 참이다.

0525 답·㈎ $a>0$이고 $b>0$이면 $a+b>0$이다. ㈏ 양수 ㈐ 양수

주어진 명제의 대우를 증명한다.

$\boxed{㈎\ a>0\text{이고 } b>0\text{이면 } a+b>0\text{이다.}}$'에서 a, b가 모두
$\boxed{㈏\ \text{양수}}$ 이므로 $a+b$는 $\boxed{㈐\ \text{양수}}$ 이다.

대우가 참이므로 주어진 명제도 참이다.

0526 답·$2ab+a+b$

주어진 명제의 대우를 증명한다.

'm이 홀수이고 n이 홀수이면 mn이 홀수이다.'에서 m, n은 홀수이므로

$m=2a+1$, $n=2b+1$ (a, b는 음이 아닌 정수)

로 나타낼 수 있다. 따라서

$mn=(2a+1)(2b+1)=4ab+2a+2b+1$

$\qquad =2\times(\boxed{2ab+a+b})+1$

이 되어 mn도 홀수이다.

대우가 참이므로 주어진 명제도 참이다.

0527 답·해설 참조

주어진 명제의 대우 '$a=0$이고 $b=0$이면 $a^2+b^2=0$이다.'를 증명한다.

$a=0$이고 $b=0$이므로 $a^2+b^2=0^2+0^2=0$이 되어 대우가 참임을 알 수 있다.

따라서 주어진 명제도 참이 된다.

0528 답·해설 참조

주어진 명제의 대우 '$x=1$이고 $y=1$이면 $xy=1$이다.'를 증명한다.

$x=1$이고 $y=1$이므로 $xy=1\cdot1=1$이 되어 대우가 참임을 알 수 있다.

따라서 주어진 명제도 참이 된다.

0529 답·해설 참조

$\sqrt{2}-1$이 유리수라 하면 $\sqrt{2}-1=a$ (a는 유리수)로 놓을 수 있다.

식을 이항하여 정리하면 $\sqrt{2}=a+1$이고

(무리수)=(유리수)가 되어 모순이 된다.

따라서 $\sqrt{2}-1$은 무리수이다.

0530 답·③

$\sqrt{n^2-1}=\dfrac{q}{p}$ (p, q는 서로소인 자연수)에서

양변을 제곱하면 $n^2-1=\dfrac{q^2}{p^2}$, $p^2(n^2-1)=q^2$이다.

$m=a\times b$일 때 a, b는 m의 약수이므로

$q^2=p\times p\times(n^2-1)$에서 p는 q^2의 약수임을 알 수 있다.

이때 p, q는 서로소이므로 $p=1$이 된다.

따라서 $q^2=n^2-1$, $n^2=\boxed{^{(가)}\ q^2+1}$ 이다.

이는 n^2이 q^2보다 1만큼 큰 수임을 뜻한다.

q는 자연수이므로 짝수 또는 홀수이다.

(i) $q=2k$(짝수)일 때, $n^2=q^2+1$이므로 n^2은 q의 제곱보다는 크고 $q+1$의 제곱보다는 작은 수이므로

$q^2<n^2<(q+1)^2$, $(2k)^2<n^2<\boxed{^{(나)}\ (2k+1)^2}$

$\therefore 2k<n<2k+1$ → 만족하는 자연수 n은 없다.

(ii) $q=2k+1$(홀수)일 때에도

$q^2<n^2<(q+1)^2$, $\boxed{^{(나)}\ (2k+1)^2}<n^2<(2k+2)^2$

$\therefore 2k+1<n<2k+2$ → 만족하는 자연수 n은 없다.

(i)과 (ii)에 의해 $\sqrt{n^2-1}=\dfrac{q}{p}$를 만족하는 자연수 n은 존재하지 않으므로 $\sqrt{n^2-1}$은 무리수이다.

따라서 $f(q)=q^2+1$, $g(k)=(2k+1)^2$이므로

$f(2)+g(3)=5+49=54$

0531 답·㈎ 실수 ㈏ $<$ ㈐ $\geq$ ㈑ 허수

방법 1

$1+2i$를 $\boxed{^{㈎}\ 실수}$라 가정하면

$1+2i=a$(a는 $\boxed{^{㈎}\ 실수}$)라 할 수 있다.

$2i=a-1$에서 양변을 제곱하면

(좌변)$=-4\ \boxed{^{㈏}\ <}\ 0$ (음수),

(우변)$=(a-1)^2\ \boxed{^{㈐}\ \geq}\ 0$ (0 이상의 수)

이므로 모순이다.

따라서 $1+2i$는 허수이다.

방법 2

$1+2i$를 $\boxed{^{㈎}\ 실수}$라 가정하면

$1+2i=a$(a는 $\boxed{^{㈎}\ 실수}$)라 할 수 있다.

$2i=a-1$에서 좌변은 $\boxed{^{㈑}\ 허수}$, 우변은 실수이므로 모순이다.

따라서 $1+2i$는 허수이다.

0532 답·⑤

m을 5의 배수, n을 $\boxed{^{㈎}\ 5의\ 배수가\ 아니라고}$ 하자.

$m^2+n^2=5a$, $m=5b$인 자연수 a, b가 존재하여

$m^2+n^2=5a$에서 $(5b)^2+n^2=5a$,

$n^2=5a-25b^2=5\times(a-\boxed{^{㈏}\ 5b^2})$

이므로 n^2은 5의 배수이다. 따라서 n도 5의 배수이다.

이는 n이 5의 배수가 아니라고 했던 가정에 모순이다.

따라서 m, n은 모두 5의 배수이거나 모두 5의 배수가 아니어야 한다.

0533 답·$xy-x+6>x+3y$

두 식을 빼서 비교한다.

$xy-x+6-(x+3y)=xy-2x-3y+6$

$\qquad\qquad\qquad\qquad =x(y-2)-3(y-2)$

$\qquad\qquad\qquad\qquad =(x-3)(y-2)$

$x>3$, $y>2$이므로 $x-3>0$, $y-2>0$이고

$(x-3)(y-2)>0$

$\therefore xy-x+6>x+3y$

0534 답·$\sqrt{a+b} \le \sqrt{a}+\sqrt{b}$

제곱한 뒤 빼서 비교한다.

$(\sqrt{a+b})^2 - (\sqrt{a}+\sqrt{b})^2 = a+b-(a+2\sqrt{ab}+b)$

$\qquad\qquad\qquad\qquad = -2\sqrt{ab} \le 0$

이므로 $\sqrt{a+b} \le \sqrt{a}+\sqrt{b}$

0535 답·⑤

실수의 제곱은 0 이상의 값을 가짐을 이용한다.

$A-B = x^2+y^2-2x-2y+k$

$\qquad = (x-1)^2+(y-1)^2+k-2 \quad \cdots$ ㉠

에서 $(x-1)^2+(y-1)^2 \ge 0$이므로 $k-2$의 값에 따라 대소 관계가 결정된다.

(ⅰ) $A>B$를 만족하려면 $(x-1)^2+(y-1)^2=0$일 때에도 ㉠의 식이 양수가 되어야 하므로 $k-2>0$에서 $k>2$

즉, 정수 k의 최솟값은 3이다.

(ⅱ) $A \ge B$를 만족하려면 $k-2 \ge 0$에서 $k \ge 2$

즉, 정수 k의 최솟값은 2이다.

따라서 구하는 두 최솟값의 합은 $3+2=5$

0536 답·$4a^2b^2 \le (a^2+b^2)^2$

$4a^2b^2-(a^2+b^2)^2 = 4a^2b^2-(a^4+2a^2b^2+b^4)$

$\qquad\qquad\qquad\qquad = -a^4+2a^2b^2-b^4$

$\qquad\qquad\qquad\qquad = -(a^2-b^2)^2 \le 0$

이므로 $4a^2b^2 \le (a^2+b^2)^2$

0537 답·(가) $(a-b)^2+(b-c)^2+(c-a)^2$ (나) $a=b=c$

$a^2+b^2+c^2-ab-bc-ca$

$= \dfrac{1}{2}(2a^2+2b^2+2c^2-2ab-2bc-2ca)$

$= \dfrac{1}{2} \times \{ \boxed{\text{(가)} (a-b)^2+(b-c)^2+(c-a)^2} \}$

에서 (실수)$^2 \ge 0$이고 실수의 제곱의 합도 0 이상이므로 모든 실수 a, b, c에 대하여 $a^2+b^2+c^2-ab-bc-ca \ge 0$

단, 등호는 각 실수의 제곱이 0이 되는 $\boxed{\text{(나)} a=b=c}$일 때 성립한다.

0538 답·해설 참조

$a^2+b^2+c^2+ab+bc+ca$

$= \dfrac{1}{2}(2a^2+2b^2+2c^2+2ab+2bc+2ca)$

$= \dfrac{1}{2}\{(a+b)^2+(b+c)^2+(c+a)^2\}$

에서 (실수)$^2 \ge 0$이고 실수의 제곱의 합도 0 이상이므로 모든 실수 a, b, c에 대하여 $a^2+b^2+c^2+ab+bc+ca \ge 0$

단, 등호는 $a=b=c=0$일 때 성립한다.

0539 답·⑤

① $a^2 \ge 0$ (등호는 $a=0$일 때 성립),

　$|a-2| \ge 0$ (등호는 $a=2$일 때 성립)이므로

$a^2+|a-2|>0$ (참)

② $a^2-2ab+b^2 = (a-b)^2 \ge 0$ (참)

③ $|a-b|^2-(|a|-|b|)^2$

$\quad = a^2-2ab+b^2-(a^2-2|ab|+b^2)$

$\quad = -2ab+2|ab| \ge 0$ (참)

④ $a^2+1-a = \left(a-\dfrac{1}{2}\right)^2+\dfrac{3}{4}>0$ (참)

⑤ (반례) $a=\dfrac{1}{2}$이면 $\left(\dfrac{1}{2}\right)^2<\dfrac{1}{2}$

0540 답·$k \ge 8$

$4x^2+y^2-12x+6y+k+10$

$= 4x^2-12x+y^2+6y+k+10$

$= (2x-3)^2+(y+3)^2+k-8 \ge 0$

이 모든 실수 x, y에 대하여 성립하므로 $k-8 \ge 0$

$\therefore k \ge 8$

0541 답·④

$2a+3b \ge 2\sqrt{6ab} = 2\sqrt{36} = 12$이므로

$2a+3b$의 최솟값은 12이다.

┌─ 보충학습 ─────────────────────────

등호는 $2a=3b$일 때 성립하며 $ab=6$에서 $\dfrac{2}{3}a^2=6$,

즉 $a=3$, $b=2$일 때 최솟값이 됨을 알 수 있다.

└─────────────────────────────────

0542 답·⑤

$\sqrt{2a}+\sqrt{3b} \ge 2\sqrt{\sqrt{2a}\cdot\sqrt{3b}} = 2\sqrt{\sqrt{6ab}} = 2\sqrt{6}$에서

$\sqrt{2a}+\sqrt{3b}$의 최솟값은 $2\sqrt{6}$이므로 $k=2\sqrt{6}$

$\therefore k^2=24$

(단, $\sqrt{2a}=\sqrt{3b}$, 즉 $2a=3b$일 때 등호가 성립하고 최솟값을 갖는다.)

0543 답·③

$\dfrac{2x+5y}{2} \ge \sqrt{10xy}$에서 $10 \ge \sqrt{10xy}$, $100 \ge 10xy$

즉, $10 \ge xy$이므로 xy의 최댓값은 10이다.

(단, $2x=5y$, 즉 $x=5$, $y=2$일 때 등호가 성립하고 최댓값을 갖는다.)

0544 답·②

$\dfrac{x^2+y^2}{2} \ge \sqrt{x^2y^2}$에서 $4 \ge |xy|$이므로

$-4 \le xy \le 4$

$\therefore a=4$

(단, $x^2=y^2$, 즉 $x=y=2$일 때 등호가 성립한다.)

0545 답·④

$\dfrac{4x}{y}+\dfrac{9y}{x} \ge 2\sqrt{\dfrac{4x}{y}\cdot\dfrac{9y}{x}} = 2\sqrt{36} = 12$이므로

구하는 최솟값은 12이다.

(단, $\dfrac{4x}{y}=\dfrac{9y}{x}$, 즉 $2x=3y$일 때 등호가 성립하고 최솟값을 갖는다.)

0546 답 · ②

$x>1$, $x-1>0$(양수)이므로 산술·기하평균의 관계식을 이용할 수 있다.

$x-1+\dfrac{4}{x-1}\geq 2\sqrt{x-1\cdot\dfrac{4}{x-1}}=4$이므로

구하는 최솟값은 4이다.

(단, $x-1=\dfrac{4}{x-1}$, 즉 $(x-1)^2=4$, $x=3$일 때 등호가 성립하고 최솟값을 갖는다.)

0547 답 · ③

$x>2$, $x-2>0$(양수)이므로 주어진 식을 변형하여 산술·기하평균의 관계식을 이용할 수 있다.

$x-1+\dfrac{4}{x-2}=x-2+\dfrac{4}{x-2}+1$에서 $x-2+\dfrac{4}{x-2}$는

산술·기하평균을 이용하여 최솟값을 구한 뒤 1을 더하면 주어진 식의 최솟값이 된다.

즉, $x-2+\dfrac{4}{x-2}\geq 2\sqrt{4}=4$에서 $x-2+\dfrac{4}{x-2}+1\geq 5$

이므로 구하는 최솟값은 5이다.

(단, $x-2=\dfrac{4}{x-2}$, 즉 $(x-2)^2=4$, $x=4$일 때 등호가 성립하고 최솟값을 갖는다.)

0548 답 · 4

모든 실수 x에 대하여 $x^2+x+2>0$이므로 주어진 식을 변형하여 산술·기하평균의 관계식을 이용할 수 있다.

$x^2+x+\dfrac{9}{x^2+x+2}$

$=x^2+x+2+\dfrac{9}{x^2+x+2}-2$

$\geq 2\sqrt{(x^2+x+2)\cdot\left(\dfrac{9}{x^2+x+2}\right)}-2$

$=6-2=4$

이므로 구하는 최솟값은 4이다.

(단, $x^2+x+2=\dfrac{9}{x^2+x+2}$, 즉 $x^2+x-1=0$에서

$x=\dfrac{-1\pm\sqrt{5}}{2}$일 때 등호가 성립하고 최솟값을 갖는다.)

0549 답 · ④

$(x+y)\left(\dfrac{1}{x}+\dfrac{1}{y}\right)=x\cdot\dfrac{1}{x}+\dfrac{x}{y}+\dfrac{y}{x}+y\cdot\dfrac{1}{y}$

$=\dfrac{x}{y}+\dfrac{y}{x}+2$

$\geq 2\sqrt{\dfrac{x}{y}\cdot\dfrac{y}{x}}+2=4$

이므로 구하는 최솟값은 4이다.

(단, $\dfrac{x}{y}=\dfrac{y}{x}$, 즉 $x=y$일 때 등호가 성립하고 최솟값을 갖는다.)

0550 답 · ⑤

$3x+\dfrac{4}{x-2}=3x-6+\dfrac{4}{x-2}+6$

$\qquad\qquad =3(x-2)+\dfrac{4}{x-2}+6$

$\qquad\qquad \geq 2\sqrt{3(x-2)\cdot\dfrac{4}{x-2}}+6$

$\qquad\qquad =6+4\sqrt{3}$

따라서 $m=6$, $n=4$이므로 $m+n=10$

(단, $3(x-2)=\dfrac{4}{x-2}$일 때 등호가 성립하고 최솟값을 갖는다.)

0551 답 · ③

$\dfrac{1}{a}+\dfrac{1}{b}=\dfrac{a+b}{ab}=\dfrac{6}{ab}$ ($\because a+b=6$)이므로 분모인 ab의

값이 최대가 될 때 주어진 식의 값은 최소가 된다.

따라서 ab의 최댓값을 구한다.

$\dfrac{a+b}{2}\geq\sqrt{ab}$에서 $3\geq\sqrt{ab}$, $9\geq ab$

즉, ab의 최댓값은 9이므로 $\dfrac{1}{a}+\dfrac{1}{b}$의 최솟값은

$\dfrac{1}{a}+\dfrac{1}{b}=\dfrac{6}{9}=\dfrac{2}{3}$

따라서 $m=2$, $n=3$이므로 $mn=6$

(단, $a=b=3$일 때 등호가 성립하고 최솟값을 갖는다.)

0552 답 · ③

$\dfrac{b}{a}+\dfrac{c}{a}+\dfrac{a}{b}+\dfrac{c}{b}+\dfrac{a}{c}+\dfrac{b}{c}$

$=\left(\dfrac{b}{a}+\dfrac{a}{b}\right)+\left(\dfrac{c}{b}+\dfrac{b}{c}\right)+\left(\dfrac{c}{a}+\dfrac{a}{c}\right)$

$\geq 2\sqrt{\dfrac{b}{a}\cdot\dfrac{a}{b}}+2\sqrt{\dfrac{c}{b}\cdot\dfrac{b}{c}}+2\sqrt{\dfrac{c}{a}\cdot\dfrac{a}{c}}$

$=2+2+2=6$

이므로 구하는 최솟값은 6이다.

보충학습

이 유형처럼 여러 개의 산술·기하평균을 동시에 쓰는 경우는 등호가 동시에 성립하는지 반드시 확인해야 한다.

① $\dfrac{b}{a}+\dfrac{a}{b}\geq 2$ ($a=b$일 때 등호가 성립)

② $\dfrac{c}{b}+\dfrac{b}{c}\geq 2$ ($b=c$일 때 등호가 성립)

③ $\dfrac{c}{a}+\dfrac{a}{c}\geq 2$ ($c=a$일 때 등호가 성립)

$a=b=c$일 때, 세 개의 부등식의 등호가 동시에 성립할 수 있고 이때 전체 식의 최솟값이 존재한다.

반면 다음 식은 최솟값을 구할 수 없다.

$$\left(\frac{b}{a}+\frac{a}{b}\right)+\left(\frac{c}{b}+\frac{b}{c}\right)+\left(\frac{2c}{a}+\frac{a}{2c}\right)$$

① $\frac{b}{a}+\frac{a}{b}\geq2$ ($a=b$일 때 등호가 성립)

② $\frac{c}{b}+\frac{b}{c}\geq2$ ($b=c$일 때 등호가 성립)

③ $\frac{2c}{a}+\frac{a}{2c}\geq2$ ($2c=a$일 때 등호가 성립)

세 부등식의 등호가 동시에 성립할 수 없기 때문에 등호가 성립할 때 존재하는 최솟값도 존재하지 않는다.

0553 답·⑤

직사각형의 가로와 세로의 길이를 각각 a, b라 하면
둘레의 길이가 16이므로 $2(a+b)=16$에서 $a+b=8$이고
직사각형의 넓이는 ab로 놓을 수 있다.

산술·기하평균의 관계에 의해

$\frac{a+b}{2}\geq\sqrt{ab}$에서 $4\geq\sqrt{ab}$, $16\geq ab$

따라서 구하는 넓이의 최댓값은 16이다.

(단, $a=b$일 때 등호가 성립하고 최댓값을 갖는다.)

0554 답·$\frac{75}{2}$

큰 직사각형의 가로와 세로의 길이를 각각 a, b라 하면
모든 선분의 길이는 $3a+2b$로, 큰 직사각형의 넓이는 ab로
나타낼 수 있고 $3a+2b=30$에서

$\frac{3a+2b}{2}\geq\sqrt{6ab}$, $15\geq\sqrt{6ab}$, $\frac{75}{2}\geq ab$

따라서 구하는 넓이의 최댓값은 $\frac{75}{2}$이다.

(단, $3a=2b$, 즉 $a=5$, $b=\frac{15}{2}$일 때 등호가 성립하고 최댓값을 갖는다.)

0555 답·④

직사각형의 가로와 세로의 길이를 각각 a, b라 하자.

$(a>0, b>0)$

직사각형의 대각선의 길이는 원의 반지름의 길이와 같으므로
$\overline{OB}=4$이고 피타고라스 정리에 의해

$a^2+b^2=16$

$\frac{a^2+b^2}{2}\geq\sqrt{a^2b^2}$에서 $8\geq ab$

따라서 구하는 넓이 ab의 최댓값은 8이다.

0556 답·③

코시-슈바르츠 부등식을 이용한다.

$(4^2+3^2)(x^2+y^2)\geq(4x+3y)^2$에서 $50\geq(4x+3y)^2$

$\therefore -5\sqrt{2}\leq4x+3y\leq5\sqrt{2}$

따라서 $4x+3y$의 최댓값과 최솟값의 곱은 -50이다.

(단, $3x=4y$일 때 등호가 성립하고 최댓값과 최솟값을 갖는다.)

0557 답·①

$(a^2+b^2)(x^2+y^2)\geq(ax+by)^2$에서

$a=\frac{1}{2}$, $b=\frac{1}{4}$이라 하면

$\left\{\left(\frac{1}{2}\right)^2+\left(\frac{1}{4}\right)^2\right\}(x^2+y^2)\geq\left(\frac{x}{2}+\frac{y}{4}\right)^2$

$\frac{5}{16}\cdot80\geq\left(\frac{x}{2}+\frac{y}{4}\right)^2$, $25\geq\left(\frac{x}{2}+\frac{y}{4}\right)^2$

따라서 $-5\leq\frac{x}{2}+\frac{y}{4}\leq5$이므로 $a=5$

0558 답·②

$\frac{3}{x}+\frac{1}{y}=3\cdot\frac{1}{x}+1\cdot\frac{1}{y}=2\sqrt{5}$이므로

$(3^2+1^2)\left\{\left(\frac{1}{x}\right)^2+\left(\frac{1}{y}\right)^2\right\}\geq\left(\frac{3}{x}+\frac{1}{y}\right)^2$에서

$10\left(\frac{1}{x^2}+\frac{1}{y^2}\right)\geq20$, $\frac{1}{x^2}+\frac{1}{y^2}\geq2$

따라서 구하는 최솟값은 2이다.

0559 답·④

직사각형 ABCD의 가로와 세로의 길이를 각각 a, b라 하자.

$(a>0, b>0)$

직사각형이 원에 내접하므로 $\overline{BD}=2\overline{OD}=2\sqrt{5}$이고
피타고라스 정리에 의해 $a^2+b^2=20$이므로

$(1^2+1^2)(a^2+b^2)\geq(a+b)^2$에서 $40\geq(a+b)^2$

$\therefore 0<a+b\leq2\sqrt{10}$

따라서 구하는 둘레의 길이 $2(a+b)$의 최댓값은 $4\sqrt{10}$이다.

0560 답·③

원점이 중심인 원의 방정식을 $x^2+y^2=r^2$이라 하자.
이 원은 점 $P(a, b)$를 지나므로 $a^2+b^2=r^2$
또한 점 P는 직선 위의 점이므로

$b=-\frac{1}{2}a+5$에서 $a+2b=10$

코시-슈바르츠 부등식에 의해

$(1^2+2^2)(a^2+b^2)\geq(a+2b)^2$에서

$5r^2\geq100$, $r\geq2\sqrt{5}$

따라서 조건을 만족하는 원의 반지름 길이의 최솟값은 $2\sqrt{5}$이므로 넓이의 최솟값은 20π이다.

> **다른풀이**
>
> 직선 위의 점을 지나는 원 중에서 가장 작은 것은 직선과 접하는 원이다. 따라서 원의 중심 $(0, 0)$과 직선 $x+2y-10=0$과의 거리가 원의 반지름의 길이가 되므로 넓이가 최소인 원의 반지름은 다음과 같다.
>
> $$\frac{|-10|}{\sqrt{5}}=2\sqrt{5}$$

0561 답· ㈎ $a \neq 0$ ㈏ $b=0$ ㈐ $a=0$ ㈑ $b \neq 0$ ㈒ $a \neq 0$ ㈓ $b \neq 0$

귀류법으로 증명한다.

'$a+bi=0$이면 $a \neq 0$ 또는 $b \neq 0$'이다. (a, b 중 적어도 하나는 0이 아니다.)

(i) ㈎ $a \neq 0$ 이고 ㈏ $b=0$ 인 경우

$a+0 \cdot i=0$이므로 $a=0$이 된다. 그러나 $a \neq 0$이라고 한 가정과 모순이 된다.

(ii) ㈐ $a=0$ 이고 ㈑ $b \neq 0$ 인 경우

$bi=0$이므로 허수와 실수가 같아지는 모순이 생긴다.

(iii) ㈒ $a \neq 0$ 이고 ㈓ $b \neq 0$ 인 경우

$a+bi=0$, $a=-bi$에서 허수와 실수가 같아지는 모순이 생긴다.

따라서 $a+bi=0$이면 $a=0$이고 $b=0$이다.

0562 답· $ab \leq a^2+b^2$

$$ab-(a^2+b^2)=-a^2+ab-b^2$$
$$=-a^2+ab-\frac{1}{4}b^2-\frac{3}{4}b^2$$
$$=-\left(a-\frac{1}{2}b\right)^2-\frac{3}{4}b^2$$
$$\leq 0$$

이므로 $ab \leq a^2+b^2$

(단, 등호는 $a=b=0$일 때 성립)

0563 답· ③

$$x+4+\frac{9}{4x+8}=x+2+\frac{9}{4(x+2)}+2$$
$$\geq 2\sqrt{(x+2) \cdot \frac{9}{4(x+2)}}+2$$
$$=2 \cdot \frac{3}{2}+2=5$$

이므로 구하는 최솟값은 5이다.

(단, $x+2=\frac{9}{4(x+2)}$, 즉 $x=-\frac{1}{2}$일 때 등호가 성립하고 최솟값을 갖는다.)

0564 답· ④

$$\frac{x^2-2x+5}{x-1}=\frac{(x-1)^2+4}{x-1}$$
$$=x-1+\frac{4}{x-1}$$
$$\geq 2\sqrt{(x-1) \cdot \frac{4}{x-1}}$$
$$=4$$

이므로 구하는 최솟값은 4이다.

(단, $x-1=\frac{4}{x-1}$, 즉 $x=3$일 때 등호가 성립하고 최솟값

을 갖는다.)

0565 답· ③

점 P는 직선 위의 점이므로 $b=-\frac{1}{2}a+6$에서

$a+2b=12$

직사각형의 가로의 길이가 a, 세로의 길이가 b이므로 넓이는 ab이다.

산술·기하평균의 관계에 의해

$\frac{a+2b}{2} \geq \sqrt{2ab}$에서 $6 \geq \sqrt{2ab}$, $18 \geq ab$

이므로 구하는 넓이의 최댓값은 18이다.

(단, $a=2b$일 때 등호가 성립하고 최솟값을 갖는다.)

0566 답· $\frac{64}{17}$

코시-슈바르츠 부등식에 의해

$$\left\{2^2+\left(\frac{1}{2}\right)^2\right\}(x^2+y^2) \geq \left(2x+\frac{1}{2}y\right)^2$$에서

$$\frac{17}{4}(x^2+y^2) \geq 16, \quad x^2+y^2 \geq \frac{64}{17}$$

이므로 구하는 최솟값은 $\frac{64}{17}$이다.

05 함수(1): 여러 가지 함수

문제 C.O.D.I **Basic**

0567 답· ×

b, d와 대응하는 원소가 없으므로 함수가 아니다.

0568 답· ×

-1이 공역의 원소 두 개와 대응하므로 함수가 아니다.

0569 답· ○

정의역의 모든 원소가 하나씩, 빠짐없이 대응하므로 함수이다.

0570 답· ○

정의역의 모든 원소가 하나씩, 빠짐없이 대응하므로 함수이다.

0571 답· 정의역: $\{a, \beta, \gamma, \delta\}$, 공역: $\{1, 2, 3, 4, 5\}$,
치역: $\{2, 3, 5\}$

0572 답· 정의역: $\{-2, -1, 1, 2\}$, 공역: $\{-1, 0, 1\}$,
치역: $\{-1, 0, 1\}$

0573 답· 정의역: $\{x \mid x$는 실수$\}$, 공역: $\{y \mid y$는 실수$\}$,
치역: $\{y \mid y$는 실수$\}$

정의역, 공역에 대한 조건이 없으면 '모든 실수'의 집합이 된다.
오른쪽 그래프와 같이 x에 모든 실수를 대입하면 이에 대응하는 y의 값도 모든 실수가 된다.

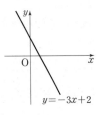

$y = -3x + 2$

0574 답· 정의역: $\{x \mid x$는 실수$\}$, 공역: $\{y \mid y$는 실수$\}$,
치역: $\{y \mid y \geq -1\}$

정의역, 공역에 대한 조건이 없으면 '모든 실수'의 집합이 된다.
오른쪽 그래프와 같이 x에 모든 실수를 대입하면 이에 대응하는 y의 값은 -1 이상의 실수이다.

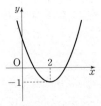

0575 답· $f = g$

$f(-1) = -2$, $f(0) = 0$, $f(1) = 2$이고 $g(-1) = -2$, $g(0) = 0$, $g(1) = 2$이므로 $f = g$이다.

0576 답· $f \neq g$

$f(0) = 0$, $f(1) = 2$, $f(2) = 4$이고 $g(0) = 0$, $g(1) = 2$, $g(2) = 16$에서 $f(2) \neq g(2)$이므로 $f \neq g$이다.

0577 답· $f = g$

$f(-1) = 1$, $f(1) = 1$이고 $g(-1) = 1$, $g(1) = 1$이므로 $f = g$이다.

0578 답· 정의역: $\{-2, -1, 0, 1, 2, 3, 4\}$, 치역: $\{1, 2, 3\}$

0579 답· 정의역: $\{1, 2, 3\}$, 치역: $\{0\}$

0580 답·

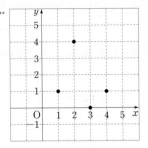

0581 답·

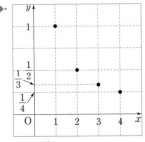

0582 답·

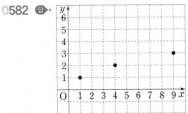

0583 답·

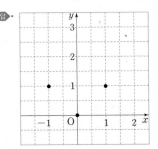

0584 답· ×

x의 값 하나가 두 개의 y와 대응하므로 함수의 그래프가 아니다.

0585 답· ○

모든 x가 y와 하나씩 대응하므로 함수의 그래프이다.

0586 답· ×

x의 값 하나가 수많은 y와 대응하는 경우가 존재하므로 함수의 그래프가 아니다.

0587 답· ×

x의 값 하나가 두 개의 y와 대응하므로 함수의 그래프가 아니다.

0588 답· 8

$f(-2) = (-2)^2 - 2 \times (-2) = 8$

0589 답· 0

$f(0) = 3 \times 0 = 0$

0590 답· 1

$$f\left(\frac{1}{3}\right)=3\times\frac{1}{3}=1$$

0591 답· 4

$$f(1)=-1+5=4$$

0592 답· 3

$$f(2)=-2+5=3$$

0593 답· 1

$$f(4)=-4+5=1$$

0594 답· 항등함수

0595 답· $y=x$

0596 답· 상수함수

0597 답· 상수함수

0598 답· $\neq$, $\neq$

0599 답· $=$, 일대일대응

0600 답·

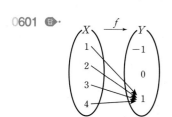

0601 답·

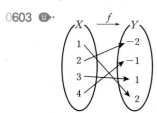

$f(x)>0$인 상수함수이므로 치역은 $\{1\}$이 된다.

0602 답·

$f(x)\geq0$이므로 함숫값은 음수가 될 수 없고 일대일함수이므로 $f(3)=0$이다.

0603 답·

f는 일대일대응이고 $f(3)>0$이므로 $f(3)=1$, $f(4)=-1$이다.

0604 답· y축

0605 답· 원점

0606 답· $f(x)=f(-x)$

0607 답· $g(x)=-g(-x)$

0608 답· 일대일대응

오른쪽 아래로만 내려가는 그래프이고 치역과 공역이 일치하므로 일대일대응이다.

0609 답· 일대일대응

오른쪽 아래로만 내려가는 그래프이고 치역과 공역이 일치하므로 일대일대응이다.

0610 답· 우함수

그래프가 y축에 대하여 대칭이므로 우함수이다.

0611 답· 상수함수

모든 x의 값이 하나의 값에 대응하는 상수함수이다.

0612 답· 일대일함수

그래프가 오른쪽 위로만 올라가는 모양이므로 $x_1\neq x_2$이면 $f(x_1)\neq f(x_2)$를 만족하고 치역과 공역은 일치하지 않으므로 일대일함수이다.

0613 답· 항등함수

모든 x가 자기 자신과 대응하는 항등함수이다.

0614 답· 해설 참조

두 우함수를 $y=f(x)$, $y=g(x)$라 하면
$f(x)=f(-x)$, $g(x)=g(-x)$가 성립한다.
$h(x)=f(x)+g(x)$라 하면
$h(-x)=f(-x)+g(-x)=f(x)+g(x)=h(x)$이므로
우함수이다.

0615 답· 해설 참조

우함수를 $y=f(x)$, 기함수를 $y=g(x)$라 하면
$f(x)=f(-x)$, $g(-x)=-g(x)$가 성립한다.
$h(x)=f(x)g(x)$라 하면
$h(-x)=f(-x)g(-x)=f(x)\cdot\{-g(x)\}$
$\qquad\quad=-f(x)g(x)=-h(x)$
이므로 기함수이다.

0616 답· ②

정의역 X의 원소 중에 공역 Y의 원소와 대응하지 않는 것이 존재하면 그 대응은 함수가 아니다.
② $f(3)=3^2-2\cdot3+3=6$이므로 정의역의 원소 3과 대응하는 Y의 원소가 존재하지 않는다.

0617 답· ①

$X\to X$인 함수는 양의 실수에서 양의 실수로 대응하는 함수이다.
① $x>0$일 때, $f(x)>1$이므로 조건에 맞는 함수이다.
② $0<x\leq1$일 때, $f(x)\leq0$이므로 함수가 아니다.

③ 모든 x에 대하여 $f(x)<0$이므로 함수가 아니다.

④ $x=1$일 때, 분모가 0이 되어 함숫값이 정의되지(대응되지) 않으므로 함수가 아니다.

⑤ $0<x\leq\dfrac{1}{3}$일 때, $f(x)\leq0$이므로 함수가 아니다.

0618 답· ⑤

함수의 대응 결과인 치역의 범위가 공역의 범위에 포함되지 않을 경우 함수가 정의되지 않는다.

⑤ $0\leq x\leq2$에서 $-1\leq3x-1\leq5$, 즉 $-1\leq f(x)\leq5$이므로 치역 $\not\subset$ 공역이다.

0619 답· 8

각 함수의 치역을 구한 뒤 이 치역들을 모두 포함하도록 공역을 정하면 된다.

$-2\leq f(x)\leq4$, $1\leq g(x)\leq5$, $0\leq h(x)\leq8$, $2\leq i(x)\leq5$ 이므로 $a\geq8$일 때, 공역 Y가 네 함수의 치역을 모두 포함하게 된다.

따라서 실수 a의 최솟값은 8이다.

0620 답· ①

x의 값을 범위에 맞는 함수의 식에 대입하여 계산한다.

$f(-2)=(-2)^3-2\cdot(-2)=-4$

$f(-1)=-4\cdot(-1)+3=7$

$f(0)=3$

$f(2)=-3\cdot2^2+2+2=-8$

$\therefore f(-2)+f(-1)+f(0)+f(2)=-2$

0621 답· ③

함수의 식을 해석하자.

$2n-1$은 홀수를, $2n$은 짝수를 의미하므로 대입하는 값을 홀수와 짝수로 구분하여 함숫값을 구한다.

$f(5)=\dfrac{5+1}{2}=3$, $f(4)=\dfrac{1}{2}\times4+1=3$

$\therefore f(5)-f(4)=0$

0622 답· ③

$x=4$일 때, $\sqrt{x}=2$이므로 $f(\sqrt{x})=\dfrac{1}{4}x^2-1$에 $x=4$를 대입하면

$f(\sqrt{4})=\dfrac{1}{4}\times4^2-1=3$

$\therefore f(2)=3$

다른풀이

치환하여 풀기

$\sqrt{x}=t$라 치환하면 $x=t^2$에서

$f(\sqrt{x})=\dfrac{1}{4}x^2-1 \rightarrow f(t)=\dfrac{1}{4}t^4-1$

$t=2$를 대입: $f(2)=\dfrac{1}{4}\times16-1=3$

0623 답· ⑤

x에 어떤 값을 대입해야 $\dfrac{1}{2}$이 되는지 방정식을 세워 구한다.

$\dfrac{3x-1}{2}=\dfrac{1}{2}$에서 $x=\dfrac{2}{3}$이므로 이를 대입하면

$f\left(\dfrac{3\times\frac{2}{3}-1}{2}\right)=f\left(\dfrac{1}{2}\right)=6\times\dfrac{2}{3}+2=6$

다른풀이

치환하여 풀기

$\dfrac{3x-1}{2}=t$에서 $3x-1=2t$, $x=\dfrac{2t+1}{3}$이므로

$f\left(\dfrac{3x-1}{2}\right)=6x+2$, $f(t)=6\cdot\dfrac{2t+1}{3}+2=4t+4$

$\therefore f\left(\dfrac{1}{2}\right)=4\cdot\dfrac{1}{2}+4=6$

0624 답· ②

정의역의 값을 함수의 식에 대입하여 함숫값, 즉 치역을 직접 구한다.

$f(-2)=f(2)=2$, $f(-1)=f(1)=-1$, $f(0)=-2$

이므로 치역은 $\{-2, -1, 2\}$이고 모든 원소의 합은 -1 이다.

보충학습

$f(x)=x^2-2$, $f(-x)=x^2-2$에서 $f(x)=f(-x)$ 임을 알 수 있다.

따라서 $f(-2)=f(2)$, $f(-1)=f(1)$이고 함수의 그래프가 y축에 대하여 대칭이 된다.

0625 답· ⑤

정의역 X와 대응하는 치역의 범위를 구해 보자.

$-2\leq x\leq1 \rightarrow -2\leq-2x\leq4 \rightarrow 2\leq-2x+4\leq8$

에서 치역은 $\{y|2\leq y\leq8\}$이다.

치역은 이 함수의 공역 Y의 부분집합이므로

$\{y|2\leq y\leq8\}\subset\{y|\alpha\leq y\leq\beta\}$

$\therefore \alpha\leq2$, $\beta\geq8$

따라서 α의 최댓값은 2, β의 최솟값은 8이므로 구하는 곱은 16이다.

0626 답· (1) 10 (2) 10

(1) $f(3)=3-10\left[\dfrac{3}{10}\right]=3-10[0.3]=3-0=3$

$f(41)=41-10\left[\dfrac{41}{10}\right]=41-10[4.1]=41-40=1$

$f(106)=106-10\left[\dfrac{106}{10}\right]$

$=106-10[10.6]$

$=106-100=6$

$\therefore f(3)+f(41)+f(106)=10$

$f(x)$의 해석

(i) $\dfrac{x}{10}$는 자연수 x를 한 자리씩 낮춘 것이다.

$x=15 \to \dfrac{x}{10}=1.5$, $x=6 \to \dfrac{6}{10}=0.6$, $\cdots$

여기에 가우스 기호를 씌우면 소수점 아래 수가 소거되고 이 값에 10을 곱하면 원래의 수에서 일의 자리의 수가 0인 수로 바뀐다.

$x=15 \to 10\left[\dfrac{x}{10}\right]=10[1.5]=10\times1=\boxed{10}$

(ii) 자연수 x에서 일의 자리의 수가 제거된 수 $10\left[\dfrac{x}{10}\right]$

를 빼면 최종 결과는 x의 일의 자리의 수가 되는 것이다.

$f(3)=\boxed{3}$, $f(41)=\boxed{1}$, $f(106)=\boxed{6}$

(2) $f(x)$는 '자연수 x의 일의 자리의 수'이므로 어떤 자연수를 대입하여 계산해도 결과는 0, 1, 2, 3, $\cdots$, 9 중 하나이다. 따라서 치역을 Y라 하면

$Y=\{0, 1, 2, 3, 4, 5, 6, 7, 8, 9\}$

$\therefore n(Y)=10$

0627 답·(가) 1 (나) 3 (다) 5 (라) 4 (마) 7

함수의 관계식 $f(x+y)=f(x)+f(y)-1$이 임의의 실수에 대하여 성립하므로 x, y에 어떤 값을 대입해도 된다.

(i) $x=0$, $y=0$을 대입하면

$f(0+0)=f(0)+f(0)-1$

$f(0)=2f(0)-1$

$\therefore f(0)=\boxed{\text{(가)} 1}$

(ii) $x=1$, $y=1$을 대입하면

$f(1+1)=f(1)+f(1)-1$

$f(2)=2f(1)-1$에서 $f(1)=2$이므로

$f(2)=\boxed{\text{(나)} 3}$

(iii) $x=2$, $y=2$를 대입하면

$f(2+2)=f(2)+f(2)-1$

$f(4)=2f(2)-1$에서 $f(2)=3$이므로

$f(4)=\boxed{\text{(다)} 5}$

(iv) $x=\boxed{\text{(라)} 4}$, $y=2$를 대입하면

$f(4+2)=f(6)=f(4)+f(2)-1$

$f(2)=3$, $f(4)=5$이므로 $f(6)=\boxed{\text{(마)} 7}$

0628 답·2

관계식 $f(xy)=f(x)+f(y)$에 적절한 양수를 대입한다.

$x=y=3$ 대입: $f(3\times3)=f(3)+f(3)=1+1=2$

$\therefore f(9)=2$

0629 답·3

관계식 $f(x+y)=f(x)f(y)$에 적절한 값을 대입한다.

$x=y=0$ 대입:

$f(0+0)=f(0)f(0)$, $f(0)=\{f(0)\}^2$에서

$f(0)=0$ 또는 $f(0)=1$의 두 가지 경우가 나온다.

$f(x)>0$이므로 $f(0)=1$이다.

이때 $f(1)=a$라 하면

· $x=y=1$ 대입:

$f(1+1)=f(1)f(1)$, $f(2)=\{f(1)\}^2=a^2$

· $x=2$, $y=1$ 대입:

$f(2+1)=f(2)f(1)$, $f(3)=a^3$에서

$a^3=27$이므로 $a=3$

$\therefore f(1)=3$

0630 답·14

$f(100)=f(10\times10)=f(10)+f(10)=2f(10)$이므로

$f(10)$의 값을 구하면 된다.

$10=2\times5$이고 $f(2)=2$, $f(5)=5$이므로

$f(10)=f(2)+f(5)=7$

$\therefore f(100)=2f(10)=14$

$f(100)=f(4\times25)=f(4)+f(25)$

$\qquad =f(2\times2)+f(5\times5)$

$\qquad =f(2)+f(2)+f(5)+f(5)$

$\qquad =2+2+5+5=14$

0631 답·④, ⑤

$f(x)=3x^2+x-1$에서 $f(-1)=1$, $f(1)=3$이므로

이와 대응이 일치하는 함수를 찾으면 ④, ⑤이다.

④ $g(x)=x^2+x+1$에서 $g(-1)=1$, $g(1)=3$

⑤ $g(x)=|x+2|$에서 $g(-1)=1$, $g(1)=3$

0632 답·④

두 함수가 같으면 대응이 일치한다.

(i) $f(-3)=g(-3)$에서 $9-3a-1=-6+b$

$\quad 3a+b=14$ $\qquad\qquad \cdots \text{㉠}$

(ii) $f(1)=g(1)$에서 $1+a-1=2+b$

$\quad a-b=2$ $\qquad\qquad \cdots \text{㉡}$

㉠, ㉡을 연립하여 풀면 $a=4$, $b=2$

$\therefore a+b=6$

0633 답·④

두 함수가 같으면 대응이 일치한다.

(i) $f(1)=g(1)$에서 $2-4+3=b$ $\quad \therefore b=1$

(ii) $f(0)=g(0)$에서 $3=a+1$ $\quad \therefore a=2$

$\therefore 2a-b=3$

0634 답·②, ⑤

항등함수이므로 $f(-1)=-1$, $f(0)=0$, $f(1)=1$의 대응을 만족해야 한다.

조건에 맞는 함수는 ②, ⑤이다.

> **보충학습**
>
> 정의역과 공역이 실수 전체의 집합일 때 항등함수의 식은 $y=x$ 하나뿐이다. 하지만 정의역의 원소가 제한될 경우 이 문제처럼 다른 식일 때도 정의역의 원소가 자기 자신과 대응할 수 있다. 따라서 이런 경우도 항등함수로 본다.

0635 답·④

치역의 원소가 단 한 개인 함수는 상수함수이다.

즉, $h(x)=k$ (k는 상수)가 되고

$h(1)+h(2)+h(3)+h(4)+h(5)=k+k+k+k+k$

에서 $5k=20$이므로 $k=4$

$\therefore h(-3)=4$

0636 답·①

g는 상수함수이므로 $g(x)=k$ (k는 상수)라 할 수 있다.

또한 f는 항등함수이므로 $f(3)+g(1)=0$에서

$3+k=0$ $\therefore k=-3$

$\therefore f(4)+g(-2)=4-3=1$

0637 답·⑤

g는 상수함수이므로 $g(x)=k$ (k는 상수)라 할 수 있다.

또한 f는 항등함수이므로 $f(5)=g(5)$에서 $5=k$

즉, $g(x)=5$이다.

0638 답·⑤

일대일함수의 그래프는 오른쪽 위로 올라가기만 하거나 오른쪽 아래로 내려가기만 하는 모양이다.

이런 그래프는 ㄱ, ㄷ, ㅁ, ㅂ의 네 개이므로 $m=4$

일대일대응은 일대일함수 중에서 치역과 공역이 모든 실수의 집합이므로 좌표평면 위아래로 계속 뻗어나가는 모양의 그래프를 찾으면 된다.

조건에 맞는 그래프는 ㄷ, ㅁ의 두 개이므로 $n=2$

$\therefore m-n=2$

0639 답·②

(i) g는 항등함수이므로 $g(3)=3$이고

⑦ 조건에 의해 $f(2)=g(3)=h(6)=3$에서

상수함수인 h의 식이 $h(x)=3$임을 알 수 있다.

(ii) f가 일대일대응이므로 ④ 조건에 의해

$f(2)f(3)=f(6)$에서 $3f(3)=f(6)$이고

$f(3)=2$, $f(6)=6$이다.

$\therefore f(3)+h(2)=2+3=5$

0640 답·②

f는 일대일대응이고 $f(7)=2$이므로 $f(1)$, $f(3)$의 값은 0, 4, 6 중에서 하나씩 대응이 될 것이다.

$f(1)=f(3)+2$에서 두 함숫값의 차가 2가 되므로

$f(1)=6$, $f(3)=4$임을 알 수 있고 $f(5)=0$이 된다.

$\therefore f(1)+f(5)=6$

0641 답·③

일대일대응의 치역과 공역은 같으므로 치역도 $\{y \,|\, 4 \leq y \leq 5\}$이다.

f는 일대일대응이자 기울기가 양수인 일차함수이므로 다음 그림과 같은 그래프가 된다.

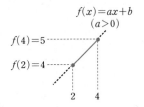

$f(4)=4a+b=5$ $\cdots$ ㉠

$f(2)=2a+b=4$ $\cdots$ ㉡

㉠, ㉡을 연립하여 풀면 $a=\dfrac{1}{2}$, $b=3$

$\therefore ab=\dfrac{3}{2}$

0642 답·7

$f(x)=a|x+2|-4x=\begin{cases}(a-4)x+2a & (x \geq -2) \\ (-a-4)x-2a & (x < -2)\end{cases}$

이므로 f는 범위에 따라 기울기가 달라지는 그래프를 갖는 함수이다.

f가 일대일대응이 되기 위해서는 다음 그래프와 같이 두 기울기 $a-4$, $-a-4$의 부호가 같아야 한다.

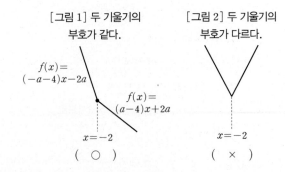

즉, $(a-4)(-a-4)>0$, $(a-4)(a+4)<0$에서

$-4<a<4$

따라서 구하는 정수 a는 -3, -2, -1, 0, 1, 2, 3의 7개이다.

0643 답·⑦ 2 ④ a^2-4a ④ 5

이차함수 f의 그래프의 축은 $x=2$이고 아래로 볼록한 모양을 갖는다.

정의역의 범위 $x \geq a$에서 [그림 1]처럼 $a < 2$이면
$x_1 \neq x_2$이지만 $f(x_1) = f(x_2)$이 되어 일대일대응이 될 수 없다.

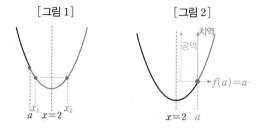

[그림 1]　　　　　[그림 2]

즉, f는 일대일대응이므로 $a \geq$ (가) $\boxed{2}$ 이다.

[그림 2]를 보면 함수 $f(x)$의 최솟값은 $f(a) = a^2 - 4a$이므
로 이 함수의 치역은 $\{y | y \geq$ (나) $\boxed{a^2 - 4a}\}$이고 치역과 공역
$\{y | y \geq a\}$가 같아야 하므로 (나) $\boxed{a^2 - 4a} = a$에서

$a^2 - 5a = 0$　　∴ $a =$ (다) $\boxed{5}$ $(\because a \geq 2)$

0644 답 · ①

항등함수는 모든 X의 원소가 자기 자신과 대응하는 경우 하
나뿐이므로 $m = 1$
상수함수는 모든 원소가 1에 대응하는 경우부터 4에 대응하
는 경우까지 네 가지가 존재하므로 $n = 4$
∴ $m + n = 5$

0645 답 · ③

중학교 때 공부했던 경우의 수를 생각하면 된다.
정의역의 원소가 공역의 원소에 하나씩만 대응하면 되므로
a가 대응할 수 있는 경우의 수는 4
b, c, d가 대응할 수 있는 경우의 수도 각각 4
따라서 f의 개수는 $4^4 = 2^8$이다.
∴ $m = 8$

> **보충학습**
>
> **함수의 개수**
>
> 정의역 X의 원소의 개수가 m, 공역 Y의 원소의 개수
> 가 n일 때, $X \rightarrow Y$인 함수의 개수는
> $$n^m$$
> 예 $n(X) = 3$, $n(Y) = 4$일 때, $X \rightarrow Y$인 함수의 개
> 수는 $4^3 = 64$

0646 답 · 10

$f(x_1) = f(x_2)$이면 $x_1 = x_2$의 대우는
$x_1 \neq x_2$이면 $f(x_1) \neq f(x_2)$이므로 f는 일대일함수이다.
$f : X \rightarrow Y$인 일대일함수의 개수: $p = 3 \times 2 \times 1 = 6$
$f : X \rightarrow Z$인 일대일함수의 개수: $q = 5 \times 4 \times 3 = 60$
∴ $\dfrac{q}{p} = 10$

0647 답 · 36

다음 그림은 조건에 맞는 함수의 대응 중 하나이다.

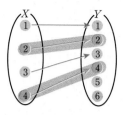

그림의 예처럼 홀수는 홀수와, 짝수는 짝수와 대응하면서 함
숫값은 중복되지 않아야 한다.
(i) 홀수의 대응의 경우의 수: $3 \times 2 = 6$
(ii) 짝수의 대응의 경우의 수: $3 \times 2 = 6$
따라서 조건에 맞는 함수의 개수는 $6 \times 6 = 36$

0648 답 · ①

주어진 조건에 따르면 f는 기함수, g는 우함수이므로
$f(-3) = -f(3) = -3$, $g(2) = g(-2) = 4$
기함수의 그래프는 항상 원점을 지나므로 $f(0) = 0$
∴ $f(-3) + f(0) + g(2) = -3 + 0 + 4 = 1$

0649 답 · ③

그래프가 원점에 대하여 대칭이므로 f는 기함수이고,
기함수의 식은 모든 항이 홀수 차수로 이루어진다.
즉, $a_1 = a_3 = 0$, $f(x) = a_0 x^3 + a_2 x$에서
· $f(1) = 1$, $a_0 + a_2 = 1$ 　　　　　　……㉠
· $f(-2) = -14$, $-8a_0 - 2a_2 = -14$, $4a_0 + a_2 = 7$ ……㉡
㉠, ㉡을 연립하여 풀면 $a_0 = 2$, $a_2 = -1$
∴ $2a_0 + a_2 = 3$

0650 답 · ⑤

$f(x) = f(-x)$이므로 f는 우함수이다.
우함수와 곱하여 기함수가 되는 함수는 기함수로, 보기에서
그래프가 원점 대칭인 기함수를 찾으면 ⑤이다.

⑤ $g(-x) = \dfrac{1}{2}(-x)^3 - \dfrac{1}{3}(-x)$

　　　　$= -\left(\dfrac{1}{2}x^3 - \dfrac{1}{3}x\right)$

　　　　$= -g(x)$

0651 답 · -1

주어진 함수의 관계식 $f(x) = f(x+2)$에서
$f(2) = f(4) = f(6) = \cdots$, $f(1) = f(3) = f(5) = \cdots$
이므로 짝수를 대입한 함숫값이 모두 같고, 홀수도 마찬가지
이다.
$f(x) = f(-x)$에서 $f(-100) = f(100)$이고
100은 짝수이므로
$f(500) = f(100) = f(-100) = -1$

0652 답·④

$f(-2x+5)=x^2-1$에 $x=-3$을 대입하면

$f\{-2\times(-3)+5\}=(-3)^2-1$　∴ $f(11)=8$

0653 답·25

$f(-x)=-f(x)$에서

(i) $f(0)=0$으로 대응이 고정된다. 따라서 정의역의 0이 대응되는 경우의 수는 1가지이다.

(ii) $f(-1)=-f(1)$, $f(-2)=-f(2)$이다. 따라서 정의역의 -1의 대응이 결정이 되면 1이 대응할 값은 자동으로 정해진다.

-2와 2의 대응도 마찬가지이다.

• -1의 대응의 경우의 수: 5가지,
　1의 대응의 경우의 수: 1가지

• -2의 대응의 경우의 수: 5가지,
　2의 대응의 경우의 수: 1가지

따라서 조건에 맞는 함수의 개수는 $1\times5\times1\times5\times1=25$

0654 답·③

정의역의 임의의 원소를 a라 하면 $f=g$이므로

$f(a)=g(a)$

방정식을 세워 이를 만족하는 a의 값을 구한다.

$a^2+a-6=3a+2$에서 $a^2-2a-8=0$

$(a+2)(a-4)=0$　∴ $a=-2$ 또는 $a=4$

따라서 정의역 X는 -2나 4 또는 둘 다를 원소로 갖는 집합이 되므로 나열하면 $\{-2\}$, $\{4\}$, $\{-2, 4\}$의 3개이다.

0655 답·④

f가 항등함수가 되려면 $f(x)=x$를 만족해야 하므로

$x^3-6x^2+12x-6=x$에서 $x^3-6x^2+11x-6=0$

$(x-1)(x-2)(x-3)=0$

∴ $x=1$ 또는 $x=2$ 또는 $x=3$

정의역 X는 1, 2, 3의 일부 또는 전부를 원소로 갖는 집합이 된다.

따라서 X는 $\{1, 2, 3\}$의 부분집합이므로 공집합을 제외한 부분집합의 개수는 $2^3-1=7$

0656 답·②

$-3\le x\le5$에서 $-6\le2x\le10$이고

$-6+b\le f(x)=2x+b\le10+b$이므로

• 치역: $\{y\,|\,b-6\le y\le b+10\}$

• 공역: $\{y\,|\,|y|\le a\}$ → $\{y\,|-a\le y\le a\}$

일대일대응이 되기 위해서는 f의 치역이 공역 Y와 일치해야 한다.

(i) $-a=b-6$에서 $a+b=6$　…㉠

(ii) $a=b+10$에서 $a-b=10$　…㉡

㉠, ㉡을 연립하여 풀면 $a=8$, $b=-2$

∴ $a^2+b^2=68$

0657 답·1

일대일대응의 그래프는 다음 조건을 만족한다.

(i) 증가 또는 감소만 한다.

　→ $x_1\ne x_2$이면 $f(x_1)\ne f(x_2)$를 만족

(ii) 끊어지지 않아야 한다.

　→ 공역＝치역을 만족

따라서 식이 달라지는 지점은 $x=1$에서 그래프가 연결이 되어야 하므로

$1^2-2\times1+a=-2\times1+3-a$에서 $-1+a=1-a$

∴ $a=1$

보충학습

f의 식을 정리하고 그래프를 그리면 다음과 같다.

$$f(x)=\begin{cases} x^2-2x+1 & (x<1) \\ -2x+2 & (x\ge1) \end{cases}$$

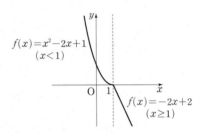

오른쪽 아래로만 향하는 (감소하는) 그래프이므로 일대일대응인 것을 확인할 수 있다.

0658 답·④

일대일대응이 되기 위해서는 두 직선의 기울기의 부호가 같아야 하므로

$(a+3)(2-a)>0$에서 $(a+3)(a-2)<0$

∴ $-3<a<2$

따라서 정수 a는 -2, -1, 0, 1의 4개이다.

0659 답·④

$f(x+3)=f(x)$에 의하여

$f(22)=f(19)=f(16)=\cdots=f(1)$

이때 $f(1)=-1+4=3$이므로 $f(22)=3$

보충학습

함수가 정의된 조건을 정확히 확인해야 한다.

$f(x)=-x^2+4$는 $0\le x\le3$에서만 정의된 식이므로 이 범위를 벗어난 값은 대입할 수 없다.

따라서 $f(22)=-22^2+4$와 같이 계산하면 안 되고 관계식 $f(x+3)=f(x)$를 이용하여 범위 내의 값으로 바꿔서 함숫값을 구한다.

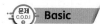

Basic

0660 답· 합성함수, $g \circ f$

0661 답· 합성함수, $f \circ g$

0662 답· $g(0)$

0663 답· $f(3)$

0664 답· $g(x)$

0665 답· $f(x)$

0666 답· 0

$(g \circ f)(1) = g(f(1)) = g(5) = 0$

0667 답· -2

$(g \circ f)(2) = g(f(2)) = g(1) = -2$

0668 답· -1

$(g \circ f)(3) = g(f(3)) = g(9) = -1$

0669 답· 0

$(g \circ f)(4) = g(f(4)) = g(5) = 0$

0670 답· -2

$(f \circ f)(-2) = f(f(-2)) = f(0) = -2$

0671 답· 0

$(f \circ f)(0) = f(f(0)) = f(-2) = 0$

0672 답· 1

$(f \circ f)(1) = f(f(1)) = f(1) = 1$

0673 답· 9

$(f \circ g)(2) = f(g(2)) = f(5) = 9$

0674 답· 10

$(g \circ f)(2) = g(f(2)) = g(3) = 10$

0675 답· -3

$(f \circ f)(0) = f(f(0)) = f(-1) = -3$

0676 답· 5

$(g \circ g)(1) = g(g(1)) = g(2) = 5$

0677 답· $(f \circ g)(x) = 2x^2 + 1$

$(f \circ g)(x) = f(g(x)) = 2(x^2 + 1) - 1 = 2x^2 + 1$

0678 답· $(g \circ f)(x) = 4x^2 - 4x + 2$

$(g \circ f)(x) = g(f(x)) = (2x-1)^2 + 1 = 4x^2 - 4x + 2$

0679 답· $(f \circ f)(x) = 4x - 3$

$(f \circ f)(x) = f(f(x)) = 2(2x-1) - 1 = 4x - 3$

0680 답· $(g \circ g)(x) = x^4 + 2x^2 + 2$

$(g \circ g)(x) = g(g(x)) = (x^2+1)^2 + 1 = x^4 + 2x^2 + 2$

0681 답· 8

$3 > 0$이므로

$(f \circ f)(3) = f(f(3)) = f\left(\dfrac{3 \cdot 3 + 1}{2}\right)$

$\qquad = f(5) = \dfrac{3 \cdot 5 + 1}{2} = 8$

0682 답· $\dfrac{25}{2}$

$-4 < 0$이므로

$(f \circ f)(-4) = f(f(-4)) = f(-(-4)^2 - 6 \cdot (-4))$

$\qquad = f(8) = \dfrac{3 \cdot 8 + 1}{2} = \dfrac{25}{2}$

0683 답· $\neq$

0684 답· $=$

0685 답· 교환

0686 답· $(f \circ g) \circ h$, $f \circ (g \circ h)$

0687 답· 결합

0688 답· 역대응, 역함수, f^{-1}

0689 답· 일대일대응

0690 답· a, b

0691 답· 3

0692 답· 0

0693 답· 5

0694 답· 1

$f^{-1}(2) = a$라 하면 $f(a) = 2$에서

$4a - 2 = 2$ $\quad \therefore a = 1$

0695 답· 0

$f^{-1}(-2) = a$라 하면 $f(a) = -2$에서

$4a - 2 = -2$ $\quad \therefore a = 0$

0696 답· 3

$f^{-1}(10) = a$라 하면 $f(a) = 10$에서

$4a - 2 = 10$ $\quad \therefore a = 3$

0697 답· $\dfrac{1}{2}$

$f^{-1}(0) = a$라 하면 $f(a) = 0$에서

$4a - 2 = 0$ $\quad \therefore a = \dfrac{1}{2}$

0698 답· $y = \dfrac{1}{2}x + \dfrac{1}{2}$

$y = 2x - 1$에서 $x = \dfrac{1}{2}y + \dfrac{1}{2}$ $\quad \therefore y = \dfrac{1}{2}x + \dfrac{1}{2}$

0699 답· $y = \dfrac{1}{4}x + \dfrac{1}{2}$

$y = 4x - 2$에서 $x = \dfrac{1}{4}y + \dfrac{1}{2}$ $\quad \therefore y = \dfrac{1}{4}x + \dfrac{1}{2}$

0700 답· $f^{-1}(x) = -\dfrac{3}{2}x + 6$

$y = -\dfrac{2}{3}x + 4$에서 $x = -\dfrac{3}{2}y + 6$ $\quad \therefore f^{-1}(x) = -\dfrac{3}{2}x + 6$

0701 답·정의역: $\{-3, 1, 4\}$, 치역: $\{1, 3, 5\}$

0702 답·정의역: $\{x|x\leq3\}$, 치역: $\{y|y\geq1\}$

0703 답·정의역: $\{x|1\leq x\leq6\}$, 치역: $\{y|-3\leq y\leq2\}$

0704 답·정의역: $\{x|x>0\}$, 치역: $\{y|y$는 모든 실수$\}$

0705 답·$y=x$

0706 답·a, a

0707 답·f

0708 답·$f^{-1}\circ f,\ I$

0709 답·$f^{-1}(x),\ g^{-1}(x)$

0710 답·$g^{-1}\circ f^{-1}$

0711 답·$h^{-1}\circ g^{-1}\circ f^{-1}$

0712 답·5

$(f^{-1})^{-1}(3)=f(3)=5$

0713 답·1

$f(g(f(1)))=f(g(3))=f(5)=1$

0714 답·1

$(f\circ g)^{-1}(3)=(g^{-1}\circ f^{-1})(3)=g^{-1}(f^{-1}(3))=g^{-1}(1)=1$

0715 답·1

$(g^{-1}\circ f^{-1})(3)=g^{-1}(f^{-1}(3))=g^{-1}(1)=1$

0716 답·

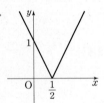

0717 답·

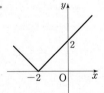

0718 답·

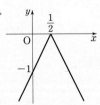

0719 답·

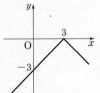

0720 답·

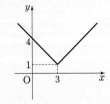

0721 답·

0722 답·

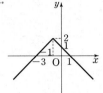

0723 답·

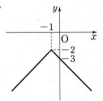

0724 답·

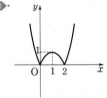

0725 답·

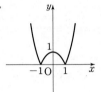

0726 답·

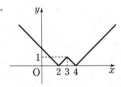

0727 답·

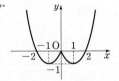

0728 답·

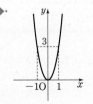

문제 C.O.D.I **Trendy**

0729 답·③

· $f(4)=1$

· $(f\circ f)(2)=f(f(2))=f(3)=4$

∴ $f(4)+(f\circ f)(2)=1+4=5$

0730 답· ③

$(f \circ g)(3) = f(g(3)) = f(9a+6) = 27a+18+a = -10$

에서 $28a = -28$ $\quad \therefore a = -1$

0731 답· ⑤

$(g \circ f)(a) = g(f(a)) = g(3a-1) = (3a-1)^2 - 1 = 3$

에서 $9a^2 - 6a - 3 = 0$, $3a^2 - 2a - 1 = 0$

근과 계수와의 관계에 의해 두 근의 합은 $\dfrac{2}{3}$ 이므로

$p = 3$, $q = 2$

$\therefore p + q = 5$

0732 답· ④

$(h \circ f \circ g)(a) = 30$ 이므로

$h(f(g(a))) = h(f(a+1)) = h(2(a+1)^2 + (a+1))$

$\qquad\qquad = h(2a^2 + 5a + 3) = 3(2a^2 + 5a + 3) = 30$

에서 $2a^2 + 5a + 3 = 10$, $2a^2 + 5a - 7 = 0$

$(a-1)(2a+7) = 0$ $\quad \therefore a = 1$ 또는 $a = -\dfrac{7}{2}$

따라서 정수 a의 값은 1이다.

0733 답· ⑤

• $f(g(3)) = f(-2) = -5$

• $g(f(2)) = g(-3) = 10$

$\therefore (f \circ g)(3) + (g \circ f)(2) = 5$

0734 답· -8

$(f \circ g \circ f)(2) = f(g(f(2))) = f(g(4))$

$\qquad\qquad\qquad = f(-4) = -16 + 8 = -8$

0735 답· ⑤

ㄱ. $f(f(x)) = x+2$, $f(f(f(x))) = x+3 \neq f(x)$

ㄴ. $f(f(x)) = -(-x) = x$, $f(f(f(x))) = -x = f(x)$

ㄷ. $f(f(x)) = -(-x+1) + 1 = x$

$\qquad f(f(f(x))) = -x+1 = f(x)$

따라서 주어진 등식이 성립하는 것은 ㄴ, ㄷ이다.

0736 답· ⑤

그래프을 이용해 함숫값을 확인한다.

$f(f(1)) = f(2) = 3$

0737 답· ⑤

$g(f(x)) = g(x-2) = x^2 - 8x + 18$에서 $t = x-2$라 하면

$x = t+2$이므로 식을 t로 치환하여 정리한다.

$g(t) = (t+2)^2 - 8(t+2) + 18$

$\qquad = (t+2)^2 - 8(t+2) + 16 + 2$

$\qquad = (t+2-4)^2 + 2 = (t-2)^2 + 2$

따라서 $g(x) = (x-2)^2 + 2$는 $x=2$에서 최솟값 2를 갖는다.

0738 답· ③

$f(g(x)) = h(x)$에 $x=1$을 대입하면

$f(g(1)) = h(1)$에서 $\dfrac{1}{2}g(1) + 3 = 1 - 3 + 5$

$\therefore g(1) = 0$

> **다른풀이**
>
> $g(x)$의 식을 구한다.
>
> $f(g(x)) = h(x)$, $\dfrac{1}{2}g(x) + 3 = x^2 - 3x + 5$
>
> $\dfrac{1}{2}g(x) = x^2 - 3x + 2$ $\quad \therefore g(x) = 2x^2 - 6x + 4$
>
> $\therefore g(1) = 0$

0739 답· ⑤

$f(g(x)) = 2(-x+k) - 1 = -2x + 2k - 1$

$g(f(x)) = -(2x-1) + k = -2x + k + 1$

에서 $f(g(x)) = g(f(x))$이므로 $2k - 1 = k + 1$

$\therefore k = 2$

0740 답· ⑤

$((f \circ g) \circ h)(x) = (f \circ (g \circ h))(x)$

$\qquad\qquad = f((g \circ h)(x)) = f(2x+3)$

$\qquad\qquad = 3(2x+3) + 2 = 6x + 11$

0741 답· ③

$f^1(1) = 2$	$f^1(3) = 1$
$f^2(1) = f(2) = 3$	$f^2(3) = f(1) = 2$
$f^3(1) = f(3) = 1$	$f^3(3) = f(2) = 3$
$f^4(1) = f(1) = 2$	$f^4(3) = f(3) = 1$
$f^5(1) = f(2) = 3$	$f^5(3) = f(1) = 2$
$f^6(1) = f(3) = 1$	$f^6(3) = f(2) = 3$
...	...

• $f^1(1) = f^4(1) = f^7(1) = \cdots = f^{100}(1) = 2$

• $f^2(3) = f^5(3) = f^8(3) = \cdots = f^{200}(3) = 2$

$\therefore f^{100}(1) - f^{200}(3) = 0$

0742 답· ④

$f^1(-1) = 6$

$f^2(-1) = f(6) = -1$

$f^3(-1) = f(-1) = 6$

$f^4(-1) = f(6) = -1, \cdots$

$\therefore f^{2001}(-1) + f^{2030}(-1) = 6 - 1 = 5$

0743 답· ①

$f^1(2) = 4$

$f^2(2) = f(4) = 3$

$f^3(2) = f(3) = 6$

$f^4(2) = f(6) = 1$

$f^5(2) = f(1) = 2$

$f^6(2) = f(2) = 4, \cdots$

$$\therefore f^{104}(2)=f^{5\times20+4}(2)=1$$

0744 답·①

(ⅰ) $x\leq3$일 때 $f(x)\geq0$이므로
$$g(f(x))=(-x+3)-2=-x+1$$
(ⅱ) $x>3$일 때 $f(x)<0$이므로
$$g(f(x))=(-x+3)^2+2(-x+3)-2$$
$$=x^2-8x+13$$
$$\therefore g(f(x))=\begin{cases}x^2-8x+13 & (x>3)\\ -x+1 & (x\leq3)\end{cases}$$

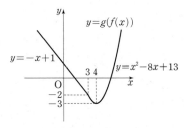

$y=(g\circ f)(x)$는 $x=4$에서 최솟값 -3을 가지므로
$$a=4,\ b=-3$$
$$\therefore a+b=1$$

0745 답·해설 참조

$(f\circ g)(x)=f(g(x))$이므로 $g(x)$의 값에 따라 대입하는 $f(x)$의 식이 달라진다.

(ⅰ) $x\geq1$일 때,
$$g(x)=x^2-2x+2=(x-1)^2+1\geq1$$이므로
$$f(g(x))=x^2-2x-1$$
(ⅱ) $-1<x<1$일 때,
$$g(x)=x^2$$이고 $0\leq x^2<1$이므로
$$f(g(x))=-2x^2$$
(ⅲ) $x\leq-1$일 때,
$$g(x)=x^2$$이고 $x^2\geq1$이므로
$$f(g(x))=x^2-3$$
$$\therefore f(g(x))=\begin{cases}x^2-2x-1 & (x\geq1)\\ -2x^2 & (-1<x<1)\\ x^2-3 & (x\leq-1)\end{cases}$$

따라서 $y=(f\circ g)(x)$의 그래프를 그리면 다음과 같다.

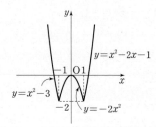

0746 답·②

$g(f(5))=g(6)=1,\ f^{-1}(2)=3,\ g^{-1}(2)=2$
$$\therefore (g\circ f)(5)+f^{-1}(2)+g^{-1}(2)=6$$

0747 답·③

$f^{-1}(1)=a$라 하면 $f(a)=1$이므로
$$\frac{1}{3}a-1=1\qquad\therefore a=6$$
$$\therefore f^{-1}(1)=6$$

0748 답·①

$f(g(x))=x$이므로 f와 g는 역함수 관계이다.

f는 일차함수이므로 $f(x)=ax+b$라 하면

(ⅰ) $f(2)=1$에서 $2a+b=1$ ⋯ ㉠
(ⅱ) $g(7)=-1$에서 $f(-1)=7,\ -a+b=7$ ⋯ ㉡

㉠, ㉡을 연립하여 풀면 $a=-2,\ b=5$
$$\therefore f(x)=-2x+5$$
$g(5)=p$라 하면 $f(p)=5$에서 $-2p+5=5$ $\qquad\therefore p=0$
$$\therefore g(5)=0$$

0749 답·④

$f(x)=2x-1$에서 $y=2x-1$이라 하면
$$x=\frac{1}{2}y+\frac{1}{2}\qquad\therefore y=\frac{1}{2}x+\frac{1}{2}$$
즉, $f^{-1}(x)=\dfrac{1}{2}x+\dfrac{1}{2}$이므로 $g(2x+1)=\dfrac{1}{2}x+\dfrac{1}{2}$

이 식에 $x=2$를 대입하면 $g(2\cdot2+1)=g(5)=\dfrac{3}{2}$

0750 답·④

$f(g(x))=g(f(x))=x$가 성립하므로 g는 f의 역함수이다.

역함수가 존재하면 일대일대응이므로 $x\geq0$에서와 $x<0$에

서의 기울기의 부호가 같아야 한다.

즉, $(2-a)(a+3)>0$에서 $(a-2)(a+3)<0$

$\therefore -3<a<2$

따라서 정수 a는 -2, -1, 0, 1의 4개이다.

0751 답 · ②

f의 역함수가 존재하므로 f는 일대일대응이다.

(i) $x \ge 1$에서와 $x<1$에서의 기울기의 부호가 같아야 하므로

$(-a+3)(2a+1)>0$에서 $(a-3)(2a+1)<0$

$\therefore -\dfrac{1}{2}<a<3$

(ii) 치역과 공역이 같아야 하므로 $x=1$에서 그래프가 끊어지지 않고 이어져야 한다.

즉, $-a+3+a^2=2a+1+a-1$에서 $a^2-4a+3=0$

$(a-1)(a-3)=0$ $\therefore a=1$ 또는 $a=3$

(i), (ii)에서 $a=1$

0752 답 · ⑤

역함수가 존재하면 $x=a$에서 그래프가 이어져 있으므로

$a^2-4a=a-4$에서 $a^2-5a+4=0$

$(a-1)(a-4)=0$ $\therefore a=1$ 또는 $a=4$

a의 값에 따라 다음과 같이 두 가지 그래프가 나온다.

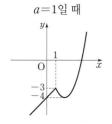 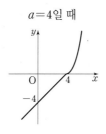

이때 일대일대응의 그래프는 $a=4$일 때이다.

0753 답 · ④

역함수가 존재하도록 f의 그래프의 개형을 그리면 다음과 같다.

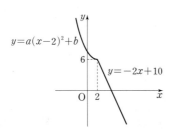

$y=a(x-2)^2+b$는 아래로 볼록하고 점 $(2, 6)$을 지나므로

$a>0$, $b=6$

따라서 $a=1$일 때 $a+b$의 최솟값은 7이다.

0754 답 · ④

$f(2)=1$에서 $f^{-1}(1)=2$, $a+b=2$ ···㉠

$f^{-1}(3)=3$, $3a+b=3$ ···㉡

㉠, ㉡을 연립하여 풀면 $a=\dfrac{1}{2}$, $b=\dfrac{3}{2}$

$\therefore 5a+b=4$

0755 답 · -1

$f^{-1}(x)$의 식을 구하여 $f(x)$의 식과 비교한다.

$y=ax-3$에서 $x=\dfrac{y+3}{a}$ $\therefore y=\dfrac{1}{a}x+\dfrac{3}{a}$

즉, $f^{-1}(x)=\dfrac{1}{a}x+\dfrac{3}{a}$이므로 $ax-3=\dfrac{1}{a}x+\dfrac{3}{a}$

(i) $a=\dfrac{1}{a}$에서 $a^2=1$ $\therefore a=\pm 1$

(ii) $-3=\dfrac{3}{a}$에서 $-3a=3$ $\therefore a=-1$

(i), (ii)에서 $a=-1$

다른풀이

$f=f^{-1}$이므로 $f(f^{-1}(x))=f(f(x))=x$가 성립한다.

$f(f(x))=a(ax-3)-3=x$

$a^2x-3a-3=x$에서 $a^2=1$, $-3a-3=0$

$\therefore a=-1$

0756 답 · (개) $\dfrac{1}{3}h(x)+1$ (내) $3g(x)-3$

f와 g는 역함수 관계이므로 $f(g(x))=x$가 성립함을 이용한다.

$f\left(\dfrac{1}{3}x+1\right)$의 역함수를 $h(x)$라 하면

$f\left(\boxed{(개) \dfrac{1}{3}h(x)+1}\right)=f(g(x))=x$

에서 $\boxed{(개) \dfrac{1}{3}h(x)+1}=g(x)$를 $h(x)$에 대하여 정리하면

$\dfrac{1}{3}h(x)=g(x)-1$ $\therefore h(x)=\boxed{(내) 3g(x)-3}$

0757 답 · ②

$(f^{-1} \circ g)(4)=f^{-1}(g(4))=f^{-1}(3)=2$

0758 답 · ④

$g^{-1}(3)=a$라 하면 $g(a)=3$에서

$-2a+5=3$ $\therefore a=1$

$(f^{-1} \circ g^{-1})(3)=f^{-1}(g^{-1}(3))=f^{-1}(1)$이므로

$f^{-1}(1)=b$라 하면 $f(b)=1$에서

$2b-1=1$ $\therefore b=1$

$\therefore (f^{-1} \circ g^{-1})(3)=1$

다른풀이 1

f, g의 역함수를 구한다.

(i) $f(x)=2x-1 \to f^{-1}(x)=\dfrac{1}{2}x+\dfrac{1}{2}$

(ii) $g(x)=-2x+5 \to g^{-1}(x)=-\dfrac{1}{2}x+\dfrac{5}{2}$

$(f^{-1} \circ g^{-1})(3)=f^{-1}(g^{-1}(3))=f^{-1}(1)=1$

$(f^{-1} \circ g^{-1})(x) = (g \circ f)^{-1}(x)$이므로

$(g \circ f)(x) = -4x+7$에서 $(g \circ f)^{-1}(3) = a$라 하면

$(g \circ f)(a) = 3$에서 $-4a+7 = 3$ $\quad \therefore a = 1$

0759 답·⑤

g는 f의 역함수이므로

$(g \circ f \circ g)(x) = g(f(g(x))) = g(x)$

즉, $g(f(g(2))) = g(2)$

역함수의 성질에 의해 $g(2) = a$라 하면 $f(a) = 2$에서

$\dfrac{a}{4} + \dfrac{3}{4} = 2$, $\dfrac{a}{4} = \dfrac{5}{4}$ $\quad \therefore a = 5$

$\therefore (g \circ f \circ g)(2) = 5$

0760 답·6

$f^{-1}(96) = a$라 하면 $f(a) = 96$에서

$a^2 - 4a - 96 = 0$, $(a+8)(a-12) = 0$

$\therefore a = 12$ $(\because a \geq 5)$

$f^{-1}(f^{-1}(96)) = f^{-1}(12) = b$라 하면 $f(b) = 12$에서

$b^2 - 4b - 12 = 0$, $(b+2)(b-6) = 0$

$\therefore b = 6$ $(\because b \geq 5)$

$\therefore (f^{-1} \circ f^{-1})(96) = 6$

0761 답·⑤

$g^{-1}(-7) = a$라 하면 $g(a) = -7$에서

$a \geq 1$일 때, $-2a+3 = -7$에서 $a = 5$

$a < 1$일 때, $-3a+4 = -7$에서 $a = \dfrac{11}{3}$ (범위에 벗어남)

$\therefore g^{-1}(-7) = 5$

$(f^{-1} \circ g^{-1})(-7) = f^{-1}(g^{-1}(-7)) = f^{-1}(5) = b$라 하면

$f(b) = 5$에서

$b \geq 0$일 때, $b^2+1 = 5$에서 $b^2 = 4$, $b = 2$

$b < 0$일 때, $2b+1 = 5$에서 $b = 2$ (범위에 벗어남)

$\therefore (f^{-1} \circ g^{-1})(-7) = 2$

0762 답·129

(i) $g^{-1}(40) = a$라 하면 $g(a) = 40$이므로

$a < 25$일 때, $2a = 40$에서 $a = 20$

$a \geq 25$일 때, $a+25 = 40$에서 $a = 15$ (범위에서 벗어남)

$\therefore g^{-1}(40) = 20$, $f(g^{-1}(40)) = f(20) = 120$

(ii) $g(40) = 65$이고 $f^{-1}(65) = b$라 하면 $f(b) = 65$이므로

$5b+20 = 65$에서 $b = 9$

$\therefore f^{-1}(g(40)) = 9$

$\therefore f(g^{-1}(40)) + f^{-1}(g(40)) = 129$

0763 답·①

그래프를 통해 함숫값을 확인한다.

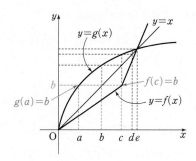

$f(c) = b$이므로 $g^{-1}(b) = \square$라 하면 $g(\square) = b$에서 $\square = a$

$\therefore g^{-1}(f(c)) = g^{-1}(b) = a$

0764 답·③

$y = f(x)$와 $y = x$의 그래프의 교점을 구하면

$2x-5 = x$에서 $x = 5$, $y = 5$이므로

교점의 좌표는 $(5, 5)$이다.

따라서 $y = f(x)$와 $y = f^{-1}(x)$의 그래프의 교점의 좌표도

$(5, 5)$이다.

0765 답·10

$y = f(x)$와 $y = x$의 그래프의 교점을 구하면

(i) $x \geq 0$일 때, $\dfrac{1}{2}x+2 = x$에서 $x = 4 \rightarrow (4, 4)$

(ii) $x < 0$일 때, $3x+2 = x$에서 $x = -1 \rightarrow (-1, -1)$

$y = f(x)$와 $y = f^{-1}(x)$의 그래프는 다음과 같다.

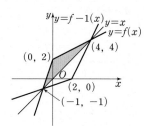

두 그래프는 $y = x$에 대하여 대칭이므로 구하려는 도형의 넓이는 색칠한 삼각형의 넓이의 2배이다.

(i) 밑변: 두 점 $(4, 4)$와 $(-1, -1)$ 사이의 거리이므로 $5\sqrt{2}$

(ii) 높이: $y = x$와 점 $(0, 2)$ 사이의 거리이므로 $\dfrac{2}{\sqrt{2}}$

$\therefore$ (삼각형의 넓이) $= \dfrac{1}{2} \times 5\sqrt{2} \times \dfrac{2}{\sqrt{2}} = 5$

따라서 두 함수의 그래프로 둘러싸인 도형의 넓이는 10이다.

0766 답·③

그래프를 해석하여 함수의 식을 세우면

$$f(x) = \begin{cases} x & (x \geq 0) \\ 2x & (x < 0) \end{cases}$$

ㄱ. $f(10) = 10$, $f(f(10)) = f(10) = 10$

$\therefore f(10) = f(f(10))$ (참)

ㄴ. $f(-1) = -2$에서 $f^{-1}(-2) = -1$ (참)

ㄷ. 직선 $y = x$와 $y = f(x)$의 그래프와의 교점이 무수히 많으므로 $y = f^{-1}(x)$의 그래프와의 교점도 무수히 많다.

(거짓)

따라서 옳은 것은 ㄱ, ㄴ이다.

0767 답·①

$y=f(x)$의 그래프와 직선 $y=x$의 교점을 구한다.

$x^2-6x+12=x$에서 $x^2-7x+12=0$

$(x-3)(x-4)=0$ ∴ $x=3$ 또는 $x=4$

즉, 두 교점이 $(3, 3)$, $(4, 4)$이므로 $y=f(x)$와

$y=f^{-1}(x)$의 그래프의 교점도 $(3, 3)$, $(4, 4)$이고 두 점 사이의 거리는 $\sqrt{2}$이다.

0768 답·③

$y=f(x)$와 $y=f^{-1}(x)$의 그래프의 교점이 직선 $y=x$ 위에 있으므로 $y=f(x)$와 $y=x$의 그래프의 교점이 하나가 되는 k의 값을 구하면 된다.

두 식을 연립하면 $x^2+k=x$에서 $x^2-x+k=0$

이 방정식이 중근을 가져야 하므로

$D=1-4k=0$에서 $k=\dfrac{1}{4}$

∴ $16a=4$

0769 답·②

$y=f(|x|)$의 그래프는 $y=f(x)$의 그래프의 y축 오른쪽 부분을 y축에 대하여 대칭이동한 모양이 된다.

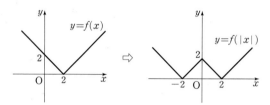

0770 답·해설 참조

$y=||x+1|-1|$의 그래프는 $y=|x+1|-1$의 그래프의 x축 아래 부분을 x축에 대하여 대칭이동한 모양이 된다.

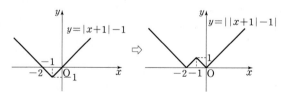

0771 답·⑤

$f(x)=|x^2-4x|$의 그래프는 $y=x^2-4x$의 그래프의 x축 아래 부분을 x축에 대하여 대칭이동한 모양이다.

이 그래프에서 $-1\le x\le 4$에 해당하는 부분은 다음 그림과 같이 색칠한 부분이므로 이 부분에서 최댓값은 $x=-1$일 때 5이다.

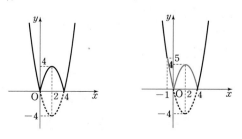

0772 답·(가) $-2x+4$ (나) 2 (다) $2x-4$ (라) 2

$f(x)=|x-1|+|x-3|$을 x의 범위별로 나누어 식을 구한다.

$x<1$일 때, $f(x)=-x+1-x+3=-2x+4$

$1\le x<3$일 때, $f(x)=x-1-x+3=2$

$x\ge 3$일 때, $f(x)=x-1+x-3=2x-4$

∴ $f(x)=\begin{cases} \text{(가)}\ -2x+4 & (x<1) \\ \text{(나)}\ 2 & (1\le x<3) \\ \text{(다)}\ 2x-4 & (x\ge 3) \end{cases}$

이를 그래프로 나타내면 다음과 같다.

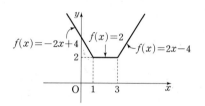

따라서 $f(x)$의 최솟값은 [라] 2 이다.

0773 답·④

범위별로 절댓값을 정리하여 풀 수도 있지만 풀이가 복잡하다. 그래프를 그려서 그래프의 대칭성을 이용하면 쉽게 풀 수 있다.

두 함수 $y=f(x)$, $y=g(x)$의 그래프는 다음 그림과 같이 둘 다 $x=2$에 대하여 대칭이다.

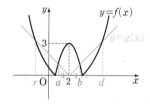

(i) α, β는 $x=2$에 대하여 대칭이므로

$\dfrac{\alpha+\beta}{2}=2$에서 $\alpha+\beta=4$

(ii) γ, δ는 $x=2$에 대하여 대칭이므로

$\dfrac{\gamma+\delta}{2}=2$에서 $\gamma+\delta=4$

따라서 $f(x)=g(x)$의 모든 실근의 합은

$\alpha+\beta+\gamma+\delta=4+4=8$

Final

0774 답·③

$(f\circ h\circ g)(1)=f(h(g(1)))=f(h(1))=f(2)=0$

0775 답·②

(i) $(f\circ g)(x)=f(g(x))=(x-2)^2+2(x-2)-3$

$\qquad\qquad\qquad =(x-1)^2-4$

이므로 최솟값은 -4이다.

(ii) $(g \circ f)(x) = g(f(x)) = (x^2 + 2x - 3) - 2$
$\qquad\qquad\qquad = (x+1)^2 - 6$

이므로 최솟값은 -6이다.

따라서 구하는 두 최솟값의 차는 2이다.

0776 답· ⑤

(i) $f(h(x)) = g(x)$에서 $-h(x) + 3 = 2x^2$

$\qquad \therefore h(x) = -2x^2 + 3$

(ii) $p(f(x)) = g(x)$에서 $p(-x+3) = 2x^2$

이때 $h(1) = -2 + 3 = 1$이고

$p(-x+3) = 2x^2$에 $x = 2$를 대입하면 $p(1) = 8$

$\therefore h(1) + p(1) = 9$

0777 답· 30

$f^1(5) = -5$
$f^2(5) = f(-5) = 15$
$f^3(5) = f(15) = 5$
$f^4(5) = f(5) = -5$
$f^5(5) = f(-5) = 15$
$f^6(5) = f(15) = 5, \cdots$

에서 $f^{10}(5) = f^{13}(5) = \cdots = f^{97}(5) = -5$임을 알 수 있다.

따라서 조건을 만족하는 자연수 k는 30개이다.

0778 답· ④

$f^1(2) = 3$	$f^1(3) = 4$
$f^2(2) = f(3) = 4$	$f^2(3) = f(4) = 1$
$f^3(2) = f(4) = 1$	$f^3(3) = f(1) = 2$
$f^4(2) = f(1) = 2$	$f^4(3) = f(2) = 3$
$f^5(2) = f(2) = 3$	$f^5(3) = f(3) = 4$
$f^6(2) = f(3) = 4$	$f^6(3) = f(4) = 1$
$f^7(2) = f(4) = 1$	$f^7(3) = f(1) = 2$
$f^8(2) = f(1) = 2$	$f^8(3) = f(2) = 3$
$\cdots$	$\cdots$

(i) $f^4(2) = f^8(2) = \cdots = f^{2012}(2) = 2$

(ii) $f^1(3) = f^5(3) = \cdots = f^{2013}(3) = 4$

$\therefore f^{2012}(2) + f^{2013}(3) = 6$

0779 답· ④

$f(x)$의 값이 0보다 클 때와 작을 때 대입하는 $g(x)$의 식이 달라지므로 범위를 구분하여 합성한다.

(i) $x \le -1$일 때, $f(x) = -x - 1 \ge 0$이므로

$\qquad g(f(x)) = -(x+1)^2 + 1$

(ii) $-1 < x < 0$일 때, $f(x) = -x - 1 < 0$이므로

$\qquad g(f(x)) = 2x + 3$

(iii) $0 \le x < 2$일 때, $f(x) = x - 2 < 0$이므로

$\qquad g(f(x)) = -2x + 5$

(iv) $x \ge 2$일 때, $f(x) = x - 2 \ge 0$이므로

$g(f(x)) = -(x-2)^2 + 1$

$$\therefore g(f(x)) = \begin{cases} -(x+1)^2 + 1 & (x \le -1) \\ 2x + 3 & (-1 < x < 0) \\ -2x + 5 & (0 \le x < 2) \\ -(x-2)^2 + 1 & (x \ge 2) \end{cases}$$

이를 그래프로 나타내면 다음과 같다.

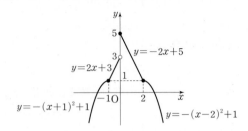

따라서 함수 $y = g(f(x))$의 최댓값은 $x = 0$일 때 5이다.

0780 답· 2

방정식 $f(g(x)) = x$의 실근의 개수는 두 함수
$y = f(g(x))$, $y = x$의 그래프의 교점의 개수와 같으므로 그래프를 이용해 교점의 개수를 구한다.

$f(g(x)) = |2x - 1 - 3| = |2x - 4|$이므로 그래프를 그리면 다음과 같다.

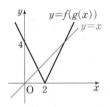

따라서 두 함수의 그래프의 교점의 개수가 2이므로 실근의 개수도 2이다.

> **다른풀이**
>
> 직접 식을 정리하여 해를 구한다.
>
> $f(g(x)) = x$에서 $|2x - 4| = x$
>
> (i) $x \ge 2$일 때, $2x - 4 = x \qquad \therefore x = 4$
>
> (ii) $x < 2$일 때, $-2x + 4 = x \qquad \therefore x = \dfrac{4}{3}$
>
> 따라서 실근의 개수는 2이다.

0781 답· ②

$f^{-1}(5) = a$라 하면 $f(a) = 5$이므로

$a^2 - 2a + 2 = 5$에서 $a^2 - 2a - 3 = 0$

$(a+1)(a-3) = 0 \qquad \therefore a = -1$ 또는 $a = 3$

이때 정의역의 조건에 의해 $a \ge 1$이므로 $a = 3$

$\therefore f^{-1}(5) = 3$

0782 답· 7

g는 역함수가 존재하므로 일대일대응이다.

(i) $g^{-1}(1) = 3$에서 $g(3) = 1$

(ii) $g(f(2)) = g(1) = 2$이고 $g(2) = 3$이므로 $g(4) = 4$

$\therefore g^{-1}(4) + f(g(2)) = 4 + f(3) = 4 + 3 = 7$

0783 답·①

$f^{-1}(x) = x^2$이므로

$(f \circ g^{-1})(x^2) = f(g^{-1}(f^{-1}(x))) = x$가 성립한다.

등식의 양변의 식을 $f^{-1}(x)$에 대입하면

$f^{-1}(f(g^{-1}(f^{-1}(x)))) = f^{-1}(x)$에서

$(f^{-1} \circ f \circ g^{-1} \circ f^{-1})(x) = x^2$,

$(g^{-1} \circ f^{-1})(x) = (f \circ g)^{-1}(x) = x^2$이므로

$(f \circ g)(20) = a$라 하면

$(f \circ g)^{-1}(a) = 20$에서 $a^2 = 20$

$\therefore a = 2\sqrt{5}$

0784 답·⑤

x의 범위별로 나누어 식을 구하면

$$y = \begin{cases} -2x+2 & (x < -1) \\ 4 & (-1 \le x < 3) \\ 2x-2 & (x \ge 3) \end{cases}$$

이고 이를 그래프로 나타내면 다음과 같다.

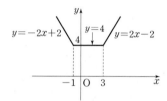

따라서 주어진 함수의 최솟값은 4이다.

0785 답·해설 참조

x, y의 범위별로 식을 구하면

(i) $x \ge 0$, $y \ge 0$일 때, $x+y=2$에서 $y = -x+2$

(ii) $x < 0$, $y \ge 0$일 때, $-x+y=2$에서 $y = x+2$

(iii) $x < 0$, $y < 0$일 때, $-x-y=2$에서 $y = -x-2$

(iv) $x \ge 0$, $y < 0$일 때, $x-y=2$에서 $y = x-2$

따라서 $|x|+|y|=2$의 그래프를 그리면 다음과 같다.

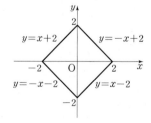

문제 C.O.D.I **Basic**

0786 답·분수식

0787 답·다항식

0788 답·다항식

0789 답·다항식도, 분수식도 아니다.

유리식은 $\dfrac{\text{다항식}}{\text{다항식}}$으로 나타낼 수 있는 식이다. 분모 $\sqrt{x}-1$

은 다항식이 아니므로 이 식은 다항식도, 분수식도 아니다.

(근호 안에 문자가 있는 식을 무리식이라 하고 08 단원에서

배운다.)

0790 답·분수식

0791 답·다항식

0792 답·1

$$\frac{2 \cdot 1}{1+1} = 1$$

0793 답·$\dfrac{10}{3}$

$$\frac{2^3+2}{2^2-1} = \frac{10}{3}$$

0794 답·$\dfrac{2}{15}$

$$\frac{1}{3 \cdot 4} + \frac{1}{4 \cdot 5} = \frac{5+3}{3 \cdot 4 \cdot 5} = \frac{8}{60} = \frac{2}{15}$$

다른풀이

부분분수의 변형식을 이용한다.

$$\frac{1}{x} - \frac{1}{x+1} + \frac{1}{x+1} - \frac{1}{x+2} = \frac{1}{x} - \frac{1}{x+2}$$

$$\therefore \frac{1}{3} - \frac{1}{5} = \frac{2}{15}$$

0795 답·해설 참조

$$\frac{1}{x-1} = \frac{x+2}{(x-1)(x+2)}, \quad \frac{1}{x+2} = \frac{x-1}{(x-1)(x+2)}$$

0796 답·해설 참조

$$\frac{x-3}{(x+2)(x-1)} = \frac{(x-3)(x+3)}{(x+2)(x-1)(x+3)}$$

$$\frac{x-2}{(x-1)(x+3)} = \frac{(x-2)(x+2)}{(x+2)(x-1)(x+3)}$$

0797 답·해설 참조

$$\frac{2}{x+3} = \frac{2(x-5)}{(x+3)(x-5)},$$

$$\frac{2x+1}{x^2-2x-15} = \frac{2x+1}{(x+3)(x-5)}$$

0798 답· $\dfrac{x+1}{x^2+x+1}$

$$\dfrac{x^2-1}{x^3-1}=\dfrac{(x-1)(x+1)}{(x-1)(x^2+x+1)}=\dfrac{x+1}{x^2+x+1}$$

0799 답· $x-1$

$$\dfrac{(x+1)(x^2+x-2)}{x^2+3x+2}=\dfrac{(x+1)(x-1)(x+2)}{(x+1)(x+2)}=x-1$$

0800 답· $\dfrac{3}{x+1}$

$$\dfrac{x+2}{x+1}-\dfrac{x-1}{x+1}=\dfrac{x+2-(x-1)}{x+1}=\dfrac{3}{x+1}$$

0801 답· $\dfrac{2x^2-2x+1}{x(x-1)}$

$$\dfrac{x}{x-1}+\dfrac{x-1}{x}=\dfrac{x^2+(x-1)^2}{x(x-1)}=\dfrac{2x^2-2x+1}{x(x-1)}$$

0802 답· $\dfrac{1}{(x+1)(x+2)(x-3)}$

$$\dfrac{1}{(x+1)(x-3)}-\dfrac{1}{(x+2)(x-3)}$$
$$=\dfrac{x+2-(x+1)}{(x+1)(x+2)(x-3)}$$
$$=\dfrac{1}{(x+1)(x+2)(x-3)}$$

0803 답· $\dfrac{2}{x+2}$

$$\dfrac{x+2+x-2-4}{(x-2)(x+2)}=\dfrac{2(x-2)}{(x-2)(x+2)}=\dfrac{2}{x+2}$$

0804 답· $\dfrac{2(3a+1)}{3a-1}$

$$\dfrac{(a-1)(3a+1)\times 2(a-2)}{(3a-1)(a-2)(a-1)}=\dfrac{2(3a+1)}{3a-1}$$

0805 답· $\dfrac{2(x+2)}{x^2+1}$

$$\dfrac{2}{(x+1)(x-1)}\times\dfrac{x(x+1)}{x^2+1}\times\dfrac{(x-1)(x+2)}{x}$$
$$=\dfrac{2(x+2)}{x^2+1}$$

0806 답· 2

0807 답· 5

0808 답· 1, 6

$$\dfrac{13}{7}=1+\dfrac{6}{7}=1+\dfrac{1}{\dfrac{7}{6}}=1+\dfrac{1}{1+\dfrac{1}{6}}$$

0809 답· $1+\dfrac{2}{x-1}$

$$\dfrac{x+1}{x-1}=\dfrac{x-1+2}{x-1}=1+\dfrac{2}{x-1}$$

0810 답· $1-\dfrac{2}{x+1}$

$$\dfrac{x-1}{x+1}=\dfrac{x+1-2}{x+1}=1-\dfrac{2}{x+1}$$

0811 답· $2+\dfrac{2}{2x-1}$

$$\dfrac{4x}{2x-1}=\dfrac{4x-2+2}{2x-1}=\dfrac{2(2x-1)+2}{2x-1}=2+\dfrac{2}{2x-1}$$

0812 답· $x+\dfrac{2}{x-3}$

$$\dfrac{x^2-3x+2}{x-3}=\dfrac{x(x-3)+2}{x-3}=x+\dfrac{2}{x-3}$$

0813 답· $\dfrac{1}{x}-\dfrac{1}{x+1}$

$$\dfrac{1}{x(x+1)}=\dfrac{1}{x+1-x}\left(\dfrac{1}{x}-\dfrac{1}{x+1}\right)=\dfrac{1}{x}-\dfrac{1}{x+1}$$

0814 답· $\dfrac{1}{2}\left(\dfrac{1}{x}-\dfrac{1}{x+2}\right)$

$$\dfrac{1}{(x+2)x}=\dfrac{1}{x(x+2)}$$
$$=\dfrac{1}{x+2-x}\left(\dfrac{1}{x}-\dfrac{1}{x+2}\right)$$
$$=\dfrac{1}{2}\left(\dfrac{1}{x}-\dfrac{1}{x+2}\right)$$

0815 답· $\dfrac{1}{x}-\dfrac{1}{x+2}$

$$2\times\dfrac{1}{x(x+2)}=2\times\dfrac{1}{x+2-x}\left(\dfrac{1}{x}-\dfrac{1}{x+2}\right)$$
$$=\dfrac{1}{x}-\dfrac{1}{x+2}$$

0816 답· $2\left(\dfrac{1}{2x-1}-\dfrac{1}{2x+1}\right)$

$$4\times\dfrac{1}{(2x-1)(2x+1)}$$
$$=4\times\dfrac{1}{2x+1-(2x-1)}\left(\dfrac{1}{2x-1}-\dfrac{1}{2x+1}\right)$$
$$=4\times\dfrac{1}{2}\left(\dfrac{1}{2x-1}-\dfrac{1}{2x+1}\right)$$
$$=2\left(\dfrac{1}{2x-1}-\dfrac{1}{2x+1}\right)$$

0817 답· $\dfrac{16(x-4)}{(x-1)(x-3)(x-5)(x-7)}$

$$\dfrac{-2}{(x-1)(x-3)}+\dfrac{2}{(x-5)(x-7)}$$
$$=\dfrac{-2(x^2-12x+35)+2(x^2-4x+3)}{(x-1)(x-3)(x-5)(x-7)}$$
$$=\dfrac{16(x-4)}{(x-1)(x-3)(x-5)(x-7)}$$

0818 답· $\dfrac{2(x^2+3x+3)}{x(x+1)(x+2)(x+3)}$

$$\dfrac{1}{x(x+1)}+\dfrac{1}{(x+2)(x+3)}$$
$$=\dfrac{x^2+5x+6+x^2+x}{x(x+1)(x+2)(x+3)}$$
$$=\dfrac{2(x^2+3x+3)}{x(x+1)(x+2)(x+3)}$$

0819 답 · $\dfrac{6}{(2x-1)(2x+5)}$

$\dfrac{1}{2x-1}-\dfrac{1}{2x+1}+\dfrac{1}{2x+1}-\dfrac{1}{2x+3}+\dfrac{1}{2x+3}-\dfrac{1}{2x+5}$

$=\dfrac{1}{2x-1}-\dfrac{1}{2x+5}=\dfrac{6}{(2x-1)(2x+5)}$

0820 답 · $\dfrac{4}{x(x+4)}$

$\dfrac{1}{x}-\dfrac{1}{x+1}+\dfrac{1}{x+1}-\dfrac{1}{x+2}+\dfrac{1}{x+2}-\dfrac{1}{x+3}$

$\qquad\qquad\qquad+\dfrac{1}{x+3}-\dfrac{1}{x+4}$

$=\dfrac{1}{x}-\dfrac{1}{x+4}=\dfrac{4}{x(x+4)}$

0821 답 · $\dfrac{5}{6}$

$1-\dfrac{1}{2}+\dfrac{1}{2}-\dfrac{1}{3}+\dfrac{1}{3}-\dfrac{1}{4}+\dfrac{1}{4}-\dfrac{1}{5}+\dfrac{1}{5}-\dfrac{1}{6}$

$=1-\dfrac{1}{6}=\dfrac{5}{6}$

0822 답 · 정의역: $\{x\,|\,x\neq0$인 실수$\}$

치역: $\{y\,|\,y\neq0$인 실수$\}$

0823 답 · 정의역: $\{x\,|\,x\neq0$인 실수$\}$

치역: $\{y\,|\,y\neq0$인 실수$\}$

0824 답 · 정의역: $\{x\,|\,x\neq0$인 실수$\}$

치역: $\{y\,|\,y\neq-1$인 실수$\}$

0825 답 · 정의역: $\{x\,|\,x\neq-1$인 실수$\}$

치역: $\{y\,|\,y\neq0$인 실수$\}$

0826 답 · 정의역: $\{x\,|\,x\neq2$인 실수$\}$

치역: $\{y\,|\,y\neq-2$인 실수$\}$

0827 답 · 정의역: $\left\{x\,\middle|\,x\neq\dfrac{3}{2}$인 실수$\right\}$

치역: $\{y\,|\,y\neq3$인 실수$\}$

0828 답 · 해설 참조

$y=-\dfrac{4}{x+2}+1$

0829 답 · 해설 참조

$y=\dfrac{2}{x-3}-2$

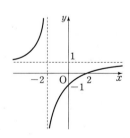

0830 답 · 해설 참조

$y=\dfrac{2}{3x-3}-1$

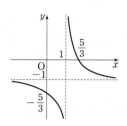

0831 답 · $y=-\dfrac{3}{x+1}+1$

$y=\dfrac{x-2}{x+1}=\dfrac{x+1-3}{x+1}=\dfrac{-3}{x+1}+1$

0832 답 · $y=-\dfrac{2}{x-2}-1$

$y=\dfrac{-x}{x-2}=\dfrac{-x+2-2}{x-2}=\dfrac{-2}{x-2}-1$

0833 답 · $y=\dfrac{3}{x-1}+3$

$y=\dfrac{-3x}{1-x}=\dfrac{3x}{x-1}=\dfrac{3x-3+3}{x-1}=\dfrac{3}{x-1}+3$

0834 답 · $y=-\dfrac{9}{x+4}+2$

$y=\dfrac{2x-1}{x+4}=\dfrac{2x+8-9}{x+4}=\dfrac{-9}{x+4}+2$

0835 답 · $y=\dfrac{\frac{3}{2}}{x}+\dfrac{1}{2}$

$y=\dfrac{x+3}{2x}=\dfrac{3}{2x}+\dfrac{1}{2}=\dfrac{\frac{3}{2}}{x}+\dfrac{1}{2}$

0836 답 · 점 $(0,0)$과 두 직선 $y=x$, $y=-x$에 대하여 대칭

0837 답 · 점 $(0,-1)$과 두 직선 $y=x-1$, $y=-x-1$에 대하여 대칭

0838 답 · 점 $(2,0)$과 두 직선 $y=x-2$, $y=-x+2$에 대하여 대칭

0839 답 · 점 $(-1,-3)$과 두 직선 $y=x-2$, $y=-x-4$에 대하여 대칭

0840 답 · 점 $(-1,-2)$와 두 직선 $y=x-1$, $y=-x-3$에 대하여 대칭

$y=\dfrac{-2x}{x+1}=\dfrac{-2x-2+2}{x+1}=\dfrac{2}{x+1}-2$

0841 답 · 점 $(4,-3)$과 두 직선 $y=x-7$, $y=-x+1$에 대하여 대칭

$y=\dfrac{-3x+8}{x-4}=\dfrac{-3x+12-4}{x-4}=-\dfrac{4}{x-4}-3$

0842 답 · $y=\dfrac{1}{x}$

0843 답 · $y=-\dfrac{5}{x}$

0844 답 $y=\dfrac{3x+2}{x}$

$y=\dfrac{2}{x-3}$ 에서 $xy-3y=2$, $x=\dfrac{3y+2}{y}$

$\therefore y=\dfrac{3x+2}{x}$

0845 답 $y=\dfrac{-2}{x-1}$

$y-1=\dfrac{-2}{x}$ 에서 $(y-1)x=-2$, $x=\dfrac{-2}{y-1}$

$\therefore y=\dfrac{-2}{x-1}$

0846 답 $y=\dfrac{-2x+3}{x-1}$

$y-1=\dfrac{1}{x+2}$ 에서 $(y-1)x+2y-2=1$

$(y-1)x=-2y+3$, $x=\dfrac{-2y+3}{y-1}$

$\therefore y=\dfrac{-2x+3}{x-1}$

0847 답 $y=\dfrac{x+2}{x+3}$

$y=\dfrac{-3x+2}{x-1}$ $\longrightarrow$ $y=\dfrac{-(-1)x+2}{x+3}=\dfrac{x+2}{x+3}$

0848 답 서로 다른 두 점에서 만난다.

$x-1=\dfrac{1}{x-2}$ 에서 $(x-1)(x-2)=1$

$x^2-3x+1=0$

$D:(-3)^2-4\cdot1\cdot1=5>0$이므로 서로 다른 두 점에서 만난다.

0849 답 접한다. (한 점에서 만난다.)

$4x+1=\dfrac{x-2}{x-1}$ 에서 $(4x+1)(x-1)=x-2$

$4x^2-4x+1=0$, $(2x-1)^2=0$이므로 접한다.

0850 답 만나지 않는다.

$-2x+1=\dfrac{5}{x+2}$ 에서 $(-2x+1)(x+2)=5$

$2x^2+3x+3=0$

$D:3^2-4\cdot2\cdot3=-15<0$이므로 만나지 않는다.

Trendy

0851 답 $\dfrac{64x}{(x^4-4)(x^4+4)}$

차례로 통분하여 정리한다.

$\dfrac{1}{x+\sqrt{2}}+\dfrac{1}{x-\sqrt{2}}=\dfrac{2x}{x^2-2}$

$\dfrac{2x}{x^2-2}-\dfrac{2x}{x^2+2}=\dfrac{2x(x^2+2-x^2+2)}{(x^2-2)(x^2+2)}=\dfrac{8x}{x^4-4}$

$\dfrac{8x}{x^4-4}-\dfrac{8x}{x^4+4}=\dfrac{8x(x^4+4-x^4+4)}{(x^4-4)(x^4+4)}$

$\therefore \dfrac{64x}{(x^4-4)(x^4+4)}$

0852 답 ③

$\dfrac{x^2-x+1}{(x+1)(x^2-x+1)}+\dfrac{x+1}{(x+1)(x^2-x+1)}-\dfrac{2}{x^3+1}$

$=\dfrac{x^2}{x^3+1}$

이므로 $f(x)=x^2$, $g(x)=x^3+1$

$\therefore f(2)+g(1)=4+2=6$

0853 답 $\dfrac{x^2+2x+4}{(x-1)(x+2)}$

$\dfrac{x^2+3x}{x^3-2x^2-x+2}=\dfrac{x(x+3)}{(x+1)(x-1)(x-2)}$

$\dfrac{x^2-x}{x^3-8}=\dfrac{x(x-1)}{(x-2)(x^2+2x+4)}$

$\dfrac{x^2-1}{x^2+5x+6}=\dfrac{(x-1)(x+1)}{(x+2)(x+3)}$

$\therefore$ (주어진 식)$=\dfrac{x(x+3)}{(x+1)(x-1)(x-2)}$

$\times\dfrac{(x-2)(x^2+2x+4)}{x(x-1)}$

$\times\dfrac{(x-1)(x+1)}{(x+2)(x+3)}$

$=\dfrac{x^2+2x+4}{(x-1)(x+2)}$

0854 답 ①

좌변을 통분하여 우변과 비교한다.

$\dfrac{2x-4-x-3}{(x+3)(x-2)}=\dfrac{x-7}{(x+3)(x-2)}=\dfrac{ax+b}{x^2+x-6}$

에서 $a=1$, $b=-7$

$\therefore 2a+b=-5$

다른풀이

항등식의 성질을 이용한다.

$x=0$ 대입: $\dfrac{2}{3}+\dfrac{1}{2}=\dfrac{b}{-6}$에서

$b=-4-3=-7$

$x=1$ 대입: $\dfrac{1}{2}+1=\dfrac{a-7}{-4}$에서 $a-7=-6$

$\therefore a=1$

0855 답 ⑤

좌변을 통분하여 우변과 비교한다.

$\dfrac{px+2p+qx+q}{(x+1)(x+2)}=\dfrac{(p+q)x+2p+q}{(x+1)(x+2)}=\dfrac{x+4}{x^2+3x+2}$

에서 $p+q=1$ $\cdots$ ㉠, $2p+q=4$ $\cdots$ ㉡

㉠, ㉡을 연립하여 풀면 $p=3$, $q=-2$

$\therefore p-q=5$

0856 답·②

좌변을 통분하여 우변과 비교한다.

$$\frac{ax+2a+bx-2b-3a+1}{(x-2)(x+2)}=\frac{(a+b)x-a-2b+1}{(x-2)(x+2)}$$

$$=\frac{3}{x^2-4}$$

에서 $a+b=0$ ··· ㉠, $-a-2b+1=3$, $a+2b=-2$ ··· ㉡

㉠, ㉡을 연립하여 풀면 $a=2$, $b=-2$

$\therefore a^2+b^2=8$

0857 답·⑤

번분수식 중 분모가 x, $x-1$인 부분이 있으므로 $x\neq0$, $x\neq1$이어야 한다.

주어진 식을 정리하면

$$\frac{\dfrac{x}{x-1}}{1-\dfrac{1}{x}}=\frac{\dfrac{x}{x-1}}{\dfrac{x-1}{x}}=\frac{x^2}{(x-1)^2}=\left(\frac{x}{x-1}\right)^2$$

따라서 $a=1$, $b=1$, $c=-1$, $p+q=1$이므로

$a+b+c+p+q=2$

0858 답· $\dfrac{-x+1}{x-2}$

$$1-\frac{1}{1-\dfrac{1}{2-\dfrac{1}{x-1}}}=1-\frac{1}{1-\dfrac{1}{\dfrac{2x-3}{x-1}}}=1-\frac{1}{1-\dfrac{x-1}{2x-3}}$$

$$=1-\frac{1}{\dfrac{x-2}{2x-3}}=1-\frac{2x-3}{x-2}$$

$$=\frac{-x+1}{x-2}$$

0859 답· $-\dfrac{x-1}{x+3}$

$$\frac{\dfrac{x}{x+1}-\dfrac{x+2}{x+3}}{\dfrac{1}{x-1}-\dfrac{1}{x+1}}=\frac{\dfrac{-2}{(x+1)(x+3)}}{\dfrac{2}{(x-1)(x+1)}}$$

$$=\frac{-(x-1)(x+1)}{(x+1)(x+3)}=-\frac{x-1}{x+3}$$

0860 답·④

좌변을 통분하여 우변과 비교한다.

$$\frac{1}{x(x+1)}-\frac{1}{(x+2)(x+3)}$$

$$=\frac{x^2+5x+6-x^2-x}{x(x+1)(x+2)(x+3)}$$

$$=\frac{2(2x+3)}{x(x+1)(x+2)(x+3)}$$

에서 $a=2$, $b=3$ $\qquad\therefore ab=6$

0861 답·③

좌변 분수식의 분자의 차수를 낮추고 통분하여 우변과 비교한다.

$$1+\frac{2}{x}-1-\frac{2}{x+1}-1-\frac{2}{x+2}+1+\frac{2}{x+3}$$

$$=2\left(\frac{1}{x}-\frac{1}{x+2}-\frac{1}{x+1}+\frac{1}{x+3}\right)$$

$$=2\left\{\frac{2}{x(x+2)}-\frac{2}{(x+1)(x+3)}\right\}$$

$$=4\times\frac{x^2+4x+3-x^2-2x}{x(x+1)(x+2)(x+3)}$$

$$=\frac{4(2x+3)}{x(x+1)(x+2)(x+3)}$$

에서 $m=4$, $n=3$

$\therefore m+n=7$

0862 답·②

$$\frac{x^2-2x+1}{x^2-2x}-\frac{2x^2-6x+4+1}{x^2-3x+2}+1$$

$$=1+\frac{1}{x^2-2x}-2-\frac{1}{x^2-3x+2}+1$$

$$=\frac{1}{x(x-2)}-\frac{1}{(x-1)(x-2)}$$

$$=\frac{x-1-x}{x(x-1)(x-2)}$$

$$=\frac{-1}{x(x-1)(x-2)}$$

에서 $f(x)=x(x-1)(x-2)$

$\therefore f(3)=3\cdot2\cdot1=6$

0863 답·②

$$\frac{1}{x+1}-\frac{1}{x+2}+\frac{1}{x+2}-\frac{1}{x+3}+\cdots$$

$$+\frac{1}{x+19}-\frac{1}{x+20}$$

$$=\frac{1}{x+1}-\frac{1}{x+20}=\frac{19}{(x+1)(x+20)}$$

$\therefore a+b-c=1+20-19=2$

0864 답· $\dfrac{6}{x(x+6)}$

$$\frac{1}{x(x+1)}=\frac{1}{x+1-x}\left(\frac{1}{x}-\frac{1}{x+1}\right)$$

$$=\frac{1}{x}-\frac{1}{x+1}$$

$$\frac{2}{(x+1)(x+3)}=2\times\frac{1}{x+3-x-1}\left(\frac{1}{x+1}-\frac{1}{x+3}\right)$$

$$=\frac{1}{x+1}-\frac{1}{x+3}$$

$$\frac{3}{(x+3)(x+6)}=3\times\frac{1}{x+6-x-3}\left(\frac{1}{x+3}-\frac{1}{x+6}\right)$$

$$=\frac{1}{x+3}-\frac{1}{x+6}$$

$\therefore$ (주어진 식)$=\dfrac{1}{x}-\dfrac{1}{x+6}=\dfrac{6}{x(x+6)}$

0865 답·②

$f(x)=\dfrac{1}{x}-\dfrac{1}{x+1}$ 이므로

$f(1)+f(2)+f(3)+\cdots+f(15)$

$=1-\dfrac{1}{2}+\dfrac{1}{2}-\dfrac{1}{3}+\dfrac{1}{3}-\dfrac{1}{4}+\cdots+\dfrac{1}{15}-\dfrac{1}{16}=\dfrac{15}{16}$

$\therefore m-n=15-16=-1$

0866 답·$\dfrac{10}{21}$

$f(x)=\dfrac{1}{(2x-1)(2x+1)}=\dfrac{1}{2}\left(\dfrac{1}{2x-1}-\dfrac{1}{2x+1}\right)$

이므로

$f(1)+f(2)+f(3)+\cdots+f(10)$

$=\dfrac{1}{2}\left(1-\dfrac{1}{3}+\dfrac{1}{3}-\dfrac{1}{5}+\dfrac{1}{5}-\dfrac{1}{7}+\cdots+\dfrac{1}{19}-\dfrac{1}{21}\right)$

$=\dfrac{1}{2}\left(1-\dfrac{1}{21}\right)=\dfrac{10}{21}$

0867 답·④

$\dfrac{b}{a}+\dfrac{a}{b}=\dfrac{a^2+b^2}{ab}=\dfrac{(a+b)^2-2ab}{ab}=\dfrac{18-8}{4}=\dfrac{5}{2}$

0868 답·②

$(a-b)^2=(a+b)^2-4ab=8$이므로

$a-b=2\sqrt{2}\ (\because a>b)$

$\therefore \dfrac{a^2-b^2}{a^2+b^2-2ab}=\dfrac{(a+b)(a-b)}{(a-b)^2}=\dfrac{a+b}{a-b}$

$=\dfrac{4}{2\sqrt{2}}=\sqrt{2}$

0869 답·10

$\dfrac{(a-5)^2-(b-5)^2}{a-b}=\dfrac{(a-5+b-5)(a-5-b+5)}{a-b}$

$=\dfrac{(a+b-10)(a-b)}{a-b}$

$=a+b-10=0$

$\therefore a+b=10$

0870 답·①

분수식을 간단히 한 후 $x=\sqrt{2}$를 대입한다.

$\dfrac{\dfrac{3}{x^2+x-x+1}}{x+1}=\dfrac{\dfrac{3}{x^2+1}}{x+1}=\dfrac{3(x+1)}{x^2+1}$

$=\dfrac{3(\sqrt{2}+1)}{3}=\sqrt{2}+1$

0871 답·③

$x\neq0$이므로 $x^2-3x+1=0$의 양변을 x로 나누면

$x-3+\dfrac{1}{x}=0$에서 $x+\dfrac{1}{x}=3$

$\therefore \dfrac{x^4+2x^3-3x^2+2x+1}{x^2}$

$=\left(x^2+\dfrac{1}{x^2}\right)+2\left(x+\dfrac{1}{x}\right)-3$

$=\left(x+\dfrac{1}{x}\right)^2+2\left(x+\dfrac{1}{x}\right)-5$

$=9+6-5=10$

0872 답·㈎ $b+c$ ㈏ $a+c$ ㈐ $a+b$ ㈑ $-(b+c)$

㈒ $-(a+c)$ ㈓ $-(a+b)$

$\dfrac{b}{a}+\dfrac{a}{b}+\dfrac{c}{b}+\dfrac{b}{c}+\dfrac{c}{a}+\dfrac{a}{c}$

$=\dfrac{\boxed{㈎ \ b+c}}{a}+\dfrac{\boxed{㈏ \ a+c}}{b}+\dfrac{\boxed{㈐ \ a+b}}{c}$

에서 $a+b+c=0$을 이항하여 대입하면

(ⅰ) $a=\boxed{㈑ \ -(b+c)}$이므로 $\dfrac{b+c}{a}=\dfrac{b+c}{-(b+c)}=-1$

(ⅱ) $b=\boxed{㈒ \ -(a+c)}$이므로 $\dfrac{a+c}{b}=\dfrac{a+c}{-(a+c)}=-1$

(ⅲ) $c=\boxed{㈓ \ -(a+b)}$이므로 $\dfrac{a+b}{c}=\dfrac{a+b}{-(a+b)}=-1$

따라서 주어진 유리식의 값은 -3이다.

0873 답·-6

$2b+3c=-a$, $a+3c=-2b$, $a+2b=-3c$이므로

$\dfrac{2b+3c}{a}+\dfrac{a}{b}+\dfrac{3c}{b}+\dfrac{2b}{c}+\dfrac{3c}{a}+\dfrac{a}{c}$

$=\dfrac{2b+3c}{a}+\dfrac{a+3c}{b}+\dfrac{a+2b}{c}$

$=\dfrac{-a}{a}+\dfrac{-2b}{b}+\dfrac{-3c}{c}$

$=-1-2-3=-6$

0874 답·②

$x:y:z=2:1:3$에서 $x=2k$, $y=k$, $z=3k$ (k는 상수)

라 하면

$\dfrac{x^3+y^3+z^3}{3xyz}=\dfrac{(2k)^3+(k)^3+(3k)^3}{3\cdot(2k)\cdot k\cdot(3k)}=\dfrac{36k^3}{18k^3}=2$

0875 답·③

$(x+y):(y+z):(z+x)=5:7:6$에서

$x+y=5k$, $y+z=7k$, $z+x=6k$라 하면

$x=2k$, $y=3k$, $z=4k$이므로

$\dfrac{x^2+y^2+z^2}{xy+yz+zx}=\dfrac{4k^2+9k^2+16k^2}{6k^2+12k^2+8k^2}=\dfrac{29k^2}{26k^2}=\dfrac{29}{26}$

따라서 $m=29$, $n=26$이므로 $m-n=3$

0876 답·㈎ b ㈏ $3b$ ㈐ 1 ㈑ 3 ㈒ 9

$a-4b+c=0$ ⋯ ㉠

$2a+b-c=0$ ⋯ ㉡

㉠+㉡을 하면 $3a-3b=0$에서 $a=\boxed{㈎ \ b}$

㉠에 대입하면 $b-4b+c=0$에서 $c=\boxed{㈏ \ 3b}$이므로

$a:b:c=b:b:3b=1:\boxed{㈐ \ 1}:\boxed{㈑ \ 3}$

즉, $a=k$, $b=k$, $c=3k$라 하면

$$\frac{c^2}{ab}=\frac{9k^2}{k^2}=\boxed{(\text{마})\ 9}$$

0877 답 · 2

$2a=3b$에서 $b=\dfrac{2}{3}a$이고

$a+b-c=0$에서 $c=a+b=a+\dfrac{2}{3}a=\dfrac{5}{3}a$이므로

$a:b:c=a:\dfrac{2}{3}a:\dfrac{5}{3}a=1:\dfrac{2}{3}:\dfrac{5}{3}=3:2:5$

즉, $a=3k$, $b=2k$, $c=5k$라 하면

$$\frac{a^2+b^2+c^2}{a^2+bc}=\frac{9k^2+4k^2+25k^2}{9k^2+10k^2}=\frac{38}{19}=2$$

0878 답 · ③

$y=\dfrac{1}{3x}=\dfrac{\frac{1}{3}}{x}$, $y=\dfrac{3}{x}$의 그래프 사이에 그래프가 그려지는

함수의 식은 $y=\dfrac{k}{x}$에서 $\dfrac{1}{3}<k<3$을 만족한다.

0879 답 · ④

$$y=\frac{4x+4-5}{x+1}=\frac{-5}{x+1}+4$$

ㄱ. $y=-\dfrac{5}{x}$의 그래프를 평행이동한 것이다. (거짓)

ㄴ. $y=\dfrac{-5}{x+1}+4$에서 점근선의 방정식이 $x=-1$, $y=4$임

을 알 수 있다. (참)

ㄷ. $\dfrac{-8-1}{-2+1}=9$이므로 점 $(-2,\ 9)$를 지난다. (참)

따라서 옳은 것은 ㄴ, ㄷ이다.

0880 답 · ①

• $x=2$가 점근선이므로 $f(x)=\dfrac{x+b}{x-2}$에서 $a=2$

• $f(3)=7$이므로 $\dfrac{3+b}{3-2}=7$에서 $b=4$

∴ $a+b=6$

0881 답 · ②

$\dfrac{2}{x-m}+n=\dfrac{nx+4}{x-2}$이므로 $m=2$

$\dfrac{2}{x-2}+n=\dfrac{nx-2n+2}{x-2}=\dfrac{nx+4}{x-2}$에서 $n=-1$

∴ $mn=-2$

0882 답 · ②

$y=\dfrac{-3x+1}{x+2}$의 그래프의 점근선은 $x=-2$, $y=-3$

이를 평행이동하면 점근선의 방정식은 $x=-3$, $y=-1$이

고 교점은 $(-3,\ -1)$이다.

따라서 $p=-3$, $q=-1$이므로 $p-q=-2$

0883 답 · ⑤

$f(x)$의 점근선의 방정식: $x=-4$, $y=3$

$g(x)$의 점근선의 방정식: $x=-6$, $y=6$

곡선 $y=g(x)$의 두 점근선의 교점이 $(-6,\ 6)$이고 이 점이

곡선 $y=f(x)$ 위의 점이므로

$f(-6)=6$에서 $\dfrac{-18+k}{-6+4}=6$

∴ $k=6$

0884 답 · ④

점근선의 방정식을 구해 보면

$y=\dfrac{ax-1}{3x-2}\implies x=\dfrac{2}{3}$

$y=\dfrac{ax-1}{3x-2}\implies y=\dfrac{a}{3}$

즉, $\left(\dfrac{2}{3},\ \dfrac{a}{3}\right)=\left(b,\ \dfrac{1}{3}\right)$이므로 $a=1$, $b=\dfrac{2}{3}$

∴ $a+b=\dfrac{5}{3}$

0885 답 · ④

점근선의 교점: $(2,\ -1)$

$y=\dfrac{3}{4}x$, 즉 $3x-4y=0$과 점 $(2,\ -1)$ 사이의 거리는

$$\frac{|6+4|}{5}=2$$

0886 답 · 6

$f(x)=\dfrac{x}{2x-1}$의 그래프의 점근선의 방정식은

$x=\dfrac{1}{2}$, $y=\dfrac{1}{2}$

$g(x)=\dfrac{x}{2(x-2)-1}-3=\dfrac{-5x+15}{2x-5}$의 그래프의 점근

선의 방정식은 $x=\dfrac{5}{2}$, $y=-\dfrac{5}{2}$

네 개의 점근선을 그래프로 그리
면 오른쪽 그림과 같다.
따라서 점근선들로 둘러싸인 도
형은 가로가 2, 세로가 3인 직사
각형이므로 넓이는 6이다.

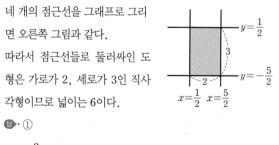

0887 답 · ①

$y=\dfrac{3}{x-a}+2a-4$의 그래프의 두 점근선의 교점은

$(a,\ 2a-4)$이므로 $y=3x-1$에 대입하면

$2a-4=3a-1$ ∴ $a=-3$

0888 답 · 제3사분면

$x=0$ 대입: $y=\dfrac{2\cdot0}{0-3}=0$

→ 원점을 지난다.

$y=\dfrac{2x-6+6}{x-3}=\dfrac{6}{x-3}+2$

→ 점근선: $x=3$, $y=2$

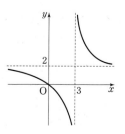

따라서 곡선은 제1, 2, 4사분면을 지나고, 제3사분면을 지나지 않는다.

0889 답·③

(i) $k<0$일 때 $y=f(x)$의 그래프는 오른쪽 그림과 같으므로 제3사분면을 지나지 않는다.

$\therefore k<0$

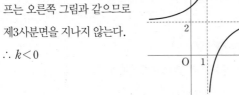

(ii) $k>0$일 때 $y=f(x)$의 그래프는 다음 그림과 같다.

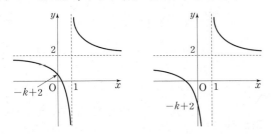

$y=f(x)$의 그래프가 제3사분면을 지나지 않으려면 y축과의 교점이 x축 아래에 존재하지 않아야 하므로

$-k+2\geq0$에서 $k\leq2$

$\therefore 0<k\leq2$

따라서 조건에 맞는 k의 값의 범위는 $k<0$, $0<k\leq2$이므로 k의 최댓값은 2이다.

0890 답·③

$y=\dfrac{3x+3+k-13}{x+1}=\dfrac{k-13}{x+1}+3$

(i) $k>13$일 때, 함수의 그래프는 오른쪽 그림과 같으므로 제4사분면을 지나지 않는다.

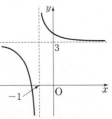

(ii) $k<13$일 때, 함수의 그래프는 오른쪽 그림과 같다.
제4사분면을 지나기 위해서는 y축과의 교점 $(0, k-10)$이 x축 아래에 있어야 하므로 $k-10<0$에서 $k<10$

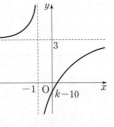

따라서 조건에 맞는 자연수 k는 1, 2, $\cdots$, 9의 9개이다.

0891 답·②

(i) 그래프를 보면 점근선의 방정식이 $x=4$, $y=-1$이므로
$m=-4$, $n=-1$

(ii) 그래프가 점 $(0, -2)$를 지나므로

$y=\dfrac{k}{x-4}-1$에 대입하면 $-2=\dfrac{k}{-4}-1$에서 $k=4$

$\therefore k+m+n=-1$

0892 답·⑤

(i) 그래프를 보면 점근선의 방정식이 $x=-1$, $y=3$이므로
$a=1$, $b=3$

(ii) 그래프가 점 $(0, 1)$을 지나므로

$y=\dfrac{3x+c}{x+1}$에 대입하면 $1=\dfrac{0+c}{0+1}$에서 $c=1$

$\therefore abc=3$

0893 답·-2

(i) 함수의 그래프가 점 $(0, 0)$을 지나므로

$0=\dfrac{0+b}{0-a}$에서 $b=0$

(ii) $y=\dfrac{ax-a^2+a^2}{x-a}=\dfrac{a^2}{x-a}+a$의 그래프의 점근선

$x=a$, $y=a$와 x축, y축으로 둘러싸인 도형의 넓이는 4이므로 $a^2=4$에서 $a=2$ ($\because a>0$)

즉, $y=\dfrac{4}{x-2}+2$의 그래프가 점 $(1, p)$를 지나므로

$p=\dfrac{4}{1-2}+2=-2$

0894 답·④

두 직선 $y=x+m$, $y=-x+n$은 유리함수의 그래프의 점근선의 교점 $(1, 3)$을 지난다.

· $3=1+m$에서 $m=2$

· $3=-1+n$에서 $n=4$

$\therefore m+n=6$

0895 답·④

유리함수의 그래프의 대칭축은 점근선의 교점을 지나고 기울기가 각각 1, -1인 직선이다.

$y=\dfrac{3x+2}{2x-1}$의 그래프의 점근선의 교점은 $\left(\dfrac{1}{2}, \dfrac{3}{2}\right)$이므로

$l: y-\dfrac{3}{2}=x-\dfrac{1}{2}$에서 $y=x+1$

$m: y-\dfrac{3}{2}=-\left(x-\dfrac{1}{2}\right)$에서

$y=-x+2$

따라서 구하는 삼각형의 넓이는

$\dfrac{1}{2}\times3\times\dfrac{3}{2}=\dfrac{9}{4}$

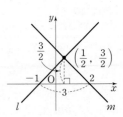

0896 답·①

두 직선 $y=x+1$, $y=-x-5$의 교점이 $y=\dfrac{2}{x+m}+n$의 그래프의 점근선의 교점이다.

$x+1=-x-5$에서 $x=-3$, $y=-2$이므로

$m=3$, $n=-2$

$\therefore m+n=1$

0897 답 · -4

$y=\dfrac{ax+4}{x+2}$에서 점근선의 교점이 $(-2,\ a)$임을 알 수 있다.

두 직선 $y=x$, $y=-x+k$가 점 $(-2,\ a)$를 지나므로

$a=-2$이고 $-2=2+k$에서 $k=-4$

0898 답 · 최댓값: -1, 최솟값: $-\dfrac{5}{3}$

$y=\dfrac{-2x+8+1}{x-4}=\dfrac{1}{x-4}-2$

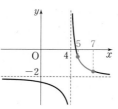

최댓값: $x=5$일 때 -1

최솟값: $x=7$일 때 $-\dfrac{5}{3}$

0899 답 · 최댓값: 4, 최솟값: 1

$y=\dfrac{5x-5+8}{x-1}=\dfrac{8}{x-1}+5$

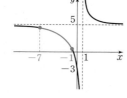

최댓값: $x=-7$일 때 4

최솟값: $x=-1$일 때 1

0900 답 · -7

(i) $k>0$일 때 함수의 그래프는
오른쪽 그림과 같고
$x=-1$일 때 최댓값이 되
지만 그래프가 $y=-3$ 위
에 있어 최댓값이 -5가 될
수 없으므로 조건에 맞지 않는다.

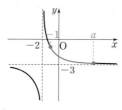

(ii) $k<0$일 때 함수의 그래프는
오른쪽 그림과 같다.

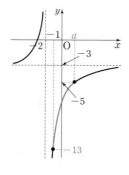

• $x=-1$일 때 최솟값 -13:

$k-3=-13$에서 $k=-10$

• $x=a$일 때 최댓값 -5:

$\dfrac{-10}{a+2}-3=-5$에서

$\dfrac{10}{a+2}=2$ ∴ $a=3$

∴ $a+k=-7$

0901 답 · $\sqrt{2}$

$y=\dfrac{2x-1}{x-1}$에서 점근선의 교점이 $(1,\ 2)$이다.

즉, 점근선의 교점과 곡선 위의 점
사이의 거리가 최소가 될 때를 생
각해야 한다.

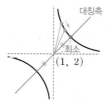

오른쪽 그림처럼 대칭축과 곡선의
두 교점 사이의 거리가 최소가 된다.

기울기가 1인 대칭축의 방정식은

$y-2=x-1$에서 $y=x+1$

이때 $x+1=\dfrac{2x-1}{x-1}$에서 $(x+1)(x-1)=2x-1$

$x^2-2x=0$이므로 대칭축과 곡선의 교점은 $(0,\ 1)$, $(2,\ 3)$
이고, 이 교점과 점 $(1,\ 2)$와의 거리는 $\sqrt{2}$로 같다.

따라서 구하는 거리의 최솟값은 $\sqrt{2}$이다.

0902 답 · 2

$f^{-1}(1)=a$라 하면 $f(a)=1$이므로

$\dfrac{3}{a-5}+2=1$에서 $\dfrac{3}{a-5}=-1$

∴ $a=2$

> **다른풀이**
>
> 역함수의 식을 구하여 대입한다.
>
> $y=\dfrac{3}{x-5}+2$에서 $y-2=\dfrac{3}{x-5}$
>
> $\dfrac{1}{y-2}=\dfrac{x-5}{3}$, $x=\dfrac{3}{y-2}+5$
>
> ∴ $f^{-1}(x)=\dfrac{3}{x-2}+5$
>
> ∴ $f^{-1}(1)=-3+5=2$

0903 답 · ②

$f(x)=\dfrac{bx-1}{ax+1}\longrightarrow f^{-1}(x)=\dfrac{-x-1}{ax-b}=\dfrac{-x+c}{2x-1}$

즉, $a=2$, $b=1$, $c=-1$이므로

$a+b+c=2$

> **다른풀이**
>
> $y=\dfrac{bx-1}{ax+1}$에서 $ayx+y=bx-1$
>
> $(ay-b)x=-y-1$
>
> ∴ $f^{-1}(x)=\dfrac{-x-1}{ax-b}=\dfrac{-x+c}{2x-1}$

0904 답 · 16

$f(x)=\dfrac{-x+2}{x-3}$의 점근선의 방정식이 $x=3$, $y=-1$이므
로 역함수의 점근선의 방정식은
$x=-1$, $y=3$이다.

따라서 구하는 도형의 넓이는

$4\times 4=16$

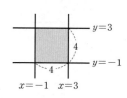

0905 답 · 0

$(g\circ f)^{-1}(1)=(f^{-1}\circ g^{-1})(1)=f^{-1}(g^{-1}(1))$

(i) $g^{-1}(1)=a$라 하면 $g(a)=1$이므로

$\dfrac{-a}{2a+3}=1$에서 $-a=2a+3$ ∴ $a=-1$

(ii) $f^{-1}(-1)=b$라 하면 $f(b)=-1$이므로

$\dfrac{4b-2}{b+2}=-1$에서 $4b-2=-b-2$ ∴ $b=0$

∴ $(g\circ f)^{-1}(1)=0$

$$(g \circ f)(x) = g(f(x)) = \cfrac{\cfrac{-4x+2}{x+2}}{\cfrac{8x-4}{x+2}+3}$$

$$= \frac{-4x+2}{8x-4+3x+6}$$

$$= \frac{-4x+2}{11x+2}$$

$$(g \circ f)^{-1}(x) = \frac{-2x+2}{11x+4}$$

$$\therefore (g \circ f)^{-1}(1) = \frac{-2+2}{11+4} = 0$$

0906 답· $\dfrac{4}{(3n-1)(3n+11)}$

(주어진 식)

$$= \frac{1}{3}\Big(\frac{1}{3n-1} - \frac{1}{3n+2} + \frac{1}{3n+2} - \frac{1}{3n+5}$$
$$+ \frac{1}{3n+5} - \frac{1}{3n+8} + \frac{1}{3n+8} - \frac{1}{3n+11} \Big)$$

$$= \frac{1}{3}\Big(\frac{1}{3n-1} - \frac{1}{3n+11} \Big)$$

$$= \frac{1}{3} \times \frac{12}{(3n-1)(3n+11)}$$

$$= \frac{4}{(3n-1)(3n+11)}$$

0907 답· ②

$$f(x) = \cfrac{\cfrac{1}{x(x+1)}}{\cfrac{2}{x(x+2)}} = \frac{x+2}{2(x+1)} \text{이므로}$$

$$f(a) = \frac{a+2}{2(a+1)} = \frac{1}{3} \text{에서 } 3a+6 = 2a+2$$

$$\therefore a = -4$$

0908 답· ①

등식의 우변을 통분하여 좌변과 비교한다.

$$\frac{a_1(x+1)^4 + a_2(x+1)^3 + a_3(x+1)^2 + a_4(x+1) + a_5}{(x+1)^5}$$

$$= \frac{a_1(x^4 + \cdots + 1) + a_2(x^3 + \cdots + 1) + a_3(x^2 + 2x + 1)}{(x+1)^5}$$

$$+ \frac{a_4(x+1) + a_5}{(x+1)^5}$$

에서 분자의 상수항이 $a_1 + a_2 + a_3 + a_4 + a_5$이고
좌변의 분자의 상수항 2와 같아야 하므로
$$a_1 + a_2 + a_3 + a_4 + a_5 = 2$$

$x \neq -1$인 모든 실수에 대하여 성립하므로
$x = 0$을 대입하면

$$\frac{0+2}{1^5} = \frac{a_1}{1} + \frac{a_2}{1^2} + \frac{a_3}{1^3} + \frac{a_4}{1^4} + \frac{a_5}{1^5}$$

$$\therefore a_1 + a_2 + a_3 + a_4 + a_5 = 2$$

0909 답· ④

$x-1$이 3의 약수일 때 $\dfrac{3}{x-1}$이 정수가 되므로 $x-1$은
$-3, -1, 1, 3$이다.
따라서 x는 $-2, 0, 2, 4$이므로 모든 x의 값의 합은 4이다.

0910 답· ③

$\dfrac{2x+4+6}{x+2} = 2 + \dfrac{6}{x+2}$ 에서 $x+2$가 6의 약수일 때 유리
식의 값이 정수가 된다.
$x+2$는 $-6, -3, -2, -1, 1, 2, 3, 6$이므로
x는 $-8, -5, -4, -3, -1, 0, 1, 4$이다.
따라서 조건을 만족하는 x의 값의 개수는 8이다.

0911 답· ⑤

$\dfrac{1}{x} : \dfrac{1}{y} : \dfrac{1}{z} = 1 : 2 : 3$에서

$x : y : z = 1 : \dfrac{1}{2} : \dfrac{1}{3} = \dfrac{6}{6} : \dfrac{3}{6} : \dfrac{2}{6} = 6 : 3 : 2$이므로

$x = 6k, y = 3k, z = 2k$라 하면

$$\frac{x^2 + 4y^2 + 9z^2}{xy + yz + zx} = \frac{36k^2 + 36k^2 + 36k^2}{18k^2 + 6k^2 + 12k^2} = \frac{108k^2}{36k^2} = 3$$

0912 답· -1

$a+b+c = 0$에서 $a+b = -c, b+c = -a, c+a = -b$

$$\therefore \frac{(a+b)(b+c)(c+a)}{abc} = \frac{-c \times (-a) \times (-b)}{abc}$$

$$= -1$$

0913 답· ④

$f(0) = 0$에서 $\dfrac{n^2 - 3n}{-2n} = 0$이므로 $n^2 - 3n = 0$

$\therefore n = 0$ 또는 $n = 3$

이때 $f(x)$는 유리함수이므로 $n \neq 0$

$\therefore n = 3$

즉, $f(x) = \dfrac{3x}{x-6}$이고 점근선의 방정식은 $x = 6, y = 3$

이므로 $p = 6, q = 3$

$\therefore p + q = 9$

0914 답· ②

주어진 유리함수의 그래프가 점 $(2, 3)$을 지나므로

$3 = \dfrac{2a+1}{2b+1}$에서 $2a+1 = 6b+3$

$\therefore a - 3b = 1$　　　　　$\cdots$ ㉠

점근선의 조건에 의해 $\dfrac{a}{b}=2$에서 $a=2b$ $\qquad$ ⋯ⓛ

ⓐ, ⓛ을 연립하여 풀면 $a=-2$, $b=-1$

$\therefore a^2+b^2=5$

0915 답·3

$f(x)=\dfrac{2x-2+1}{x-1}$

$\qquad =\dfrac{1}{x-1}+2$

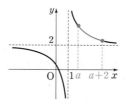

이므로 그래프는 오른쪽 그림과
같다.

$f(a+2)=\dfrac{7}{3}$이므로

$\dfrac{2a+3}{a+1}=\dfrac{7}{3}$에서 $a=2$

따라서 최댓값은 $f(2)=\dfrac{4-1}{2-1}=3$

0916 답·$2\sqrt{2}$

유리함수의 그래프의 대칭축
중 기울기가 -1인 직선은

$y-2=-(x-3)$에서

$y=-x+5$

이 직선과 유리함수의 그래프
의 교점을 구하면

$-x+5=\dfrac{-4}{x-3}+2$에서 $-x+3=\dfrac{-4}{x-3}$, $(x-3)^2=4$

즉, $x=5$ 또는 $x=1$이므로 교점은 $(5,\ 0)$, $(1,\ 4)$이다.

따라서 이 두 점 중 하나와 점 $(3,\ 2)$와의 거리가 $\overline{\mathrm{AP}}$의 최

솟값인 $2\sqrt{2}$이다.

0917 답·③

f의 역함수를 구한 뒤 합성하여 값을 구한다.

$f(x)=\dfrac{-3x+4}{2x+1}$ $\longrightarrow$ $f^{-1}(x)=\dfrac{-x+4}{2x+3}$

$f^{-1}(-1)=\dfrac{1+4}{-2+3}=5$

$f^{-1}(f^{-1}(-1))=f^{-1}(5)=-\dfrac{1}{13}$

따라서 $m=13$, $n=1$이므로 $m+n=14$

0918 답·$\dfrac{1}{100}$

$f(x)=\dfrac{-1}{x+1}+1=\dfrac{x}{x+1}$에서

$f^1\!\left(\dfrac{1}{2}\right)=\dfrac{\dfrac{1}{2}}{\dfrac{3}{2}}=\dfrac{1}{3}$,

$f^2\!\left(\dfrac{1}{2}\right)=f\!\left(f\!\left(\dfrac{1}{2}\right)\right)=f\!\left(\dfrac{1}{3}\right)=\dfrac{\dfrac{1}{3}}{\dfrac{4}{3}}=\dfrac{1}{4}$,

$f^3\!\left(\dfrac{1}{2}\right)=f\!\left(f^2\!\left(\dfrac{1}{2}\right)\right)=f\!\left(\dfrac{1}{4}\right)=\dfrac{\dfrac{1}{4}}{\dfrac{5}{4}}=\dfrac{1}{5}$,

⋯

$f^n\!\left(\dfrac{1}{2}\right)=\dfrac{1}{n+2}$

$\therefore f^{98}\!\left(\dfrac{1}{2}\right)=\dfrac{1}{98+2}=\dfrac{1}{100}$

0919 답·$-2\leq k\leq 10$

$f(x)$와 $g(x)$를 연립한다.

$f(x)=g(x)$에서 $\dfrac{4x-3}{x}=3x+k$

$3x^2+kx=4x-3$, $3x^2+(k-4)x+3=0$

이 이차방정식이 중근 또는 허근을 가질 때, 두 함수의 교점
이 없거나 하나가 된다.

즉, $D=(k-4)^2-36\leq 0$에서

$k^2-8k-20\leq 0$, $(k+2)(k-10)\leq 0$

$\therefore -2\leq k\leq 10$

0920 답·④

$\mathrm{P}(a,\ b)$는 함수 $y=\dfrac{4}{x-2}+1$의 그래프 위의 점이므로

$b=\dfrac{4}{a-2}+1$이고 직사각형

$\mathrm{PHOH'}$의 둘레의 길이는

$2(a+b)=2\!\left(a+\dfrac{4}{a-2}+1\right)$

$\qquad =2\!\left(a-2+\dfrac{4}{a-2}+3\right)$

이므로 산술·기하평균을 이용하여 최솟값을 구한다.

$2\!\left(a-2+\dfrac{4}{a-2}+3\right)\geq 2\!\left(2\sqrt{(a-2)\cdot\dfrac{4}{a-2}}+3\right)=14$

이므로 구하는 둘레의 길이의 최솟값은 14이다.

Basic

0921 답· $x \geq -5$

$x+5 \geq 0$에서 $x \geq -5$

0922 답· $x \leq 2$

$4-2x \geq 0$에서 $x \leq 2$

0923 답· $x > -5$

(ⅰ) (근호 안의 식) ≥ 0이므로 $x \geq -5$

(ⅱ) (분모) $\neq 0$이므로 $x \neq -5$

∴ $x > -5$

0924 답· $x < 2$

(ⅰ) (근호 안의 식) ≥ 0이므로

$4-2x \geq 0$에서 $x \leq 2$

(ⅱ) (분모) $\neq 0$이므로 $x \neq 2$

∴ $x < 2$

0925 답· 모든 실수

$x^2-6x+9 \geq 0$에서 $(x-3)^2 \geq 0$이므로

모든 실수

0926 답· $x \neq 3$인 모든 실수

$x^2-6x+9 > 0$에서 $(x-3)^2 > 0$이므로

$x \neq 3$인 모든 실수

0927 답· $x \geq 2$

(ⅰ) $\sqrt{x-2}$에서 $x-2 \geq 0$이므로 $x \geq 2$

(ⅱ) $\sqrt{x+1}$에서 $x+1 \geq 0$이므로 $x \geq -1$

∴ $x \geq 2$

0928 답· $-3 \leq x \leq 1$

(ⅰ) $\sqrt{1-x}$에서 $1-x \geq 0$이므로 $x \leq 1$

(ⅱ) $\sqrt{x+3}$에서 $x+3 \geq 0$이므로 $x \geq -3$

∴ $-3 \leq x \leq 1$

0929 답· $-2x+1$

(주어진 식)$=\sqrt{x^2}+\sqrt{(x-1)^2}=|x|+|x-1|$이고

$x<0$이므로

$|x|+|x-1|=-x-x+1=-2x+1$

0930 답· 1

$0 \leq x < 1$이므로 $|x|+|x-1|=x-x+1=1$

0931 답· $2x-1$

$x \geq 1$이므로 $|x|+|x-1|=x+x-1=2x-1$

0932 답· $2a-1$

$a>0$, $b<0$에서 $b-1<0$, $a-b>0$이므로

(주어진 식)$=|a|-|b-1|+|a-b|$

$=a+b-1+a-b$

$=2a-1$

0933 답· $(x+5)\sqrt{x}$

$\sqrt{x^3+10x^2+25x}=\sqrt{x(x^2+10x+25)}$

$=\sqrt{(x+5)^2 \cdot x}$

$=|x+5|\sqrt{x}$

에서 $x \geq 0$이므로 $(x+5)\sqrt{x}$

0934 답· $2x+1+2\sqrt{x^2+x}$

$(\sqrt{x+1}+\sqrt{x})^2=(\sqrt{x+1})^2+2\sqrt{x+1}\sqrt{x}+(\sqrt{x})^2$

$=x+1+2\sqrt{x(x+1)}+x$

$=2x+1+2\sqrt{x^2+x}$

0935 답· $a+b-2\sqrt{ab}$

$(\sqrt{a}-\sqrt{b})^2=(\sqrt{a})^2-2\sqrt{a}\sqrt{b}+(\sqrt{b})^2=a+b-2\sqrt{ab}$

0936 답· 1

$(\sqrt{x+1}+\sqrt{x})(\sqrt{x+1}-\sqrt{x})=(\sqrt{x+1})^2-(\sqrt{x})^2$

$=x+1-x$

$=1$

0937 답· $a-b$

$(\sqrt{a}-\sqrt{b})(\sqrt{a}+\sqrt{b})=(\sqrt{a})^2-(\sqrt{b})^2=a-b$

0938 답· $(x-1)\sqrt{2x+1}$

$x\sqrt{2x+1}-\sqrt{2x+1}=(x-1)\sqrt{2x+1}$

0939 답· $\dfrac{\sqrt{a}-\sqrt{b}}{a-b}$

$\dfrac{1}{\sqrt{a}+\sqrt{b}}=\dfrac{\sqrt{a}-\sqrt{b}}{(\sqrt{a}+\sqrt{b})(\sqrt{a}-\sqrt{b})}=\dfrac{\sqrt{a}-\sqrt{b}}{a-b}$

0940 답· $\dfrac{\sqrt{a}+\sqrt{b}}{a-b}$

$\dfrac{1}{\sqrt{a}-\sqrt{b}}=\dfrac{\sqrt{a}+\sqrt{b}}{(\sqrt{a}-\sqrt{b})(\sqrt{a}+\sqrt{b})}=\dfrac{\sqrt{a}+\sqrt{b}}{a-b}$

0941 답· $\dfrac{a+b-2\sqrt{ab}}{a-b}$

$\dfrac{\sqrt{a}-\sqrt{b}}{\sqrt{a}+\sqrt{b}}=\dfrac{(\sqrt{a}-\sqrt{b})^2}{(\sqrt{a}+\sqrt{b})(\sqrt{a}-\sqrt{b})}=\dfrac{a+b-2\sqrt{ab}}{a-b}$

0942 답· $\sqrt{x+1}+\sqrt{x}$

$\dfrac{1}{\sqrt{x+1}-\sqrt{x}}=\dfrac{\sqrt{x+1}+\sqrt{x}}{(\sqrt{x+1}-\sqrt{x})(\sqrt{x+1}+\sqrt{x})}$

$=\dfrac{\sqrt{x+1}+\sqrt{x}}{x+1-x}$

$=\sqrt{x+1}+\sqrt{x}$

0943 답· $x-\sqrt{x^2-x}$

$\dfrac{\sqrt{x}}{\sqrt{x}+\sqrt{x-1}}=\dfrac{\sqrt{x}(\sqrt{x}-\sqrt{x-1})}{(\sqrt{x}+\sqrt{x-1})(\sqrt{x}-\sqrt{x-1})}$

$=\dfrac{\sqrt{x^2}-\sqrt{x(x-1)}}{x-x+1}$

$=x-\sqrt{x^2-x}$

0944 답· 해설 참조

정의역: $\{x \,|\, x \le 0\}$

치역: $\{y \,|\, y \ge 0\}$

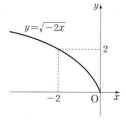

0945 답· 해설 참조

정의역: $\{x \,|\, x \ge 0\}$

치역: $\{y \,|\, y \le 0\}$

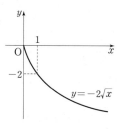

0946 답· 해설 참조

정의역: $\{x \,|\, x \ge -2\}$

치역: $\{y \,|\, y \ge 1\}$

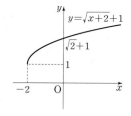

0947 답· 해설 참조

정의역: $\{x \,|\, x \le 3\}$

치역: $\{y \,|\, y \le -2\}$

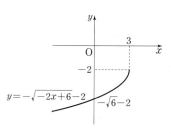

0948 답· $y = \sqrt{2x-2} + 3$

0949 답· $y = \sqrt{-x-3} + 1$

0950 답· $y = \sqrt{x-1} - 2$

0951 답· $y = -\sqrt{x-2}$

0952 답· $y = -\sqrt{2x-2} + 3$

0953 답· 만나지 않는다.

(ⅰ) 연립하여 근의 종류를 확인

$-x-1 = \sqrt{x}$ 에서 $(x+1)^2 = x$

$x^2 + 2x + 1 = x$, $x^2 + x + 1 = 0$

$D = 1^2 - 4 \cdot 1 \cdot 1 = -3 < 0$

허근이므로 교점이 없다.

(ⅱ) 그래프를 그려 위치 관계 확인

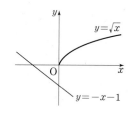

0954 답· 한 점에서 만난다.

(ⅰ) 연립하여 근의 종류를 확인

$x+1 = 2\sqrt{x}$ 에서 $(x+1)^2 = 4x$

$x^2 - 2x + 1 = 0$, $(x-1)^2 = 0$

중근을 가지므로 접한다.

(ⅱ) 그래프를 그려 위치 관계 확인

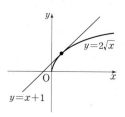

0955 답· 두 점에서 만난다.

(ⅰ) 연립하여 근의 종류를 확인

$2x - 4 = \sqrt{x-2}$ 에서 $\{2(x-2)\}^2 = (\sqrt{x-2})^2$

$4x^2 - 16x + 16 = x - 2$, $4x^2 - 17x + 18 = 0$

$D = 17^2 - 16 \cdot 18 > 0$

서로 다른 두 실근을 갖는다.

(ⅱ) 이 경우 그래프를 정확히 그려 교점의 개수를 확인한다.

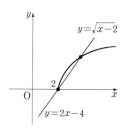

0956 답· $y = -x^2 \ (x \ge 0)$

$y = \sqrt{-x}$

→ 정의역: $\{x \,|\, x \le 0\}$, 치역: $\{y \,|\, y \ge 0\}$

$y^2 = -x$에서 $x = -y^2$

$\therefore \ y = -x^2 \ (x \ge 0)$

0957 답· $y = (x-1)^2 + 2 \ (x \ge 1)$

$y = \sqrt{x-2} + 1$

→ 정의역: $\{x \,|\, x \ge 2\}$, 치역: $\{y \,|\, y \ge 1\}$

$\sqrt{x-2} = y - 1$에서 $x - 2 = (y-1)^2$

$x = (y-1)^2 + 2$

$\therefore \ y = (x-1)^2 + 2 \ (x \ge 1)$

0958 답· $y = -(x-1)^2 + 3 \ (x \le 1)$

$y = -\sqrt{-x+3} + 1$

→ 정의역: $\{x \,|\, x \le 3\}$, 치역: $\{y \,|\, y \le 1\}$

$\sqrt{-x+3} = -y + 1$에서 $-x + 3 = (-y+1)^2$

$x = -(y-1)^2 + 3$

$\therefore \ y = -(x-1)^2 + 3 \ (x \le 1)$

0959 답 · ①

$\sqrt{x+2}$에서 $x+2\geq0$이므로 $x\geq-2$

$\dfrac{1}{\sqrt{3-x}}$에서 $3-x>0$이므로 $x<3$

따라서 $-2\leq x<3$이고 정수 x는 -2, -1, 0, 1, 2이므로
모든 정수 x의 값의 합은 0이다.

0960 답 · ③

$\sqrt{x^2-4}$에서 $x^2-4\geq0$이므로 $x\leq-2$ 또는 $x\geq2$

$\sqrt{-x^2+3x+4}$에서 $-x^2+3x+4\geq0$이므로

$x^2-3x-4\leq0$, $(x+1)(x-4)\leq0$

$\therefore\ -1\leq x\leq4$

따라서 $2\leq x\leq4$이므로 정수 x는 2, 3, 4의 3개이다.

0961 답 · ③

$x^2-x-2>0$에서 $(x+1)(x-2)>0$이므로

$x<-1$ 또는 $x>2$

따라서 자연수 x의 최솟값은 3이다.

0962 답 · $k\geq8$

모든 실수 x에 대하여 $kx^2-8x+k-6\geq0$이므로

(i) $k>0$ (아래로 볼록)

(ii) $\dfrac{D}{4}\leq0$ (x축과 접하거나 만나

지 않는다.)

$y=kx^2-8x+k-6$

$(-4)^2-k(k-6)\leq0$, $-k^2+6k+16\leq0$

$k^2-6k-16\geq0$, $(k+2)(k-8)\geq0$

$\therefore\ k\leq-2$ 또는 $k\geq8$

(i), (ii)에서 $k\geq8$

0963 답 · $x+\sqrt{x^2-1}$

$\dfrac{\sqrt{x+1}+\sqrt{x-1}}{\sqrt{x+1}-\sqrt{x-1}}$

$=\dfrac{(\sqrt{x+1}+\sqrt{x-1})^2}{(\sqrt{x+1}-\sqrt{x-1})(\sqrt{x+1}+\sqrt{x-1})}$

$=\dfrac{x+1+2\sqrt{(x+1)(x-1)}+x-1}{x+1-x+1}$

$=\dfrac{2x+2\sqrt{x^2-1}}{2}$

$=x+\sqrt{x^2-1}$

0964 답 · ②

(주어진 식)$=\dfrac{x-\sqrt{x^2-1}+x+\sqrt{x^2-1}}{(x+\sqrt{x^2-1})(x-\sqrt{x^2-1})}$

$=\dfrac{2x}{x^2-(x^2-1)}=\dfrac{2x}{1}$

$=2x$

0965 답 · $-\sqrt{x}+\sqrt{x+3}$

주어진 식의 분모를 각각 유리화한다.

$\dfrac{1}{\sqrt{x+1}+\sqrt{x}}=\dfrac{\sqrt{x+1}-\sqrt{x}}{(\sqrt{x+1}+\sqrt{x})(\sqrt{x+1}-\sqrt{x})}$

$=-\sqrt{x}+\sqrt{x+1}$

$\dfrac{1}{\sqrt{x+2}+\sqrt{x+1}}=\dfrac{\sqrt{x+2}-\sqrt{x+1}}{(\sqrt{x+2}+\sqrt{x+1})(\sqrt{x+2}-\sqrt{x+1})}$

$=-\sqrt{x+1}+\sqrt{x+2}$

$\dfrac{1}{\sqrt{x+3}+\sqrt{x+2}}=\dfrac{\sqrt{x+3}-\sqrt{x+2}}{(\sqrt{x+3}+\sqrt{x+2})(\sqrt{x+3}-\sqrt{x+2})}$

$=-\sqrt{x+2}+\sqrt{x+3}$

$\therefore$ (주어진 식)$=-\sqrt{x}+\sqrt{x+3}$

0966 답 · ④

$a=\sqrt{a^2}=\sqrt{a}\sqrt{a}$, $b=\sqrt{b^2}=\sqrt{b}\sqrt{b}$ 임을 이용한다.

$\dfrac{1}{a+\sqrt{ab}}+\dfrac{1}{b+\sqrt{ab}}=\dfrac{1}{\sqrt{a^2}+\sqrt{ab}}+\dfrac{1}{\sqrt{b^2}+\sqrt{ab}}$

$=\dfrac{1}{\sqrt{a}(\sqrt{a}+\sqrt{b})}+\dfrac{1}{\sqrt{b}(\sqrt{a}+\sqrt{b})}$

$=\dfrac{\sqrt{b}+\sqrt{a}}{\sqrt{ab}(\sqrt{a}+\sqrt{b})}=\dfrac{1}{\sqrt{ab}}$

0967 답 · ②

주어진 식을 통분, 유리화한 후 값을 대입한다.

$\dfrac{1}{\sqrt{x+1}+\sqrt{x-1}}+\dfrac{1}{\sqrt{x+1}-\sqrt{x-1}}$

$=\dfrac{\sqrt{x+1}-\sqrt{x-1}+\sqrt{x+1}+\sqrt{x-1}}{(\sqrt{x+1}+\sqrt{x-1})(\sqrt{x+1}-\sqrt{x-1})}$

$=\dfrac{2\sqrt{x+1}}{x+1-(x-1)}=\sqrt{x+1}$

이 식에 $x=3$ 대입: $\sqrt{3+1}=2$

다른풀이

값을 먼저 대입하고 정리한다.

$\dfrac{1}{\sqrt{3+1}+\sqrt{3-1}}+\dfrac{1}{\sqrt{3+1}-\sqrt{3-1}}$

$=\dfrac{1}{2+\sqrt{2}}+\dfrac{1}{2-\sqrt{2}}$

$=\dfrac{2-\sqrt{2}}{2}+\dfrac{2+\sqrt{2}}{2}=2$

0968 답 · ①

주어진 식을 정리한 후 값을 대입한다.

(주어진 식)

$=\dfrac{\sqrt{x+1}(\sqrt{x+1}-\sqrt{x-1}-\sqrt{x+1}-\sqrt{x-1})}{(\sqrt{x+1}+\sqrt{x-1})(\sqrt{x+1}-\sqrt{x-1})}$

$=\dfrac{\sqrt{x+1}(-2\sqrt{x-1})}{x+1-x+1}$

$=-\sqrt{x^2-1}$

이 식에 $x=\sqrt{2}$ 대입: $-\sqrt{2-1}=-1$

0969 답 · $\dfrac{3\sqrt{2}}{2}$

x, y의 값과 주어진 식을 모두 유리화하여 정리한 후 대입
한다.

$$x=\frac{\sqrt{2}+1}{\sqrt{2}-1}=3+2\sqrt{2},\ y=\frac{\sqrt{2}-1}{\sqrt{2}+1}=3-2\sqrt{2}$$

$$\therefore (주어진\ 식)=\frac{(\sqrt{x}-\sqrt{y})^2+(\sqrt{x}+\sqrt{y})^2}{(\sqrt{x}+\sqrt{y})(\sqrt{x}-\sqrt{y})}$$

$$=\frac{2(x+y)}{x-y}=\frac{2(3+2\sqrt{2}+3-2\sqrt{2})}{3+2\sqrt{2}-3+2\sqrt{2}}$$

$$=\frac{12}{4\sqrt{2}}=\frac{3\sqrt{2}}{2}$$

0970 답·⑤

$$f(x)=\frac{\sqrt{x}-\sqrt{x+1}}{(\sqrt{x}+\sqrt{x+1})(\sqrt{x}-\sqrt{x+1})}$$

$$=\frac{\sqrt{x}-\sqrt{x+1}}{-1}=-\sqrt{x}+\sqrt{x+1}$$

$$\therefore f(1)+f(2)+f(3)+\cdots+f(48)$$

$$=-1+\sqrt{2}-\sqrt{2}+\sqrt{3}-\sqrt{3}+\sqrt{4}-\cdots-\sqrt{48}+\sqrt{49}$$

$$=-1+7=6$$

0971 답·$\{y\,|\,y\geq-3\}$

$y=\sqrt{x-2}+k$에 $x=6$, $y=-1$을 대입하면

$-1=\sqrt{6-2}+k$ $\therefore k=-3$

따라서 주어진 함수의 치역은 $\{y\,|\,y\geq-3\}$이다.

0972 답·③

• 정의역의 범위: $-x+a\geq0$에서 $x\leq a$

   $\therefore a=-1$

• $y=\sqrt{-x+a}+2$에서 치역의 범위: $y\geq2$

   $\therefore b=2$

$\therefore a+b=1$

0973 답·④

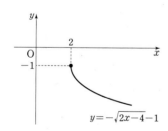

ㄱ. 정의역은 $\{x\,|\,x\geq2\}$이다. (거짓)

ㄴ. 치역은 $\{y\,|\,y\leq-1\}$이다. (참)

ㄷ. 오른쪽 아래로 향하므로 x의 값이 증가할 때 y의 값이 감소한다. (참)

따라서 옳은 것은 ㄴ, ㄷ이다.

0974 답·②

$$y=\sqrt{-2x}\ \rightarrow\ y=\sqrt{-2x+2}-3$$

이 함수의 그래프가 점 $(a,-1)$을 지나므로

$-1=\sqrt{-2a+2}-3$에서 $\sqrt{-2a+2}=2$

$-2a+2=4$ $\therefore a=-1$

0975 답·⑤

$$y=\sqrt{x}\ \rightarrow\ y=\sqrt{x-m}+n=\sqrt{x+2}+4$$

이므로 $m=-2$, $n=4$

$\therefore m+n=2$

0976 답·$y=-2\sqrt{-x+3}-1$

$y=2\sqrt{x+3}+1$의 그래프를 원점에 대하여 대칭이동한 그래프의 식은

$x\rightarrow-x$, $y\rightarrow-y$를 대입하면

$-y=2\sqrt{-x+3}+1$

$\therefore y=-2\sqrt{-x+3}-1$

0977 답·④

$y=\sqrt{x}-1$의 그래프를

(i) y축에 대하여 대칭이동: $y=\sqrt{-x}-1$

(ii) x축의 방향으로 m만큼, y축의 방향으로 3만큼 평행이동
: $y=\sqrt{-x+m}+2=a\sqrt{bx+2}+n$

따라서 $a=1$, $b=-1$, $m=2$, $n=2$이므로

$a+b+m+n=4$

0978 답·$\sqrt{5}+3$

시작점이 $(-2,3)$이므로 $m=-2$, $n=3$

따라서 $f(x)=\sqrt{-x-2}+3$이므로

$f(-7)=\sqrt{7-2}+3=\sqrt{5}+3$

0979 답·③

(i) 시작점이 $(3,-1)$이므로

   $y=\sqrt{a(x-3)}-1=\sqrt{ax-3a}-1$

   $\therefore b=-3a$, $c=-1$

(ii) 함수의 그래프가 점 $(4,0)$을 지나므로

   $0=\sqrt{a}-1$에서 $a=1$이고 $b=-3$

   $\therefore abc=3$

0980 답·②

그래프에서 시작점이 $(2,b)$이고

$y=-\sqrt{2x+a}+3$에서 시작점이 $\left(-\dfrac{a}{2},3\right)$이므로

$a=-4$, $b=3$

$\therefore a+b=-1$

0981 답·ㄹ

$$y=-\sqrt{-x+4}+4$$

$$=-\sqrt{-(x-4)}+4$$

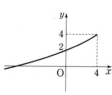

의 그래프는 오른쪽 그림과 같다.

따라서 함수의 그래프가 지나지 않는 사분면은 제4사분면이다.

0982 답·③

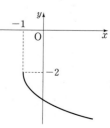

(i) $a<0$일 때,

함수의 그래프가 제1, 2사분면을 지나지 않으므로 조건에 맞지 않는다.

(ii) $a>0$일 때,

$f(0)<0$이면 그래프는 제1, 3, 4분면을 지나게 되므로 조건을 만족하려면 $f(0)>0$이 되어야 한다.

즉, $f(0)=a-2>0$에서 $a>2$

따라서 자연수 a의 최솟값은 3이다.

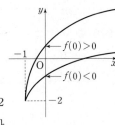

0983 답· $-4<a<0$

$f(x)=\sqrt{a(x-1)}-2$에서

(i) $a>0$일 때,

그래프는 제1, 4사분면을 지나므로 조건에 맞지 않는다.

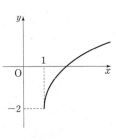

(ii) $a<0$일 때,

$f(0)>0$이면 제1, 2, 4사분면을 지나므로 조건에 어긋난다.

즉, $f(0)=\sqrt{-a}-2<0$이므로 $(\sqrt{-a})^2<2^2$

$-a<4$, $a>-4$

$\therefore -4<a<0$

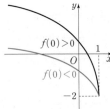

0984 답· ④

함수의 그래프가 제1, 3사분면을 지나고 다른 사분면을 지나지 않으면 오른쪽 그림과 같이 원점을 지나므로

$0=-\sqrt{a}+a$에서 $\sqrt{a}=a$, $a^2=a$

$\therefore a=0$ 또는 $a=1$

이때 $a=0$이면 그래프는 제3사분면만 지나므로 $a=1$

0985 답· ④

그래프를 이용한다.

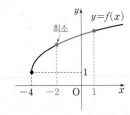 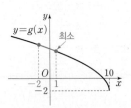

$p=f(-2)=\sqrt{4}+1=3$, $q=g(1)=\sqrt{9}-2=1$

$\therefore p+q=4$

0986 답· ⑤

함수의 그래프가 오른쪽 그림과 같으므로 $x=\dfrac{a}{2}=2$일 때 최솟값 $b=2$를 갖는다.

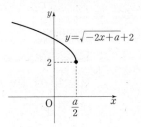

따라서 $a=4$, $b=2$이므로 $a-b=2$

0987 답· 1

$x=3$일 때 최솟값이 -1이므로 $k=-1$

이때 $x=7$일 때 최댓값을 가지므로

$\sqrt{7-3}-1=2-1=1$

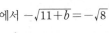

0988 답· ①

$f(11)=-\sqrt{11+b}+5$
$=-2\sqrt{2}+5$

에서 $-\sqrt{11+b}=-\sqrt{8}$

$\therefore b=-3$

즉, $f(x)=-\sqrt{x-3}+5$이므로

$f(a)=-\sqrt{a-3}+5=4$에서 $-\sqrt{a-3}=-1$ $\therefore a=4$

$\therefore a+b=1$

0989 답· 4

$y=2\sqrt{x+1}$과 $y=x+t$의 그래프의 위치 관계는 t의 값에 따라 세 가지로 나눌 수 있다.

• 만나지 않는다: ①

→ 연립했을 때 허근이 나온다.

$x+t=2\sqrt{x+1}$에서 $x^2+2tx+t^2=4x+4$

$x^2+2(t-2)x+t^2-4=0$

$\dfrac{D}{4}=(t-2)^2-t^2+4<0$이므로

$-4t+8<0$ $\therefore t>2$

• 한 점에서 만난다.

②: 접한다. → $\dfrac{D}{4}=0$이므로 $t=2$

④: 직선이 시작점 $(-1, 0)$보다 아래에 있다. → $t<1$

• 두 점에서 만난다: ③

직선이 접점보다 아래에 있거나 점 $(-1, 0)$을 지날 때 → $1\leq t<2$

$g(t)=\begin{cases} 0 & (t>2) \\ 1 & (t=2) \\ 2 & (1\leq t<2) \\ 1 & (t<1) \end{cases}$

$\therefore g(0)+g(1)+g(2)+g(3)=1+2+1+0=4$

0990 답· ①

직선과 곡선이 한 점에서 만나는 경우는 오른쪽 그림과 같이 두 가지이다.

(i) 접할 때

$-x+k=\sqrt{-x-1}+2$에서

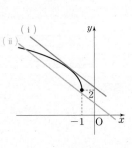

$$-x+k-2=\sqrt{-x-1}$$
$$(-x+k-2)^2=(\sqrt{-x-1})^2$$
$$x^2-2(k-2)x+k^2-4k+4=-x-1$$
$$x^2+(-2k+5)x+k^2-4k+5=0$$
$D=(2k-5)^2-4(k^2-4k+5)=0$이므로
$$4k^2-20k+25-4k^2+16k-20=0$$
$$-4k+5=0 \qquad \therefore k=\frac{5}{4}$$

(ii) 직선이 시작점 $(-1, 2)$보다 아래에 있을 때

$2>1+k$에서 $k<1$

(i), (ii)에서 $k<1$ 또는 $k=\frac{5}{4}$

즉, k의 최댓값은 $\frac{5}{4}$이므로 $p=5$, $q=4$

$$\therefore p-q=1$$

0991 탑· 17

그래프를 이용해 조건을 만족하는 상황을 이해해 보자.

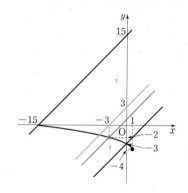

위의 그림과 같이 곡선과 직선이 제3사분면에서 만나기 위해서는 $-3<k<15$이다.

따라서 정수 k는 -2, -1, 0, 1, $\cdots$, 14의 17개이다.

0992 탑· ④

$f^{-1}(-3)=a$라 하면 $f(a)=-3$에서

$-\sqrt{2a+2}+1=-3$, $\sqrt{2a+2}=4$, $2a+2=16$

$$\therefore a=7$$

0993 탑· ②

$f^{-1}(5)=2$이면 $f(2)=5$이므로

$\sqrt{2a}+3=5$, $\sqrt{2a}=2$ $\qquad\therefore a=2$

$$\therefore f(x)=\sqrt{2x}+3$$

$f^{-1}(2a)=f^{-1}(4)=b$라 하면 $f(b)=4$에서

$\sqrt{2b}+3=4$, $\sqrt{2b}=1$ $\qquad\therefore b=\frac{1}{2}$

$$\therefore f^{-1}(2a)=\frac{1}{2}$$

0994 탑· ①

$g(3)=6$에서 $f(6)=3$

즉, $\sqrt{6a+b}=3$이므로 $6a+b=9$ $\qquad\cdots\ \bigcirc$

$f(2)=1$에서 $\sqrt{2a+b}=1$이므로

$2a+b=1$ $\qquad\cdots\ \bigcirc$

$\bigcirc$, $\bigcirc$을 연립하여 풀면 $a=2$, $b=-3$

$$\therefore a+b=-1$$

0995 탑· ③

$f(x)=\sqrt{5-x}+1$에서

$y=\sqrt{-x+5}+1$이라 하면 ($x\leq 5$, $y\geq 1$)

$\sqrt{-x+5}=y-1$, $-x+5=(y-1)^2$

$x=-(y-1)^2+5$

$$\therefore y=-(x-1)^2+5$$

즉, $g(x)=-(x-1)^2+5$이므로 ($x\geq 1$)

$g(x)=-x^2+2x+4$

따라서 $a=-1$, $b=2$, $c=4$, $d=1$이므로

$a+b+c+d=6$

0996 탑· ③

$A(1, \sqrt{a})$, $B(1, 1)$이고

$\overline{AB}=\overline{BH}$이므로 $\overline{AH}=2\overline{BH}$에서 $\sqrt{a}=2$

$$\therefore a=4$$

0997 탑· ④

$A(1, 3)$, $H(n, 3)$,

$B(n, \sqrt{n-1}+3)$이므로

· 밑변: $\overline{AH}=n-1$

· 높이: $\overline{BH}=\sqrt{n-1}$

$\triangle ABH=\frac{1}{2}(n-1)\sqrt{n-1}=4$에서

$(\sqrt{n-1})^2\sqrt{n-1}=8$, $(\sqrt{n-1})^3=2^3$

$\sqrt{n-1}=2$ $\qquad\therefore n=5$

0998 탑· $\frac{3\sqrt{2}}{2}$

거리가 최소가 되는 상황은 오른쪽 그림과 같다.

따라서 기울기가 1이고

$y=2\sqrt{x+1}$의 그래프와 접하는 직선과 $y=x+5$ 사이의 거리를 구하면 된다.

(i) 접선을 $y=x+k$라 하면

$x+k=2\sqrt{x+1}$에서 $x^2+2kx+k^2=4x+4$

$x^2+2(k-2)x+k^2-4=0$

$\frac{D}{4}=(k-2)^2-k^2+4=0$이므로

$-4k+8=0$ $\qquad\therefore k=2$

따라서 접선은 $y=x+2$

(ii) $y=x+2$ 위의 점 $(0, 2)$와 $y=x+5$, 즉 $x-y+5=0$ 사이의 거리는

$$\frac{|0-2+5|}{\sqrt{2}}=\frac{3}{\sqrt{2}}=\frac{3\sqrt{2}}{2}$$

따라서 구하는 거리의 최솟값은 $\dfrac{3\sqrt{2}}{2}$이다.

0999 답·③

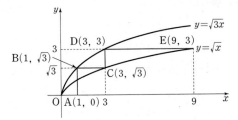

B의 좌표: $x=1$을 $y=\sqrt{3x}$에 대입 → B$(1,\ \sqrt{3})$
C의 좌표: $y=\sqrt{3}$을 $y=\sqrt{x}$에 대입 → C$(3,\ \sqrt{3})$
D의 좌표: $x=3$을 $y=\sqrt{3x}$에 대입 → D$(3,\ 3)$
E의 좌표: $y=3$을 $y=\sqrt{x}$에 대입 → E$(9,\ 3)$
즉, $\overline{BC}=3-1=2$, $\overline{DE}=9-3=6$이므로 $\overline{DE}=3\overline{BC}$
$\therefore k=3$

1000 답·④

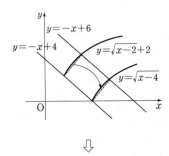

$\Downarrow$

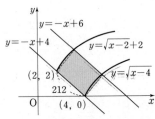

그림과 같이 네 그래프로 둘러싸인 도형은 평행사변형의 넓이와 같다.
평행사변형의 밑변은 두 점 $(2,\ 2)$와 $(4,\ 0)$ 사이의 거리와 같으므로 $2\sqrt{2}$이고, 높이는 두 직선 사이의 거리와 같다.
즉, $y=-x+4$ 위의 점 $(4,\ 0)$과 $y=-x+6$ 사이의 거리를 구하면 $\dfrac{|4+0-6|}{\sqrt{2}}=\dfrac{2}{\sqrt{2}}=\sqrt{2}$

따라서 구하는 도형의 넓이는 $2\sqrt{2}\times\sqrt{2}=4$

1001 답·⑤

$\dfrac{\sqrt{a}}{\sqrt{b}}=-\sqrt{\dfrac{a}{b}}$이면 $a\geq0$, $b<0$이다.

즉, $x+2\geq0$에서 $x\geq-2$이고, $x-1<0$에서 $x<1$이므로
$-2\leq x<1$
$\therefore \sqrt{x^2+4x+4}+\sqrt{x^2-2x+1}$
$=\sqrt{(x+2)^2}+\sqrt{(x-1)^2}$
$=|x+2|+|x-1|$
$=x+2-x+1=3$

1002 답·$k\geq-\dfrac{6}{5}$

모든 실수 x에 대하여 $(k+2)x^2-2kx+k+3\geq0$이므로
(i) $k+2>0$에서 $k>-2$
(ii) $\dfrac{D}{4}\leq0$에서 $k^2-(k+2)(k+3)\leq0$

$\quad -5k-6\leq0 \qquad \therefore k\geq-\dfrac{6}{5}$

(i), (ii)에서 $k\geq-\dfrac{6}{5}$

1003 답·15

주어진 식을 유리화하여 계산한다.

$$\frac{1}{\sqrt{2}+1}+\frac{1}{\sqrt{3}+\sqrt{2}}+\cdots+\frac{1}{\sqrt{n+1}+\sqrt{n}}$$
$$=-1+\sqrt{2}-\sqrt{2}+\sqrt{3}+\cdots-\sqrt{n}+\sqrt{n+1}$$
$$=\sqrt{n+1}-1=3$$
에서 $\sqrt{n+1}=4$
$\therefore n=15$

1004 답·$\dfrac{3\sqrt{2}}{2}$

(주어진 식)
$$=\frac{(\sqrt{3+x}-\sqrt{3-x})^2+(\sqrt{3+x}+\sqrt{3-x})^2}{(\sqrt{3+x}+\sqrt{3-x})(\sqrt{3+x}-\sqrt{3-x})}$$
$$=\frac{6-2\sqrt{9-x^2}+6+2\sqrt{9-x^2}}{3+x-3+x}$$
$$=\frac{6}{x}=\frac{6}{2\sqrt{2}}=\frac{3\sqrt{2}}{2}$$

1005 답·③

ㄱ. 점 $(0,\ 0)$을 지난다. (참)

ㄴ. (i) $p<0$, $a>0$ \qquad (ii) $p<0$, $a<0$

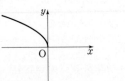

두 경우 모두 정의역은 $\{x\,|\,x\leq0\}$이다. (거짓)

ㄷ. (i) $a>0$, $p>0$ \qquad (ii) $a>0$, $p<0$

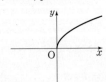 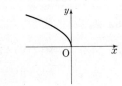

두 경우 모두 치역은 $\{y \mid y \geq 0\}$이다. (참)

따라서 옳은 것은 ㄱ, ㄷ이다.

1006 답·⑤

$f(2)=3$에서 $\sqrt{4}+k=3$ $\therefore k=1$

$f(a)=\sqrt{a+2}+1=4$에서 $\sqrt{a+2}=3$

$\therefore a=7$

1007 답·②

$f(x)=\sqrt{-x+2}+1$

$\downarrow$ x축 방향: -1만큼, y축 방향: -3만큼

$g(x)=\sqrt{-x+1}-2$: $A(-3, 0), B(0, -1)$

$\downarrow$ x축 대칭

$h(x)=-\sqrt{-x+1}+2$: $C(0, 1)$

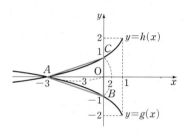

$\therefore \triangle ABC = \dfrac{1}{2} \times 2 \times 3 = 3$

1008 답·①

$y=\sqrt{2x+2}-8$

$\downarrow$ x축 방향: -1만큼, y축 방향: 4만큼

$y=\sqrt{2x+4}-4$: $A(6, 0), B(0, -2)$

따라서 $\overline{AB}$의 중점의 좌표는

$\left(\dfrac{6+0}{2}, \dfrac{0-2}{2} \right) = (3, -1)$

1009 답·②

$A_n(n, \sqrt{n}), B_n(n, \sqrt{n-1})$이므로

$\overline{A_n B_n} = \sqrt{n} - \sqrt{n-1} = -\sqrt{n-1} + \sqrt{n}$

$\therefore \overline{A_1 B_1} + \overline{A_2 B_2} + \overline{A_3 B_3} + \cdots + \overline{A_{25} B_{25}}$

$= -\sqrt{0} + \sqrt{1} - \sqrt{1} + \sqrt{2} - \sqrt{2} + \sqrt{3} - \cdots - \sqrt{24} + \sqrt{25}$

$= \sqrt{25} = 5$

1010 답·③

그래프를 이용해 상황을 확인한다.

직선과 곡선이 제1사분면

에서 만나려면

(i) 점 $(1, 5)$를 지나는 경

우부터

(ii) 점 $(0, 3)$보다 직선이

위에 있는 경우까지이다.

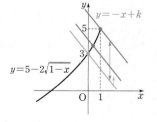

$y=-x+k$에 점 $(1, 5)$를 대입하면

$5=-1+k$에서 $k=6$

$y=-x+k$에 점 $(0, 3)$을 대입하면 $k=3$

$\therefore 3 < k \leq 6$

따라서 모든 정수 k의 값의 합은 $4+5+6=15$

1011 답·②

$f(x)$의 최댓값이 4이므로

$f(-4)=\sqrt{9}+a=a+3=4$에서

$a=1$

$\therefore f(x)=\sqrt{-x+5}+1$

$f(x)$의 최솟값이 b이므로

$f(1)=\sqrt{4}+1=3=b$

$\therefore ab=3$

1012 답·④

$y=\dfrac{b}{x+c}+a$의 그래프에서 $b<0$이고

점근선의 방정식은

· $x=-c>0$에서 $c<0$

· $y=a>0$

즉, $y=\sqrt{ax+b}+c$에서 시작점은

$\left(-\dfrac{b}{a}, c \right) = (+, -)$로 제4사분

면의 점이고 $a>0$이므로 증가함수

로 오른쪽과 같은 개형이 된다.

문제 C.O.D.I **Basic**

1013 답· 5

1014 답· 25

A에서 B로 갈 때: 5가지

B에서 A로 돌아올 때: 5가지

∴ 경우의 수: $5 \times 5 = 25$

1015 답· 20

A에서 B로 갈 때: 5가지

B에서 A로 돌아올 때: 4가지

∴ 경우의 수: $5 \times 4 = 20$

1016 답· 5

• 3의 배수: 3가지

• 5의 배수: 2가지

합의 법칙에 의해 경우의 수는 $3 + 2 = 5$

1017 답· 3

1018 답· 4

1019 답· 12

A에서 B로 가는 경우의 수: 3

B에서 C로 가는 경우의 수: 4

곱의 법칙에 의해 경우의 수는 $3 \times 4 = 12$

1020 답· 8

합의 법칙에 의해 $5 + 3 = 8$

1021 답· 15

곱의 법칙에 의해 $5 \times 3 = 15$

1022 답· 지불 방법의 수: 19, 지불 금액의 수: 19

• 지불 방법의 수: $(3+1) \times (4+1) - 1 = 19$

• 지불 금액의 수: 지불 금액이 중복되지 않으므로 지불 방법의 수와 같은 19

1023 답· 지불 방법의 수: 20, 지불 금액의 수: 16

• 지불 방법의 수: $(2+1) \times (6+1) - 1 = 20$

• 지불 금액의 수: 지불 금액의 지불 방법에 중복이 생기므로 500원 동전 2개를 100원 동전 10개로 바꾼 후 계산하면 16

1024 답· 9

수형도를 이용한다.

```
A   B   C   D
    A — D — C
B < C — D — A
    D — A — C
        ⋮
```

C, D로 시작하는 수형도 마찬가지로 3가지씩이므로 구하는 경우의 수는 $3 \times 3 = 9$

1025 답· 44

수형도를 이용한다.

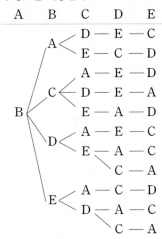

```
A   B   C   D   E
        A < D — E — C
            E — C — D
        C < A — E — D
            D — E — A
            E — A — D
B <     D < A — E — C
            E — A — C
            C — A
        E < A — C — D
            D — A — C
            C — A
```

C, D, E로 시작하는 수형도 마찬가지로 11가지씩이므로 구하는 경우의 수는 $4 \times 11 = 44$

1026 답· 48

A에 4가지, B에 3가지, C에 2가지, D에 2가지 색을 선택할 수 있으므로 구하는 경우의 수는

$4 \times 3 \times 2 \times 2 = 48$

1027 답· 84

(ⅰ) B와 C를 다른 색으로 칠하는 경우

A에 4가지, B에 3가지, C에 2가지, D에 2가지 선택 가능하므로 경우의 수는 $4 \times 3 \times 2 \times 2 = 48$

(ⅱ) B와 C를 같은 색으로 칠하는 경우

A에 4가지, B와 C에 3가지, D에 3가지 선택 가능하므로 경우의 수는 $4 \times 3 \times 3 = 36$

∴ 경우의 수: $48 + 36 = 84$

1028 답· 210

$7 \times 6 \times 5 = 210$

1029 답· 380

$20 \times 19 = 380$

1030 답· 120

$5! = 120$

1031 답· 1

1032 답· 24

1033 답· 1

1034 답· $\dfrac{6!}{4!}$

1035 답· $\dfrac{8!}{4!}$

1036 답· $\dfrac{7!}{4!}$

1037 답· $\dfrac{n!}{(n-r)!}$

1038 답· 24

$_4P_4 = 4! = 24$

1039 답· 60

$_5P_3 = 5 \times 4 \times 3 = 60$

1040 답· 12

(i) 양 끝에 모음을 배열하는 경우의 수: $_2P_2$

(ii) 나머지 자리에 배열하는 경우의 수: $_3P_3$

∴ 경우의 수: $_2P_2 \times _3P_3 = 2! \times 3! = 12$

1041 답· 720

(i) 양 끝에 여학생이 서는 경우의 수: $_3P_2$

(ii) 나머지 자리에 배열하는 경우의 수: $_5P_5$

∴ 경우의 수: $_3P_2 \times _5P_5 = 3 \times 2 \times 5! = 720$

1042 답· 72

(i) 「남 여 남 여 남 여」인 경우: $3! \times 3! = 36$

(ii) 「여 남 여 남 여 남」인 경우: $3! \times 3! = 36$

∴ 경우의 수: $36 + 36 = 72$

1043 답· 144

교대로 서는 경우는 남 여 남 여 남 여 남인 경우이므로 $4! \times 3! = 144$

1044 답· 576

(전체 경우의 수) − (양 끝 모두 여학생이 서는 경우의 수)

$= _6P_6 - _3P_2 \times _4P_4 = 576$

1045 답· 204

(전체 경우의 수) − (과학책 3권만 골라 꽂는 경우의 수)

$= _7P_3 - _3P_3 = 7 \times 6 \times 5 - 3 \times 2 \times 1 = 204$

1046 답· 48

(i) A, B를 한 명으로 생각하여 나열하는 경우의 수: $4!$

(ii) A, B가 서로 자리를 바꾸는 경우의 수: $2!$

∴ 경우의 수: $4! \times 2! = 48$

1047 답· 36

(i) A, B, C를 한 명으로 생각하여 나열하는 경우의 수: $3!$

(ii) A, B, C가 서로 자리를 바꾸는 경우의 수: $3!$

∴ 경우의 수: $3! \times 3! = 36$

1048 답· 72

(전체 경우의 수) − (A, B가 이웃하는 경우의 수)

$= 5! - 2 \times 4! = 72$

1049 답· 72

(i) 짝수 묶음과 홀수 묶음을 각각 하나로 생각하며 나열하는 경우의 수: $2!$

(ii) 짝수가 서로 자리를 바꾸는 경우의 수: $3!$

(iii) 홀수가 서로 자리를 바꾸는 경우의 수: $3!$

∴ 경우의 수: $2! \times 3! \times 3! = 72$

1050 답· 6

두 주사위의 눈을 각각 a, b라 하면

(i) $a + b = 6$: $(1, 5), (2, 4), (3, 3), (4, 2), (5, 1)$

→ 5가지

(ii) $a + b = 12$: $(6, 6)$ → 1가지

∴ 경우의 수: $5 + 1 = 6$

1051 답· 16

(i) 4의 배수의 개수: 10개

(ii) 5의 배수의 개수: 8개

이때 4와 5의 공배수인 20, 40은 (i), (ii)에서 각각 한 번씩 세었으므로 경우의 수가 중복된다. 즉, 빼주어야 한다.

∴ 경우의 수: $10 + 8 - 2 = 16$

1052 답· ④

$a + b$의 항이 2개, $x + y + z$의 항이 3개이므로

전개식의 항의 개수는 $2 \times 3 = 6$

1053 답· 9

두 주사위의 눈을 각각 a, b라 하면 a, b가 모두 홀수일 때 곱이 홀수가 된다.

a, b가 홀수인 경우가 각각 3가지이므로 구하는 경우의 수는

$3 \times 3 = 9$

1054 답· ②

(i) A → C인 경우: 2

(ii) A → B → C인 경우: $2 \times 3 = 6$

∴ 경우의 수: $2 + 6 = 8$

1055 답· 72

(i) A → B → D → C → A인 경우: $2 \times 3 \times 2 \times 3 = 36$

(ii) A → C → D → B → A인 경우: $3 \times 2 \times 3 \times 2 = 36$

∴ 경우의 수: $36 + 36 = 72$

1056 답· 25

(i) A → B → D인 경우: $3 \times 3 = 9$

(ii) A → C → D인 경우: $2 \times 2 = 4$

(iii) A → B → C → D인 경우: $3 \times 1 \times 2 = 6$

(iv) A → C → B → D인 경우: $2 \times 1 \times 3 = 6$

∴ 경우의 수: $9 + 4 + 6 + 6 = 25$

1057 답· 0

(i) 지불 방법의 수: $2 \times 3 \times 3 - 1 = 17$ ∴ $a = 17$

(ii) 지불 금액의 수: 금액이 중복되지 않으므로 지불 방법의 수와 같다.

$2 \times 3 \times 3 - 1 = 17$ ∴ $b = 17$

∴ $a - b = 0$

1058 답·①

5000원 1장을 사용하는 방법과 1000원 5장을 내는 방법은 같은 금액이므로 지불 금액이 중복된다.

이 경우 5000원 지폐를 1000원 지폐로 바꿔 1000원 지폐 10장으로 지불하는 것을 생각한다.

1059 답·⑤

(i) 지불 방법의 수: $2\times3\times3-1=17$　∴ $a=17$

(ii) 지불 금액의 수: 50원 동전 2개와 100원 동전 1개가 같은 금액으로 중복되므로 100원 동전을 모두 50원 동전으로 바꾸어 500원 1개, 50원 6개로 계산하면

$2\times7-1=13$　∴ $b=13$

∴ $a-b=4$

1060 답·23

500원 동전과 100원 동전의 지불 금액이 겹치고, 100원과 50원 동전의 지불 금액도 중복되므로, 모든 동전을 50원으로 바꿔 생각한다.

• 500원 동전 1개 → 50원 동전 10개
• 100원 동전 5개 → 50원 동전 10개

따라서 총 23개의 50원 동전으로 지불하는 금액의 수는 23이다.

1061 답·④

A만 자신의 우산, 나머지는 다른 사람의 것을 가져가는 경우의 수를 수형도로 구하면

$$\begin{array}{cccc} Ⓐ & B & C & D \\ \hline \end{array}$$

$$Ⓐ \begin{cases} C - D - B \\ D - B - C \end{cases} \Big\} 2가지$$

B만 자신의 우산을 가져가는 경우도 마찬가지로 2가지

C, D의 경우도 각각 2가지

∴ 경우의 수: $2\times4=8$

1062 답·①

A, C만 자신의 우산을, 나머지는 다른 사람의 것을 가져가는 경우의 수를 수형도로 구하면

$$\begin{array}{ccccc} A & C & B & D & E \\ \hline \end{array}$$

$$Ⓐ - Ⓒ \begin{cases} D - E - B \\ E - B - D \end{cases} \Big\} 2가지$$

1063 답·45

A만 자신의 우산을, 나머지는 다른 사람의 것을 가져가는 경우의 수를 수형도로 구하면 다음과 같이 9이다.

$$\begin{array}{ccccc} A & B & C & D & E \\ \hline \end{array}$$

$$A \begin{cases} C \begin{cases} B - E - D \\ D - E - B \\ E - B - D \end{cases} \Big\} 3개 \\ D \quad \cdots \quad \Big\} 3개 \\ E \quad \cdots \quad \Big\} 3개 \end{cases}$$

B만 자신의 우산을 가져가는 경우도 9가지

C, D, E의 경우도 각각 9가지

∴ 경우의 수: $9\times5=45$

1064 답·44

수형도를 이용해 구한다.

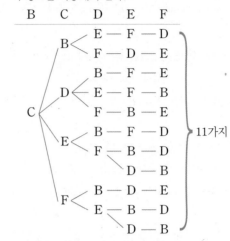

∴ 경우의 수: $4\times11=44$

1065 답·④

$B\to D\to A\to E\to C\to F$의 순서로 색칠하면

$6\times5\times4\times4\times4\times4=15\times2^9$

∴ $k=9$

> **다른풀이**
>
> 색칠 순서를 다르게 해도 결과는 같다.
>
> $A\to B\to C\to D\to E\to F$의 순서로 색칠할 때에는 B와 C를 같은 색으로 칠할 때와 다른 색으로 칠할 때를 구분해야 한다.
>
> (i) B, C가 같은 색
>
> 　$A\to B\to C\to D\to E\to F$
> 　$6\times5\times1\times4\times4\times4$
>
> (ii) B, C가 다른 색
>
> 　$A\to B\to C\to D\to E\to F$
> 　$6\times5\times4\times3\times4\times4$
>
> 전체 경우의 수:
>
> $6\times5\times4\times4\times4+6\times5\times4\times3\times4\times4$
>
> $=(1+3)\times6\times5\times4\times4\times4$
>
> $=15\times2^9$
>
> 결과는 같게 나오지만 색칠 순서를 어떻게 정하는지에 따라 계산이 복잡해질 수도 있다. 따라서
>
> 　　**이웃한 부분이 많은 부분부터!**
>
> 먼저 색칠하도록 한다.

1066 답·③

$B\to D\to A\to E\to C\to F$의 순서로 색칠하면

$5\times4\times3\times3\times3\times3=2^2\times3^4\times5$

따라서 $m=2$, $n=4$이므로 $mn=8$

1067 답·1040

B → C → D → E → A의 순서로 색칠한다.

이때 C, D가 같은 색일 때와 다른 색일 때 경우의 수가 달라지므로 나누어 생각한다.

(i) C, D가 같은 색인 경우: $5 \times 4 \times 4 \times 4$

(ii) C, D가 다른 색인 경우: $5 \times 4 \times 3 \times 3 \times 4$

∴ 경우의 수: $5 \times 4 \times 4 \times 4 + 5 \times 4 \times 3 \times 3 \times 4$
$$= 320 + 720 = 1040$$

1068 답·⑤

(i) $x+y=5$: $(0, 5)$, $(1, 4)$, $(2, 3)$, $(3, 2)$, $(4, 1)$, $(5, 0)$

(ii) $x+y=4$: $(0, 4)$, $(1, 3)$, $(2, 2)$, $(3, 1)$, $(4, 0)$

(iii) $x+y=3$: $(0, 3)$, $(1, 2)$, $(2, 1)$, $(3, 0)$

(iv) $x+y=2$: $(0, 2)$, $(1, 1)$, $(2, 0)$

(v) $x+y=1$: $(0, 1)$, $(1, 0)$

(vi) $x+y=0$: $(0, 0)$

∴ 경우의 수: $1+2+3+4+5+6=21$

1069 답·②

(i) $x+y=5$: $(1, 4)$, $(2, 3)$, $(3, 2)$, $(4, 1)$

(ii) $x+y=4$: $(1, 3)$, $(2, 2)$, $(3, 1)$

(iii) $x+y=3$: $(1, 2)$, $(2, 1)$

(iv) $x+y=2$: $(1, 1)$

∴ 경우의 수: $1+2+3+4=10$

1070 답·①

z를 기준으로 순서쌍의 개수를 구하는 것이 좋다.

(i) $z=1$일 때, $x+y=5$: $(1, 4)$, $(2, 3)$, $(3, 2)$, $(4, 1)$

(ii) $z=2$일 때, $x+y=3$: $(1, 2)$, $(2, 1)$

(iii) $z \geq 3$일 때, 식을 만족하는 자연수 순서쌍은 없다.

∴ 경우의 수: $2+4=6$

1071 답·16

z를 기준으로 순서쌍의 개수를 구한다.

(i) $z=0$일 때, $x+2y=10$: $(10, 0)$, $(8, 1)$, $(6, 2)$, $(4, 3)$, $(2, 4)$, $(0, 5)$

(ii) $z=1$일 때, $x+2y=9$: $(1, 4)$, $(3, 3)$, $(5, 2)$, $(7, 1)$, $(9, 0)$

(iii) $z=2$일 때, $x+2y=6$: $(0, 3)$, $(2, 2)$, $(4, 1)$, $(6, 0)$

(iv) $z=3$일 때, $x+2y=1$: $(1, 0)$

(v) $z \geq 4$일 때, 만족하는 음이 아닌 정수해의 순서쌍은 없다.

∴ 경우의 수: $1+4+5+6=16$

1072 답·162

$_6P_3 = 6 \times 5 \times 4 = 120$, $_7P_2 = 7 \times 6 = 42$

∴ $_6P_3 + _7P_2 = 120 + 42 = 162$

1073 답·②

$_nP_3 = n(n-1)(n-2) = 210 = 7 \times 6 \times 5$이므로

$n=7$

> **다른풀이**
>
> n의 값을 바로 찾을 수 없다면 삼차방정식으로 생각한다.
>
> $n(n-1)(n-2) = 210$, $n^3 - 3n^2 + 2n - 210 = 0$
>
> ```
> 7 | 1   -3    2   -210
>   |      7   28    210
>   ---------------------
>     1    4   30 |   0
> ```
>
> $(n-7)(n^2+4n+30) = 0$
>
> ∴ $n=7$

1074 답·④

$_nP_4 = 72 \cdot _{n-2}P_2$에서

$n(n-1)(n-2)(n-3) = 72(n-2)(n-3)$

$n(n-1) = 72$ ∴ $n=9$

1075 답·25

$_5P_5 + k \cdot _4P_4 = _6P_6$에서 $5! + k \times 4! = 6!$

$120 + 24k = 720$, $24k = 600$

∴ $k=25$

> **다른풀이**
>
> $5! + k \times 4! = 6!$의 양변을 $4!$로 나누면
>
> $5 + k = 6 \times 5$에서 $k=25$

1076 답·144

(i) o, r, a, n, g, e에서 모음은 o, a, e이므로 세 모음을 한 묶음으로 생각하여 4개를 나열하는 경우의 수: $4!$

(ii) 모음의 묶음에서 o, a, e가 자리를 바꾸는 경우의 수: $3!$

∴ 경우의 수: $4! \times 3! = 144$

> **보충학습**
>
> 모음을 하나의 묶음 X라 생각하면 X, r, n, g의 4개 문자를 나열하는 경우를 구한다.
>
> 다음은 그중 한 배열이다.
>
> $$X\ n\ g\ r\ (X \leftarrow o, a, e)$$
>
> ⇓
>
> $(o\,a\,e)\,n\,g\,r$
> $(o\,e\,a)\,n\,g\,r$
> ⋮
> $(e\,o\,a)\,n\,g\,r$
> $(e\,a\,o)\,n\,g\,r$
>
> 이처럼 한 묶음 속에서 이웃하는 문자들의 배열의 수도 생각해야 한다.

1077 답·⑤

(i) 각 부부를 한 묶음으로 생각하여 나열: $3!$

(ii) 각 묶음에서 남편과 아내가 자리를 바꾸는 경우의 수: $2! \times 2! \times 2!$

∴ 경우의 수: $3! \times 2! \times 2! \times 2! = 48$

1078 답·④

1학년의 묶음을 A, 2학년의 묶음을 B라 하면

A, B, 3학년 세 명을 나열하는 것과 같으므로 5!이고,

A, B 묶음 내에서 자리를 바꾸는 경우가 $2! \times 2!$

∴ 경우의 수: $5! \times 2! \times 2! = 480$

1079 답·②

$(n+1)! \times 3! = 144$에서 $(n+1)! = 24 = 4!$이므로

$n+1 = 4$ ∴ $n = 3$

1080 답·①

4명의 가족이 일렬로 서는 모든 경우의 수에서 아빠와 엄마가 이웃하여 서는 경우의 수를 뺀 값이 아빠와 엄마가 이웃하지 않는 경우의 수가 된다.

(i) 4명이 일렬로 서는 경우의 수: $4! = 24$

(ii) 아빠와 엄마가 이웃하는 경우의 수: $3! \times 2! = 12$

∴ 경우의 수: $24 - 12 = 12$

1081 답·480

(일렬로 서는 경우의 수) − (여학생이 이웃하는 경우의 수)

$= 6! - 5! \times 2!$

$= 6 \times 5! - 2 \times 5!$

$= 4 \times 5! = 480$

1082 답·①

(일렬로 서는 경우의 수) − (1학년이 이웃하는 경우의 수)

$= (n+2)! - (n+1)! \times 2!$

$= (n+2) \times (n+1)! - 2 \times (n+1)!$

$= n \times (n+1)! = 480$

에서 $n \times (n+1)! = 4 \times 120 = 4 \times 5!$

∴ $n = 4$

1083 답·576

전체 경우의 수에서 A, B가 옆 자리에 앉는 경우의 수를 뺀다.

(i) 여섯 명이 1~6번 좌석에 앉는 경우의 수: $6!$

(ii) A, B가 1, 2번 좌석에 앉고 나머지 인원이 3~6번 자리에 앉는 경우의 수: $_2P_2 \times 4! = 2 \times 4!$

A, B가 3, 4번 또는 5, 6번 자리에 이웃하여 앉는 경우의 수도 각각 $2 \times 4!$이므로 구하는 경우의 수는

$6! - 3 \times 2 \times 4! = 576$

1084 답·㉮ 6 ㉯ 4 ㉰ 3 ㉱ 24 ㉲ 144

(i) D, E, F 세 명을 일렬로 나열하는 경우의 수는

$3! = \boxed{㉮ 6}$

(ii) D, E, F의 자리를 ○로 나타내면

✓ 표시된 네 자리 중 세 자리에 A, B, C의 자리를 정하면 A, B, C 누구도 이웃하지 않는다.

이 경우의 수는 $_{㉯4}P_{㉰3} = \boxed{㉱ 24}$

∴ 경우의 수: $\boxed{㉮ 6} \times \boxed{㉱ 24} = \boxed{㉲ 144}$

1085 답·1440

2학년과 3학년을 먼저 세우고 이들 사이에 1학년을 세우면 1학년이 이웃하지 않는다.

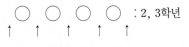

1학년을 세울 수 있는 자리

∴ 경우의 수: $4! \times _5P_3 = 1440$

1086 답·⑤

세 명 중 누구도 이웃하지 않도록 앉아야 한다.

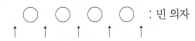

학생이 앉을 수 있는 자리

그림과 같이 빈 의자 4개를 먼저 놓고 빈 의자들의 양 끝과 사이의 자리에 학생을 한 명씩 배열하면 된다.

∴ 경우의 수: $_5P_3 = 5 \times 4 \times 3 = 60$

1087 답·②

(i) 남학생 3명을 1, 3, 5번에 세우는 경우의 수: $3! = 6$

(ii) 여학생 3명을 2, 4, 6번에 세우는 경우의 수: $3! = 6$

(i), (ii)에서 경우의 수: $6 \times 6 = 6^2$

∴ $p = 6$

1088 답·②

(i) 남학생 2명을 1, 3, 5번에 세우는 경우의 수: $_3P_2 = 6$

(ii) 남은 자리에 여학생 4명을 세우는 경우의 수: $_4P_4 = 4!$

(i), (ii)에서 경우의 수: $6 \times 4!$

∴ $n = 6$

1089 답·①

A를 맨 뒤에 배치한 경우의 수를 구한 다음, A가 맨 뒤에 있고 C와 이웃하는 경우의 수를 빼면 된다.

(i) A가 맨 뒤에 서는 경우의 수:

___ ___ ___ ___A → $4! = 24$

(ii) A가 맨 뒤, C가 그 앞에서 이웃하는 경우의 수:

___ ___ ___ C A → $3! = 6$

∴ 경우의 수: $24 - 6 = 18$

1090 답·192

(i) a, b 사이에 한 문자가 오는 경우의 수:

가운데에 올 문자를 c, d, e, f 중에서 하나 선택한다.

・$a \square b : 4$

・$b \square a : 4$ $\biggr\}$ $4 \times 2 = 8$

(ii) (i)의 문자열을 묶어 X라 하면 X와 남은 3개의 문자를

나열하는 경우의 수: $4! = 24$

∴ 경우의 수: $8 \times 24 = 192$

1091 답 · ②

(전체 경우의 수) - (1학년이 하나도 안 뽑히는 경우의 수)

이므로

(i) 총 7명 중 대표, 부대표를 뽑는 경우의 수: $_7\mathrm{P}_2 = 42$

(ii) 2학년 4명 중에서만 뽑는 경우의 수: $_4\mathrm{P}_2 = 12$

∴ 경우의 수: $42 - 12 = 30$

1092 답 · 480

여섯 개의 문자를 나열하는 경우의 수에서 a, b 사이에 문자

가 하나도 없는 경우의 수를 빼면 a, b 사이에 적어도 한 개

의 문자가 오는 경우가 된다.

이때 a, b 사이에 문자가 없다는 것은 a, b가 이웃한다는 뜻

이므로

(i) 문자 6개를 나열하는 경우의 수: $6!$

(ii) a, b가 이웃하는 경우의 수: $2 \times 5!$

∴ 경우의 수: $6! - 2 \times 5! = 6 \times 5! - 2 \times 5! = 4 \times 5! = 480$

1093 답 · 576

a, c, e 세 문자를 이웃하는지 여부에 따라 구분하면

(i) 전체 경우의 수 = $\begin{cases} \text{(ii) } a, c, e\text{가 모두 이웃} \\ \quad \leftarrow \text{예 } ace \times \times \times \\ \text{(iii) 두 개만 이웃} \\ \quad \leftarrow \text{예 } a \times \times ce \times \\ \text{(iv) 어느 것도 이웃 안함} \\ \quad \leftarrow \text{예 } a \times c \times \times e \end{cases}$

따라서 전체 나열하는 경우의 수에서 어느 것도 이웃하지 않

는 경우의 수를 뺀다.

(i) $6! = 720$

(ii) $\times \quad \times \quad \times$: b, d, f 배열 $\Rightarrow 3! \times _4\mathrm{P}_3 = 144$

　$\uparrow \quad \uparrow \quad \uparrow \quad \uparrow$

　a, c, e 배열

∴ 경우의 수: $720 - 144 = 576$

1094 답 · 684

(6명이 줄 서는 경우의 수)

　 - (여학생이 모두 짝수 번째 자리에 서는 경우의 수)

$= 6! - 3! \times 3! = 720 - 36 = 684$

1095 답 · 4

(i) 각 자리의 수의 합이 3의 배수가 되는 두 수의 순서쌍:

　$(1, 2)$, $(2, 4)$

(ii) 각 순서쌍을 십의 자리와 일의 자리에 나열하는 경우의

　수는 각각 2

∴ 3의 배수의 개수: $2 \times 2 = 4$

1096 답 · ②

짝수는 일의 자리의 수가 0, 2, 4, 6, 8인 수이므로

$\underbrace{\_\_ \_\_ \_\_ \_\_}_{\text{남은 수 나열}} \square \leftarrow 2 \text{ 또는 } 4$

∴ 짝수의 개수: $2 \times 4! = 48$

1097 답 · ④

(i) 일의 자리의 수가 0인 경우의 수:

　$\_\_ \ \_\_ \ \_\_ \ \_\_ \ 0 \to 4! = 24$

(ii) 일의 자리의 수가 2 또는 4인 경우의 수:

　$\underset{\text{만}}{\square} \_\_ \ \_\_ \ \underset{\text{일}}{\triangle}$

・일의 자리: 2 또는 4 → 2

・만의 자리: 0을 제외한 나머지 수 → 3 $\Biggr\}$ $2 \times 3 \times 3! = 36$

・나머지 자리의 수 배열 → $3!$

∴ 짝수의 개수: $24 + 36 = 60$

1098 답 · 216

5의 배수는 일의 자리의 수가 0 또는 5인 수이므로

(i) 일의 자리의 수가 0인 경우의 수:

　$\_\_ \ \_\_ \ \_\_ \ \_\_ \ 0 \to _5\mathrm{P}_4 = 120$

(ii) 일의 자리의 수가 5인 경우의 수:

　$\underset{\text{만}}{\square} \_\_ \ \_\_ \ 5$

・만의 자리: 0을 제외한 나머지 수 → 4 $\Biggr\}$ $4 \times _4\mathrm{P}_3 = 96$

・나머지 자리의 수 배열 → $_4\mathrm{P}_3$

∴ 5의 배수의 개수: $120 + 96 = 216$

1099 답 · ①

$math$의 사전식 배열 순서는 a, h, m, t

(i) a로 시작하는 문자열: $a \_\_ \ \_\_ \ \_\_ \to 3! = 6$

(ii) h로 시작하는 문자열: $h \_\_ \ \_\_ \ \_\_ \to 3! = 6$

(iii) m으로 시작하는 문자열: $m \_\_ \ \_\_ \ \_\_ \to 3! = 6$

18번째 문자열은 m으로 시작하는 문자열 중 가장 뒤에 오는

것이므로 $mtha$이다.

1100 답 · ③

(i) a로 시작하는 문자열: $a \_\_ \ \_\_ \ \_\_ \ \_\_ \to 4! = 24$

(ii) b로 시작하는 문자열: $b \_\_ \ \_\_ \ \_\_ \ \_\_ \to 4! = 24$

(iii) cab로 시작하는 문자열: $cab \_\_ \ \_\_ \to 2! = 2$

(iv) cad로 시작하는 문자열: $cad \_\_ \ \_\_ \to 2! = 2$

이어서 $caebd$, $caedb$가 나열되므로 $caedb$는

$24 + 24 + 2 + 2 + 2 = 54$(번째) 문자열이다.

1101 답 · 120

천의 자리의 수가 5나 6인 경우의 수를 구한다.

・천의 자리의 수: 2가지

- 나머지 자리의 수 나열: $_5P_3$

$\therefore$ 5100보다 큰 수의 개수: $2 \times _5P_3 = 2 \times 5 \times 4 \times 3 = 120$

 **Final**

1102 답·②

정사각형의 변의 길이로 구분하여 개수를 센다.

(i) 변의 길이가 1인 정사각형: 9개

(ii) 변의 길이가 2인 정사각형: 4개

(iii) 변의 길이가 3인 정사각형: 1개

$\therefore$ 정사각형의 개수: $9+4+1=14$

1103 답·②

한 주사위의 눈이 1, 다른 주사위의 눈이 2, 3, 5일 때 곱이 소수이므로 구하는 경우의 수는 $1 \times 3 + 3 \times 1 = 6$

1104 답·④

두 수 중 적어도 하나가 짝수일 때 두 수의 곱이 짝수이다.

즉, 두 주사위를 던져서 나오는 모든 경우의 수에서 두 눈이 모두 홀수인 경우의 수를 뺀다.

$\therefore$ 경우의 수: $6 \times 6 - 3 \times 3 = 36 - 9 = 27$

1105 답·18

$$\underbrace{(2a-b)}_{①}\underbrace{(p-3q+2r)}_{②}\underbrace{(x+y+z^2)}_{③}$$

각각의 다항식 ①, ②, ③에서 하나씩 항을 선택하여 곱하면 전개식의 서로 다른 항이 된다.

$\therefore$ 항의 개수: $2 \times 3 \times 3 = 18$

1106 답·④

지불 방법의 수와 지불 금액의 수가 같으면 금액이 중복되지 않는다.

예를 들어 $n=5$이면 50원 1개와 10원 5개를 내는 경우가 같은 금액이 되므로 방법과 금액이 달라진다.

즉, $1 \le n \le 4$이므로 n은 1, 2, 3, 4의 4개이다.

1107 답·③

(i) 1과 6에 색칠: 4가지

(ii) 2에 색칠: 1과 다른 색 3가지

(iii) 3에 색칠: 2, 6과 다른 색 2가지

(iv) 5에 색칠: 1, 2, 6과 다른 색 2가지

(v) 4에 색칠: 1, 5와 다른 색 2가지

$\therefore$ 경우의 수: $4 \times 3 \times 2 \times 2 \times 2 = 96$

1108 답·24

$abc = 150 = 2 \times 3 \times 5^2$이고 a, b, c는 1보다 큰 자연수이므로 150을 1보다 큰 세 자연수의 곱으로 나타낼 수 있는 경우의 수를 구하는 문제이다.

가능한 세 수 (2, 3, 25), (2, 5, 15), (3, 5, 10),

(5, 5, 6)이고 각각의 경우에서 a, b, c의 순서쌍으로 나열하는 경우의 수가 3!씩이므로 구하는 순서쌍의 개수는

$4 \times 3! = 24$

1109 답·720

e, e를 하나의 문자로 생각하여 6개의 문자를 나열하는 경우의 수를 구한다.

$\therefore$ 경우의 수: $6! = 720$

> **보충학습**
>
> e, e가 같은 문자이므로 한 묶음 안에서 자리를 바꿔도 같은 배열이다. 따라서 자리를 바꾸는 경우의 수를 곱할 필요가 없다.

1110 답·③

그림과 같이 6개의 의자 중 5명이 앉을 의자를 고르고 앉을 순서를 정하면 되므로 경우의 수는 $_6P_5$이다.

1111 답·480

□ □ □ □ : 여학생과 빈 의자

↑ ↑ ↑ ↑ ↑
남학생 2명 배열

그림과 같이 4개의 의자에 3명의 여학생을 앉히고 $(_4P_3 = 24)$, 양 끝과 의자들 사이에 남학생을 이웃하지 않게 한 명씩 앉히면 $(_5P_2 = 20)$된다.

$\therefore$ 경우의 수: $_4P_3 \times _5P_2 = 24 \times 20 = 480$

> **다른풀이**
>
> 빈 의자에 여학생 한 명을 더 데려와서 앉게 한다고 생각해도 된다. 즉, 남학생 2명, 여학생 4명을 남학생이 이웃하지 않게 나열하는 경우의 수가 되어
> $$6! - 2 \times 5! = 480$$

1112 답·②

일대일함수는 「$x_1 \ne x_2$이면 $f(x_1) \ne f(x_2)$」, 즉 함숫값이 중복되지 않는 함수이다.

- X의 원소 1과 대응하는 Y의 원소의 경우의 수: 6

- X의 원소 2와 대응하는 Y의 원소의 경우의 수: 1과 대응한 원소를 제외한 5

- X의 원소 3과 대응하는 Y의 원소의 경우의 수: 1, 2와 대응한 원소를 제외한 4

$\therefore$ 일대일함수의 개수: $_6P_3 = 6 \times 5 \times 4 = 120$

1113 답·64

(i) 이웃하여 앉을 수 있는 상황은 그림과 같다.

○○ : 아버지, 어머니 |⟨○○⟩|1열 |○○⟩|1열

○○ : 할아버지, 할머니 |⟨○○⟩|2열 |○○⟩|2열

2×2 + 2×2 = 8

(ii) 이웃한 4명이 자리를 서로 바꾸는 경우의 수: $2! \times 2!$

(iii) 남은 두 자리에 아들, 딸을 배열하는 경우의 수: $2!$

∴ 경우의 수: $8 \times 2! \times 2! \times 2! = 64$

1114 답· 72

전체 경우의 수에서 어린이와 어른이 다른 줄에 앉는 경우의 수를 뺀다. 다른 줄에 앉는 경우는

(i) 앞 좌석에 모두 어른이, 뒷 좌석에 모두 어린이가 앉을 때: $2! \times 3! = 12$

(ii) 앞 좌석에 어린이 3명 중 2명이, 뒷 좌석에 어린이 1명과 어른 두 명이 앉을 때: $_3P_2 \times 3! = 36$

∴ 방법의 수: $5! - 12 - 36 = 120 - 48 = 72$

1115 답· 24

(i) 합이 3의 배수가 되는 세 수를 구한다.

$(1, 2, 3), (1, 3, 5), (2, 3, 4), (3, 4, 5)$

(ii) 세 수를 나열하는 경우의 수는 각각 $3!$

∴ 3의 배수의 개수: $4 \times 3! = 24$

---

10 조합

Basic

1116 답· 조합, $_nC_r$

1117 답· $_nC_r$, r

1118 답· $\dfrac{_nP_r}{r!}$

1119 답· $\dfrac{n!}{(n-r)! \times r!}$

1120 답· 10

1121 답· 10

1122 답· 7

1123 답· 6

1124 답· 15

1125 답· 20

1126 답· 35

1127 답· 35

1128 답· 28

1129 답· 84

1130 답· 1

1131 답· 1

1132 답· 21

1133 답· 16

1134 답· 해설 참조

$$_nC_0 = \frac{_nP_0}{0!} = \frac{n!}{(n-0)!\,0!} = \frac{n!}{n!} = 1$$

1135 답· 해설 참조

$$_nC_n = \frac{_nP_n}{n!} = \frac{n!}{n!} = 1$$

1136 답· 해설 참조

• $_nC_r = \dfrac{_nP_r}{r!} = \dfrac{n!}{(n-r)!\,r!}$

• $_nC_{n-r} = \dfrac{_nP_{n-r}}{(n-r)!} = \dfrac{n!}{r!\,(n-r)!}$

∴ $_nC_r = {_nC_{n-r}}$

1137 답· 24

$_9C_4 = \dfrac{_9P_4}{4!}$ 에서 $_9P_4 = 4! \times {_9C_4}$

∴ $n = 24$

1138 답· 11

$_nC_2 = \dfrac{n(n-1)}{2!} = 55$ 에서 $n(n-1) = 110$

$n^2-n-110=0, (n-11)(n+10)=0$

$\therefore n=11 \ (\because n>0)$

1139 답· 6

$_nC_3=\dfrac{n(n-1)(n-2)}{3!}=20$에서

$n(n-1)(n-2)=120, n^3-3n^2+2n-120=0$

$(n-6)(n^2+3n+20)=0 \qquad \therefore n=6$

1140 답· 3

$_7C_r=\dfrac{_7P_r}{r!}=35$에서 $\dfrac{210}{r!}=35$

$r!=6=3! \qquad \therefore r=3$

1141 답· 2

$_8C_r=\dfrac{_8P_r}{r!}=28$에서 $\dfrac{56}{r!}=28$

$r!=2 \qquad \therefore r=2$

1142 답· 5

$_{n+2}C_n=_{n+2}C_{n+2-n}=_{n+2}C_2$이므로

$\dfrac{(n+2)(n+1)}{2!}=21$에서 $(n+2)(n+1)=42$

$n^2+3n-40=0, (n-5)(n+8)=0$

$\therefore n=5 \ (\because n>0)$

1143 답· 3

$r\neq5$이므로 $_8C_r=_8C_{8-5}=_8C_3$

$\therefore r=3$

1144 답· 2

(i) $r=r+2$인 경우: $0\cdot r=2 \rightarrow$ 만족하는 값이 없다.

(ii) $r=6-(r+2)$인 경우: $r=2$

1145 답· 5

(i) $r+1=r-4$인 경우: $0\cdot r=-5 \rightarrow$ 만족하는 값이 없다.

(ii) $r+1=7-(r-4)$인 경우: $r=5$

1146 답· 10

$_5C_2=10$

1147 답· 15

$_6C_2=15$

1148 답· 1

모든 점이 한 직선 위에 있으므로 만들 수 있는 직선은 하나이다.

1149 답· 18

$_8C_2-_4C_2\times2+2=28-12+2=18$

1150 답· 0

$\dfrac{3(3-3)}{2}=0$

1151 답· 5

$\dfrac{5\cdot(5-3)}{2}=5$

1152 답· 14

$\dfrac{7\cdot(7-3)}{2}=14$

1153 답· 54

$\dfrac{12\cdot(12-3)}{2}=54$

1154 답· 해설 참조

(i) n개 중 2개의 점을 연결하여 만들 수 있는 선분의 개수:

$$_nC_2=\dfrac{n(n-1)}{2}$$

(ii) (i)의 선분 중 변의 개수: n

$\therefore _nC_2-n=\dfrac{n(n-1)}{2}-n=\dfrac{n^2-n}{2}-\dfrac{2n}{2}=\dfrac{n(n-3)}{2}$

1155 답· 10

$_5C_3=10$

1156 답· 20

$_6C_3=20$

1157 답· 0

모든 점이 일직선 위에 있으므로 삼각형을 만들 수 없다.

1158 답· 48

$_8C_3-_4C_3\times2=56-8=48$

1159 답· 36

$_4C_2\times_4C_2=36$

1160 답· 45

$_4C_2\times_3C_2+_3C_2\times_3C_2+_4C_2\times_3C_2$

$=6\times3+3\times3+6\times3=45$

1161 답· 216

$6^3=216$

1162 답· 120

$_6P_3=6\times5\times4=120$

1163 답· 20

$_6C_3=20$

1164 답· 20

$_6C_3=20$

1165 답· 15

$_6C_2\times_4C_4=15$

1166 답· 10

$_6C_3\times_3C_3\times\dfrac{1}{2!}=10$

1167 답· 15

$_6C_1\times_5C_1\times_4C_4\times\dfrac{1}{2!}=15$

1168 답· 15

$_6C_2\times_4C_2\times_2C_2\times\dfrac{1}{3!}=15$

1169 답· 90

$$_6C_3 \times _3C_3 \times \frac{1}{2!} \times _3C_1 \times _3C_1 = 90$$

1170 답· 315

$$_8C_4 \times _4C_4 \times \frac{1}{2!} \times _4C_2 \times _2C_2 \times \frac{1}{2!} \times _4C_2 \times _2C_2 \times \frac{1}{2!} = 315$$

Trendy

1171 답· 720, 120

(i) 단장, 부단장, 기수를 뽑는 경우의 수는 10명 중 세 명을 뽑아 단장, 부단장, 기수의 순으로 나열하는 순열: $_{10}P_3 = 720$

(ii) 대표 3명을 뽑는 경우의 수는 순서에 관계없이 세 명을 뽑는 조합: $_{10}C_3 = 120$

1172 답· ②

(i) 종류에 상관없이 두 가지 고르기: $_7C_2 = 21$

(ii) 종류별 하나씩 고르기: $_3C_1 \times _4C_1 = 12$

∴ 두 가지 경우의 수의 차: $21 - 12 = 9$

1173 답· ③

부부가 5쌍이므로 총 10명이다.

(i) 10명이 한 번씩 악수하는 경우의 수: $_{10}C_2 = 45$

(ii) 부부끼리 악수하는 경우의 수: 5

∴ 경우의 수: $45 - 5 = 40$

1174 답· ④

(i) $(n+4)$명이 한 번씩 악수하는 경우의 수:

$$_{n+4}C_2 = \frac{(n+4)(n+3)}{2}$$

(ii) 남자끼리 악수하는 경우의 수: $_nC_2 = \frac{n(n-1)}{2}$

(iii) 여자끼리 악수하는 경우의 수: $_4C_2 = 6$

이때 $\frac{(n+4)(n+3)}{2} - \frac{n(n-1)}{2} - 6 = 24$이므로

$n^2 + 7n + 12 - (n^2 - n) = 60$, $8n = 48$

∴ $n = 6$

1175 답· ①

(i) 준서가 뽑히고 준희는 제외하는 경우:

준서는 뽑혔으므로 2명을 더 뽑으면 된다.

이때 준희는 제외한 6명 중 2명을 고른다.

즉, $_6C_2 = 15$이므로 $a = 15$

(ii) 준서, 준희가 모두 뽑히는 경우:

두 명이 이미 뽑혔으므로 남은 6명에서 1명을 선택한다.

즉, $_6C_1 = 6$이므로 $b = 6$

∴ $a + b = 21$

1176 답· (가) 10 (나) 50 (다) 60

세 자연수의 합이 홀수가 되는 경우는 두 가지이다.

(i) 세 수가 모두 홀수

(ii) 두 수는 짝수, 하나는 홀수

(i) 세 개의 홀수를 고르는 경우의 수: $_5C_3 = \boxed{\text{(가) } 10}$

(ii) 짝수 두 개, 홀수 한 개를 고르는 경우의 수:

$$_5C_2 \times _5C_1 = \boxed{\text{(나) } 50}$$

∴ 구하는 경우의 수: $\boxed{\text{(다) } 60}$

1177 답· ②

다섯 개의 자연수의 합이 짝수가 되는 경우는 다음의 두 가지이다.

(i) 짝수 3개, 홀수 2개: $_4C_3 \times _4C_2 = 24$

(ii) 짝수 1개, 홀수 4개: $_4C_1 \times _4C_4 = 4$

∴ 경우의 수: 28

1178 답· ③

(i) $n(X) = 2$인 경우: A의 원소 5개 중에서 2개를 선택한다.   ∴ $_5C_2 = 10$

(ii) $n(X) = 3$인 경우: A의 원소 5개 중에서 3개를 선택한다.   ∴ $_5C_3 = 10$

∴ X의 개수: 20

1179 답· ③

A의 부분집합 X는 원소로 1을 가지고, 원소의 개수는 4이므로, A의 원소 6개 중 남은 3개를 선택하면 된다.

∴ X의 개수: $_6C_3 = 20$

1180 답· 45

집합 $\{1, 2, 3, 4, 5\}$의 부분집합 중에서 원소의 개수가 2인 부분집합의 개수는 $_5C_2 = 10$

이때 구하는 경우의 수는 앞에서 구한 10개의 부분집합 중 2개를 선택하는 경우의 수이므로 $_{10}C_2 = 45$

1181 답· ⑤

주어진 상황을 벤 다이어그램으로 나타내면 다음과 같다.

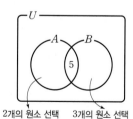

∴ 순서쌍의 개수: $_7C_2 \times _5C_3 = 21 \times 10 = 210$

1182 답· ③

(i) 점 9개 중 2개 선택: $_9C_2 = 36$

(ii) 일직선 위에 있는 두 점을 선택한 경우: $_4C_2 \times 3 = 18$

∴ 직선의 개수: $36 - 18 + 3 = 21$

1183 답· ③

(i) 점 12개 중 2개 선택: $_{12}C_2 = 66$

(ii) 일직선 위의 네 점 중 2개 선택: $_4C_2 \times 3 = 18$

(iii) 일직선 위의 세 점 중 2개 선택: $_3C_2 \times 8 = 24$

∴ 직선의 개수: $66 - 18 - 24 + 11 = 35$

보충학습

(i) 4개의 점이 일직선 위에 있는 경우

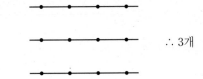

∴ 3개

(ii) 3개의 점이 일직선 위에 있는 경우

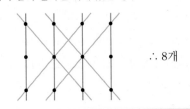

∴ 8개

1184 답· 58

• 선분의 개수 구하기

오른쪽 그림과 같이 여러 점들이 한 직선 위에 있어도 양 끝 점을 잡는 경우별로 다른 선분이 된다. 따라서 점이 일직선 위에 있는지와 상관없이 점을 이으면 모두 다른 선분이 된다.

∴ $a = _{16}C_2$

• 직선의 개수 구하기

(i) 점 16개 중 2개 선택: $_{16}C_2$

(ii) 일직선 위의 네 점 중 2개 선택: $_4C_2 \times 10 = 60$

(iii) 일직선 위의 세 점 중 2개 선택: $_3C_2 \times 4 = 12$

∴ $b = _{16}C_2 - 60 - 12 + 14 = _{16}C_2 - 58$

∴ $a - b = _{16}C_2 - _{16}C_2 + 58 = 58$

보충학습

(i) 4개의 점이 일직선 위에 있는 경우

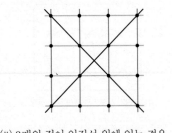

∴ 10개

(ii) 3개의 점이 일직선 위에 있는 경우

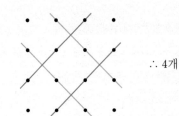

∴ 4개

1185 답· ①

(i) 점 9개 중 3개 선택: $_9C_3 = 84$

(ii) 일직선 위의 세 점 중 3개 선택: $_3C_3 \times 8 = 8$

∴ 삼각형의 개수: $84 - 8 = 76$

1186 답· 105

(i) 점 10개 중 3개 선택: $_{10}C_3 = 120$

(ii) $\overline{BC}$ 위의 세 점 중 3개 선택: $_3C_3 = 1$

(iii) $\overline{CD}$ 위의 네 점 중 3개 선택: $_4C_3 = 4$

(iv) $\overline{AD}$ 위의 다섯 점 중 3개 선택: $_5C_3 = 10$

∴ 삼각형의 개수: $120 - (1 + 4 + 10) = 105$

1187 답· 24

오른쪽 그림과 같이 평행하지 않은 직선 세 개가 모이면 삼각형이 된다. 따라서 ①, ②, ③에서 직선을 하나씩 선택한다.

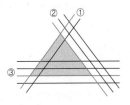

∴ 삼각형의 개수:

$_2C_1 \times _3C_1 \times _4C_1 = 24$

1188 답· ⑤

$\dfrac{n(n-3)}{2} = 35$에서 $n^2 - 3n - 70 = 0$

$(n-10)(n+7) = 0$

∴ $n = 10$ $(\because n > 0)$

1189 답· ④

주어진 도형을 n각형이라 하면

$\dfrac{n(n-3)}{2} = 20$에서 $n = 8$

즉, 8개의 점으로 만들 수 있는 직선의 개수는

$_8C_2 = 28$

1190 답· 42

(i) 삼각형의 개수: $_6C_3 = 20$

(ii) 사각형의 개수: $_6C_4 = 15$

(iii) 오각형의 개수: $_6C_5 = 6$

(iv) 육각형의 개수: $_6C_6 = 1$

∴ 다각형의 개수: $20 + 15 + 6 + 1 = 42$

1191 답· ③

$_8C_4 = 70$

1192 답· 50

• 사각형의 개수 구하기

(i) 점 8개 중 4개 선택: $_8C_4 = 70$

(ii) 일직선 위의 네 점 중 3개를 선택하고 다른 직선 위의 점 1개를 선택: $_4C_3 \times _4C_1 \times 2 = 32$

(iii) 일직선 위의 네 점 중 4개를 선택: $_4C_4 \times 2 = 2$

∴ $a = 70 - 32 - 2 = 36$

- 평행사변형의 개수 구하기

  평행사변형은 윗변과 아랫변의 길이가 같으므로

  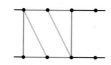

  (i) 윗변, 아랫변의 길이가 1칸: $3 \times 3 = 9$

  (ii) 윗변, 아랫변의 길이가 2칸: $2 \times 2 = 4$

  (iii) 윗변, 아랫변의 길이가 3칸: $1 \times 1 = 1$

  $\therefore b = 14$

  $\therefore a + b = 36 + 14 = 50$

1193 답 · ③

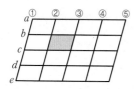

색칠한 부분을 포함하는 평행사변형이 되는 경우는

(i) 선 ①, ② 중 하나, ③, ④, ⑤ 중 하나 선택:

  $_2C_1 \times _3C_1 = 6$

(ii) 선 a, b 중 하나, c, d, e 중 하나 선택:

  $_2C_1 \times _3C_1 = 6$

$\therefore$ 평행사변형의 개수: $6 \times 6 = 36$

1194 답 · ①

(i) $a = _6P_4 = 360$, (ii) $b = _6C_4 = 15$, (iii) $c = _6C_4 = 15$

$\therefore b = c < a$

1195 답 · ⑤

$f(2) = 4$이므로 $f(1)$, $f(2)$, $f(3)$의 값은 4를 제외한 공역의 원소 중 3개를 택하여 순서대로 대응하면 된다.

$\therefore$ 일대일함수의 개수: $_5P_3 = 60$

1196 답 · ①

(i) $f(2) = 3$이므로 $f(1)$은 3보다 작은 1, 2 중 하나와 대응: $_2C_1 = 2$

(ii) $f(2) = 3$이므로 $f(3)$, $f(4)$는 3보다 큰 4, 5, 6 중 크기 순으로 하나씩 대응: $_3C_2 = 3$

$\therefore$ 함수의 개수: $2 \times 3 = 6$

1197 답 · 840

(i) $f(1) + f(3)$이 3의 배수인 경우의 수를 구한다.

  순서쌍으로 나타내면 $(1, 2)$, $(2, 1)$, $(1, 5)$, $(5, 1)$, $(2, 4)$, $(4, 2)$, $(2, 7)$, $(7, 2)$, $(3, 6)$, $(6, 3)$, $(4, 5)$, $(5, 4)$, $(5, 7)$, $(7, 5)$

  $\therefore$ 14가지

(ii) 각 순서쌍마다 나머지 함숫값이 일대일로 대응하는 경우의 수: $_5P_3 = 60$

$\therefore$ 일대일함수의 개수: $14 \times 60 = 840$

1198 답 · ⑤

(i) ㉮ $f(1) > f(5)$인 대응의 수: $_6C_2 = 15$

(ii) ㉯ $f(2) < f(4)$인 대응의 수: $_6C_2 = 15$

(iii) $f(3)$의 대응의 수: 6

즉, $p = 15 \times 15 \times 6 = 2 \times 3^3 \times 5^2$

$\therefore \dfrac{p}{25} = 54$

1199 답 · 60

조건 Ⅱ를 만족하려면 4개의 함숫값 중

  (i) 홀수 1개, 짝수 3개

  (ii) 홀수 3개, 짝수 1개

인 경우이다. 조건 Ⅰ에 의하여 (i), (ii)에 맞게 공역의 원소를 선택하기만 하면 된다.

(i) $_5C_1 \times _4C_3 = 20$

(ii) $_5C_3 \times _4C_1 = 40$

$\therefore$ 함수 f의 개수: $20 + 40 = 60$

1200 답 · ②

(i) 남학생 3명, 여학생 2명을 뽑는 경우의 수:

  $_5C_3 \times _3C_2 = 30$

(ii) 뽑은 5명을 나열하는 경우의 수: $5!$

즉, $30 \times 5! = 5 \times 6 \times 5! = 5 \times 6!$이므로 $n = 5$

1201 답 · 1080

(i) 남학생 3명, 여학생 2명을 뽑는 경우의 수:

  $_5C_3 \times _3C_2 = 30$

(ii) 처음과 마지막에 남학생을 배치하는 경우의 수: $_3P_2 = 6$

(iii) 남은 자리에 주자를 배치하는 경우의 수: $3! = 6$

$\therefore$ 경우의 수: $30 \times 6 \times 6 = 1080$

1202 답 · 4

(i) 각 학년별로 인원을 뽑는 경우의 수:

  $_2C_1 \times _3C_2 \times _4C_3 = 2 \times 3 \times 4 = 4!$

(ii) 뽑은 6명을 일렬로 세우는 경우의 수: $6!$

즉, $4! \times 6! = 4! \times 6 \times 5 \times 4! = 30 \times (4!)^2$이므로

$n = 4$

1203 답 · ①

(i) 두 묶음으로 나누는 경우의 수:

  $a = _6C_2 \times _4C_4 = 15$

(ii) 두 묶음으로 나누고 배정하는 경우의 수(묶음을 나열하는 경우의 수): $b = _6C_2 \times _4C_4 \times 2! = 30$

$\therefore \dfrac{b}{a} = \dfrac{30}{15} = 2$

1204 답 · ②

(i) 세 묶음으로 나누는 경우의 수:

  $a = _6C_2 \times _4C_2 \times _2C_2 \times \dfrac{1}{3!}$

(ii) 세 묶음으로 나누고 배정하는 경우의 수(묶음을 나열하는

경우의 수): $b={}_6C_3\times{}_4C_2\times{}_2C_2\times\dfrac{1}{3!}\times3!$

즉, $a\times3!=6a=b$이므로 $n=6$

1205 ⊕· 70

$$_7C_3\times{}_4C_3\times\dfrac{1}{2!}=70$$

1206 ⊕· ①

(i) 여학생이 모두 조장이면 각 조에 여학생이 한 명씩 있어

야 하므로 경우의 수는 ${}_2C_1\times{}_1C_1\times\dfrac{1}{2!}=1$

(ii) 여학생이 한 명씩 있는 두 조에 남학생을 2명씩 배정하는

경우의 수는 ${}_4C_2\times{}_2C_2=6$

∴ 경우의 수: $1\times6=6$

> **보충학습**
>
> 여학생: ①, ②　　　남학생: A, B, C, D
>
>
>
> (다른 묶음이다.)
>
> 이미 묶음이 만들어진 상태에서는 묶음마다 같은 수의
> 대상을 추가할 때 나눌 필요가 없다.

1207 ⊕· 126

(i) 10명을 5명씩 두 묶음으로 나눈다.:

$$_{10}C_5\times{}_5C_5\times\dfrac{1}{2!}=126$$

(ii) 두 묶음에서 부전승으로 올라갈 팀을 하나씩 뽑는다.:

$$_5C_1\times{}_5C_1=25$$

(iii) 두 묶음에서 남은 팀들을 2팀씩 묶는다.

$$_4C_2\times{}_2C_2\times\dfrac{1}{2!}\times{}_4C_2\times{}_2C_2\times\dfrac{1}{2!}=9$$

즉, $126\times25\times9=126\times225$이므로 $k=126$

1208 ⊕· ②

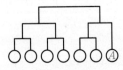

그림과 같이 A가 부전승으로 예선을 통과할 때, 2경기만 치

르고도 우승이 가능하다.

(i) 남은 6개 팀을 4팀, 2팀으로 나누기: ${}_6C_4\times{}_2C_2=15$

(ii) 4팀을 2팀, 2팀으로 나누기: ${}_4C_2\times{}_2C_2\times\dfrac{1}{2!}=3$

∴ 대진표의 개수: $15\times3=45$

1209 ⊕· 180

8팀을 4팀, 4팀으로 나눌 때 A, B가 다른 묶음에 속해야 결

승에서 만날 수 있다.

(i) A, B를 다른 묶음으로 나누기: ${}_2C_1\times{}_1C_1\times\dfrac{1}{2!}=1$

(ii) 남은 6팀을 3팀, 3팀으로 나누기: ${}_6C_3\times{}_3C_3=20$

(iii) A, B와 예선에서 경기할 팀을 고르기: ${}_3C_1\times{}_3C_1=9$

∴ 대진표의 개수: $1\times20\times9=180$

문제 C.O.D.I 6 **Final**

1210 ⊕· ④

(i) ${}_nC_3=56$에서 $\dfrac{n(n-1)(n-2)}{3!}=56$

$n(n-1)(n-2)=56\times6=8\times7\times6$

∴ $n=8$

(ii) ${}_9C_{r+3}={}_9C_{r^2}$에서

• $r^2=r+3$일 때, 자연수 해가 존재하지 않는다.

• $r^2=9-r-3$일 때, $r^2+r-6=0$　　∴ $r=2$

∴ $n+r=10$

1211 ⊕· ③

${}_1C_0={}_2C_0={}_3C_0=\cdots={}_nC_0=1$이므로

${}_2C_0+{}_3C_1+{}_4C_2+{}_5C_3+{}_6C_4$

$={}_3C_0+{}_3C_1+{}_4C_2+{}_5C_3+{}_6C_4$

$={}_4C_1+{}_4C_2+{}_5C_3+{}_6C_4$

$={}_5C_2+{}_5C_3+{}_6C_4$

$={}_6C_3+{}_6C_4$

$={}_7C_4$

1212 ⊕· ②

남학생과 여학생의 수를 각각 n명이라 하면

(i) 남녀 구분없이 3명의 대표 선출하기:

$$_{2n}C_3=\dfrac{2n(2n-1)(2n-2)}{6}$$

$$=\dfrac{2n(2n-1)(n-1)}{3}$$

(ii) 여학생 중에서 3명의 대표 선출하기:

$$_nC_3=\dfrac{n(n-1)(n-2)}{6}$$

이때 $\dfrac{2n(n-1)(2n-1)}{3}=10\times\dfrac{n(n-1)(n-2)}{6}$이므로

$2(2n-1)=5(n-2)$, $4n-2=5n-10$

∴ $n=8$

1213 ⊕· 49

(i) 「홀수＋홀수」인 경우의 수: ${}_8C_2=28$

(ii) 「짝수＋짝수」인 경우의 수: ${}_7C_2=21$

∴ 경우의 수: $28+21=49$

1214 답·126

주어진 조건에 맞게 선택하는 경우는 다음과 같다.

국어 영역	수학 영역	탐구 영역	경우의 수
2	1	1	$_4C_2 \times _3C_1 \times _3C_1 = 54$
1	2	1	$_4C_1 \times _3C_2 \times _3C_1 = 36$
1	1	2	$_4C_1 \times _3C_1 \times _3C_2 = 36$

∴ 경우의 수: $54 + 36 + 36 = 126$

1215 답· (가) 7 (나) 7 (다) 6 (라) 49 (마) 15 (바) 64

자연수를 3으로 나눈 나머지에 따라 구분하면

① $3k-2$ 꼴의 자연수: (가) 7 개

$\qquad (1, 4, 7, 10, 13, 16, 19)$

② $3k-1$ 꼴의 자연수: (나) 7 개

$\qquad (2, 5, 8, 11, 14, 17, 20)$

③ $3k$ 꼴의 자연수: (다) 6 개

$\qquad (3, 6, 9, 12, 15, 18)$

$\qquad\qquad$ (단, k는 자연수)

두 수의 합이 3의 배수가 되려면

(i) ①과 ②를 하나씩 택하여 더한 경우:

$\qquad _7C_1 \times _7C_1 =$ (라) 49 가지

(ii) ③을 두 개 택하여 더한 경우: $_6C_2 =$ (마) 15 가지

∴ 경우의 수: (바) 64

1216 답· ④

(i) 8개의 점 중 3개를 선택하는 경우의 수: $_8C_3 = 56$

(ii) 일직선 위의 네 점 중 3개를 선택하는 경우의 수: $_4C_3 = 4$

∴ 삼각형의 개수: $56 - 4 = 52$

1217 답· ③

(i) 원소가 2개 이하인 부분집합은 원소의 합이 10 이상이 될 수 없다.

(ii) 원소가 3개인 부분집합 중 합이 10 이상인 것:

$\qquad \{1, 4, 5\}, \{2, 3, 5\}, \{2, 4, 5\}, \{3, 4, 5\} \rightarrow 4$개

(iii) 원소가 4개, 5개인 부분집합들의 원소의 합은 항상 10 이상이므로 그 개수는 $_5C_4 + _5C_5 = 6$

∴ 부분집합의 개수: $4 + 6 = 10$

1218 답· ②

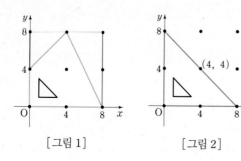

[그림 1]   [그림 2]

삼각형을 포함하는 사각형은 [그림 1]과 같이

(i) 원점 O

(ii) x축, y축 위의 점 하나씩

(iii) 제1사분면의 점 하나

를 꼭짓점으로 가져야 하므로 경우의 수는

$1 \times _2C_1 \times _2C_1 \times _4C_1 = 16$

이때 [그림 2]와 같이 삼각형이 되는 경우가 한 가지이므로 구하는 사각형의 개수는 $16 - 1 = 15$

1219 답· ④

오른쪽 그림과 같이 세로 방향의 선분 ①~⑥에서 2개를 고르고, 가로 방향의 선분 a~d에서 1개를 고르면 이 선분으로 둘러싸인 삼각형이 생긴다.

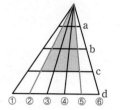

∴ 삼각형의 개수: $_6C_2 \times _4C_1 = 60$

1220 답· ④

(i) 4개의 창 중 정사각형 시트지 2개를 붙일 창문 선택하기:

$\qquad _4C_2 = 6$

(ii) 남은 2개의 창문에 삼각형을 붙일 모양의 개수:

$\qquad 2 \times 2 = 4$

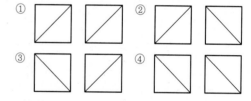

(iii) (ii)의 모양에 4개의 삼각형 시트지를 배열하기:

$\qquad 4! = 24$

∴ 경우의 수: $6 \times 4 \times 24 = 576$

문제 C.O.D.I 코디 Level up
TEST

정답

및

해설

Ⅰ 집합과 명제

01 집합
Level up Test p.2 ~ p.5

01 ①	02 ②	03 ④	04 ①
05 14	06 ④	07 ④	08 ②
09 ②	10 ③	11 7	12 ④
13 ④	14 31	15 ③	16 ②
17 5	18 ④	19 ⑤	20 ②
21 ①	22 225	23 ②	24 60

02 집합의 연산
Level up Test p.6 ~ p.9

01 −12	02 ①, ④	03 ⑤	04 ③
05 ④	06 ⑤	07 ②	08 {3, 6, 7}
09 ①	10 ②	11 ①	12 ⑤
13 ③	14 ⑤	15 (가) ∩ (나) ⊂	
16 ㄴ, ㄹ	17 ④	18 ④	19 ④
20 ④	21 ②	22 ⑤	23 ⑤
24 10			

03 명제
Level up Test p.10 ~ p.13

01 ①	02 $P \cup Q$	03 ⑤	
04 $a \neq 0$이고 $b \neq 0$이고 $c \neq 0$	05 ⑤		06 $k > 0$
07 ②	08 ④	09 ⑤	10 ②
11 ④	12 ④	13 ①	14 ①
15 ㄱ, ㄷ	16 (가) 필요 (나) 충분		17 ③
18 ④	19 ④	20 $3 \leq a < \dfrac{7}{2}$	21 ①
22 ⑤	23 ④	24 ③	

04 간접증명법과 절대부등식
Level up Test p.14 ~ p.17

01 ⑤	02 ⑤	03 ⑤	04 ③
05 ①	06 ⑤	07 ③	08 해설 참조
09 $\sqrt{a^2+b^2} > \sqrt{ab}$		10 ⑤	11 ④
12 12	13 ⑤	14 5	15 ⑤
16 ①			

Ⅱ 함수

05 함수 (1): 여러 가지 함수
Level up Test p.18 ~ p.19

01 64	02 ④	03 ③	04 ②
05 $f(x) = x^2 - 2x$		06 ②	07 ②
08 ③	09 ②	10 ⑤	11 ④
12 1			

06 함수 (2): 합성함수와 역함수
Level up Test p.20 ~ p.23

01 ④	02 1	03 33	04 ①
05 ③	06 5	07 ⑤	
08 $h(x) = -x^2 + 3x$		09 ①	10 40
11 6	12 ②	13 ⑤	14 ①
15 15	16 ④	17 ③	18 ③
19 −1	20 ①	21 490	22 ⑤
23 ③	24 16		

07 유리식과 유리함수

Level up Test p.24 ~ p.27

01 ①   02 ④   03 25

04 $\dfrac{4}{(x-1)(x^2+1)(x^4+1)}$ 05 ②

06 $\dfrac{4}{(2x+1)(2x+9)}$

07 $\dfrac{5x+15}{x(x+1)(x+5)(x+6)}$ 08 ①   09 13

10 ②   11 ④   12 ①   13 ④

14 ③   15 ⑤   16 1, -2 17 ②

18 ②   19 ⑤   20 ①   21 ①

22 11   23 $2\sqrt{2}$ 24 $f^{-1}(x)=\dfrac{x+4}{2x-3}$

08 무리식과 무리함수

Level up Test p.28 ~ p.29

01 ④   02 8   03 $\sqrt{x+10}-\sqrt{x}$

04 ⑤   05 ③   06 ③   07 ①

08 ②   09 16   10 $-2\le k<-\dfrac{7}{4}$

11 ①   12 $f^{-1}(x)=(x+2)^2+2\ (x\le-2)$

Ⅲ 경우의 수

09 순열

Level up Test p.30 ~ p.33

01 ②   02 ③   03 24   04 ⑤

05 900   06 ④   07 ②   08 ②

09 ③   10 ⑤   11 144   12 ③

13 ①   14 ④   15 ④   16 ①

17 ③   18 456   19 60   20 ⑤

21 ④   22 ⑤   23 ①

10 조합

Level up Test p.34 ~ p.35

01 ③   02 ⑤   03 15   04 ⑤

05 280   06 ③   07 ⑤   08 25

09 ⑤   10 ④   11 ③   12 12

I 집합과 명제

01 집합
Level up Test p.2 ~ p.5

01 ①	02 ②	03 ④	04 ①
05 14	06 ④	07 ④	08 ②
09 ②	10 ③	11 7	12 ④
13 ④	14 31	15 ③	16 ②
17 5	18 ④	19 ⑤	20 ②
21 ①	22 225	23 ②	24 60

01 답· ①

① 방정식 $x^2-x+1=0$의 실근을 원소로 갖는 집합이다. $D: (-1)^2-4<0$이므로 이 방정식의 해는 허수이고 이 집합은 공집합, 즉 무한집합이 아니다.

②, ④ 두 값 사이에 존재하는 실수, 유리수는 무수히 많으므로 무한집합이다.

③ $\left\{1, \dfrac{1}{2}, \dfrac{1}{3}, \dfrac{1}{4}, \dfrac{1}{5}, \cdots\right\}$: 무한집합

⑤ $\{6, 12, 18, 24, 30, \cdots\}$: 무한집합

02 답· ②

① A의 원소는 $\{a\}$, $\{b\}$, $\{a, b\}$ 세 개이다. (거짓)

② $\{a\}$는 A의 원소이다. (참)

③ 집합 $\{a\}$의 원소 a가 A에 속하지 않으므로 부분집합이 아니다. (거짓)

④ 집합 $\{a, b\}$의 원소 a, b가 A에 속하지 않으므로 부분집합이 아니다. (거짓)

⑤ $\{a\}\in A$, $\{b\}\in A$이므로 $\{\{a\}, \{b\}\}\subset A$ (거짓)

03 답· ④

순서쌍 (a, b)에서 a의 값으로 세 가지를 선택, b의 값으로 세 가지를 선택할 수 있으므로 순서쌍의 개수는 $3\times3=9$, 즉 X의 원소는 9개이다.

$\therefore n(X)=9$

04 답· ①

표를 이용해 X의 원소 $ab-a-b+1$을 구한다.

b \ a	1	2	3
1	0	0	0
3	0	2	4
5	0	4	8

즉, $X=\{0, 2, 4, 8\}$이므로 모든 원소의 합은 14이다.

05 답· 14

x가 자연수이므로 $\dfrac{8}{6-n}$의 분모 $6-n$은 8의 양의 약수가 된다.

(i) $6-n=1$이면 $n=5$, $x=8$

(ii) $6-n=2$이면 $n=4$, $x=4$

(iii) $6-n=4$이면 $n=2$, $x=2$

(iv) $6-n=8$이면 $n=-2$ (×)

즉, $A=\{2, 4, 8\}$이므로 모든 원소의 합은 14이다.

06 답· ④

$A_k=\{k, 2k, 3k, \cdots\}$이므로 집합 A_k는 k의 배수의 집합이다.

· $A_8=\{8, 16, 24, 32, 40, 48\}$이므로 $n(A_8)=6$

· $A_{12}=\{12, 24, 36, 48\}$이므로 $n(A_{12})=4$

· $A_{16}=\{16, 32, 48\}$이므로 $n(A_{16})=3$

$\therefore n(A_8)+n(A_{12})+n(A_{16})=13$

07 답· ④

$A_k=\{k, 2k, 3k, \cdots\}$이므로 집합 A_k는 k의 배수의 집합이다. 따라서 A_{12}는 12의 배수의 집합이고 이 집합은 12의 약수들의 배수의 집합에 포함된다.

예 $A_{12}\subset A_6$, $A_{12}\subset A_4$, $\cdots$

12의 양의 약수는 1, 2, 3, 4, 6, 12의 여섯 개이므로 조건에 맞는 k는 6개이다.

08 답· ②

A의 조건은 $|x-1|<k$에서 $-k+1<x<k+1$이고 두 집합이 서로 같으면 B의 조건의 범위도 A와 같다.

$(x+k-1)(x-k-1)<0$에서 $x^2-2x+1-k^2<0$

이 식이 $x^2+ax-8<0$과 같으므로

(i) $a=-2$

(ii) $1-k^2=-8$에서 $k=3$ ($\because k>0$)

$\therefore a+k=1$

09 답· ②

$A\subset B$, $B\subset A$에서 $A=B$임을 알 수 있다.

(i) $a+2=2$일 때, $a=0$이므로 자연수가 아니다.

(ii) $a=2$일 때, $A=\{2, 6, a^2\}=\{2, 4, 6\}$, $B=\{a, a+2, 6\}=\{2, 4, 6\}$이므로 $A=B$가 성립한다.

$\therefore a=2$

10 답 · ③

- A의 원소가 자연수이므로 $\dfrac{81}{a}$도 자연수이다.

- $\dfrac{81}{a}$이 자연수이므로 a는 81의 양의 약수이다.

$\therefore a=1, 3, 9, 27, 81$

① $1\in A$이면 $81\in A \to (1, 81)$
② $3\in A$이면 $27\in A \to (3, 27)$
③ $9\in A$이면 $9\in A \to (9)$

A의 원소는 ①, ②, ③ 순서쌍의 조합이다.

예 ③ : $\{9\}$
① : $\{1, 81\}$
①+② : $\{1, 3, 27, 81\}$, …

따라서 ①, ②, ③ 세 개의 순서쌍을 이용해 만들 수 있는 집합 중 공집합이 아닌 것의 개수는

$2^3-1=7$

11 답 · 7

$2^n-1=127$에서 $2^n=128=2^7$

$\therefore n=7$

12 답 · ④

집합 A는 6, 7을 원소로 갖고, 1을 원소로 갖지 않는 U의 부분집합이므로 그 개수는

$2^{7-2-1}=2^4=16$

13 답 · ④

벤다이어그램으로 경우의 수를 구한다.

조건을 만족하는 벤다이어그램은 오른쪽 그림과 같다.

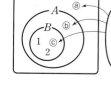

벤다이어그램의 세 영역 ⓐ, ⓑ, ⓒ에 남은 원소 3, 4, 5를 배열하는 방법은

$3\times3\times3=27$이고 이 경우들이 조건을 만족하는 A, B의 순서쌍의 개수이다.

14 답 · 31

1부터 15까지의 자연수 중 6과 서로소인 자연수는

1, 5, 7, 11, 13

집합 A는 위의 다섯 개의 수를 원소로 갖는 U의 부분집합이므로 그 개수는

$2^5-1=31$

15 답 · ③

전체 부분집합의 개수에서 홀수만 원소로 갖는 부분집합의 개수를 빼면 되므로

$2^5-2^3=24$

16 답 · ②

서로 다른 두 수의 곱이 제곱이 되는 경우는

- 1과 4   - 1과 9   - 2와 8   - 4와 9

따라서 A의 개수는 4이다.

17 답 · 5

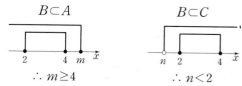

$\therefore m\geq4$ $\therefore n<2$

따라서 정수 m의 최솟값은 4, 정수 n의 최댓값은 1이므로 합은 5이다.

18 답 · ④

$A: |x-k|\leq1$에서 $k-1\leq x\leq k+1$이므로

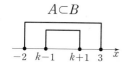

(i) $k-1\geq-2$에서 $k\geq-1$
(ii) $k+1\leq3$에서 $k\leq2$

즉, $-1\leq k\leq2$이므로 k의 최댓값은 2이다.

19 답 · ⑤

(i) n이 최소일 때, $n-2=1$에서 $n=3$
(ii) n이 최대일 때, $n+2=11$에서 $n=9$

따라서 정수 n의 최댓값과 최솟값의 합은 12이다.

20 답 · ②

부분집합들에 각 원소가 몇 개씩 들어 있는지 확인한다.

(i) 1의 개수: $2^{3-1}=4$
(ii) 3의 개수: $2^{3-1}=4$
(iii) 5의 개수: $2^{3-1}=4$

따라서 구하는 원소들의 총합은

$4\times1+4\times3+4\times5=36$

21 답 · ①

(i) 최소 원소가 1인 부분집합의 수:
$2^4=16 \to 1\times16=16$

(ii) 최소 원소가 2인 부분집합의 수:
$2^3=8 \rightarrow 2 \times 8 = 16$

(iii) 최소 원소가 3인 부분집합의 수:
$2^2=4 \rightarrow 3 \times 4 = 12$

(iv) 최소 원소가 4인 부분집합의 수:
$2^1=2 \rightarrow 4 \times 2 = 8$

(v) 최소 원소가 5인 부분집합의 수:
$2^0=1 \rightarrow 5 \times 1 = 5$

이때 원소의 개수가 1인 부분집합 $\{1\}$, $\{2\}$, $\{3\}$, $\{4\}$, $\{5\}$의 원소를 하나씩 빼면 구하는 값은
$(16+16+12+8+5)-(1+2+3+4+5)=42$

22 답 · 225

1, 2, 3, 4, 5가 부분집합에 들어간 개수는 각각 $2^4=16$이므로 원소의 총합은
$16 \times (1+2+3+4+5)$
이때 원소의 개수가 1인 부분집합의 원소를 빼면 구하는 합은
$16 \times (1+2+3+4+5)-(1+2+3+4+5)$
$=15 \times (1+2+3+4+5)=225$

23 답 · ②

X의 원소에 6이 있는 경우와 없는 경우로 나누어 생각한다.

(i) $6 \in X$일 때,
모든 원소의 곱은 항상 6의 배수가 된다. 원소 6을 포함하는 A의 부분집합의 개수는 $2^4=16$이고, 이 중 원소가 1개인 $\{6\}$을 제외하면 15개이다.

(ii) $6 \notin X$일 때,
원소의 곱이 6의 배수가 되려면 원소 3, 4를 반드시 포함해야 한다. 따라서 6은 포함하지 않고 3, 4를 원소로 갖는 A의 부분집합의 개수는 $2^2=4$

따라서 X의 개수는 $15+4=19$

24 답 · 60

2, 3을 원소로 갖지 않는 부분집합 중에

(i) 4를 원소로 갖는 집합의 수 : $2^2=4 \rightarrow 4 \times 4$

(ii) 5를 원소로 갖는 집합의 수 : $2^2=4 \rightarrow 5 \times 4$

(iii) 6을 원소로 갖는 집합의 수 : $2^2=4 \rightarrow 6 \times 4$

따라서 구하는 모든 원소의 합은 $4 \times (4+5+6)=60$

---

02 집합의 연산

01 −12	02 ①, ④	03 ⑤	04 ③
05 ④	06 ⑤	07 ②	08 $\{3, 6, 7\}$
09 ①	10 ②	11 ①	12 ⑤
13 ③	14 ⑤	15 ㈎ ∩ ㈏ C	
16 ㄴ, ㄹ	17 ④	18 ④	19 ④
20 ④	21 ②	22 ⑤	23 ⑤
24 10			

01 답 · −12

$A \cap B = \{-2\}$이므로 $-2 \in A$이다.
즉, $a+1=-2$에서 $a=-3$이므로
$B=\{-6, -4, -2\}$
따라서 B의 모든 원소의 합은 −12이다.

02 답 · ①, ④

두 집합의 조건의 부등식의 범위를 구한다.
$A : x^2-(a+2)x+2a=(x-2)(x-a) \leq 0$에서
가능한 해는
㉠ $2 \leq x \leq a \ (a>2)$
㉡ $x=2 \ (a=2)$
㉢ $a \leq x \leq 2 \ (a<2)$
$B : x^2-5x+4=(x-1)(x-4) \geq 0$에서 해는
$x \leq 1$ 또는 $x \geq 4$
$n(A \cap B)=1$에서 두 부등식을 모두 만족하는 값은 하나뿐으로 이를 경우별로 수직선에 나타내면 다음과 같다.

(i) ㉠의 경우
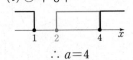
$\therefore a=4$

(ii) ㉢의 경우
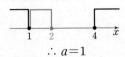
$\therefore a=1$

03 답 · ⑤

두 집합의 원소를 확인한다.

(i) $A=\{m, n\}$

(ii) $x^3-3x^2-10x+24=(x-2)(x+3)(x-4)=0$에서
$B=\{-3, 2, 4\}$
$A \cup B = B$이면 $A \subset B$이므로 m, n의 값은 -3, 2, 4 중에서 선택할 수 있다.

· $m+n$의 최솟값: $a=-3+2=-1$

• $m+n$의 최댓값: $\beta=2+4=6$

$\therefore \alpha+\beta=5$

04 답· ③

$A \cap B=\varnothing$에서 집합 B는 c, f를 원소로 갖지 않는 U의 부분집합이므로 그 개수는

$2^{6-2}=16$

$B=\{a, b, d, e\}$일 때 $A \cup B=U$이므로 조건에 맞는 B의 개수는

$16-1=15$

05 답· ④

(i) $A \cap X=A$에서 $A \subset X$이므로 X는 0, 2를 원소로 갖는다.

(ii) $X \cup B=B$에서 $X \subset B$이다.

따라서 이를 만족하는 X의 개수는

$2^{6-2}=16$

06 답· ⑤

$A \cap B=\{2\}$이므로 $2 \in A$이고

$a^3-3a=2$에서 $a^3-3a-2=(a+1)^2(a-2)=0$

$\therefore a=-1$ 또는 $a=2$

(i) $a=-1$일 때, $A=\{1, 2\}$, $B=\{1, 2\}$이므로

$A \cap B=\{1, 2\}$가 되어 조건에 맞지 않는다.

(ii) $a=2$일 때, $A=\{1, 2\}$, $B=\{2, 4\}$이므로

주어진 조건을 만족한다.

따라서 $A \cup B=\{1, 2, 4\}$이므로 구하는 모든 원소의 합은 7이다.

07 답· ②

$B=(A \cap B) \cup (A^c \cap B)$이고

$A^c \cap B$의 원소의 합이 12이므로 $A \cap B$의 원소의 합이 10일 때 B의 모든 원소의 합이 22가 된다.

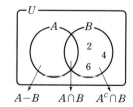

(i) $A \cap B=\{1, 9\}$이면 $A-B=\{3, 5, 7, 11\}$이므로

$A-B$의 모든 원소의 합은 26이다.

(ii) $A \cap B=\{3, 7\}$이면 $A-B=\{1, 5, 9, 11\}$이므로

$A-B$의 모든 원소의 합은 26이다.

(i), (ii)에서 $A-B$의 모든 원소의 합은 26이다.

08 답· $\{3, 6, 7\}$

(가) $(A \cap B^c) \cup (A^c \cap B)=(A-B) \cup (B-A)$

(나) $A^c \cap B^c=(A \cup B)^c$

이므로 벤다이어그램으로 나타내면 다음과 같다.

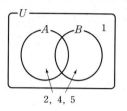

$\therefore A \cap B=\{3, 6, 7\}$

09 답· ①

벤다이어그램에서

A는 ①, ②

$(A-B) \cup (B-A)$는 ①, ③

$A \cap B$는 ②

이므로

$A-((A-B) \cup (B-A))$

$=A \cap B=\{-1, 2\}$

따라서 구하는 모든 원소의 합은 1이다.

10 답· ②

② $(A \cap B^c) \cup (A \cap B)$는 오른쪽 벤다이어그램의 색칠한 부분이 되어 조건에서 표시된 영역과 다르다.

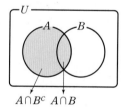

$A \cap B^c$ $A \cap B$

11 답· ①

$A=\{1, 2, 4, 8, 16\}$

$B=\{1, 3, 5, 7, 9, 11, 13, 15\}$

에서 $A-B^c=A \cap (B^c)^c=A \cap B=\{1\}$

따라서 구하는 원소의 개수는 1이다.

12 답· ⑤

$A: x<1$ 또는 $x>26$

$B: a \le x \le a^2$

에서 $A \cap B=\varnothing$이므로

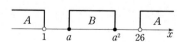

(i) $a \ge 1$

(ii) $a^2 \le 26$에서 $-\sqrt{26} \le a \le \sqrt{26}$

$\therefore 1 \le a \le \sqrt{26}$

따라서 정수 a는 1, 2, 3, 4, 5의 5개이다.

13 답· ③

집합 A, B의 원소의 범위를 조건에 맞게 수직선에 나타내면 다음과 같다.

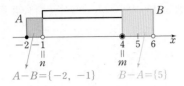

따라서 $m=4$, $n=-1$이므로 $m+n=3$

14 답· ⑤

ㄱ. $A-B^c=A\cap(B^c)^c=A\cap B$ (참)

ㄴ. $(A-B)-C=A\cap B^c\cap C^c$
$$=A\cap(B^c\cap C^c)$$
$$=A\cap(B\cup C)^c$$
$$=A-(B\cup C) \text{ (참)}$$

ㄷ. $(A\cap(B-A)^c)\cup((B-A)\cap A)$
$$=A\cap((B-A)^c\cup(B-A))$$
$$=A\cap U=A \text{ (참)}$$

따라서 옳은 것은 ㄱ, ㄴ, ㄷ이다.

15 답· (가) $\cap$ (나) C

색칠한 영역은 A, B의 교집합에서 C의 원소를 뺀 집합이므로 $(A\cap B)-C$

16 답· ㄴ, ㄹ

A, B가 서로소이므로 오른쪽과 같이 벤다이어그램으로 나타낼 수 있다.

ㄱ. $A\subset B$ (거짓)

ㄴ. A: ①, B^c: ①, ②이므로
$$A\subset B^c \text{ (참)}$$

ㄷ. $A-B=A$ (거짓)

ㄹ. $B-A=B$ (참)

따라서 옳은 것은 ㄴ, ㄹ이다.

17 답· ④

$(A-B^c)^c=(A\cap(B^c)^c)^c$
$$=(A\cap B)^c$$
$$=A^c\cup B^c$$

18 답· ④

$(A-B)\cup(A-C)=(A\cap B^c)\cup(A\cap C^c)$

$$=A\cap(B^c\cup C^c)$$
$$=A\cap(B\cap C)^c$$
$$=A-(B\cap C)$$

19 답· ④

$P=\{1, 2, 3, 4, 5, 6, 7, 8, 9, 10\}$
$Q=\{2, 3, 5, 7, 11, 13, \cdots\}$
$R=\{1, 3, 5, 7, 9, 11, 13, \cdots\}$
이므로
$(P^c\cup Q)^c-R=P\cap Q^c\cap R^c$
$$=P\cap(Q\cup R)^c$$
$$=P-(Q\cup R)$$
$$=\{4, 6, 8, 10\}$$
따라서 구하는 모든 원소의 합은 28이다.

20 답· ④

$A^c\cap B^c=(A\cup B)^c=\varnothing$에서 $A\cup B=U$이므로
$n(A\cup B)=15$
$\therefore n(A\cap B)=n(A\cup B)-(n(A-B)+n(B-A))$
$$=15-11=4$$

21 답· ②

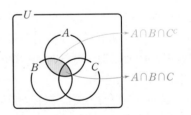

$n(A\cap B\cap C)=n(A\cap B)-n(A\cap B\cap C^c)$
$$=7-4=3$$

22 답· ⑤

등 번호가 2의 배수인 선수의 집합을 A,
등 번호가 3의 배수인 선수의 집합을 B라 하면
등 번호가 6의 배수인 선수의 집합은 $A\cap B$가 된다.
$n(A)=n(B)=m$이라 할 때
$n(A\cup B)=n(A)+n(B)-n(A\cap B)$에서
$25=2m-3$ $\therefore m=n(A)=14$

23 답· ⑤

학급 전체 학생의 집합을 U,
수학을 신청한 학생의 집합을 A,
영어를 신청한 학생의 집합을 B라 하면
수학, 영어를 모두 신청한 학생의 집합은 $A\cap B$이다.

$n(U)=30$, $n(A)=24$, $n(B)=15$이므로

(i) $B \subset A$일 때,

$n(A \cap B)=n(B)=15$로 최댓값을 갖는다.

(ii) $A \cup B=U$일 때,

$n(A \cap B)$가 최소가 되므로

$n(A \cup B)=n(A)+n(B)-n(A \cap B)$에서

$30=24+15-n(A \cap B)$

$\therefore n(A \cap B)=9$

따라서 구하는 최댓값과 최솟값의 합은

$15+9=24$

24 답· 10

$n(B)=4$, $n(A \cap B)=2$에서 $n(B-A)=2$임을 알 수 있다.

즉, B의 원소는 A의 원소 중 2개, A^C의 원소 중 2개를 원소로 갖는다.

A와 A^C의 원소 중 가장 작은 원소 두 개씩이 B의 원소가 될 때 합이 최소가 되므로

• $A=\{2, 4, 6, 8\}$에서 2, 4

• $A^C=\{1, 3, 5, \cdots, 10\}$에서 1, 3

따라서 $B=\{1, 2, 3, 4\}$일 때 합의 최솟값 10을 갖는다.

03 명제　　　　Level up Test p.10 ~ p.13

01 ①	02 $P \cup Q$	03 ⑤
04 $a \neq 0$이고 $b \neq 0$이고 $c \neq 0$	05 ⑤	06 $k>0$
07 ②	08 ④	09 ⑤	10 ②
11 ①	12 ④	13 ①	14 ①
15 ㄱ, ㄷ	16 (개) 필요 (내) 충분	17 ③
18 ④	19 ④	20 $3 \leq a < \dfrac{7}{2}$	21 ①
22 ⑤	23 ④	24 ③

01 답· ①

① $2 < \sqrt{5} < 3$이다. (거짓)

02 답· $P \cup Q$

조건 r의 진리집합을 R라 하면

$P=\{0, 3\}$, $Q=\{2, 3\}$, $R=\{0, 2, 3\}$이므로

$R=P \cup Q$

03 답· ⑤

$p: x=a$

$q: x^3-2x^2-13x-10=(x+1)(x+2)(x-5)=0$

이라 하면 주어진 명제는 $p \rightarrow q$이다.

이 명제가 참이 되려면 두 조건 p, q의 진리집합 P, Q가 $P \subset Q$의 관계가 성립해야 한다.

이때 $P=\{a\}$, $Q=\{-2, -1, 5\}$이므로

$a=5$ ($\because a>0$)

04 답· $a \neq 0$이고 $b \neq 0$이고 $c \neq 0$

$abc=0$은 '$a=0$ 또는 $b=0$ 또는 $c=0$'을 뜻한다.

이 조건의 부정은 $a \neq 0$이고 $b \neq 0$이고 $c \neq 0$

05 답· ⑤

두 조건 p, q의 진리집합을 P, Q라 하면

$p: x^2+x-12=(x-3)(x+4)>0$에서

$P=\{x \mid x<-4 \text{ 또는 } x>3\}$

$q: x^2-3x-10=(x+2)(x-5) \leq 0$에서

$Q=\{x \mid -2 \leq x < 5\}$

p 또는 $\sim q$의 부정 $\sim p$ 그리고 q의 진리집합은

$P^C \cap Q=\{x \mid -4 \leq x \leq 3\} \cap \{x \mid -2 \leq x \leq 5\}$

$\qquad =\{x \mid -2 \leq x \leq 3\}$

따라서 구하는 정수는 -2, -1, 0, 1, 2, 3이므로 합은 3이다.

06 답· $k>0$

어떤 실수 x에 대해 조건이 참이 된다면 주어진 부등식의 해가 존재하므로 $k>0$

> **보충학습**
>
> $|x|<k$에서
> (i) $k<0$일 때, 해가 없다.
>   예 $|x|<-2$
> (ii) $k=0$일 때, 해가 없다.
>   예 $|x|<0$
> (iii) $k>0$일 때, $-k<x<k$
>   예 $|x|<2$에서 $-2<x<2$

07 답· ②

ㄱ. $a=0$일 때 $p: 0\cdot(x-1)(x-2)<0$이므로 해가 없다.
 → $P=\varnothing$ (참)
ㄴ. $a>0$일 때 $p: a(x-1)(x-2)<0$에서 $1<x<2$
 → $P=\{x|1<x<2\}$
 $b=0$일 때 $q: x>0$
 → $Q=\{x|x>0\}$
 ∴ $P\subset Q$ (참)
ㄷ. $a<0$일 때 $p: a(x-1)(x-2)<0$에서
 $x<1$ 또는 $x>2$
 즉, $\sim p: 1\leq x\leq 2$
 → $P^C=\{x|1\leq x\leq 2\}$
 $b=3$일 때 $q: x>3$
 → $Q=\{x|x>3\}$
 $P^C\not\subset Q$이므로 '$\sim p$이면 q이다.'는 거짓이다.
따라서 옳은 것은 ㄱ, ㄴ이다.

08 답· ④

(i) $a=0$일 때
 $0\cdot x^2-0\cdot x+4>0$에서 $4>0$이므로 x의 값에 관계없이 참이 된다.
(ii) $a\neq 0$일 때
 $f(x)=ax^2-2ax+4$라 하면 오른쪽 그림과 같이
 · 아래로 볼록하고 $(a>0)$
 · x축과 만나지 않아야 한다.
 $\left(\dfrac{D}{4}=a^2-4a<0$에서 $0<a<4\right)$
 ∴ $0\leq a<4$
따라서 정수 a는 0, 1, 2, 3의 4개이다.

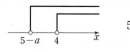

09 답· ⑤

$q: |x-2|<3$에서 $-1<x<5$이므로
$p\longrightarrow q$가 참이면 p의 범위가 q의 범위에 포함된다.

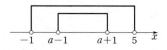

(i) $-1\leq a-1$에서 $a\geq 0$
(ii) $a+1\leq 5$에서 $a\leq 4$
∴ $0\leq a\leq 4$
따라서 a의 최댓값은 4, 최솟값은 0이므로 합은 4이다.

10 답· ②

(i) $p\Rightarrow q$에서

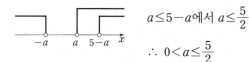

 $5-a\leq 4$ ∴ $a\geq 1$

(ii) $q\Rightarrow r$에서
 · $a>0$일 때

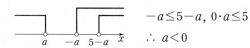

 $a\leq 5-a$에서 $a\leq\dfrac{5}{2}$
  ∴ $0<a\leq\dfrac{5}{2}$

 · $a<0$일 때

 $-a\leq 5-a$, $0\cdot a\leq 5$
  ∴ $a<0$

(i)과 (ii)가 모두 참이 되려면 $a\geq 1$이고 $0<a\leq\dfrac{5}{2}$이므로
$1\leq a\leq\dfrac{5}{2}$

따라서 a의 최솟값은 1, 최댓값은 $\dfrac{5}{2}$이므로 합은 $\dfrac{7}{2}$이다.

11 답· ①

$r\Rightarrow(p$ 또는 $q)$이므로 $R\subset(P\cup Q)$
ㄱ. 참
ㄴ, ㄷ. (반례)
오른쪽과 같은 벤다이어그램일 경우
$R\subset(P\cup Q)$이지만
$R\not\subset P$, $R\not\subset Q$이다. (거짓)
따라서 옳은 것은 ㄱ이다.

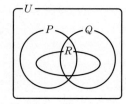

12 답· ④

명제가 참이면 그 대우도 참이므로 대우를 구하여 생각한다.
대우: '$x=-6$이면 $x^2+ax-6=0$'

즉, $x^2+ax-6=0$의 해가 -6이므로

$x=-6$을 대입하면 $36-6a-6=0$

$\therefore a=5$

13 답· ①

p, q의 $\sim p$, $\sim q$를 확인하여 진리집합의 포함 관계를 확인한다.

p: $a+b>0$, $\sim p$: $a+b\le 0$

q: $a\le 0$ 또는 $b\le 0$, $\sim q$: $a>0$이고 $b>0$

명제 p: $a+b>0$이면 $\sim q$: $a>0$이고 $b>0$의 역

$\sim q$: $a>0$이고 $b>0$이면 p: $a+b>0$이 참이다.

14 답· ①

명제의 역을 구하여 참, 거짓을 판별한다.

ㄱ. $x=1$이면 $x^3=1$이다. (참)

ㄴ. $x+y\ge 2$이면 $x\ge 1$이고 $y\ge 1$이다. (거짓)

　　반례: $x=3$, $y=0$

ㄷ. xy가 짝수이면 x^2+y^2이 홀수이다. (거짓)

　　반례: $x=2$, $y=4$일 때 $xy=8$ (짝수),

　　　　　　$x^2+y^2=20$ (짝수)

따라서 옳은 것은 ㄱ이다.

15 답· ㄱ, ㄷ

주어진 조건에 맞는 벤다이어 그램은 오른쪽과 같다.

$P\subset Q^C$이므로 $p\Rightarrow\sim q$

$Q\subset P^C$이므로 $q\Rightarrow\sim p$

따라서 옳은 것은 ㄱ, ㄷ이다.

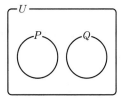

16 답· ㈎ 필요 ㈏ 충분

ㄱ. 명제 '$a>0$이고 $b>0$이면 $a+b>0$' 즉, $q\to p$가 참이므로 p는 q이기 위한 ㈎ 필요 조건이다.

ㄴ. $\sim p$: $a+b\le 0$, $\sim q$: $a\le 0$ 또는 $b\le 0$에서

'$a+b\le 0$이면 $a\le 0$ 또는 $b\le 0$' 즉, $\sim p\to\sim q$가 참이므로 $\sim p$는 $\sim q$이기 위한 ㈏ 충분 조건이다.

17 답· ③

$\sim q\Rightarrow p$에서 $Q^C\subset P$임을 알 수 있다.

$P^C=$③이고

$Q=(Q^C)^C=$②, ③이므로

$P^C\subset Q$

따라서 옳은 것은 ③이다.

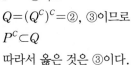

18 답· ④

ㄱ. p: $x\ge 1$이고 $y\ge 1$, q: $xy\ge 1$이라 하면

$p\Rightarrow q$이므로 $x\ge 1$이고 $y\ge 1$은 $xy\ge 1$이기 위한 ㈎ 충분 조건이다.

ㄴ. p: $x^2+y^2=0$, q: $|x|+|y|=0$이라 하면

$p\Leftrightarrow q$이므로 $x^2+y^2=0$은 $|x|+|y|=0$이기 위한 ㈏ 필요충분 조건이다.

19 답· ④

$p\Rightarrow q$이므로 p: $a-1\le x\le a+2$, q: $2<x<9$를 수직선에 나타내면 다음과 같다.

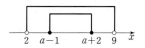

(ⅰ) $2<a-1$에서 $a>3$

(ⅱ) $a+2<9$에서 $a<7$

$\therefore 3<a<7$

따라서 정수 a는 4, 5, 6이고 합은 15이다.

20 답· $3\le a<\dfrac{7}{2}$

$x^2-2(a-1)x+4=0$의 해를 α, β라 하고

두 조건 p, q의 진리집합을 P, Q라 하면

$P=\{x|-2<x<4\}$, $Q=\{\alpha,\ \beta\}$

$q\Rightarrow p$이므로 방정식의 두 근 α, β가 -2와 4 사이에 있어야 한다.

$f(x)=x^2-2(a-1)x+4$라 하면

(ⅰ) $\dfrac{D}{4}\ge 0$에서

$(a-1)^2-4\ge 0$

$(a-3)(a+1)\ge 0$

$\therefore a\le -1$ 또는 $a\ge 3$

(ⅱ) $-2<$축<4에서 $-2<a-1<4$

$\therefore -1<a<5$

(ⅲ) $f(-2)>0$에서 $4+4(a-1)+4>0$ $\therefore a>-1$

　　$f(4)>0$에서 $16-8(a-1)+4>0$ $\therefore a<\dfrac{7}{2}$

(ⅰ), (ⅱ), (ⅲ)에서 $3\le a<\dfrac{7}{2}$

21 답· ①

$x^2+mx+n=0$의 해를 α, β라 하고

두 조건 p, q의 진리집합을 P, Q라 하면

$P=\{a-1\}$, $Q=\{\alpha,\ \beta\}$이고 $P\subset Q$이므로

$a=\alpha+1$, $a=\beta+1$이다.

- a의 합: $\alpha+\beta+2=4$에서 $\alpha+\beta=2$
- a의 곱: $(\alpha+1)(\beta+1)=2$에서 $\alpha\beta+\alpha+\beta+1=2$
  $\alpha\beta=-1$

(ⅰ) $m=-(\alpha+\beta)=-2$

(ⅱ) $n=\alpha\beta=-1$

$\therefore m+n=-3$

---

22 답 · ⑤

- $p\Rightarrow\sim r$에서 $r\Rightarrow\sim p$
- $\sim q\Rightarrow p$에서 $\sim p\Rightarrow q$

$r\Rightarrow\sim p$, $\sim p\Rightarrow q$에서 $r\Rightarrow q$이고

그 대우인 $\sim q\to\sim r$도 참이다.

---

23 답 · ④

p: 바다이다.

q: 물고기가 산다.

r: 낚시를 할 수 있다.

라 하면 "바다에는 물고기가 산다."는 $p\to q$, "물고기가 사는 곳에서는 낚시를 할 수 있다."는 $q\to r$이 된다.

즉, $p\Rightarrow q$, $q\Rightarrow r$이므로 $p\Rightarrow r$

이 명제들의 대우 $\sim q\to\sim p$, $\sim r\to\sim q$, $\sim r\to\sim p$도 모두 참이다.

따라서 옳은 것은 Ⅰ. $p\to r$, Ⅱ. $\sim q\to\sim p$이다.

---

24 답 · ③

ㄱ. $\sim p\to r$에서 $P^C\subset R$ (참)

ㄴ. $\sim p\to r$, $r\to\sim q$에서 $\sim p\to\sim q$, $q\to p$이므로 $Q\subset P$ (거짓)

ㄷ. $r\to\sim q$, $\sim q\to r$에서 $\sim q\Leftrightarrow r$
$Q^C=R$, $Q=R^C$이고 ㄴ에서 $Q\subset P$이므로
$P\cap Q=Q$, $Q=R^C$
$\therefore P\cap Q=Q=R^C$ (참)

따라서 옳은 것은 ㄱ, ㄷ이다.

---

04 간접증명법과 절대부등식

01 ⑤	02 ⑤	03 ⑤	04 ③
05 ①	06 ③	07 ③	08 해설 참조
09 $\sqrt{a^2+b^2}>\sqrt{ab}$		10 ⑤	11 ④
12 12	13 ⑤	14 5	15 ⑤
16 ①			

---

01 답 · ⑤

$|ap+bq|^2-(\sqrt{a^2p+b^2q})^2$

$=a^2p^2+2abpq+b^2q^2-a^2p-b^2q$

$=a^2p(p-1)+b^2q\,\boxed{\text{(가) }(q-1)}+2abpq$

  ($p+q=1$에서 $q=-p+1$, $q-1=-p$이므로)

$=a^2p(p-1)+b^2p(p-1)-2abp(p-1)$

$=(a^2-2ab+b^2)p(p-1)$

$=\boxed{\text{(나) }(a-b)^2}\,p(p-1)$

$p\geq0$, $q\geq0$, $p+q=1$이므로

$p(p-1)\,\boxed{\text{(다) }\leq}\,0$

$\therefore |ap+bq|\leq\sqrt{a^2p+b^2q}$

---

02 답 · ⑤

$\overline{CP}=\overline{CQ}$ 이므로

$\sqrt{(a-\sqrt{3})^2+\left(b-\dfrac{1}{5}\right)^2}=\sqrt{(c-\sqrt{3})^2+\left(d-\dfrac{1}{5}\right)^2}$

양변을 제곱하여 정리하면

$a^2-2\sqrt{3}a+3+b^2-\dfrac{2}{5}b+\dfrac{1}{25}$

$\qquad\qquad =c^2-2\sqrt{3}c+3+d^2-\dfrac{2}{5}d+\dfrac{1}{25}$

$a^2-c^2+b^2-d^2-\dfrac{2}{5}(b-d)=\boxed{\text{(가) }2\sqrt{3}(a-c)}$ ······ ①

①에서 좌변은 $\boxed{\text{(나) 유리수}}$ 이므로 양변이 같기 위해서

$a-c=0$이다.

$\therefore b^2-d^2-\dfrac{2}{5}(b-d)=0$ ······ ②

$(b+d)(b-d)-\dfrac{2}{5}(b-d)=0$에서 $b\neq d$이면

$b+d=\dfrac{2}{5}$이므로 b, d가 정수인 조건에 모순이다.

b, d는 정수이므로 $\boxed{\text{(다) }b-d=0}$

---

03 답 · ⑤

$f(0)=c$ (홀수)

$f(1)=a+b+c$ (홀수)

방정식 $f(x)=0$이 정수인 근 α를 가진다고 가정하면

$f(a)=0$이다.

(ⅰ) $a=2n$ (n은 정수, a는 짝수)일 때,

$f(a)=4an^2+2bn+c$

$\quad=2(2an^2+bn)+\boxed{\text{(가)}\ f(0)}$

(짝수＋홀수이므로 홀수)

0은 짝수인데 위 등식에서 우변은 $\boxed{\text{(나)}\ \text{홀수}}$ 가 되어 모순이다.

(ⅱ) $a=2n+1$ (n은 정수, a는 홀수)일 때,

$f(a)=f(2n+1)=a(2n+1)^2+b(2n+1)+c$

$\quad=2(2an^2+2an+bn)+a+b+c$

$\quad=2(2an^2+2an+bn)+\boxed{\text{(다)}\ f(1)}$

(짝수＋홀수이므로 홀수)

0은 짝수인데 위 등식에서 우변은 $\boxed{\text{(나)}\ \text{홀수}}$ 가 되어 모순이다.

따라서 방정식 $f(x)=0$은 정수인 근을 갖지 않는다.

04 답 · ③

자연수는 짝수 아니면 홀수이므로 a, b, c 세 수 중 적어도 두 개는 짝수이거나 홀수이다. 따라서 a, b, c를 각각 2로 나누었을 때 나머지는 $\boxed{\text{(가)}\ \text{적어도 2개가}}$ 같다. 이 중 나머지가 같은 두 수를 a, b라 하면

$a=2m+1$, $b=2n+1$일 때,

$b^2-a^2=4(n^2-m^2+n-m)$

$a=2m$, $b=2n$일 때,

$b^2-a^2=4(n^2-m^2)$으로 b^2-a^2은 4의 배수이다.

그러므로 P도 4의 배수이다. $\qquad\qquad\cdots\cdots\ \text{㉠}$

$(3n)^2=3\cdot(3n^2)$, $(3n\pm1)^2=3(3n^2\pm2n)+1$이므로

a^2, b^2, c^2을 각각 3으로 나눈 나머지는 $\boxed{\text{(나)}\ 0\ \text{또는}\ 1}$ 이 므로 a^2, b^2, c^2 중에는 3으로 나눈 나머지가 같은 것이 적어도 2개가 있다.

그러므로 P는 3의 배수이다. $\qquad\qquad\cdots\cdots\ \text{㉡}$

05 답 · ①

ㄱ. (반례) $a=-3$, $b=1$이면

$\quad -3<1 \longrightarrow (-3)\cdot(-3)>1\times(-3)$ (거짓)

ㄴ. $ab<0$: a와 b의 부호가 다르다.

$\quad a-b>0$, $a>b$이므로 $a>0$, $b<0$ (참)

ㄷ. (반례) $a=-2$, $b=1$이면

$\quad a^2>b^2$이지만 $a<b$ (거짓)

따라서 옳은 것은 ㄴ이다.

06 답 · ③

$ab>0$에서 $a>0$, $b>0$ 또는 $a<0$, $b<0$

ㄱ. $a<0$, $b<0$이면 성립하지 않는다. (거짓)

ㄴ. (반례) $a=-3$, $b=-2$이면

$\quad -3+(-2)<-3-(-2)$

$\quad a+b<a-b$ (거짓)

ㄷ. $(a+b)^2-(a-b)^2=4ab>0$ (참)

따라서 옳은 것은 ㄷ이다.

07 답 · ③

(ⅰ) $a=0$일 때,

$\quad 0\cdot x^2+0\cdot x+6>0$이므로 성립

(ⅱ) $a\neq0$일 때,

항상 $ax^2-2ax+6\geq0$이므로

$\quad\bullet\ a>0$

$\quad\bullet\ \dfrac{D}{4}=a^2-6a\leq0$에서 $0\leq a\leq6$

$\quad\therefore\ 0<a\leq6$

(ⅰ), (ⅱ)에서 $0\leq a\leq6$이므로 정수 a는 7개이다.

08 답 · 해설 참조

$4a^2+9b^2+c^2-6ab-3bc-2ca$

$=\dfrac{1}{2}(8a^2+18b^2+2c^2-12ab-6bc-4ca)$

$=\dfrac{1}{2}\{(4a^2-12ab+9b^2)+(9b^2-6bc+c^2)$

$\qquad\qquad +(c^2-4ca+4a^2)\}$

$=\dfrac{1}{2}\{(2a-3b)^2+(3b-c)^2+(c-2a)^2\}$

≥0 (단, 등호는 $2a=3b=c$일 때 성립)

09 답 · $\sqrt{a^2+b^2}>\sqrt{ab}$

$(\sqrt{a^2+b^2})^2-(\sqrt{ab})^2=a^2-ab+b^2$

$\qquad\qquad\qquad\qquad =\left(a-\dfrac{1}{2}b\right)^2+\dfrac{3}{4}b^2$

$\qquad\qquad\qquad\qquad >0$

$\therefore\ \sqrt{a^2+b^2}>\sqrt{ab}$

10 답 · ⑤

$4x^2+\dfrac{9}{x^2}\geq2\sqrt{4x^2\cdot\dfrac{9}{x^2}}=12$

11 답 · ④

$a+b=4$이므로 $\dfrac{a+b}{2}\geq\sqrt{ab}$ 에서

$2 \geq \sqrt{ab}$, $4 \geq ab$

즉, ab의 최댓값은 4이다.

$(a+1)(b+1) = ab + (a+b) + 1 = ab + 5$

$$(\because a+b=4)$$

이므로 ab가 최댓값 4를 가질 때 주어진 식의 최댓값은 9이다.

12 답· 12

$x > 1$에서 $x - 1 > 0$이므로

$9x + \dfrac{1}{4x-4}$

$= 9x - 9 + \dfrac{1}{4x-4} + 9$

$= 9(x-1) + \dfrac{1}{4(x-1)} + 9$

$\geq 2\sqrt{9(x-1) \cdot \dfrac{1}{4(x-1)}} + 9$

$= 12$

13 답· ⑤

$\left(4x + \dfrac{1}{y}\right)\left(\dfrac{1}{x} + 4y\right) = 4 + 16xy + \dfrac{1}{xy} + 4$

$= 16xy + \dfrac{1}{xy} + 8$

$\geq 2\sqrt{16xy \cdot \dfrac{1}{xy}} + 8$

$= 16$

14 답· 5

• $\dfrac{a^2+b^2}{2} \geq \sqrt{a^2b^2}$에서 $2 \geq ab$이므로 ab의 최댓값은 2

• $\dfrac{c^2+d^2}{2} \geq \sqrt{c^2d^2}$에서 $3 \geq cd$이므로 cd의 최댓값은 3

따라서 $ab+cd$의 최댓값은 5이다.

15 답· ⑤

$A\left(-\dfrac{2m+3}{m},\ 0\right)$,

$B(0,\ 2m+3)$이므로

$\triangle OAB = \dfrac{1}{2} \times \dfrac{(2m+3)^2}{m}$

$= \dfrac{4m^2+12m+9}{2m}$

$= \dfrac{1}{2}\left(4m + \dfrac{9}{m}\right) + 6$

$\geq \sqrt{4m \cdot \dfrac{9}{m}} + 6$

$= 12$

16 답· ①

직육면체의 세 모서리의 길이를 a, b, 6이라 하면

$6ab = 108$에서 $ab = 18$

이때 $a^2 + b^2 \geq 2ab$이므로 $a^2 + b^2 \geq 36$

즉, $a^2 + b^2$의 최솟값은 36이므로 대각선의 길이

$\sqrt{a^2 + b^2 + 36}$의 최솟값은

$\sqrt{36 + 36} = \sqrt{72} = 6\sqrt{2}$

05 함수 (1): 여러 가지 함수

Level up Test p.18 ~ p.19

01 64	02 ④	03 ③	04 ②
05 $f(x)=x^2-2x$	06 ②	07 ②	
08 ③	09 ②	10 ⑤	11 ④
12 1			

01 답· 64

(i) $0+1=1$, $2+(-1)=1$이므로

$f(-1)$, $f(1)$의 대응의 수는

• 0, 1에 대응하는 2가지
• -1, 2에 대응하는 2가지 ⎬ 4가지

(ii) $f(0)$, $f(2)$의 대응의 수는 각각 4가지씩

따라서 구하는 함수의 개수는 $4 \times 4 \times 4 = 64$

02 답· ④

$f(2)=a$, $f(1)=b$라 하면

(i) $f(x)=-f(-x)$에 의하여

$f(0)=0$, $f(-2)=-f(2)=-a$

$f(-1)=-f(1)=-b$

(ii) $2f(2)-f(-1)=0$에서 $2f(2)+f(1)=0$

$2a+b=0$ ...... ㉠

(iii) $f(-2)+f(1)=3$에서 $-f(2)+f(1)=3$

$-a+b=3$ ...... ㉡

㉠, ㉡을 연립하여 풀면 $a=f(2)=-1$, $b=f(1)=2$

∴ $f(0)+f(1)+f(2)=0+2-1=1$

03 답· ③

(i) $a=0$일 때,

$f(x)=1$이므로 성립

(ii) $a>0$일 때,

$f(-1) \geq -3$에서 $-a+1 \geq -3$, $a \leq 4$

$f(2) \leq 5$에서 $2a+1 \leq 5$, $a \leq 2$

∴ $0 < a \leq 2$

(iii) $a<0$일 때,

$f(-1) \leq 5$에서 $-a+1 \leq 5$, $-4 \leq a$

$f(2) \geq -3$에서 $2a+1 \geq -3$, $-2 \leq a$

∴ $-2 \leq a < 0$

(i), (ii), (iii)에서 $-2 \leq a \leq 2$

따라서 a의 최댓값과 최솟값의 합은 0이다.

04 답· ②

㈎ $f(x)=f(-x)$에서

$f(-1)=f(1)$, $f(-2)=f(2)$

㈏ $f(-1)=f(1)=3$

㈐ $f(1)+f(2)=3+f(2)=1$에서 $f(2)=-2$

∴ $f(-2)=-2$

05 답· $f(x)=x^2-2x$

$t=2x+1$이라 하면 $x=\dfrac{t-1}{2}$

$f(2x+1)=4x^2-1$에서 $f(t)=4 \times \dfrac{t^2-2t+1}{4}-1$

∴ $f(x)=x^2-2x$

06 답· ②

(i) $f(-3)=-3$에서 $-6+a=-3$ ∴ $a=3$

(ii) $f(1)=1$에서 $1-2+b=1$ ∴ $b=2$

∴ $a \times b = 6$

07 답· ②

f는 항등함수이므로 $f(a)=a$에서

$a^2-a-3=a$, $a^2-2a-3=0$, $(a-3)(a+1)=0$

∴ $a=-1$ 또는 $a=3$

따라서 정의역의 원소가 될 수 있는 값은 -1, 3이므로

가능한 집합 X는 $\{-1\}$, $\{3\}$, $\{-1, 3\}$의 3개이다.

08 답· ③

• $f(1)-f(4)=4$에서

  (i) $f(1)=5$, $f(4)=1$

  (ii) $f(1)=7$, $f(4)=3$

• 일대일대응이므로 $f(4) \neq 3$

$f(1)=5$, $f(3)=3$, $f(4)=1$에서 $f(2)=7$

∴ $f(2)+f(4)=7+1=8$

09 답· ②

g는 항등함수이므로 $g(3)=3$

(i) $f(2)=g(3)=h(6)=3$이므로

  $f(2)=3$, $h(6)=3$

  이때 h는 상수함수이므로

  $h(2)=h(3)=h(6)=3$

(ii) $f(2)f(3)=f(6)$에서 $3f(3)=f(6)$이므로

  $f(3)=2$, $f(6)=6$

∴ $f(3)+h(2)=2+3=5$

10 답· ⑤

    (i) $y=f(x)$의 축이 $x=3$이므로 일대일대응이 되기 위해
       서는 $k \geq 3$

    (ii) $f(k)=k$에서 $k^2-7k-8=0$이므로
       $k=8$ 또는 $k=-1$

    $\therefore k=8 \ (\because k \geq 3)$

11 답· ④

$$f(x)=\begin{cases}(2-2a)x+2a & (x<1) \\ 2x & (x \geq 1)\end{cases}$$

이므로 $f(x)$가 일대일대응이 되려면 $f(x)=2x$와
$f(x)=(2-2a)x+2a$의 기울기의 부호가 같아야 한다.
즉, $2-2a>0$이므로 $a<1$

12 답· 1

    $f(x)=f(x+4)$이므로

    (i) $f(1)=f(5)=f(9)=\cdots=f(481)=1+4=5$

    (ii) $f(2)=f(6)=f(10)=\cdots=f(482)$
          $=2^2-2\cdot2-4=-4$

    $\therefore f(481)+f(482)=5-4=1$

---

06 함수 (2): 합성함수와 역함수

01 ④	02 1	03 33	04 ①
05 ③	06 5	07 ⑤	
08 $h(x)=-x^2+3x$		09 ①	10 40
11 6	12 ②	13 ⑤	14 ①
15 15	16 ④	17 ③	18 ③
19 -1	20 ①	21 490	22 ⑤
23 ③	24 16		

01 답· ④

    $f(g(2))+g(f(3))=f(3)+g(2)=2+3=5$

02 답· 1

    $f(2)=-2^2+3\cdot2+1=3$이므로
    $f(f(2))=f(3)=-3^2+3\cdot3+1=1$

03 답· 33

    (i) $f(4)=3$이므로 $g(f(4))=g(3)=3$

    (ii) $f(2)=1$이므로 $g(2)=h(f(2))=h(1)=3$

    $\therefore g(f(4))+10h(1)=3+30=33$

04 답· ①

    $h(2)=1, \ g(h(2))=g(1)=3$이므로
    $(f \circ g \circ h)(2)=f(g(h(2)))=f(g(1))$
                 $=f(3)=-6$

05 답· ③

    $(g \circ f)(a)=g(f(a))=g(a^2+a-1)$
                   $=-3(a^2+a-1)+4=-29$

    에서 $a^2+a-12=0$

    $\therefore a=3 \ (\because a>0)$

06 답· 5

    $f(g(x))=g(f(x))$이므로

    · $x=4$ 대입 : $f(g(4))=g(f(4))=g(1)=3$
                     $\therefore g(4)=2$

    · $x=3$ 대입 : $f(g(3))=g(f(3))=g(4)=2$
                     $\therefore g(3)=1$

    · $x=2$ 대입 : $f(g(2))=g(f(2))=g(3)=1$
                     $\therefore g(2)=4$

    $\therefore g(2)+g(3)=4+1=5$

07 답·⑤

$(g \circ h)(2) = 4 \cdot 2 - 1 = 7$이므로

$$\begin{aligned}((f \circ g) \circ h)(2) &= (f \circ (g \circ h))(2) \\ &= f((g \circ h)(2)) \\ &= f(7) = 11\end{aligned}$$

08 답· $h(x) = -x^2 + 3x$

$(f \circ g)(x) = f(g(x)) = 2x - 4$이므로

$$\begin{aligned}(f \circ g \circ h)(x) &= (f \circ g)(h(x)) \\ &= 2h(x) - 4 \\ &= -2x^2 + 6x - 4\end{aligned}$$

$\therefore h(x) = -x^2 + 3x$

09 답·①

$f^1(1) = 3$ $f^1(2) = 1$

$f^2(1) = f(3) = 2$ $f^2(2) = f(1) = 3$

$f^3(1) = f(2) = 1$ $f^3(2) = f(3) = 2$

     $\vdots$ $\vdots$

$f^{2008}(1) = 3$ $f^{2018}(2) = 3$

$f^{2009}(1) = 2$ $f^{2019}(2) = 2$

$f^{2010}(1) = 1$ $f^{2020}(2) = 1$

$\therefore f^{2010}(1) + f^{2020}(2) = 2$

10 답· 40

$f(1) = a + 1$, $g(f(1)) = g(a+1) = (a+1)^2$

(i) $a \leq 4$일 때,

   $g(4) = 16$, $f(g(4)) = f(16) = 16 + a$이므로

   $(a+1)^2 + 16 + a = 57$에서

   $a^2 + 3a - 40 = 0$, $(a-5)(a+8) = 0$

   $\therefore a = -8 \ (\because a \leq 4)$

(ii) $a > 4$일 때,

   $g(4) = 2$, $f(g(4)) = f(2) = a + 2$이므로

   $(a+1)^2 + a + 2 = 57$에서

   $a^2 + 3a - 54 = 0$, $(a+9)(a-6) = 0$

   $\therefore a = 6 \ (\because a > 4)$

따라서 $S = -8 + 6 = -2$이므로 $10S^2 = 40$

11 답· 6

$f(g(x)) = 2(-x+k) - 3 = -2x + 2k - 3$

$g(f(x)) = -(2x-3) + k = -2x + k + 3$

이므로 $2k - 3 = k + 3$

$\therefore k = 6$

12 답·②

$g(f(x)) = -2|x| + 1 = \begin{cases} 2x + 1 & (x < 0) \\ -2x + 1 & (x \geq 0) \end{cases}$

이므로 $y = (g \circ f)(x)$의 그래프는 ②이다.

13 답·⑤

$g(3) = a$라 하면 $f(a) = 3$이므로

$\dfrac{1}{3}a - 1 = 3$ $\therefore a = 12$

14 답·①

$g(11) = -2$에서 $f(-2) = 11$

(i) $f(1) = 2$에서 $a + b = 2$ …… ㉠

(ii) $f(-2) = 11$에서 $-2a + b = 11$ …… ㉡

㉠, ㉡을 연립하여 풀면 $a = -3$, $b = 5$

즉, $f(x) = -3x + 5$이고 $g(-1) = p$라 하면

$f(p) = -1$에서 $-3p + 5 = -1$

$\therefore p = 2$

15 답· 15

$g^{-1}(-5) = a$라 하면 $g(a) = -5$이므로

$-2a + 1 = -5$에서 $a = 3$

$\therefore f(g^{-1}(-5)) = f(3) = 27 - 12 = 15$

16 답·④

$(f \circ g)(x) = x$에서 g는 f의 역함수임을 알 수 있다.

$y = \dfrac{1}{3}x - 2$에서 $x = 3y + 6$

$y = 3x + 6$

$\therefore g(x) = 3x + 6$

$y = g(x)$의 그래프는 오른쪽 그림과 같으므로 구하는 삼각형의 넓이는

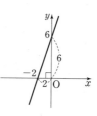

$\dfrac{1}{2} \times 2 \times 6 = 6$

17 답·③

$g \circ f$의 대응은 다음 그림과 같다.

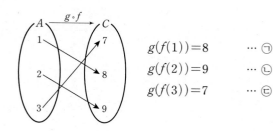

$g(f(1)) = 8$ … ㉠

$g(f(2)) = 9$ … ㉡

$g(f(3)) = 7$ … ㉢

(i) $f(1)=4$와 ㉠에 의하여 $g(4)=8$

(ii) $g(6)=9$와 ㉡에 의하여 $f(2)=6$

$\therefore f(3)=5,\ g(5)=7$

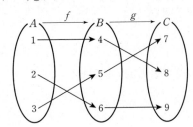

$\therefore f(2)+g(5)=6+7=13$

18 답· ③

$f(g(x))=g(f(x))=x$임을 알 수 있다.

$\therefore (f^{-1}\circ g\circ f)(8)=f^{-1}(8)=g(8)=2$

19 답· -1

$f=f^{-1}$이므로 $(f\circ f^{-1})(x)=(f\circ f)(x)=x$이다.

$f(f(x))=a(ax+1)+1=a^2x+a+1=x$

(i) $a^2=1$에서 $a=\pm 1$

(ii) $a+1=0$에서 $a=-1$

$\therefore a=-1$

20 답· ①

두 그래프의 교점은 $y=x$ 위에 있으므로

$f(x)=x$, 즉 $ax+a^2+2=x$의 해가 2이다.

$a^2+2a=0$에서 $a=0$ 또는 $a=-2$

이때 $a=0$일 때 $f(x)=2$로 상수함수가 되어 역함수가 존재하지 않는다.

$\therefore a=-2$

21 답· 490

두 그래프의 교점은 $y=x$ 위에 있으므로

$f(x)=x$, 즉 $x^2-6x=x$에서

$x^2-7x=0$ $\therefore x=7\ (\because x\geq 3)$

따라서 교점은 $(7,\ 7)$이므로 $a=b=7$

$\therefore 10ab=490$

22 답· ⑤

$f(x)=|x^2-4x|$의 그래프는 오른쪽 그림과 같다.

따라서 $k=4$일 때 교점이 3개이다.

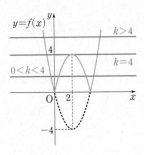

23 답· ③

$$y=\begin{cases} -4x+12 & \left(x<\dfrac{3}{2}\right) \\ 6 & \left(\dfrac{3}{2}\leq x<\dfrac{9}{2}\right) \\ 4x-12 & \left(x\geq\dfrac{9}{2}\right) \end{cases}$$

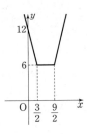

이를 그래프로 나타내면 오른쪽 그림과 같으므로 함수의 최솟값은 6이다.

24 답· 16

(i) $x\geq 0$, $y\geq 0$일 때 $y=-2x+4$

(ii) $x<0$, $y\geq 0$일 때 $y=2x+4$

(iii) $x<0$, $y<0$일 때 $y=-2x-4$

(iv) $x\geq 0$, $y<0$일 때 $y=2x-4$

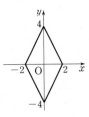

따라서 구하는 도형의 넓이는

$2\times\dfrac{1}{2}\times 4\times 4=16$

01 ①	**02** ④	**03** 25

04 $\dfrac{4}{(x-1)(x^2+1)(x^4+1)}$ **05** ②

06 $\dfrac{4}{(2x+1)(2x+9)}$

07 $\dfrac{5x+15}{x(x+1)(x+5)(x+6)}$ **08** ①   **09** 13

10 ②	**11** ④	**12** ①	**13** ④
14 ③	**15** ⑤	**16** 1, -2	**17** ②
18 ②	**19** ⑤	**20** ①	**21** ①
22 11	**23** $2\sqrt{2}$	**24** $f^{-1}(x)=\dfrac{x+4}{2x-3}$	

01 답· ①

$a^2+b^2=(a+b)^2-2ab=6$이므로

$\dfrac{b}{a}+\dfrac{a}{b}=\dfrac{a^2+b^2}{ab}=\dfrac{6}{-1}=-6$

02 답· ④

$\dfrac{1}{1+\dfrac{x}{1-\dfrac{1}{x}}}=\dfrac{1}{1+\dfrac{x}{\dfrac{x-1}{x}}}=\dfrac{1}{1+\dfrac{x^2}{x-1}}$

$\qquad\qquad=\dfrac{x-1}{x^2+x-1}=\dfrac{\sqrt{2}-1}{\sqrt{2}+1}=3-2\sqrt{2}$

이므로 $a=3$, $b=-2$

$\therefore\ a+b=1$

03 답· 25

$4x=3y$에서 $x:y=3:4$이므로

$x=3k$, $y=4k$라 하면

$\dfrac{x^2+y^2}{(x-y)^2}=\dfrac{25k^2}{(-k)^2}=25$

04 답· $\dfrac{4}{(x-1)(x^2+1)(x^4+1)}$

$\dfrac{1}{x-1}-\dfrac{x+1}{x^2+1}-\dfrac{2x+2}{x^4+1}$

$=\dfrac{x+1}{x^2-1}-\dfrac{x+1}{x^2+1}-\dfrac{2x+2}{x^4+1}$

$=\dfrac{(x+1)(x^2+1)-(x+1)(x^2-1)}{x^4-1}-\dfrac{2x+2}{x^4+1}$

$=\dfrac{2x+2}{x^4-1}-\dfrac{2x+2}{x^4+1}$

$=\dfrac{(2x+2)(x^4+1-x^4+1)}{x^8-1}=\dfrac{4(x+1)}{x^8-1}$

$=\dfrac{4}{(x-1)(x^2+1)(x^4+1)}$

05 답· ②

$\dfrac{1}{2\cdot5}+\dfrac{1}{5\cdot8}+\dfrac{1}{8\cdot11}+\cdots+\dfrac{1}{29\cdot32}$

$=\dfrac{1}{3}\left(\dfrac{1}{2}-\dfrac{1}{5}+\dfrac{1}{5}-\dfrac{1}{8}+\dfrac{1}{8}-\dfrac{1}{11}+\cdots+\dfrac{1}{29}-\dfrac{1}{32}\right)$

$=\dfrac{1}{3}\left(\dfrac{1}{2}-\dfrac{1}{32}\right)=\dfrac{1}{3}\times\dfrac{15}{32}=\dfrac{5}{32}$

이므로 $m=32$, $n=5$

$\therefore\ m-n=27$

06 답· $\dfrac{4}{(2x+1)(2x+9)}$

(주어진 식)

$=\dfrac{1}{2}\left(\dfrac{1}{2x+1}-\dfrac{1}{2x+3}+\dfrac{1}{2x+3}-\dfrac{1}{2x+5}\right.$

$\qquad\qquad\left.+\dfrac{1}{2x+5}-\dfrac{1}{2x+7}+\dfrac{1}{2x+7}-\dfrac{1}{2x+9}\right)$

$=\dfrac{1}{2}\left(\dfrac{1}{2x+1}-\dfrac{1}{2x+9}\right)$

$=\dfrac{4}{(2x+1)(2x+9)}$

07 답· $\dfrac{5x+15}{x(x+1)(x+5)(x+6)}$

(주어진 식)

$=\dfrac{1}{2}\left\{\dfrac{1}{x(x+1)}-\dfrac{1}{(x+1)(x+2)}\right.$

$\qquad+\dfrac{1}{(x+1)(x+2)}-\dfrac{1}{(x+2)(x+3)}$

$\qquad+\dfrac{1}{(x+2)(x+3)}-\dfrac{1}{(x+3)(x+4)}$

$\qquad+\dfrac{1}{(x+3)(x+4)}-\dfrac{1}{(x+4)(x+5)}$

$\qquad\left.+\dfrac{1}{(x+4)(x+5)}-\dfrac{1}{(x+5)(x+6)}\right\}$

$=\dfrac{1}{2}\left\{\dfrac{1}{x(x+1)}-\dfrac{1}{(x+5)(x+6)}\right\}$

$=\dfrac{5x+15}{x(x+1)(x+5)(x+6)}$

08 답· ①

$x+2y=3k$ $\cdots$ ㉠

$y+2z=4k$ $\cdots$ ㉡

$z+2x=5k$ $\cdots$ ㉢

라 하면 ㉠＋㉡＋㉢에서 $3(x+y+z)=12k$

$x+y+z=4k$ $\cdots$ ㉣

㉠－㉣을 하면 $y-z=-k$에서 $y=z-k$

이를 ㉡에 대입하여 정리하면

$z=\dfrac{5}{3}k$, $y=\dfrac{2}{3}k$, $x=\dfrac{5}{3}k$

즉, $x:y:z=\dfrac{5}{3}k:\dfrac{2}{3}k:\dfrac{5}{3}k=5:2:5$이므로

$x=5a$, $y=2a$, $z=5a$라 하면

$\dfrac{xy+yz+zx}{x^2+y^2+z^2}=\dfrac{10a^2+10a^2+25a^2}{25a^2+4a^2+25a^2}=\dfrac{45}{54}=\dfrac{5}{6}$

따라서 $m=6$, $n=5$이므로 $m-n=1$

09 답· 13

$p=\dfrac{\dfrac{a}{100}\times100+\dfrac{b}{100}\times200}{100+200}\times100=\dfrac{a+2b}{3}$

$q=\dfrac{\dfrac{a}{100}\times200+\dfrac{b}{100}\times100}{200+100}\times100=\dfrac{2a+b}{3}$

이때 $p:q=\dfrac{a+2b}{3}:\dfrac{2a+b}{3}=(a+2b):(2a+b)=2:3$

이므로 $3(a+2b)=2(2a+b)$에서 $a=4b$

$\therefore \dfrac{3a^2+4b^2}{ab}=\dfrac{48b^2+4b^2}{4b^2}=\dfrac{52}{4}=13$

10 답· ②

$y=\dfrac{ax+1}{x+b}=\dfrac{1-ab}{x+b}+a$이므로 점근선의 방정식은

$x=-b$, $y=a$

점근선의 교점은 $(-b,\,a)$이므로 $a=5$, $b=-2$

$\therefore a+b=3$

11 답· ④

점근선의 방정식: $y=\dfrac{a}{b}=3$에서 $a=3b$

$y=\dfrac{3bx+1}{bx+1}$의 그래프가 점 $(1,\,2)$를 지나므로

$2=\dfrac{3b+1}{b+1}$에서 $b=1$, $a=3$

$\therefore a+b=4$

12 답· ①

$y=\dfrac{3}{x-1}-2$의 그래프

를 정의역, 치역과 함께

나타내면 오른쪽 그림과

같다.

(i) $\dfrac{3}{2-1}-2=b$에서

$\quad b=1$

(ii) $\dfrac{3}{a-1}-2=-1$에서 $a=4$

$\therefore a+b=5$

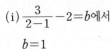

13 답· ④

주어진 함수의 그래프의 점근선의 교점이 $(-2,\,a)$이므

로 $y=-2x$에 대입하면 $a=4$

14 답· ③

주어진 함수의 그래프의 점근선의 교점 $(a,\,3a-1)$이

$y=x$ 위에 있으므로

$3a-1=a$ $\qquad \therefore a=\dfrac{1}{2}$

15 답· ⑤

$y=\dfrac{2}{x}\xrightarrow{\text{평행이동}}y=\dfrac{2}{x-m}+n=\dfrac{ax-4}{x-3}$

에서 $m=3$

$\dfrac{2}{x-3}+n=\dfrac{nx-3n+2}{x-3}=\dfrac{ax-4}{x-3}$

에서 $n=a=2$

$\therefore a+m+n=7$

16 답· 1, -2

$y=\dfrac{2}{x}\xrightarrow{\text{평행이동}}y=\dfrac{2}{x-m}+m+1$

이 그래프가 점 $(0,\,0)$을 지나므로

$0=-\dfrac{2}{m}+m+1$에서 $m^2+m-2=0$

$\therefore m=1$ 또는 $m=-2$

17 답· ②

$y=\dfrac{x-4+2a-1}{x-4}$

$\quad =\dfrac{2a-1}{x-4}+1$

에서 점근선의 방정식은

$x=4$, $y=1$

a는 자연수이므로 $2a-1>0$이

고 그래프는 오른쪽 그림과 같다.

이때 그래프가 제3사분면을 지나지 않으려면 $x=0$일 때

의 함숫값이 0 이상이어야 하므로

$\dfrac{2a-5}{-4}\geq0$에서 $a\leq\dfrac{5}{2}$

따라서 자연수 a는 1, 2의 2개이다.

18 답· ②

(i) $y=\dfrac{-2x+b}{x+a}$에서 점근선의 교점:

$\quad (-a,\,-2)=(1,\,c)$이므로 $a=-1$, $c=-2$

(ii) 점 $(0, -5)$를 지나므로

$-5 = \dfrac{b}{a}$에서 $b = -5a$ $\quad \therefore b = 5$

$\therefore a + b + c = 2$

19 답 · ⑤

$y = \dfrac{5x+1}{2x+3}$의 그래프의 대칭인 직선의 기울기는 1과

-1이므로 $a = 1$, $c = -1$이라 하고,

이 직선은 점근선의 교점 $\left(-\dfrac{3}{2}, \dfrac{5}{2}\right)$를 지나므로

(i) $y = x + b \longrightarrow \dfrac{5}{2} = -\dfrac{3}{2} + b$에서 $b = 4$

(ii) $y = -x + d \longrightarrow \dfrac{5}{2} = \dfrac{3}{2} + d$에서 $d = 1$

$\therefore a + b + c + d = 5$

20 답 · ①

두 직선 $y = x + 1$, $y = -x + 5$의 교점 $(2, 3)$이 함수

$y = \dfrac{ax - 1}{x + b}$의 그래프의 점근선의 교점이므로

$(-b, a) = (2, 3)$에서 $a = 3$, $b = -2$

$\therefore a + b = 1$

21 답 · ①

곡선 $y = \dfrac{2}{x}$와 직선 l이 모두 원점에 대하여 대칭이므로

교점 P, Q도 원점에 대하여 대칭이다.

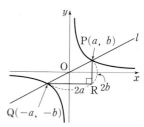

P(a, b)라 하면 Q$(-a, -b)$이고

$b = \dfrac{2}{a}$에서 $ab = 2$

$\therefore \triangle PQR = 2ab = 4$

22 답 · 11

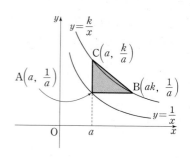

A$\left(a, \dfrac{1}{a}\right)$이라 하자.

(i) $x = a$를 $y = \dfrac{k}{x}$에 대입하면 $y = \dfrac{k}{a}$

$\longrightarrow$ C$\left(a, \dfrac{k}{a}\right)$

(ii) $y = \dfrac{1}{a}$을 $y = \dfrac{k}{x}$에 대입하면 $\dfrac{1}{a} = \dfrac{k}{x}$

$\longrightarrow$ B$\left(ak, \dfrac{1}{a}\right)$

· $\overline{AC} = \dfrac{k}{a} - \dfrac{1}{a} = \dfrac{k-1}{a}$

· $\overline{AB} = ak - a = a(k-1)$

이때 $\triangle ABC = \dfrac{1}{2} \times \dfrac{k-1}{a} \times a(k-1) = \dfrac{(k-1)^2}{2} = 50$

이므로 $k = 11$

23 답 · $2\sqrt{2}$

$y = \dfrac{-4}{x+3} + 1$의 그래프의 점근선

의 교점이 $(-3, 1)$이고 직선

$y = x + 4$가 이 점을 지나므로 대

칭축이다.

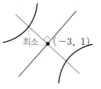

이때 다른 대칭축과 곡선의 교점

에서 $y = x + 4$까지의 거리가 최소이므로

· 다른 대칭축: $y = -x - 2$

· 교점: $-x - 2 = \dfrac{-4}{x+3} + 1$에서 $(x+3)^2 = 4$

$\therefore x = -1$ 또는 $x = -5$, $y = -1$ 또는 $y = 3$

즉, 교점은 $(-1, -1)$, $(-5, 3)$

따라서 점 P와 직선 $y = x + 4$ 사이의 거리의 최솟값은

$x - y + 4 = 0$과 점 $(-1, -1)$ 사이의 거리와 같으므로

$\dfrac{4}{\sqrt{2}} = 2\sqrt{2}$

24 답 · $f^{-1}(x) = \dfrac{x+4}{2x-3}$

$y = \dfrac{3x+4}{2x-1}$에서 $2xy - y = 3x + 4$

$x = \dfrac{y+4}{2y-3}$

$\therefore f^{-1}(x) = \dfrac{x+4}{2x-3}$

01 ④	**02** 8	**03** $\sqrt{x+10}-\sqrt{x}$	
04 ⑤	**05** ③	**06** ③	**07** ①
08 ②	**09** 16	**10** $-2\leq k<-\dfrac{7}{4}$	
11 ①	**12** $f^{-1}(x)=(x+2)^2+2 \ (x\leq -2)$		

01 답· ④

주어진 식의 양변을 제곱하여 정리하면

$(k-1)x^2+(k-1)x+2\geq 0$

(i) $k=1$일 때,

　$0\cdot x+0\cdot x+2\geq 0$이므로

　모든 실수에 대하여 성립한다.

(ii) $k\neq 1$일 때,

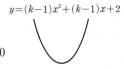

　• $k>1$

　• $D=(k-1)^2-8(k-1)\leq 0$

　$(k-1)(k-9)\leq 0$

　$1\leq k\leq 9$

　∴ $1<k\leq 9$

따라서 $1\leq k\leq 9$이므로 정수 k는 9개이다.

02 답· 8

$\dfrac{\sqrt{x+3}}{\sqrt{x-12}}=-\sqrt{\dfrac{x+3}{x-12}}$에서

$x-12<0,\ x+3\geq 0$이므로

$p:-3\leq x<12,\ q:-5<x<n+4$

이때 p가 q이기 위한 충분조건이므로 다음과 같다.

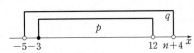

즉, $12\leq n+4$에서 $n\geq 8$

따라서 n의 최솟값은 8이다.

03 답· $\sqrt{x+10}-\sqrt{x}$

• $\dfrac{1}{\sqrt{x}+\sqrt{x+1}}$

$=\dfrac{-\sqrt{x}+\sqrt{x+1}}{(\sqrt{x+1}+\sqrt{x})(\sqrt{x+1}-\sqrt{x})}$

$=-\sqrt{x}+\sqrt{x+1}$

• $\dfrac{2}{\sqrt{x+1}+\sqrt{x+3}}$

$=\dfrac{2(-\sqrt{x+1}+\sqrt{x+3})}{(\sqrt{x+3}+\sqrt{x+1})(\sqrt{x+3}-\sqrt{x+1})}$

$=-\sqrt{x+1}+\sqrt{x+3}$

• $\dfrac{3}{\sqrt{x+3}+\sqrt{x+6}}$

$=\dfrac{3(-\sqrt{x+3}+\sqrt{x+6})}{(\sqrt{x+6}+\sqrt{x+3})(\sqrt{x+6}-\sqrt{x+3})}$

$=-\sqrt{x+3}+\sqrt{x+6}$

• $\dfrac{4}{\sqrt{x+6}+\sqrt{x+10}}$

$=\dfrac{4(-\sqrt{x+6}+\sqrt{x+10})}{(\sqrt{x+10}+\sqrt{x+6})(\sqrt{x+10}-\sqrt{x+6})}$

$=-\sqrt{x+6}+\sqrt{x+10}$

∴ (주어진 식)$=\sqrt{x+10}-\sqrt{x}$

04 답· ⑤

(i) 정의역이 $\{x\,|\,x\geq 1\}$이므로 $b>0$이고

　$bx-3\geq 0$에서 $x\geq \dfrac{3}{b}$

　즉, $\dfrac{3}{b}=1$이므로 $b=3$

(ii) 치역이 $\{y\,|\,y\leq 4\}$이므로 $c=4$

(iii) $y=a\sqrt{3x-3}+4$의 그래프가 점 $(4,\,-2)$를 지나므로

　$-2=3a+4$에서 $a=-2$

∴ $a+b+c=5$

05 답· ③

$y=\sqrt{ax} \xrightarrow{\text{평행이동}} y=\sqrt{a(x+2)}-2$

이 함수의 그래프가 원점을 지나므로

$0=\sqrt{2a}-2$에서 $a=2$

06 답· ③

$y=f(x)$의 그래프가 점 $(0,\,4)$를 지나므로 $c=4$

꼭짓점의 좌표가 $\left(\dfrac{1}{2},\,\dfrac{9}{2}\right)$이므로

$f(x)=a\left(x-\dfrac{1}{2}\right)^2+\dfrac{9}{2}$

$\qquad =ax^2-ax+\dfrac{1}{4}a+\dfrac{9}{2}$

$\qquad =ax^2+bx+4$

에서 $a=-2,\ b=2$

∴ $g(x)=-2\sqrt{x+2}+4$

ㄱ. 그래프는 오른쪽 그림과 같고 정의역은 $\{x\,|\,x\geq -2\}$, 치역은 $\{y\,|\,y\leq 4\}$이다. (참)

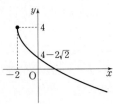

ㄴ. 제3사분면을 지나지 않는다. (거짓)

ㄷ. $f(x)=-2x^2+2x+4=0$에서 $\alpha=-1$, $\beta=2$이므로
$-1\le x\le2$에서 $g(x)$는 $x=-1$일 때 최댓값 2를 갖는다. (참)

따라서 옳은 것은 ㄱ, ㄷ이다.

07 답·①

(i) 점 $(0, 3)$을 지난다.:
$3=\sqrt{4}+a$에서 $a=1$

(ii) 점 $(b, 1)$을 지난다.:
$1=\sqrt{-2b+4}+1$에서 $b=2$

$\therefore a+b=3$

08 답·②

$y=f(x)$의 개형은 오른쪽 그림과 같다.

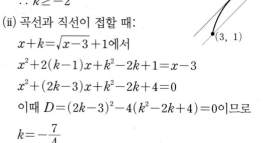

(i) $f(7)=-\sqrt{7+b}-3=-6$
에서 $b=2$

(ii) $f(a)=-\sqrt{a+2}-3=-5$
에서 $a=2$

$\therefore a+b=4$

09 답·16

$A(a, \sqrt{a})$, $B(a, \sqrt{3a})$이고
두 점 B와 C의 y좌표가 $\sqrt{3a}$로 같으므로
$\sqrt{x}=\sqrt{3a}$에서 $x=3a$

$\therefore C(3a, \sqrt{3a})$

점 D의 x좌표가 $3a$이므로 $D(3a, 3\sqrt{a})$

즉, 직선 AD의 기울기는

$\dfrac{3\sqrt{a}-\sqrt{a}}{3a-a}=\dfrac{\sqrt{a}}{a}=\dfrac{1}{\sqrt{a}}=\dfrac{1}{4}$

$\therefore a=16$

10 답· $-2\le k<-\dfrac{7}{4}$

(i) $y=x+k$가 점 $(3, 1)$을 지날 때:
$1=3+k$에서 $k=-2$

$\therefore k\ge-2$

(ii) 곡선과 직선이 접할 때:
$x+k=\sqrt{x-3}+1$에서
$x^2+2(k-1)x+k^2-2k+1=x-3$
$x^2+(2k-3)x+k^2-2k+4=0$
이때 $D=(2k-3)^2-4(k^2-2k+4)=0$이므로

$k=-\dfrac{7}{4}$

(i), (ii)에서 $-2\le k<-\dfrac{7}{4}$

11 답·①

$y=x$와 $y=f(x)$의 그래프의 교점을 구한다.
$x=-\sqrt{-x+5}+3$에서
$(x-3)^2=(-\sqrt{-x+5})^2$, $x^2-5x+4=0$
$\therefore x=1$ 또는 $x=4$, $y=1$ 또는 $y=4$
이때 함수 $f(x)$의 치역이 $\{y|y\le3\}$이므로 $P(1, 1)$
즉, $\overline{OP}=\sqrt{2}$이므로 $m=1$

12 답· $f^{-1}(x)=(x+2)^2+2$ $(x\le-2)$

f의 치역이 $\{y|y\le-2\}$이므로
f^{-1}의 정의역은 $\{x|x\le-2\}$
$y=-\sqrt{x-1}-2$에서 $\sqrt{x-2}=-y-2$
$x=(y+2)^2+2$
$\therefore f^{-1}(x)=(x+2)^2+2$ $(x\le-2)$

Ⅲ 경우의 수

09 순열

Level up Test p.30 ~ p.33

01 ②	02 ③	03 24	04 ⑤
05 900	06 ④	07 ②	08 ②
09 ③	10 ⑤	11 144	12 ③
13 ①	14 ④	15 ④	16 ①
17 ③	18 456	19 60	20 ⑤
21 ④	22 ⑤	23 ①	

01 답· ②

(ⅰ) 일의 자리의 수에 올 수 있는 수: 1, 3, 5, 7, 9 → 5개

(ⅱ) 십의 자리의 수에 올 수 있는 수: 1, 2, 4 → 3개

∴ 두 자리의 자연수의 개수: $5 \times 3 = 15$

02 답· ③

오른쪽 그림과 같이 빗변이 원의
지름이 될 때 직각삼각형이 되므로

(ⅰ) 두 점을 이어서 지름이 되는 경
우: 3가지

(ⅱ) 각 지름에서 다른 꼭짓점을 연
결하는 경우: 4가지

∴ 직각삼각형의 개수: $3 \times 4 = 12$

03 답· 24

(ⅰ) $|x| = 0$일 때 $|y| = 6$

$\to (0, 6), (0, -6)$

(ⅱ) $|y| = 0$일 때 $|x| = 6$

$\to (6, 0), (-6, 0)$

(ⅲ) $|x| \neq 0$, $|y| \neq 0$일 때

$|x| = n$ (n은 자연수)이면 $x = \pm n$의 두 가지씩이므로 $|x| + |y| = 6$의 순서쌍 $(|x|, |y|)$은

$(1, 5), (2, 4), (3, 3), (4, 2), (5, 1)$의 5개이고
각 순서쌍마다 x, y의 값이 두 개씩이므로

$5 \times 2 \times 2 = 20$

∴ 순서쌍의 개수: $2 + 2 + 20 = 24$

04 답· ⑤

(ⅰ) 백의 자리의 수 선택: 2가지

(ⅱ) 십의 자리의 수 선택: 백의 자리와 같은 수를 제외한
3가지

(ⅲ) 일의 자리의 수 선택: 백의 자리, 십의 자리와 같은

수를 제외한 4가지

∴ 세 자리의 수의 개수: $2 \times 3 \times 4 = 24$

05 답· 900

각 자리의 수별로 3, 6, 9가 들어간 횟수를 계산한다.

(ⅰ) 일의 자리의 수

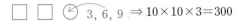
3, 6, 9 $\Rightarrow 10 \times 10 \times 3 = 300$

(ⅱ) 십의 자리의 수

3, 6, 9 $\Rightarrow 10 \times 3 \times 10 = 300$

(ⅲ) 백의 자리의 수

3, 6, 9 $\Rightarrow 3 \times 10 \times 10 = 300$

∴ 박수친 횟수: $300 \times 3 = 900$

06 답· ④

(ⅰ) $A \to B \to D$: $2 \times 2 = 4$

(ⅱ) $A \to B \to C \to D$: $2 \times 3 \times 2 = 12$

∴ 경우의 수: $4 + 12 = 16$

07 답· ②

$B \to D \to C \to E \to A$
순으로 칠한다.

B: 4가지

D: 3가지

C: 2가지

E: 2가지

A: 3가지

∴ 경우의 수: $4 \times 3 \times 2 \times 2 \times 3 = 144$

08 답· ②

A: 3가지

B: 2가지

C: 2가지

D: 2가지

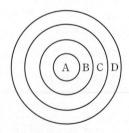

∴ 경우의 수: $3 \times 2 \times 2 \times 2 = 24$

09 답· ③

$_nP_2 + _nP_1 = n(n-1) + n = 49$에서 $n^2 = 49$

∴ $n = 7$

10 답· ⑤

• 앞 줄에 나열하는 경우의 수: $_6P_3 = 6 \times 5 \times 4$

• 뒷 줄에 나열하는 경우의 수: $_3P_3 = 3 \times 2 \times 1$

∴ 경우의 수: $6\times5\times4\times3\times2\times1=720$

11 답 · 144

양 끝 자리에 짝수가 오는 경우의 수:

${}_3P_2=3\times2=6$

나머지 자리에 배열하는 경우의 수:

${}_4P_4=4!=24$

∴ 경우의 수: $6\times24=144$

12 답 · ③

(i) 일의 자리의 수의 총합:

__ __ __ 1의 개수는 $3\times2\times1=6$이고

일의 자리의 수가 2, 3, 4인 경우도 6개씩 있으므로

$6\times(1+2+3+4)=60$

(ii) 십의 자리의 수의 총합:

$6\times(10+20+30+40)=600$

(iii) 백의 자리의 수의 총합:

$6\times(100+200+300+400)=6000$

(iv) 천의 자리의 수의 총합:

$6\times(1000+2000+3000+4000)=60000$

따라서 구하는 총합은 66660이다.

13 답 · ①

1, 1을 하나로 생각하여 다섯 개의 수를 나열하는 경우의 수를 구하면 $5!=120$

14 답 · ④

A가 맨 앞에 오고 B와 이웃하지 않는 배열은 다음과 같이 4가지이다.

A __ B __ __ __

A __ __ B __ __

A __ __ __ B __

A __ __ __ __ B

이때 각 경우마다 C, D, E, F를 나열하는 경우는 4!씩이므로 구하는 경우의 수는

$4\times4!=96$

15 답 · ④

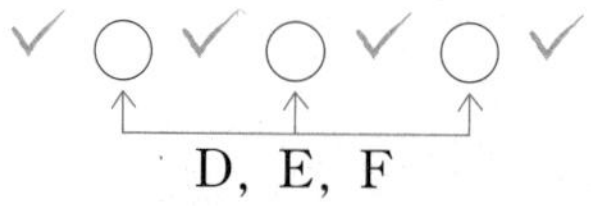

그림과 같이 D, E, F를 먼저 나열하고 양 끝과 사이사이에 A, B, C를 배열하면 되므로 구하는 경우의 수는

$3!\times{}_4P_3=144$

16 답 · ①

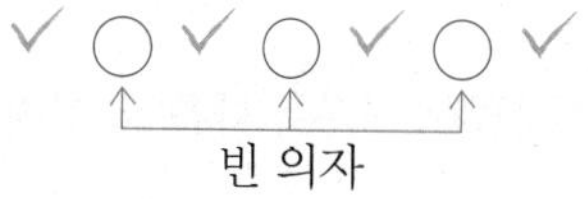

그림과 같이 빈 의자 3개를 놓고 양 끝과 사이사이에 A, B, C, D를 배열하면 되므로 구하는 경우의 수는

$1\times4!=24$

17 답 · ③

조건에 맞는 배치는 다음 3가지이다.

남 여 남	남 여 남	여 남 여
남 여 남	여 남 여	남 여 남
여 남 여	남 여 남	남 여 남

각 경우마다 남자가 앉는 경우의 수는 5!이고 여자가 앉는 경우의 수는 4!이므로 구하는 방법의 수는

$3\times4!\times5!$

18 답 · 456

(i) 전체 경우의 수: $5\times5!=600$

(ii) 양 끝에 모두 홀수가 오는 경우의 수: ${}_3P_2\times4!=144$

∴ 경우의 수: $600-144=456$

19 답 · 60

(i) 1 __ __ __ __ 인 경우: $4!=24$

(ii) 2 __ __ __ __ 인 경우: $4!=24$

(iii) 31 __ __ __ 인 경우: $3!=6$

(iv) 32 __ __ __ 인 경우: $3!=6$

∴ 33000보다 작은 자연수의 개수: $24+24+6+6=60$

20 답 · ⑤

(i) a __ __ __ __ 인 경우: $4!=24$

(ii) e __ __ __ __ 인 경우: $4!=24$

(iii) ka __ __ __ 인 경우: $3!=6$

(iv) ke __ __ __ 인 경우: $3!=6$

(v) koa __ __ 인 경우: $2!=2$

koe __ __ 인 경우: $2!=2$

korae, korea

따라서 korea는 $24+24+6+6+2+2+2=66$(번째)에 오는 문자열이다.

21 답·④

$m(m-1)(m-2)=336=8\cdot7\cdot6$이므로

$m=8$

22 답·⑤

A, B가 이웃하는 경우는 다음 세 가지이다.

각 경우마다 A, B를 배치하는 경우: $2!=2$

나머지 사진을 배치하는 경우: $4!=24$

∴ 경우의 수: $3\times2\times24=144$

23 답·①

이웃한 두 카드에 적힌 수의 곱이 6의 배수가 되지 않는 경우는 1, 2가 적힌 두 카드가 서로 이웃하는 경우와 1, 3이 적힌 두 카드가 서로 이웃하는 경우이다.

(i) 1, 2가 적힌 두 카드가 서로 이웃하는 경우

이 두 카드를 한 묶음으로 생각하고, 두 카드의 자리를 바꾸는 것을 고려하면 1, 2가 적힌 두 카드가 이웃하도록 5장의 카드를 나열하는 경우의 수는 ㈎ 48 이다.

(ii) 1, 3이 적힌 두 카드가 서로 이웃하는 경우

(i)과 마찬가지로 경우의 수는 ㈎ 48 이다.

(iii) (i)과 (ii)가 동시에 일어나는 경우

1, 2, 3이 적힌 세 카드를 한 묶음으로 생각하고, 세 카드 중 1이 적힌 카드가 가운데에 위치하도록 5장의 카드를 나열하는 경우의 수는 ㈏ 12 이다.

5장의 카드를 일렬로 나열하는 모든 경우의 수는 $5!=120$이므로 (i), (ii), (iii)에 의해 구하는 경우의 수는 ㈐ 36 이다.

∴ $p+q+r=48+12+36=96$

<table>
<tr><td colspan="4">**10 조합**   Level up Test p.34~p.35</td></tr>
<tr><td>01 ③</td><td>02 ⑤</td><td>03 15</td><td>04 ⑤</td></tr>
<tr><td>05 280</td><td>06 ③</td><td>07 ⑤</td><td>08 25</td></tr>
<tr><td>09 ⑤</td><td>10 ④</td><td>11 ③</td><td>12 12</td></tr>
</table>

01 답·③

$_8P_r=r!\cdot{}_8C_r$이므로

$_8P_r-{}_8C_r=(r!-1)_8C_r=23\cdot{}_8C_r$에서

$r!-1=23$, $r!=24=4!$

∴ $r=4$

02 답·⑤

세 수의 합이 짝수가 되는 경우는 다음과 같다.

(i) 짝수 3개의 합인 경우: $_5C_3=10$

(ii) 짝수 1개, 홀수 2개의 합인 경우: $_5C_1\times{}_5C_2=50$

∴ 경우의 수: $10+50=60$

03 답·15

색깔별로 3개, 1개, 1개를 뽑는 경우와 2개, 2개, 1개를 뽑는 경우를 생각할 수 있다.

(i) 3개, 1개, 1개인 경우

흰 공만 3개를 고를 수 있으므로 나머지 4종류 중 2개를 고르면

$_4C_2=6$

(ii) 2개, 2개, 1개인 경우

2개를 고를 수 있는 흰 공, 검은 공, 파란 공 중 2개 선택, 나머지 색의 공 중 1개를 고르면

$_3C_2\times{}_3C_1=9$

∴ 경우의 수: $6+9=15$

04 답·⑤

(i) 5과목 중 공통으로 듣는 과목 선택: $_5C_1=5$

(ii) 남은 4과목 중 A만 듣는 과목 선택: $_4C_1=4$

(iii) 남은 3과목 중 B만 듣는 과목 선택: $_3C_1=3$

∴ 경우의 수: $5\times4\times3=60$

05 답·280

(i) 8개의 원소 중 A의 원소 3개를 선택: $_8C_3=56$

(ii) 남은 5개의 원소 중 남은 B의 원소 1개를 선택:

$_5C_1=5$

∴ 순서쌍의 개수: $56\times5=280$

06 답· ③

(ⅰ) $a=5$일 때 1에서 4까지의 자연수 2개 선택: $_4C_2=6$

(ⅱ) $a=6$일 때 1에서 5까지의 자연수 2개 선택: $_5C_2=10$

∴ 500보다 크고 700보다 작은 자연수의 개수:

　　$6+10=16$

07 답· ⑤

(ⅰ) $f(1)<f(2)<f(3)<f(4)$인 f의 개수: $_7C_4=35$

(ⅱ) $f(1)<f(2)=f(3)<f(4)$인 f의 개수: $_7C_3=35$

∴ f의 개수: $35+35=70$

08 답· 25

A의 원소를 결정하면 그에 따라 f의 대응이 결정되므로 조건에 맞는 A의 개수를 구한다.

(ⅰ) $n(A)=2$인 경우: $_5C_2=10$

(ⅱ) $n(A)=3$인 경우: $_5C_3=10$

(ⅲ) $n(A)=4$인 경우: $_5C_4=5$

∴ 함수 f의 개수: $10+10+5=25$

09 답· ⑤

(ⅰ) 전체 경우의 수: $_{12}C_3=220$

(ⅱ) 한 직선 위에 있는 4개의 점 중 3개를 선택하는 경우의 수: $_4C_3\times3=12$

(ⅲ) 한 직선 위에 있는 3개의 점 중 3개를 선택하는 경우의 수: $_3C_3\times8=8$

∴ 삼각형의 개수: $220-12-8=200$

10 답· ④

(ⅰ) $4n$의 꼴: 4, 8, …, 28 → 7개

(ⅱ) $4n+1$의 꼴: 1, 5, …, 29 → 8개

(ⅲ) $4n+2$의 꼴: 2, 6, …, 30 → 8개

(ⅳ) $4n+3$의 꼴: 3, 7, …, 27 → 7개

서로 다른 두 수의 합이 4의 배수가 되는 경우는

• $4n$의 꼴 두 개의 합: $_7C_2=21$

• $4n+2$의 꼴 두 개의 합: $_8C_2=28$

• $4n+1$의 꼴과 $4n+3$의 꼴의 합: $_8C_1\times{_7C_1}=56$

∴ 경우의 수: $21+28+56=105$

11 답· ③

$a=\ _{99}C_2=\dfrac{99\times98}{2!}$,

$b=\ _{99}C_3=\dfrac{99\times98\times97}{3!}$ 이므로

$\dfrac{b}{a}=\dfrac{\dfrac{99\times98\times97}{3!}}{\dfrac{99\times98}{2!}}=\dfrac{99\times98\times97\times2}{99\times98\times3\times2\times1}=\dfrac{97}{3}$

12 답· 12

(ⅰ) 16개 팀을 8개씩 나누는 경우의 수: $_{16}C_8\times\dfrac{1}{2!}$

(ⅱ) 8개 팀을 4개씩 나누는 경우의 수: $\left(_8C_4\times\dfrac{1}{2!}\right)^2$

(ⅲ) 4개 팀을 2개씩 나누는 경우의 수: $\left(_4C_2\times\dfrac{1}{2!}\right)^4$

즉, 경우의 수는 $\dfrac{1}{128}\times{_{16}C_8}\times(_8C_4)^2\times(_4C_2)^4$이므로

$m=8$, $n=4$

∴ $m+n=12$

MEMO